天然气管道输送技术

（第二版）

黄春芳　任东江　陈晓红　钱东辉　主编

中国石化出版社

内 容 提 要

本书阐述了天然气管道输送的基本原理和实用技术。主要介绍天然气的基本性质和管输气质要求;输气管道的水力、热力计算;管道储气与天然气管道工况分析与调整;输气管道事故工况分析;天然气管道运行与管理技术;输气管道检测仪表;管道腐蚀与防护技术;天然气管道使用的各种设备包括各种离心式压缩机和往复式压缩机、燃气轮机、阀和气液联动阀、分离设备、调压设备、计量设备、清管设备的原理、操作与维护技术以及故障和事故处理、人员救护方法,还简单介绍了输气管道仿真技术。

本书适合天然气管道、气体集输管道、燃气管道技术人员、操作人员阅读参考,亦可作为大、中专或技术院(校)油气储运专业和燃气工程专业的教材及企业员工培训教材。

图书在版编目(CIP)数据

天然气管道输送技术 / 黄春芳等主编 . —2 版 .
—北京:中国石化出版社,2017.4(2021.1 重印)
ISBN 978-7-5114-4405-9

Ⅰ.①天⋯ Ⅱ.①黄⋯ Ⅲ.①天然气输送–管道运输
Ⅳ.①TE832

中国版本图书馆 CIP 数据核字(2017)第 048408 号

中国石化出版社出版发行
地址:北京市东城区安定门外大街 58 号
邮编:100011 电话:(010)57512500
发行部电话:(010)57512575
http://www.sinopec-press.com
E-mail:press@sinopec.com
北京科信印刷有限公司印刷
全国各地新华书店经销
*
787×1092 毫米 16 开本 28.25 印张 2 插页 710 千字
2021 年 1 月第 2 版第 2 次印刷
定价:85.00 元

《天然气管道输送技术》
编辑委员会

主　编：黄春芳　任东江　陈晓红　钱东辉

编　委：（以姓氏笔画为序）

马　瑞	王亚萍	王志伟	王武艺	王建新
王品贤	王　涛	王海浩	毛志明	方　杰
尹峰哲	平广旭	田利男	冯　斌	吕海龙
任佳男	任　硕	刘　伟	刘　明	孙永刚
孙向东	孙茂树	芦　澍	杜义朋	杜照然
李九胜	李东泽	李　伟	李全朋	李迎祥
李玥珺	李朝明	杨文川	杨发富	杨　鹏
邱忠华	宋煜石	张大龙	张文静	张立双
张永生	张　俊	张培芳	张培盈	张　超
张　辉	陈　忱	邵　晖	林维伟	周　芳
周新军	郁述良	郎叶龙	孟祥鹏	赵天琦
赵丹丹	赵志伟	贾瑜华	顾　梅	徐伟良
徐晓毅	高　飞	高吉发	高思广	高凌云
黄兆亮	黄　炎	阎振奎	韩旭东	薛　义

前　言

　　《天然气管道输送技术》自 2009 年出版以来，受到广大读者欢迎。2016 年中国天然气管道里程已经达到 9 万公里，国家规划 2020 年长输管网（含支线）总规模达 15 万公里左右，逐步形成以西气东输（5 条线）、陕京线（3 条线）、川气东送、进口天然气管道为主干网络，链接各省的天然气联络管道，基本建成全国天然气管网。实现国产气与进口气，常规气与非常规气，管道气与 LNG 等不同气源联通。地下储气库与 LNG 调峰互补，实现多气源、多储气库与市场连接。逐步完善西北中亚、沿海 LNG、西南缅甸、东北俄罗斯天然气（规划中）四大进口通道，全面实现"西气东输、北气南下、海气登陆、就近供应"的国家管网格局。《天然气管道输送技术》的再版适应了天然气管道快速发展的需要。

　　《天然气管道输送技术》主要面向工作在天然气长距离输送管道、油气田集输管道和城市燃气管道中的操作、管理和技术人员。努力做到现场用什么、书中讲什么，管道操作与管理需要什么、本书介绍什么的原则。对国内外天然气管道的常用工艺和设备争取做到：看了本书可以进行简单操作；经过培训，可以上岗；经过系统学习，可以胜任输气生产管理；现场遇到的常见问题，可以在书中找到答案。

　　本书力求通俗易懂，密切联系实际。把重点放在培养具有实践能力的操作管理人员身上，主要介绍实际操作技术和技能。多数设备原理、结构、操作方法均来自实际和操作规范。本书理论部分以通俗语言讲解，同时保持部分章节有一定深度，不同层次人员可根据需要选修。

　　本书各章节互成系统，读者根据需要可选择不同章节学习。本书适合下列读者群：1. 输气（集输）、燃气管道岗位新工人，经过培训可以上岗；2. 有一定实践经验的输气（集输）、燃气管道操作人员，经过学习，可以深入地掌握岗位上的主要技术技能和技术理论；3. 输气（集输）、燃气公司技术人员，经过系统学完本书可以达到相当于油气储运和燃气工程专业大学毕业的专业水平，能够胜任一般输气管道设计、管理工作；4. 可作为油气储运专业和燃气工程专业的专业课教材；5. 新到输气单位的各类大学生利用本书可以迅速地将学校学到的理论知识和输气生产实际结合起来，很快地熟悉和胜任输气管理和操作。

本次修订的编写人员全部来自管道生产运行一线，对照新的国标对原书部分内容进行了修改，对书中的错误之处进行了修正，对书中部分描述和词句进行了优化，并增加了燃气轮机、事故现场处理和受伤人员救护、管道仿真技术、电气系统、常用阴极保护设备的操作维护等内容。其中燃气轮机部分由邱忠华等人编写，事故现场处理和受伤人员救护部分由中日友好医院黄炎编写，管道仿真技术部分由徐伟良编写，电气系统部分由赵志伟、孟祥鹏和张超等人编写，常用阴极保护设备的操作维护部分由马瑞和陈忱编写。

由于编者水平有限，现场设备技术又日新月异，书中缺点错误在所难免，诚恳希望使用本书的读者给予批评指正。

目　　录

第一章　输气管道概述

第一节　输气工艺概述

天然气的输送基本分为两种方式：一是液化输送，二是管道输送。

天然气的液化输送方式，是将从油气井采出的天然气在液化厂进行降温压缩升压，使之液化，然后分装于特别的绝热容器内，用交通工具如油轮、油槽火车、汽车等运至城镇液化天然气气化站，再经过管道输送给用户或者直接用交通工具和容器运送给用户，如图 1-1-1 所示。

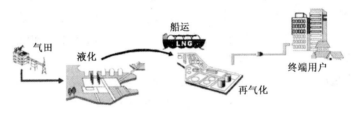

图 1-1-1　液化天然气运输系统

在大气压下，冷却至约 -162℃ 时，天然气由气态转变成液态，称为液化天然气（Liquefied Natural Gas，缩写为 LNG）。LNG 无色、无味、无毒且无腐蚀性，其体积约为同量气态天然气体积的 1/600，LNG 的质量仅为同体积水的 45% 左右，天然气的热值随组分不同略有差异，如广东 LNG 掺混少量空气燃烧后测得的低位热值在 $33.49 \sim 40.39 MJ/Nm^3$ 之间。

天然气液化输送，首先应将天然气液化，而达到使天然气液化的低温条件很困难，工艺设备复杂，技术条件严格，投资也大，因此液化输送天然气的方式目前在天然气陆地运输采用得较少。对于高度分散的用量小的用户，在不便铺设输气管线的偏远山区，或铺设管线管理困难又不经济的地区，例如高寒山区等，天然气液化输送方式有其特殊的灵活性和适应性。

天然气液化后，其体积比气态天然气的体积缩小数百倍，这不仅给用交通工具输送带来方便，而且能比用管道输送极大地提高输送能力。在海底管道运距超过 1400km 或沿海管道运距超过 3800km 时，采用 LNG 船运的方式比管道运输的综合运输成本更低（包括天然气液化、储存、装卸及再气化的费用）。因此在沿海及跨海运输时，液化天然气船运的方式得到了广泛应用。

天然气的管道输送方式，是将油气井采出的天然气通过与油气井相连接的各种管道及相应的设施、设备网络输送到不同地区的不同用户。天然气管道输送方式输送的天然气输量大，给用户供应的天然气稳定，用户多、地域广、距离长、供应连续不断。因此管输天然气事业发展迅速，是目前天然气输送的主要方式。

长距离天然气输送源于 20 世纪 20 年代。1927 年至 1931 年，美国建设了十几条大型燃气输送系统。每一个系统都配备了直径约为51cm(20in)的管道,运送距离超过320km。在第二次世界大战之后,建造了许多输送距离更远、更长的管线。管道直径甚至可以达到142cm。19世纪70年代初,最长的一条天然气输送管线在前苏联诞生。例如,将位于北极圈的西西伯利亚气田的天然气输送到东欧的管线,全长5470km,途经乌拉尔山和700条大小河流。结果使世界最大的Urengoy气田的天然气输送到东欧,然后再送到欧洲消费。另外一条管线是从阿尔及利亚到西西里岛,虽然距离较短,但施工难度也很大,该管线管径为51cm,沿途要穿越地中海,所经过的海域有的深度超过600m。

我国天然气管道输送始于20世纪50~60年代,70年代加快发展,90年代以后随着西气东输(一线、二线)、陕京天然气管道(一线、二线)、忠武线、川气东送等一大批长距离输气管道的建设与投产以及沿线相继建成的环形输气干线,形成了与供电系统相似的集天然气采、输、供为一体的庞大输气网络系统,为经济的腾飞发挥着越来越大的作用。

一、天然气管输系统的基本组成

天然气管输系统是一个联系采气井与用户间的由复杂而庞大的管道及设备组成的采、输、供网络。一般而言,天然气从气井中采出至输送到用户,其基本输送过程(即输送流程)是:气井(或油井)—油气田矿场集输管网—天然气增压及净化—输气干线—城镇或工业区配气管网—用户。

天然气管输系统虽然复杂而庞大,但将其系统中的管线、设备及设施进行分析归纳,一般可分为以下几个基本组成部分,即:集气、配气管线及输气干线;天然气增压站及天然气净化处理厂;集输配气场站;清管及防腐站。天然气管输系统各部分以不同的方式相互连接或联系,组成一个密闭的天然气输送系统,即天然气是在密闭的系统内进行连续输送的。从天然气井采出的天然气(气田气),以及油井采出的原油中分离出的天然气(油田伴生气),经油气田内部的矿场集输气支线及支干线,输往天然气增压站进行增压后(天然气压力较高,能保证天然气净化处理和输送时,可不增压),输往天然气净化厂进行脱硫和脱水处理(含硫量达到管输气质要求的可以不进行净化处理),然后通过矿场集气干线输往输气干线首站或干线中间站,进入输气干线,输气干线上设立了许多输配气站,输气干线内的天然气通过输配气站,输送到城镇配气管网,进而输送至用户。也可以通过配气站将天然气直接输往较大用户。图1-1-2为天然气管输系统的示意图。

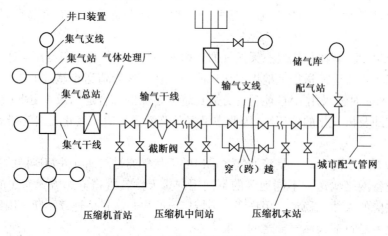

图1-1-2　天然气管输系统示意图

二、天然气管输系统各组成部分的功能和作用

天然气管输系统的输气管线，按其输气任务的不同，一般分为矿场集气支线、矿场集气干线、输气干线和配气管线四类。

长输管道系统的构成一般包括输气干管、首站、中间气体分输站、干线截断阀室、中间气体接收站、清管站、障碍(江河、铁路、水利工程等)的穿跨越、末站(或称城市门站)、城市储配站及压气站。

与管道输送系统同步建设的另外两个组成部分是通信系统和仪表自动化系统。

矿场集气支线是气井井口装置至集气站的管线，它将各气井采出来的天然气输送到集气站做初步处理，如分离除掉泥砂杂质和游离的水，脱除凝析油，并节流降压和对气、油、水进行计量。

矿场集气干线是集气站到天然气处理厂或增压站或输气干线首站的管线。含硫天然气通过矿场集气干线送往天然气处理厂(压力较低的天然气要增压后再送往天然气处理厂)；气质达到要求的天然气直接由集气站送往输气干线首站等(根据压力高低情况采取加压或不加压方式)。

集气站可分为常温分离集气站和低温分离集气站两种。集气站的任务是将各气井输来的天然气进行节流调压，分离天然气中的液态水和凝析油，并对天然气量、产水量和凝析油产量进行计量。

天然气处理厂，亦称天然气净化厂，它的任务是将天然气中的含硫成分和气态水脱除，使之达到天然气管输气质要求，减缓天然气中含硫成分及水对管线设备的腐蚀作用，同时从天然气中回收硫黄，供工农业等使用。

输气干线是天然气处理厂或输气干线首站到城镇配气或工矿企业一级站的管线。它将经过脱硫处理后符合气质要求的天然气，或不含硫已符合管输气质要求的天然气，由天然气处理厂或首站输往城镇配气站，或工矿企业一级输气站等。

输气干线首站主要是对进入干线的气体质量进行检测控制并计量，同时具有分离、调压和清管球发送功能。

输气管道中间分输(或进气)站其功能和首站差不多，主要是给沿线城镇供气(或接收其他支线与气源来气)。

天然气增压站的任务，是给天然气补充能量，将机械能转换为天然气的压能，提高天然气的压力。增压站除在输气干线首站前设置之外，还可根据输气工作的需要，在输气干线中设置一个或几个。当天然气输送至输气干线某段，压力较低而不能满足用户需要或影响输气能力时，可设置增压站，给天然气补充压能，以利输送和满足用户需要。对于油气井采出来的压力较高的天然气(或者从天然气干线分枝的城市管道天然气)，由于靠天然气自身压力就能将气体输往末站，所以有时可以暂不设压气站。

输气管道末站通常和城市门站合建，除具有一般站场的分离、调压和计量功能外，还要给各类用户配气。为防止大用户用气的过度波动而影响整个系统的稳定，有时装有限流装置。

为了调峰的需要，输气干线有时也与地下储库和储配站连接，构成输气干管系统的一部分。与地下储库的连接，通常都需建一压缩机站，用气低谷时把干线气压入地下储库，高峰时抽取库内气体压入干线，经过地下储存的天然气如受地下环境的污染，必须重新进行净化处理后方能进入压缩机。

干线截断阀室是为了及时进行事故抢修、检修而设。根据线路所在地区类别，每隔一定距离设置。

输气管道的通信系统通常又作为自控的数传通道，它是输气管道系统进行日常管理、生产调查、事故抢修等必不可少的，是安全、可靠和平稳供气的保证。

通信系统分有线（架空明线、电缆、光纤）和无线（微波、卫星）两大类。

输气站与配气站往往结合在一起，它的任务是将上站输来的天然气分离除尘，调压计量后输往下站，同时按用户要求（如用气量、压力等），平稳地为用户供气。输气站还承担控制或切断输气干线的天然气气流，排放干线中的天然气，以备检修输气干线等任务。

清管站通常和其他站场合建，清管的目的是定期清除管道中的杂物，如水、机械杂质和铁锈等。由于一次清管作业时间和清管的运行速度的限制，两清管收发筒之间距离不能太长，一般在 $100 \sim 150 \mathrm{km}$ 左右，因此在没有与其他站合建的可能时，需建立单独为清管而设的站场。

清管站除有清管球收发功能外，还设有分离器及排污装置。

防腐站的任务，是对输气管线进行阴极保护和向输气管内定期注入缓蚀剂，从而防止和延缓埋在地下土壤里的输气管线外壁免遭土壤的电化学腐蚀及天然气中的少量酸性气体成分和水的结合物对输气管线内壁的腐蚀。

一个完整的城市配气系统应包括：

（1）配气站　配气站建于干线输气管或其支管的终点，其任务是接受输气管来的天然气，进行除尘、计量、调压、添味，然后把天然气送入配气管网，并保持管网必需的压力。配气站既是干线输气管的最后一站，又是城市配气系统的第一个建筑物。

（2）配气管网　配气管网是城市内部输送和分配天然气的管网，它把天然气从配气站输送至各类用户。

（3）各种类型的储气设施和储气库　为了调节用气的不均衡性，必须建设各种类型的储气设施。其中干线输气管末段和各种类型的储气站的主要任务是调节昼夜用气的不均衡性，而各种类型的储气库是调节季节用气不均衡性的主要设施。储气站常常与配气站合二为一，统称为储配站。

（4）各类调压所　建于各级配气管网或某些专门用户之前，主要设备是调压器。它的任务是保持各级管网和用户的气体有一定的压力，从而满足各类用户的需要。

天然气管输系统是一个整体，一处发生故障，将影响全局，牵动着方方面面。因此，应认真履行职责，加强维护，规范操作，严格管理，以达到安全、平稳输供气。

三、输气工艺设计

输气管道的设计输送能力应按设计委托书或合同规定的年或日最大输气量计算，设计年工作天数应按 350 天计算。

进入输气管道的气体必须清除机械杂质；水露点应比输送条件下最低环境温度低 $5^{\circ}\mathrm{C}$；烃露点应低于最低环境温度；气体中硫化氢含量不应大于 $20 \mathrm{mg} / \mathrm{m}^3$。

输气管道的设计压力应根据气源条件、用户需要、管材质量及地区安全等因素经技术经济比较后确定。

当输气管道及其附件已按国家现行标准《埋地钢质管道阴极保护设计规范》（GB/T 21448—2008）的要求采取了防腐措施时，不应再增加管壁的腐蚀裕量。

输气管道应设清管设施。有条件时宜采用管道内壁涂层。

输气工艺设计必须在掌握大量有关资料的基础上进行，这些资料包括：①气源情况，即气源的地理位置、气量、气质、天然气组分、压力以及近、远期发展规划，还应了解气源周围地区资源情况和沿线经过地区有无进气可能，以及气源的分年度开发方案；②沿线自然条件，包括沿线地形地貌、交通条件、水电供应条件、气象资料、工程地质、水文地质资料及沿线工农业发展现状和城镇发展规划；③用户情况和要求，包括供气的主要对象、用途、用气波动规律；用户对气质、气压及储气调峰的措施和要求；城市用气发展规划，有无其他补充气源；城市管网压力等级、储配站设置等。

当输送不符合管输气质量标准的气体时，应在工艺设计中采取相应的措施加以保护；但供给城镇作城市燃料气源的天然气，从安全和环保的角度考虑，硫化氢含量不允许超标。

由于气源和用户的负荷变化、气温变化以及管线系统的维修、事故、清管等原因，不可能始终是满负荷运行，因此确定管道的输送能力时，应留有 9%～10% 的裕量。当用户有特殊要求时，应按用户要求设计。

当供气城市还有补充气源时，干线末站的气体参数和站的设置应互相协调一致，以便发挥各自最大效能和优势。

输气管的工艺设计除满足正常输气的工艺要求外，还应考虑各种变工况运行的可能情况及快速有效的事故处理对策，以便把事故的损失和影响降到最低限度。

工艺设计应根据气源条件、输送距离、输送量及用户的特点和要求，对管道进行系统优化设计，经综合分析和技术经济对比后确定。

输气管道的工艺设计是根据任务要求和气源条件进行多方案比较的过程，首先是是否增压的问题。在增压输送的情况下，管径、压比、输气压力等之间存在某种函数关系，选取最佳参数要作计算和比较，根据以往经验和国外情况，输距在 500km 内，气源压力在 4.0MPa 以上时，可不考虑增压。

输气工艺设计通常包括以下内容：

（1）确定输气干线总流程和各站分流程；

（2）合理选择各站的进出口参数；

（3）确定各种站场的数量和站间距；

（4）确定输气管的管径和壁厚。

在有压气站时还要确定设计压力、最高输气压力和站压比。在确定输送压力时应充分利用气源压力，合理选择压气站的站压比和站间距。当采用离心式压缩机增压输送时，站压比宜为 1.2～1.5，站间距不宜小于 100km。

压气站特性和管道特性应协调，在正常输气条件下，压缩机组应在高效区内工作。压缩机组的数量、选型、连接方式，应在经济运行范围内，并满足工艺设计参数和运行工况变化的要求。

具有配气功能分输站的分输气体管线宜设置气体的限量、限压设施。

输气管道首站和气体接收站的进气管线应设置气质监测设施。

输气管道的强度设计应满足运行工况变化的要求。

输气站应设置越站旁通。进、出站管线必须设置截断阀。截断阀的位置应与工艺装置区保持一定距离，确保在紧急情况下便于接近和操作。截断阀应当具备手动操作的功能。

第二节　输气站及设置

输气站的主要功能包括调压、净化、计量、清管、增压和冷却等。其中调压的目的是保证输入、输出的气体具有所需的压力和流量；净化的目的是脱除天然气中固体杂质，以免增大输气阻力，磨损仪表设备，污染环境，毒害人体；计量是气体销售、业务交接必不可少的，同时它也是对整个管道系统进行自动控制的依据；清管的目的是通过发送清管器以清除管内积液和污物或检测管道的损伤；增压的目的是为天然气提供一定的压能；冷却是使由于增压升高的气体温度降低下来，保证气体的输送要求。根据输气站所处的位置不同，各自的作用也有所差异。

输气首站一般在气田附近，如果地层气压较高时，首站可暂不建压缩机。仅靠地层压力输到第二站甚至第三站，待气田后期气压降低后再适时投建压缩机。首站一般要进行调压、计量、除尘、发送清管器、气体组分分析等。

中间站主要进行气体增压、冷却以及收发清管器。但如果中间站为分输站时，也要考虑分输气的调压、除尘、计量等。

末站是输气站终点。气体通过末站供应给用户，因此末站具有调压、除尘、计量、清管器接收等功能。此外，为了解决管道输送和用户用气不平衡问题，还设有调峰设施，如地下储气库、储气罐等。

除此之外，各输气站内还具有流程切换、自动监测与控制、安全保护、污油储存与阴极保护等功能。

一、输气站设置原则

输气站位置是由水力计算初步确定后，经现场勘察最后决定的。各类输气站宜联合建设。各类站的工艺流程必须满足其输气工艺要求，并有旁通、安全泄放、越站输送等功能。除此之外，还应考虑如下几方面的问题：

（1）输气站应尽可能设置在交通、能源、燃料供应、给排水、电信、生活等条件方便的地方，并和当地区域发展规划协调一致，以节省建设投资，便于经营管理和职工生活。但当输气站与工业企业、仓库、车站及其他公用设施相邻时，其安全距离必须符合《石油天然气工程设计防火规范》中的有关规定。

（2）站址选择的结果要保证该站具有较好的技术经济效果，场地的大小既要满足当前最低限度的需要，又要保证为将来发展提供可能。各建筑物之间的间距应符合防火安全规定。

（3）站址应选地势开阔、平缓的地方，便于场地排水。尽量减少平整场地土石方的工程量，节约投资。

（4）站址的地貌应该稳定，具有较好的工程地质和水文地质条件，地势较平，土壤的承载能力一般不低于0.12MPa，岩层应该坚实而稳定，地下水位要较低，土壤干燥，避免建在易发生山洪、滑坡以及沼泽和可能浸水等不良工程地质段。

（5）要重视输气站对周围环境的影响，注意"三废"的治理，进行环境保护，维护生态平衡。如果站址在河流的附近，应设在居民区的下游，并靠近已有的道路。

二、输气站的布置

输气站按工艺流程和各自功能可划分成许多区块，包括压缩机房、冷却装配区、净化除尘区、调压计量区、清管器收发区、消防水池、储气(油)罐区、仪表控制间等。目前，为了减小输气站的占地面积和施工安装工作量，国内外大量采用撬装区块。其做法是将区块在工厂预制好运到现场，只须使底盘就位，连接管道就完成了区块的安装，这样既缩短了工期，又节省了投资。输气站的布置主要应考虑如下几方面：

(1) 各区及设备平面布置应满足工艺流程的要求，尽量缩短管道长度，避免倒流，减少交叉。

(2) 分区布置，把功能相同的设备尽量布置在一个装置区。

(3) 输气站与周围环境以及各设备间在遵照有关规定，保证所要求的防火间距的前提下，布置应紧凑，同时也要保证有消防、起重和运输车辆通行的道路和检修场地。

(4) 对于有压缩机的输气站，厂房内的压缩机一般成单排布置；若机组数量较多时，也可采用双排布置，以避免厂房过长而使巡回检查操作不便。双排布置时，之间应有足够的距离。对于大型压缩机组，还常常采用双层布置，使辅助设备和管道在一层，而二层为操作平台，这样可以减少占地，方便操作。

(5) 输气站除了有前面所述的生产区外，还应设置维修间和行政办公地，它们通常单独或与仪表控制室合并在同一建筑物内，并应与压缩机房保持一定距离，以减少噪声干扰。

三、输气管道的安全泄放

输气站应在进站截断阀上游和出站截断阀下游设置泄压放空设施。

输气干线截断阀上下游均应设置放空管。放空管应能迅速放空两截断阀之间管段内的气体。放空阀直径与放空管直径应相等。

输气站存在超压可能的受压设备和容器，应设置安全阀。安全阀泄放的气体可引入同级压力的放空管线。安全阀的定压应小于或等于受压设备和容器的设计压力。安全阀的定压(P_0)应根据管道最大允许操作压力(P)确定，并应符合下列要求：

(1) 当 $P \leqslant 1.8\text{MPa}$ 时，$P_0 = P + 0.18\text{MPa}$；

(2) 当 $1.8\text{MPa} < P \leqslant 7.5\text{MPa}$ 时，$P_0 = 1.1P$；

(3) 当 $P > 7.5\text{MPa}$ 时，$P_0 = 1.05P$。

安全阀泄放管直径应按下列要求计算：

(1) 单个安全阀的泄放管直径，应按背压不大于该阀泄放压力的10%确定，但不应小于安全阀的出口直径；

(2) 连接多个安全阀的泄放管直径，应按所有安全阀同时泄放时产生的背压不大于其中任何一个安全阀的泄放压力的10%确定，且泄放管截面积不应小于各安全阀泄放支管截面积之和。

放空气体应经放空竖管排入大气，并应符合环境保护和安全防火要求。

输气干线放空竖管应设置在不致发生火灾危险和危害居民健康的地方。其高度应比附近建(构)筑物高出2m以上，且总高度不应小于10m。

输气站放空竖管应设在围墙外，与站场及其他建(构)筑物的距离应符合现行国家标准GB 50183《石油天然气工程设计防火规范》的规定。

放空竖管的设置应符合下列规定：

(1) 放空竖管直径应满足最大的放空量要求。

(2) 严禁在放空竖管顶端装设弯管。

(3) 放空竖管底部弯管和相连接的水平放空引出管必须埋地；弯管前的水平埋设直管段

必须进行锚固。

(4) 放空竖管应有稳管加固措施。

四、截断阀的设置

输气管道应设置线路截断阀。截断阀位置应选择在交通方便、地形开阔、地势较高的地方。截断阀最大间距应符合下列规定：

(1) 以一级地区为主的管段不宜大于 32km；

(2) 以二级地区为主的管段不大于 24km；

(3) 以三级地区为主的管段不大于 16km；

(4) 以四级地区为主的管段不大于 8km。

上述规定的阀门间距可以稍作调整，使阀门安装在更容易接近的地方。

截断阀可采用自动或手动阀门，并应能通过清管器或检测仪器。

五、输气站的设备、仪表及管线组成

一条输气干线上，建立了不同类型的站场，如增压站、防腐站、清管站、输气站等，它们分别承担着各自的任务。而输气站在输气干线上是数量最多的，它除了对天然气进行进一步的除尘、除水外，还承担着汇集和分配天然气的任务。在输气站中，天然气经调压和测算气量之后，输往用户。为了清除管线内的污物，输气站还承担着发送和接收清管球的任务(除在输气干线上单设清管站外，常将清管设备安装在输气站内)。输气站还承担着控制或切断输气干线的天然气气流，排放输气干线的天然气，以便某段输气干线检修的任务。

输气站要完成上述种种任务，得依靠站内安装的用途不同的设备、仪表及管线。输气站的设备、仪表、管线主要有以下几种：

(1) 压缩机　用来给气体增压提供能量，使气流能够沿管路输送。

(2) 除尘分离设备　用来分离天然气中少量的液态水、砂粒、管壁腐蚀产物等杂质，保证天然气的气质要求。一般站场都应设除尘分离设备，清管站由于清管时脏物较多，为防堵塞不应使用过滤分离器。压气站周围因压缩机对粉尘颗粒大小及含量要求极高，宜选用过滤分离。其他站场视具体情况而定。

(3) 计量设备　在输气干线的进气、分输气、配气管线上以及站场自耗气管线上应设置气体计量装置，必要时还要设气质检测仪表，有气体输出的还需设限流阀。流量计的量程范围应能覆盖最大工况波动范围，为了计量的准确性，可装设两个或多个流量计，以适应不同流量下运行的要求。

(4) 调压设备　调压装置应设置在气源来气压力不稳定且需控制进出站压力的管线上。在分输气及配气管线上以及需要对气体流量进行控制和调节的管段上，配气站应对不同用户管线分别装设调压阀。调压阀最好选用自力式(即利用天然气本身压力能)的调压阀，通常安装在计量装置前。当计量装置之前安装有调压装置时，计量装置前的直管段设计应符合国家有关标准的规定。

(5) 清管设备　用来进行清管作业，发送和接受清管器，清除管中污物。清管设施宜设置在输气站内。为了避免大量气体放空，应采用不停气密闭清管流程，清管站和进出口管道上需装设清管球通过指示器，应按清管自动化操作的需要在站外管道上安装指示器，并能将指示信号传至站内。清管器的选择应根据清管作业的目的来决定，清管器收发筒的结构应能满足通过清管器或检测器的要求。应根据清管器的尺寸及转弯半径来确定收、发放筒的长度及弯头的曲率半径。

　　清管器收发筒上的快开盲板，不应正对距离小于或等于60m的居住区或建(构)筑物区。当受场地条件限制无法满足上述要求时，应采取相应安全措施。

　　清管作业清除的污物应进行收集处理，不得随意排放。

　　(6)加热设备　用以对天然气加热，提高天然气的温度，防止天然气中烃与水形成水合物而堵塞管道设备，影响输气生产，一般在LNG气化管道入口处、需要较大幅度调低压力处和北方大气温度较低的地区装设。

　　(7)阀门　用以切断或接通、防止气体倒流或控制天然气气流的压力、气量。

　　(8)安全阀　管线设备超压时自动开阀排放天然气泄压，保证管线设备在允许的压力范围内工作，确保生产安全。

　　(9)温度计、压力表、计量罐　用来测算天然气输送时的各种参数，让操作人员有依据地做好天然气调节控制工作。

　　(10)输气站的管线　有计量管、排污管、放空管、汇管、天然气过站旁通管及计量管旁通管等。进站旁通管在输气站检修时使用，计量旁通管在检修节流装置时使用，汇管用来汇集不同管线的来气和将天然气分配到不同管线、用户，以及实现各种作业。

第二章　天然气性质与管输气质要求

第一节　天然气分类、特点与性质

一、天然气的组成

天然气是由碳氢化合物和其他成分组成的混合物，它主要由甲烷(CH_4)、乙烷(C_2H_6)、丙烷(C_3H_8)、丁烷(C_4H_{10})、戊烷(C_5H_{12})组成，其次还含有微量的重碳氢化合物和少量的其他气体，如氮气(N_2)、氢气(H_2)、硫化氢(H_2S)、一氧化碳(CO)、二氧化碳(CO_2)、水气、有机硫等。

对已开采的世界各地区的天然气分析化验结果证实，不同地区、不同类型的天然气，其所含组分是不同的。据有关资料统计，各类天然气中包含的组分有一百多种，将这些组分加以归纳，大致可以分为三大类，即烃类组分、含硫组分和其他组分。

1. 烃类组分

只有碳和氢两种元素组成的有机化合物，称为碳氢化合物，简称烃类化合物。烃类化合物是天然气的主要组分，天然气中烃类组分含量可高达90%。天然气的烃类组分中，烷烃的比例最大。一般来说，大多数天然气的甲烷含量都很高，通常为70%～90%。故通常将天然气作为甲烷来处理。

天然气中除甲烷组分外，还有乙烷、丙烷、丁烷(含正丁烷和异丁烷)，它们在常温常压下都是气体。

天然气中常含有一定量的戊烷(碳五)、己烷(碳六)、庚烷(碳七)、辛烷(碳八)、壬烷(碳九)和癸烷(碳十)。大多数天然气中不饱和烃的总含量小于1%。有的天然气中含有少量的环戊烷和环己烷。有的天然气中含有少量的芳香烃，其多数为苯、甲苯和二甲苯。

2. 含硫组分

天然气中的含硫组分，可分为无机硫化物和有机硫化物两类。

无机硫化物组分，只有硫化氢，分子式为H_2S。硫化氢是一种比空气重、可燃、有毒、有臭鸡蛋气味的气体。硫化氢的水溶液叫氢硫酸，显酸性，故称硫化氢为酸性气体。有水存在的情况下，硫化氢对金属有强烈的腐蚀作用，硫化氢还会使化工生产中常用的催化剂中毒而失去活性(催化能力减弱)。

天然气中有时含有少量的有机硫化物组分，例如硫醇、硫醚、二硫醚、二硫化碳、羰基硫、噻酚、硫酚等。有机酸化物对金属的腐蚀不及硫化氢严重，但使催化剂失去活性。大多数有机硫有毒，具有臭味，会污染大气。

天然气中含有硫化物时，必须经过脱硫净化处理，才能进行管输和利用。

3. 其他组分

天然气中，除去烃类和含硫组分之外，还有二氧化碳及一氧化碳、氧和氮、氢、氦、氩以及水气。二氧化碳是酸性气体，溶于水生成碳酸，对金属设备腐蚀严重，通常在天然气脱硫工艺中，将二氧化碳同硫化氢一起尽量脱除。二氧化碳在天然气中的含量，对于个别气井而言，可高达10%以上。一氧化碳在天然气中的含量甚微。

天然气中有微量氧。多数天然气中含有氮,一般其含量在 10% 以下,也有高达 50% 甚至更多的。如美国某气田生产的天然气中,氮的含量高达 94%。天然气中氢、氦、氩的含量极低,一般都在 1% 以下。天然气大多含有饱和水蒸气,随着温度降低,水气会不断冷凝为水。天然气中凝析出的水,会影响管输工作,如果天然气中含有硫化氢和二氧化碳,当其溶于水时会腐蚀设备及管道,故对天然气中的水气应进行脱除处理。

二、天然气的类别

按照油气藏的特点,天然气可分为三类,即气田气、凝析气田气和油田伴生气。

(1) 气田气　是指在开采过程中没有或只有较少天然汽油凝析出来的天然气,这种天然气在气藏中,烃类以单相存在,其甲烷的含量约为 80%~90%,而戊烷以上的烃类组分含量很少。

(2) 凝析气田气　这种天然气中戊烷以上的组分含量较多,但是在开采中没有较重组分的原油同时采出,只有凝析油同时采出。

(3) 油田伴生气　这种天然气是油藏中烃类以液相或气液两相共存,采油时与石油同时被采出,天然气中的重烃组分较多。

按照天然气中烃类组分的含量多少,天然气可分为干气和湿气。

(1) 干气　是指戊烷以上烃类可凝结组分的含量低于 $100g/m^3$ 的天然气。干气中的甲烷含量一般在 90% 以上,乙烷、丙烷、丁烷的含量不多,戊烷以上烃类组分很少。大部分气田气都是干气。

(2) 湿气　是指戊烷以上烃类可凝结组分的含量高于 $100g/m^3$ 的天然气。湿气中的甲烷含量一般在 80% 以下,戊烷以上的组分含量较高,开采中可同时回收天然汽油(即凝析油)。一般情况下,油田气和部分凝析气田气可能是湿气。

按照天然气中的含硫量差别,天然气可分为洁气和酸性天然气。

(1) 洁气　通常是指不含硫或含硫量低于 $20mg/m^3$ 的天然气,洁气不需要脱硫净化处理,即可以进行管道输送和一般用户使用。

(2) 酸性天然气　通常是指含硫量高于 $20mg/m^3$(或含 CO_2 大于 2%)的天然气。酸性天然气中含硫化氢以及其他硫化物组分,一般具有腐蚀性和毒性,影响用户使用。酸性天然气必须经过脱硫净化处理后,才能进入输气管线。

我国某些气田的天然气和油田伴生气的组成分别见表 2-1-1 和表 2-1-2。天然气中常见烃类和某些气体的基本性质见表 2-1-3 和表 2-1-4。

表 2-1-1　我国某些气田天然气的组成

气田名称		产层	天然气组分/%(体积分数)												
			甲烷	乙烷	丙烷	正丁烷	异丁烷	正戊烷	异戊烷	己烷及以上	二氧化碳	硫化氢	氢	氮	氦	氩
四川盆地	威远	震旦系	86.80	0.11	0						4.466	1.091		7.26	0.236	
	卧龙河	嘉五	92.44	1.01	0.56	0.36		0.22			0.27	4.48	0.09	0.10		
		石炭系	97.89	0.40	0.05						0.89	0.12	0.002	0.60	0.049	
	相国寺	石炭系	97.07	0.81	0.08						0.20	0.001	0.001	1.74	0.096	0.004
	五百梯	石炭系	97.38	0.50	0.06						0.991	0.178		0.891		
	中坝	须二	90.97	5.62	1.66	0.36	0.37	0.096	0.131	0.128	0.41	0	0.008	0.23	0.017	0.003
		雷三	84.01	1.68	0.50	0.181	0.124	0.086	0.077		4.42	6.86	0.03	1.82	0.059	0.001
	磨溪	雷一	95.22	0.19	1.30						0.13	1.61	0.003	1.53	0.003	0.01
陕甘宁盆地中部气田		马五	95.942	0.324	0.045	0.002	0.002				3.037	0.319	0.011	0.291	0.028	

表 2-1-2　我国某些油田天然气的组成

油田名称		天然气组分/%(体积分数)											
		甲烷	乙烷	丙烷	异丁烷	正丁烷	异戊烷	正戊烷	己烷	二氧化碳	硫化氢	氮	其他
大庆油田	1	79.75	1.9	7.6	5.62								5.13
	2	91.3	1.96	1.34	0.90					0.2		0.38	3.92
胜利油田	伴生气	86.6	4.2	3.5	0.7	1.9	0.6	0.5	0.3	0.6		1.10	
	气井气	90.7	2.6	2.8	0.6	0.1	0.5	0.5	0.2	1.3		0.7	
	气井气	97.7	0.1	0.5	0.1	0.2	0.1	0.1	0.1				1.1
大港油田		76.29	11.0	6.0	4.0					1.36		0.71	0.64
台湾铁砧山		88.14	5.97	1.95	0.43	0.36	0.15	0.09	0.14	2.26			0.51

表 2-1-3　天然气中常见烃类的基本性质(0℃, 101.325kPa)

项目	甲烷	乙烷	丙烷	正丁烷	异丁烷	正戊烷	异戊烷
分子式	CH_4	C_2H_6	C_3H_8	$n\text{-}C_4H_{10}$	$i\text{-}C_4H_{10}$	$n\text{-}C_5H_{22}$	$i\text{-}C_5H_{12}$
相对分子质量	16.043	30.070	44.097	58.124	58.124	72.151	72.151
千摩尔体积/(m^3/kmol)	22.363	22.182	21.890	21.421	21.480	20.888	21.056
密度/(kg/m^3)	0.7174	1.3556	2.0145	2.7134	2.7060	3.4542	3.4267
相对密度	0.5548	1.0484	1.5580	2.0985	2.0928	2.6715	2.6502
临界温度 T_c/K	190.55	305.43	369.82	425.16	408.13	469.6	460.39
临界压力 P_c/kPa(绝)	4604	4880	4249	3797	3648	3369	3381
临界比容 V/(m^3/kmol)	0.099	0.148	0.203	0.255	0.263	0.304	0.306
理想高发热值/(kJ/m^3)	39829	69759	99264	128629	128257	158087	157730
理想低发热值/(kJ/m^3)	35807	63727	91223	118577	118206	146025	145668
爆炸下限/%(体积分数)	5.0	2.9	2.1	1.8	1.8	1.4	1.4
爆炸上限/%(体积分数)	15.0	13.0	9.5	8.4	8.4	8.3	8.3
定压比热容 C_p/[kJ/(kmol·K)]	34.931	49.822	68.783	91.270	90.078	112.603	110.369
比热容比 C_p/C_v	1.314	1.202	1.138	1.097		1.077	
动力黏度/mPa·s	0.0101	0.009	0.0074	0.0068	0.0066	0.0071	0.0066
气体常数 R/[kJ/(kg·K)]	0.5183	0.2765	0.1885	0.1430	0.1430	0.1152	0.1152
自燃点/℃	645	530	510	490			
理论燃烧温度/℃	1830	2020	2043	2057	2057		
燃烧 1m^3 气体所需空气量/m^3	9.54	16.70	23.86	31.02	31.02	38.18	38.18
最大火焰传播速度/(m/s)	0.67	0.86	0.82	0.82			

表 2-1-4　天然气中常见的某些气体的基本性质(0℃, 101.325kPa)

项目	氢	氮	氦	一氧化碳	二氧化碳	硫化氢	空气
分子式	H_2	N_2	He	CO	CO_2	H_2S	
相对分子质量	2.0160	28.0134	4.003	28.0106	44.010	34.076	28.964
千摩尔体积/(m^3/kmol)	22.427	22.403	22.425	22.398	22.262	22.154	22.401
密度/(kg/m^3)	0.08989	1.2504	0.1785	1.2506	1.9769	1.5381	1.293
相对密度	0.06952	0.9671	0.1381	0.9672	1.5289	1.1896	1.00
临界温度 T_c/K	33.2	126.1	5.2	132.92	304.19	373.5	132.4
临界压力 P_c/kPa	1297	3399	227.5	3499	7382	9005	3771

续表

项　目	氢	氮	氨	一氧化碳	二氧化碳	硫化氢	空气
临界比容 V_c/（m^3/kmol）	0.065	0.090	0.058	0.093	0.094	0.098	0.094
理想高发热值/（kJ/m^3）	12789			12618		25141	
理想低发热值/（kJ/m^3）	10779			12618		23130	
爆炸下限/%（体积分数）	4.0			12.5		4.3	
爆炸上限/%（体积分数）	74.2			74.2		45.5	
定压比热容 C_p/[kJ/（kmol·K）]	28.611	29.114		29.123	35.962	33.673	29.067
比热容比 C_p/C_v	1.410	1.402	1.67	1.400	1.301		1.400
动力黏度/mPa·s	0.0084	0.0167	0.0177	0.0169	0.0133	0.0117	0.0172
气体常数 R/[kJ/（kg·K）]	4.124	0.2968	2.077	0.2968	0.1889	0.2440	0.2871
自燃点/℃	510			610		290	
理论燃烧温度/℃	2210（热量计）			2470（热量计）		1900	
燃烧 1m^3 气体所需空气量/m^3	2.39			2.39		7.16	
最大火焰传播速度/（m/s）	4.85			1.25			

三、天然气的物理性质

1. 天然气的相对分子质量

天然气是由多种组分组成的混合气体，无明确的分子式，也就无明确的相对分子质量。天然气的相对分子质量，是根据天然气各组分的相对分子质量和它们的体积组成，用求和法计算的，通常称为视相对分子质量，简称相对分子质量。

分子质量通常用摩尔质量来表示。天然气是一种混合气体，它的摩尔质量是由各组分的摩尔质量和体积分数的乘积加权平均计算出来的。计算公式如下：

$$M = M_1V_1 + M_2V_2 + M_3V_3 + \cdots + M_nV_n \tag{2-1-1}$$

式中　　　　　　　　　M——天然气的摩尔质量；

V_1，V_2，V_3，$\cdots$，V_n——天然气各组分的体积分数；

M_1，M_2，M_3，$\cdots$，M_n——天然气各组分的摩尔质量。

例 2-1-1　某天然气的组分和体积分数如下表，求天然气的摩尔质量？

成　分	摩尔质量	体积分数	成　分	摩尔质量	体积分数
甲　烷	16.043	93.5	丁　烷	58.12	0.3
乙　烷	30.07	2.3	硫化氢	34.09	1.5
丙　烷	44.097	1.2	氮　气	28.02	1.2

解　由公式 $M = M_1V_1 + M_2V_2 + M_3V_3 + \cdots + M_nV_n$ 得：

$M = 93.5\% \times 16.043 + 2.3\% \times 30.07 + 1.2\% \times 44.097 + 0.3\% \times 58.12 + 1.5\% \times 34.09$

　　$+ 1.2\% \times 28.02 = 17.09$

答：此种天然气的摩尔质量为 17.09。

2. 密度及相对密度

1）密度

单位体积天然气的质量称之为密度。其计算公式如下：

$$\rho = \frac{m}{V} \qquad (2-1-2)$$

式中　ρ——天然气的密度，kg/m^3；

　　　m——天然气的质量，kg；

　　　V——天然气的体积，m^3。

密度的影响因素有：

（1）压力的影响　在温度一定时，一定质量的天然气压力越大密度越大，压力越小密度也越小。

（2）温度的影响　在压力一定时，一定质量的天然气温度越高密度越小，温度越低密度越大。

2）相对密度

天然气的相对密度是指在同温同压条件下，天然气的密度与空气的密度之比。即

$$\Delta = \frac{\rho}{\rho_a} \qquad (2-1-3)$$

式中　Δ——天然气的相对密度；

　　　ρ——天然气的密度，kg/m^3；

　　　ρ_a——同温同压下空气的密度，kg/m^3。

通常所说的天然气相对密度，是指压力为101.325kPa、温度为273.15K(即0℃)条件下天然气密度与空气密度之比值。天然气比空气轻，其相对密度一般小于1，通常在0.5~0.7范围内变化。

3. 天然气的黏度

与其组分的相对分子质量、组成、温度及压力有关。气体黏度随压力的增大而增大；非烃类气体的黏度比烃类气体的黏度高。气体黏度随相对分子质量的增大而减小。在低压条件下，气体黏度随温度的升高而增大；在高压条件下，气体黏度在温度低于一定程度时随温度的增高而急剧降低，但达到一定温度时气体的黏度随温度的升高而增大(见图2-1-1)。

天然气中的主要烃类组分是甲烷，一般情况下，其体积组成为95%以上，故可以用甲烷的黏度代替天然气黏度。

4. 天然气的膨胀性和压缩性

1）膨胀性

天然气分子之间的内聚力不大，有多大的容积天然气就能占多大体积，这就是天然气的膨胀性。

2）压缩性

天然气分子之间的距离大，因此有很大的可压缩性。而液体和固体的压缩性是非常小的，在大多数情况下均可忽略不计。

5. 天然气的热值

单位数量的天然气完全燃烧所放出的热量称为天然气的热值。天然气的主要组分是烃类，是由碳和氢构成的，氢在燃烧时生成水并被汽化，由液态变为气态，这样，一部分燃烧热能就消耗于水的汽化。消耗于水的汽化的热叫汽化热(或蒸发潜热)。将汽化热计算在内的热值叫全热值(高热值)，不计算汽化热的热值叫净热值(低热值)。由于天然气燃烧时汽

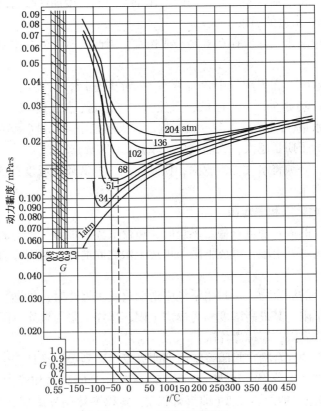

图 2-1-1　天然气黏度图

化热无法利用，工程上通常采用低热值即净热值。

6. 天然气含水量

天然气含水量指天然气中水气的含量。天然气含水量的多少，通常用绝对湿度、相对湿度和露点来表示。

绝对湿度，是指单位数量天然气中所含水蒸气的质量，单位是 g/m^3。天然气为水汽饱和时的绝对湿度，称之为饱和绝对湿度，或简称饱和湿度。饱和湿度是一定压力和温度下天然气的水汽最大含量。天然气的饱和湿度随着温度的升高而增大，随着压力的升高而降低。

相对湿度，是指单位体积天然气的含水量与相同条件（温度、压力）下饱和状态天然气的含水量的比值。

在一定压力下，天然气的含水量刚达到饱和湿度时的温度，称之为天然气的水露点。露点是一定压力下天然气为水气饱和时的温度；是一定压力下，天然气中刚有一滴露珠出现时的温度。当天然气的温度降低到其露点温度时，就会凝析出液态水。

1）研究含水量的意义

天然气从地层中开采出来，如果处理不干净，将含有水和酸性离子，形成一种电解质，对金属设备产生电化腐蚀和化学腐蚀。

天然气中含有水时，天然气中的烃成分在一定条件下，将与水结合形成水合物，堵塞管道、仪表、阀门。

天然气中含有液态水时，将在管道低洼处分离出来减小流通面积，增大输气阻力。

天然气中含有液态水燃烧时，水将汽化吸热，降低天然气的燃烧值。

由于上述问题,将增加许多维修管理的工作量,因此会增加许多管理费用。

2) 影响天然气含水量的因素

天然气在地层中与水共存,存在着底水或边水,因此天然气的含水量与在地层中本身所处的条件有关。

温度和压力的影响:在天然气中含有液态(或游离态)水时,温度一定,压力越高,天然气中含水量(水气量)越少;压力越低,天然气中含水量(水气量)越多。压力一定,温度越高,天然气中含水量(水气量)越多;温度越低,天然气中含水量(水气量)越少。

天然气的相对分子质量越大,天然气中含水量(水气量)就越多。

天然气管输时,必须将水气尽量脱除,使其露点比最低环境温度低5℃,这样在输送过程中就不会出现液态水。

7. 天然气的可燃性限和爆炸限

可燃气体与空气的混合物进行稳定燃烧时,可燃气体在混合气体中的最低浓度称为可燃下限,最高浓度称为可燃上限,可燃下限与可燃上限之间的浓度范围称为可燃性界限,简称可燃性限。

可燃气体与空气的混合物,在封闭系统中遇明火发生爆炸时,可燃气体在混合气体中的最低浓度称为爆炸下限,其最高浓度称为爆炸上限,爆炸上限与爆炸下限之间的可燃气体的浓度范围,称为爆炸界限,简称爆炸限。

可燃气体与空气的混合物在封闭系统内遇明火发生剧烈爆炸是具有很大破坏力的。可燃气体的剧烈燃烧,在几千分之一秒内,产生 2000~3000℃ 的高温和极大的压力,同时发出 2000~3000m/s 的高速传播的燃烧波(即爆炸波),体积突然剧烈膨胀,同时发出巨大的声响,因而称之为爆炸。天然气是可燃气体,在输送及各种维护工作中,天然气有可能与空气混合遇明火发生爆炸事故,这是需要认真对待的。

压力对可燃气体的可燃性限有很大影响,如当绝对压力低于 6665Pa 时,天然气与空气的混合气体遇明火不会发生爆炸。而在常温常压下,天然气的可燃性限为 5%~15%;随着压力升高,爆炸限急剧上升,当压力为 $1.5×10^7$Pa 时,其爆炸上限高达 58%。

天然气的主要组分是甲烷,故可以用甲烷的可燃性限代替天然气的可燃性限。

8. 天然气的杂质、危害及天然气净化

从气井中产生的天然气,往往含有气体、液体和固体杂质。液体杂质有水和油,固体杂质有泥砂、岩石颗粒,气体杂质有 H_2S、CO_2 等。这些杂质如不及时除掉,会对采气、输气、脱硫和用户带来很大危害,影响生产的正常进行。其主要危害有:

(1) 增加输气阻力,使管线输送能力下降。含液量越高,气流速度越低,越易在管线低凹部位积液,形成液堵,严重时甚至中断输气。

(2) 含硫水会腐蚀管线和设备。

(3) 天然气中的固体杂质在高速流动时会冲蚀管壁。

(4) 使天然气流量测量不准。

因此清除天然气中的固体、液体、气体杂质,减少对管线设备、仪表的危害是天然气净化的目的。

9. 天然气节流效应

天然气在流经节流装置和元件时,流速增加,体积膨胀、压力急剧降低引起温度急剧降低,甚至产生冰冻的现象叫做节流效应。

天然气流经节流体时，由于孔板孔口的横截面积比管道的内截面积小，天然气要经过孔口，必须形成流束收缩，增大流速。在挤过节流孔后，流速由于流通面积的变大和流束的扩大而降低。所以，天然气流经节流体时，流速会变大，静压会降低。

气体在节流处急剧产生压降，使气体很快膨胀，对外作功，而气体在极短的时间内又来不及与外界发生热交换，可以近似看成为绝热膨胀，因此只能消耗气体自己的内能对外作功，而内能与气体的温度成正比，因此气体的温度也急剧降低。

节流前后压力、温度的关系式如下：

$$\frac{T_1}{T_2} = \left(\frac{P_1}{P_2}\right)^{\frac{(k-1)}{k}} \qquad (2-1-4)$$

式中　P_1，T_1——节流前的压力、温度；

　　　P_2，T_2——节流后的压力、温度；

　　　k——绝热指数，一般天然气为 1.2~1.4，干气取 1.3，湿气取 1.2。

由于节流体的节流效应，也产生了能量的节流损失。另外，天然气中的二氧化碳、水分、硫化物更容易在节流处产生水合物，冬天产生冰堵现象，影响正常输气生产和管线安全。所以，应定时排污，或者安装伴热装置。

第二节　气体状态方程

一、气体状态方程式

1. 理想气体状态方程式

$$PV = nRT \qquad (2-2-1)$$

式中　P——压力(绝)，kPa；

　　　V——体积，m^3；

　　　T——气体的热力学温度，K；

　　　n——千摩尔数，kmol；

　　　R——气体常数，$kPa \cdot m^3/(kmol \cdot K)$ 或 $kJ/(kmol \cdot K)$。

理想气体在 0℃，101.325kPa 标准状态下的千摩尔体积为 22.414m^3/kmol；在 20℃，101.325kPa 标准状态下的千摩尔体积为 24.055m^3/kmol。

压力低于 0.4~0.5MPa 时，在工程计算中一般按理想气体状态方程计算已足够准确。

2. 真实气体状态方程式

在压力较高时需按真实气体计算其温度、压力与容积的关系。在工程计算中一般在到理想气体状态方程式中引入修正系数，即压缩系数 Z，其方程式如下：

$$PV = ZnRT \qquad (2-2-2)$$

式中　Z——压缩系数(压缩因子)。

依据状态方程，已知气体在 P_1、T_1、Z_1 条件下的体积 V_1，换算成 P_2、T_2、Z_2 条件下的体积 V_2，按下式计算：

$$V_2 = \frac{Z_2 T_2 P_1}{Z_1 T_1 P_2} V_1 \qquad (2-2-3)$$

二、气体常数

每千摩尔气体的气体常数 R，对于各种气体有一个共同的数值，又称通用气体常数。在标准状态($T_0 = 273.15\text{K}$，$P_0 = 101.325\text{kPa}$)下：

$$R = \frac{P_1 V_0}{T_0} = \frac{101.325 \times 22.41383}{273.15} = 8.31441\text{kPa} \cdot \text{m}^3/(\text{kmol} \cdot \text{K})$$

$$= 8.31441\text{kJ}/(\text{kmol} \cdot \text{K})$$

每千克气体的气体常数 R_1，对于不同的气体有不同的数值。其与通用气体常数的关系为：

$$R_1 = \frac{R}{M} \tag{2-2-4}$$

式中，M 为千摩尔气体的质量，单位为 kg/kmol，其值等于气体的相对分子质量。R_1 的单位为 kJ/(kg·K)。

天然气的气体常数一般为 0.5kJ/(kg·K)。计算式如下：

$$R_1 = \frac{R_a}{\Delta} \tag{2-2-5}$$

或

$$R_1 = \sum_{i=1}^{n} \left(\frac{R}{M_i Y_i} \right) \tag{2-2-6}$$

式中 R_a——空气的气体常数，0.287kJ/(kg·K)；

R——通用气体常数，8.31441kJ/(kmol·K)；

Δ——天然气的相对密度；

M_i——i 组分的千摩尔气体质量，kg/kmol；

Y_i——i 组分的摩尔分数(按理想气体计算时，摩尔分数等于体积分数，下同)。

三、虚拟临界常数

当计算天然气的某些物理参数时，常常采用虚拟临界常数值(或称视临界常数值)。混合气体的虚拟临界温度和虚拟临界压力是指按混合气体中各组分的摩尔分数求得的平均临界温度和临界压力。天然气的虚拟临界特性按下式计算：

$$T_c = \sum_{i=1}^{n} (T_{ci} Y_i) \tag{2-2-7}$$

$$P_c = \sum_{i=1}^{n} (P_{ci} Y_i) \tag{2-2-8}$$

式中 T_c——虚拟临界温度，K；

P_c——虚拟临界压力(绝压)，kPa；

T_{ci}——i 组分的临界温度，K；

P_{ci}——i 组分的临界压力(绝压)，kPa；

Y_i——i 组分的摩尔分数。

四、压缩系数(或称压缩因子)

1. 根据对比参数求压缩系数

对绝大多数气体来说，压缩系数可近似地看作对比温度 T_r 和对比压力 P_r 的函数。对于天然气，则应以虚拟临界参数计算对比条件。

对比温度

$$T_r = \frac{T}{T_c} \tag{2-2-9}$$

对比压力　　　　　　　　　　　　　$$P_r = \frac{P}{P_c}$$　　　　　　　　　　（2 - 2 - 10）

式中　　T_r——对比温度；

　　　　P_r——对比压力；

　　　　T_c——虚拟临界温度，K；

　　　　P_c——虚拟临界压力（绝压），MPa；

　　　　T——气体工作状态下的温度，K；

　　　　P——气体工作状态下的绝对压力，MPa。

　　根据天然气的虚拟对比温度和虚拟对比压力，可由相关表格查得压缩系数，或由图 2-2-1求得压缩系数。

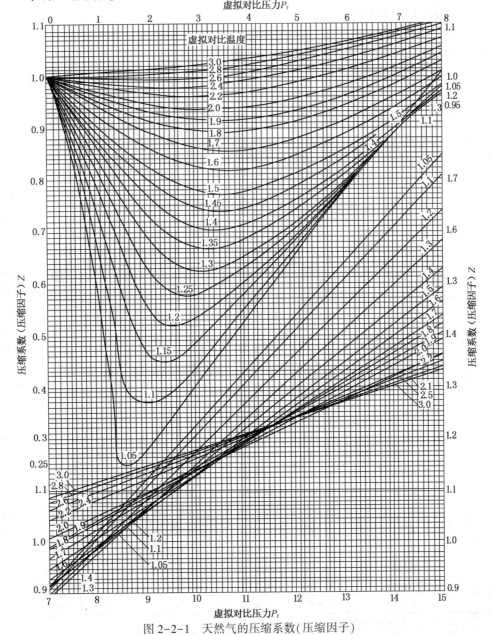

图 2-2-1　天然气的压缩系数(压缩因子)

2. 计算法求压缩因子

压缩因子也可以通过计算方法求得，下面介绍几个常用公式。

1）美国加利福尼亚天然气协会(CNGA)公式

$$Z = \frac{1}{1 + \dfrac{5.072 \times 10^6 P \times 10^{1.785\Delta}}{T^{3.825}}} \qquad (2-2-11)$$

式中　P——气体压力，MPa(绝)；

　　　T——气体温度，K；

　　　Δ——气体相对密度。

该式适用于 $\Delta = 0.55 \sim 0.7$，$P = 0 \sim 6.89$MPa，$T = 272.2 \sim 333.3$K 的天然气。

2）在计量参比条件下的压缩因子 Z_{mix}

考虑到气体非理想性，在计算体积发热量、密度、相对密度以及沃泊指数时，需要对气体体积进行修正，对体积非理想性的修正正是通过使用压缩因子 Z_{mix} 来进行的。在计量参比条件下的压缩因子 Z_{mix} 的计算公式为：

$$Z_{mix}(t_2, P_2) = 1 - \left[\sum_{j=1}^{N} xj\sqrt{b_j} \right] \qquad (2-2-12)$$

式中　$\sqrt{b_j}$——天然气 j 组分的求和因子，b_j 是通过使用关系式 $b_j = 1 - Z_j$ 获得，其中 Z_j 为各纯组分的压缩因子(假想压缩因子)，可由表2-2-1查得；

　　　x_j——天然气中组分 j 的摩尔分数。

表 2-2-1　天然气各组分在不同计量参比条件下的压缩因子和求和因子

序号	组 分	0℃，101.325kPa		15℃，101.325kPa		20℃，101.325kPa	
		Z	$\sqrt{b}$	Z	$\sqrt{b}$	Z	$\sqrt{b}$
1	甲烷	0.9976	0.0490	0.9980	0.0447	0.9981	0.0436
2	乙烷	0.9900	0.1000	0.9915	0.0922	0.9920	0.0894
3	丙烷	0.9789	0.1453	0.9821	0.1338	0.9834	0.1288
4	丁烷	0.9572	0.2069	0.9650	0.1871	0.9682	0.1783
5	2-甲基丙烷(异丁烷)	0.9580	0.2049	0.9680	0.1789	0.9710	0.1703
6	戊烷	0.9180	0.2864	0.9370	0.2510	0.9450	0.2345
7	2-甲基丁烷(异戊烷)	0.9370	0.2510	0.9480	0.2280	0.9530	0.2168
8	己烷	0.8920	0.3286	0.9130	0.2950	0.9190	0.2846
9	氢气	1.0006	-0.0040	1.0006	-0.0048	1.0006	-0.0051
10	水	0.9300	0.2646	0.9450	0.2345	0.9520	0.2191
11	硫化氢	0.9900	0.1000	0.9900	0.1000	0.9900	0.1000
12	一氧化碳	0.9993	0.0265	0.9995	0.0224	0.9996	0.0200
13	氦气	1.0005	0.0006	1.0005	0.0002	1.0005	0.0000
14	氩气	0.9990	0.0316	0.9992	0.0283	0.9993	0.0265
15	氮气	0.9995	0.0224	0.9970	0.0173	0.9997	0.0173
16	氧气	0.9990	0.0316	0.9992	0.0283	0.9993	0.0265
17	二氧化碳	0.9933	0.0819	0.9944	0.0748	0.9944	0.0728
18	二氧化硫	0.9760	0.1549	0.9790	0.1449	0.9800	0.1414
19	空气	0.99941	—	0.99958	—	0.99963	—

注：氢气、氦气的加和因子值是重新计算值。

例 2-2-1 某低压天然气容器用 U 形管压力计测得天然气表压力为 500mmHg。容器体积 10m³，天然气温度 25℃，相对分子质量 16.08，当地大气压力 0.9atm。计算容器中天然气有多少 kg?

解 天然气压力 $P = P_大 + P_表 = \left(0.9 + \dfrac{500}{760}\right) \times 101.325 = 157.853 \text{kPa}$

因为
$$PV = \frac{m}{M}RT$$

所以
$$m = \frac{PVM}{RT} = \frac{157.83 \times 10 \times 16.08}{8.3144 \times (273.15 + 25)} = 10.24 \text{kg}$$

例 2-2-2 一条管长 10km，管径 529×7 的输气管线两端阀门关闭，管内天然气压力 6kgf/cm²，温度 30℃，天然气相对分子质量 17。后因管漏使天然气压力由 6kgf/cm² 降至 4kgf/cm²，温度变为 25℃。试求：(1)漏失掉多少 m³ 天然气? (2)漏失掉的天然气有多少 kmol，多少 kg?

解 (1) 求管子容积 V：
$$V = \frac{\pi}{4}D^2L = \frac{3.142}{4} \times \left(\frac{529 - 2 \times 7}{1000}\right)^2 \times 10 \times 10^3 = 2083 \text{m}^3$$

(2) 分别计算漏失前后管内有多少 m³ 天然气，两体积之差即是漏失的天然气量。

因为
$$\frac{PV}{T} = \frac{P_b V_b}{T_b}$$

$$故\ V_b = \frac{PVT_b}{TP_b}$$

漏失前
$$V'_b = \frac{PVT_b}{P_b T} = \frac{6 \times 2083 \times 293.15}{1.0332 \times (273.15 + 30)} = 11697 \text{m}^3$$

漏失后
$$V''_b = \frac{PVT_b}{P_b T} = \frac{4 \times 2083 \times 293.15}{1.0332 \times (273.15 + 25)} = 7929 \text{m}^3$$

漏失掉的天然气量：
$$V_b = V'_b - V''_b = 11697 - 7929 = 3768 \text{m}^3$$

(3)漏失前管内天然气质量：
$$N' = \frac{PV}{RT} = \frac{6 \times 101.325 \times 2083}{8.3144 \times (273.15 + 30)} = 502.42 \text{kmol}$$

漏失后管内天然气的质量：
$$N'' = \frac{PV}{RT} = \frac{4 \times 101.325 \times 2083}{8.3144 \times (273.15 + 25)} = 340.57 \text{kmol}$$

漏失掉的天然气 kmol 数：
$$N = N' - N'' = 502.42 - 340.57 = 161.85 \text{kmol}$$

161.85kmol 天然气的质量：
$$M = MN = 16.08 \times 161.85 = 2602.55 \text{kg}$$

因为上例中天然气的压力很低,因此天然气的压缩系数 Z 取 1 误差不大,满足工程要求。

例 2-2-3　某天然气的体积组成如下:甲烷 96%,乙烷 3%,氮 0.5%,二氧化碳 0.15%。试求 3kg 天然气在体积为 $2m^3$、温度为 25℃时的压力。

解　(1)求天然气的视相对分子质量:

$$M = \Sigma Y_i M_i = Y_1 M_1 + Y_2 M_2 + Y_3 M_3 + Y_4 M_4$$

$$= 0.96 \times 16.043 + 0.03 \times 30.07 + 0.005 \times 28.02 + 0.005 \times 44.0$$

$$= 16.7$$

(2)计算天然气压力:

$$P = \frac{mRT}{VM} = \frac{3 \times 8.3144 \times (273.15 + 25)}{2 \times 16.7} = 222.66 kPa$$

第三节　民用天然气性质和天然气管输气质要求

一、天然气的分类

天然气按高位发热量、总硫、硫化氢和二氧化碳含量分为一类、二类和三类。天然气的技术指标应符合表 2-3-1 的规定。

表 2-3-1　天然气的技术指标

项　　目		一类	二类	三类
高位发热量[①]/(MJ/m^3)	≥	36	31.4	31.4
总硫(以硫计)[①]/(mg/m^3)	≤	60	200	350
硫化氢[①]/(mg/m^3)	≤	6	20	350
二氧化碳/%	≤	2	3	—
水露点[②、③]/℃		在交接点压力下,水露点应比输送条件下最低环境温度低 5℃		

① 本表中气体体积的标准参比条件是 101.325kPa,20℃。

② 在输送条件下,当管道管顶埋地温度为 0℃时,水露点应不高于-5℃。

③ 进入输气管道的天然气,水露点的压力应是最高输送压力。

作为民用燃料的天然气,总硫和硫化氢含量应符合一类气或二类气的技术指标。

为充分利用天然气这一矿产资源的自然属性,依照不同要求,结合我国天然气资源的实际,我国标准将天然气分为三类。

一、二类气体主要用作民用燃料。世界各国商品天然气中硫化氢控制含量大多为 5~23mg/m³。考虑到在城市配气和储存过程中,特别是混配和调值时可能有水分加入,为防止配气系统的腐蚀和保证居民健康,我国标准规定一、二类天然气中硫化氢含量分别不大于 6mg/m³ 和 20mg/m³。三类气体主要用作工业原料或燃料。

考虑到由于个别用户对天然气质量要求不同,以及现有不少用户已建有天然气净化设施这一现实情况,在满足国家有关安全卫生等标准的前提下,对于三个类别之外的天然气供需双方可用合同或协议来确定其具体要求。

由于世界各国天然气资源情况不同,其组分含量亦不同,对管输气的要求也不尽相同,但是，随着天然气在能源结构中的比例上升，输气压力升高，输距增长，对气质要求也更趋严格。表2-3-2中列出了国际标准化组织ISO/TC—193的AD. HOC小组，1991年5月关于"天然气质量标准"报告中有代表的气质标准。

表2-3-2　某些国家天然气气质标准

国　别	英　国	荷　兰	法　国	美　国
企业名称	British Gas（第二组）	Gas Unie	Gaz de France	AGA
H₂S/（mg/m³）	5	5	7	5.7
硫醇硫/（mg/m³）	6/16①	15	16.9	11.5
总硫，120/150①	120/150	150	150	22.9
CO₂/mol%	2	1.5	3	—③
O₂/mol%	0.5/3②	0.5	0.5	—③
水露点/含量/［℃/（mg/m³）］	管线压力下地面温度	−10/	/55	/110
烃露点/℃	管线压力下地面温度	−5/	—	—

① 线下为短期容许值。但实际上该公司所有天然气的硫醇硫含量均未达到$q \leqslant 6\mathrm{mg/m^3}$的水平。
② 线上为湿分配管、线下为干分配管容许值。
③ 美国气体协会（AGA）对"其他气体"的要求是：对输送及利用无有害影响。

二、天然气中的含硫量

1. 天然气中硫化氢含量

规定天然气中硫化氢含量的目的在于控制气体输配系统的腐蚀以及减少对人体的危害。湿天然气中当硫化氢含量不大于$6\mathrm{mg/m^3}$时，对金属材料无腐蚀作用；硫化氢含量不大于$20\mathrm{mg/m^3}$时，对钢材无明显腐蚀或此种腐蚀程度在工程所能接受的范围内。

有些天然气的H_2S的质量分数高达10%以上。H_2S是透明、剧毒气体。各种不同浓度下，H_2S对人类的危害见表2-3-3。

表2-3-3　H₂S浓度与人的反应

空气中浓度/（mg/m³）	生物影响及危害	空气中浓度/（mg/m³）	生物影响及危害
0.04	感到臭味	300	暴露时间长则有中毒症状
0.5	感到明显臭味	300~450	暴露1h引起亚急性中毒
5.0	有强烈臭味	375~525	4~8h内有生命危险
7.5	有不快感	525~600	1~4h内有生命危险
15	刺激眼睛	900	暴露30min会引起致命性中毒
35~45	强烈刺激黏膜	1500	引起呼吸道麻痹，有生命危险
75~150	刺激呼吸道	1500~2250	在数分钟内死亡
150~300	嗅觉15min内麻痹		

注：引自SY/T 6277—2005《含硫油气田硫化氢监测与人身安全防护规定》。

在较低浓度下，H_2S会刺激眼睛。反复短时间与H_2S接触，可导致眼睛、鼻子、喉咙的慢性疼痛，但只要在新鲜空气下这种疼痛就会很快消失。H_2S也是一种可燃气体，能在空气中燃烧，其可燃体积分数范围为4.3%~46%。由于H_2S具有剧毒，必须在油气田进行的气体加工中将其控制在买方的要求范围内。

2. 天然气中总硫含量

不同用途的天然气对其中的总硫含量要求各不相同。作为燃料，这个要求是由所含的硫化物燃烧生成二氧化硫对环境与人体的危害程度确定的，可按表2-3-1的规定执行。作为原料，由于加工目的不同所需净化深度各异，对于出矿质量并无统一要求。

三、天然气加臭

作为民用燃料，天然气应具有可以察觉的臭味；无臭味或臭味不足的天然气应加臭。加臭剂的最小量应符合当天然气泄漏到空气中达到爆炸下限的20%浓度时，应能察觉。加臭剂常用具有明显臭味的硫醇、硫醚或其他含硫化合物配制。

城镇燃气加臭剂应符合下列要求：

（1）加臭剂和燃气混合在一起后应具有特殊的臭味。

（2）加臭剂不应对人体、管道或与其接触的材料有害。

（3）加臭剂的燃烧产物不应对人体呼吸有害，并不应腐蚀或伤害与此燃烧产物经常接触的材料。

（4）加臭剂溶解于水的程度不应大于25%（质量分数）。

（5）加臭剂应有在空气中能察觉的加臭剂含量指标。

同时，加味也是一种管道检漏的方法。在检查时注入较多的加味剂，然后沿管道巡回检查，如果闻到加味剂的臭味，则可断定此处管道（或设备）遭破损，操作人员就可找到具体的破裂部位进行修补。这种方法在过去是相当有效的。

天然气加臭有助于发挥社会公众对管道事故报警中的作用，是输配系统的重要安全措施。

欧洲燃气研究集团（GERG）成员国，在天然气加味方面都有标准、规程和法津规定。其加味浓度及其检查方法如表2-3-4所示。

表2-3-4　欧洲煤气研究集团各成员国的天然气加味情况表

国　名	加味剂名称	加味剂浓度/（mg/m³）	浓度检查
比利时	THT（四氢噻吩）	18～20	（气味测量）气体色层法
法　国	THT（四氢噻吩） 硫醇	20～25 5	气体色层法 气体色层法
德　国	THT（四氢噻吩） 硫醇	≥7.5 ≥4	气体色层法 细管反应法
英　国	BE（DES）TBM 和 EM 的混合剂	16	气味测量（气体色层法）
意大利	THT	Δ2①	气味测量（气体色层法）
荷　兰	THT	18	气味测量（气体色层法）

注：DES—二乙基硫醚；TBM—叔西硫醇；EM—乙硫醇。

　　BE 加味剂的组分：二乙基硫醚质量分数为 72%±4%，叔西硫醇质量分数为 22%±2%，乙硫醇质量分数为 6%±2%。

① Δ2—在爆炸下限的 1/5 下气味级 2 级。

GERG 各成员国在天然气加味上都是从这样一个原则出发的，即天然气在空气中浓度为 1%，其气味强度至少达到气味 2 级，表2-3-4 中所列各国规定的加味剂浓度也是按此原则定出的。从表中可看到，采用不同种类的加味剂加味同一种天然气其加味剂浓度是不同的，而用同一种加味剂加味不同组分的天然气其加味剂浓度也是不一样的。

国际上，加臭的程度是以加味强度等级来衡量的，欧洲煤气研究集团 DVGW 工作规程 G280(07/80)报告把气味强度划分为 7 个等级，见表 2-3-5。

表 2-3-5　DVGW 工作规程 G280(07/80)关于气味强度的划分

气味级	定　义	附　注	气味级	定　义	附　注
0	未觉察有气味		3	气味强烈	
0.5	气味很弱	可觉察阈，气味阈	4	气味很强烈	
1	气味弱		5	气味极大	气味强度上升的上限
2	气味中等	警戒气味级			

天然气加味剂浓度视爆炸下限而定，即按照"在达到天然气在空气中的爆炸下限的 1/5 之前，其气味强度至少为气味 2 级"这一原则决定的。在原西德，根据地方的管线情况天然气要添加 5~15mg/THT/m³。在所谓脉冲加味下添加物短时间可增加到 50mg/m³ 左右。加味剂通常选用一些具有强烈刺激臭味、易挥发的化学物质，如乙硫醇、丁硫醇、硫醇混合物和四氢噻吩等。

我国加臭是从安全用气的需要而设置的，一般由城市燃气管理部门来决定。加臭装置大多数设置在城市门站或储配站。在作整个输配系统的设计，或作城市门站、储配站的设计时，应考虑加臭问题。

四、天然气管道输送的气质要求

我国天然气长输管道气质的技术指标见表 2-3-6。

表 2-3-6　天然气长输管道气质的技术指标

项　目	质量指标
高位发热量/(MJ/m³)	>31.4
总硫(以硫计)/(mg/m³)	≤200
硫化氢/(mg/m³)	≤20
二氧化碳/%	≤3.0
氧气/%	≤0.5
水露点/℃	在最高操作压力下，水露点应比最低输送环境温度低 5℃

注：本表中气体体积的标准参比条件是 101.325kPa，20℃。

在管道工况条件下，应无液态烃析出。

天然气中固体颗粒含量应不影响天然气的输送和利用，固体颗粒的直径应小于 5μm。

第四节　天然气水合物

一、水合物的形成

天然气水合物结构复杂而又极不稳定，它由天然气中的某些组分与水组成，称为冰堵。天然气水合物是一种白色结晶固体，外观形似松散的冰，或者致密的雪，密度为 0.80~

$0.90g/cm^3$。天然气水合物是一种笼形晶状包络物，即水分子借氢键结合成笼形晶格，而气体分子则在分子间力作用下被包围在晶格笼形孔室中。

天然气某些组分的水合物分子式为：$CH_4 \cdot 6H_2O$，$C_2H_{68}H_2O$，$C_3H_8 \cdot 17H_2O$，$C_4H_{10} \cdot 17H_2O$，$H_2S \cdot 6H_2O$，$CO_2 \cdot 6H_2O$。戊烷以上烷烃一般不形成水合物。

二、水合物形成和存在条件

（1）天然气中有足够的水蒸气并有液滴存在；

（2）天然气处于适宜的温度和压力状态，即相当高的压力和相当低的温度。

图 2-4-1 为纯甲烷和不同相对密度的天然气生成水合物的温度-压力曲线，当气体中有足够的水蒸气时，每一温度下，都有一个对应的生成水合物的最低压力。曲线的左边为水合物存在区，右边为无水合物区。由图可以看出，在同一温度下，对于相对密度较大的气体，形成水合物的压力较低。在一般情况下，水合物总是在高压低温下易于形成。

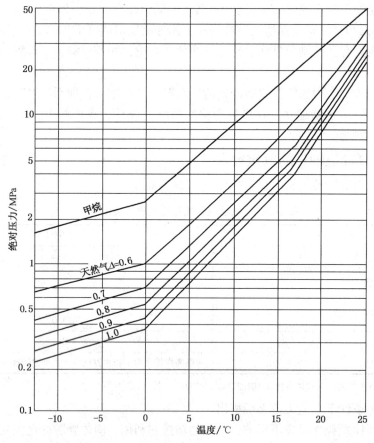

图 2-4-1 纯甲烷和不同相对密度的天然气生成水合物的温度-压力曲线

三、水合物对输气生产的影响

水合物在输气干线或输气站某些管段(如弯头)、阀门、节流装置等处形成后，天然气的流通面积减小，形成局部堵塞，其上游的压力增大，流量减小，下游的压力降低，因而影响了正常输气和平稳为用户供气。同时，水合物若在节流孔板处形成，会影响计量天然气流量的准确性。如果形成的水合物不及时排除，越来越多，堵塞会越来越严重，以至于使上游天然气压力上升较大，引起不安全事故发生。水合物形成堵塞时，下游用户天然气流量会减少，以致影响用户的生产。为此，输气工应该重视天然气水合物形成的危害，极积防止水合物形成，当水合物已形成时，应及时排除它。

四、水合物预防措施

（1）利用水露点检测仪在线监测管输天然气的水露点，确保气源来气的水露点满足管输气要求。

（2）对于刚投产管道，应对阀门、过滤分离器、汇管、调压撬、计量撬、排污罐和放空管等设备进行多次排污，尽量将液体排出。

（3）在调压撬、引压管、过滤分离器积液器和易冰堵管段增加加热器或电伴热，通过加热防止水合物形成。

（4）加入化学制剂抑制天然气水合物形成。

（5）定期清管，清除管道内液体。

五、水合物处理措施

（1）降压解堵法：在形成水合物的管段，利用放空管等设施放空部分天然气，通过降低管段压力来降低水合物形成温度，当水合物形成温度低于管内天然气温度时，水合物会立即分解，且分解速度很快。

（2）注入防冻剂：防冻剂可大量吸收水分，降低水合物形成的平衡温度，破坏水合物形成的条件，使已形成的水合物分解。水合物解除后，需要及时将管内水和防冻剂排出。

（3）对引压管、调压阀及小管径管道等局部水合物采取浇热水方式是最简单易行的处理方法。干线管道冰堵段可采用蒸汽车加热处理，埋地管道则需开挖处理。

（4）放空吹扫冰堵管段，并利用下游分输管道进行反吹。

（5）提高分输压力，减小调压撬前后压差。

第三章　输气管道的水力、热力计算

第一节　管内气体流动的基本方程

一、管内气体流动的基本方程

气体在管道中流动可视为一元流动。气体的运动遵守质量守恒、动量守恒和能量守恒，故由流体力学可建立气体流动相应的连续性方程、运动方程和能量方程。这些方程描述了气体的压力、密度、流速和温度等量之间的关系。

1. 连续性方程

无分支的稳定流动的天然气管道：进入管道的流量等于流出管道的流量，即

$$Q_1 = Q_2 \qquad \rho v A = 常数或 \rho_1 v_1 A_1 = \rho_2 v_2 A_2 \tag{3-1-1}$$

2. 运动方程

通常，描述气体运动规律都是以一个系统为研究对象的，系统就是相同物质的组合。在气体管流的情况下，根据气体流经某一空间的体积来观察问题比根据一定质量的同一气体要简单一些。该空间体积就称为控制体，其表面就称为控制面，控制体可以视为一个系统。控制体内流体的动量改变等于作用该流体上所有力的冲量之和，即

$$d(mv) = \Sigma N_i d\tau$$

式中　$d(mv)$——动量的改变量；

$\Sigma N_i d\tau$——流体方向上力的冲量。

稳定流常用的运动方程为：

$$\frac{dP}{dx} + \rho v \frac{dv}{dx} + g\rho \frac{ds}{dx} + \frac{\lambda}{D} \frac{v^2}{2} \rho = 0 \tag{3-1-2}$$

3. 能量方程

进入系统的能量–离开系统的能量＝系统储存能的变化。

稳定流常用的能量方程为：

$$\left(\frac{\partial h}{\partial T}\right)_p \frac{dT}{dx} + \left(\frac{\partial h}{\partial p}\right)_T \frac{dp}{dx} + v\frac{dv}{dx} + g\frac{ds}{dx} = -\frac{dQ}{dx} \tag{3-1-3}$$

二、稳定流动的气体管流的基本方程

为了简化上述方程组，作以下假设：

(1) 气体在管道中的流动过程为等温流动，即温度不变，T 为常数。

(2) 气体在管道中作稳定流动，即在管道的任一截面上，气体的质量流量 M 为一常数，也就是说气体的质量流量不随时间和距离的改变而改变，$M = \rho v A = 常数$。

等温流动则认为温度 T 已知，实际上是采用某个平均温度，这样就可以在方程组中除去能量方程，使求解简化；稳定流动则可从运动方程和连续性方程中舍去随时间改变的各项。

这样的假设和简化对输气管，特别是长距离输气管可以认为是基本相符的。

稳定流动的运动方程：

$$\frac{\mathrm{d}P}{\mathrm{d}x} + \rho v \frac{\mathrm{d}v}{\mathrm{d}x} + g\rho \frac{\mathrm{d}s}{\mathrm{d}x} + \frac{\lambda}{D}\frac{v^2}{2}\rho = 0$$

两边乘以 $\mathrm{d}x$，并用 $\rho\dfrac{\mathrm{d}v^2}{2}$ 代替 $\rho v\mathrm{d}v^2$ 整理后得：

$$-\mathrm{d}P = \rho\lambda\frac{\mathrm{d}x}{D}\frac{v^2}{2} + \rho g\mathrm{d}s + \rho\frac{\mathrm{d}v^2}{2}$$

或

$$-\frac{\mathrm{d}P}{\rho} = \lambda\frac{\mathrm{d}x}{D}\frac{v^2}{2} + g\mathrm{d}s + \frac{\mathrm{d}v^2}{2} \qquad (3-1-4)$$

式中　P——压力，Pa；

ρ——气体的密度，kg/m^3；

λ——水力摩阻系数，无因次；

x——管道的轴向长度，m；

D——管道内径，m；

v——管道内气体流速，m/s；

g——重力加速度，m/s^2；

s——高程，m。

公式(3-1-4)说明管道的压降由三部分组成：消耗于摩阻的压降，气体上升克服高差的压降和流速增大引起的压降。该式即为稳定的气体管流的基本方程，也是推导输气管水力计算基本公式的基础。

第二节　水平输气管道的基本公式

所谓地形平坦地区输气管道，是指地形起伏高差小于 200m 的管道。这种输气管道克服高差而消耗的压降所占的比重很小，不足以影响计算的准确性，故可忽略不计，可认为 $\mathrm{d}s=0$。所以这种管道可视为水平输气管道，于是方程(3-1-4)变为：

$$-\frac{\mathrm{d}P}{\rho} = \lambda\frac{\mathrm{d}x}{D}\frac{v^2}{2} + \frac{\mathrm{d}v^2}{2} \qquad (3-2-1)$$

式中，ρ、v 是随压力 P 而变化的变量，必须借助连续性方程和气体状态方程共同求解。

由气体状态方程得：

$$\rho = \frac{P}{ZRT} \qquad (3-2-2)$$

由连续性方程可知：

$$M = \rho v A = 常数$$

$$v = \frac{M}{\rho A} = \frac{MZRT}{PA} \qquad (3-2-3)$$

将式(3-2-2)、式(3-2-3)代入式(3-2-1)得：

$$-\frac{\mathrm{d}P}{P}ZRT = \lambda\frac{\mathrm{d}x}{2D}\left(\frac{MZRT}{PA}\right)^2 + \frac{1}{2}\left(\frac{MZRT}{A}\right)^2 \cdot \mathrm{d}\left(\frac{1}{P^2}\right)$$

$$= \frac{1}{2}\left(\frac{MZRT}{PA}\right)^2\left(\lambda\frac{\mathrm{d}x}{D} - 2\frac{\mathrm{d}P}{P}\right)$$

对上式积分，对应的积分限为起点压力 P_Q 和终点压力 P_Z，以及管长 $0 \sim L$。整理化简最后得：

$$M = \sqrt{\dfrac{(P_Q^2 - P_Z^2) A^2}{ZRT\left(\lambda \dfrac{L}{D} + 2\ln \dfrac{P_Q}{P_Z}\right)}} = \dfrac{\pi}{4}\sqrt{\dfrac{(P_Q^2 - P_Z^2) D^4}{ZRT\left(\lambda \dfrac{L}{D} + 2\ln \dfrac{P_Q}{P_Z}\right)}} \qquad (3-2-4)$$

式中　M——天然气质量流量，kg/s；

P_Q——输气管道计算段起点压力或上一压缩机站的出站压力，MPa；

P_Z——输气管道计算段终点压力或下一压缩机站的进站压力，MPa；

D——管道内径，m；

λ——水力摩阻系数，无因次；

Z——天然气压缩系数，无因次；

R——天然气的气体常数，kJ/(kg·K)；

T——天然气的平均温度，K；

L——输气管道计算段的长度或压缩机站站间距，m；

A——输气管道断面面积，m²。

式(3-2-4)中的 $2\ln \dfrac{P_Q}{P_Z}$ 项表示输气管道沿线动能(速度)的增加对流量 M 的影响。对长距离天然气管道而言，由于距离长，$2\ln \dfrac{P_Q}{P_Z}$ 与 $\lambda \dfrac{L}{D}$ 一项相比是很小的，可以忽略。但对于距离短、压降大的输气管道必须考虑这一项的影响，因此，对于平坦地区长距离输气管道，式(3-2-4)可化简为：

$$M = \dfrac{\pi}{4}\sqrt{\dfrac{(P_Q^2 - P_Z^2) D^5}{\lambda ZRTL}} \qquad (3-2-5)$$

在工程设计和生产上通常采用的是在标准状况($P_0 = 1.1325 \times 10^5 \mathrm{Pa}$，$T_0 = 293.15\mathrm{K}$)下的体积流量。因此，为应用方便，需要把质量流量 M 换算成标准状况下的体积流量。

$$Q = \dfrac{M}{\rho_0} \qquad (3-2-6)$$

式中的 ρ_0 为标准状况下的气体密度。由气体状态方程可知：

$$\rho_0 = \dfrac{P_0}{Z_0 RT_0}$$

因标准状况下的气体压缩系数 $Z_0 = 1$，故

$$\rho_0 = \dfrac{P_0}{RT_0} \qquad (3-2-7)$$

用空气的气体常数 R_a 来表示天然气的气体常数 R，则

$$\dfrac{R}{R_a} = \dfrac{\rho_a}{\rho}$$

将 $\Delta = \rho / \rho_a$ 代入上式得：

$$R = \dfrac{R_a}{\Delta} \qquad (3-2-8)$$

把式(3-2-8)代入式(3-2-7)：

$$\rho_0 = \frac{P_0 \Delta}{R_a T_0} \qquad (3-2-9)$$

再把式(3-2-5)、式(3-2-8)和式(3-2-9)代入式(3-2-6)得：

$$Q = \frac{\pi}{4} \frac{\sqrt{R_a} T_0}{P_0} \sqrt{\frac{(P_Q^2 - P_Z^2) D^5}{\lambda Z \Delta T L}}$$

设

$$C = \frac{\pi}{4} \frac{\sqrt{R_a} T_0}{P_0}$$

则

$$Q = C \sqrt{\frac{(P_Q^2 - P_Z^2) D^5}{\lambda Z \Delta T L}} \qquad (3-2-10)$$

式中　Q——天然气在标准状况下的体积流量，m^3/s；

C——常数，数值随各参数所用的单位而定；

R_a——空气的气体常数，$m^2/(s^2 \cdot K)$；

Δ——天然气的相对密度，无因次。

公式(3-2-10)是以体积流量表示的水平输气管道的基本公式。公式中的常数 C 的数值随所采用的单位而定，例如用国际单位制：$P_0 = 1.1325 \times 10^5 Pa$，$T_0 = 293.15K$，$R_a = 287.1 m^2/(s^2 \cdot K)$，则

$$C = \frac{3.14}{4} \cdot \frac{293}{101.3 \times 10^3} \sqrt{287.1} = 0.0384 (m^2 \cdot s \cdot \sqrt{K}/kg)$$

如采用其他单位时，C 的数值列于表3-2-1中。

表 3-2-1　常数 C 值

参 数 的 单 位				C
压力 P	长度 L	管径 D	流量 Q	
Pa(N/m^2)	m	m	m^3/s	0.03848
kgf/m^2	m	m	m^3/s	0.337
kgf/cm^2	km	cm	m^3/d	103.15
kgf/cm^2	km	mm	$\times 10^6 m^3/d$	0.326×10^{-6}
$10^5 Pa$	km	mm	$\times 10^6 m^3/d$	0.332×10^{-6}
MPa	km	m	$\times 10^6 m^3/d$	104.9876

第三节　地形起伏地区输气管道的基本方程

在输气管道线路上出现有比管路起点高或低200m的点，就必须在输气管道的水力计算中考虑高差和地形的影响。这样的输气管可以看作是不同坡度的直管段连接而成，每一直管段的始点和终点就是线路上地形起伏较大的特征点，特征点之间的微小起伏则可以忽略，如图3-3-1所示。

图3-3-1(a)表示一条坡度均匀向上的输气管道，其起点的高程 $S_Q = 0$，终点与起点的高程为 Δs。在该输气管道上取一小段 dx，其高差用 ds 来表示。图3-3-1(b)所示的输气管，

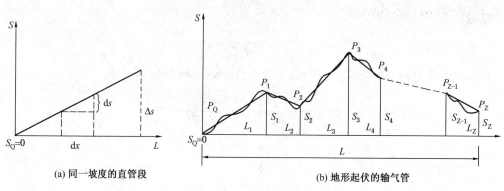

图 3-3-1　地形起伏输气管计算简图

起点压力为 P_Q，终点压力为 P_Z，中间各点压力相应为 P_1、P_2、P_3，…，P_{Z-1}，距离为 L_1、L_2、L_3，…，L_Z，各点高程为 S_1、S_2、S_3，…，S_Z。

对于任意坡度的直管段，若略去气体流速增大的影响，则稳定流管基本方程式可变为：

$$- \frac{\mathrm{d}P}{\rho} = \lambda \frac{\mathrm{d}x}{D} \frac{v^2}{2} + g\mathrm{d}s \qquad (3-3-1)$$

又知

$$v = \frac{4M}{\pi P D^2} = \frac{4MZRT}{\pi P D^2}$$

$$\mathrm{d}s = \frac{\Delta s}{L}\mathrm{d}x$$

式中　Δs——直管段终点与起点的高程差；

　　　L——直管段长度(理论上应为各段斜边长度即管道长度，但设计时一般取直边长，误差用系数修正)。

将以上几式代入式(3-3-1)得：

$$- 2P\mathrm{d}P = \left(M^2 b + a \frac{\Delta s}{L}P^2 \right) \mathrm{d}x$$

其中

$$b = \frac{16ZRT}{\pi^2 D^5}\lambda$$

$$a = \frac{2g}{ZRT}$$

对于图 3-3-1(a) 所示第 i 根直管段，长为 L，起终点压力分别为 P_i，P_{i+1}，代入上式，积分得：

$$- \int_{P_i}^{P_{i+1}} 2P\mathrm{d}P = \int_0^L \left(M^2 b + a\frac{\Delta s}{L}P^2 \right)\mathrm{d}x$$

$$- \int_{P_i}^{P_{i+1}} \frac{P\mathrm{d}P}{P^2 + \dfrac{M^2 b}{a\dfrac{\Delta s}{L}}} = \int_0^l \frac{a\Delta s}{2L}\mathrm{d}x$$

设

$$\frac{bM^2}{a\frac{\Delta s}{2L}} = E$$

代入上式得：
$$-\int_{P_Q}^{P_x} \frac{PdP}{P^2 + E} = \int_0^x a\frac{\Delta s}{2L}dx$$

积分
$$\frac{1}{2}\ln\frac{P_Q^2 + E}{P_x^2 + E} = \frac{a\Delta s}{2}\frac{x}{L}$$

整理化简

$$P_i^2 - P_{i+1}^2 e^{a\Delta s} = M^2 bL \frac{e^{a\Delta s} - 1}{a\Delta s} \qquad (3-3-2)$$

此式是单根直管段各参数之间的关系。起伏地区管线各参数关系，则要把管线分成若干个直管段，根据式(3-3-2)写出各管段的计算公式，然后叠加整理合并得：

$$M = \sqrt{\frac{P_Q^2 - P_Z^2(1 + aS_Z)}{bL\left[1 + \frac{a}{2L}\sum_{i=1}^z (S_i + S_{i-1})L_i\right]}} \qquad (3-3-3)$$

化为工程标准下的体积流量，则

$$Q = C\sqrt{\frac{[P_Q^2 - P_Z^2(1 + aS_Z)]D^5}{\lambda Z\Delta TL\left[1 + \frac{a}{2L}\sum_{i=1}^z (S_i + S_{i-1})L_i\right]}} \qquad (3-3-4)$$

式中　C——同水平输气管，其值可查表；

　　　S_Z——管路终点与起点的高程；

　　　S_i——任意一点相对起点得高程；

　　　L_i——任一直管段长度。

式(3-3-4)即所谓地形起伏地区的输气管道基本公式。

比较式(3-2-10)和式(3-3-4)可看出：在式(3-3-4)的分子上多了一项$(1+aS_Z)$，它表示输气管道终点与起点的高差对流量的影响，S_Z越大，则Q越小，反之亦然；在分母上多了一项$1 + \frac{a}{2L}\sum_{i=1}^z (S_i + S_{i-1})L_i$，它表示输气管道沿线地形对流量的影响。由此可见，不仅终点与起点的高差影响输气管道的能量损失，而且沿线地形也影响输气管道的能量损失，这种对输气管道特有的现象可解释为：由于输气管道沿线压力的变化，气体的密度也跟随变化，压力高，密度大；压力低，密度小。因此，消耗于克服上坡管段的能量损失不能被在下坡管段中气体获得的位能所补偿。

从几何意义上来讲，式(3-3-5)中的$\frac{1}{2}\sum (S_i + S_{i-1})L_i$这一项就是通过线路起点$S_Q$所画的水平线与线路纵断面线所形成的几何面积之和，即

$$A = \frac{1}{2}\sum (S_i + S_{i-1})L_i \qquad (3-3-5)$$

把上式代入式(3-3-4)得：

$$Q = C\sqrt{\frac{[P_Q^2 - P_Z^2(1 + aS_Z)]D^5}{\lambda Z\Delta TL\left[1 + \frac{a}{L}A\right]}} \qquad (3-3-6)$$

　　线路纵断面线与从起点开始所画的水平线之间所包含面积为代数和。纵断面线高于水平线的地方，面积取正值，低与水平线的面积取负值。由式(3-3-6)可知，当其他条件相同时，面积的代数和越小，则输气能力越大。

　　图3-3-2是具有相同起、终点高程且距离相等的几个线路方案，总面积代数和A值最小的输气管道将有最大的输气能力，如图3-3-2中的Ⅲ方案。若起、终点高程相同，则向下铺设的管道就比向上铺设的有更大的输气能力。

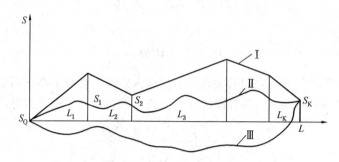

图3-3-2　沿线不同高程的线路方案
Ⅰ—Ⅰ方案沿线高程；Ⅱ—Ⅱ方案沿线高程；Ⅲ—Ⅲ方案沿线高程

第四节　水力摩阻系数与常用输气公式

一、水力摩阻系数

　　前两节推导了地形平坦地区、地形起伏地区输气管道的基本公式。但在工程计算中却有许多不同形式的计算公式，这些公式大都是从基本公式导出来的，只是代入了不同的水力摩阻系数 λ。因此，输气管道的计算公式选得正确与否，还决定于水力摩阻系数 λ 的计算公式选择是否正确。

　　水力摩阻系数 λ 与气体在管道中的流态和管内壁粗糙度有关。

1. 雷诺数

　　输气管道的雷诺数可按以下公式计算：

$$Re = \frac{vD}{\nu} = \frac{Q}{A} \cdot \frac{D}{\nu} = \frac{4Q}{\pi D^2} \cdot \frac{D}{\nu} = \frac{4Q}{\pi D\nu} = \frac{4Q\Delta\rho_a}{\pi D\mu} = \frac{4M}{\pi D\mu} \qquad (3-4-1)$$

式中　v——气体的流速，m/s；

　　　ν——气体的运动黏度，m²/s；

　　　μ——气体的动力黏度，Pa·s；

　　　ρ_a——空气的密度(在标准状况下：$\rho_a = 1.206\text{kg/m}^3$)；

　　　Δ——天然气的相对密度；

　　　D——管道内径，m；

　　　Q——输气管道流量，m³/s；

　　　M——输气管道质量流量，kg/s。

　　如流量 Q 的单位取 m³/s，管内径 D 取 m，动力黏度 μ 取 Pa·s。由式(3-4-1)得：

$$Re = 1.536 \frac{Q\Delta}{D\mu} \qquad (3-4-2)$$

输气管道的雷诺数高达 $10^6 \sim 10^7$，是输油管的 $10 \sim 100$ 倍。一般干线输气管都在阻力平方区，不满负荷时在混合摩擦区，城市及居民区的配气管道多在水力光滑区。

2. 流态划分和边界雷诺数

流体在管道中的流态划分为两大类：层流和紊流。

（1）$Re < 2000$，流态为层流 摩阻系数 λ 仅与雷诺数有关，可用下式计算：

$$\lambda = 64Re^{-1} \qquad (3-4-3)$$

（2）$3000 < Re < Re_1$，光滑区 靠近管壁处有较薄的层流边界层存在，且能盖住管壁上的粗糙凸起。Re_1 为光滑区-混合摩擦区的边界雷诺数，或称第一边界雷诺数：

$$Re_1 = \frac{59.7}{\left(\frac{2k}{D}\right)^{3/7}} \qquad (3-4-4)$$

式中 k——管壁的当量粗糙度(绝对粗糙度的平均值)，mm。

相应的临界流量为：

$$Q_1 = 17.636 \frac{D^{2.12}\mu}{k^{1.12}\Delta}$$

式中 k——管内壁的当量粗糙度，mm。

（3）$Re_1 < Re < Re_2$，混合摩擦区 管壁上的部分粗糙凸起露出层流边界层。Re_2 为混合摩擦区-阻力平方区的边界雷诺数，或第二边界雷诺数：

$$Re_2 = 11\left(\frac{2k}{D}\right)^{-1.5} \qquad (3-4-5)$$

相应的临界流量为：

$$Q_2 = 2.532 \frac{D^{2.5}\mu}{k^{1.5}\Delta}$$

（4）$Re > Re_2$，阻力平方区 层流边界层很薄，管壁上的粗糙凸起几乎全部露出层流边界层。

输气管的管壁粗糙度一般比输油管小。对于新管，美国一般取当量粗糙度 $k_c = 0.02$mm，前苏联平均取 0.03mm，我国通常取 0.05mm。美国气体协会测定了输气管在各种状况下的绝对粗糙度，其平均值如下：

表面状态	绝对粗糙度，mm
新钢管	$0.013 \sim 0.019$
室外暴露 6 个月	$0.025 \sim 0.032$
12 个月	0.038
清管器清扫	$0.008 \sim 0.013$
喷砂	$0.005 \sim 0.008$
内壁涂层	$0.005 \sim 0.008$

管道的当量粗糙度考虑了管道形状损失的影响，一般比绝对粗糙度大 2%~11%。

从上面的数据可以看出，输气管加上了内壁涂层，不但减少了内腐蚀，更主要的是使粗糙度下降了很多，在同样条件下使输气管输气量增加 5%~8%，有的甚至达 10%。

3. 水力摩阻系数 λ 的计算公式

水力摩阻对于气体和对于液体在本质上是一样的，因此计算水力摩阻系数 λ 的公式对于输气管道和对于输油管在原则上没有什么区别。

1）层流区

在层流区（$Re<2000$），摩阻系数 λ 仅与雷诺数有关，可用下式计算：

$$\lambda = 64Re^{-1} \qquad\qquad (3-4-6)$$

2）光滑区

$$\lambda = \frac{0.1844}{Re^{0.2}} \qquad\qquad (3-4-7)$$

3）混合摩擦区

$$\lambda = 0.067\left(\frac{158}{Re} + \frac{2k}{D}\right)^{0.2} \qquad\qquad (3-4-8)$$

或

$$\lambda = 0.11\left(\frac{68}{Re} + \frac{k}{D}\right)^{0.25}$$

4）阻力平方区

因为长距离输气管道中气体的流态大多在阻力平方区，因此各国研究人员对输气管道 λ 计算公式的研究也主要集中在这一区域。下面介绍五个在工程计算上曾广泛采用过的 λ 计算公式。

（1）威莫斯（Weymouth）公式

$$\lambda = \frac{0.09407}{\sqrt[3]{D}} \qquad\qquad (3-4-9)$$

式中　　D——管路内径，m。

这一公式是威莫斯于1912年从生产实践中归纳出来的，已不符合现代情况。当时的情况是天然气的管路输送还只是开始发展，其特点是管径小、输量小、天然气净化程度低，且制管技术差，管内壁表面很不光滑。威莫斯取管壁绝对粗糙度 $k=0.0508$mm（目前美国取 $k=0.02$mm，前苏联取 $k=0.03$mm），并认为是一常数。这些情况比较符合输气管道发展初期的条件，加之这个公式比较简单，因此，该公式适用于管径小、输量不大、净化程度较差的矿场集气管网，仍有足够的准确性。

（2）潘汉德尔（Panhandle）A 式

$$\lambda = \frac{1}{11.81Re^{0.1461}} \qquad\qquad (3-4-10)$$

该式适用于管径从 168.3mm 到 610mm，雷诺数范围从 5×10^6 到 14×10^6 的天然气管道。

（3）潘汉德尔（Panhandle）B 式

$$\lambda = \frac{1}{68.03Re^{0.0392}} \qquad\qquad (3-4-11)$$

该式适用于管径大于 610mm 的天然气管道。

从式（3-4-10）、式（3-4-11）可以看出，潘汉德尔把输气的钢管看作"光滑管"，因此水力摩阻系数仅表示为与雷诺数 Re 的函数，这可理解为钢管内壁表面很光滑（目前在美国取管壁粗糙度 $k=0.02$mm），粗糙度很小，因此可不考虑其影响。

（4）前苏联天然气研究所早期公式

$$\lambda = \frac{0.383}{\left(\dfrac{D}{2k}\right)^{0.2}}\qquad(3-4-12)$$

前苏联早期（20 世纪 50~60 年代）在输气管道的工艺计算中取管内壁粗糙度 $k = 0.04\text{mm}$，把此值代入上式得：

$$\lambda = \frac{0.0555}{D^{0.2}}$$

式中　D——管路内径，m。

（5）前苏联天然气研究所近期公式

$$\lambda = 0.067\left(\frac{2k}{D}\right)^{0.2}\qquad(3-4-13)$$

对于新设计的输气管道，前苏联取 $k = 0.03\text{mm}$，将此值代入上式得：

$$\lambda = \frac{0.03817}{D^{0.2}}$$

式中　D——管路内径，m。

5）适用于紊流三个区的公式

柯列勃洛克公式：

$$\frac{1}{\sqrt{\lambda}} = -2.01\lg\left(\frac{k}{3.71D} + \frac{2.51}{Re\sqrt{\lambda}}\right)\qquad(3-4-14)$$

公式(3-4-14)为 GB 50251—2015 推荐使用的公式。

4. 局部摩阻

由于干线输气管道中气体的流态一般总是处于阻力平方区，因此，局部阻力对输气管道流量的影响较大。为此，必须考虑由于焊缝、闸门、弯头、三通、孔板等引起的局部摩阻。

在实际计算中，通常是使水力摩阻系数 λ 增加 5% 作为对局部摩阻的考虑。

二、常用输气管道流量计算公式

1. 威莫斯公式

水平输气管：

$$Q = C_W D^{8/3}\left(\frac{P_Q^2 - P_Z^2}{Z\Delta TL}\right)^{0.5}\qquad(3-4-15)$$

地形起伏输气管：

$$Q = C_W D^{8/3}\left(\frac{P_Q^2 - P_Z^2(1+aS_Z)}{Z\Delta TL\left[1 + \dfrac{a}{2L}\sum\limits_{i=1}^{Z}(S_i + S_{i-1})L_i\right]}\right)^{0.5}\qquad(3-4-16)$$

2. 潘汉德尔修正公式

水平输气管：

$$Q = C_P E D^{2.53}\left(\frac{P_Q^2 - P_Z^2}{Z\Delta^{0.961}TL}\right)^{0.51}\qquad(3-4-17)$$

地形起伏输气管：

$$Q = C_P E D^{2.53}\left(\frac{P_Q^2 - P_Z^2(1+aS_Z)}{Z\Delta^{0.961}TL\left[1 + \dfrac{a}{2L}\sum\limits_{i=1}^{Z}(S_i + S_{i-1})L_i\right]}\right)^{0.51}\qquad(3-4-18)$$

3. 前苏联早期公式

水平输气管：
$$Q = C_{SZ}D^{2.7}\left(\frac{P_Q^2 - P_Z^2}{Z\Delta TL}\right)^{0.5} \tag{3-4-19}$$

地形起伏输气管：
$$Q = C_{SZ}D^{2.7}\left(\frac{P_Q^2 - P_Z^2(1 + aS_Z)}{Z\Delta TL\left[1 + \dfrac{a}{2L}\displaystyle\sum_{i=1}^{z}(S_i + S_{i-1})L_i\right]}\right)^{0.5} \tag{3-4-20}$$

4. 前苏联近期公式

水平输气管：
$$Q = C_{SJ}a\varphi ED^{2.6}\left(\frac{P_Q^2 - P_Z^2}{Z\Delta TL}\right)^{0.5} \tag{3-4-21}$$

地形起伏输气管：
$$Q = C_{SJ}a\varphi ED^{2.6}\left(\frac{P_Q^2 - P_Z^2(1 + aS_Z)}{Z\Delta TL\left[1 + \dfrac{a}{2L}\displaystyle\sum_{i=1}^{z}(S_i + S_{i-1})L_i\right]}\right)^{0.5} \tag{3-4-22}$$

上述公式中，C_W、C_P、C_{SZ}、C_{SJ} 的值，随公式中各参数的单位不同而不同，具体数值见表 3-4-1。

表 3-4-1　系数 C_P、C_W 和 C_S 的值

参数的单位				系　数　值			
压力 P	长度 L	管径 D	流量 Q	C_W	C_P	C_{SZ}	C_{SJ}
N/m²(Pa)	m	m	m³/s	0.3967	0.3931	0.4102	0.3930
kgf/m²	m	m	m³/s	3.8870	4.0315	4.0191	3.8502
kgf/cm²	km	cm	m³/d	493.47	1077.58	437.5637	664.3641
kgf/cm²	km	mm	Mm³/d	1.063×10^{-6}	4.191×10^{-6}	0.873×10^{-6}	1.6686×10^{-6}
10⁵Pa	km	mm	Mm³/d	1.0825×10^{-6}	4.2697×10^{-6}	0.889×10^{-6}	1.6994×10^{-6}
MPa	km	cm	m³/d	5033	11522	4464.2	6775.6

式(3-4-21)、式(3-4-22)中 a 为流态修正系数，当流态处于阻力平方区时，$a = 1$，如偏离阻力平方区，a 按下式计算：

$$a = \frac{1}{\left(1 + 2.92\dfrac{D^2}{Q}\right)^{0.1}}$$

式中　D——管道内径，m；

　　　Q——输气量，Mm³/d。

φ 为管道接口的垫环修正系数。无垫环，$\varphi = 1$；垫环间距 12m，$\varphi = 0.975$；垫环间距 6m，$\varphi = 0.950$。

在美国和前苏联的近期公式中，都引入了输气管道效率系数 E，这是出于对下述情况的考虑：当天然气中含有水分、特别是当含有硫化氢时（会造成内腐蚀），管壁粗糙度将逐渐增加，使水力摩阻系数增大；此外，在输气管道沿线一些低洼处，凝析液和水分很容易积聚，这会使水力摩阻大大增加；水化物的形成对水力摩阻也有极大的影响。由于以上这些原因，使输气管道效率随时间不断地降低。为了说明运行中的输气管道的工作状况、管路的脏度，在生产上就引入了输气管道效率系数 E，用以表示输气管道流量被减少的程度或输气管

道的效率。计算公式为：

$$E = \frac{Q_s}{Q} = \sqrt{\frac{\lambda_s}{\lambda}}$$

式中　Q_s——输气管道的实际流量；

　　　Q——输气管道的设计流量；

　　　λ_s——实测的水力摩阻系数；

　　　λ——设计中采用的水力摩阻系数。

　　输气管道的效率系数 E 一般小于 1，E 越小，表示输气管道越脏，管内沉积物越多，流量也就越小。因此，必须定期测定 E 值，以确定是否需要采取相应的措施，如发送清管球等，以保证输气管道的正常输量。

　　在输气管道设计中考虑效率系数 E 是为了在输气管道投产以后的较长时期内仍能保持原先的设计能力。在美国一般取 $E = 0.9 \sim 0.96$；在前苏联，对无内壁涂层的新输气管道，取 $E = 1$；有内壁涂层的输气管 $E > 1$。我国管道公称直径为 $300 \sim 800$mm 时，$E = 0.8 \sim 0.9$；公称直径大于 800mm 时，$E = 0.91 \sim 0.94$。

第五节　输气管道压力分布与平均压力

一、沿线压力分布

　　设有一段输气管道 AC 长为 L，起点压力为 P_Q，终点压力为 P_Z，输气管流量为 Q，x 表示管段上任意一点 B 至起点 A 的距离，如图 3-5-1 所示。

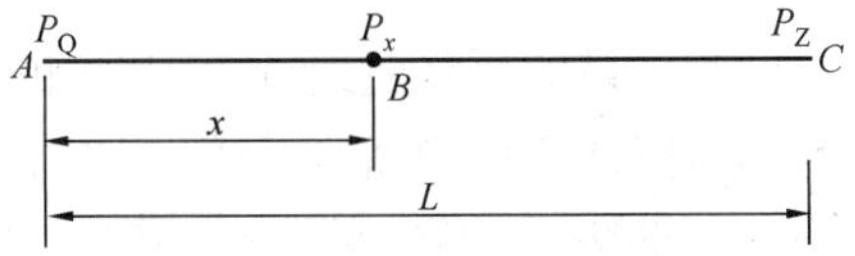

AB 段　　$Q = C\sqrt{\dfrac{(P_Q^2 - P_x^2)D^5}{\lambda Z \Delta T x}}$

BC 段　　$Q = C\sqrt{\dfrac{(P_x^2 - P_Z^2)D^5}{\lambda Z \Delta T (L - x)}}$

图 3-5-1　沿线任意点压力

流量相同，以上两式相等得：

$$\frac{P_Q^2 - P_x^2}{x} = \frac{P_x^2 - P_Z^2}{L - x}$$

整理后得：

$$P_x = \sqrt{P_Q^2 - (P_Q^2 - P_Z^2)\frac{x}{L}} \qquad\qquad (3-5-1)$$

　　在上式中代入不同的 x 值，可求得输气管道沿线任意一点的压力。如代入 $x = 0$，得 $P_x = P_Q$，即起点压力；代入 $x = L$，得 $P_x = P_Z$，即终点压力。由该式可看出，输气管道沿线的压力是按抛物线的规律变化的，这与等温输油管中压力按直线规律变化是不同的。两者之所以不同，是因为输气管道输送的是可压缩的气体。

　　根据式(3-5-1)可作出如图 3-5-2 所示的输气管道压降曲线。

　　从图 3-5-2 可看出，靠近起点的管段压力下降比较缓慢，距离起点越远，压力下降越快，在前 3/4 的管段上，压力损失约占一半，另一半消耗在后面的 1/4 的管段上。因为随着管道内气体压力的降低，气体体积流量增大，而质量流量是恒定的，因此速度增大，摩阻损失随着速度的增加而增加,因此,压力下降也加快,在接近输气管道的终点,气体流速最大,压力下降也最快。

输气管道压缩机站站间终点压力不能降得太低,否则是不经济的,因为能量损失大,也就是说,输气管道站间终点压力应保持较高的数值才是经济合理的,如前苏联一般取 $P_Q = 5.5 \sim 7.5\text{MPa}$,而 $P_Z = 2.5 \sim 4\text{MPa}$。

另外,由水平输气管流量基本公式可得:

$$P_x^2 = P_Q^2 - C'Q^2 \frac{\lambda}{D^5} x$$

其中

$$C' = \frac{1}{C^2} Z \Delta T$$

对于一条已定的干线输气管道,可近似认为 $C'Q^2 \dfrac{\lambda}{D^5}$ 不随输气管道的长度 x 而变化,因此,P_x^2 与 x 的关系为直线关系,如图3-5-3所示,也就是说,输气管道沿线的压力平方的变化是一条直线。

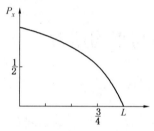

图 3-5-2　输气管道压降曲线

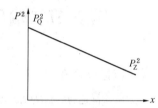

图 3-5-3　输气管道压力平方的变化曲线

输气管道的压降曲线或 P_x^2 与 x 的关系在输气管道的实际操作中有很重要的意义。利用实测的压降曲线可判断输气管段的内部状态(是否有脏物、水化物、凝析液的积聚等),大致确定局部堵塞(形成水化物)或漏气地点等。

二、平均压力

1. 平均压力

当输气管道停止输气时,管道内的压力并不像输油管道那样立刻消失,而是仍处于压力状态下,高压端的气体逐渐流向低压端。起点压力 P_Q 逐渐下降,而低压端因有高压气体流入,终点压力 P_Z 逐渐上升,最后两端压力都达到某个平均值 P_{cp} 即平均压力,这就是输气管道中的压力平衡现象,如图3-5-4所示。

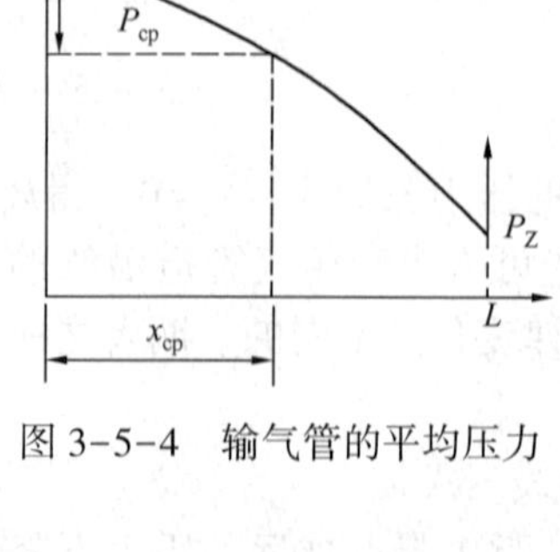

图 3-5-4　输气管的平均压力

利用式(3-5-1),按管道的全长积分,即可求得输气管道的平均压力:

$$P_{cp} = \int_0^L \frac{P_x \mathrm{d}x}{L} = \frac{1}{L} \int_0^L \sqrt{P_Q^2 - (P_Q^2 - P_Z^2)\frac{x}{L}}\,\mathrm{d}x$$

积分并整理后得:

$$P_{cp} = \frac{2}{3}\left(P_Q + \frac{P_Z^2}{P_Q + P_Z}\right) \qquad\qquad (3-5-2)$$

2. 平均压力的实际应用

（1）用来求输气管道的储气能力 V_s。

$$V_s = V \frac{P_{cp}}{P_0} \frac{T_0}{TZ}$$

式中　V——管路的几何容积。

（2）用来求天然气的压缩系数 Z。

根据平均压力按第一节的方法求得压缩系数。

（3）在设计中，为了节约钢材，在可能的情况下，应采用等强度管，即采用不同壁厚的管子。对输气管道来说，只有在管内压力大于平均压力 P_{cp} 的管段上才能采用等强度管，也即输气管道最小壁厚所能承受的压力不能小于 P_{cp}，这是出于对输气管道的压力平衡现象的考虑。如果管道某点的压力 $P = P_{cp}$，则可求得该点距起点的距离，设此点至输气管道起点的距离为 x_{cp}，如图 3-5-4 所示。由输气沿线任意一点压力的计算公式可得：

$$x_{cp} = \frac{P_q^2 - P_{cp}^2}{P_Q^2 - P_Z^2} L \qquad (3-5-3)$$

求得此点就可确定此点前的管段可采用等强度管，而此点后的管段，其壁厚应按 P_{cp} 考虑。从式（3-5-3）可看出，x_{cp} 是随压力而变化的函数，但其变化范围不是很大：

当 $P_Z \to 0$ 时，由式（3-5-2）得：

$$P_{cp} = \frac{2}{3} \left(P_Q + \frac{P_Z^2}{P_Q + P_Z} \right) \approx \frac{2}{3} P_Q$$

代入式（3-5-3）得：

$$x_{cp} = \frac{P_Q^2 - P_{cp}^2}{P_Q^2 - P_Z^2} L \approx 0.55L$$

当 $P_Z \to P_Q$ 时，由式（3-5-2）得 $P_{cp} = P_Q$，代入式（3-5-3）得：
$$x_{cp} \approx 0.5L$$

故 P_Z 从 0 变化至 P_Q 时，x_{cp} 从 0.55L 变化至 0.5L。公程上近似可取 $x_{cp} \approx 0.5L$，即输气管后一半管段要按平均压力选择壁厚。

第六节　复杂输气管道的计算

直径不变、流量一致的单一管道称为简单管。除此以外的其他管道或管道系统称为复杂管，一切复杂管都可以用简单管公式或将其转化为简单管来求解。求解复杂管的目的为：

（1）已知流量、压降等参数，求管径；

（2）已知管径等参数求该管允许通过的流量或压降。

一、等流量复杂管计算

复杂管按各断面流量可分为等流量和不等流量两种。等流量复杂管，也就是该管道或管系各断面流量不变的复杂管。求解等流量复杂管常用当量管法（将复杂管转化为流量相等的简单管）或流量系数法。两者本质上无多大差别，但后者由于流量系数很容易从表格上查得，计算和使用都比较方便，故一般较多使用流量系数法。

当量管法就是已知一条直径为 D、长度为 L 的输气管道，若在相同的起终点压力 P_Q 和 P_Z 下，由另一条直径为 D_d、长度为 L_d 的管道来代替，而且两条管道具有相同的输气量，那么后者称为前者的当量输气管，D_d 为当量直径，L_d 为当量长度。根据公式(3-2-5)其换算关系式为：

$$\frac{L_d}{D_d^5} = \frac{L}{D^5}$$

若已知当量输气管的直径 D_d，即可求出当量输气管的长度 L_d：

$$L_d = L \left(\frac{D_d}{D} \right)^5$$

同理，如给出当量长度 L_d，也可求出当量直径 D_d：

$$D_d = D \left(\frac{L_d}{L} \right)^{-5}$$

流量系数法假定任何等流量复杂管的流量都可以由某一标准简单管的流量乘以该复杂管的流量系数来求得。所谓标准管就是 P_Q、P_Z、L、Δ、Z 和 T 都与要计算的复杂管相同，而管径 D_0 为某一标准值(一般取 $D_0 = 1\text{m}$)的输气管，标准管的流量为：

$$Q_0 = C \sqrt{\frac{(P_Q^2 - P_Z^2) D_0^5}{\lambda_0 Z \Delta T L}}$$

根据定义，复杂管的流量为：

$$Q = Q_0 K_L = Q_0 = C \sqrt{\frac{(P_Q^2 - P_Z^2) D_0^5}{\lambda_0 Z \Delta T L}} \cdot K_L \qquad (3-6-1)$$

或

$$P_Q^2 - P_Z^2 = BQ^2 \frac{\lambda_0}{D_0^5} \cdot \frac{L}{K_L^2} \qquad (3-6-2)$$

其中

$$B = \frac{Z \Delta T}{C^2}$$

式中 K_L——流量系数。

对于一条非标准的简单管：

$$Q = C \sqrt{\frac{(P_Q^2 - P_Z^2) D^5}{\lambda Z \Delta T L}} \qquad (3-6-3)$$

故简单管的流量系数：

$$K_L = \frac{Q}{Q_0} = \sqrt{\frac{\lambda_0 D^5}{\lambda D_0^5}} \qquad (3-6-4)$$

取 $\lambda = 0.067 (2K/D)^{0.2}$，则

$$K_L = (D/D_0)^{2.6}$$

若标准管 $D_0 = 1\text{m}$，根据上式计算得到的各种管径的简单管的流量系数如表3-6-1所示。等流量复杂管实质上是简单管的不同组合。复杂管的流量系数可由组成复杂管的简单管的流量系数求得。从而可根据式(3-6-1)和式(3-6-2)求得流量或压力平方差。

表 3-6-1 简单管的流量系数

输气管外径/mm	管 壁 厚/mm										
	6	7	8	9	10	11	12	13	14	15	16
219	0.0167	0.0162	0.0158	0.0154	0.0150	0.0146	0.0142				
273	0.0304	0.0298	0.0292	0.0286	0.0280	0.0275	0.0269				
325	0.0488	0.0480	0.0472	0.0464	0.0456	0.0448	0.0440	0.0433	0.0426	0.0418	0.0411
377	0.0728	0.0717	0.0707	0.0697	0.0687	0.0677	0.0667	0.0657	0.0648	0.0638	0.0629
426	0.1010	0.0997	0.0985	0.0972	0.0960	0.0948	0.0935	0.0923	0.0911	0.0900	0.0888
529	0.1799	0.1781	0.1763	0.1754	0.1728	0.1710	0.1693	0.1675	0.1658	0.1641	0.1624
630	0.2861	0.2837	0.2813	0.2790	0.2766	0.2743	0.2719	0.2696	0.2673	0.2650	0.2627
720	0.4075	0.4045	0.4015	0.3985	0.3956	0.3927	0.3897	0.3868	0.3840	0.3811	0.3782
820	0.5745	0.5708	0.5671	0.5635	0.5598	0.5562	0.5526	0.5490	0.5454	0.5418	0.5382
920	0.7781	0.7736	0.7692	0.7648	0.7604	0.7560	0.7516	0.7473	0.7429	0.7386	0.7343
1020	1.0209	1.0157	0.0104	1.0052	1.0000	0.9948	0.9896	0.9845	0.9793	0.9742	0.9691
1220	1.6345	1.6274	1.6204	1.6134	1.6055	1.5995	1.5926	1.5857	1.5788	1.5719	1.5650

1. 平行管

有相同起点和终点的若干条输气管道称为平行输气管道，又叫并联输气管道。平行输气管道的长度及起终点压力 P_Q 和 P_Z 是一样的。设有 n 条平行输气管道，见图 3-6-1，其总输量为：

$$Q = \sum_{i=1}^{n} Q_i$$

$$Q_i = Q_0 \cdot K_{Li}$$

故

$$Q = Q_0 \sum_{i=1}^{n} K_{Li}$$

所以平行管的流量系数等于各管流量系数之和，即

$$K_L = \sum_{i=1}^{n} K_{Li} \qquad (3-6-5)$$

求得流量系数后可根据式(3-6-1)和式(3-6-2)求得流量或压力平方差。

2. 变径管

变径管各段流量相等，全线的压力平方差等于各段压力平方差之和，如图 3-6-2 所示。

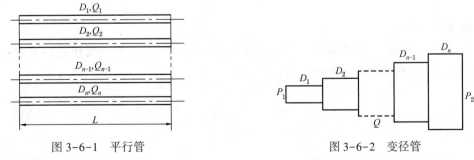

图 3-6-1 平行管　　　　　　图 3-6-2 变径管

第 i 段的压力平方差：

$$P_{i-1}^2 - P_i^2 = BQ^2 \frac{\lambda_0}{D_0^5} \cdot \frac{L_i}{K_{Li}^2}$$

全线

$$P_Q^2 - P_Z^2 = BQ^2 \frac{\lambda_0}{D_0^5} \sum_{i=1}^{n} \frac{L_i}{K_{Li}^2}$$

两式比较

$$\frac{L}{K_L^2} = \sum_{i=1}^{n} \frac{L_i}{K_{Li}^2}$$

变径管的流量系数为：

$$K_L = \sqrt{\frac{L}{\sum_{i=1}^{n} \frac{L_i}{K_{Li}^2}}} \qquad\qquad (3-6-6)$$

变径管是提高流量或终点压力的措施之一。设某管路长为 L，起终点压力为 P_1、P_2。管径为 D_1，流量系数为 K_{L1}，流量为 Q_1。为了将输气量增至 Q_2，终点压力升至 P_Z，将该管道的后半部改建成管径为 D_2，流量系数为 K_{L2} 的变径管。试求其改建的长度 X。

原管道：

$$Q_1 = Q_0 \cdot K_{L1}$$

改建后：

$$Q_2 = Q_0 \cdot K_L = Q_0 \left(\frac{P_1^2 - P_Z^2}{P_1^2 - P_2^2}\right)^{0.5} \sqrt{\frac{L}{\frac{L-X}{K_{L1}^2} + \frac{X}{K_{L2}^2}}}$$

流量提高比：

$$E = \frac{Q_2}{Q_1} = \left(\frac{P_1^2 - P_Z^2}{P_1^2 - P_2^2}\right)^{0.5} \sqrt{\frac{1}{1 - \frac{X}{L}\left[1 - \left(\frac{K_{L1}}{K_{L2}}\right)^2\right]}}$$

由上式得：

$$X = \left[1 - \frac{1}{E^2} \cdot \frac{P_1^2 - P_Z^2}{P_1^2 - P_2^2}\right] \frac{K_{L2}^2}{K_{L2}^2 - K_{L1}^2} \cdot L$$

若仅仅提高流量而不改变终点压力，则

$$X = \left[1 - \frac{1}{E^2}\right] \frac{K_{L2}^2}{K_{L2}^2 - K_{L1}^2} \cdot L$$

根据公式

$$K_L = (D/D_0)^{2.6}$$

又可写成

$$X = \left[1 - \frac{1}{E^2}\right] \frac{1}{1 - \left(\frac{D_1}{D_2}\right)^{5.2}} \cdot L$$

3. 副管

多根并列的副管称为多线副管。多线副管如图 3-6-3 所示，可以看作是由 n 段不同管径组成的变径管，根据变径管流量系数公式可得：

$$K_L = \sqrt{\frac{L}{\sum_{i=1}^{n} \frac{L_i}{K_{Li}^2}}}$$

每一段由 m 条平行管组成，则

$$K_{Li} = \sum_{j=1}^{m} K_{Lij}$$

所以多线副管的流量系数为：

$$K_{\mathrm{L}} = \sqrt{\dfrac{L}{\displaystyle\sum_{i=1}^{n} \dfrac{L_i}{\left(\displaystyle\sum_{j=1}^{m} K_{\mathrm{L}ij}\right)^2}}} \tag{3-6-7}$$

一条最简单的多线副管如图 3-6-4 所示，即 $n=2$，$L_1 = L-x$，$L_2 = x$，$m_1 = 1$，$m_2 = 2$，其流量系数为：

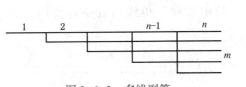

图 3-6-3　多线副管

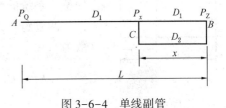

图 3-6-4　单线副管

$$K_{\mathrm{L}} = \dfrac{K_{\mathrm{L}1}}{\sqrt{1 - \dfrac{x}{L}\left[1 - \left(\dfrac{K_{\mathrm{L}1}}{K_{\mathrm{L}1}+K_{\mathrm{L}2}}\right)^2\right]}}$$

铺设单线副管也可以提高流量或终点压力。

铺设前：
$$Q_1 = Q_0 K_{\mathrm{L}1}$$

铺设后：
$$Q_2 = Q_0 \left(\dfrac{P_1^2 - P_{\mathrm{Z}}^2}{P_1^2 - P_2^2}\right)^{0.5} \dfrac{K_{\mathrm{L}1}}{\sqrt{1 - \dfrac{x}{L}\left[1 - \left(\dfrac{K_{\mathrm{L}1}}{K_{\mathrm{L}1}+K_{\mathrm{L}2}}\right)^2\right]}}$$

流量比：
$$E = \dfrac{Q_2}{Q_1} = \left(\dfrac{P_1^2 - P_{\mathrm{Z}}^2}{P_1^2 - P_2^2}\right)^{0.5} \dfrac{1}{\sqrt{1 - \dfrac{x}{L}\left[1 - \left(\dfrac{K_{\mathrm{L}1}}{K_{\mathrm{L}1}+K_{\mathrm{L}2}}\right)^2\right]}}$$

铺设副管长度：
$$x = \left[1 - \dfrac{1}{E^2}\cdot\dfrac{P_1^2 - P_{\mathrm{Z}}^2}{P_1^2 - P_2^2}\right]\cdot\dfrac{L}{1 - \left(\dfrac{K_{\mathrm{L}1}}{K_{\mathrm{L}1}+K_{\mathrm{L}2}}\right)^2}$$

当副管与主管管径相同时：
$$x = \dfrac{4}{3}\left[1 - \dfrac{1}{E^2}\cdot\dfrac{P_1^2 - P_{\mathrm{Z}}^2}{P_1^2 - P_2^2}\right]L$$

若仅仅提高流量或终点压力，则分别为：
$$x = \dfrac{4}{3}\left(1 - \dfrac{1}{E^2}\right)L$$

$$x = \dfrac{4}{3}\left(\dfrac{P_{\mathrm{Z}}^2 - P_2^2}{P_1^2 - P_2^2}\right)L$$

从上述公式中可以看出，x 值与副管所在的位置无关，即副管铺设在管道的前段、中间或尾部对改变流量和终点压力的影响是一样的。从节约金属的观点来看，铺在压力较低的尾部较好。

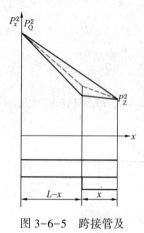

图 3-6-5　跨接管及
其 P_x^2 的分布

4. 跨接管

　　平行管线之间的连通管称为跨接管。如两条平行管道，一条为等径管，一条为变径管(或副管)。如图 3-6-5 所示，两条管道的压力平方降落线是不一样的。前者为一条直线，后者为一条折线。如果在变径点处用一跨接管将两者连通，这两条管道的压力平方分布线都会变为图3-6-5中的虚线。压力和流量的再分配会使整个系统的流量增加。

　　两管跨接之前为一简单管和一单线副管平行使用，流量系数为：

$$K_L = K_{L1} + K_{23} = K_{L1} + \frac{K_{L2}}{\sqrt{1 - \dfrac{x}{L}\left[1 - \left(\dfrac{K_{L2}}{K_{L2} + K_{L3}}\right)^2\right]}}$$

　　跨接之后，其流量系数可由单线副管流量系数公式推导而得：

$$K'_L = \frac{K_{L1} + K_{L2}}{\sqrt{1 - \dfrac{x}{L}\left[1 - \left(\dfrac{K_{L1} + K_{L2}}{K_{L1} + K_{L2} + K_{L3}}\right)^2\right]}} \qquad (3-6-8)$$

　　流量提高比为：

$$E = \frac{Q'}{Q} = \frac{K'_L}{K_L}$$

　　若管径相同，$K_{L1} = K_{L2} = K_{L3}$，并设 $x/L = 1/2$，则

$$K'_L = 2.353K_{L1} \qquad K_L = 2.265K_{L1}$$

　　所以

$$E = 2.353/2.265 = 1.04$$

　　上式说明，该系统跨接之后输送能力可提高4%。但平行的管数愈多，跨接的效果愈不明显。如果平行管都是直径一致的，既无副管，又无变径管，各管的压力平方分布线是一样的，即使跨接起来也不会提高输送能力。但不等于说平行的等径管之间跨接就没意义。例如有两条等径平行管线，其中一条的 $L-x$ 段按计划需要修理。为了减少输量的降低，将其余 x 段与另一条管线跨接起来，就很有意义。修理之前两条管线的流量系数为：

$$K_L = K_{L1} + K_{L2}$$

　　其中一条的 $L-x$ 段修理，跨接之后变为单线副管，其流量系数为：

$$K'_L = \frac{K_{L1}}{\sqrt{1 - \dfrac{x}{L}\left[1 - \left(\dfrac{K_{L1}}{K_{L1} + K_{L2}}\right)^2\right]}}$$

　　如果没有跨接，一条管线中 $L-x$ 段修理，该条管线就得停输，若两条管线管径相同，停输一条，流量就要下降50%。跨接之后，流量降低比则等于两者流量系数之比：

$$\psi = \frac{Q'}{Q} = \frac{K_{L1}}{K_{L1} + K_{L2}} \cdot \frac{1}{\sqrt{1 - \dfrac{x}{L}\left[1 - \left(\dfrac{K_{L1}}{K_{L1} + K_{L2}}\right)^2\right]}}$$

　　如果允许的流量降低是受限制的，即 ψ 已知，则一条管线的允许修理长度的百分比最

常见的情况是管径相同，$K_{L1} = K_{L2}$。允许修理长度的百分比为：

$$n = \frac{1 - \psi^2}{3\psi^2}$$

若限定 $\psi = 0.8$，则

$$n = \frac{1 - 0.64}{3 \times 0.64} = 18.75\%$$

上述结果说明：两条平行管线中的一条的某个部位需停气检修，而流量降低不得超过20%，则最多可将该管线的18.75%的段落用线路截断阀隔开，其余部分用跨接管和另一管线连通起来，就可达到目的。这种做法实质上是要充分利用被检修管线的非检修部分的输气能力。

二、不等流量复杂管的计算

在长距离输气管道的设计中，通常会遇到输气管道沿线需引出若干分气支线的情况，以供输气管道通过地区的某些城镇的用气；也可能遇到输气管道沿线需引入若干进气支线的情况，以接收输气管邻近地区的气源的天然气；也有可能同一条输气管道兼有以上两种情况。这种沿线有气体分出或引入的输气管道的特点是管路中的流量逐段变化：在分气的情况下，流量逐段减小；在进气的情况下，流量逐段增大。

1. 平坦地区输气管道

设输气管道长 L，直径 D，起点和终点的压力 P_Q 和 P_Z。该输气管道沿线有若干分气支线，各分气支线的流量为 q_1，q_2，q_3，$\cdots$，q_n，各分气点之间的管段长度为 L_1，L_2，$\cdots$，L_{n+1}，各分气点的压力为 P_{x1}，P_{x2}，$\cdots$，P_{xn}，输气管道起点的总流量为 Q，如图3-6-6所示。

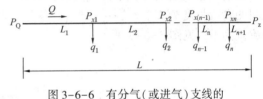

图 3-6-6　有分气（或进气）支线的水平地区输气管道

由公式 $Q = C\sqrt{\dfrac{(P_Q^2 - P_Z^2)D^5}{\lambda Z\Delta TL}}$ 得：

$$P_Q^2 - P_Z^2 = \frac{Z\Delta T}{C^2}\frac{\lambda}{D^5}Q^2 L = KQ^2 L$$

令

$$K = \frac{Z\Delta T}{C^2}\frac{\lambda}{D^5}$$

根据上式，对分气点之间得管段列出如下方程：

$$P_Q^2 - P_{x1}^2 = KQ^2 L_1$$
$$P_{x1}^2 - P_{x2}^2 = K(Q - q_1)^2 L_2$$
$$\cdots\cdots$$
$$P_{xn}^2 - P_Z^2 = K\left(Q - \sum_{j=1}^{n} q_j\right)^2 L_{n+1}$$

将以上方程组相加得：

$$P_Q^2 - P_Z^2 = K\left[Q^2 L_1 + (Q - q_1)^2 L_2 + \Lambda + \left(Q - \sum_{j=1}^{n} q_j\right) L_{n+1}\right]$$

化简整理后得：

$$Q = \frac{M}{L}\left[\sqrt{1 - \frac{L}{M^2}\left(N - \frac{P_Q^2 - P_Z^2}{K}\right)} + 1\right] \qquad (3-6-9)$$

其中
$$M = L_2 q_1 + L_3 \sum_{j=1}^{2} q_j + L_4 \sum_{j=1}^{3} q_j + \Lambda + L_{n+1} \sum_{j=1}^{n} q_j \qquad (3-6-10)$$

$$N = L_2 q_1^2 + L_3 \left(\sum_{j=1}^{2} q_j \right)^2 + L_4 \left(\sum_{j=1}^{3} q_j \right)^2 + \Lambda + L_{n+1} \left(\sum_{j=1}^{n} q_j \right)^2 \qquad (3-6-11)$$

如输气管道沿线有若干进气支线，则

$$Q = \frac{M}{L} \left[\sqrt{1 - \frac{L}{M^2} \left(N - \frac{P_Q^2 - P_Z^2}{K} \right)} - 1 \right] \qquad (3-6-12)$$

如输气管道沿线既有分气支线、又有进气支线时，式(3-6-9)或式(3-6-12)仍适用，但需相应地改变式(3-6-10)、式(3-6-11)中的符号。

使用式(3-6-9)时，式(3-6-10)、式(3-6-11)中对应的进气量为"$-q$"，对应的分气量为"$+q$"；使用式(3-6-12)时，式(3-6-10)、式(3-6-11)中对应的分气量为"$-q$"，对应的进气量为"$+q$"。

由式(3-6-9)或式(3-6-12)求得起点流量Q后，就可求得各分气点(或进气点)的压力P_{xi}。如Q已知，同样也可求得直径。

2. 地形起伏地区输气管道

我们把长为L、直径为D、按实际地形敷设的输气管道分成许多具有不同坡度的直线管段。设输气管道沿线有若干分气支线，各分气支线的流量为q_1，q_2，q_3，…，q_n，各分气点之间的管段长度为L_1，L_2，…，L_{n+1}，各分气点的压力为P_{x1}，P_{x2}，…，P_{xn}，输气管道起点的流量为Q，见图3-6-7所示。

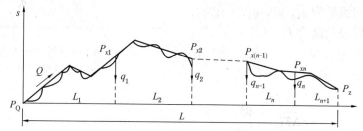

图3-6-7　有分气(或进气)支线的地形起伏地区输气管道

同样，地形起伏地区输气管道沿线有若干分气支线：

$$Q = \frac{M_0}{L_0} \left\{ \sqrt{1 - \frac{L_0}{M_0^2} \left[N_0 - \frac{P_Q^2 - P_Z^2 (1 + a\Delta s)}{K} \right]} + 1 \right\} \qquad (3-6-13)$$

其中$L_0 = L \left[1 + \frac{a}{2L} \sum_{i=1}^{m} (S_i + S_{i-1}) L_i \right] \qquad (3-6-14)$

$$M_0 = L_2 q_1 \left[1 + \frac{a}{2L_2} \sum_{i=x_1}^{x_2} (S_i + S_{i-1}) L_i \right] + L_3 \sum_{j=1}^{2} q_j \left[1 + \frac{a}{2L_3} \sum_{i=x_2}^{x_3} (S_i + S_{i-1}) L_i \right] + \Lambda$$

$$+ L_{n+1} \sum_{j}^{n} q_j \left[1 + \frac{a}{2L_{n+1}} \sum_{i=x_n}^{m} (S_i + S_{i-1}) L_i \right] \qquad (3-6-15)$$

$$N_0 = L_2 q_1^2 \left[1 + \frac{a}{2L_2} \sum_{i=x_1}^{x_2} (S_i + S_{i-1}) L_i \right] + L_3 \left(\sum_{j=1}^{2} q_j \right)^2 \left[1 + \frac{a}{2L_3} \sum_{i-x_2}^{x_3} (S_i + S_{i-1}) L_i \right] + \Lambda$$

$$+ L_{n+1} \left(\sum_{j}^{n} q_j \right)^2 \left[1 + \frac{a}{2L_{n+1}} \sum_{i=x_n}^{m} (S_i + S_{i-1}) L_i \right] \qquad (3-6-16)$$

式中　i——管路沿线桩号；

　　　j——管路沿线进(分)气点编号。

如输气管道沿线有若干进气支线，则

$$Q = \frac{M_0}{L_0}\left\{\sqrt{1 - \frac{L_0}{M_0^2}\left[N_0 - \frac{P_Q^2 - P_Z^2(1 + a\Delta s)}{K}\right]} - 1\right\} \qquad (3-6-17)$$

如输气管道沿线既有分气支线、又有进气支线时，式(3-6-13)或式(3-6-16)仍适用，但需相应地改变式(3-6-14)、式(3-6-15)等式中 q 的符号，改变方法与式(3-6-9)、式(3-6-12)相同。

由式(3-6-13)或式(3-6-16)求得输气管道起点流量后，就可求得各分气点(或进气点)的压力 P_{xi}。如已知 P_Q、P_Z、q_j、L_i、Q，也可求得管径 D。

以上两种情况指的都是沿线有分气或进气支线且直径相同的输气管道。但在实践中，也需要解决沿线有分气或进气支线但直径不同的输气管道的计算问题。当输气管道在起点流量、起点压力和终点压力以及沿线分气量或进气量已定的情况下，为节约钢材，各分气(进气)点之间的管段直径应该是不同的，在分气的情况下，各管段的直径逐段减小；在进气的情况下，各管段直径逐段增加。对这种输气管道的计算可采取分段试算法，即按式(3-2-10)或式(3-3-4)，假设各管段的直径，求各分气点(或进气点)的压力，如最后得到的终点压力或起点压力符合给定的要求，则计算就此为止，否则重设各管段直径，重新计算，直到终点压力或起点压力符合给定值为止。

第七节　输气管温度分布和平均温度

长距离输气管的温度分布几乎不存在等温流动。不论是气田的地层温度，或是压缩机的出口温度，或是从净化厂出来的气体温度，一般都超过输气管道埋深处的土壤温度。因此，气体在管道内流动过程中，温度逐渐降低，在管道末段趋近于甚至低于周围介质温度。为此，必须了解输气管的温度分布，以便于为水力计算参数(T，Z)的选取提供正确的基础。更好地进行设计和管理。

一、输气管的温度变化规律

1. 温降公式

设有一输气管路(或两压气站间管路)，如图 3-7-1 所示。气体从起点温度 t_Q，在沿管道流动过程中，不断把热量散失到周围介质中，而使本身温度逐渐降低。设周围介质温度为 t_0，气体流到距起点 x 处时，温度降为 t，则单位时间内由 $\mathrm{d}x$ 段向外散失的热量为：

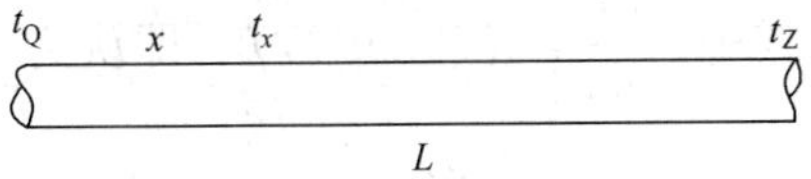

图 3-7-1　输气管路的温度分布

$$\mathrm{d}Q = K\pi D(t - t_0)\mathrm{d}x$$

又设气体在 $\mathrm{d}x$ 段内温度为 $\mathrm{d}t$，则 $\mathrm{d}x$ 段内气体放出的热量为 $\mathrm{d}Q'$。考虑到 $\mathrm{d}x$ 段为微元小段，故可近似看成 $\mathrm{d}x$ 内的变化为等压过程。所以：

$$\mathrm{d}Q' = MC_\mathrm{P} \cdot \mathrm{d}t \quad [C_\mathrm{P} \text{ 为定压比热容，J/(kg·℃)}]$$

根据热平衡原理，相同时间内，气体在 $\mathrm{d}x$ 段放出的热量应等于该段散失到周围介质中

的热量(不考虑摩擦热的影响),即

$$K\pi D(t - t_0)\mathrm{d}x = -MC_P\mathrm{d}t \qquad (3-7-1)$$

上式中温降 $\mathrm{d}t$ 在输气管中是由两方面的原因引起的:第一,气体与外界热交换产生的温降,$\mathrm{d}t_1$;第二,因真实气体的固有特性——节流效应而引起的温降,$\mathrm{d}t_2$;气体在管道中经过突然缩小的断面(如管道上的针形阀,孔板等)产生强烈的涡流,使压力下降,这种现象,称节流。

节流过程是不可逆的绝热过程。节流以后,造成温度下降的称节流的正效应(正节流效应);节流以后,造成温度上升的称节流的负效应(负节流效应)。

节流效应又称焦耳-汤姆逊效应。节流效应系数 D_i:温度下降数值与压力下降数值的比值(又称焦耳-汤姆逊系数)。即

$$D_i = \lim_{\Delta p \to 0}\left(\frac{\Delta t}{\Delta P}\right)_h = \left(\frac{\partial t}{\partial P}\right)_h \qquad \text{℃/Pa}$$

一般情况下,可使用平均节流效应系数:

$$D_i = \frac{\Delta t}{\Delta P} = \frac{t_1 - t_2}{P_1 - P_2}$$

式中　t_1,t_2——节流前后温度;

$\quad\ P_1$,P_2——节流前后压力。

由此可知:$\mathrm{d}t = D_i \cdot \mathrm{d}P$,则由节流造成温降 $\mathrm{d}t_2 = -D_i\mathrm{d}P$。

$$K\pi D(t - t_0)\mathrm{d}x = -MC_P(\mathrm{d}t_1 + \mathrm{d}t_2) = -MC_P(\mathrm{d}t_1 - D_i\mathrm{d}P)$$

$$= -MC_P(\mathrm{d}t - D_i\mathrm{d}P)$$

整理得:

$$\frac{K\pi D(t - t_0)\mathrm{d}x}{MC_P} = -\mathrm{d}t + D_i\mathrm{d}P$$

令

$$a = \frac{K\pi D}{MC_P}$$

则

$$a(t - t_0)\mathrm{d}x = -\mathrm{d}t + D_i\mathrm{d}P$$

整理,积分得:

$$t_x = t_0 + (t_Q - t_0)e^{-ax} + D_i e^{-ax}\int_0^x \frac{\mathrm{d}P}{\mathrm{d}x} \cdot e^{ax} \cdot \mathrm{d}x \qquad (3-7-2)$$

上式中最后一项是考虑了焦耳-汤姆逊效应而得出的,还必须进一步积分。为了简化,上式中取 $\frac{\mathrm{d}P}{\mathrm{d}x} = -(P_Q - P_Z)/L$,即认为压力沿管长是线性分布,则

$$t_x = t_0 + (t_Q - t_0)e^{-ax} - D_i\frac{P_Q - P_Z}{aL}(1 - e^{ax}) \qquad (3-7-3)$$

如果不考虑节流影响,则可略去最后一项(在干线输气管上,该项一般约等于3~5℃)。则方程可变为:

$$t_x = t_0 + (t_Q - t_0)e^{-ax} \qquad (3-7-4)$$

实际计算时,干线输气管上可取 $D_i = 2.5 \sim 3$℃/MPa。

一般使用式(3-7-3),当精度要求低时,也可使用式(3-7-4)。

以上公式中各参数意义如下：

t_0——输气管埋深处土壤温度，℃；

t_Q——计算段起点天然气温度，℃；

x——计算段任意一点至起点的距离，m；

t_x——计算段距起点 x 处的温度，℃；

$$a = \frac{K\pi D}{MC_P}$$

K——天然气到周围介质的总传热系数(K 意义：天然气与周围介质温差为1℃时，单位时间内通过单位面积所传递的热量)，$W/(m^2 \cdot ℃)$；

D——管路外径，m；

M——输气管质量流量，kg/s；

C_P——天然气的定压比热容，$J/(kg \cdot ℃)$；

L——输气管计算段长度，m；

P_Q，P_Z——输气管计算段起、终点压力，Pa；

D_i——输气管计算段平均节流效应系数，℃/Pa，干线输气管上，$D_i = 2.5 \sim 3.0℃/Pa$。

2. 输气管温降曲线

如图 3-7-2 所示。由于气体密度远小于油品密度，故与同直径的输油管相比，质量流量只有油管的 1/3～1/4，而定压比热 C_P 值相差不大，在同样 K、t_0、D、L 条件下，输气管的 a 值大得多，所以其温降比输油管快得多。温降曲线较陡。

如果考虑节流效应，则输气管的温度可能低于周围介质温度 t_0。

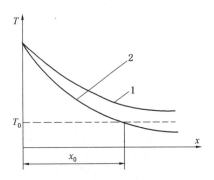

图 3-7-2 温降曲线
1—输油管；2—输气管

二、输气管温降公式的应用

式(3-7-3)为输气管温降公式，即

$$t_x = t_0 + (t_Q - t_0)e^{-ax} - D_i \frac{P_Q - P_Z}{aL}(1 - e^{ax})$$

(1) 求输气管最低温度 t_{min}：

当 $x \to \infty$，$e^{-ax} \to 0$，则可求得最低温度为：

$$t_{min} = t_0 - D_i \frac{P_Q - P_Z}{aL} \tag{3-7-5}$$

(2) 求输气管上温度与周围介质温度 t_0 相同时的点，距起点的距离。

设 $t_x = t_0$，$x = x_0$，则：$t_0 = t_0 + (t_Q - t_0)e^{-ax_0} - D_i \frac{P_Q - P_Z}{aL}(1 - e^{ax_0})$

所以

$$x_0 = \frac{1}{a}\ln\left[\frac{aL}{D_i} \times \frac{t_Q - t_0}{P_Q - P_Z} + 1\right] \tag{3-7-6}$$

即距起点 x_0 之后的气体温度将低于周围介质温度 t_0，而当 $x \to \infty$ 时，$t_x \to t_{min}$。

(3) 求计算段终点温度：

$$t_Z = t_0 + (t_Q - t_0)e^{-aL} - D_i \frac{P_Q - P_Z}{aL}(1 - e^{-aL}) \tag{3-7-7}$$

（4）求计算段起点温度：

$$t_Q = t_0 + (t_Z - t_0)e^{aL} - D_i \frac{P_Q - P_Z}{aL}(1 - e^{aL}) \qquad (3-7-8)$$

（5）沿线任意各点温度 t_x，同式(3-7-3)。

三、输气管平均温度

平均温度是水力计算的主要参数之一，其值为：

$$t_{Pj} = t_0 + (t_Q - t_0)\frac{1 - e^{-aL}}{aL} - D_i \frac{P_Q - P_Z}{aL}\left[1 - \frac{1}{aL}(1 - e^{-aL})\right] \qquad (3-7-9)$$

若略去焦耳-汤姆逊效应的影响，则

$$t_{Pj} = t_0 + (t_Q - t_0)\frac{1 - e^{-aL}}{aL} \qquad (3-7-10)$$

从公式中可知，$t_0 \uparrow \rightarrow t_{Pj} \uparrow \rightarrow Q \downarrow$。

因此，在进行设计计算时，应选择夏季的 t_0 作为设计参数。

第四章　管道储气与天然气管道工况分析与调整

第一节　管道末段储气

一、气体储存

1. 储气量计算

输气管干线一般在准稳定工况下运行，输量变化不大，但用户的所需的用气量却随季节，工厂的开工、停工、检修，白天、晚上有很大差别。

解决这种供求不平衡的措施有：

(1) 用机动气源解决季节用气量的不平衡，如油田冬季多开一些气井。

(2) 对于缓冲型用户，如以气为原料的化工厂、橡胶厂，每年检修时间安排在冬季用气高峰季节，夏季城市用气少时则开足马力生产。

(3) 利用储气设施(包括地下储气库、储气罐、输气管末段储气等)进行调节。

储气设备储气量是根据用气量随时间波动情况来确定。一天中用气量随做饭、采暖等情况的变化而变化。但对于输气管道末段来说，其起点流量也和其他各管段一样保持不变，M_1 为常数，而其终点流量却是变化的，并等于城市的用气量 M_2。夜间，当用气处于低峰时，相应于图 4-1-1 的 AB 阶段，末段的终点流量也即城市用气量 M_2 小于末段的恒定的起点流量 M_1（等于昼夜平均用气量的 4.17%），$M_2<M_1$，如城市无储气站，多余的气体就积存在末段管路中，相应于图 4-1-1 中的面积 ADBA，我们称 AB 阶段为储气阶段。白天，当用气处于高峰时，相应于图4-1-1中的 BC 阶段，$M_2>M_1$，即末段的终点流量大于起点流量，如输气管道末段作为储气容器用，则不足的气体就由积存在末段管路中的气体来补充，相应于面积 BECB，我们称 BC 阶段为供气阶段。但压力变化受一

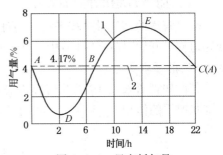

图 4-1-1　昼夜耗气量

1—耗气曲线；2—气体平均流量

定限制，即末段起点的最高压力等于或小于最后一个压气站的出口压力，末段终点的最低压力应不低于配气站所要求的供气压力，末段的压力变化范围决定了末段的储气能力。

2. 储气方法

用于平衡季节性用气不均衡所需的储气量很大，特别是在广泛使用天然气作燃料取暖的地区，其冬夏季用气量相差很大，一般都采用地下储气和液化储存的方法。

用于平衡白天、晚上用气不均衡所需的储气量较小，多采用储气罐或长输管道末段储气。

储气方法通常有：

1）地下储气

（1）枯竭油气田　地层构造形状和大小、厚度、空隙度、渗透率等均为已知，还有井筒、管线等可利用，是最理想的储气场所。这类储气约占 80%。

（2）孔性含水岩层　注气后，水被挤向四周形成圈围条件。

（3）盐岩　地面注淡水，溶解盐岩成溶洞后储气。1915 年，加拿大建成第一座地下储气库，1975 年大庆建成我国第一座储气库。

这些方法的储气量大，成本低。

2）液化储气

天然气液化后，其体积为气态的 1/600，故常将天然气深冷至 -163℃，液化后在常压下储存。储存液化天然气的储罐有绝热层，使其不致受热而汽化。这种方法仅适合于大规模储气以及天然气的海洋运输，但对天然气的液化和气化均要耗能。

3）储气罐

储气罐又称气柜，有湿式(世界上最大为 $34 \times 10^4 m^3$)、干式、高压、低压、高压管排储气等多种形式，储气量较小，适合于调节日用气量的不均衡。

4）输气管的末段储气

利用长输管道末段气体压力的变化，从而改变管道中的存气量，达到调节用气不均衡的目的。末段储气是本节要讨论的重点内容之一。

5）其他储气方法

（1）溶解储存　天然气可以溶解在丙、丁烷或丙丁烷的混合物中，天然气的溶解度随压力的提高和温度的降低而提高。在 -40℃、3.5MPa 条件下，每 $1m^3$ 丙丁烷溶剂中可溶解近 $100m^3$ 天然气。

（2）固态储存　让天然气和水形成水合物后储存。

二、输气管道的储气能力

输气管道的储气量是按平均压力计算的，因此，为了计算输气管道末段的储气能力，必须知道储气开始时(图 4-1-1中的 A 点)的管路中气体的平均压力和储气终了时(图 4-1-1中的 B 点)的平均压力。

若已知管道末段 AB 的几何容积 V，在储气开始和结束时，只要求得容积 V 内的气体在标准状况下的体积 V_{min} 和 V_{max}，则两者之差 $V_s = V_{max} - V_{min}$ 即为储气过程中管道末段 AB 内的储气量。

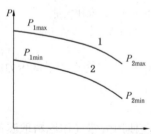

图 4-1-2　输气管道末段的压力变化

1—储气结束时的气体压降曲线；
2—储气开始时的气体压降曲线

图 4-1-2 为储气开始和结束时末段 AB 内气体的压力变化。P_{1min} 和 P_{2min} 为储气开始时管道末段起、终点的气体压力最低值；P_{1max} 和 P_{2max} 为储气结束时气体压力的最高值，其中，P_{2min} 和 P_{1max} 为已知值。

储气开始时，末段起、终点压力均为最低值，其平均压力为：

$$P_{epmin} = \frac{2}{3}\left(P_{1min} + \frac{P_{2min}^2}{P_{1min} + P_{2min}}\right)$$

随着储气时间的延续，末段起、终点压力逐渐上升，至储气结束时，末段起、终点压力均达最高值，其平均压力为：

$$P_{\text{cpmax}} = \frac{2}{3}\left(P_{1\max} + \frac{P_{2\max}^2}{P_{1\max} + P_{2\max}}\right)$$

因为 $P_{2\min}$ 应不低于配气站要求的最低压力，$P_{1\max}$ 应不超过最后一个压气站的最大出口压力或管路强度，所以

$$P_{1\min} = \sqrt{P_{2\min}^2 + CL_{\text{Z}}Q^2}$$

$$P_{2\max} = \sqrt{P_{1\max}^2 - CL_{\text{Z}}Q^2}$$

根据输气管末段储气开始和结束时的平均压力，可求得储气开始和结束时末段管道中的存气量为：

$$V_{\min} = \frac{P_{\text{cpmin}}VZ_0T_0}{P_0Z_1T_1}$$

$$V_{\max} = \frac{P_{\text{cpmax}}VZ_0T_0}{P_0Z_2T_2}$$

末段输气管的储气能力为：

$$V_{\text{s}} = V_{\max} - V_{\min} = \frac{\pi D^2}{4} \cdot \frac{P_{\text{cpmax}} - P_{\text{cpmin}}}{P_0} \cdot \frac{T_0}{TZ}L_{\text{Z}} \qquad (4-1-1)$$

式中　V——末段管道的几何体积；$V = \frac{\pi D^2}{4}L_{\text{Z}}$，$\text{m}^3$；

　　　C——常数，查表 3-2-1；

　　　L_{Z}——最末段站间管长；

Z_1，Z_2——相应为储气开始和结束时平均温度、平均压力下的压缩因子，可近似认为 $Z_1 = Z_2 = Z$；

T_1，T_2——相应为储气开始和结束时末段的平均温度，可近似认为 $T_1 = T_2 = T$，K；

P_0，T_0——工程标准状况下的压力和温度，$P_0 = 101325\text{Pa}$，$T_0 = 293\text{K}$；

　　　Z_0——P_0、T_0 下的压缩因子，$Z_0 = 1$。

三、输气管道末段长度和管径的计算

当设计一条新的干线输气管道时，工艺计算应该从末段开始，先决定末段的长度和管径，然后再进行其他各中间管段的计算。

输气管道末段的计算与其他各段的区别是：应该考虑末段既能输气，又能储气，也就是说，在末段的计算中，除了要考虑与整条输气管道一致的输气能力，还必须考虑储气能力，最理想的是使末段能代替为消除昼夜用气不均衡所需的全部储气罐的容积。

计算输气管道末段长度和直径时，应考虑以下三个条件：

（1）当用气处于低峰时（夜间），输气管道末段应能积存全部多余的气体，如条件不允许，可考虑部分满足；当用气处于高峰时（白天），应能放出全部积存的气体。

（2）输气管道末段的起点压力，即最后一个压缩机站的出口压力不应高于压缩机站最大工作压力，并且应在钢管强度的允许范围之内。

（3）末段的终点压力不应低于城市配气管网的最小允许压力。

为满足第一个条件，可利用气体状态方程；为满足第二和第三个条件，可利用输气管道的基本计算公式和平均压力公式。

具体计算步骤如下：

（1）假设输气管道末段长度和管径；

（2）根据上述第二个条件确定储气终了末段起点压力；根据第三个条件确定储气开始末段终点压力；

（3）计算储气终了末段终点压力，计算储气终了末段平均压力；

（4）计算储气开始末段起点压力，计算储气开始末段平均压力；

（5）计算末段储气能力，与要求的末段储气能力比较，若相互接近，则所假设的末段长度和管径满足工艺要求；否则重新假设末段长度或管径，返回(3)、(4)、(5)步骤进行计算，直到末段长度和管径满足工艺要求，计算停止。

第二节　输气管道沿线的压气站布置

在确定输气管道沿线所需的压缩机站站数时，要注意以下一些问题：

（1）在输气管道的计算流量中要考虑年平均输气不均衡系数 k_s。

$$Q = \frac{Q_0}{365 k_s}$$

式中　Q——计算流量，m^3/d；

　　　Q_0——年任务输量，m^3/a。

年平均输气不均衡系数 k_s 的大小取决于用户用气不均衡性的大小、是否有地下储气库和季节性缓冲用气单位等因素。根据国外的经验，对单线输气管道而又不知用户耗气不均衡性的情况，可取 $k_s = 0.85$；当有地下储气库或沿线有缓冲用气单位时，取 $k_s = 0.9$ 或 0.95。此外，在计算流量中还必须考虑压缩机站的自耗气；如沿线有进气或分气支线，还必须考虑进气量或分气量。

（2）气田的地层压力一般都比较高，为了充分利用地层的自然能量，通常可暂不建压缩机站首站，依靠地层压力直接把天然气输送到下一个压缩机站。如果设备和钢管有足够的强度，则甚至可暂不建 No. 2、No. 3 等中间压缩机站。

由以下的近似关系式可求得需投入压缩机站(首站、No. 2 站、No. 3 站……)的大致时间：

$$\tau = \frac{V}{Q P_0} \left(\frac{P_1}{Z_1} - \frac{P_2}{Z_2} \right)$$

式中　τ——无首站压缩机站(或 No. 2 站、No. 3 站等)的输气时期；

　　　V——地层的孔隙容积；

　　　Q——每天的采气量；

　　　P_0——标准状况下天然气的压力；

　　　P_1——地层的初期压力；

　　　P_2——经过二时期后的地层压力；

　　Z_1，Z_2——初期和二时期后的天然气压缩系数。

（3）如果输气管道沿线地形较为平坦，高差不超过 200m，而输气管道沿线又无进气或分气支线时，则可按水平输气管常用公式求出站间距 L：

$$L = \frac{P_Q^2 - P_Z^2}{K Q^2}$$

如采用前苏联近期公式：

$$L = \left(\frac{1.6994 \times 10^{-6} D^{2.6}}{Q}\right)^2 \frac{P_Q^2 - P_Z^2}{Z\Delta T}$$

于是求得压缩机站数 n：

$$n = \mathrm{INT}\left(\frac{L_0}{L}\right)$$

式中　L_0——输气管道全长。

（4）如果输气管道线路地形起伏，高差超过 200m，则布站时必须考虑地形和高差的影响。无分气、进气支线时，站间距可按下式用试算法求得：

$$L\left[1 + \frac{a}{2L}\sum_{i=1}^{n}(S_i + S_{i-1})L_i\right] = \frac{P_Q^2 - P_Z^2(1 + a\Delta S)}{KQ^2} \qquad (4-2-1)$$

先按平坦地区输气管道算出站间距 $L_{平坦}$ 作参考，然后按式（4-2-1），把该站间距离内的各桩号的高程考虑进去，用试算法求出实际的站间距 $L_{起伏}$，即 No. 2 站的位置。以 No. 2 站的高程（由该站前后两桩号的高程求得）为 0，以 $L_{平坦}$ 作参考，考虑高差和地形，按式（4-2-1），用试算法求出下一站间距 $L_{起伏}$，即 No. 3 站的位置。以此类推，如图 4-2-1 所示。

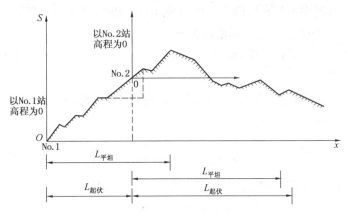

图 4-2-1　地形起伏地区输气管道沿线压缩机站的布置

（5）输气管道末段通常兼作调节昼夜用气不均衡性的储气容器，而且末段终点压力又比其前面各站间管段的终点压力低得多，因此末段的长度比其他各站间管段要长得多。布站时，应先求出末段长度，然后再求其他各站间长度。

以上所讲的压缩机站布站计算方法仅是从输气管道单方面来考虑的。如前所述，输气管道与压缩机站是一个统一的水力系统，因此压缩机站的布置必须既要考虑到输气管道的特性，又要考虑到压缩机站的特性。压缩机站的布置，需根据输气管道和压缩机站特性方程联立求出站间距。

第三节　输气管基本参数对流量的影响

前面已分析了高差和地形对输气管道流量的影响。这里着重分析输气管道的基本参数 D、L、T、P_Q、P_Z 对输气流量的影响。它们对流量的影响是不同的，下面就以水平输气管流量公式为基础进行分析。公式为：

$$Q = C \sqrt{\frac{(P_Q^2 - P_Z^2)D^5}{\lambda Z \Delta T L}}$$

或

$$P_Q^2 = P_Z^2 + C'LQ^2$$

$$C' = \frac{\lambda Z \Delta T}{C^2 D^5}$$

一、直径 D 对流量 Q 的影响

当其他条件相同，直径分别为 D_1、D_2 时的流量为：

$$Q_1 = C \sqrt{\frac{(P_Q^2 - P_Z^2)D_1^5}{\lambda Z \Delta T L}}$$

$$Q_2 = C \sqrt{\frac{(P_Q^2 - P_Z^2)D_2^5}{\lambda Z \Delta T L}}$$

两式相除得：

$$\frac{Q_1}{Q_2} = \left(\frac{D_1}{D_2}\right)^{2.5}$$

即说明输气管通过能力与管径的 2.5 次方成正比，若管径增大一倍，即 $D_2 = 2D_1$，则流量为：$Q_2 = 2^{2.5}Q_1 = 5.66Q_1$，流量是原来的 5.66 倍。

由此可以看出，加大管径是增加输气管流量的主要方法。这也正是目前输气管向大管径方向发展的主要原因。

二、输气管的计算段长度(或站间距)L 对流量的影响

当其他条件相同而 L 改变时：

$$\frac{Q_1}{Q_2} = \left(\frac{L_2}{L_1}\right)^{0.5}$$

即流量与长度的 0.5 次方成反比。当长度缩小一半，如在两个压气机站之间增设一个压气站 $L_2 = 0.5L_1$，则 $Q_2 = 2^{0.5}Q_1 = 1.41Q_1$，流量是原来的 1.41 倍。即倍增压缩机站，输气量增加 41%。

三、输气温度 T 对流量的影响

当其他条件不变而 T 改变时：

$$\frac{Q_1}{Q_2} = \left(\frac{T_2}{T_1}\right)^{0.5}$$

说明输气量与输气的绝对温度的 0.5 次方成反比。

可见，输气量温度越低，输气能力越大。目前，国外已提出了低温输气的设想，他们认为在解决低温管材的基础上，经济上是可行的。但是，由于公式中温度 T 采用绝对温度 $T = 273+t$，t 与 273 比较起来，其值较小，故用冷却气体温度的方法增加输量，冷却气体对输气量的增加并不显著(除非深度冷却或冷至液化，并辅以高压)。

例如，若输气温度由 50℃ 降到 −70℃，即 $T_1 = 50℃$，$T_2 = -70℃$，则 $Q_2 = \left(\frac{273+50}{273-70}\right)^{0.5}$ $Q_1 = 1.26Q_1$，流量只提高 26%。

因此，实际输气中，是否采用冷却措施，必须经过经济论证。当然，如在压缩机站出口

由于天然气经过压缩而使其温度升高到高于管路防腐绝缘层所能承受的温度，或在永冻土地带的输气管道，则必须在压缩机站出口对气体进行冷却，然后才能输入干线输气管道，否则会破坏管路上的绝缘层，破坏永冻土层而带来其他问题。

四、起终点压力 P_Q 和 P_Z 对输气量的影响

当其他条件相同时，输气量与起终点压力平方差的 0.5 次方成正比，故改变 P_Q 和 P_Z 都能影响输气，但影响效果不同。

设起点压力增加 δP，压力平方差为：

$$(P_Q + \delta P)^2 - P_Z^2 = P_Q^2 + 2P_Q\delta P + (\delta P)^2 - P_Z^2$$

设终点压力下降 δP，压力平方差为：

$$P_Q^2 - (P_Z - \delta P)^2 = P_Q^2 - P_Z^2 + 2P_Z\delta P - (\delta P)^2$$

使两式的右端相减得：

$$2\delta P(P_Q - P_z) + 2\delta P^2$$

因为　　　　　　　　$P_Q > P_z$，$2\delta P(P_Q - P_z) > 0$；$2\delta P^2 \geq 0$

所以　　　　　　　　$2\delta P(P_Q - P_z) + 2\delta P^2 > 0$

上式说明：改变相同的 δP 时，提高起点压力对流量增大的影响大于降低终点压力的影响。也就是说，提高起点压力比降低终点压力更有利。

压力平方差还可写为：

$$P_Q^2 - P_Z^2 = (P_Q + P_Z)(P_Q - P_Z) = (P_Q + P_Z)\Delta P$$

该式说明：如果起终点压力差 ΔP 保持不变，同时提高起终点压力，也能增大输气量，即高压输气比低压输气更有利。

第四节　输气管道运行参数调整

一、压气站进、出站压力及输气流量调节

压气站进站压力、出站压力和出站流量调节一般由安装在出站管道端的调节阀完成。调节进站压力的目的是保证进站的压力不低于离心式压缩机对吸入压力的要求，避免抽空；调节出站压力的目的是保证本站下游管道不超压运行，同时也相应地调节了本站的外输气量；调节流量的目的是为了保证均衡稳定地输气。从功能上讲，流量调节与压力调节的作用有些重复，因为完全可以通过改变出站压力调节设定值并按此设定值调节出站压力来达到调节输气量的目的。但是，由于天然气的可压缩性非常大，出站压力的上升或下降过程比较缓慢，在这个出站压力缓慢地上升或下降并按出站压力设定值进行调节的过程中，外输气量可大可小。如果不对输气量进行调节控制，通过压缩机的天然气量不均衡，对压缩机的运行不利。所以，在基本不增加设备和仪表的情况下，在压气站用一套以调节压力为主的调节阀同时完成对进站压力、出站压力和外输流量的调节是合理可行的。这三个运行参数的调节过程如下。

当进站压力低于其设定值时，调节系统进行关阀调节，使进站压力上升，直到进站压力不低于其设定值为止。实际上，在关阀调节过程中，调节阀开度减小，在进站压力上升的同时，出站压力会下降，外输气量也会下降。由此可见，对压气站三个主要被调参数中的任一

个进行自动调节，都会或多或少地引起其他两个被调节参数的变化。

当出站压力高于其设定值时，进行关阀调节，使出站压力下降，直至出站压力不高于其设定值为止。

当进站压力不低于其设定值，出站压力不高于其设定值，出站流量也不高于其设定值时，调节阀进行开阀调节。

当三个被调参数有两个或三个同时均需要调节时，PID 调节程序按"低选"原则把能使调节阀关到关度相对最小的那个调节信号输出给调节阀执行机构，进行关阀调节。

二、进气支线进入主干线的气压调节

如果有一条或多条进气支线与输气干线连接，应对进气支线进入主干线的气压进行调节，以保证干线与支线在进气点处的压力平衡，并保证干线和进气支线在希望的输气量比例下运行，避免因进气支线气压过低而导致支线内的天然气进入不了干线或因支线气压过高而导致干线进气点上游来气量下降，同时避免进气支线超压运行。

进气支线进入主干线的气压调节系统一般设在支线的起始端(支线首站的出站端)。如果进气支线的首站设有压气设备，也应对支线流量进行调节，将其纳入同一调节系统中。在一定流量下，压力调节设定值由输气干线与支线汇合点处所需的平衡压力再加上克服支线段的摩阻损失所需压力之和来确定。如果干线和进气支线的总输气量变化，或干线与支线的输量比例变化，压力调节设定值也应在允许的范围内进行相应改变。改变设定值的操作既可通过人工计算，由操作员在调度控制中心或站控系统的监控终端上改变设定值来完成，又可在调度控制中心主机系统编制一个自动改变设定值的程序来自动完成。根据输气管网的工艺计算公式可以推出，在进气支线无中间压气站的情况下，进气支线首站出站压力调节设定值可以表示成一个包含干线进气点上游站出站压力、出站流量、干线与进气支线的输量比例等变量的函数。确定好这个函数后，设定值就可在调度控制中心主机中用一个自动计算程序实时连续地自动计算出来，并实时输出给进气支线首站的站控 PLC(或 RTU)。

如果进气支线输气量相对较小，气源压力也比较稳定，则可采用自动式压力调节阀来调节支线首站的出站压力，使调节系统简单化。

三、分输支线分输压力的自动调节

对于从输气干线的分输点或从干线上工艺站场分支出去并延伸到天然气用户门站的分输支线，应设置压力自动调节系统以调节分输压力，保证分输流量基本稳定和分输支线不超压运行。分输压力设定值的大小根据用户用气量及在该输量下分输支线的摩阻损失来计算确定。

利用压力调节阀调节分输压力的过程是，当分输压力低于其设定值时，压力调节阀进行开阀调节，只要分输压力不高于其设定值，调节阀应保持全开；当分输压力高于其设定值时，调节阀进行关阀调节。

如果分输管线较长，分输流量也较大，应考虑将分输流量也纳入调节系统之中。如果分输流量较小，分输压力调节系统也可以采用自力式压力调节阀，使调节系统简单化。

四、输气干线或分输支线末站气压的自动调节

输气干线或分输支线的末站与城镇或用气大户的配气门站连接并向其供气。末站气压(即向配气门站供气的压力)需要进行自动调节，以保证末站向门站按较稳定的流量供气，

并保证门站及城镇配气管网不超压运行。末站气压自动调节系统宜采用以压力调节阀为主要设备构成的自动压力调节系统。

五、提高输气管能力的措施

已建成的输气管，若压气站出站压力已达到管路允许强度极限，想提高输量，可采用副管和增加压气站两种方法。

1. 铺副管(不考虑压气站时)

平行管流量系数：$K_{L0}+K_{L1}$。

铺设副管前参数：P_Q，P_Z，D_0，L，Q_0；流量系数 K_{L0}。

铺设副管后参数：P_Q，P_Z，Q_*，直径 D_1，长 x，流量系数 K_{L1}。

流量系数：
$$K_L = \frac{K_{L0}}{\sqrt{1 - \frac{x}{L}\left[1 - \left(\frac{K_{L0}}{K_{L0}+K_{L1}}\right)^2\right]}}$$

设
$$w = \left(\frac{K_{L0}}{K_{L0}+K_{L1}}\right)^2$$

则
$$\frac{Q_*}{Q_0} = \frac{K_L}{K_{L0}} = \frac{1}{\sqrt{1 - \frac{x}{L}(1-w)}}$$

$$\left(\frac{Q_0}{Q_*}\right)^2 = 1 - \frac{x}{L}(1-w)$$

$$x = \frac{1 - \left(\frac{Q}{Q_*}\right)^2}{1-w}L$$

由上看出，副管长度决定于要增加的输气能力和副管直径。

压气站与管路联合工作时，由于某站间铺设副管，必然引起全线流量增大。

$$Q_0^2 = Q_*^2\left[1 - \frac{x}{L}(1-w)\right]$$

管路特性：$P_Q^2 - P_Z^2 = CQ_0^2 L = CQ_*^2[L - x(1-w)]$

站特性：$P_Q^2 = AP_Z^2 - BQ_*^2$，$P_Z^2 = \frac{1}{A}(P_Q^2 + BQ_x^2)$，代入管路方程：

$$AP_Q^2 - P_Q^2 - BQ_*^2 = ACQ_*^2[L - x(1-w)]$$

$$\frac{(A-1)P_Q^2 - BQ_*^2}{ACQ_*^2} = L - x(1-w)$$

则
$$x = \frac{1}{1-w}\left[L - \frac{(A-1)P_Q^2 - BQ_*^2}{ACQ_*^2}\right]$$

副管长度 x 还与压气站特性 A、B 有关。

2. 倍增压气站

简单输气管中,若长度减小一倍,输量增加 1.414 倍(在相同 P_Q、P_Z 下),在管路与压气站联合工作中,

管路特性:
$$P_Q^2 - P_Z^2 = CQ_0^2 L$$

站特性:$P_Q^2 = AP_Z^2 - BQ^2$,代入管路方程:

$$P_Q^2 = A(P_Q^2 - CQ^2 L) - BQ^2$$

$$(A-1)P_Q^2 = ACQ^2 L + BQ^2 = Q^2(B + ACL)$$

则
$$Q = P_Q \sqrt{\frac{A-1}{B+ACL}}$$

若站特性不变,$L \to \frac{1}{2}L$,则由上式看出 $Q' < 1.414Q$。

第五节　输气管道事故工况分析

1. 某站停运的影响

干线压气站某一个站(C 站)停止运行时整个系统的流量要下降。停止运行的站越靠近首站(C 越小),输气管道的输气量下降越多。当第一个站停运时下降最多。

第一个站停运时流量下降数值用下式计算:

$$\frac{Q_1}{Q} \approx \frac{P_{Z1}}{P_{Q1}} = \frac{1}{\varepsilon_1}$$

式中　Q_1,Q——第一站停运后和停运前管道中气体流量;

　　　P_{Z1},P_{Q1}——第一站进站、出站压力;

　　　　　ε_1——第一站出进站压力比。

最后一个压气站停止运行对管道输气量影响最小,当压气站足够多时,最后一个压气站停运对输气管道的输气量实际上并不产生多大影响。

第 C 压气站停运后,停运站前面的各站进出站压力都将上升,离停运站越近压力上升越多。

如果原来输气管 C 站在接近于管子强度的允许压力 $[P]$ 下工作,C 站停运后就有可能在某些站的出口,特别是 $C-1$ 站的出站处,发生超压。这就需要进行调节,使 $C-1$ 站的进出站压力在允许压力 $[P]$ 以下工作。

第 C 压气站停运后,停运站后面的各站进出站压力都将下降,离停运站越近压力下降越多。

能量分析:站数减少一个,输量减少,ε 增大,各站给气体的压能增大,停运站间管路长度增加一倍,摩阻增大。

2. 管路部分堵塞

局部阻力增大,造成 Q 下降,和停运一站相近似。堵塞点前,各站进出口压力均上升;堵塞点后,各站进出口压力均下降。愈靠近堵塞点,进出口站压力变化愈大。

3. 管线中有分气或漏气和集气

管路定期分气时，分气点以前的流量要增长，大于原来的正常流量；分气点之后，流量将要下降，小于原来的流量，而且，这种趋势将随分气量的增大而增长。

定期分气将造成全线压力下降，越接近分气点的地方，压力下降得越多，距分气点越远下降越少。

对于定期集气则得到几乎与定期分气相反的结论：

集气点以前，流量将比集气之前的流量减小，定期集气点之后流量将要增加。

定期集气之后，全线压力将要上升，越接近集气点，压力上升得越多，距集气点越远上升越少。

无论是定期分气或者是定期集气引起的工况变化，如果超出压缩机或管路的允许值，都必须进行调节。

4. 末站关阀

末站因某种原因停止用气或关阀，全线压力都要上升。压力上升速度由管容和进气量决定。越靠近末站压力上升越快、越多，首站最高压力为压气机极限压力。这时要注意管线中点、管线变壁厚起点、管线起点和最低洼处的压力不要超过管线材料允许最大压力。解决方法是提前关闭首站或相应站的压气机。

末站关阀的同时全线压气机关闭，末站压力上升，起点压力下降，都向压力平均值靠拢。

第五章 输气管道仿真技术

第一节 管道模拟仿真技术的发展

　　管道模拟仿真是通过管道基础数据建立该管道的数字模型，利用数字模型可以进行管道各种水力模拟仿真，掌握管道运行的水力规律。它是管道设计、生产管理、操作员教育培训和考核等工作中的一个重要环节。离线仿真就是通过人工提供有关管道参数和边界条件进行管道系统的设计、规划及管理方案分析论证；而在线仿真是它直接与实时采集系统（如SCADA系统）相联，由实时采集的数据作为仿真软件的边界条件，确定管道系统的工况变化情况。它可对实际管道的运行进行连续、实时地模拟。

　　天然气输气管道不稳定流动仿真从20世纪60年代开始至今已有50多年历史。在天然气管道系统的仿真软件中，最早被我国接受的是美国SSI公司的TGNET软件。广东天然气公司、四川石油设计院等多家单位曾采用TGNET这一软件进行管道系统的设计和管理。1996年原中国石油天然气管道职工学院引进美国Stoner公司开发的长输管道动态工况模拟软件SPS。此外国外公司还开发了VARISM、PCASIM、DTS等软件用于气体管道系统的仿真。近年来，国内由中国石油管道公司科技研究中心开发的管道仿真软件RealPipe，技术水平也已达到了国际先进水平。

　　随着计算机技术的发展，管道仿真技术正朝着智能化、精细化、网络化的方向发展，未来的管道仿真技术将更广泛、更深入地应用到管道设计、运行管理等方面，并将与虚拟现实、过程诊断技术、智能识别技术深度融合。

第二节 SPS 简介

　　Synergi Pipeline Simulator(SPS)管道模拟仿真软件（原Stoner Pipeline Simulator软件）是一种先进的瞬态流体仿真应用程序，用于模拟管网中天然气或（批量）液体的动态流动。Stoner软件最早是美国Stoner Associates (Stoner)公司的产品，该软件主要用于管道管理、管网建模和管道仿真，可用于长输管道的离线模拟、在线模拟和操作员培训。目前该软件为DNV GL集团所有，新发布的10.2版本正式更名为Synergi Pipeline Simulator 10.2。该软件主要由以下5个模块组成：离线仿真器Simulator、培训器Trainer、预测器Predictor、在线仿真模块Statefinder和泄漏检测模块Leakfinder。

　　Simulator(仿真器)是一种先进的瞬态流体仿真应用程序，用于模拟管道中天然气或（批量）液体的动态流动。仿真器可以模拟任何在役的或规划设计中的管道，可对正常或非正常条件下，诸如管路破裂、设备故障或其他异常工况以及各种不同控制策略的结果作出预测。仿真器模拟设备运行状态，计算管道中的流量、压力、密度及温度等工艺参数，并随仿真计算的进程，在屏幕上相对于时间或距离以报表或图形的方式交互显示设备和管路参数。仿真的结果可用于打印和绘图。

Trainer 建立在 SPS 高保真水力学仿真精确性的基础上，为管道调度人员提供了一个完全模拟 SCADA 系统操作的环境。它是一套离线系统，就如同飞行员培训系统一样，Trainer 提供了完全仿真的 SCADA 环境。它可以真实地模拟管道中流体的动态工况和管道中设备的运行，操作员会感觉如同在操作真正的管道。操作员培训系统提供了一套开发工具，可以由用户自定义开发仿真培训系统的操作界面。培训器可以模拟所有操作员所需的日常操作：启停泵或压缩机、改变任意点的压力和流量以及开、关阀等。所有这些操作与在真实的 SCADA 系统中的操作完全一样，但操作对 SCADA 系统没有任何影响。

Predictor 可以用于预测未来一段时间内管道的运行状态，它是一个实时在线系统，使用 Statefinder 得到当前管道的运行状态，预测器根据当前数据实时动态地对未来时间的管网进行预测。预测分为自动预测和条件预测。

Statefinder 通过 OPC 接口将 SCADA 系统数据实时地输入到仿真系统，根据 SCADA 数据，Statefinder 可以动态地模拟管道运行工况，与实际管道并行运行，计算出管道中各点的压力、流量、温度和管存等参数，并对 SCADA 系统所采集的数据进行过滤等处理，将仿真软件的计算结果与 SCADA 实时数据相比较，如果超过设定的偏差值则会自动报警，以提醒管道操作员可能有故障发生，所以，在线仿真系统能够监测实时管道的运行情况。

Leakfinder 由 Statefinder 和 Leakanalyzer（泄漏分析器）组成，Statefinder 使用 SCADA 系统的实时数据跟踪模拟管网的运行状态，当 SCADA 实时数据出现异常时，Statefinder 将会告知 Leakanalyzer，将此作为泄漏检测的数据基础。Leakanalyzer 详细检查这些异常数据，并分析是否为泄漏。如果泄漏检测系统发现了一个泄漏点，它将立刻发出警报并显示泄漏地点、泄漏时间、泄漏速度和泄漏总量，这些数据将及时地反映到 SCADA 界面或用户的自定义界面。

SPS 具有批量输送跟踪、瞬态仿真、成分跟踪、简化或详尽的控制系统仿真、简化或详尽的压缩机仿真、热力仿真、多种状态方程选择、气源跟踪等计算功能。图 5-2-1 为 SPS 在线仿真系统构架图。

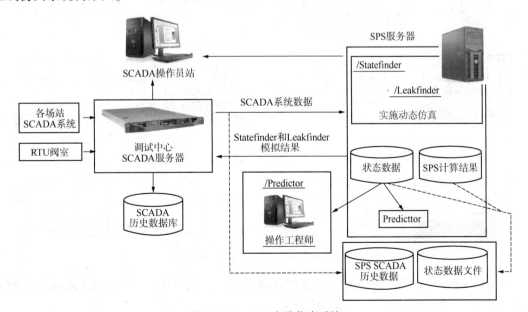

图 5-2-1　SPS 在线仿真系统

第三节　SPS 仿真器主要模块及功能

SPS 仿真器(Simulator)是瞬态流体仿真程序离线仿真、在线仿真和仿真培训的基础。仿真器由以下模块组成(见图 5-3-1):

(1) 建模模块(MODEL BUILDER):是一个图形化的建模工具,可以方便地建立 SPS 模型。

(2) 预处理模块(PREPR):设置管道、设备及流体的相关参数。

(3) 瞬态模拟模块(TRANS):完成以时间为变量的模拟计算,可以查看变量在距离上的变化趋势图和随时间变化的趋势图。

(4) 附加窗口(TPORT):TRANS 模块的附加窗口,可以创建多窗口模拟。

(5) 数据查看模块(SimPlot):用于查看模拟计算结果。

SPS 仿真模型主要由 INTRAN 文件和 INPREP 文件或 MB 文件构成,此外还包括其他过程文件和输出文件等。INPREP 文件和 MB 文件其中有一个就可以构成完整的模型。INPREP 文件或 MB 文件是用来存储所建模型及其基本参数设置的,通过修改该文件可以对模型进行修改。INTRAN 文件是存储瞬态模拟的控制指令,是仿真模拟运行时必需的文本文件,通过它用户可以方便地控制和修改瞬态模拟的进行。

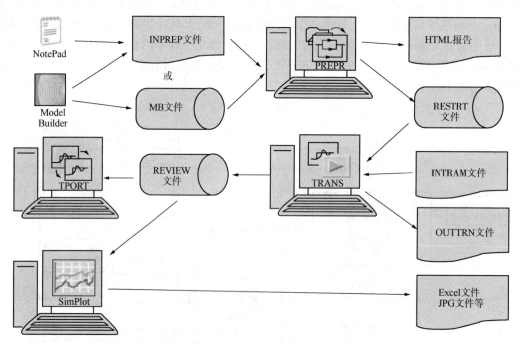

图 5-3-1　SPS 仿真模型的文件构成

INTRAN 由一系列的命令按一定语法规则构成,使用 ADL 语言(Application Definition Language,),该语言为 SPS 特有的一种语言。

第四节　天然气管道仿真模型的建立

一、创建 Gas model. MB

（1）打开 Model Builder，新建一个文件，保存到"D:\Gas model"目录下，文件名为 Gas model，文件格式为 MB 文件。

（2）打开位于"Options"中的"Choose Units"窗口，指定使用英制单位还是公制单位并输入所有参数，如图 5-4-1 所示。

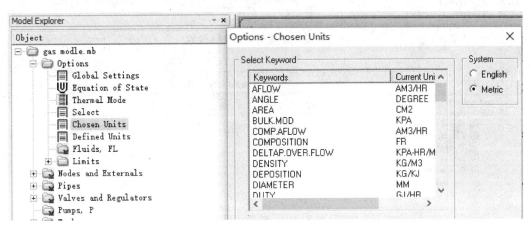

图 5-4-1　度量单位的选择

（3）打开位于"Options"下的"Global Settings"窗口，添加标题：TITLE = Gas model，设置最高高程处的初始压力：PINIT = 20barg，参考压力：PREF = 1.01bara，参考温度：TREF = 15deg C。如图 5-4-2 所示。

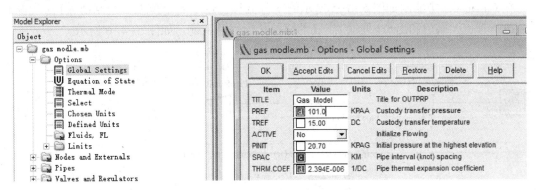

图 5-4-2　全局设置

（4）打开位于"Options"中的"Equation of State"窗口，选择软件模块：PHASE = Gas（注：若 SPS 软件授权为单一模块，则没有此选项），选择状态方程：EOS = BWRS，并设置气体组分。如图 5-4-3 所示。

（5）设置热模式。打开位于"Options"中的"Thermal Mode"窗口，选择当前模式：CUR-RENT_MODE = ISOTHERMAL，管道中的温度为定值，不随时间变化，温度设置：TEMP = 30deg C。如图 5-4-4 所示。

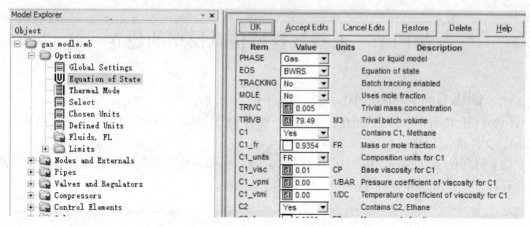

图 5-4-3　模块选择和气体参数

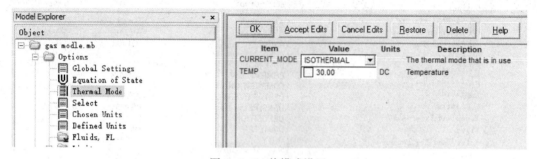

图 5-4-4　热模式设置

（6）保存 Gas model. MB 文件。

（7）运行 Validate(　) 验证文件的有效性。

二、建立简单模型

在 Gas model 中绘制如图 5-4-5 所示的工艺流程，建立简单模型，绘制由入口(气源)、压缩机、管道、阀门和出口(外输)组成的简单长输管道系统，如图 5-4-6 所示。

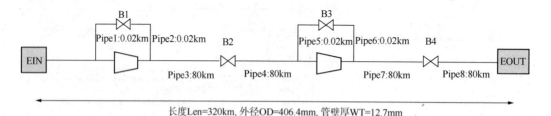

图 5-4-5　工艺流程简图和参数

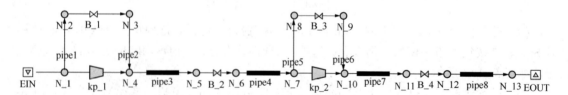

图 5-4-6　SPS 模型

入口和出口用模块 Ｅ 进行模拟，入口选择 TAKE 类型，出口选择 SALE 类型。入口（EIN）：压力控制 SPT = Pressure，SP = 70barg；出口（EOUT）：流量控制 SQ = 400000m³/h。如图 5-4-7 所示。

Item	Value	Units	Description
NAME	EIN		Unique device name
CNC	N_1		Hydraulic connection
STYPE	TAKE		Sub-type
SPT	Pressure		Setpoint type
SP	70.00	BARG	Pressure setpoint
PMIN	-1.01	BARG	Lowest allowable pressure
PMAX	90.00	BARG	Highest allowable pressure
QMIN	-662447029.73	M3/HR	Lowest allowable flow
QMAX	662447029.73	M3/HR	Highest allowable flow
T+	30.00	DC	Temperature
ELEV		M	Elevation
FLOWUNITS	M3/HR		Flow units
PRATE	6.89	BAR	Pressure rate-of-change limit
QRATE	0.00	M3/HR	Flow rate-of-change limit
FLUIDS	Fluids		Injection composition

Item	Value	Units	Description
NAME	EOUT		Unique device name
CNC	N_13		Hydraulic connection
STYPE	SALE		Sub-type
SPT	Flow		Setpoint type
SQ	400000.00	M3/HR	Flow setpoint
PMIN	-1.01	BARG	Lowest allowable pressure
PMAX	344.74	BARG	Highest allowable pressure
QMIN	-662447029.73	M3/HR	Lowest allowable flow
QMAX	662447029.73	M3/HR	Highest allowable flow
T+	30.00	DC	Temperature
ELEV		M	Elevation
FLOWUNITS	M3/HR		Flow units
PRATE	6.89	BAR	Pressure rate-of-change limit
QRATE	0.00	M3/HR	Flow rate-of-change limit
FLUIDS	Fluids		Injection composition

图 5-4-7　EIN 和 EOUT 模块设置

压缩机用压缩机模块 来模拟，可以选择电驱或者气驱模式，可以进行功率、多变指数、机械效率和初始状态等参数设置（见图 5-4-8）。

额定功率（Driver rated power）RP = 2000kW；

多变指数（Polytropic exponent）NPOLY = 1.28；

机械效率（Efficiency）EFF = 0.95；

初始状态为启动；

为压缩机设置一个旁路止回阀 BYPCH = YES；

其他参数按系统的默认值设置。

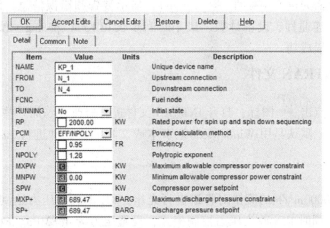

图 5-4-8　压缩机模块设置

阀门用 BU 模块模拟，可以对阀门特性曲线、阀门流量系数、初始状态等参数进行设置（见图 5-4-9）。

B1、B2、B3、B4 初始状态为全开，即 FR = 1；

CV /时间开关曲线为直线：

全关位置的 CV 值：CVC=0.001m^3/h-kPa.5；

全开位置的 CV 值：CVO=50000m^3/h-kPa.5；

操作时间：T=2min。

Item	Value	Units	Description
NAME	B_1		Unique device name
FROM	N_2		Upstream connection
TO	N_3		Downstream connection
CRV-O	Linear (built-in)		Valve coef vs time for opening
CRV-C	Linear (built-in)		Valve coef vs time for closing
CVC	0.001	M3/HR-KPA.5	Valve coef when fully closed
CVO	50000.00	M3/HR-KPA.5	Valve coef when fully open
T	2.00	MIN	Travel time
FR	1.00	FR	Initial valve fraction
CHECK	No		Has optional series check valve

图 5-4-9　阀门模块设置

管道用 模块进行模拟，可以对管径、长度、壁厚等参数进行设置(见图 5-4-10)。

Item	Value	Units	Description
NAME	pipe3		Unique device name
FROM	N_4		Upstream connection
TO	N_5		Downstream connection
LEN	80.00	KM	Pipe length
OD	800.00	MM	Outside diameter
WT	12.70	MM	Wall thickness
ROUGH	0.02286	MM	Colebrook roughness
TEMP		DC	Initial fluid temperature

图 5-4-10　管道模块设置

建模完成后，需先进行预处理 (prep)，显示警告和错误信息、限定值设置和单位摘要、设备摘要、连通性、设备计数、最小时间步长和 Knot spacing、预处理完成信息等。没有错误则提示建模成功。

三、修改 INTRAN 文件

建模完成后，点击 图标，打开 INTRAN 文件进行修改并添加一些逻辑指令来控制管道运行，进行模拟，默认是用 Windows 的记事本或文本编辑软件进行 gas model. intran 文件的修改。

模拟过程如下：

上游来气以 20000m^3/h 的流量对管道进行充压，KP_1 入口压力达到 3.5MPa 时，关闭 B_1，启动 KP_1。同时 EIN 改为压力控制模式，设置压力为 4.8MPa。EOUT 改为流量控制模式，设置流量为 400000m^3/h。

KP_2 入口压力达到 4MPa 时，关闭 B_3，启动 KP_2；向下游供气压力达到 7MPa，停 KP_2，当 KP_2 上下游压力平衡后打开 B_3。模拟运行过程中显示 KP_2 的运行状态和全线压力分布曲线。

修改 gas model. intran 文件如下：

```
BEGIN 0,                                    / * 开始一个新的仿真
+ BEGIN. TIME = 0,                          / * 开始时间从 0min 开始
+ END. TIME = 4320,                         / * 结束时间为 4320min 后
+ PRESSURE. TOLERANCE = 1E-4                / * 设定 DP = 1E-6
TRENDLIST  *
SHARE  *
SET DTMAX = 2                              / * 设置步长为 2min
INTERACTIVE MSWIN                          / * 在 Windows 环境下进行交互式运
                                              行声明

MACRO( INIT, SHOW KP_1 PRESSURE)          / * 该语句可以指定几个 DSP 文件作
                                              为初始显示

POKE EIN：SQ = 50000
POKE EOUT：SQ = 0
WHENEVER ( B_1：P- >= 35)                  / * 当 B_1 上游 压力高于 35
{
WAIT 30                                    / * 等待 30s
START KP_1                                 / * 启压缩机 KP_1
CLOSE B_1                                  / * 关闭阀门 B_1
POKE EIN：SP = 48
POKE EOUT：SQ = -400000
}
DEFINE FF = 0
WHENEVER( B_3：P- >= 40 & FF = 0)          / * 当 KP_2 上游 压力高于 40
{
START KP_2                                 / * 启压缩机 KP_2
CLOSE B_3                                  / * 关闭阀门 B_3
POKE FF = 1
}
WHENEVER ( EOUT：P >= 70 & FF = 1)        / * 当 EOUT 压力高于 70
{
STOP KP_2                                  / * 停压缩机 KP_2
POKE FF = 2
}
WHENEVER ( B_3：P- >= B_3：P+ & FF = 2)   / * 当 B_3 上游压力不低于下游压力
{
WAIT 30                                    / * 等待 30s
OPEN B_3                                   / * 全开阀门 B_3
POKE FF = 3
}
```

```
WHENEVER (EOUT: P <= 50 & FF=3)        /* 当 EOUT 压力低于 50
{
WAIT 30                                /* 等待 30s
CLOSE B_3                               /* 全关阀门 B_3
START KP_2                              /* 启压缩机 KP_2
POKE FF=1
}
```

点击 TRANS(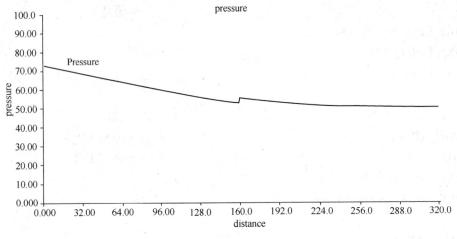),启动模拟,显示 TRANS 窗口则模拟正在进行,在 TRANS 窗口中创建 Distance Plot( ),创建沿线压力曲线,得到如图 5-4-11 所示的全线压力变化曲线。

图 5-4-11　管道沿线压力曲线

点击 Show( ),可以查看各设备和设备运行状态,如图 5-4-12 所示。

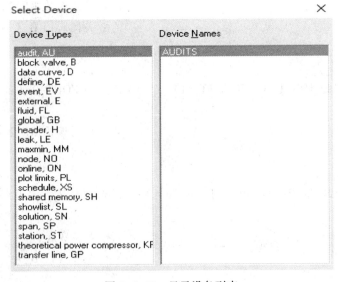

图 5-4-12　显示设备列表

点选压缩机选择可以选择显示 KP_1，参数如图 5-4-13 所示。

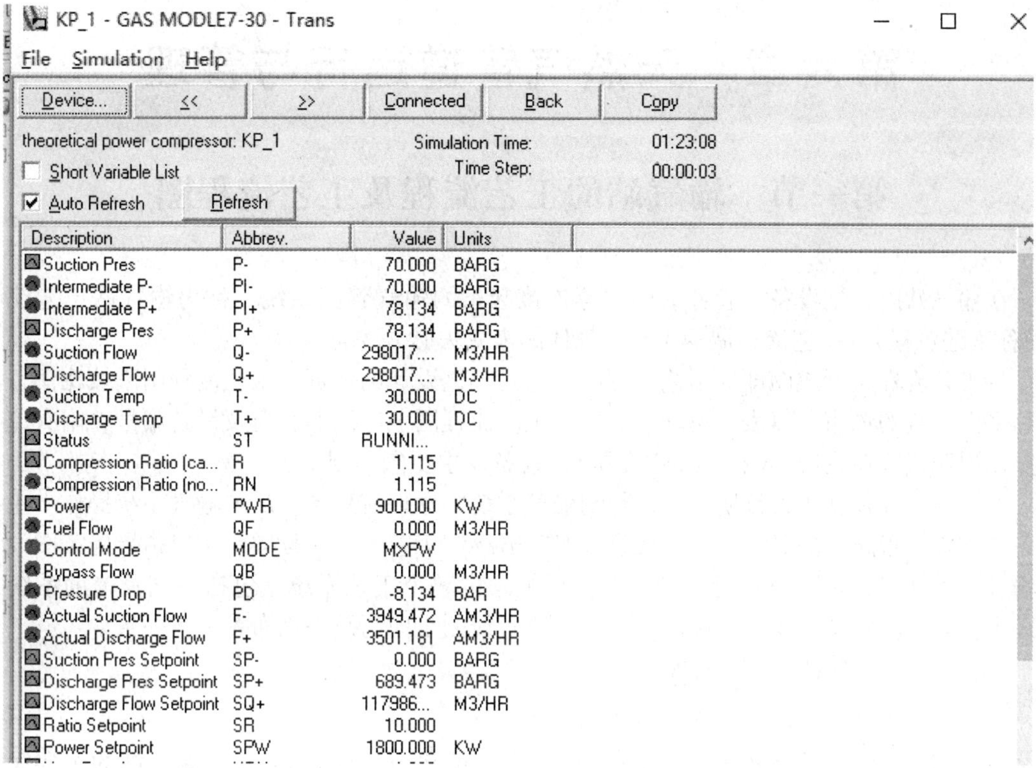

图 5-4-13　KP_1 运行参数

在 Simulation 菜单中点击 Halt Simulation，停止模拟过程的运行。通过修改 intran 文件和添加控制器模块还可以进行其他运行模式的模拟和控制。

第六章　天然气管道运行与管理

第一节　输气站的工艺流程及工艺流程图

在输气站内，把设备、管件、阀门等连接起来的输气管路系统，称为输气站工艺流程（简称工艺流程）。工艺流程展示了输送气体的来龙去脉。

将工艺流程绘制成图即为工艺流程图，它是工艺设计的依据。工艺流程图不按比例，不受总平面布置的约束，以表达清晰、易懂为主。流程图上应注明管道及设备编号，附有流程的操作说明、管道说明(管径、输送介质)、设备及主要阀门规格表。

可行性研究及初步设计阶段，需绘制输气系统的原理流程图，反映输气系统操作、主要设备、阀件及管路间的联系。施工图设计时，需绘制工艺安装流程图，用以指导施工图设计及输气管道施工、投产及运行管理。它应反映站内整个工艺系统，包括输气及辅助系统在内。工艺安装流程图上主要设施的方位，主要管线的走向与总平面布置大体一致。

一、确定工艺流程的原则

制定和规划工艺流程要考虑以下原则：

（1）满足输送工艺及各生产环节(试运投产、正常输气等)的要求。输气站的主要操作包括：①接受来气与分输；②分离过滤与排污；③调压与计量；④收发清管器；⑤增压与正常输送；⑥安全泄放与排空；⑦紧急截断。

（2）便于事故处理和维修。长输管线由于其线长、点多、连续性强，所以输气站的突然停电、管道穿孔或破裂、紧急放空和定期检修、阀门的更换等，都是输气生产中常见的，流程的安排要方便这类事故的处理。例如，考虑到事故处理时的紧急截断与放空，根据沿线人员密集情况在主要地段设置必要的自动紧急截断阀、放空阀等。

（3）采用先进工艺技术及设备，提高输气水平。

（4）在满足以上要求的前提下，流程应尽量简单，尽可能少用阀门、管件，管线尽量短、直、整齐，充分发挥设备性能，节约投资、减少经营费用。

二、工艺流程图的绘制

原理工艺流程图在绘制时，不按比例，不受总平面布置的约束，以表达清晰、易懂为主。在图中，要反映出输气的工艺流程、主要设备型号、管线和阀门尺寸。绘制工艺流程图时，可按平面布置的大体位置，将各种工艺设备布置好，然后，按输气生产工艺以及辅助系统的工艺要求，用规定的绘图标准(如设备的画法、管线的画法等)，将管线、管件、阀件等设备连接起来。一般说来，完整的工艺流程图的绘制应注意以下几点。

1. 基本要求

因为原理工艺流程图无比例，所以在绘制时，应注意各设备的轮廓、大小，相对位置应尽量做到与现场相对应。

2. 管线的画法

主要工艺管线用粗实线表示，次要的或辅助管线(氮气置换、放空、燃料气等管线及设备轮廓线)用细实线表示。每条管线要注明流体代号、管径及气体流向。图中只有一种管线时,其代号可不注,同一图上某一种管线占绝大多数时,其代号也可省略不注,但要在空白处加以说明。管线的起止处要注明流体的来龙去脉。同时,应注意图样上避免管线与管线、管线与设备间发生重叠。通常把管线画在设备的上方和下方,若管线在图上发生交叉而实际上并不相碰时,应使其中一管线断开或采用半圆线,一般说来,应采用横断竖不断、主线不断的原则。当然在一张图上,只要采用一致的断线法即可。

3. 阀门的画法

管线上的主要阀门及其他重要附件要用细实线按规定图例在相应处画出。同类阀门或附件的大小要一致,排列要整齐,还要进行编号,并应附有阀门规格表。

4. 设备画法

各种设备用细实线按规定图例画出,大小要相应,间距要适当。对于一张图上画有较多的设备时,要进行编号,编号用细实线引出,注在设备图形之外。对于比较简单的工艺流程图上的设备则通常省略编号,而将设备名称直接注在设备图形之内。

除上述几项要求以外,对图中所采用的符号必须在图例中说明清楚。另外,通常一张完整的工艺流程图还应附有流程操作说明、标题栏和设备表等。

三、输气站工艺流程

(一)输气首站工艺流程及操作

1. 有压缩机的输气管道首站工艺流程

有压缩机的输气首站工艺流程图如图 6-1-1 所示。

1) 主要工艺流程

正输流程:

2) 流程操作

站场启动前站内阀门状态如下:①处于开启状态的电动阀门有 2101、2201、2301、2401、2102、2202、2302、2402、3102、3202、3302、4301,其他电动阀门为关闭状态;②处于开启状态的手动阀门有 3101、3201、3301、3401、3501、3002,电动旋塞阀 3005 和 1201 前的球阀,安全阀 4303、4304 前球阀,压缩机出口紧急泄放气动阀前的球阀,4101、4201 旁通管路上的球阀,清管器发送筒 F101 连通管路上的球阀,所有放空和排污管路上的手动球阀均处于打开状态,其他手动球阀为关闭状态;③气液连动球阀 3001、1102 处于关闭状态。

(1) 站场首次启动操作

① 打开进站阀 3001 侧的旁通阀,缓慢打开旁通阀中的节流截止放空阀给站内充气。与此同时打开过滤分离器 GF201(GF202~GF204)上的放空阀,放空 3~5min,然后关闭放空阀。

② 当 3001 两侧压差低于 1MPa 时,打开 3001,接受气源供气。

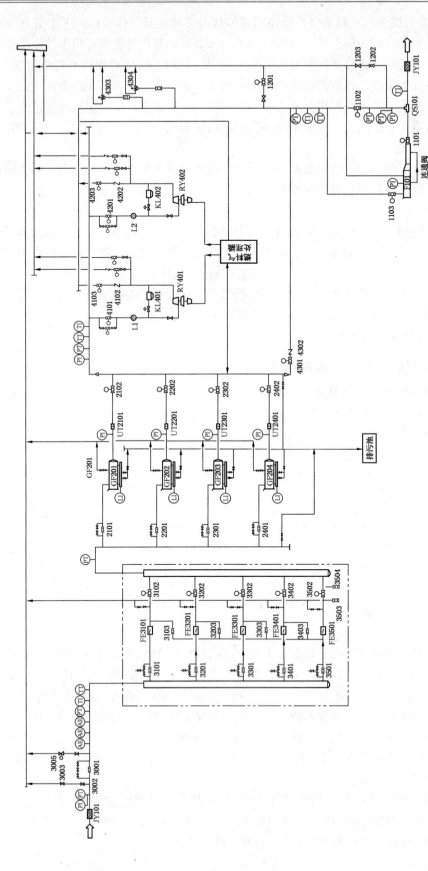

图6-1-1　有压缩机的输气管道站工艺流程图

③ 如果干线中有天然气，且出站阀 1102 两侧的压差小于 1MPa 时，打开 1102，进行正常的生产操作。否则先打开 1101 和发送筒 F101 上的放空阀。然后打开电动旋塞阀 1103，给干线充气，3~5min 后关闭发送筒 F101 上的放空阀。当 1102 两侧压差小于 1MPa 时，打开 1102，关闭电动旋塞阀 1103 和电动阀 1101，进行正常的生产操作。

（2）流量计计量操作

进气计量采用超声波流量计，假如运行方式为 4 用 1 备。正常工作时，手动阀 3101、3201、3301、3401、3501 和电动强制密封阀 3102、3202、3302、3402 处于开启状态，电动强制密封阀 3502 和手动强制密封阀 3103、3203、3303、3403 处于关闭状态，气体由流量计 FE3101、FE3201、FE3301、FE3401 计量，流量计 FE3501 处于备用状态。实际工作中可根据不同流量选择一路计量、二路计量、三路计量或四路计量。不同流量计之间可以互相切换。

当对流量计维修或进行工作流量计更换时（以 FE3101 为例），需切换到备用流量计 FE3401，打开电动强制密封阀 3402，关闭电动强制密封阀 3102，即可实现工作流量计和备用流量计的切换，然后关闭待维修管路上的手动球阀 3101，打开待维修管路上的放空阀，将该段气体放空，然后对 FE3101 进行维修或更换。

当流量计维修或更换后重新投运时（以 FE3101 为例），先打开 3101 的旁通阀，等该阀两侧的压差小于 1MPa 时，再打开该阀，然后打开电动强制密封阀 3102，使 FE3101 重新投入运行。

现场对流量计进行精度比对时（以 FE3101 为例），关闭手动强制密封阀 3501，打开手动强制密封阀 3103、电动强制密封阀 3502，关闭电动强制密封阀 3102，使 FE3101 和 FE3501 串联工作。比对工作完成之后，打开电动强制密封阀 3102，关闭电动强制密封阀 3502、手动强制密封阀 3103，恢复正常流程。

当发现流量计精度下降需要进行现场标定时（以 FE3101 为例），关闭手动强制密封阀 3501，打开手动强制密封阀 3103 和手动球阀 3503、3504，关闭电动强制密封阀 3102，使 FE3101 和标定车串联运行。标定工作完成之后，打开电动强制密封阀 3102，关闭手动球阀 3503、3504 和手动强制密封阀 3103，恢复正常流程。

（3）清管器发送

向下游发送清管器时，先打开快开盲板，将清管器放入清管器发送筒 F101，关闭清管器发送筒盲板，打开电动旋塞阀 1103（发送筒上的连通阀为常开），往发送筒内充气，当电动球阀 1101 前后压差小于 1MPa 时，打开该阀。关闭电动球阀 1102，进入发送流程。清管器出站后，打开电动球阀 1102，关闭电动球阀 1103 和 1101，恢复正常流程。放空清管器发送筒 F101 内的天然气。

（4）过滤分离器的切换和检修

该站设置 4 台过滤分离器，过滤精度为 5μm，不设备用。过滤器后的管路上安装有流量检测装置，当某一路的流量明显小于其他 3 路流量时，则说明此路过滤器可能堵塞，应该更换滤芯。

更换滤芯时（以 GF201 为例），关闭该路过滤器前后的电动球阀 2101、2102，然后对其进行放空和排污。放空和排污完毕后，打开过滤器快开盲板更换滤芯。更换过滤器滤芯期间，另外 3 台过滤器承担所有天然气的过滤分离。

滤芯更换完毕后，关闭放空、排污阀门，为避免对滤芯的冲刷，先打开与电动阀门

2101 并联的旁通手动阀门，使气体缓慢进入 GF201，当过滤分离器前后压力基本相当时，再打开电动阀门 2101、2102，恢复被检修过滤分离器（GF201）的正常运行。

（5）安全泄放和放空

工艺装置区各管段都设有手动放空，在设备进行维护和检修时，将管段内天然气放空。该站进、出口处安装了电动旋塞阀 3005、1201，与 ESD 系统联动，当站内出现紧急事故全站关断时，这两个阀门迅速自动开启，将天然气通过放空总管输送至放空立管集中放空，站场正常放空时也使用这两个阀门。该放空立管同时作为干线管道维修的一个泄放口。若放空量较大，超过安全排放标准，采用点火泄放。

为保护站内管线和干线安全，在压缩机出口处安装两个安全阀，设定值压力超过设定值时，自动泄放。

（6）手动排污装置

手动排污装置由手动球阀和排污阀组成，用于排除过滤器、汇管等设备的污物。如过滤器的流量通过能力降低过大需要更换滤芯时，先用放空阀放空将压力降至 0.2MPa 左右时，打开排污管线上的排污阀进行排污。

（7）压缩机组的启动

压缩机进出口电动球阀 4101、4201、4103、4203 的开关控制纳入压缩机组的控制系统。

压缩机组启动前，电动球阀 4301 处于开启状态，天然气的站内流向为：天然气经进站计量、过滤设备后经阀 4301、4302 和 1102 进入干线。

在压缩机组启动准备就绪后，开始启动（以 RY401 为例）。打开压缩机进口电动阀门 4101 旁通管路上的气动阀门，天然气进入压缩机 RY401，打开出口端气动放空阀，对压缩机和与之相连的管道进行扫线。扫线完成后，关闭放空阀，当进口阀门 4101 两端的压差小于 1MPa 时，打开进口球阀，关闭旁通阀。燃气轮机启动电机带动空气压缩机，压缩空气进入燃烧室，同时，燃料气也进入燃烧室，燃烧气与空气在燃烧室混和燃烧，热膨胀带动动力透平，透平达到一定的负荷后启动电机停止，在此期间机组喘振控制阀全开，压缩机打回流，透平继续加载，负荷达到一定的程度时，打开压缩机出口电动阀 4103，关闭喘振控制阀，压缩机组启动完成。机组的启动由压缩机组控制系统自动完成。

（8）压缩机组的停车

压缩机组正常停车时（以 RY401 为例），切断燃气轮机燃料气气源，燃气轮机降载，打开机组喘振控制阀，压缩机打回流，关闭进、出口电动球阀 4101、4103。机组停车后，如果有必要的话，打开放空阀进行放空。

压缩机遭遇紧急事故突然停车时（以 RY401 为例），压缩机出口的气动紧急泄放阀迅速打开，同时机组喘振控制阀也立即打开，停掉燃料气气源，燃气轮机降载，关闭进出口阀门 4101、4103。

压缩机组的停车由压缩机组的控制系统自动完成。

（9）压缩机组的切换

以燃压缩机组 RY401 切换到 RY402 为例。燃压机组 RY401 停机，停机过程同（8）。然后打开燃压机组 RY402，启动过程同（7）。

（10）管道超压安全保护系统

输气管道工程的压气站的超压安全保护可以这样设计：

① 变转速输出压缩机组　所选压缩机组为燃气轮机驱动或变频调速电机驱动，可以通

过调节转速来控制输出压力，机组自带压力报警和超压紧急停车系统，每台压缩机组排气端设有紧急放空阀，ESD 停车时自动打开。

② 出站紧急截断（ESD）　压气站出口设紧急截断阀，在压缩机出口至出站截断阀之间设自动放空阀，与出站 ESD 紧急截断联锁。

③ 压力检测与监控　压气站出站紧急截断阀前设压力变送器，当出站压力达到设定值时，站控系统自动报警或紧急停车。

④ 安全泄压阀　压缩机出口至出站紧急截断阀之间设安全阀，当压力达到设定值时自动起跳放空。

因此，输气管道工程设计的压力安全保护系统由压缩机组超压保护、站控系统超压保护和安全泄放保护三重保护组成。三重保护相互独立，互不干扰。

（11）燃料气处理

燃料气处理系统采用撬装结构，主要功能是为燃气轮机和放空点火系统提供燃料。该系统包括过滤器、加热（换热）器、流量计、调压阀、安全切断阀、球阀、放空阀及电伴热等。

经过过滤分离器分离后的天然气进入燃料气处理撬，经总计量后调压（共 2 路，1 用 1 备），一部分经计量后供给燃气轮机，压力为 3.3~4.2MPa，温度不低于 5℃。二次调压分 2 路（1 用 1 备），将压力调至 0.003~0.005MPa 经计量后供给放空点火系统。

（12）压缩空气系统

压缩空气系统是压缩机组的辅助系统，主要为压缩机组干气密封、气动仪表及燃气轮机空气滤清器的反吹提供干燥、洁净的压缩空气，空气经压缩机空气滤清器后进入空压机加压，加压后的空气进入缓冲罐、前过滤器（1 用 1 备），然后分为 2 路，1 路经干燥器（1 用 1 备）、后过滤器（1 用 1 备）进入仪表风储罐，后经调压至 0.4~0.7MPa，另 1 路进入非干燥空气储罐，后调压至 0.4~0.7MPa。

（13）干线的检漏和气质检测

首站来气计量系统采用超声波流量计，该系统与压缩机进口流量计、燃料气处理系统的计量装置作为全线在线检漏系统的一个检测点，首站来气管路设气质分析和露点检测仪，当发现气质组分不合格，如 H_2S 含量超标、水露点不合格等，立即报警并打印相关报告。

（14）紧急切断系统

当站内发生火灾等险情时，压缩机组紧急停车（为压缩机组控制系统的一部分），关闭站内紧急切断阀 3001 和 1102，切断该站与进站管线和干线的联系，该站停运。同时，站内紧急放空阀 3005、1201 打开，放空站内天然气。

（15）压缩机厂房的监视

压缩机厂房内设工业电视来监视燃压机组的工作状态，并可以将燃压机组的图像实时传输至站控制室和调度控制中心。

（16）安全检测装置

在工艺装置区和清管器发送区设有可燃气体检测装置，在站控室设有火灾报警装置，报警系统与站场 ESD 系统互联。同时根据规范要求，站内设必要的水消防系统和移动灭火器。

2. 无压缩机的首站工艺流程

当油气田来气压力较高，不用加压就可以直接将天然气输到末站时，就可以不设压缩机。

图 6-1-2 为不设压缩机的输气管道首站工艺流程图。

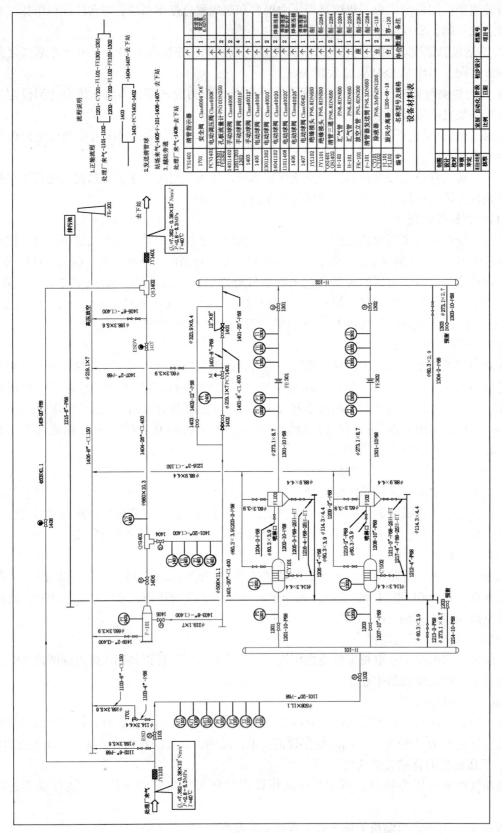

图6-1-2　不设压缩机的输气管道站工艺流程图

1）首站主要功能及配置

功能：具有清管发送清管器、除尘分离、计量、调压、放空、排污、安全泄放、组分露点检测、数据采集上传和控制、阴极保护等功能。

配置：球阀、安全泄放阀、节流截止阀、绝缘接头、清管三通、球过指示仪、发球筒、汇管、分离器、阀套式排污阀、安全切断阀、孔板阀、现场指示仪表、变送器、配电柜、恒电位仪（包括阴保设备和牺牲阳极地床）、锅炉、PLC、UPS 等。

2）工艺流程

正常生产流程：来气经 1101 球阀进站，通过 1102 球阀进入汇管 H-101，经 1201（1203）球阀至除液器 CY101（CY102）、分离器 FL-101（FL-102），经 FE301（FE302）计量、经 1301（1302）球阀进入汇管 H-102，由汇管 H-102 经 1401 和 PCV-1401 调压，1402（或经 1403 旁通）、1404、1407 球阀出站进入主管线。站内事故状态也可通过 1408 阀直接越站进入主干线。

发送清管球流程：气田来气经 1101 球阀进站，通过 1102 球阀进入汇管 H-101，经 1201（1203）球阀至除液器 CY101（CY102）、分离器 FL-101（FL-102），经 FE301（FE302）计量、经 1301（1302）球阀进入汇管 H-102，由汇管 H-102 经 1403、1405 球阀、1406、经过 1407 球阀出站。

站内检修流程：气田来气经 1408 球阀直接出站，可检修站内阀门和设备。

（二）中间站工艺流程及操作

1. 有加压设备的中间分输站

图 6-1-3 是有压缩机的中间分输站工艺流程图。图示带两个分输用户的压气站，气体进站之后经分离、过滤，部分气体经调压后分输到城市燃气支线和工厂用户，其余大部分气体经压缩机加压后进入干线，继续给下游供气。

1）工艺流程

（1）正输

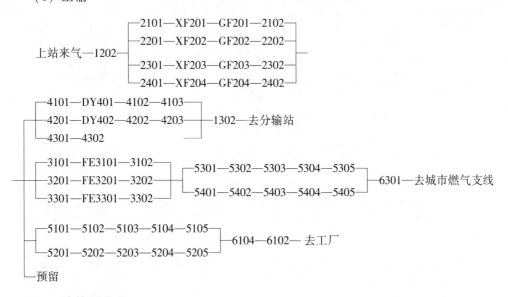

（2）清管器发送

接正输流程站内来气—1303—F101—1301—去下站

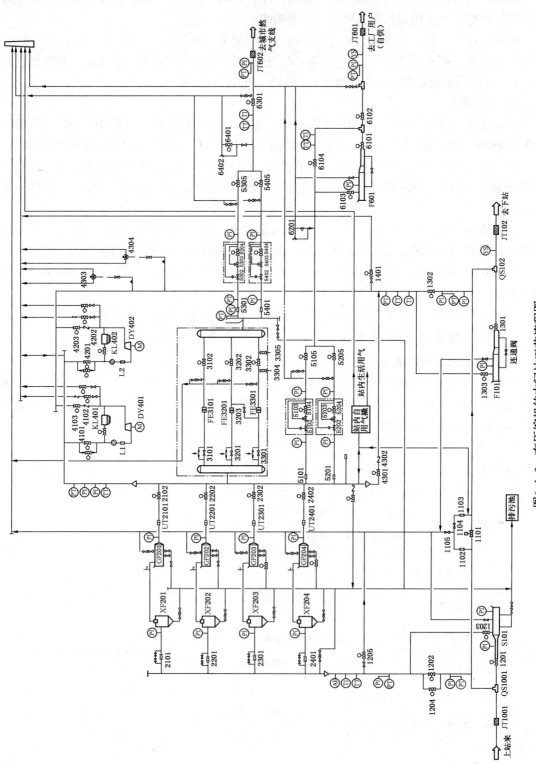

图6-1-3　有压缩机的中间站工艺流程图

（3）收球

上站来气—1201—S101—1203—进站内接正输流程

（4）支线发球

接正输流程站内来气—6103—F601—6101—6102—去工厂用户

（5）越站旁通

上站来气—1101—去下站

2）站场工艺操作

（1）站场启动操作

站场启动前站内阀门状态如下：①处于开启状态的电动阀门有 2101、2201、2301、2401、2102、3302、4301、5105、5305、6104，其他电动阀门为关闭状态；②处于开启状态的手动阀门有 3101、3201、3301、5101、5201、5301、5401、电动旋塞阀 1205、1401、6201、6401 前的球阀、电动旋塞阀 1204 前后的球阀、安全阀 4303、4304 前的球阀、压缩机出口紧急泄放气动阀前的球阀、4101 和 4201 旁通管路上的球阀、清管器发送筒 F101、F601 联通管路上的球阀、电动旋塞阀 1204 前后的球阀，所有放空、排污管路上的球阀，其他手动阀门为关闭状态；③气液联动球阀 1101 处于开启状态，1202、1302 处于关闭状态。

站场首次启动过程：

① 打开电动旋塞阀 1204，缓慢给站内充气。与此同时打开过滤分离器 GF201～GF204 上的放空阀，放空 3～5min，然后关闭放空阀。

② 打开 6301，开启电动调压阀 5304 控制流量给城市燃气支线充气，当 6301 前后压力基本相当时，进行正常的生产操作。

③ 打开 6102，开启电动调压阀 5104 控制流量给工厂支线充气，当 6102 前后压力基本相当时，进行正常的生产操作。

④ 如果干线中有天然气，且出站阀 1302 两侧的压差小于 1MPa 时，打开 1302，进行正常的生产操作。否则，先打开 1301 和发送筒 F101 上的放空阀，然后打开电动旋塞阀 1303，给干线充气，3～5min 后关闭发送筒 F101 上的放空阀。当 1302 两侧压差小于 1MPa 时，打开 1302，关闭 1301、1303，进行正常的生产操作。

⑤ 当 1301 或 1302 阀打开时，关闭旁通阀 1101。

（2）流量计计量操作

该站共有两个分输用户，一个是去城市燃气支线，另一个是去工厂用户。由于工厂用户是直供用户，气体计量在支线末站进行。该站只有去城市燃气支线的气体需要计量。去城市燃气支线天然气计量采用 3 路涡轮流量计，其中相同的流量计 2 路，运行方式为 1 用 1 备。流量计正常工作时，手动阀 3101、3201、3301、电动强制密封阀 3202 处于开启状态，电动强制密封阀 3102、3302、手动强制密封阀阀 3203 处于关闭状态，气体由流量计 FE3201 计量，流量计 FE3101、FE3301 处于备用状态。当站场起输或小流量时用 FE3101 计量；当正常生产流量时，用 FE3201 计量，不同流量计之间可以互相切换。

当对流量计维修或进行工作流量计更换时，需切换到备用流量计（如 FE3201 切换到 FE3301），打开电动强制密封阀 3302，关闭强制密封阀 3202，即可实现工作流量计和备用流量计的切换，同时打开 FE3201 管路上的放空阀，将该段气体放空，然后对 FE3201 进行维修或更换。

现场对 FE3201 流量计进行精度比对时，关闭手动强制密封阀 3301，打开手动强制密封阀 3203、电动强制密封阀 3302，关闭电动强制密封阀 3202，使 FE3201 和 FE3301 串联工作。比对工作完成之后，打开电动强制密封阀 3202、手动强制密封阀 3301，关闭电动强制密封阀 3302、手动球阀 3203，恢复正常流程。

当发现流量计精度不够需要进行现场标定时（以 FE3201 为例），关闭手动强制密封阀 3301，打开手动强制密封阀 3203 和手动球阀 3304、3305，关闭电动强制密封阀 3202、3302，使 FE3201 和标定车串联运行。标定工作完成之后，打开电动强制密封阀 3202，关闭手动球阀 3304、3305、手动强制密封阀 3203，打开手动强制密封阀 3301，恢复正常流程。

（3）调压操作及切换

该站共有两个用户，一个是去城市燃气支线，另一个是去工厂用户支线。两者需要的压力不同，故这两条支线需分别调压。每条支线均有 2 路调压装置，工作方式 1 用 1 备。

该站采用电动调压阀（5104、5204、5304、5404）进行分输调压。控制方式采用压力、流量双重控制，正常时采用压力控制，当流量超过允许最大值时，采用流量信号进行限流控制。为安全考虑，每路都设有安全截断阀（5102、5202、5302、5402）和监控调压阀（5103、5203、5303、5403），安全截断阀的高压截断设定值为最大工作压力的 1.1 倍，低压截断设定值为 0.5MPa。

去城市燃气支线调压装置切换：正常工作时，开手动球阀 5301、5401，电动球阀 5305，关电动球阀 5405，此时电动调节阀 5304 工作，5404 备用。当由于各种原因需要进行调压装置切换时，打开电动球阀 5405，关闭电动球阀 5305。此时电动调节阀 5404 工作，5304 停止工作。若需要对 5304 这一路调压装置进行检修、维修或更换时，再关闭手动球阀 5301，放空 5301 和 5305 之间的气体之后，进行相应工作。上述工作完成之后，应首先关闭放空阀，再打开手动球阀 5301，以便于调压装置的自动切换。

去工厂用户支线调压装置的切换方法类似。

（4）清管器接收操作

在清管器到站之前，先打开电动旋塞阀 1203，当电动球阀 1201 前后压力基本相同时，打开电动球阀 1201，关闭气液联动球阀 1202，进入接收流程。清管器进入接收筒 S101 之后，打开 1202，关闭 1201、1203，恢复正常流程。然后打开接收筒上的放空阀，等筒内压力降至 0.2MPa 时，打开接收筒下的排污阀，排掉筒内杂质，打开快开盲板，取出清管器，清理接收筒，并做其他后续工作。

（5）清管器发送

该站清管器发送分为两部分，一部分是由清管器发送筒 F101 来完成，实现向干线发送清管器；另一部分是由清管器发送筒 F601 来完成，实现向工厂用户支线发送清管器。

① 向干线发送清管器

向下游发送清管器时，先打开快开盲板，将清管器放入清管器发送筒 F101，关闭清管器发送筒盲板，打开电动旋塞阀 1303（发送筒上的联通阀为常开），往发送筒内充气，当筒内压力与出站压力接近时，打开电动球阀 1301，关闭气液联动球阀 1302，进入发送流程。清管器出站后，打开气液联动球阀 1302，关闭电动球阀 1301 和电动旋塞阀 1303，恢复正常流程。放空清管器发送筒 F101 内的天然气。

② 向工厂用户支线发送清管器

发送清管器时，先打开快开盲板，将清管器放入清管器发送筒 F601，关闭清管器发送筒筒盲板，打开电动旋塞阀6103（发送筒上的联通阀为常开），往发送筒内充气，当筒内压力与出站压力接近时，打开电动球阀6101，关闭电动球阀6104，进入发送流程。清管器出站后，打开电动球阀6104，关闭电动球阀6101和电动旋塞阀6103，恢复正常流程。放空清管器发送筒F601内的天然气。

（6）分离器的切换和检修操作

城市分输压气站设置4台旋风分离器和4台过滤分离器，二者串联运行，过滤精度分别为10μm和5μm，不设备用。多管旋风分离器具有除尘效率高、压力与流量的适应范围比较大、噪声低、磨损小、维护量小、使用寿命长等优点，只需定期排尘和检查。过滤器后的管路上安装有流量检测装置，当某一路的流量明显小于其他3路流量时，则说明此路过滤器可能堵塞，应该更换滤芯。

更换滤芯时（以GF201为例），关闭该路过滤器前后的电动球阀2101、2102，然后对其进行放空和排污。放空和排污完毕后，打开过滤器快开盲板更换滤芯。更换过滤器滤芯期间，另外3台过滤器承担所有天然气的过滤分离。

滤芯更换完毕后，关闭放空、排污阀门，为避免对滤芯的冲刷，先打开与电动阀门2101并联的旁通手动小阀门，使气体缓慢进入GF201，当过滤分离器前后压力基本相当时，再打开电动阀门2101、2102，恢复被检修过滤分离器（GF201）的正常运行。

当对旋风分离器进行检修或排污时，操作方法类似。

（7）安全泄放和放空操作

工艺装置区各管段都设有手动放空，在设备进行维护和检修时，将管段内天然气放空。另外，在站进、出口处安装了电动旋塞阀1205、1401，在支线出口处安装了电动旋塞阀6201、6401，可以正常放空站内天然气，同时与站场ESD系统联动，当站内出现紧急事故，全站关断时，这四个阀门迅速自动开启，将天然气通过放空总管输送至放空立管集中放空。该放空立管同时作为干线管道维修的一个泄放口。若放空量较大，超过安全排放标准，采用点火泄放。

为保护压缩机和出站管线的安全，在压缩机出口处安装一个安全阀，设定值高于最高设计运行压力的5%，压力超高时，自动泄放。

（8）手动排污装置

手动排污装置由手动球阀和排污阀组成，用于排除过滤器、汇管等设备的污物。如过滤器的流量通过能力降低过大需要更换滤芯时，先用放空阀放空将压力降至0.2MPa左右时，打开排污管线上的排污阀进行排污。

（9）压缩机组的启动操作

压缩机进出口电动球阀4101、4201、4103、4203的开关控制纳入压缩机组的控制系统。

压缩机组启动前，打开电动球阀4301，天然气的站内流向为：天然气经进站计量、过滤设备后经阀4301、4302和1302送入干线。

在压缩机组启动准备就绪后，开始启动（以DY401为例）。打开压缩机进口电动阀门4101的气动旁通阀，天然气进入压缩机DY401，打开出口端气动放空阀，对压缩机和与之相连的管道进行扫线。扫线完成后，关闭放空阀，当进口阀门4101两端的压差小于50kPa时，打开进口球阀，关闭旁通阀。由变频电机带动压缩机缓慢启动，在此期间机组端振控制阀全开，压缩机打回流，电机继续加载，负荷达到一定的程度时，打开压缩机出口电动阀4103，关闭喘振控制阀，压缩机组启动完成。机组的启动由压缩机组控制系统自动完成。

（10）压缩机组的停车操作

压缩机组停车时(以 DY401 为例)，切断驱动电机电源，打开机组喘振控制阀，压缩机打回流，关闭进、出口电动球阀 4101、4103。机组停车后，如果有必要的话，打开放空阀进行放空。压缩机组的停车由压缩机组的控制系统自动完成。

（11）压缩机组的切换操作

以电驱压缩机组 DY401 切换到 DY402 为例。电驱压机组 DY401 停机，停机过程同(10)。然后启动电驱压机组 DY402，启动过程同(9)。

（12）管道超压安全保护系统

同首站一样。

（13）站内自用气处理

站内自用气系统采用撬装结构，主要功能是为站内生活用气和放空点火系统提供燃料。该系统包括过滤器、加热(换热)器、流量计、调压阀、安全切断阀、球阀、放空阀及电伴热等。

经过过滤分离器分离后的天然气进入站内自用气系统处理撬，经总计量后，再经二次调压(共 2 路，1 用 1 备)，将压力调至 0.003~0.005MPa 经计量后供给站内生活用气和放空点火系统。

（14）压缩空气系统

压缩空气系统是压缩机组的辅助系统，主要为压缩机组干气密封、气动仪表及变频电机机罩的正压通风提供气源。该系统有 2 个撬座组成，即空气压缩机撬座和干燥器处理撬。空气经压缩机空气滤清器后进入空压机加压，加压后的空气进入缓冲罐、前过滤器(1 用 1备)，然后分为 2 路，1 路经干燥器(1 用 1 备)、后过滤器(1 用 1 备)进入仪表风储罐，后经调压至 0.4~0.7MPa：另 1 路进入非干燥空气储罐，后调压至 0.4~0.7MPa。

（15）干线的检漏

该站压缩机进口流量计、两条支线的流量计和站内自用气的计量装置，作为全线在线检漏系统的一个检测点。

（16）紧急切断系统

当站内发生火灾等险情时，压缩机组紧急停车(为压缩机组控制系统的一部分)，关闭站内紧急切断阀 1202 和 1302 和两条支线出口电动球阀 6102、6301，切断该站与干线和支线的联系，同时打开旁通管路上的截断阀 1101，使气体越站通过。同时，进出站电动旋塞阀1205、1401、6201、6401 打开，放空站内天然气。气液联动紧急截断阀 1202、1302、截断阀 1101，支线出口电动球阀 6102、6301，与进出站电动旋塞阀 1205、1401、6201、6401 应该联动。

（17）压缩机厂房的监视

压缩机厂房内设工业电视来监视燃压机组的工作状态，并可以将燃压机组的图像实时传输至站控室和调度控制中心。

（18）安全检测装置

在工艺装置区和清管收发区设有可燃气体检测装置，在站控室设有火灾报警装置，报警系统与站场 ESD 系统互联。同时根据规范要求，站内设必要的水消防系统和移动灭火器。

图 6-1-4 为另一中间压缩分输站工艺流程图。

2. 无压缩机的中间分输站

图 6-1-5 为无压缩机的中间分输站工艺流程图。

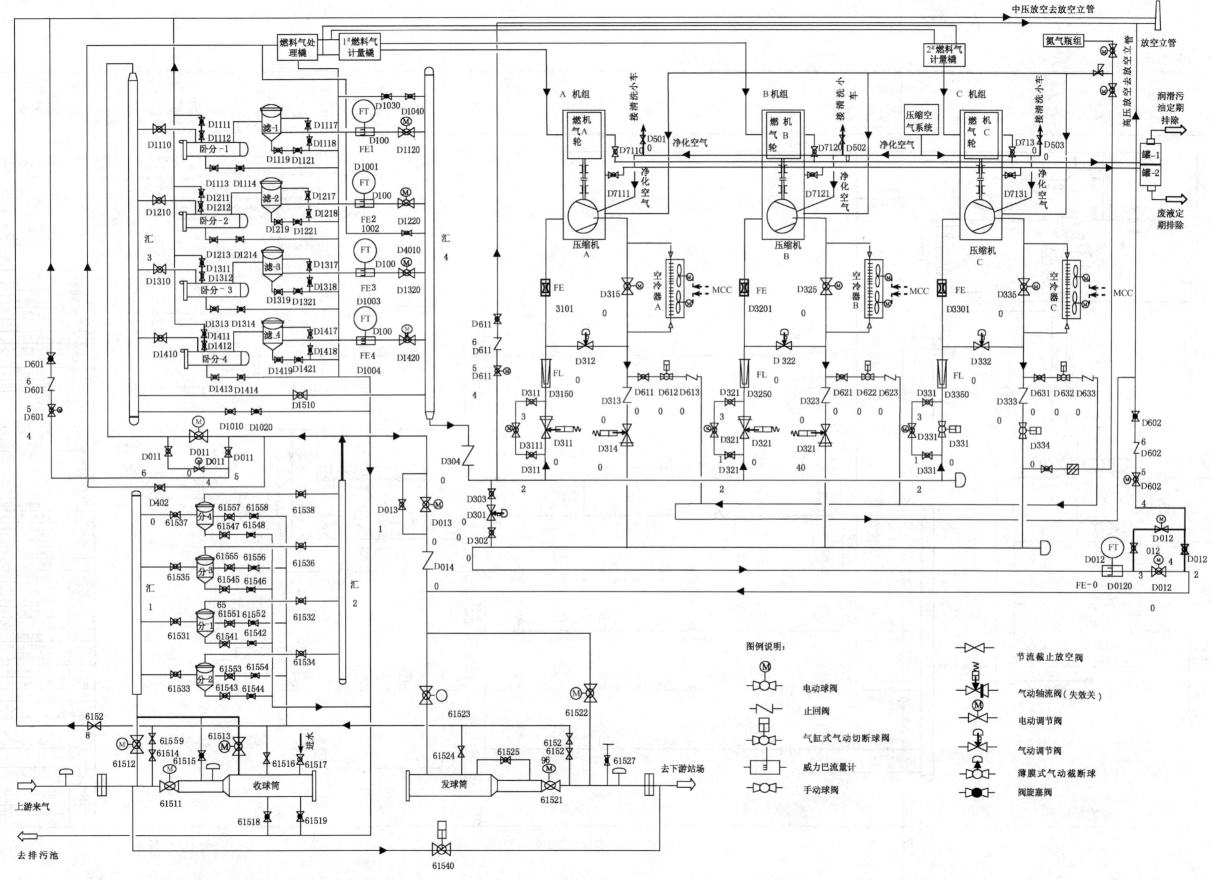

图 6-1-4 加压分输站

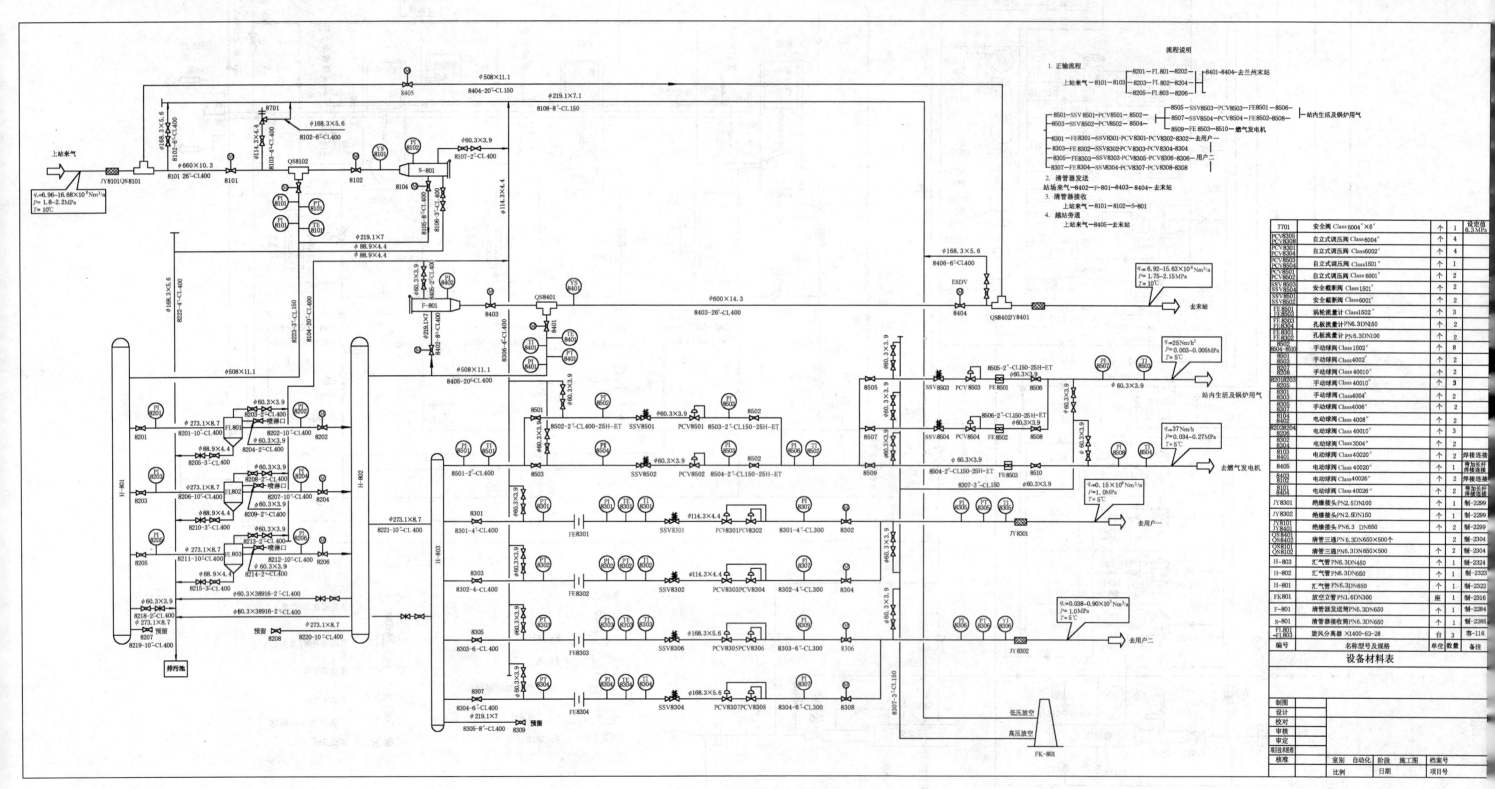

图 6-1-5 无压缩机的中间分输站

（1）主要功能　具有分离除尘、调压计量、清管器收发、安全泻放、越站、放空排污、数据采集上传及控制、阴极保护、配发电、自烧锅炉供暖等功能。

（2）主要配置　球阀、安全泄放阀、节流截止阀、绝缘接头、清管三通、球过指示仪、收发球筒、汇管、分离器、阀套式排污阀、安全切断阀、孔板阀、现场指示仪表、变送器、配电柜、X1400-63-28 型燃气发电机、现场指示及远传仪表、恒电位仪（包括阴保设备和牺牲阳极地床）、锅炉、PLC、UPS 等。

（3）工艺流程　上站来气经 JY-8101、QS-8101，到进站阀 8101 后到 QS-8102，经8103 阀后到 H-801，出汇管后经 8201、8203、8205 阀分别到 FL-801、FL-802、FL-803，通过分离器后到 8202、8204、8206 阀，然后进入 H-802，出汇管后分两路，一路经 8401 阀到 QS-8401，经出站阀 8404、JY8401 后去下站；另一路通过 H-803 后共分六路供气：

第一路为生活用气，分两路调压，一路经 8501 阀到 SSV-8501、PCV-8501 再到 8502阀，二路经 8503 阀到 SSV-8502、PCV-8502 再到 8504 阀后与一路汇合，后分三路向站内生活用供气：一路经 8505 阀到 SSV-8503、PCV-8503、FE-8501 后经 8506 阀向站内生活及锅炉供气；二路经 8507 阀到 SSV-8504、PCV-8504、FE-8502 到 8508 阀后与第一路汇合给站内生活及锅炉供气；三路经 8509 阀、FE-8503 及 8510 阀后向燃气发电机供气。

第二路经 8301 阀、FE-8301、SSV-8301、PCV-8301、PCV-8302、8302 阀后到JY-8301。

第三路经 8303 阀、FE-8302、SSV-8302、PCV-8303、PCV-8304 后与第二路汇合，经JY-8301 后向工厂供气。

第四、五路经 JY-8302 去工厂 2。

第六路为预留口，到 8309 阀截止。

越站流程：可通过 8405 球阀直接越站进入主干线去下站。

收球流程：进站阀 8101（8103 关闭）—8102—收球筒 S-801—8104—H-801。

发球流程：8402—发球筒 F—801—8403（8401 关闭）—8404。

3. 清管站

图 6-1-6 为清管站工艺流程图。

（1）主要功能　分离除尘、收发清管器、越站、放空、排污、安全泻放、阴极保护等。

（2）配置　球阀、收发球筒、排污阀、节流截止放空阀、旋风分离器、汇管、安全阀、绝缘接头、球过指示仪、清管三通、温度压力现场指示仪表、太阳能供电系统（包括太阳能极板、转换充供电设备、电瓶）、阴极保护系统（包括恒电位仪、参比电极、阳极地床）。

（3）工艺描述　在正常情况下天然气走越站流程。在清管时走站内流程（越站阀关闭），特殊情况下也可走站内流程（比如管线内杂物较多时）。

4. 有加热设备的中间分输站

一般 LNG 管道，或北方冬季地区为防止输气管道发生水合物冰堵，往往要对天然气进行加热。目前天然气加热方法主要有介质换热和直接加热两种，图 6-1-7 为带水套炉加热设备的中间分输站流程。

1）工艺流程

接收首站来气，一部分天然气经过滤分离器处理，再经计量、加热（LNG 终端站输入管线气体温度为 0~4℃）和压力调节向下游输送，供城市燃气用户使用。其余天然气去分输站、1#分输阀室和 2#分输阀室。分输站设有 1 座清管收球筒，3 座清管发球筒，并设有紧急

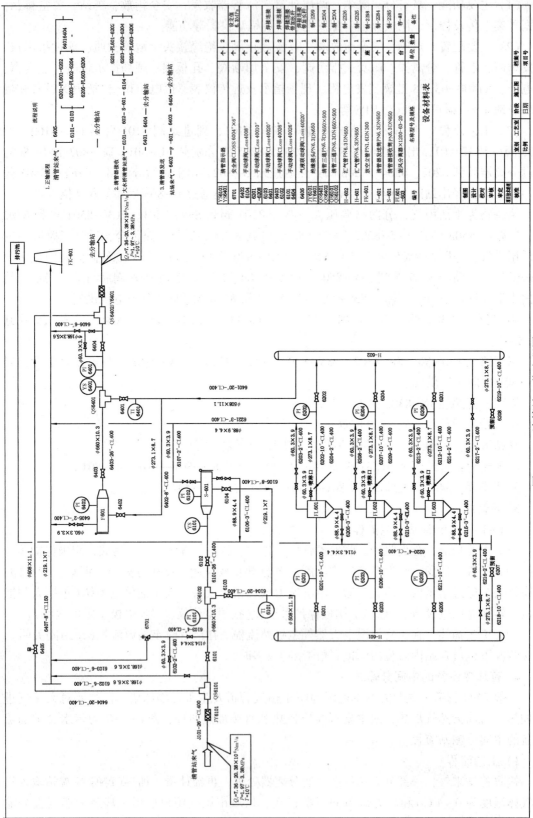

图6-1-6　清管站工艺流程图

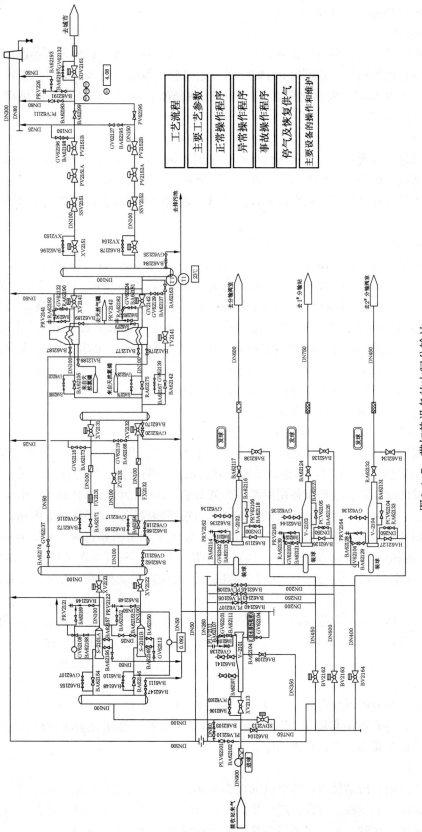

图6-1-7　带加热设备的中间分输站

截断、安全放空和越站等流程。

2）分离系统

采用两路卧式全结构分离过滤分离器，运行方式为 1 用 1 备。过滤分离器前后装有差压变送器，过滤分离器两端压差达到 0.1MPa 时，过滤分离器可能堵塞，此时会先报警，当两端压力达到 0.15MPa 时，发出连锁信号，通过过滤分离器后的气动球阀关闭出现故障的一路，切换到备用回路。

3）计量系统

采用两路超声波流量计，日常运行方式为 1 用 1 备。当一路出现故障时，通过开关流量计后的气动球阀 XV-2131 或 XV-2132 关闭故障回路，切换到备用回路。

为保证流量计计量精度，两个流量计之间可通过阀门的切换实现工作流量计和备用流量计的比对。

4）加热系统

为保证减压后提供给城市用户的天然气温度，在给城市燃气供气方向设置了气体加热器，以在减压前提高天然气温度。气体加热采用两路水套式加热炉，1 用 1 备。从加热器前总管引出的天然气经过加热、调压后作为加热炉燃料。当出现水温过高或过低、燃料气压力过高或过低、工艺气温度过高或过低、工艺气压力过高或过低、火焰喷出气体加热器、烟囱温度过高和水位过低等情况时，加热炉自动熄火，快速关闭切断阀，人工启用备用回路。

在天然气调压撬座后设置温度传感器，根据减压后的天然气温度调节气体加热器负荷大小，温度低时增加负荷，温度高时减少负荷。

5）调压系统

采用两路压力调节撬，日常运行方式为 1 用 1 备。每路压力调节撬由 1 个安全截断阀、1 个监控气动调节阀和 1 个气动工作调节阀串联组成。当调节撬后压力低时，报警通告操作人员，压力过低时，需自动启用备用回路。当调节撬后压力持续升高达到 4.1MPa 时，报警通告操作人员，同时主压力调节撬上监控气动压力控制阀投用，以保证对下游用户的供气压力。若此时调节撬后压力仍然升高超过 4.2MPa，说明主调节回路这两个气动阀调节失效，关闭主调节回路进口气动启动球阀，切换到备用调节回路。只有当调节撬后气体压力超过 4.3MPa 时，安全截断阀才关闭，确保对下游供气的安全。安全截断阀关闭后需要在现场人工复位。

当下游供气压力在正常范围内时，提供给下游用户的天然气流量可能超过合同限定的最大值，将无法保证对其他用户的正常供气。此时流量控制器控制调节阀开度，限制对下游用户的供气量。

6）排污系统

站内卧式过滤分离器设有 2 个排污口，每个排污口安装 1 个手动球阀，然后通过 1 个排污阀进行排污；清管器接收筒和汇气管排污采用双阀设置，前端为手动球阀，后端为排污阀。所有排污通过排污汇管输到排污池。

7）放空系统

工艺设备区进、出站管线和各管段都设有手动放空，手动放空采用双阀设置，前端为常开的球阀，后端为放空阀。在设备进行维护和检修时，站内的放空系统可将管段内天然气放空；在干线出现事故时，进、出站口的放空系统可将干线的天然气放空。

站内还设有手动遥控放空系统，采用双阀设置，前端为常开的手动球阀，后端为气动放空阀，与进、出站的 SDV 阀联动。当 SDV 阀关闭后，可由人工决定是否打开气动放空阀将站内天然气放空。当 SDV 阀开启时，将不允许远程遥控打开气动放空阀门放空站内的天然气。

在去城市燃气的出站管道上设有超压安全泄放阀，当分输管道出口压力高于设定值时，将自动安全泄压。高、低压放空天然气分别经放空管线送到放空立管。

8）紧急截断

在站内发生紧急情况或重大事故的情况下，进站紧急截断阀(SDV)将立即关断，使干线与站场分隔开，由 SCADA 系统控制，人工干预决定是否将站内的天然气放空，以保证站场、干线和支线用户的安全。

5. 阀室工艺流程图

为防止管道泄漏事故，根据需要在天然气管道沿线根据人口密集情况每隔一定距离或在关键部位要设置线路截断阀。

图 6-1-8 是线路阀室工艺流程图。

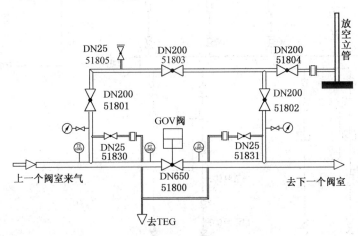

图 6-1-8　RTU 线路截断阀室工艺流程图

（三）输气管道末站工艺流程图

输气管道末站一般设在城市人口密集区，在国外还有的设在海港。输气管道末站之后的下游用户一般是城市燃气管道或工厂用户。

输气管道末站一般具有分离、调压、计量、清管、配气等功能。根据下游用户需要，可以设或不设压缩机。

图 6-1-9 是下游为城市燃气管道的输气管道末站工艺流程图。

图 6-1-10 是下游为输气公司和城市燃气管道的输气管道末站工艺流程图。

（四）城市燃气门站

城市燃气门站的用户主要是居民生活用气。输气管道末站一般具有分离、调压、计量、清管、配气等功能。有的城市燃气门站还安装有气柜对城市用气进行调峰。为了使城市用户及时发现天然气泄漏，天然气在输入到用户前必须加入臭味剂，即使出现少量泄漏，刺鼻的臭味可以使人们及时发现，避免事故。

图 6-1-11 为城市燃气门站工艺流程图。

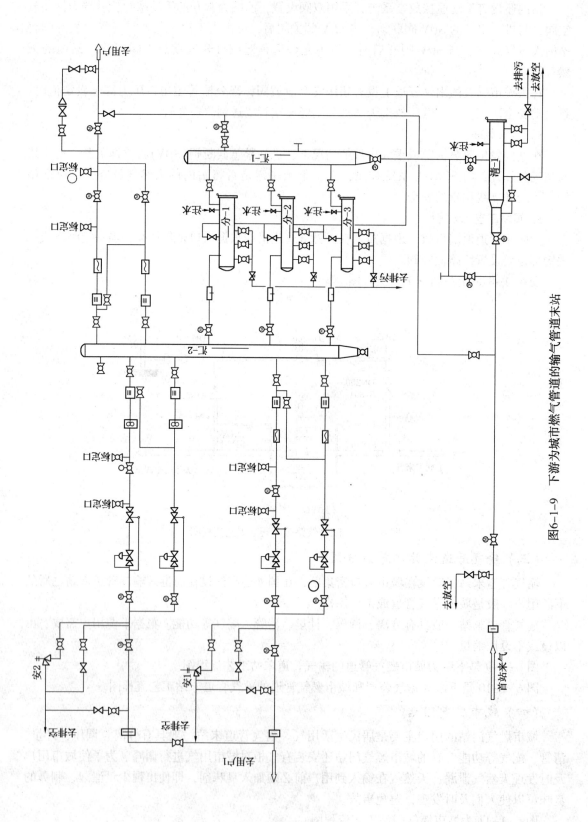

图6-1-9　下游为城市燃气管道的输气管道末站

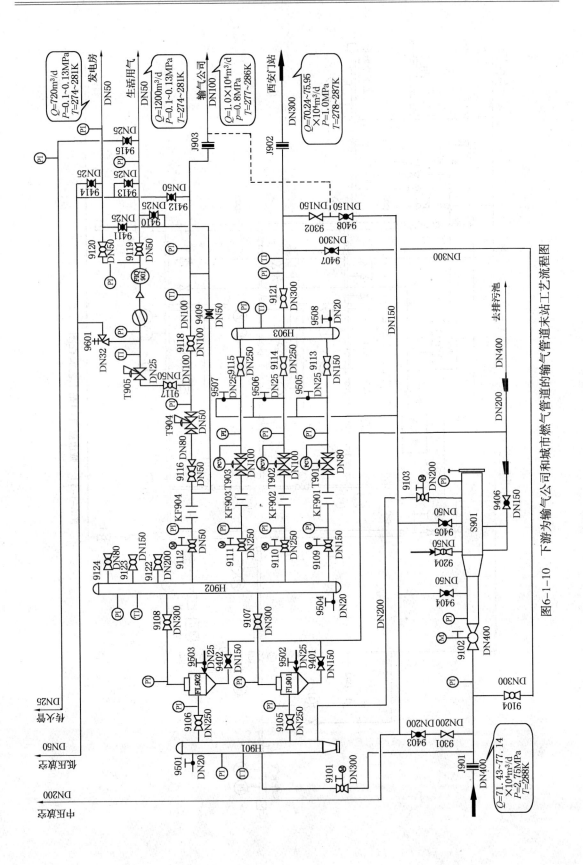

图6-1-10　下游为输气公司和城市燃气管道的输气管道末站工艺流程图

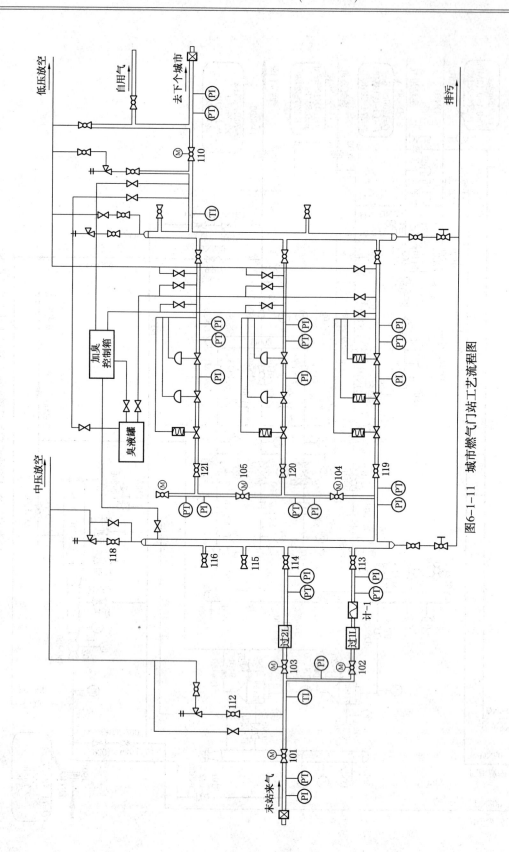

图6-1-11　城市燃气门站工艺流程图

四、压气站工艺流程

1. 离心式压缩机站的工艺流程

离心式压缩机站工艺流程可概括为串联、并联和串并联流程三种基本形式（见图6-1-12）。这些流程用来适应不同的压比、流量和机组的选择条件。

图6-1-13为双级压缩、两组并联运行的离心式压气站工艺流程图。共有五台压缩机，两台为一组，每组两台串联运行，中间一台为备用压缩机，可代替任意一组中的任意一台压缩机工作。

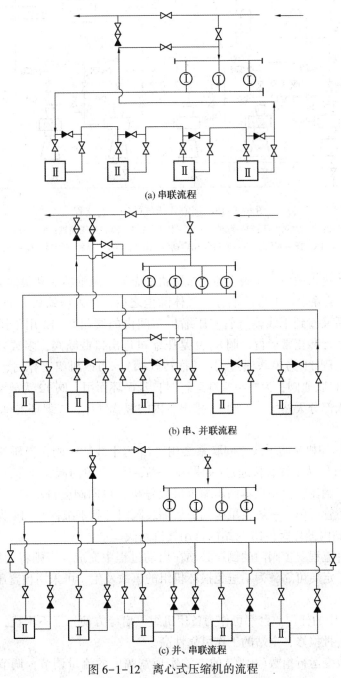

(a) 串联流程

(b) 串、并联流程

(c) 并、串联流程

图6-1-12　离心式压缩机的流程

Ⅰ—除尘器；Ⅱ—离心式压缩机

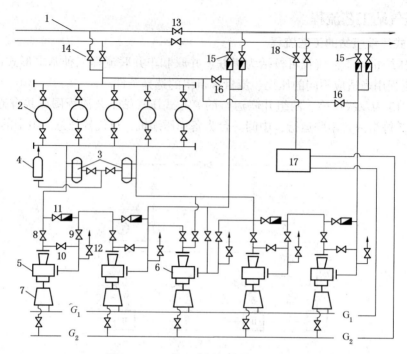

图 6-1-13　离心式压气站的工艺流程

1—干线输气管；2—油除尘器；3—除油器；4—集油器；5—离心式压缩机；6—备用压缩机；7—燃
气轮机；8~16，18—阀门；17—燃料气和启动气调压器；G_1—燃料气管道；G_2—启动气管道

气体从干线 1 进入站内，在脱尘器 2 脱除机械杂质。除油器 3 和集油器 4 装在油除尘器 2 之后，收集气体从除尘器中带的油雾。气体除尘之后，进入压缩机车间，进行两级压缩，达到压力要求之后又回到干线输气管。压缩机车间内的阀门 8~12 用于压缩机的启动、停车、放空、空载运行和正常运行，阀 8、9 是压缩机进出口截断阀，多数采用既能手动又能自动操纵的阀门。阀 11 为串联通过阀(又称转气阀)，当该机组工作时，此阀处于关闭状态。阀 10 为进出口联通阀，为机组空载运行时自身循环而用。阀 12 为放空阀，当机组启动前，从阀门 8 充入部分天然气，由阀 12 排出机内的混合气体，以保证安全。阀 12 亦可用于停机后放空用。

阀 13~16 为压缩机站与干线之间联系之用，13 为干线切断阀，当压气站处于停运状态时，打开阀 13，气体从干线直接通过(如果在 13 后装一个单向阀，正常工作时打开 13，单向阀会阻止天然气倒流，但一旦本站压缩机事故停机，单向阀会自动打开切换为越站流程。干线阀必须保证清管通球。一般在单向阀前后加装阀门，利于维护)。14 为气体进站阀，15 为出站阀，16 为站内循环阀，18 为站内自用气进站阀。

(1) 由于这种流程要求阀门的倒换必须在启动过程中完成，否则将使压缩机发生空转，因此阀门的工作一定要可靠，为了避免损坏机组的事故发生，可采用预置压缩机阀处于工作状态的启动程序。

(2) 5 台机组中的任何一台都可作为备用机组，启停方便，互不干扰，有利于压气站的灵活调度和分期分批检修，全站的工作可靠性高。

(3) 可以用改变运行组数(串联)的方法实现宽幅度的流量调节，调节幅度可达 20%~100%。

（4）在上游站停运的状态下，可改为高压比、低流量的两组 3 台串联工作。

（5）由于流量和压力调节都可用改变压缩机的运行台数组合来实现。因此可使运行机组始终处于高效区工作，提高了全站经营的经济指标。

图 6-1-12 的工艺流程图没有表示出清管器收发装置，也没有表示出压缩后气体的冷却系统。气体冷却系统是将压缩后的高温气体冷却至一定温度，以提高输气管的通过能力和保护管道的防腐层不遭破坏。

2. 往复压缩机站工艺流程

图 6-1-14 为三台 10TK 型往复式压缩机站的工艺流程图。由于是往复式压缩机，采用并联流程。其中二台工作，一台备用。每台压缩机有四个气缸，机组采用压缩空气启动。

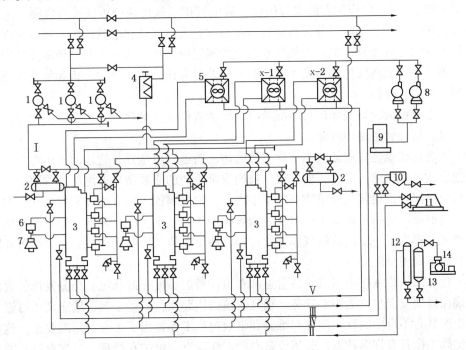

图 6-1-14　往复压缩机站工艺流程

1—除尘器；2—油捕集器；3—往复式压缩机；4—燃料气调节点；5—风机；6—排气管消声器；
7—空气滤清器；8—离心泵；9—"热循环"水散热器；10—油罐；11—润滑油净化机；12—启动空气瓶；
13—分水器；14—空气压缩机；x-1—润滑油空气冷却器；x-2—"热循环"水空气冷却器；Ⅰ—天然气；
Ⅱ—启动空气；Ⅲ—净油；Ⅳ—脏油；Ⅴ—"热循环"水

由图中可以看出，需压缩的天然气首先到除尘器脱除杂质后再经分配汇管进入压缩机，压缩增压后的天然气到下游汇管输入干线。由于压缩机采用燃气发动机驱动，因此，图中还有燃料气供给调节系统、空气增压系统以及冷却水闭路循环系统和润滑油冷却系统。

第二节　输气站场运行与管理

一、原则

天然气输送管道系统在满足天然气用户需求、管道系统运行安全可靠的前提下，通过科学管理和技术进步，使系统在高效、低耗的经济状态下运行。

(1) 管道投产后，应在最短的时间内使管道的输量达到设计的负荷水平。一条管道经营期间的总输送量是体现它的建设和经营投资效果的基本指标。管道在运转前期处于最好的工作状态，能否实现这一目标，对于缩短基建投资的回收期和增大总的经济效果有决定性影响。中期后，管道的输送能力因受各种因素的影响将逐渐降低，与此同时，管道的维修费用亦将不断增加，这是管道输送能力变化的一般趋势。

(2) 应当尽量提高和保持管道的输送能力。在其他因素不变的情况下，管道的输送能力基本决定于气体的净化程度和管道的内部和内壁状况；这两个因素又是相互联系的。气体的净化、清管和内涂技术的发展，为不断提高管道输送能力的工作打开了广阔的前景。

天然气中固体颗粒含量应不影响天然气的输送和利用。进气点(包括地下储气库中所储天然气进入管道的入口)应配有微水分析仪、硫化氢和二氧化碳分析仪进行监测。天然气高位发热量、压缩因子、气质组分分析应每季度一次；天然气硫化氢的测定应每月一次；天然气二氧化碳的测定应每月一次；天然气水露点的测定应每天一次；天然气烃露点的测定宜每月一次。当气源组成或气体性质发生变化时，应及时取样分析。气质分析和气质监测资料应及时整理、汇集、存档。

输气管道应根据管道实际运行情况及时组织清管作业，清除管道内杂物、积液，减少管道内壁腐蚀，延长管道使用寿命。

(3) 管道从建成之日起就应当采取有效的防腐措施，尽量延长管道的使用寿命。防止管道的腐蚀也是确保管道可靠性，使它得以长期安全生产的必要条件。维护好管道的外壁绝缘层，实行阴极保护，通常是外壁防腐的基本内容。内壁腐蚀主要发生在天然气含硫和含水的管道中，目前采用的内壁防腐措施以及时清管和加注缓蚀剂为主。现在由于采取早期净化的矿场预处理，提出了一定的管输气体净化指标，所谓管道的内腐蚀问题，对大多数长距离输气管道已经不是主要问题。

(4) 管道的维修工作应当以维持管道和管道设备的高度完好状况，充分发挥管道的输送能力，确保长期安全生产为中心任务。输气管道的线路长，站场分散，输送高压可燃易爆气体，其生产具有不可中断性，因此对维修和事故抢修工作提出了十分严格的要求。这些要求使它的维修工作具有许多特点。管道设备必须定期检查、维护和修理，应当有科学的检查方法，配备专用检测仪器，以便发现管道的绝缘层损坏、腐蚀、漏气、变形等各种隐蔽性问题。维修工作应有严格的质量标准。从事维修和抢险作业应具有快速、机动和专业化的施工技术和机具。同时要有一套有效的防火、防爆、防毒等安全技术措施，其中应包括安全检测和报警仪表，防护和抢修工具设备及相应的安全操作规程。

(5) 应当根据实际需要，采用先进技术和管理方法，不断提高生产技术水平和管理工作质量及效率，降低各项经营费用。

根据天然气输送计划、供气合同，宜利用计算机模拟仿真软件，合理编制输、供气方案，择优选择需要运行的压气站和压缩机运行台数，以能耗最低、最经济为目标设定运行参数控制值，实现优化输供气。输气管道尽可能维持稳态工况，而且使管线的流量尽可能接近用气流量。输气管道向用户供气的压力应符合合同规定的供气压力。输气管道应合理利用气源压力，当需要增压输送时，应合理选择压气站运行方式。制定合理的管道调峰(包括季调峰和日调峰)运行方案。制定合理的储气库运行方案。压气站特性和管道特性应匹配，在正常输气条件下，压缩机组应在整个系统合理的状态下运行。宜尽量减小压气站内的总压降，合理控制气体出站温度。

加强设备的维护管理，杜绝泄漏损失。计划维、检修应尽量和上、下游协同进行，并集中作业，减少放空量。采用密闭不停气清管流程，应最大限度减少清管作业时的天然气放空量。

加强对自用气量的定额管理，提高天然气商品率。降低电力系统的电能损耗(包括线路和变压器)，提高功率因数，凡功率因数未达到 0.9 以上者，应进行无功补偿。及时分析设备、管道运行效率下降的原因，提出改进方案。

提高计量准确度，使管道年相对输差控制在±3%的范围内。输差计算可按下式计算：

① 输气量差值计算式：

$$Q_{差} = (V_1 + Q_1) - (Q_2 + Q_3 + Q_4 + V_2) \qquad (5-2-1)$$

式中　$Q_{差}$——某一时间输气管道内平衡输气量之差值，m^3；

　　　Q_1——同一时间内的输入气量，m^3；

　　　Q_2——同一时间内的输出气量，m^3；

　　　Q_3——同一时间内输气单位的生产，生活用气量，m^3；

　　　Q_4——同一时间内放空气量，m^3；

　　　V_1——计算时间开始时，管道计算段内的储存气量，m^3；

　　　V_2——计算时间终了时，管道计算段内的储存气量，m^3。

注：气体体积的标准参比条件是 $P_0 = 0.101325MPa$，$T_0 = 293.15K$。

② 相对输差计算式：

$$\eta = \frac{Q_{差}}{V_1 + Q_1} \times 100\% \qquad (5-2-2)$$

式中　η——相对输差。

(6) 加强运行管理。

① 基本要求

a. 管道运行压力不应大于管道最高允许工作压力。

b. 管道内天然气温度应小于管线、站场防腐材料最高允许温度并保证管道热应力符合设计要求。

c. 管道宜采用 SCADA 系统对管线生产运行实现监控。

d. 应根据管道运行压力、温度、全线设备状况和季节特点，通过优化运行进行调峰。

a) 地下储气库是天然气管道的组成部分，对因季节性用气量波动较大地区，宜设置地下储气库进行调峰；

b) 在不具备建设地下储气库的天然气消费地区应考虑采用其他设施和方法调峰。

e. 应建立各种原始记录、台账、报表，要求格式统一、数据准确，并有专人负责。

② 调度管理

a. 调度指令只能在同一输气调度指挥系统中自上而下下达。

b. 调整运行参数由值班调度负责下达。

c. 变更天然气运销计划、输气生产流程、运行方式及特殊情况下的调度指令由调度长批准后下达。

d. 紧急调度指令由值班调度决定和传达，用于管道事故状态或管道运行受到事故威胁的情况下。现场人员应及时采取应急措施，防止事态扩大，并及时向上级汇报。

e. 调度指令可以书面或电话形式下达。

f. 接受调度指令的单位，应及时反馈执行情况。

g. 在运行管道进行作业性试验或检测时，管道运行参数或运行方式的调整必须由调度统一指挥。

h. 调度通信除正常的专用通信外，还应备有应急通信信道，保证通信畅通。

③ 运行分析

a. 应定期分析管道的输送能力和生产能力利用率。

b. 应及时分析设备、管道运行效率下降的原因并提出改进方案。

c. 应分析全线和压缩机组之间负载分配，优化运行，确保输送定量气体的动力消耗(总能耗费用)最小，实现在稳定输量下压缩机组的最优匹配。

d. 当输气工况发生变化后，应及时分析，使输气管道从初始状态尽快转换到新的稳定状态，并使新工况的实际运行参数与规定的运行参数的偏差最小和输气费用最小。

e. 应对清管效果和管道输送效率下降的因素进行及时分析。

f. 应定期对管道水力及温度、气质参数进行分析，及时掌握管道泄漏和可能造成的堵塞等异常现象，并及时确定泄漏或堵塞位置。

g. 管线在技术改造后，应对管线运行进行全面分析。

h. 应根据管道内检测、外防腐层调查、管输介质组成、管材特性、管道沿线自然和社会状况等，定期对管道的安全可靠性进行分析与评价。

④ 气量调配

a. 根据输供气合同，应制定合理的输供气计划和运行方案。

b. 当输供气计划发生变化时，应根据管输系统现状和用户类别及时调整运行方案。

c. 当运行方案发生变化时，应提前与上游供气方和下游用户协调，做好气量调配工作。

⑤ 自动化管理

各种仪表及自动化设施管理应符合规定，确保现场检测仪表性能完好和正确设置。应配备专业人员对 SCADA 系统进行日常维护。

二、站场设备管理要求

站场设备管理要求做到一准、二灵、三不漏。

1. 准确

(1) 计量装置(节流装置、导压管、温度计插孔等)各部分尺寸、规格、材质的选择和加工、安装应符合计量规程要求。

(2) 计量仪表中的微机、变送器、节流装置应配套，不断提高操作技能，使计量简便、快捷、准确。

(3) 调压装置的规格、型号选择合理，安装正确，适应工作条件，保证有足够的流通能力和输出压力，调压波动在允许值内。

(4) 各种仪表选择、安装、配套、调校正确，在最佳范围内工作，误差不超过允许值。

2. 灵活

(1) 各类阀门的驱动机构灵活、可靠，开关中无卡、堵、跳动等不良现象。

(2) 调压装置动作灵活、可靠性强。

(3) 收发球装置开关灵便、密封性好。

(4) 安全装置、报警装置应随时处于良好工作状态，对压力变化反应灵敏、报警快。

(5) 通信设备畅通、音质清晰。

3. 不漏

（1）法兰、接头、盘根严密，设备管线固定牢靠，试压合格。整个站场在最高工作压力下，油、水、汽线路不得有跑、冒、滴、漏现象。

（2）电气设备不得有外层残缺和漏电现象，站场防雷接地保护好。

（3）所有设备、仪表内外防腐良好，无锈蚀和防腐层脱落。

科学地进行输气站管理工作，是当前输气事业发展对我们提出的要求。为了保证安全平稳地输好天然气，不断提高经济效益，除了抓好技术工作外，还应当完善各项管理制度，把日常的管理工作纳入规范化的轨道。

三、岗位要求

（1）各岗位的职工必须加强岗位练兵，熟练掌握岗位应知应会的知识技能和操作规程。对本岗位所管理的管线、设备、计量装置、仪表应做到"四懂"（懂设备结构、性能、原理、用途），"三会"（会使用、保养、排除故障）及"十字作业"（清洁、润滑、调整、扭紧、防腐）内容的要求。

（2）各岗位职工必须按规定经专业技术培训，并考试合格，持证上岗。

（3）各岗位职工应按规定穿戴好劳动保护用品上岗。

（4）各岗位职工必须严格执行以岗位责任制为核心的各项制度和操作规程。

（5）各岗位职工必须团结协作，圆满完成输气生产的各项工作任务。

（6）各岗位应做到管理标准化，规范化，工作质量优良化。

（7）各岗位职工必须遵守厂纪厂规，不迟到、不早退、不脱岗、不乱岗、不睡岗，严禁酒后上岗，杜绝意外事故的发生。

四、输气站制度建设

输气站制度建设应根据本站类型特点、工艺流程情况，由输气队统一制定，应建制度有：

（1）站长责任制；

（2）输气工岗位责任制；

（3）管线维护工岗位责任制；

（4）主要工艺设备操作规程；

（5）恒电位仪操作规程；

（6）阴极防腐站管理制度；

（7）材料房管理制度；

（8）防火防爆制度；

（9）安全环保制度。

五、输气站的站场工艺建设管理

1. 站场建设要求

（1）站场建设应从规划、设计到施工，做到标准化、规范化。工艺生产区与职工生活区必须留有足够的安全距离，输气生产的污物排放点、放空点应处于工艺生产区和职工生活区的下风方向。

（2）工艺生产区场地应平阔、整洁。场地宜用粗砂打底，小方水泥块敷设。维修设备的进出车道的宽度及起吊设备的回旋地块应留足够空间，做成混凝土地面。

（3）站场生活住宅、供水供电工程及通信工程的建设应与站场工艺建设同步进行，按时交付使用。

（4）站场的绿化及绿化布置应因站制宜，符合有关规定。

2. 工艺流程

1）工艺流程布置要求

（1）布局总要求：输气站的工艺流程一般应具有汇集、分离、过滤、调压、计量、分配和清管等几部分组成，应布局合理，便于操作和巡回检查。

（2）每套平行排列的计量装置之间间距应留足，便于操作。

（3）计量管道中心线离地面高度宜不小于 0.5m。

（4）若有平行排列的计量管，其计量管长度应以最长一套计量管的长度为基准，上、下游控制阀、温度计插孔、计量放空管、节流装置（或孔板阀）及旁通立柱及位置均应排列在相对的同一条横线上。

2）工艺流程安装要求

（1）输气站内工艺流程的安装必须按标准和设计要求执行。

（2）当计量管管径 $DN>100mm$ 时，宜在上游计量管直管段上安装一根放空管，其管径在 $40mm>DN>15mm$ 之间确定，放空管安装位置可设在上游控制阀后 2m 处的管顶部位。

（3）同规格的阀门、调压阀、法兰、节流装置（或孔板阀）等应用统一规格的螺栓，两端突出螺帽部分的丝扣应为 2~3 扣。

（4）同一条线上的阀门的安装方向，即手轮、丝杆的朝向应一致。

（5）设备上的铭牌应保持本色，完好，不能涂色遮盖住。

（6）站场出入地面管线与地面接触处，绝缘层高度应高出地面 100mm。

（7）输气干线进出站压力应安设限压报警装置。

3）地面管线和设备的涂色规定

（1）地面管线和设备的涂色必须按 SY/T 0043—2006 执行。

（2）球筒应涂中灰色。

（3）放空、排污管线涂色应始于该管线沿气流方向第一只控制阀门的法兰。

4）设备维护保养要求

（1）对设备、计量装备、仪表、管线等设施应按"十字作业"和巡回检查路线进行检查，维护保养，发现问题及时处理，并做到"一准"、"二灵"、"三清"、"四无"、"五不漏"。

（2）对在用设备、仪表应挂牌标明。

（3）站内停用设备应挂牌标明，对待用、备用设备应每月活动一次，并进行维护保养。

（4）对明杆阀门的丝杆应加套筒保护，对温度计应加塑料套筒保护。

5）场地管理要求

（1）站内备用的钢管、管件、阀门、材料等应集中堆放整齐，加以保养，不得阻碍进出通道，不得妨碍生产操作。废品、废料宜及时清离现场。

（2）在工艺生产区场地内严禁当晒坝使用，严禁乱搭偏棚。

（3）站场场地应建围墙。围墙内壁严禁书写永久性宣传标语，或张贴宣传标语。上级要求的标语可做成活动型标语，悬挂在围墙内壁上，以便更换。

6）输气站保密要求

（1）输气站生产区未经输气公司、输气队同意，严禁参观、拍照、录像。

（2）输气站生产区严禁非本单位人员入内，若是来站联系工作，只能在生活区接待。

（3）输气站的岗位设置、人员调动、资料数据，不得外传泄密。

第三节　输气管道安全管理与维护

一、输气管道安全设施

输气管道安全设施一般包括：

（1）压力、温度调节系统；

（2）自动连锁控制保护系统；

（3）安全泄放系统；

（4）紧急截断系统；

（5）火灾、火焰、可燃气体监测报警及灭火系统；

（6）有毒有害气体监测报警系统；

（7）管道泄漏监测报警系统；

（8）腐蚀控制与监测系统；

（9）自然灾害防护和安全保护设施；

（10）标志桩、铺固墩和警示设施。

输气管道运行中应定期检查管道安全设施，确保输气管道安全设施完好，设置正确，操作灵活有效。

二、输气生产区的警示标志

输气站生产区内设置安全生产警示标志，应执行标准《石油天然气生产专用安全标志》（SY 6355—2010）规定。

1. 禁止标志

（1）生产区大门口应设置"严禁烟火"、"外单位人员严禁入内"的标志。

（2）站内应按规定设置"禁止乱动"、"严禁酒后上岗"的标志。

（3）消防棚内应设置"禁止乱动消防器材设施"的标志。

2. 警告标志

（1）排污池应设置"当心天然气爆炸"的标志。

（2）仪表间应设置"注意通风"的标志。

（3）排污、放空总间应设置"当心泄漏"的标志。

3. 提示标志

（1）站场工艺流程巡回检查路线应设置"检查路线"的标志。

（2）站场阴极保护通电点应设置"检查点"的标志。

三、试运投产安全管理

管道试运投产执行 SY/T 5922、SY/T 5536、SY 5225、SY 6320 等标准的规定。

1. 试运投产准备

（1）编制投产试运方案，并经相关单位和主管部门批准后实施。

（2）制定事故应急预案和事故防范措施，并进行演练。

（3）落实抢修队伍和应急救援人员，配备各种抢修设备及安全防护设施。

（4）投产试运方案必须进行现场交底，操作人员应经现场安全技术培训合格。

（5）建立上下游联系并保证通讯畅通。

（6）管道单体试运、联合试运合格。

2. 试运投产安全措施

（1）对员工及相关方进行安全宣传和教育，在清管、置换期间无关人员不得进入管道两侧 50m 以内。

（2）天然气管道内空气置换应采用氮气或其他无腐蚀、无毒害性的惰性气体作为隔离介质，不同气体界面间宜采用隔离球或清管器隔离。

（3）天然气管道置换末端必须配备气体含量检测设备，当置换管道末端放空管口气体含氧量不大于2%时即可认为置换合格。

（4）加强管道穿（跨）越点、地质敏感点、人口聚居点巡检。

（5）试生产运行正常后、管道竣工验收之前，应进行安全验收评价，安全验收评价机构不得与预评价为同家机构，并应进行安全设施验收。

四、输气管道运营安全管理

（1）建立健全安全生产管理组织机构，按规定配备安全技术管理人员。

（2）建立并实施管道质量、健康、安全与环境管理体系。

（3）逐步开展管道完整性管理工作。

（4）管道运营单位应加强管道安全技术管理工作，主要包括：

① 贯彻执行国家有关法律法规和技术标准；

② 制定管道安全管理规章制度；

③ 开展管道安全风险评价；

④ 进行管道检验、维修改造等技术工作；

⑤ 开展安全技术培训；

⑥ 组织安全检查、落实隐患治理；

⑦ 按标准配备安全防护设施与劳动防护用品；

⑧ 组织或配合有关部门进行事故调查；

⑨ 应用管道泄漏检测技术；

⑩ 开展管道保护工作，清理违章占压；

⑪ 编制管道事故应急预案并组织演练。

（5）管道运营单位，应建立管道技术管理档案，主要包括：

① 管道使用登记表；

② 管道设计技术文件；

③ 管道竣工资料；

④ 管道检验报告；

⑤ 阴极保护运行记录；

⑥ 管道维修改造竣工资料；

⑦ 管道安全装置定期校验、修理、更换记录；

⑧ 有关事故的记录资料和处理报告；

⑨ 硫化氢防护技术培训和考核报告的技术档案；

⑩ 安全防护用品管理、使用记录；

⑪ 管道完整性评价技术档案。

（6）管道运营单位制定并遵守的安全技术操作规程和巡检制度，其内容至少包括：

① 管道的工艺流程图及操作工艺指标；

② 启停操作程序；

③ 异常情况处理措施及汇报程序；

④ 防冻、防堵、防凝操作处理程序；

⑤ 清管操作程序；

⑥ 巡检流程图和紧急疏散路线。

（7）管道维修改造方案应包括相应的安全防护措施与事故应急预案，并报主管部门批准。进行动火作业时，应按有关规定办理相关手续。

（8）管道安全、消防设施应按规定使用、维护、检测、检验。

五、输气干线维护管理

管道保护应执行中华人民共和国石油天然气管道保护法。

（1）禁止下列危害管道安全的行为：

① 擅自开启、关闭管道阀门；

② 采用移动、切割、打孔、砸撬、拆卸等手段损坏管道；

③ 移动、毁损、涂改管道标志；

④ 在埋地管道上方巡查便道上行驶的重型车辆；

⑤ 在地面管道线路、架空管道线路和管桥上行走或者放置重物；

⑥ 禁止在管道附属设施的上方架设电力线路、通信线路或者在储气库构造区域范围内进行工程挖掘、工程钻探、采矿。

（2）在管道线路中心线两侧各5m地域范围内，禁止下列危害管道安全的行为：

① 种植乔木、灌木、藤类、芦苇、竹子或者其他根系深达管道埋设部位可能损坏管道防腐层的深根植物；

② 取土、采石、用火、堆放重物、排放腐蚀性物质、使用机械工具进行挖掘施工；

③ 挖塘、修渠、修晒场、修建水产养殖场、建温室、建家畜棚圈、建房以及修建其他建筑物、构筑物。

（3）在管道线路中心线两侧和管道附属设施周边修建下列建筑物、构筑物的，建筑物、构筑物与管道线路和管道附属设施的距离应当符合国家技术规范的强制性要求：

① 居民小区、学校、医院、娱乐场所、车站、商场等人口密集处的建筑物；

② 变电站、加油站、加气站、储油罐、储气罐等易燃易爆物品的生产、经营、存储场所。

（4）在穿越河流的管道线路中心线两侧各500m地域范围内，禁止抛锚、拖锚、挖砂、挖泥、采石、水下爆破。但是，在保障管道安全的条件下，为防洪和航道通畅而进行的养护疏浚作业除外。

（5）在管道专用隧道中心线两侧各1000m地域范围内，禁止采石、采矿、爆破。因修建铁路、公路、水利工程等公共工程，确需实施采石、爆破作业的，应当经管道所在地县级人民政府主管管道保护工作的部门批准，并采取必要的安全防护措施，方可实施。

（6）未经管道企业同意，其他单位不得使用管道专用伴行道路、管道水工防护设施、管道专用隧道等管道附属设施。

（7）进行下列施工作业，施工单位应当向管道所在地县级人民政府主管管道保护工作的部门提出申请：

① 穿跨越管道的施工作业；

② 在管道线路中心线两侧各 5~50m 和管道附属设施周边 100m 地域范围内，新建、改建、扩建铁路、公路、河渠，架设电力线路，埋设地下电缆、光缆，设置安全接地体、避雷接地体；

③ 在管道线路中心线两侧各 200m 和管道附属设施周边 500m 地域范围内，进行爆破、地震法勘探或者工程挖掘、工程钻探、采矿。

（8）管道保护应由专业人员管理。

定期进行巡线，雨季或其他灾害发生时要加强巡线检查。穿跨越及经过人口稠密区的管道，应设立明显的标识，并加大保护力度和巡查频次。

巡线检查内容包括：

① 埋地管线无裸露，防腐层无损坏；

② 跨越管段结构稳定，构配件无缺损，明管无锈蚀；

③ 标志桩、测试桩、里程桩无缺损；

④ 护堤、护坡、护岸、堡坎无垮塌；

⑤ 管道两侧各 5m 线路带内禁止种植深根植物，禁止取土、采石和构建其他建筑物等；

⑥ 管道两侧各 50m 线路带内禁止开山、爆破和修筑大型建筑物、构筑物工程。

管道保护工要做到对线路五清楚，即管线走向、埋深、规格、腐蚀情况、周围情况(地形、地物、地貌)五清楚。

（9）管道维护与管理。

① 穿越管段应在每年讯期过后检查，每 2~4 年应进行一次水下作业检查。检查穿越管段稳管状态、裸露、悬空、移位及受流水冲刷、剥蚀损坏情况等。检查和施工宜在枯水季节进行。

② 跨越管段及其他架空管段的保护按石油行业标准执行。

③ 管道内防护：根据输送天然气气质情况可使用缓蚀剂保护管道内壁。天然气在输送过程中宜再次分离、除尘、排除污物。当管道内有积水或污物时要及时进行清管作业。冬季要防止水化物堵塞管道，可向管道内加注防冻剂。

④ 管道防腐：管道外防腐应采用绝缘涂层与阴极保护相结合的方法。管道阴极保护率应 100%，开机率应大于 98%。阴极保护极化电位应控制在 -0.85~1.25V 之间。站场绝缘、阴极电位、沿线保护电位应每月测 1 次；管道防腐涂层、沿线自然电位应每 3 年检测 1 次。石油沥青防腐涂层破损、检修按石油行业规定执行。

（10）检验：

① 管道运营单位应制定检验计划，并报主管部门备案。

② 管道检验分为：

a. 外部检验：除日常巡检外，1 年至少 1 次，由运营单位专业技术人员进行。

b. 全面检验：按有关规定由有资质的单位进行。新建管道应在投产后 3 年内进行首次检验。以后根据检验报告和管道安全运行状况确定检验周期。

③ 管道停用 1 年后再启用，应进行全面检验及评价。

④ 外部检验项目：

a. 管道损伤、变形缺陷；

b. 管边防腐层、绝热层；

c. 管道附件；

d. 安全装置和仪表；

e. 管道标志桩、标志牌、锚固墩、测试桩、围栅和拉索等；

f. 管道防护带和覆土；

g. 阴极保护系统。

⑤ 全面检验项目：

a. 外部检查的全部项目；

b. 管道内检测；

c. 管道测厚和从外部对管壁内腐蚀进行有效检测；

d. 无损检测和理化检测；

e. 土壤腐蚀性参数测试；

f. 杂散电流测试；

g. 管道监控系统检查；

h. 管内腐蚀介质测试和挂片腐蚀情况检验；

i. 耐压试验。

⑥ 有下列情况之一的管道，应缩短全面检验周期：

a. 多次发生事故；

b. 防腐层损坏较严重；

c. 维修改造后；

d. 受自然灾害破坏；

e. 湿含硫天然气管道投运超过 8 年，其他石油天然气管道投运超过 15 年。

（11）应定期对管道年龄、等级位置、应力水平、泄漏历史、阴极保护、涂层状况、输送介质和环境因素的影响进行评价，确定管道修理类型和使用寿命。

第四节　事故现场处理和受伤人员救护

天然气是一种可燃性气体，主要成分为甲烷，具有较强的扩散性，极易引起燃烧和爆炸。当管道中的天然气泄漏到空气中达到 5% ~15%（体积分数）时，遇明火或高热能物质即可引起燃烧爆炸。天然气中含有一定量的硫化氢气体，硫化氢气体具有毒性，主要经过呼吸道吸收而引起全身中毒；它也是一种化学窒息性气体，可因接触浓度和时间的不同而发生急性中毒及慢性影响，急性中毒后往往留下严重的后遗症。

因此，输气站员工不仅应该预防火灾、中毒、触电等事故发生，做好事故预案，也应该掌握常用事故受伤人员的抢救与处理方法，以降低事故的危害。

一、烧伤人员的现场处理与急救方法

烧伤是火灾中较常见的创伤之一，它不仅会使皮肤损伤，而且还可深达肌肉骨骼，严重者能引起一系列的全身变化，如休克、感染等。烧伤现场急救是否正确及时，护送方法和时机是否得当，直接关系着伤员的安全。因此，掌握正确的急救措施至关重要，也是输气站每个原工都应该了解掌握的常识。

1. 迅速消除致伤源

常见的烧伤情况有：火焰烧伤；液体、气体、固体等高温烫伤；化学烧伤；电烧伤等。现场抢救要争取时间，常用方法如下：

（1）当衣物着火时应迅速脱去，特别是化纤、尼龙类的衣物，容易粘在皮肤上，加重损伤。

（2）衣服着火时应禁止伤员奔跑、大喊大叫，以免助长火焰燃烧或吸入火焰、烟雾造成吸入性损伤。禁忌用手或衣物、工具扑打火焰。应用各种物体扑盖灭火，最有效的方法是用大量的水灭火。迅速扑灭身上火焰，或就地打滚或跳入水坑水池中。

（3）当气体、固体烫伤时，应迅速离开致伤环境。

（4）当化学物质接触皮肤后(常见的有酸、碱、磷等)，应首先将浸有化学物质的衣服迅速脱去，并用大量水冲洗，以稀释和清除创面上的化学物质。

（5）烧伤并有硫化氢或一氧化碳中毒者，应迅速脱离现场并置于空气新鲜处，有条件者可进行静脉输液后迅速送至附近医院。

（6）当路、电器着火时，应迅速切断电源；对有呼吸心跳停止者，立即就地抢救，进行胸外心脏按压和口对口人工呼吸，一般每按压 4 次后进行人工呼吸 1 次，并及时送附近医院进一步抢救。

2. 简单医疗急救

（1）不论是火焰烧伤、热液烫伤，还是化学物质烧伤，一般情况下均可先用大量清水冲洗，创面上一般不主张外涂任何药物，尤其是红汞、龙胆紫等有色的外用药，以免引起汞中毒，影响对创面的观察及深度的判断。可用清洁被单包扎或覆盖，条件许可时，用消毒敷料包扎，以免受到污染和继续损伤。

（2）无论何种原因使烧伤合并其他损伤，如严重车祸、爆炸事故时烧伤同时合并有骨折、脑外伤、气胸或腹部脏器损伤，均应按外伤急救原则进行相应的紧急处理。如用急救包填塞包扎开放性气胸、制止大出血、简单固定骨折等，再送附近医院处理。

（3）对浅度烧伤的水疱一般不予清除，大水疱仅做低位剪破引流，保留泡皮的完整性，起到保护创面的作用。

（4）烧伤后伤病员多有不同程度的疼痛和躁动，应给予适当的镇静、止痛。

（5）烧伤病人在伤后 2 天内，由于毛细血管渗出的加剧，导致血容量不足。烧伤面积超过一半的病人，应立即输液治疗，因为休克很快就会发生。无条件输液治疗时应口服含盐饮料，不宜单纯喝大量白开水，以免发生水中毒。

（6）如遇严重烧伤者应立即向卫生主管部门报告，请求增援。

二、天然气中毒人员的现场处理和急救

天然气的主要成分是甲烷、乙烷、丙烷及丁烷等低相对分子质量的烷烃，还含有少量的硫化氢、二氧化碳、氢、氮等气体。常因火灾、事故中漏气、爆炸而中毒。

1. 中毒表现

主要为窒息，若天然气同时含有硫化氢则毒性增加。早期有头晕、头痛、恶心、呕吐、乏力等，严重者迅速发生抽筋、昏迷，两颊、前胸皮肤及口唇呈樱桃红色，呼吸困难、四肢强直、去大脑皮质综合征等。大部分病人如救治不及时，可很快呼吸抑制而死亡。

（1）轻型中毒 中毒时间短，血液中碳氧血红蛋白为10%～20%。表现为中毒的早期症状，头痛眩晕、心悸、恶心、呕吐、四肢无力，甚至出现短暂的昏厥，一般神志尚清醒，吸入新鲜空气，脱离中毒环境后，症状迅速消失，一般不留后遗症。

（2）中型中毒 中毒时间稍长，血液中碳氧血红蛋白占30%～40%，在轻型症状的基础上，可出现虚脱或昏迷。皮肤和黏膜呈现煤气中毒特有的樱桃红色。如抢救及时，可迅速清醒，数天内完全恢复，一般无后遗症状。

（3）重型中毒 发现时间过晚，吸入含硫化氢的天然气过多，或在短时间内吸入高浓度的一氧化碳，血液碳氧血红蛋白浓度常在50%以上，病人呈现深度昏迷，各种反射消失，大小便失禁，四肢厥冷，血压下降，呼吸急促，会很快死亡。一般昏迷时间越长，后果越严重，常留有痴呆、记忆力和理解力减退、肢体瘫痪等后遗症。

2. 现场紧急处理与救护

（1）应尽快让患者离开中毒环境，转移至户外开阔通风处，并立即打开门窗，流通空气。

（2）松解衣扣，保持呼吸道通畅，清除口鼻分泌物，保证患者有自主呼吸，充分给予氧气吸入。

（3）患者应安静休息，避免活动后加重心、肺负担及增加氧的消耗量。

（4）神志不清的中毒病人必须尽快抬出中毒环境，在最短的时间内，检查病人呼吸、脉搏、血压情况，根据这些情况进行紧急处理。

（5）若呼吸心跳停止，应立即进行人工呼吸和心脏按压。

（6）病情稳定后，尽快将病人护送到医院进一步检查治疗。对有意识障碍者，以改善缺氧、解除脑血管痉挛、消除脑水肿为主。可吸氧，用氟美松、甘露醇等静滴，并用脑细胞代谢剂如细胞色素C、ATP、维生素B6和辅酶A等静滴；轻症患者仅做一般对症处理。

（7）争取尽早进行高压氧舱治疗，减少后遗症。即使是轻度、中度，也应进行高压氧舱治疗。

3. 注意事项

在保证中毒环境空气流通前，禁止使用易产生明火、电火花的设备，如电灯、电话、手机、电视、燃气灶、手电筒、蜡烛等，防止天然气或一氧化碳浓度过高遇明火发生爆炸。

即使患者中毒程度较轻脱离危险，或症状较轻，也应尽快到医院检查、治疗，减少后遗症危险。切记避免因一时脱离危险而麻痹大意，不去医院诊治导致出现记忆力衰退、痴呆等严重后遗症。

三、触电人员的急救

1. 脱离电源

（1）触电急救，首先要使触电者迅速脱离电源，越快越好。触电者未脱离电源前，救护人员不准直接用手触及伤员，防止触电。

（2）如触电者处于高处，在使触电者脱离电源时要注意防止发生高处坠落的可能和再次触及其他有电线路的可能。当触电者站立时，要注意触电者倒下的方向，防止摔伤。因此，要采取预防措施。

（3）触电者触及低压带电设备，救护人员应迅速切断电源，或使用绝缘工具、干燥的木棒、木板、绳索等不导电的东西解脱触电者；也可抓住触电者干燥而不贴身的衣服，将其拖开，切记要避免碰到金属物体和触电者的裸露身躯；也可戴绝缘手套或将手用干燥衣物等包起绝缘后解脱触电者；救护人员也可站在绝缘垫上或干木板上，绝缘自己来进行救护。为使触电者与导电体解脱，最好用一只手进行。

(4)触电者触及高压带电设备，救护人员应迅速切断电源，或用适合该电压等级的绝缘工具(戴绝缘手套、穿绝缘靴并用绝缘棒)解脱触电者。救护人员在抢救过程中应注意保持自身与周围带电部分必要的安全距离。

如上述条件不具备时，可投掷裸导线如钢筋、铁丝等造成线路短路，迫使自动保护装置自动切断电源。

(5)如果触电发生在架空线杆塔上，如为低压带电线路，应迅速切断电源；或者由救护人员迅速登杆，束好自己的安全皮带后，用带绝缘胶柄的钢丝钳、干燥的不导电物体或绝缘物体将触电者拉离电源。

(6)如果触电者触及断落在地上的带电高压导线，且尚未确证线路无电，救护人员在未做好安全措施(如穿绝缘靴或临时双脚并紧跳跃地接近触电者)前，不能接近断线点 8~10m 范围内，防止跨步电压伤人。触电者脱离带电导线后亦应迅速带至 8~10m 以外后立即开始触电急救。

(7)救护触电伤员切除电源时，有时会同时使照明失电，因此应考虑事故照明、应急灯等临时照明。新的照明要符合使用场所防火、防爆的要求。

2. 伤员脱离电源后的处理

(1)触电伤员如神志清醒者，应使其就地躺平，严密观察，暂时不要站立或走动。

(2)触电伤员如神志不清者，应就地仰面躺平，且确保气道通畅，并用 5s 时间，呼叫伤员或轻拍其肩部，以判定伤员是否意识丧失。禁止摇动伤员头部呼叫伤员。

(3)需要抢救的伤员，应立即就地坚持正确抢救，并设法联系医疗部门接替救治。

(4)当强电流通过身体时，会造成身体内部的严重烧伤。电流造成的烧伤，一般都位于身体的深处，所以一定要去医院就诊。

3. 呼吸、心跳情况的判定

(1)触电伤员如意识丧失，应在 10s 内，用看、听、试的方法，判定伤员呼吸心跳情况。

看——看伤员的胸部、腹部有无起伏动作；

听——用耳贴近伤员的口鼻处，听有无呼气声音；

试——试测口鼻有无呼气的气流。再用两手指轻试一侧(左或右)喉结旁凹陷处的颈动脉有无搏动。

(2)若看、听、试结果，既无呼吸又无颈动脉搏动，可判定呼吸心跳停止。

4. 心肺复苏法

触电伤员呼吸和心跳均停止时，有条件的应尽早在现场使用 AED 进行心脏电除颤，或立即进行心肺复苏，正确进行就地抢救。

1)通畅气道

(1)触电伤员呼吸停止，重要的是始终确保气道通畅。如发现伤员口内有异物，可将其身体及头部同时侧转，迅速用一个手指或用两个手指交叉从口角处插入，取出异物；操作中要注意防止将异物推到咽喉深部。

(2)通畅气道可采用仰头抬颏法。用一只手放在触电者前额，另一只手的手指将其下颌骨向上抬起，两手协同将头部推向后仰，舌根随之抬起，气道即可通畅。严禁用枕头或其他物品垫在伤员头下，使头部抬高前倾，会更加重气道阻塞，且使胸外按压时流向脑部的血流减少，甚至消失。

2）口对口（鼻）人工呼吸

（1）在保持伤员气道通畅的同时，救护人员用放在伤员额上的手指捏住伤员鼻翼，救护人员深吸气后，与伤员口对口紧合，在不漏气的情况下，先连续大口吹气两次，每次1~1.5s。如两次吹气后试测颈动脉仍无搏动，可判断心跳已经停止，要立即同时进行胸外按压。

（2）除开始时大口吹气两次外，正常口对口（鼻）呼吸的吹气量不需过大，以免引起胃膨胀。吹气和放松时要注意伤员胸部应有起伏的呼吸动作。吹气时如有较大阻力，可能是头部后仰不够，应及时纠正。

（3）触电伤员如牙关紧闭，可口对鼻人工呼吸。口对鼻人工呼吸吹气时，要将伤员嘴唇紧闭，防止漏气。

3）胸外按压

（1）正确的按压位置

正确的按压位置是保证胸外按压效果的重要前提。确定正确按压位置的步骤如下：

① 右手的食指和中指沿触电伤员的右侧肋弓下缘向上，找到肋骨和胸骨接合处的中点；

② 两手指并齐，中指放在切迹中点（剑突底部），食指平放在胸骨下部；

③ 另一只手的掌根紧挨食指上缘，置于胸骨上，即为正确按压位置。

（2）正确的按压姿势

正确的按压姿势是达到胸外按压效果的基本保证。

① 使触电伤员仰面躺在平硬的地方，救护人员立或跪在伤员一侧肩旁，救护人员的两肩位于伤员胸骨正上方，两臂伸直，肘关节固定不屈，两手掌根相叠，手指翘起，不接触伤员胸壁；

② 以髋关节为支点，利用上身的重力，垂直将正常成人胸骨压陷3~5cm（儿童和瘦弱者酌减）；

③ 压至要求程度后，立即全部放松，但放松时救护人员的掌根不得离开胸壁。

按压必须有效，有效的标志是按压过程中可以触及颈动脉搏动。

（3）操作频率

① 胸外按压要以均匀速度进行，每分钟80次左右，每次按压和放松的时间相等；

② 胸外按压与口对口（鼻）人工呼吸同时进行，其节奏为：单人抢救时，每按压15次后吹气2次（15∶2），反复进行；双人抢救时，每按压5次后由另一人吹气1次（5∶1），反复进行。

5. 抢救过程中的再判定

（1）按压吹气1min后（相当于单人抢救时做了4个15∶2压吹循环），应用看、听、试方法在5~7s时间内完成对伤员呼吸和心跳是否恢复的再判定。

（2）若判定颈动脉已有搏动但无呼吸，则暂停胸外按压，而再进行2次口对口人工呼吸，接着每5s吹气一次（即每分钟12次）。如脉搏和呼吸均未恢复，则继续坚持心肺复苏法抢救。

（3）在抢救过程中，要每隔数分钟再判定一次，每次判定时间均不得超过5~7s。在医务人员未接替抢救前，现场抢救人员不得放弃现场抢救。

6. 急救时应注意的问题

不要轻易放弃抢救。触电者呼吸心跳停止后恢复较慢,有的长达4小时以上,因此抢救时要有耐心。

施行心肺复苏法不得中途停止,即使在救护车上也要进行,一直等到急救医务人员到达,由他们接替并采取进一步的急救措施。

第七章　管道腐蚀与防护

腐蚀是金属表面受到周围介质的化学和电化学作用而引起的一种破坏现象。从热力学的观点来看：除少数贵金属（如金、铂）外，各种金属都有与周围介质发生作用而转变成离子的倾向，也就是说金属受腐蚀是自然趋势；因此，腐蚀现象是普遍存在的。钢铁结构在大气中生锈，海船外壳在海水中的腐蚀，地下金属管道的穿孔，化工厂中各种金属容器的腐蚀损坏等，都是金属腐蚀的例子。在国民经济各部门中，每年都有大量的金属构件和设备因腐蚀而报废。据发达国家的调查，每年由于腐蚀造成的损失约占国民经济总产值的 2%~4%。在腐蚀作用下，世界上每年生产的钢铁有 10% 被腐蚀消耗。

埋在地下的输气管道，若不采取适当的防腐措施，在运行一段时间后，短则几个月，长则几年就会因腐蚀穿孔而发生泄漏。特别是长距离输气管道，多数铺设在野外，埋在地下 1~2m 深处，腐蚀穿孔不易及时发现，且由于工作压力较大，即使孔眼不大，造成的漏失量也是不可忽视的。因此，如何防止地下油气管线的腐蚀穿孔，已成为油气管道经营管理中的重要问题之一。

埋地管道是埋在地下的最大的钢铁构件，可长达几千公里，穿越各种不同类型的地质构造。土壤冬、夏季的冻结与融化，地下水位变化，以及杂散电流等复杂的埋设条件是造成外腐蚀的环境。管道内输送介质的腐蚀性差异也很大。例如输送天然气时含有害物质 H_2S 和 CO_2，输送原油时含 S 和 H_2O，成品油中含有 O_2 和 H_2O，这些都为腐蚀创造了条件。由于管道埋于地下，很难直观地对其进行腐蚀状态的检查，构成管道防腐蚀的难度。腐蚀是影响管道系统可靠性及使用寿命的关键因素。据美国国家输送安全局统计，美国 45% 管道损坏是由外壁腐蚀引起的。而在美国输气干线和集气管线的泄漏事故中，有 74% 是腐蚀造成的。1981~1987 年前苏联输气管道事故统计表明，总长约 24 万 km 的管线上曾发生事故 1210 次，其中外腐蚀 517 次，占事故的 42.7%；内腐蚀 29 次，占 2.4%；因施工质量问题造成的事故 280 次，占 23.2%。我国的地下油气管道投产 1~2 年后即发生腐蚀穿孔的情况已屡见不鲜。它不仅造成因穿孔而引起的油、气、水泄漏损失，以及由于维修所带来的材料和人力上的浪费，停工停产所造成的损失，而且还可能因腐蚀引起火灾。特别是天然气管道因腐蚀引起的爆炸，威胁人身安全，污染环境，后果极其严重。

鉴于埋地管道腐蚀问题的复杂性和严重性，国内外对防腐蚀工作都很重视，广泛采用涂层、衬里、电法保护和缓蚀剂等措施。近年来不断推出新型防腐层材料、管道防腐层的复合结构及涂敷新工艺。特别是计算机应用于腐蚀科学和防腐蚀工程，如在线测量技术、腐蚀数据库及专家系统等计算机辅助管理决策系统，对防腐蚀设施的科学管理和监控，都起着重要的作用。从安全和环保角度出发，各国政府和管道企业都制定了有关法规及技术标准，作为企业必须遵循的准则。

油气管道问世已有百余年的历史，管道工作者为做好管道的防腐工作，从 20 世纪 20 年代埋设裸管到 30 年代裸管加阴极保护，40 年代开始采用覆盖层加阴极保护，迄今仍在进行管道防腐蚀技术的不懈探索。

目前，国内地下油气管道的防腐普遍采用防腐绝缘层和阴极保护联合防腐，一般都取得了良好的效果。

第一节　金属腐蚀的基本原理

一、腐蚀的分类

金属的腐蚀一般可分为两大类，即化学腐蚀和电化学腐蚀。

1. 化学腐蚀

金属表面与介质直接发生化学作用而引起的破坏称为化学腐蚀。如金属与空气中的 O_2、SO_2 或 H_2S 等气体的作用。一般说来，在常温下化学腐蚀速度较慢，但在高温时则速度很快。如金属罐和管线采用氧气切割或气焊施工时，金属表面上产生的氧化皮就是铁在高温下的化学腐蚀现象。即

$$4Fe+3O_2 \Longrightarrow 2Fe_2O_3$$

化学腐蚀的特点是：

(1) 在腐蚀过程中没有电流产生；

(2) 腐蚀产物直接生成于发生化学反应的表面区域。

2. 电化学腐蚀

金属在电解质溶液中，由于形成原电池而发生的腐蚀破坏称为电化学腐蚀。借助氧化还原反应，能够产生电流的装置叫做原电池。或者说，把化学能变为电能的装置叫做原电池。

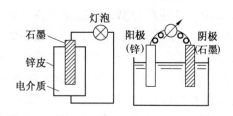

图 7-1-1　干电池工作原理示意图

我们常用的干电池就是利用原电池原理制成的(见图 7-1-1)。干电池主要由石墨、锌皮和电解质(氯化铵)组成。当用导线连接石墨和锌皮时，串联在导线中的灯泡就亮了，说明有电流通过；电流是怎样产生的呢？简单地说，是在原电池的回路中，由于锌在电解质溶液中不断溶解的结果。锌溶解也就是锌受到腐蚀，而对于石墨来讲，它在原电池工作过程中本身不发生变化，我们称锌为阳极，石墨为阴极，阳极遭受腐蚀，阴极不腐蚀。因此，当干电池没电时锌皮快腐蚀完了，就是这个道理。同样道理，当金属表面上形成了一个短路的原电池，例如碳钢中的铁相当于干电池的锌(阳极)。钢中的某些成分(如 Fe_3C)相当于干电池的石墨(阴极)，这二个电极是短路的(直接接触)，只要金属不在电解质溶液中就不会有电流产生，也不会有腐蚀作用，但将碳钢放在电解质溶液中，其表面就会形成许多短路的微小电池，并伴有电流产生，即发生电化学腐蚀。在阳极区 Fe 被氧化为 Fe^{2+}，所放出的电子自阳极(Fe)流至钢表面的阴极区(如 Fe_3C)上，与 H^+ 作用而还原成氢气，即

阳极反应：　　　　　$Fe \longrightarrow Fe^{2+}+2e$

阴极反应：　　$2H^++2e \longrightarrow H_2$

总反应：　　　$Fe+2H^+ \longrightarrow Fe^{2+}+H^2$

在发生电化学腐蚀时，金属和外部介质发生了电化学反应，产生了电流，所以电化学腐蚀的特点是：

(1) 腐蚀过程中有电流产生；

（2）腐蚀过程可以分为两个相互独立进行的反应过程，即阴极过程和阳极过程，其中阳极被腐蚀。

（3）在被腐蚀的金属周围有能引起离子导电的电解质。

综上所述，电化学腐蚀实际上是一个短路的原电池电极反应的结果，这种原电池又称为腐蚀原电池。油气管道和储罐在潮湿的大气中、海水中、土壤中以及油气田的污水、注水系统等环境中的腐蚀均属此类。腐蚀原电池与一般原电池的差别仅在于原电池是把化学能转变为电能（如干电池），作有用功，而腐蚀原电池则只能导致材料的破坏，不对外界作有用功。当管、罐金属表面受到外界的交、直流杂散电流的干扰，产生电解电池的作用时，腐蚀金属电极的阳极溶解，即发生所谓的"杂散电流腐蚀"。电解池的正极进行阳极反应，负极进行阴极反应，其电极的正、负极性正好与腐蚀原电池相反。故电化学反应是借助于原电池或电解池进行的。

就腐蚀破坏的形态分类，可分为全面腐蚀和局部腐蚀。全面腐蚀是一种常见的腐蚀形态，包括均匀的全面腐蚀和不均匀的全面腐蚀。局部腐蚀又可分为点腐蚀（孔蚀）、缝隙腐蚀、电偶腐蚀、晶间腐蚀、应力腐蚀和腐蚀疲劳等。图 7-1-2 所示为不同类型的腐蚀形态图。

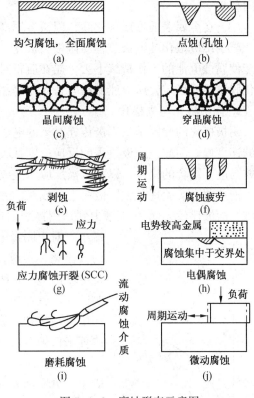

图 7-1-2　腐蚀形态示意图

二、极化与去极化

首先介绍两个实验现象：

当把锌、铜两个电极插在含氯化物盐的土壤中，用导线连接两极后，电流表上指示最大值为 $I^0 = 7mA$，然后电流逐渐减小，电流趋于稳定时电流值为 $I = 0.05mA$，是起始值的 $1/140$。

若把锌、铜两极插入 3%NaCl 溶液中，电路接通后，电流指示最大值为 $I^0 = 33mA$，电流稳定时 $I = 0.8mA$，约为起始值的 $1/40$。

以上现象给我们提出的共同问题是腐蚀电流为什么由一个最大值逐渐变小？

腐蚀电池随着电流的通过而产生电流强度下降的现象，称为极化现象，以第二个实验为例，产生极化现象是因为随着电流的通过，阴极（铜）的电极电位向负方向移动（称为阴极极化），阳极（锌）的电极电位向正方向移动（称为阳极极化），结果使两极电位差由 0.869V 减小为 0.022V，因此腐蚀电池的电流也随着减小。

极化作用阻碍了腐蚀原电池的工作，使腐蚀电流降低，减缓腐蚀速度。从防腐的角度来说，极化现象是有利的，但是利用原电池原理制作的干电池，不希望发生极化现象，因为极化作用减低了电池效率。我们把消除或减弱极化作用的现象称为去极化。

1. 阳极极化与去极化

产生阳极极化的原因是阳极过程反应速度比电子转移速度慢。

（1）金属离子化的滞后，取决于形成水化离子的快慢。当金属离子进入溶液的速度小于电子由阳极进入阴极的速度，则在阳极表面就有过多的正电荷积累，引起"双电层"上负电荷减小，电位由负向正的方向移动。

（2）进入溶液的水化离子扩散慢。随着溶液中金属离子浓度增加，电极电位必然向正的方向移动。

（3）在金属表面形成钝化膜，阻碍金属离子继续溶解。

减少阳极极化的电极过程叫阳极去极化。譬如设法使阳极表面形成的钝化膜不断除去，就能使腐蚀电池的工作持续下去。船在航行时，由于电解质溶液在运动，金属表面即使形成钝化膜也不能稳定，所以船舶在航行时比停靠时腐蚀速度快。

2. 阴极极化与去极化

阴极极化的原因是从阳极传递过来的电子到达快，而阴极附近能接收电子的物质与它结合的速度慢。因此，阴极过程的反应速度就决定于参加反应的物质（如 O^{2+}、H^+）到达阴极表面并与电子结合的快慢，以及电极反应所生成的还原物（如 OH^-、H_2）的扩散速度。

前述两个实验现象，铜极在土壤或 NaCl 溶液中的阴极过程都是氧得电子的过程，但是土壤与溶液比较，O_2 在土壤中到达阴极表面比溶液要困难，所以腐蚀原电池在土壤中的电流小。对于阴极来讲，所有在阴极吸收电子的过程都叫做阴极的去极化。实现去极化过程的物质叫去极化剂，如在阴极上接受电子的 O_2 和 H_2 等。如果腐蚀电池存在良好的去极化条件，腐蚀速度就加快，因此，腐蚀电池阴极的去极化作用是防腐工作中必须特别注意抑制的过程，阴极保护就是利用阴极极化的原理来保护金属不被腐蚀。

极化作用的大小通常也可用极化曲线来判断，如图 7-1-3 所示，纵座标表示电极电位，向上为负，横座标表示电流密度。$E_A^0 A$ 表示阳极极化曲线，电位由负向正的方向变化。$E_K^0 K$ 表示阴极极化曲线，电位由正向负的方向变化。由曲线的倾斜情况可以看出极化程度，曲线愈平坦，表示通过一定的电流密度后电位变化不大，极化程度不大，反之，曲线陡度愈大说明极化程度愈大，电极过程的进行愈困难。

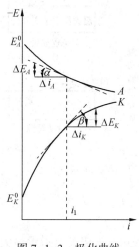

图 7-1-3 极化曲线

三、腐蚀电池与土壤腐蚀

土壤腐蚀是指地下金属构筑物在土壤介质作用下引起的破坏，基本上属于电化学腐蚀。因为土壤是多相物质组成的复杂混合物，颗粒间充满空气、水和各种盐类，使土壤具电解质的特征。因此，地下管道裸露的金属在土壤中构成了腐蚀电池。土壤腐蚀电池大致可分为微腐蚀电池和宏腐蚀电池两类。

1. 微腐蚀电池

用肉眼看不见的微小电池组成的腐蚀电池叫微电池。微电池是由于金属表面的电化学的不均匀性所引起的，不均匀性的原因是多方面的。

（1）金属的化学成分不均匀性 一般工业的纯金属常含有杂质，如碳钢中的 Fe_3C、铸铁中的石墨、锌中含铁等，由于制管时的缺陷，金属内可能夹杂有不均匀物质，杂质的电位高，如钢管的焊缝熔渣和本体金属间的电位可能高达 275mV。因此就成为许多微阴极，与电解质溶液接触后形成许多短路的微电池[见图 7-1-4(a)、(b)]。

（2）金属组织的不均匀性　有的合金其晶粒及晶界的电位不同，如工业纯铝，其晶粒及晶界间的平均电位差为 0.091V，晶粒是阴极，晶界为阳极。

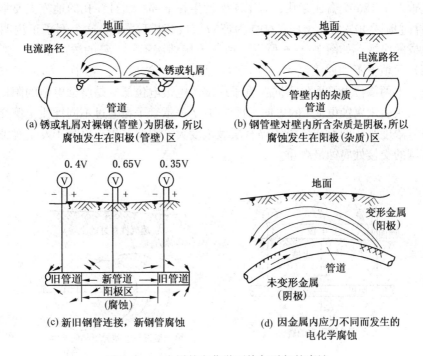

（a）锈或轧屑对裸钢（管壁）为阴极，所以腐蚀发生在阳极（管壁）区

（b）钢管壁对壁内所含杂质是阴极，所以腐蚀发生在阳极（杂质）区

（c）新旧钢管连接，新钢管腐蚀

（d）因金属内应力不同而发生的电化学腐蚀

图 7-1-4　金属的电化学不均匀引起的腐蚀

（3）金属物理状态的不均匀性　金属在机械加工过程中常常造成金属各部分变形不均匀，内应力不均匀，变形大应力大的部位为阳极，受腐蚀。如金属的焊缝及其热影响区，钢管表面的氧化膜（锈、轧屑）等与本体金属之间存在着较大的性质差异，金属弯制与加工时不同部位的受力不均匀。当这些组成及受力不均匀的管道金属与土壤接触时，就好像两块相互能导电的不同金属放在电解质溶液中一样，在有差异的部位上由于电极电位差而构成腐蚀电池，图 7-1-4（d）表示由于钢管表面条件效应发生的腐蚀状态。

（4）金属表面膜不完整　金属表面膜有孔隙，则孔隙下金属表面部分的电位较低，成为微电池的阳极。如果金属管路表面形成的钝化膜不连续，也会发生这类腐蚀。

2. 宏电池

用肉眼能看到的电极所组成的腐蚀电池叫做宏电池。

（1）不同的金属与同一种电解溶液相接触，例如，新旧不同的两种管道焊接在一起埋在同样的土壤中，由于管道的电位不同而形成的腐蚀电池，如图 7-1-4（c）所示。

（2）同一种金属透过不同的电解质溶液，或电解质的浓度、温度、气体压力、流速等条件不同，如电解质的浓度不同，即形成所谓的浓差电池。

管道经过物理性质和化学性质差异很大的土壤时，某些条件效应在管道的腐蚀中就具有决定性的意义。例如，土壤的含盐量和透气性（含氧量）对管道腐蚀的影响很大，它们对地下管道的钢/土壤电位都有影响。埋地钢管在含盐量不同的土壤中经过时，与盐浓度较高的土壤接触的那部分钢表面的腐蚀趋势较严重，如图 7-1-5（a）所示的阳极区。

（3）氧浓差电池。

地下管道最常见的腐蚀现象就是由于氧浓度不同而形成的氧气浓差电池，也就是说，在管子的不同部位，由于氧的含量不同，在氧浓度大的部位金属的电极电位高，是腐蚀电池的阴极；氧浓度小的部位，金属电极电位低，是腐蚀电池的阳极，遭受腐蚀。据某输油管线调查，该管线曾发生 186 次腐蚀穿孔；有 164 次发生在下部，而且穿孔的地方主要集中在黏土段(该管线穿过地区 40% 为黏土段，60% 为卵石层或疏松碎石)。这个例子正说明由氧气浓差电池所造成的腐蚀。如图 7-1-6 所示，由于土壤埋深不同，氧的浓度不同，管子上部接近地面，而且回填土不如原土结实，故氧气充足，氧的浓度大，管子下部则氧浓度小。因此，管子上、下两部位电极电位不同，管子底部的电极电位低，是腐蚀电池的阳极区，遭受腐蚀。图上箭头表示腐蚀电流 i 的方向。图 7-1-7 表示管子在通过不同性质土壤交接处的腐蚀，黏土段氧浓度小，卵石或疏松的碎石层氧浓度大，因此在黏土段管子发生腐蚀穿孔，特别在两种土壤的交接处腐蚀最严重。

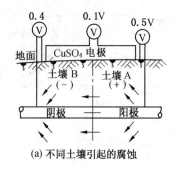

(a) 不同土壤引起的腐蚀

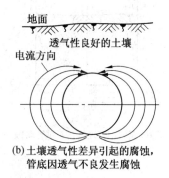

(b) 土壤透气性差异引起的腐蚀，
管底因透气不良发生腐蚀

图 7-1-5　不同土壤条件引起的腐蚀

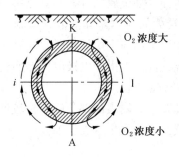

图 7-1-6　管子下部遭受腐蚀穿孔
K—阴极区；A—阳极区

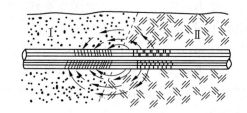

图 7-1-7　管子通过碎石层
Ⅰ—砂土；Ⅱ—黏土

以上两种情况下腐蚀电池的工作可以从下述电极反应来说明。

电极反应：

在阳极：$Fe \longrightarrow Fe^{2+}+2e$(失电子，氧化反应)

在阴极：$O_2+4e+2H_2O \longrightarrow 4OH^-$(得电子，还原反应)

阳极区溶解到土壤中的二价铁离子(Fe^{2+})与阴极区迁移过来的氢氧根离子(OH^-)反应生成氢氧化亚铁：

$$Fe^{2+}+2OH^- \longrightarrow Fe(OH)_2$$

总反应：$2Fe+O_2+2H_2O \longrightarrow 2Fe(OH)_2$

腐蚀产物亚铁离子 Fe^{2+} 是不稳定的，它能和阳极区的氧继续作用，进而氧化成为三价铁，即生成氢氧化三铁的沉淀物。

由于 $Fe(OH)_2$ 和 $Fe(OH)_3$ 和土黏结在一起，使得阳极区管子表面受到遮蔽，因此，有利于降低腐蚀速度。

实践证明，当土壤湿度不同时，两部分地下钢管间的电位差可达 0.3V 左右，尤其当各段落土壤透气性不同时，可能形成较大的电位差。在这种情况下，所构成的腐蚀电池两极间的距离比较远，甚至可达几公里，故称宏腐蚀电池。

一般认为在土壤腐蚀中，物理化学因素的影响比液体腐蚀中大。因为控制管道腐蚀过程的主要因素是氧的去极化，即氧与电子结合生成氢氧根离子，所以对氧的流动渗透有很大影响的土壤结构和湿度在某种程度上决定了土壤腐蚀性。例如土壤透气性不同所形成的宏腐蚀电池是地下金属管道发生剧烈腐蚀的主要原因。长输管道常见的几种透气性不均匀状况如图7-1-8 所示。

土壤局部不均匀性也在金属表面上形成氧浓差腐蚀电池。在土壤中往往夹杂着一些石块及其他较坚硬的土团，当这些石块和土团紧贴于管壁表面时，由于这些石块和土团对氧的渗透能力比土壤小，所以被石块和土团挡住的管道表面因氧气少形成最危险的阳极区，无石块和土团的管壁表面则为阴极区。

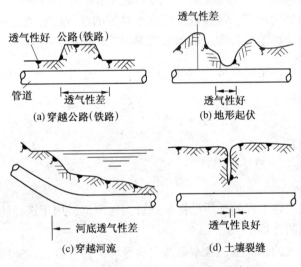

图 7-1-8　地下管道透气性不均匀举例

同样，由于氧更容易到达电极的边缘（即边缘效应），因此，在同一水平面上的金属构件的边缘就成为阴极，比成为阳极的构件中央部分腐蚀要轻微得多。地下大型储罐的腐蚀情况就是如此。

3. 影响土壤腐蚀的因素

与腐蚀有关的土壤性质主要是孔隙度（透气性）、含水量、电阻率、酸度和含盐量。这些性质的影响又是相互联系的。下面分别加以讨论。

（1）孔隙度（透气性）　较大的孔隙度有利于氧渗透和水分保存，而它们都是腐蚀初始发生的促进因素。透气性良好似应加速腐蚀过程，但是还必须考虑到在透气性良好的土壤中也更易生成具有保护能力的腐蚀产物层，阻碍金属的阳极溶解，使腐蚀速度减慢下来。因此关于透气性对土壤腐蚀的影响有许多相反的实例。例如在考古发掘时发现埋在透气不良的土

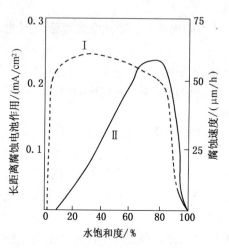

图 7-1-9　土壤(含 0.1NNaCl)中含水量和钢
管的腐蚀速度(Ⅰ)及长距离电池作用(Ⅱ)的关系

壤中的铁器历久无损;但另一些例子说明在密不透气的黏土中金属常发生更严重的腐蚀。造成情况复杂的因素在于有氧浓差电池、微生物腐蚀等因素的影响。在氧浓差电池作用下,透气性差的区域将成为阳极而发生严重腐蚀。

(2)含水量　土壤中含水量对腐蚀的影响很大。图 7-1-9 表示钢管腐蚀量和土壤含水量的关系。从图中可见,当土壤含水量很高时,氧的扩散渗透受到阻碍,腐蚀减小。随着含水量的减少,氧的去极化变易,腐蚀速度增加;当含水量降落到约 10% 以下,由于水分的短缺,阳极极化和土壤比电阻加大,腐蚀速度又急速降低。另外从长距离氧浓差宏电池的作用来看(曲线Ⅱ),随着含水量增加,土壤比电阻减少,氧浓差电池的作用也增加。在含水量为 70%~90% 时出现最大值。当土壤含水量再增加接近饱和时,氧浓差的作用减少了。在实际的腐蚀情况下,埋得较浅的含水量少的部位的管道是阴极,埋得较深接近地下水位的管道,因为土壤湿度较大,成为氧浓差电池的阳极,被腐蚀。

(3)电阻率　土壤的电阻率即土壤的比电阻 ρ,由公式 $R = \rho \dfrac{L}{S}$ 得:

$$\rho = R\frac{S}{L}$$

式中　R——电阻,Ω;

　　　L——长度,m;

　　　S——面积,m^2。

土壤电阻率应在线路工程的地质勘探时进行实地测试,用于选择防腐绝缘等级以及阴极保护时阳极接地电阻的计算。

土壤电阻率与土壤的孔隙度、含水量及含盐等许多因素有关。一般认为,土壤电阻率越小,土壤腐蚀也越严重。因此可以把土壤电阻率作为估计土壤侵蚀性的重要参数。表7-1-1是根据土壤的电阻率评价土壤的侵蚀性。应该指出,这种估计并不符合所有情况。因为电阻率并不是影响土壤腐蚀的唯一因素。

表 7-1-1　土壤电阻率与腐蚀性的关系

土壤电阻率/$\Omega \cdot cm$	0~500	500~2000	2000~10000	>10000
土壤腐蚀性	很高	高	中等	低
钢的平均腐蚀速度/(mm/a)	>1	0.2~1	0.05~0.2	<0.05

(4)酸度　土壤酸度的来源很复杂,有的来自土壤中的酸性矿物质,有的来自生物和微生物的生命活动所形成的有机酸和无机酸,也有来自于工业污水等人类活动造成的土壤污染。大部分土壤属中性范围,pH 值处于 6~8 之间,也有 pH 值为 8~10 的碱性土壤(如盐碱土)及 pH 值为 3~6 的酸性土壤(如沼泽土、腐殖土)。随着土壤酸度增高,土壤腐蚀性增

加，因为在酸性条件下，氢的阴极去极化过程已能顺利进行，强化了整个腐蚀过程。应当指出，当在土壤中含有大量有机酸时，其 pH 值虽然近于中性，但其腐蚀性仍然很强。

（5）含盐量　通常土壤中含盐量约为 80~1500ppm（1ppm = 10^{-6}），在土壤电解质中的阳离子一般是钾、钠、镁、钙等离子，阴离子是碳酸根、氯和硫酸根离子。土壤中含盐量大，土壤的电导率也增加，因而增加了土壤的腐蚀性。氯离子对土壤腐蚀有促进作用，所以在海边潮汐区或接近盐场的土壤，腐蚀性更强。但碱土金属钙、镁的离子在非酸性土壤中能形成难溶的氧化物和碳酸盐，在金属表面形成保护层，减少腐蚀。富钙、镁离子的石灰质土壤就是一个典型的例子。类似的，硫酸根离子也能和铅作用生成硫酸铅的保护层。硫酸盐和土壤腐蚀另一个重要关系是和微生物腐蚀有关。

我国各油田的土壤多半是盐碱地，pH 值在 7~9 之间，含可溶盐的情况如表 7-1-2 所示。比较这几个地区，以含氯化物盐的土壤腐蚀性最强。胜利油田的某些地区土壤含盐量最高可达 5225.6mg/L。据调查，胜利油田有些含氯化物盐地区的腐蚀速度比大庆油田含碳酸盐地区大 8 倍。

表 7-1-2　我国各油田土壤中含盐的主要成分

地名	胜利油田、青海	大庆	玉门、新疆	四川
含盐主要成分	氯化物盐	碳酸盐	硫化物盐	硫酸盐、氯化物盐

在确定管路的防腐绝缘等级时，还要结合线路埋设方式及特定的情况，采用相应措施，如在经过河流、铁路、沼泽地带等不易检修的部位，一律采用特强绝缘，土壤腐蚀性较强的地区采用加强绝缘，土壤腐蚀性不强的地段采用普通绝缘。

4. 土壤腐蚀的特点

土壤腐蚀不同于电解质溶液中的电化学腐蚀的特征是：

（1）土壤性质及其结构的不均匀性，造成腐蚀电池的范围不仅在小块土壤内形成，而且因不同土壤交接，形成的大电池可能达数十公里远。

（2）除酸性土壤外，大多数土壤以氧浓差电池为地下管道腐蚀的主要形式。

（3）腐蚀速度比溶液中慢，特别是土壤电阻的影响，有时成为腐蚀速度的主要控制因素。

土壤的固体颗粒相对地下金属是静止的，不发生机械搅动和对流，因此氧在溶液中到达金属表面比在土壤中到达金属表面要快得多，这样就导致土壤腐蚀速度减慢。土壤由于结构、组成等差异，使土壤电阻率的差别很大，低的只有几 $\Omega \cdot m$，高的达 $100\Omega \cdot m$ 以上，因此，土壤电阻的影响是不可忽略的。

在溶液中电化学腐蚀的速度主要决定于电极过程的反应速度，如果反应速度决定于阳极过程的快慢，为阳极控制；如果腐蚀速度决定于阴极过程的快慢，为阴极控制。而在土壤腐蚀中，除了电极过程的反应速度外，有时主要决定于土壤电阻的影响，叫做欧姆控制。即土壤电阻成为影响腐蚀速度的主要控制因素。

对于地下管路，两种腐蚀电池的作用是同时存在的。从腐蚀的表面形式看，微电池作用时具有腐蚀坑点且分布均匀的特征，而在宏腐蚀电池作用下引起的腐蚀则具有明显的局部穿孔的特征。对于油气管路来讲，局部穿孔的危害性更大，我们通常见到的暴露在大气中的裸管，大片大片麻点般的锈蚀主要是微电池作用的结果，它的腐蚀深度和速度都不如宏电池严重。

5. 形成腐蚀电池的条件

形成腐蚀电池的条件主要有以下几种：

（1）金属的不同部位或两种金属间存在电极电位差；

（2）两极之间互相连通；

（3）有可导电的电解质溶液。

腐蚀电池的工作是由阳极过程（氧化反应）、阴极过程（还原反应）及电子转移这三个不可分割的环节所组成。腐蚀电池工作时，氧化还原反应同时发生在两个电极上，通常规定凡是进行氧化反应的电极叫做阳极，凡是进行还原反应的电极叫做阴极，阳极总是遭受腐蚀。

四、土壤中的生物腐蚀

在一些缺氧的土壤中有细菌参加腐蚀过程。细菌腐蚀主要是由硫酸盐还原菌的作用引起的。硫酸盐还原菌生存在土壤中，是一种厌氧菌，这种细菌肉眼是看不见的，生长在潮湿并含有硫酸盐及可转化的有机物和无机物的缺氧土壤中。当土壤 pH 值在 5～9，温度在 25～30℃时最有利于细菌的繁殖。故在 pH 值为 6.2～7.8 的沼泽地带和洼地中，细菌活动最激烈。当 pH 值在 9 以上时，硫酸盐还原菌的活动受到抑制。这种细菌之所以能促进腐蚀是因为在它们的生活过程中，需要氢或某些还原物质将硫酸盐还原成硫化物：

$$SO_4^{2-} + 8H \longrightarrow S^{2-} + 4H_2O$$

而细菌本身就是利用这个反应的能量来繁殖的。埋藏在土壤中的钢铁管道表面，由于腐蚀，在阴极上有氢产生（原子态氢），如果它附在金属表面，不成为气体逸出，则它的存在就会造成阴极极化而使腐蚀缓慢下来，甚至停止进行。如果有硫酸盐还原菌活动，恰好就利用金属表面的氢把 SO_4^{2-} 还原。这样就减少了阴极上氢的极化，促进了阴极反应，反应时生成的 S^{2-} 与 Fe^{2+} 反应生成 FeS，从而促进了阳极的离子化反应：

$$Fe^{2+} + S^{2-} \longrightarrow FeS$$

所以当有硫酸盐还原菌活动时，在铁表面的腐蚀产物是黑色的，并发出 H_2S 的臭味。

细菌的腐蚀过程中所起的作用很复杂，除了上述由于细菌的存在改善了去极化条件，从而加快金属腐蚀速度外，还有一些细菌是依靠管道防腐蚀涂层——石油沥青作为它的养料，将石油沥青"吃掉"，造成防腐层破坏而使金属腐蚀。另外一些细菌将土壤中的某些有机物转化为盐类或酸类，与金属作用而引起腐蚀。

五、杂散电流腐蚀

不按照规定途径移动的电流对管道所产生的腐蚀，叫杂散电流腐蚀，又名干扰腐蚀。这是一种外界因素引起的电化学腐蚀，杂散电流导致地下金属设施的严重腐蚀破坏，它所引起的腐蚀比一般土壤腐蚀激烈得多。对于绝缘不良的管道，这样的杂散电流可能在防腐绝缘层破损的某一点流入管道，然后沿管道流动，在另一防腐绝缘层破损点流出，返回杂散电流源，从而引起腐蚀。计算表明，1A 的电流流过一年就相当于使 9kg 的铁发生了电化学溶解。在某些极端情况下，流过金属构件的杂散电流强度可达 10A，显然这将造成迅速的腐蚀破坏。

所谓杂散电流是指应由原定的正常电路漏失而流入他处的电流，其主要来源是应用直流电大功率电气装置，如电气化铁道、电解及电镀槽、电焊机或电化学保护装置等。图7-1-10为杂散电流腐蚀原理图。

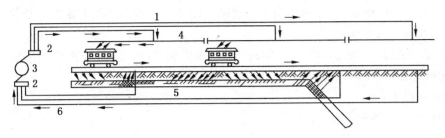

图 7-1-10　杂散电流腐蚀原理图
1—输出馈电线；2—汇流排；3—发电机；4—电车线；5—管道；6—回归线

在正常情况下，电流自电源的正极通过电力机车的架空线再沿铁轨回到电源负极。但是当铁轨与土壤间的绝缘不良时，有一部分电流就会从铁轨漏失到土壤中。如果在这附近埋设有金属管道等构件，杂散电流便由此良导体通过，然后再流经土壤及轨道回到电源。在这种情况下，相当于产生了两个串联电解池，即：

路轨（阳极）｜土壤｜管线（阴极）；

管线（阳极）｜土壤｜路轨（阴极）。

第一个电池会引起路轨腐蚀，但发现这种腐蚀和更新路轨并不困难。第二个电池会引起管线腐蚀，这就难以发现和修复了。显然，这里受腐蚀的都是电流从路轨或管线流出的阳极区。这种因杂散电流所引起的电解腐蚀就称为杂散电流腐蚀。

杂散电流腐蚀的破坏特征是阳极区的局部腐蚀。在管线的阳极区外绝缘涂层的破损处，腐蚀尤为集中。在使用铅皮电缆的情况下，由于杂散电流流入阴极区也会发生腐蚀，这是因为阴极区产生的氢氧根离子和铅发生作用，生成可溶性的铅酸盐。已发现交流电杂散电流也会引起腐蚀，但破坏作用要小得多。对于频率为 60Hz 的交流电来说，其作用约为直流电的 1%。

可以通过测量土壤中金属体的电位来检测杂散电流的影响。如果金属体的电位高于它在这种环境下的自然电位，就可能有杂散电流通过。防止措施有排流法，即把原先相对路轨为阳极区的管线用导线与路轨直接相连，使整个管线处于阴极性；另外还有绝缘法和牺牲阳极法。

六、管道防腐蚀方法

油气管道大多埋地敷设，由于直接检测困难，往往要到介质漏泄时方知管道腐蚀已很严重。为了保证管道长期安全运行，防止泄漏的石油天然气对邻近居民和企业的危害，各国政府和管道公司都制定有管道防腐蚀规程。如我国颁发的《钢质管道及储罐防腐蚀工程设计规范》，必须在工作中贯彻执行。

管道防腐蚀方法和所用的防蚀材料分类简述如下。

1. 外壁防腐蚀

（1）选用耐蚀的管材，如耐蚀的低合金钢、塑料管或水泥管等。

（2）采用金属防蚀层，如镀锌、喷铝等。

（3）增加管路和土壤之间的过渡电阻，以减少腐蚀电流。在金属管路的外表面涂以防腐绝缘层就是这个道理。常用的防腐绝缘层有：

① 沥青、玻璃布绝缘层，国外有用煤焦油沥青的。也可以用泡沫塑料作防腐层，既绝缘又保温，国内已取得良好的试验效果。有的工程曾使用水泥涂层来通过含盐沼泽地及强酸

性土壤地区，可取得管道40年末受腐蚀的效果。此外，还可以选用其他高分子化合物的塑料树脂涂层及环氧树脂喷涂等。

② 油漆类绝缘层，如油脂漆、醇酸树脂漆、酚醛树脂漆、过氯乙烯漆、硝基漆等。

③ 无机化合物材料，如玻璃、珐琅、水泥等。

（4）电法保护：

① 阴极保护：外加电流、牺牲阳极。

② 电蚀防止法：排流保护。

（5）工艺设计防蚀：如防止残留水分腐蚀的结构，避免异种金属管道的连接，解除焊接应力，改善环境(换土、向地下构件周围填充石灰石碎块、埋地改架空敷设)，回填管沟时特别注意直接和管道接触的土层的均匀性等。

2. 内壁防腐蚀

（1）选用耐蚀材料制管，如不锈钢、塑料衬里等。

（2）采用涂层，如塑料、树脂等。

（3）在输送石油天然气中添加缓蚀剂。

油气管道的防腐蚀方法各有特点，在探讨各种防腐蚀对策和采取适当措施时，应视管道在不同环境中的施工条件，因地制宜选择防腐蚀设备、材料，从技术经济、管理诸多因素综合平衡考虑。在实际应用中，长距离油气输送管道一般采用阴极保护和防腐绝缘层联合保护的方法。

第二节　管道外壁防腐涂层

一、防腐蚀材料的作用和分类

用涂料均匀致密地涂敷在经除锈的金属管道表面上，使其与腐蚀性介质隔绝，这是管道防腐蚀最基本的方法之一。

对管道防腐层的基本要求是：覆盖层完整无针孔，与金属有良好的黏结性；电绝缘性能好；防水及化学稳定性好；有足够的机械强度和韧性；能抵抗加热、冷却或受力状态(如冲击、弯曲、土壤应力等)变化的影响；耐热和抗低温脆性；耐阴极剥离性能好；抗微生物腐蚀；破损后易修复，并要求价廉和便于施工。

由于管道所处环境腐蚀性及运行条件的差异，通常将防腐层分为普通、加强和特强三种。

表7-2-1是目前大口径钢制管道常用外防腐层主要性能。

表 7-2-1　大口径钢制管道常用外防腐层主要性能汇总表

项　　目	单层熔结环氧	双层熔结环氧	两层 PE	三层 PE
防腐层厚度/mm	≥0.4	普通级≥0.62 加强级≥0.8	ϕ559 管道≥2.5 ϕ813 管道≥3.0	ϕ559 管道≥2.5 ϕ813 管道≥3.0
延伸率/%	≥4.8	≥4.8	≥600	≥600
黏结力	1~3 级	1~3 级	≥70N/cm	≥100N/cm

续表

项　目	单层熔结环氧	双层熔结环氧	两层 PE	三层 PE
压入深度(10MPa)/mm	<0.1	<0.1	<0.2	<0.2
抗冲击(25℃)/J	≥5	≥10	ϕ559 管道>20 ϕ813 管道>24	ϕ559 管道>20 ϕ813 管道>24
防腐层电阻/$\Omega \cdot mm^2$	2×10^4	5×10^4	1×10^5	1×10^5
阴极剥离半径/mm	≤8	≤8	—	≤8
吸水率(60 天)/%	0.1	—	≤0.01	≤0.01
冷弯性能(度/管径长度)	≥2.5	≥1.5	≥2.5	≥2.5
输送温度/℃	−30~80	−30~100	−30~70	−30~70
预制防腐层/(元/m^2)	65	95	70	80

注：三层 PE 的剥离强度指(共聚物)胶黏剂的内聚破坏力，底层环氧涂料与钢的黏结力与熔结环氧防腐层一致。

目前埋地管道的防腐涂层主要分为以下几大类：

(1) 沥青类：煤焦油(煤干馏产物)；煤焦油加环氧树脂；沥青(石油炼制产物)；地沥青(天然沥青矿)、煤焦油瓷漆。

(2) 蜡和脂类：重润滑脂；石蜡(石油炼制产物)。

(3) 压敏胶带：聚乙烯(普通密度、高密度)；聚氯乙烯；聚酯。

(4) 带底胶的层压胶带：附有非硫化丁基橡胶黏结剂的聚乙烯；附有非硫化丁基橡胶黏结剂的聚氯乙烯。

(5) 挤塑涂层(工厂涂敷，挤压到管上)。

(6) FBE(环氧粉末，喷涂到预热的管子上)。

(7) 复合涂层(三层 PE 结构)。

二、选择管道外壁防腐层的原则

1. 特殊情况下管道工程防腐层的选用

在一些特定的环境中对防腐层的性能有特别要求的管道，在选择和使用上应区别对待。

1) 防腐保温管道

对于加热输送管道，采用保温和防腐的复合结构。底层作为防腐层，可选用环氧煤沥青、环氧底漆等，中间层用硬质聚氨酯泡沫塑料作隔热层，其上包覆高(中)密度的聚乙烯作为保护层。

2) 水下管道

要求防腐层不仅能在水下(尤其是海水中)长时间稳定，还要确保在水流冲击下有可靠的抗蚀性及较高的机械强度。在穿越河流或海底管道敷设时采用的较典型防腐层结构是：在富锌环氧底漆上涂敷聚烯烃热熔胶，或能黏合 PE、PP 材料的黏合胶，最外层是聚乙烯或聚丙烯的防护层。

3) 沼泽地区的管道

沼泽地段一般具有如下特点：土壤含水率高，在沼泽土中含有较多的矿物盐或有机物、酸、碱、盐等，因此可能发生细菌腐蚀。在全年各季度周围介质的情况变化激烈，土壤的膨胀收缩严重，故对沼泽地区防腐层的介电性及化学稳定性要求更高。一般防腐层由三层组成：第一层保证黏结及电绝缘性；第二层为特殊的抗水层；第三层为加重管道及保证机械强度的保护层。

氯化物盐渍土壤地段首先应考虑耐 Cl^- 的涂层，在这方面熔结环氧、挤压聚乙烯及煤焦油瓷漆占优势；在通过沼泽地段，应选用长期耐水、耐化学腐蚀性的挤出聚乙烯或煤焦油瓷漆防腐层；除考虑长期耐水性外，还应看含盐成分。在有水的情况下阴离子的侵蚀是严重的，应全面考虑涂层耐化学性。在通过碳酸盐型土壤时，应首先考虑耐 CO_2 的涂层，在这方面石油沥青和胶黏带占有优势；在运行温度高的条件下，首先应考虑选用熔结环氧粉末或改性聚丙烯等耐温性高的材料涂层。

4）用顶管法敷设和定向钻穿越的管道

在通过多石地段或河流穿越等地段，如用顶管法敷设穿越段的管道，其防腐层必须有较强的抗剪切及耐磨的性能，在长期使用不方便维护时仍能保证可靠的抗蚀能力。在这方面熔结环氧粉末和挤压聚乙烯或双层、三层聚乙烯防腐层占有优势。

5）穿过沙漠、极地的管道

管道通过沙漠地区和极地时，为适应运行和施工的要求，防腐层的选择应根据需要和不同的特点来考虑，例如沙漠地区要考虑盐渍土、高温及风沙等环境变化的影响。世界上有许多穿越沙漠的油气管道，为我们正确选用管道防腐层提供了很好的借鉴。我国西部塔里木油田位于塔克拉玛干沙漠，据分析该地区环境对管道腐蚀的影响可能有如下方面：

（1）在高含盐量的沙漠中盐渍土的影响　沙漠地区虽然干旱，但每年降雨季节使得积水存留于砂粒的空隙中。我国科学工作者在卫星云图上可发现塔克拉玛干沙漠的腹地存在水迹，在高含盐区就可能形成强腐蚀区。例如在塔北地区沙漠的土样分析中，Na^+、K^+、Cl^- 及 SO_4^{2-} 的含量都相当高。另外，沙漠的日温差和昼夜温差很大，该地区的日温差一般为 $10 \sim 20℃$，最高可达 $30℃$，沙面温度的变化尤为剧烈。而昼夜温差的变化更大，在夏、秋季节午间温度为 $60 \sim 80℃$，夜间可降至 $10℃$ 以下。结露后凝结水存于石英砂的空隙中，并且盐在水中溶解，形成了盐渍土的腐蚀环境。

（2）高温的影响　塔克拉玛干沙漠夏季地面最高温度可达 $60 \sim 80℃$，对防腐层提出耐热性和耐紫外线辐照的要求。

（3）风沙的影响　塔克拉玛干的风沙活动频繁，风向是东北风和西北风，风速达 $5m/s$，气流方向和速度场对风沙活动有综合的影响，故管道防腐层应考虑耐磨、抗风蚀的性能。有时由于流沙的运行及狂暴风沙四起，使埋在沙漠中的管子外露。

不同地区的沙漠环境有其不同的特征，20 世纪 80 年代以来国外沙漠管道上所用的防腐层大多选用熔结环氧、聚乙烯冷缠胶带以及三层聚乙烯防腐层，也有选用煤焦油玻璃布及焦油毡的。对于流沙沙漠地带，国外的经验认为有风蚀的地方防腐管道的埋深设计为 $1.5m$；无风蚀的地方对于小口径地面管道不一定都要做防腐保护，特别是使用寿命只需 20 年左右的油田管道。而对于沙漠储罐的防腐，只要按通常的防腐层结构将底漆层加强防腐，如底漆无机硅酸锌漆改为富锌环氧底漆，其他中间层与面漆涂料不变。

2. 选择防腐层的原则

目前可供选择的各类防腐层很多，每种防腐层都有一定的适用范围，基本原则是确保管道防腐绝缘性能，在此基础上再考虑施工方便、经济合理等因素，通过技术经济综合分析与评价确定最佳方案。

在选择防腐层时必须考虑的因素是：①技术可行；②经济合理；③因地制宜。

第三节 管路的阴极保护

一、阴极保护原理

由于金属本身的不均匀性，或由于外界环境的不均匀性，都会形成微观的或宏观的腐蚀原电池。例如在碳钢表面，其基体金属铁与碳素体如浸在电解质溶液中会形成电位差为200mV 的微电池腐蚀。

当采用外加电流极化时，原来腐蚀着的微电池会由于外加电流的作用，电极电位发生变化，此时腐蚀着的微电池的腐蚀电流减少，称之为正的差异效应。反之，则称之为负的差异效应。强制电流阴极保护所引起的差异效应可用图 7-3-1 来说明。图 7-3-1(a) 为未加阴极保护之前金属本身的腐蚀的电池模型；图 7-3-1(b) 为加阴极保护以后保护电池的电路及原来腐蚀电池的变化，所加的外电流 I' 的方向是使被保护金属作为阴极。

进一步说明阴极保护原理的极化如图 7-3-2 所示。

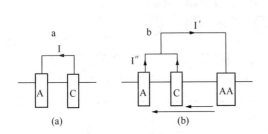

图 7-3-1 阴极保护模型
a—腐蚀电池；b—阴极保护；A—阳极；C—阴极；AA—辅助阳极；
I—电流；I'—保护电流；I''—为零或如图中方向所示

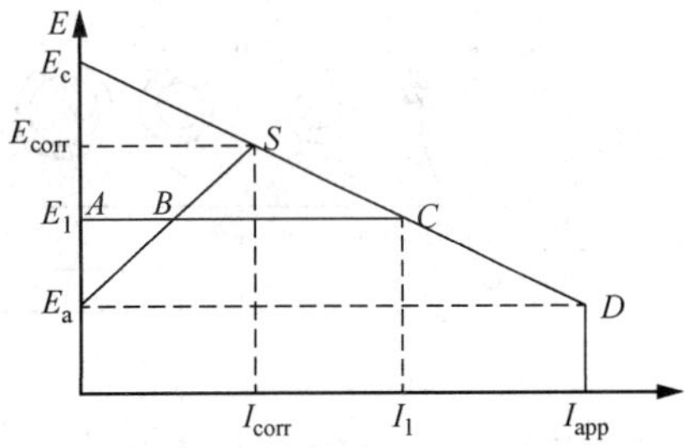

图 7-3-2 说明阴极保护原理的极化

设金属表面阳极和阴极的开路电位分别为 E_a 和 E_c。金属腐蚀地由于极化作用，阳极和阴极的电位都发生极化。其阳极向正的方向偏移，阴极向负的方向偏移。结果，其两者的电位都共同趋向于交点 S 所对应的电位 E_{corr}，在此电位下所对应的电流为 I_{corr}。

向系统输入外电流，使金属阴极极化，此时整个腐蚀原电池体系的电位将向负的方向偏移。阴极极化曲线 $E_c S$ 则从 S 点向 C 点方向延伸。

当金属电位负移到 E_1 点时，所对应的电流应为 I_1，相当于图中的 AC 线段，即 AB 与 BC 之和，AB 代表阳极腐蚀电流，而 BC 则是外加的电流。在此电位状况下，体系仍存在着腐蚀。

若使金属继续阴极极化到更负的电位即达到微阳极的开路电位 E_a，则腐蚀减至为零。金属达到完全保护。这时的外加电流 I_{app} 为金属达到完全保护时的外加电流。此时的极化作用已使原来腐蚀电池的微电池作用完全受到抑制。总之，极化消除了被保护金属体表面的电化学不均匀性，抑制了微电池作用，又因为阴极极化构成了新的大地电池即保护电路，使被保护金属体成为新的大地电池的阴极，从而在其表面只发生得电子的还原反应。金属不再发生失电子的氧化反应，腐蚀不再发生。这就是阴极保护使金属受到保护的原理。

二、阴极保护方法

阴极保护可以通过下面两种方法实现。

1. 牺牲阳极法

该方法是将被保护金属和一种可以提供阴极保护电流的金属或合金(即牺牲阳极)相连,使被保护体极化以降低腐蚀速率的方法。

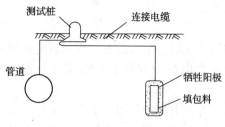

图 7-3-3　牺牲阳极示意图

在被保护金属与牺牲阳极所形成的大地电池中,被保护金属体为阴极,牺牲阳极的电位往往负于被保护金属体的电位值,在保护电池中是阳极,被腐蚀消耗,故称之为"牺牲"阳极,从而实现了对阴极的被保护金属体的防护,如图 7-3-3 所示。

牺牲阳极材料有高钝镁,其电位为 $-1.75V$;高钝锌,其电位为 $-1.1V$;工业纯铝,其电位为 $-0.8V$(相对于饱和硫酸铜参比电极)。

2. 强制电流保护法

该方法是将被保护金属与外加电源负极相连,由外部电源提供保护电流,以降低腐蚀速率的方法。其方式有整流器、恒电位、恒电流、恒电压等。恒电位仪接线如图 7-3-4 所示。

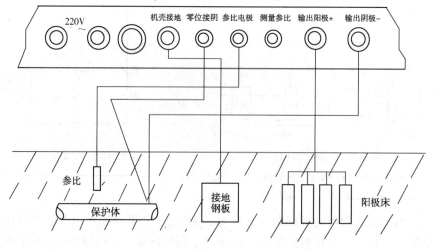

图 7-3-4　恒电位仪接线示意图

外部电源通过埋地的辅助阳极将保护电流引入地下,通过土壤提供给被保护金属,被保护金属在大地中仍为阴极,其表面只发生还原反应,不会再发生金属离子化的氧化反应,腐蚀受到抑制。而辅助阳极表面则发生失电子氧化反应。因此,辅助阳极本身存在消耗。

3. 两种保护方法的选择

上述两种阴极保护方法,都是通过一个阴极保护电流源向受到腐蚀或存在腐蚀、需要保护的金属体,提供足够的与原腐蚀电流方向相反的保护电流,使之恰好抵消金属内原本存在的腐蚀电流。这两种方法的差别只在于产生保护电流的方式和"源"不同。一种是利用电位更负的金属或合金,另一种则利用直流电源。

强制电流阴极保护驱动电压高,输出电流大,有效保护范围广,适用于被保护面积大的长距离、大口径管道。

牺牲阳极阴极保护不需外部电源,维护管理经济,简单,对邻近地下金属构筑物干扰影响小,适用于短距离、小口径、分散的管道。

三、阴极保护参数

与阴极保护相关的几个参数：自然腐蚀电位、保护电位、保护电流(可以换算成电流密度)。正确选择和控制这些参数是决定保护效果的关键。而在实际保护中人们仅把保护电位作为控制参数，因为它受自然腐蚀电位和保护电流所控制，而且在实践中容易操作。

1. 自然腐蚀电位

无论采用牺牲阳极法还是采用强制电流阴极保护，被保护构筑物的自然腐蚀电位都是一个极为重要的参数。它体现了构筑物本身的活性，决定了阴极保护所需电流的大小，同时又是阴极保护中重要的参考点。

2. 管道的自然电位

金属管道在通电保护前本身的对地电位，称管道的自然电位。它随着金属管道的材质、表面状态(绝缘层好坏，管子本身锈蚀情况)以及土壤条件的不同而不同，并且随着季节不同而变化。测量钢管在土壤中的自然电位一般都采用饱和硫酸铜电极(以后提到管道在土壤中的自然电位均指相对于饱和硫酸铜电极而言)，它的数值范围在$-0.4 \sim -0.7V$之间。在大多数土壤中钢管的自然电位为$-0.55V$左右。

3. 保护电位

保护电位是金属进入保护电位范围所必须达到的腐蚀电位的临界值。保护电位是阴极保护的关键参数，它标志了阴极极化的程度，是监视和控制阴极保护效果的重要指标。

为使腐蚀过程停止，金属经阴极极化后所必须达到的电位称为最小保护电位，也就是腐蚀原电池阳极的起始电位。其数值与金属的种类、腐蚀介质的组成、浓度及温度等有关。根据实验测定，碳钢在土壤及海水中的最小保护电位为$-0.85V$左右。当土壤或水中含有硫酸盐还原菌，且硫酸根含量大于0.5%时，通电保护电位应达到$-0.95V$或更负。

管道通入阴极电流后，其负电位提高到一定程度时，由于H^+在阴极上的还原，管道表面会析出氢气，减弱甚至破坏防腐层的黏结力，不同防腐层的析氢电位不同。另外，在H^+放电的同时，管道附近土壤中的OH^-就会增加，使土壤的碱性提高，加速绝缘层老化。有文献认为沥青防腐层在外加电位低于$-1.20V$时开始有氢气析出，当电位达到$-1.50V$时将有大量氢析出。因此，对于沥青防腐层取最大保护电位为$-1.20V$(SYT 0037—2000认为沥青防腐层最大保护电位$-1.5V$，但同时认为新建管道最大保护电位为$-1.25V$。)。若采用其他防腐层，最大保护电位值也应经过实验确定。聚乙烯防腐层的最大保护电位可取$-1.50V$。对绝缘层质量较差的管线，为使管线末端达到有效保护，也取$-1.5V$为宜。煤焦油瓷漆防腐层的最大保护电位可取$-3.0V$，环氧粉末防腐层最大保护电位取$-2.0V$。

在测定保护电位时应该考虑土壤的IR降影响。

4. 绝缘层面电阻

绝缘层电阻愈大，所需的保护电流和功率越小。因为电流是垂直通过绝缘层的，故可以把绝缘层的电阻用电流通过$1m^2$面积的绝缘层上的过渡电阻表示，称为面电阻，单位为$\Omega \cdot m$。

管道绝缘层面电阻参考数值：

(1) 石油沥青、煤焦油瓷漆：$10000\Omega \cdot m^2$；

(2) 塑料覆盖层：$50000\Omega \cdot m^2$；

(3) 环氧粉末：$50000\Omega \cdot m^2$；

（4）三层复合结构：100000Ω·m²；

（5）环氧煤沥青：5000Ω·m²；

（6）管道电阻：低碳钢（20#）为0.135Ω·mm²/m；16Mn钢为0.224Ω·mm²/m；高强度钢为0.166Ω·mm²/m。

5. 保护电流密度

保护电流密度与金属性质、介质成分、浓度、温度、表面状态（如管道防腐层状况）、介质的流动、表面阴极沉积物等因素有关。对于土壤环境而言，有时还受季节因素的影响。

因保护电流密度不是固定不变的数值，所以，一般不用它作为阴极保护的控制参数；只有无法测定电位时，才把保护电流密度作为控制参数。例如在油井套管的保护中，电流密度是一个重要参数，可以作为控制参数用。

保护电流密度应根据覆盖层电阻选取：

（1）在5000~10000Ω·m²时，取100~50μA/m²；

（2）在>10000~50000Ω·m²时，取50~10μA/m²；

（3）在>50000Ω·m²时，取<10μA/m²。

对已建管道应以实测值为依据。

四、强制阴极保护的计算

阴极保护设计包括下述内容：保护长度的计算，阴极保护站数和站址的确定，阳极装置、电流和导线的设计，绝缘法兰、测试桩及检查片的设置等。阴极保护的设备比较简单，它的投资一般不到管路总投资的1%。

1. 阴极保护长度的计算

强制电流阴极保护的保护长度可按下式计算：

$$2L = \sqrt{\frac{8\Delta V_L}{\pi \cdot D \cdot J_s \cdot R}} \qquad (7-3-1)$$

$$R = \frac{\rho_T}{\pi(D'-\delta)\delta} \qquad (7-3-2)$$

式中　L——单侧保护长度，m；

ΔV_L——最大保护电位与最小保护电位之差，V；

D——管道外径，m；

J_s——保护电流密度，A/m²；

R——单位长度管道纵向电阻，Ω/m；

ρ_T——钢管电阻率，Ω·mm²/m；

D'——管道外径，mm；

δ——管道壁厚，mm。

2. 阴极保护站数目和站址的确定

按以上工艺计算得出最大保护长度和被保护管线的长度后，即可求出所需的保护站数目。保护站的实际间距应小于算出的最大保护长度。保护站数按下式计算：

$$n = \frac{L_总}{2L} + 1 \qquad (7-3-3)$$

式中　n——保护站数目；

　$L_总$——管线总长度，m；

　L——一个站一侧的最大保护长度，m。

式中加 1 是因为首末两个站只能保护一侧管线，所以应多设一个保护站。确定输油站数目后，就应在管路沿线相应布置保护站。在油田和长输管线上，保护站一般都尽量放在泵站内，以便取得可靠的电源和管理方便。

3. 保护电流计算

$$2I_0 = 2\pi D J_s L \tag{7-3-4}$$

式中　I_0——单侧保护电流，A。

4. 阳极接地装置的计算

1）接地电阻的计算

辅助阳极的接地电阻，因地床结构不同而有所区别。各种结构的接地电阻的计算公式可参见有关手册。这里给出三种常用埋设方式的阳极接地电阻计算公式。

（1）单支立式阳极接地电阻的计算：

$$R_{V1} = \frac{\rho}{2\pi L} \times \ln\frac{2L}{d} \times \sqrt{\frac{4t + 3L}{4t + L}}\,(t \gg d) \tag{7-3-5}$$

（2）深埋式阳极接地电阻的计算：

$$R_{V2} = \frac{\rho}{2\pi L} \times \ln\frac{2L}{d}\,(t \gg L) \tag{7-3-6}$$

（3）单水平式阳极接地电阻的计算：

$$R_H = \frac{\rho}{2\pi L} \times \ln\frac{2L^2}{td}\,(t \ll L) \tag{7-3-7}$$

上三式中　R_{V1}——单支立式阳极接地电阻，Ω；

　R_{V2}——深埋式阳极接地电阻，Ω；

　R_H——单支水平式阳极接地电阻，Ω；

　L——阳极长度（含填料），m；

　d——阳极直径（含填料），m；

　t——埋深，m；

　ρ——土壤电阻率，Ω·m。

（4）组合阳极接地电阻的计算：

$$R_g = F\frac{R_v}{n} \tag{7-3-8}$$

式中　R_g——阳极组接地电阻，Ω；

　n——阳极支数；

　F——修正系数（查图 7-3-5）；

　R_v——单支阳极接地电阻，Ω。

2）辅助阳极寿命的计算

辅助阳极的工作寿命是指阳极工作到因

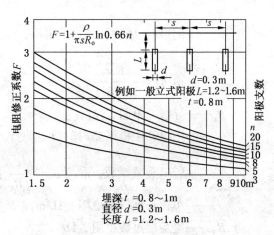

图 7-3-5　阳极组接地电阻修正系数

阳极消耗致阳极电阻上升使电源设备输出不匹配，而不能正常工作的时间。当然，这里的寿命计算不包括地床设计不合理造成的"气阻"，施工质量不可靠造成的阳极电缆断线等因素引起的阳极报废。

通常阳极的工作寿命由下式计算：

$$T = \frac{KG}{gI} \tag{7-3-9}$$

式中　T——阳极工作寿命，a；

K——阳极利用系数，常取 0.7~0.85；

G——阳极重量，kg；

g——阳极消耗率，kg/(A·a)，查表7-3-1。

I——阳极工作电流，A。

表7-3-1　常用辅助阳极的性能

阳极材料	允许电流密度/(A/m²)		消耗率/[kg/(A·a)]	
	土壤	水中	土壤	水中
废钢铁	5.4	5.4	8.0	10.0
废铸铁	5.4	5.4	6.0	6.0
高硅铸铁	32	32~43	<0.1	0.1
石墨	11	21.5	0.25	0.5
磁性氧化铁	10	400	约0.1	约0.1
镀铂钛	400	1000	6×10^{-6}	6×10^{-6}

5. 电源功率的计算

根据被保护系统所需的总电流和总电压来选择直流电源的类型和规格。系统的总电流 $I=2I_0$，系统的总电压为：

$$V = I(R_a + R_L + R_c) + V_r \tag{7-3-10}$$

式中　R_a——阳极接地电阻，V；

R_c——阴极/土壤界面的过渡电阻，Ω，对于无限长管道 $R_c = \frac{\sqrt{R_T r_T}}{2}$，对于有限长管道 $R_c = \frac{\sqrt{R_T r_T}}{2\text{th}(\alpha l)}$；

R_L——导线总电阻，Ω；

V_r——阳极和阴极断路时的反电动势，V，焦炭地床为2V；

α——管道衰减系数，m^{-1}，$\alpha = \sqrt{\frac{r_T}{R_T}}$；

r_T——单位长度管道电阻，Ω/m；

R_T——覆盖层过渡电阻，Ω/m。

强制电流阴极保护系统的电源功率可按下式计算：

$$P = \frac{IV}{\eta} \qquad\qquad (7-3-11)$$

式中　　P——电源功率，W；

　　　　η——电源效率，取 0.7。

根据经验，在一般条件下，阳极接地电阻约占回路总电阻的 70%~80%，故阳极材料的选择及其埋置场所的处理，对节省电能消耗至关重要。值得注意的是，在选择电源设备和运行期间，应考虑阴极保护系统辅助阳极的接地电阻值与电源额定负载($R_\text{额}$)相匹配。

$$R_\text{额} = V_\text{额} / I_\text{额} \qquad\qquad (7-3-12)$$

式中　　$R_\text{额}$——额定输出电压，V；

　　　　$I_\text{额}$——额定输出电流，A。

阳极地床的接地电阻必须比额定负载小，才能保证所设计的保护电流的输出。同时，也要从技术经济角度分析，使该保护系统阳极地床的设计与电源设备的选择是经济合理的。

五、阳极装置

(一) 阳极材料的选用

1. 阳极材料的选择原则

(1) 应具有良好的导电性能，阳极表面即使在高电流密度下使用时极化仍较小；

(2) 在与土壤或地下水接触时具有稳定的接触电阻；

(3) 化学稳定性好，在各种恶劣环境中腐蚀率小；

(4) 重量轻，便于运输，有较高的机械强度，加工性能好，便于安装；

(5) 成本低，来源方便。

在土壤环境中，目前使用的阳极地床材料有废旧钢材、石墨、高硅铁以及磁性氧化铁等。

2. 钢铁阳极

废钢铁是我国早期管道阴极保护辅助阳极的主体材料。其特点是：材料来源广，施工方便，价格低，没有气阻现象。因其管状体积大，增大了和土壤的接触面积，特别适用高电阻率环境中。这一点对于西部石油开发有着实际意义，因那里有时方圆几百公里就找不到 $100\Omega \cdot m$ 以下的土壤环境。钢铁阳极消耗率在 $9.1~10kg/(A \cdot a)$ 间，属可溶性阳极，需要定期更换。

3. 高硅铁阳极

表 7-3-2　高硅铁阳极的基本性能

项　目	性　能	项　目	性　能
相对密度/(g/cm³)	7	硬度/HB	300~600
电阻率/mΩ·cm	72	消耗率/[kg/(A·a)]	0.1~1
抗弯强度/(kg/cm²)	14~17	容许电流密度/(A/m²)	5~80
抗压强度/(kg/cm²)	70		

高硅铸铁是在铁中加入了大量的硅，提高了其耐蚀性能。含 Si 量不小于 14.5%，又不大于 18% 时，能保持较低的腐蚀率。增加 Si 含量对耐蚀性改善不大，反倒导致机械性能变坏，强度下降，硬度升高，工艺性能差。高硅铁是一种常用的阳极地床材料，外形与铸铁相

似，非常脆和硬。不能用普通的方法加工，因而在运输和安装过程中需特别注意。高硅铁阳极在氧化条件下，表面形成一层很薄的 SiO_2 钝态保护膜，它能保护阳极基体不受侵蚀，又由于膜是多孔的，因而能够进行电极反应。高硅铁阳极的基本性能见表7-3-2。高硅铁阳极在电解液中的电阻与相同尺寸的石墨阳极在同样电解液中的电阻实际上是一样的。如果它们都用在炭质填料中，则其特性几乎完全一样。实践证明高硅铁阳极较适用于高土壤电阻率的场合，但在经济上，高硅铁目前较石墨贵，所以高硅铁主要用在不能或不便于用填料的地方，如沼泽或流砂层地区。在土壤很软的地方，可以把高硅铁阳极压入土内，但注意不要使其受到过大震动或撞击而断裂。在含有大量 Cl⁻ 的环境中，推荐使用含铬的高硅铁阳极。

高硅铁阳极的型号、规格见表7-3-3。

表 7-3-3　常用高硅铸铁阳极尺寸

棒体直径/mm	棒体长度	接头密封/mm		表面积/m²	质量/kg	备 注
		直径	长度			
25	1200	50	90	0.11	8	
38	1200	63	90	0.16	10	
50	900	75	90	0.16	13.5	YJA 为单端接头
50	1500	75	90	0.25	20.5	YJB 为双端接头
65	1500	0	100	0.33	34	
75	1500	100	100	0.38	45.5	
115	1500	140	125	0.55	100	

4. 石墨阳极

石墨作为外加电流阴极保护系统的阳极，从1927年开始应用已有较长的历史。石墨是炭的一种，有天然生成物，也有人造石墨。它是电的良导体，在化学上很稳定，在机械性能上软而多孔，易于加工，价格也较便宜。为了提高石墨阳极的耐蚀性能，阳极棒体要进行浸渍工艺，即用石蜡或亚麻子油浸渍。浸渍可以降低气孔，抑制可能引起阳极胀裂或过早失效的表面气体的析出或碳的氧化。经过浸渍的石墨，加上焦炭回填物的应用，从而使阳极寿命延长约50%。故石墨是理想的阳极地床材料。石墨是耐蚀材料，与可溶性钢铁阳极比较属难溶性阳极。因一次施工后不需更换，所以也称"永久性阳极"。

正常的石墨阳极腐蚀过程是：

地下水电离：$$H_2O \Longrightarrow H^+ + OH^-$$

在阳极通电时，OH⁻ 在电场作用下，吸附到阳极表面放电，生成氧气和水：

$$4OH^- \Longrightarrow O_2 + 2H_2O + 4e$$

在阳极表面产生的氧气有一部分逸散出去，而有一部分直接与阳极本身的碳原子起氧化反应，生成二氧化碳或一氧化碳：

$$C + O_2 \longrightarrow CO_2 \uparrow$$
$$2C + O_2 \longrightarrow 2CO \uparrow$$

由于 CO_2 和 CO 气体的逸散，使得阳极表面变成疏松状态，这就是石墨阳极的腐蚀过程。石墨阳极不能在有氧侵入、呈酸性和含硫酸盐离子较高的地方长期使用。石墨阳极对被保护的钢大约有2V的反电压。这在计算直流电源所需电压时应考虑在内。

常用石墨阳极的基本性能和规格型号分别见表7-3-4和表7-3-5。

表 7-3-4　石墨阳极的主要性能

密度/(g/cm³)	电阻率/(Ω·mm²/m)	气孔率/%	消耗率/[kg/(A·a)]	允许电流密度/(A/m²)
1.7~2.2	9.5~11.0	25~30	<0.6	5~10

表 7-3-5　常用石墨阳极规格

序　　号	阳极规格		阳极引出导线规格		参考质量/kg
	直径/mm	长度/mm	截面/mm²	长度/mm	
1	75	1000	16	>1000	10
2	100	1450	16	>1000	23
3	150	1450	16	>1000	51

5. 磁性氧化铁阳极(Fe_3O_4阳极)

磁性氧化铁阳极是用磁性氧化铁粉末铸造成中空有底的圆筒形，长约800mm，外径60mm，厚度约为5~10mm。主要成分：Fe_3O_4，92%~93%（FeO约占30%，Fe_2O_3约占62%~63%）；SiO_2，4%~6%；而CaO、MgO、Al_2O_3分别是0.1%~1%。

磁性氧化铁阳极的电阻率在0.1~0.4Ω·cm间，是石墨电阻率的100倍，壁厚比石墨薄，所以，要在圆筒内镀铜来提高导电性。由于铸件中含有气孔，当水浸入时，电缆接头易断裂，所以必须进行水压试验，排除次品。此外，磁性氧化铁阳极有硬和脆的缺点。通过的电流密度约20~50A/m²时，消耗率为0.02~0.15kg/(A·a)。因此是一种极耐腐蚀的阳极材料。磁性氧化铁阳极的机械特性与高硅铁阳极差不多，受环境温度影响小。由于它允许电流密度大，消耗率低，价格低廉，被认为是今后外加电流阴极保护中最有前途的阳极材料。但其制造工艺较为困难，使得目前世界只有为数不多的几个国家可以生产。日本、瑞典等国应用较多。

6. 柔性阳极

柔性阳极是由导电聚合物包覆在铜芯上构成，其性能应符合表7-3-6的规定。

表 7-3-6　柔性阳级主要性能

最大输出电流/(mA/m)		最低施工温度/℃	最小弯曲半径/mm
无填充料	有填充料		
52	82	-18	150

柔性阳极铜芯截面积为16mm²，阳极外径为13mm。

(二) 辅助阳极设计

1. 辅助阳极位置的选择

辅助阳极位置的选择应符合下列要求：

（1）地下水位较高或潮湿低洼处。

（2）土壤电阻率50Ω·m以下的地点。

（3）土层厚，无石块，便于施工处。

（4）对邻近的地下金属构筑物干扰小，阳极位置与被保护管道之间不宜有其他金属构筑物。

（5）阳极位置与管道的垂直距离不宜小于50m。当采用柔性阳极时，对于裸管道阳极的最佳位置是距管道10倍管径处；对有良好覆盖层的管道可同沟敷设，最近距离为0.3m。

2. 阳极种类的选择

阳极种类的选择应遵守下列原则：

（1）在一般土壤中可采用高硅铸铁阳极、石墨阳极、钢铁阳极。

（2）在盐渍土、海滨土或酸性和含硫酸根离子较高的环境中，宜采用含铬高硅铸铁阳极。

（3）在高电阻率的地方宜使用钢铁阳极。

（4）覆盖层质量较差的管道及位于复杂管网或多地下金属构筑物区域内的管道可采用柔性阳极，但不宜在含油污水和盐水中使用。

3. 阳极埋设方式

阳极埋设方式应符合下列要求：

（1）阳极可采用浅埋和深埋两种方式。浅埋阳极应置于冻土层以下，埋深一般不宜小于1m；深埋阳极埋深宜为15～300m。

（2）阳极通常采用立式埋设；在沙质土、地下水位高、沼泽地可采用水平式浅埋；在复杂环境或地表土壤电阻率高的情况下可采用深埋阳极。

4. 阳极地床填料的应用

石墨阳极无论采用浅埋或深埋都必须添加回填料。高硅铁阳极一般需要添加回填料，但在特殊地区可以不使用回填料，如沼泽、流砂层地区等；柔性阳极宜加填充料；钢铁阳极可不加填充料。

填充料的含碳量宜大于85%，最大粒径宜小于15mm，填充料厚度一般为100mm。当采用柔性阳极时，填充料的最大粒径宜小于3.2mm，填充料厚度为45mm。预包覆焦炭粉的柔性阳极可直接埋设，不必采用填充料。

阳极地床填料的功能：

（1）增大阳极地床与土壤的接触，从而降低地床接地电阻。

（2）将阳极电极反应转移到填料与土壤之间进行，延长阳极的使用寿命。

（3）由于减少阳极与土壤的电化学反应和将电化学反应转移到填料上，使有填料的阳极比没有填料的阳极输出更大的电流。

（4）填料可以消除气体堵塞。这在比较稠密，透气性差的土壤中，尤其显得重要。阳极逸出气体是因阳极电化学反应引起的。如果土壤疏松，气体便会从阳极逸出到达地表。土壤黏稠，则使气体集聚在阳极表面，使阳极电阻增大，造成整个地床电流输出减少，这就是所谓的"气阻"现象。若阳极四周有填料，则可消除"气阻"，使阳极工作正常。

通常使用的填料有：煤焦油焦炭、煅烧的石油焦和天然及人造的石墨渣。炭屑和冶金焦炭渣也是常选填料之一。也可采用石墨加上石灰充填，以保持阳极周围呈碱性。为确保阳极与回填料良好的电接触，填料必须在阳极周围夯实，否则会使一部分电流从阳极直接流向土壤而缩短阳极的使用寿命。

5. 阳极地床埋设要求

阳极地床埋设还应满足下列要求：

（1）辅助阳极地电场的电位梯度不应大于5V/m，设有护栏装置时不受此限制。

（2）阳极填充料顶部应放置粒径为5～10mm左右的砾石或粗砂，砾石层宜加厚至地面以下500mm或在砾石上部加装排气管至地面以上。

（3）阳极的引出导线和并联母线应为铜芯电缆，并应适合于地下（或水中）敷设。

（4）阳极的并联母线与直流电源输出阳极导线连接可通过接线箱连接，若阳极导线为铝线，则应采用铜铝过渡接头连接。

（5）对于较干燥地区可向地床注水，降低接地电阻。

6. 阳极地床结构

1）浅埋式阳极地床

将电极埋入距地表约 1~5m 的土层中，这是管道阴极保护一般选用的阳极埋设形式。浅埋式阳极又可分为立式、水平式两种，但对于钢铁阳极尚有采用立式与水平式联合组成的结构，称联合式阳极。

（1）立式地床（垂直式）

由一根或多根垂直埋入地中的电极（钢管、石墨棒、高硅铁棒等）排列构成。电极间用电缆联结。

立式地床较之水平式有下列优点：

① 全年接地电阻变化不大；

② 当尺寸相同时，立式地床的接地电阻较水平式小。

立式地床结构如图 7-3-6 所示。

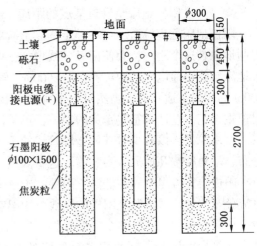

图 7-3-6　立式阳极地床

（2）水平式地床

将一段钢管或电极（石墨、高硅铁等）以水平状态埋入一定深度的地层中。水平地床结构如图 7-3-7 所示。

（3）联合式地床

指采用钢铁材料制成的地床，它由上端连接着水平干线的一排立式接地极所组成，如图 7-3-8 所示。

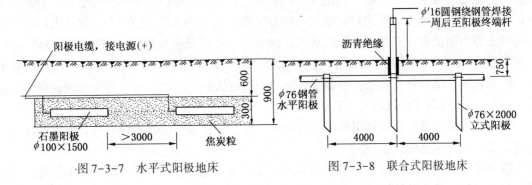

图 7-3-7　水平式阳极地床　　　　图 7-3-8　联合式阳极地床

2）深埋式阳极地床

当阳极地床周围存在干扰、屏蔽，地床位置受到限制，或者在地下管网密集区进行区域性阴极保护时，使用深埋式阳极地床，可获得浅埋式阳极地床所不能得到的保护效果。深埋式地床根据埋设深度不同可分次深（20、40m）、中深（60、100m）和深（超过100m）三种。在工程实践中，国外还有一种钛基金属氧化物线性阳极。在深井中使用，有施工方便、寿命长等特点；在罐底布置成网格状的线形金属氧化物阳极，有电流分布均匀的特点。

3）阳极地床与管道的距离

阳极地床离管道太近，将对管道产生正偏移电位，从理论上讲，阳极地床对管道的正偏移电位可用下式计算：

$$V_Y = \frac{I_0\rho}{2\pi Y}$$

$(7-3-13)$

式中　V_Y——至阳极的距离为 Y 处，阳极电场所引起的沿管道土壤正偏移电位，V；

　　　I_0——阳极输出电流，A；

　　　ρ——土壤电阻率，$\Omega\cdot m$；

　　　Y——阳极地床至管道某点的距离，m。

阳极地床远离管道，可在一定程度上减弱阳极电场的有害影响，延长保护距离。但是无限制地拉长这个距离，会使阳极导线增加，电阻增大，投资升高。一般认为对于长输管道阳极地床与管道通电点的距离在 300~500m，管道较短或油气田管道较密集的地区，采用50~300m 的距离是适宜的。当然对处于特殊地形或环境的管道，阳极地床的距离应根据现场情况慎重选定。在地下管线密集的地方，可采用深埋阳极的方法，即把阳极埋在地下几十米到一二百米深处，以减少对其他金属管线的干扰。阳极地床相对管道布置的形式有垂直、平行分布、呈角度按几何形状安装等。这要因地制宜，不可强求一致。

阳极位置应尽量放在低洼、潮湿、土壤电阻率小和对管线来说比较适中的地方，以利于电流分布均匀。从电源至阳极的导线可用架空明线或电缆。选择导线截面时，主要是考虑导线的压降不要过大。在整个阴极保护回路的总压降中，阳极装置的压降一般占 60%~70%，其次就是导线压降。这两项占总压降的 90% 以上，真正在管路本身产生的压降一般不到10%。因此，正确设计阳极装置及其导线是很重要的。

六、阴极保护站直流电源设备的选择

凡是能产生直流电的电源都可以作阴极保护的电源。阴极保护电源所需要的功率较小，但要求供电稳定可靠，直流电一般是由交流电通过整流器获得的，要求整流器应带有输出电压调节装置，以便调节管路的对地电位。对有交流市电并能满足长期可靠稳定供电的地方及长输管道各中间站有可靠交流电源的地方，优先考虑使用交流电通过整流来提供极化电源。对于单独建站，无市电地区可选用其他第二电源。不管采用什么型式的电源，其基本要求是：可靠性高；维护保养简便；寿命长；对环境适应性强；输出电流、电压可调；应具有过载、防雷、抗干扰、故障保护。

一般交流供电情况下应选用整流器或恒电位仪。在管地电位或回路电阻有经常性较大变化时，必须使用恒电位仪。

将交流电变为直流电的装置称为整流器，与其他直流电源比较，整流器具有无转动元件、易于安装、操作维护简单等优点。此外整流器还具有如体积小、重量轻、效率高、工作稳定、适应性强的特点。当和自动控制线路配合，可以长期稳定地给管道系统送电，实现遥测、遥控。因此，整流器是目前阴极保护电源的主要形式。

整流器分简单手控整流器和自动控制整流器(恒电位)两大类型。国外阴极保护站大多无人管理，整流器置于野外(杆上或地上)，工作条件较恶劣，这对整流器性能要求较高。国内管道阴极保护所用的整流器，由初期简单的硒、硅整流器，已经发展到自动控制整流器，即我们常说的恒电位仪。

对于无交流电地区，可选用下列电源：

（1）当太阳能资源丰富，负载功率小于250W时，可选用太阳能电池；

（2）当风力资源丰富，负载功率在200W~55kW时，可选用风力发电机；

（3）对于输气管道，负载功率在10~500W时，可选用热电发生器（TEG）；

（4）对于输气管道，负载功率在100W~4kW时，可选用密闭循环发电机组（CCVT）；

（5）有时大容量蓄电池也是经济合理的电源方案。

七、测试桩、检查片、绝缘法兰及其他

1. 通电点（汇流点）

用电缆将恒电位仪"输出阴极（−）端"接至管道上，并通过置于混凝土井内的硫酸铜参比电极和参比电缆（由恒电位仪"参比电极"端子引出）来测定该点管道保护电位的装置，称为通电点装置。它是向被保护管道施加阴极极化电流的接入点（又称汇流点），是外加电流阴极保护必不可少的设施之一。每座阴极保护站只有一个通电点，与保护站的位置一般保持在10m左右。

2. 测试桩（检查头）

测试桩是为了检查测定管道的保护情况而在管道沿线每隔一定距离焊接测试导线（或圆钢）引出地面，固定在水泥测试桩上或置于保护钢管内的永久性设施（见图7-3-9）。测试桩沿管道通电点两侧分布，设置在管道沿线不妨碍交通的常年旱地内或水田的田坎边，露出地面0.5m左右，以便检测。也可以直接在管线上垂直焊一段细钢管露出地表面，作为测试桩。

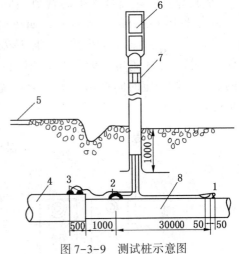

图7-3-9　测试桩示意图

1—管线电流测试头；2—电位测试头；
3—套管测试头；4—套管；5—公路；6—标牌；
7—接线端子；8—管道（1、2、3每端两处铝热连接）

测试桩设置原则为：

（1）电位测试桩，一般每隔1km处设一支，需要时可以加密或减少；

（2）电流测试桩，每隔5~8km处设一支；

（3）套管测试桩，套管穿越处一端或两端设置；

（4）绝缘接头测试桩，每一绝缘接头处设一支各引出导线至测试桩，通常将导线分开接在同一个桩上；

（5）跨接测试桩，与其他管道、电缆等构筑物相交处自每条管道各引一限导线至测试桩，共用一个桩；

（6）站内测试桩，视需要而设；

（7）牺牲阳极测试桩，一般设在两组阳极的中间部位；

（8）穿越大型河流、铁路、管道起、末端及阴极保护范围末端各设一只。

在测试桩上可以测取管道的保护电位、管道保护电流的大小和流向、电绝缘性能及干扰方面的参数。

测试桩的功能主要区别在接线上。最简单的是电位测试桩，只需引接两根导线；测管道电流要接四根导线；测两者间的干扰或绝缘要在相邻构筑物上各引出两根导线。一般来说，测试桩的功能可以结合在一起使用，有时测试桩还可和里程桩相结合。

3. 埋地型参比电极

参比电极基本要求是极化小、稳定性好、寿命长。土壤中参比电极稳定性要求是：锌参比电极不大于±30mV；硫酸铜电极不大于±10mV，工作电流密度不大于$5\mu A/cm^2$。

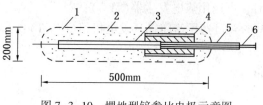

图 7-3-10　埋地型锌参比电极示意图

1—棉布袋；2—填包料；3—锌电极；

4—接头密封护骨；5—电缆护管；6—电缆

埋地型锌参比电极示意图如图 7-3-10 所示，电极材料为纯度不小于 99.995%、铁杂质含量小于 0.0014% 的高纯锌。电极填包料应符合国家现行标准《埋地钢质管道阴极保护技术规范》（GB/T 21448—2008）的规定；参比电极埋设位置应尽量靠近管道，以减轻土壤介质中的 IR 降影响；对于热油管道要注意热力场对电极性能的不良影响。

4. 检查片

检查片是为了定量了解阴极保护的效果，选择典型地段埋设的钢质试片（见图 7-3-11）。检查片材质应与被保护的管道相同，用于定量分析阴极保护的效果及土壤的腐蚀性。也有用于其他目的的检查片，如在牺牲阳极保护段，用于代表管道，测量自然电位用。检查片在埋设前先分组编号，除锈及称重。每组试片一半与被保护管道相连接，通电保护，另一半不通电，做自由腐蚀试验。按 2~3km 的距离，把检查片成对地安装在管道的一侧，经一定时间挖出来，称量其腐蚀失重，即可比较出阴极保护的效果而计算出保护度：

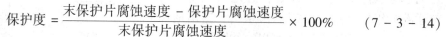

$$保护度 = \frac{末保护片腐蚀速度 - 保护片腐蚀速度}{末保护片腐蚀速度} \times 100\% \qquad (7-3-14)$$

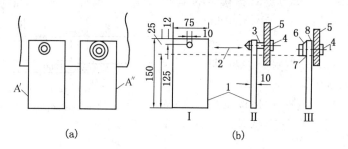

图 7-3-11　检查片

Ⅰ—正面图；Ⅱ—被保护的检查片安装图；Ⅲ—未被保护的检查片安装图；

1—检查片；2—涂漆（或沥青）的区域；3—垫圈；4—螺栓；5—被保护金属；

6，8—绝缘垫圈；7—圆柱形绝缘垫圈

经验证明，检查片的面积很小，用它模拟管道有很大的局限性和误差。由检查片求出的保护度往往偏低，只能提供参考，因此当已确认阴极保护效果时，可不装设检查片。检查片的推荐尺寸为 100mm×50mm×5mm，采用锯、气割方法制取。为不改变检查片的冶金状态，气割边缘应去掉 20~30mm。检查片应有安装孔和编号，编号可用钢字模打印。检查片相当于涂层漏敷点，不宜装设太多，以免消耗过多的保护电流。一般检查片应埋设在有代表意义的腐蚀性地段（环境中），如污染区、高盐碱地带、杂散电流严重地区以及管道阴极保护范围末端。检查片最好安装在预计保护度可能最低的地方。设置检查片的地方应有地面标志，以便于挖掘。

5. 绝缘接头

为了防止保护电流流失和对未保护的金属管路和设备的干扰，在泵站和油库的进出口安装绝缘接头，不使干线阴极保护电流入内。绝缘接头还可用于有地下杂散电流的地段以及不同管线(不同材质、新旧管线等)的连接处，作为一种防腐措施。

绝缘接头的安装位置：

(1) 在被保护管道起端和终端的泵站、调压计量站、集气站及清管器收发站的进出口处。

(2) 在被保护管道中间的泵站、压缩机站、调压计量站、清管器收发站等的进出口处。但为保证站场两端管道导电的连续性，应在两绝缘法兰外侧，用电缆跨条将被保护管道连接起来。

(3) 在消耗电流很大的被保护管道中间的穿、跨越管段两端。

(4) 被保护管道与其他不应受阴极保护的主、支管道连接处。

(5) 杂散电流干扰区。

(6) 异种金属、新旧管道连接处，裸管和涂缚管道的连接处。

(7) 采用电气接地的位置处。

(8) 套管穿越段，大型穿、跨越段的两端。

管道的绝缘接头有法兰型、整体型(埋地)、活接头等各种型式。

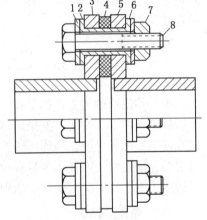

绝缘法兰和普通法兰不同之处在于：两片法兰盘中间用绝缘垫片，以及每个螺栓都加有绝缘垫片和绝缘套管进行绝缘，如图7-3-12所示。绝缘法兰垫片可用丁腈耐油橡胶(当管线输送温度、压力不高时)制造，也可用酚醛或环氧酚醛层压布板(当温度、压力较高，如0.4MPa、50℃时)制造。螺栓垫片一般采用酚醛层压板，绝缘套管则采用酚醛层压布筒、纸筒或硬聚氯乙烯塑料管。为了保证绝缘和严密，绝缘法兰应在加工厂组装好，经检验合格后整体运到工地焊到管线上。

图7-3-12　绝缘法兰
1—垫片；2，4—绝缘垫片；3，5—法兰；
7—绝缘套管；7—螺帽；8—螺栓

1) 绝缘法兰

绝缘法兰应安装在室内或干燥的阀井内，以便于维修。考虑维修时不影响管线的连续生产，应尽可能不装在干线上。也不要装在管道补偿器附近，以免管道因温度变化伸缩移动时破坏绝缘法兰的密封性。当绝缘法兰装在有防爆要求的室内时，应当用玻璃丝布包扎并涂漆，以防止产生火花。不论装在什么地方，在绝缘法兰前后的埋土管段均应将防腐等级提高一级。

2) 绝缘接头

整体埋地型绝缘接头具有整体结构、直接埋地和高的绝缘性能，克服了绝缘法兰密封性能不好、装配影响绝缘质量、不能埋地、外缘盘易集尘等不良影响，是管道理想的绝缘连接装置。图7-3-13是整体型绝缘接头的结构图。

3) 绝缘支墩(垫)

当管道采用套管形式穿墙或穿越公路、铁路时，管道与套管必须电绝缘。通常采用绝缘支墩或绝缘垫。

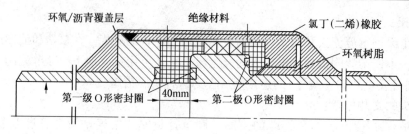

图 7-3-13　整体型绝缘接头结构示意图（高压型）

管道及支撑架、管桥、穿管隧道、桩、混凝土中的钢筋等必须电绝缘。若管段两端已装有绝缘接头，使架空管段与埋地管道相绝缘，则此时管道可以直接架设在支撑架上而无需电绝缘。

4）其他电绝缘

当管道穿越河流，采用加重块、固定锚、混凝土、加重覆盖层时，管道必须与混凝土钢筋电绝缘，安装时不得损坏管道原有防腐层。

管道与所有相遇的金属构筑物（如电缆、管道）必须保持电绝缘。

5）管道纵向电的连续性

对于非焊接的管道连接头，应焊接跨接导线来保证管道纵向电的连续性，确保电流的流动。对于预应力混凝土管道，施加阴极保护时，每节管道的纵向钢筋必须首尾跨接，以保证阴极保护电流的纵向导通。有时还可平行敷设一条电缆，每节预应力管道与之相连来实现电的连续性。

6. 均压线

为避免干扰腐蚀，用电缆将同沟埋设及近距离平行、交叉的管道连接起来，以平衡保护电位，此电缆称均压线。安装的原则是使二管道间的电位差不超过 50mV。

由于均压线的施工往往是在已运行的油、气管道上进行，为保证在不停输（油、气）的带压施工条件下，快速、安全地将管道用均压电缆连接起来，可采用导电胶黏结技术。经过实践证明，用导电胶黏结均压线，完全符合使用要求。根据野外施工特点，导电胶不但要有一定的黏结强度，而且还要具有优良的导电性。更主要的是在当时、当地的气候条件下和在接触压力下，短时间内硬化，达到良好的黏结和导电的目的。

八、系统调试

强制电流阴极保护系统，在投入运行之前应进行一次系统测试。测试方法应按国家现行标准《埋地钢质管道阴极保护参数测试方法》的规定进行。

（1）系统参数测试包括以下项目：

① 沿线土壤电阻率；

② 管道自然电位；

③ 辅助阳极区的土壤电阻率；

④ 辅助阳极接地电阻；

⑤ 覆盖层电阻（可结合阴极保护调试）。

（2）应对管道电绝缘装置（套管绝缘支撑、绝缘接头、支架等）的绝缘性能进行检测。

（3）阴极保护系统调试应包括以下项目：

① 仪器输出电流、电压；

② 管道电流；

③ 保护电位。

第四节　牺牲阳极阴极保护

一、牺牲阳极的功用

牺牲阳极适用于短管线和油气田内部集输管网的阴极保护。具有不需外部电源，安装简便，价格低廉，对邻近的地下金属构筑物不造成干扰等优点。

除用于短管线的阴极保护外，牺牲阳极还有下列特殊用途。

1. 作接地极用

牺牲阳极的工作可以起到接地、防蚀两个功能，在实践中可以用牺牲阳极来代替接地极。这样既不影响构筑物的本身阴极保护，也不会因为接地而引起构筑物的电偶腐蚀。

2. 作参比电极用

对于一些无法接近的构筑物的某些部位(如储罐底板外壁中心)的监测及恒电位仪的基准讯号、无人遥测装置，都要求有一个能长期埋地的稳定电位的参比电极。由于带有填包料的锌和镁牺牲阳极，它们极化小、电位稳定、寿命长，正好满足了要求。

3. 防干扰的接地电池

在交流干扰影响范围内及雷电多发区，为了防止强电冲击引起的破坏，需要在绝缘接头两侧或电力接地体与管道之间装设由牺牲阳极构成的接地电池。它由两支或四支牺牲阳极(多用锌阳极)用塑料垫块隔开并成双地绑在一起，共同装在填满导电性填包料的袋子里，如同牺牲阳极各引出一根导线接至相邻的两侧。一旦有强电冲击，强大的电涌将通过填料的低电阻，传到另一侧而不损坏被保护构筑物。典型的接地电池如图7-4-1所示。

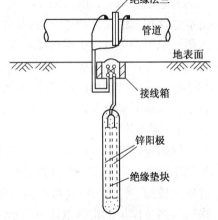

图7-4-1　绝缘法兰处接地电池保护

4. 防交流干扰

当强电线路与输油、气管道平行接近时，管道上必然感应产生危及管道和人身安全的次生电压。为消除或减轻这一干扰危险，通常可采用接地排流。当采用牺牲阳极接地排流时，可起到排流和保护双重功能。例如一条与宝成电气铁路平行的成品油管道(ϕ519mm×6mm，长3.7km)，两者平行间距40~120m，最高感应电压达53V。当采用牺牲阳极接地后，降至27V(因阳极支数少，当地电阻率又大，使得接地电阻偏大，加上阳极组间隔大，因而排流效果不太理想)。国外有一实例：在8km与高压线平行的管道，感应电压高达36.5V；按250m间隔埋设镁阳极排流，排流后感应电压降至4.5V，管道本身还处于阴极保护之中。

对于操作人员可能触及到的管道附件(如阀门等)，可在地面下安装镁带环或锌带环，用等电位原理来确保人身安全。图7-4-2所示为接地环的示意图。

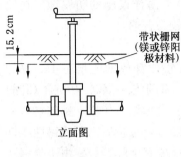

立面图

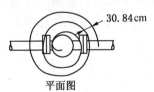

平面图

图7-4-2　地电位均压环示意图

二、对牺牲阳极材料性能的要求

牺牲阳极保护是利用电极电位较负的金属于钢管间的电位差产生的电流来达到保护的目的。因此，对阳极材料的要求是：

(1) 阳极有足够负的电位，在使用中很少发生极化；

(2) 单位耗量发生的电流要大，即消耗 1kg 阳极时能发出较多的电能；

(3) 自腐蚀小，腐蚀产物松软易脱，不形成高电阻硬壳，电流效率高；

(4) 有较好的机械强度，价格便宜，来源方便。

三、常用牺牲阳极及性能比较

1. 常用牺牲阳极

常用牺牲阳极有镁、铝、锌三种合金。

1) 镁合金阳极

镁系材料的有效负电压在实用金属中是最大的，单位面积发生的电流较锌阳极大，溶解比较均匀，阳极极化率小，用作牺牲阳极时安装支数较少，适于电阻率大的介质中。但镁阳极的自腐蚀作用大，电流效率只有 50% 左右，消耗快。由于与钢铁的有效电位差大，容易造成过保护，使被保护体涂层剥离或氢破裂。而且开始产生电流过大，不但不经济，还因接入限流电阻避免过保护而造成电能的消耗。镁合金阳极比其他材料价格高。此外，镁阳极容易诱发火花，在油舱等含爆炸性气体系统中是禁用的。鉴于以上原因，近年来在海水等电阻率小的介质中镁阳极已渐淘汰。目前主要用在电阻率高的土壤、淡水中钢铁构筑物及需要高负电位的地下铝合金管道的阴极保护。

2) 锌合金阳极

锌阳极的理论发生电量小、密度大。因此对同样的被保护体所需安装的阳极数量，质量比镁阳极大。但是锌阳极自腐蚀小，电流效率高，使用寿命长，适用于长期使用，所以安装总费用较低。锌阳极电位接近钢铁的保护电位，不会产生过防护，并且具有自然调节电流的作用。当被保护的钢铁电位从 $-0.8V$ 变到 $-0.7V$ 时，有效电位差从约 0.2V 变到 0.3V，发生电流增加近 50%，反之在阳极电位向负值增加时，发生电流降低也大。此外锌阳极不发生氢去极化，碰撞到钢构件时，没有诱发火花的危险，所以在油罐内部也能使用。对海水的污染较小，目前广泛用于海船的外壳及内舱(尤其是燃料油舱)等海洋设施的防腐蚀。在低土壤电阻率环境保护钢铁构筑物有良好的技术经济性，故使用较为普遍。

3) 铝合金阳极

铝阳极单位质量输出电量大，与锌、镁相比，每溶解 1kg 铝所释放的电量是 1kg 锌的 3.6 倍，是 1kg 镁的 1.3 倍，所以它是最经济的牺牲阳极材料。铝阳极在海水中和含 Cl^- 的其他环境中性能良好，用以保护钢铁结构时与锌阳极一样电流有自动调节作用。铝的材料来源充足，阳极制造工艺简便，熔炼及安装时劳动条件较好，在经过合金化后，可获得性能良好的产品。但是铝阳极的电流效率比锌阳极低，在污染海水中性能有下降趋势。由于与钢铁结构碰撞有诱发火花的可能性，在油舱中使用时，各国大都加以一定限制。此外，在高电介质例如土壤中铝合金阳极效率很低，性能不稳定，故使用较少。

2. 基本性能比较

1) 基本性能比较表

常用牺牲阳极基本性能比较见表 7-4-1。

表 7-4-1 常用牺牲阳极基本性能比较表

特 性　种 类	镁合金阳极	锌合金阳极	铝合金阳极
密度/（g/cm³）	1.74	7.13	0.77
理论电化学当量/[g/（A·h）]	0.453	1.225	0.347
理论发生电量/（A·h/g）	2.21	0.82	2.88
阳极开路电位/V	1.55~1.60	1.05~1.1	0.95~1.10
电流效率/%	40~55	65~90	40~85
对钢铁的有效电压/V	0.65~0.75	0.2	0.15~0.25

2）优缺点比较

常用牺牲阳极优缺点比较见表 7-4-2。

表 7-4-2 常用牺牲阳极优缺点比较表

	镁合金阳极	锌合金阳极	铝合金阳极
优点	有效电压高 发生电量大 阳极极化率小，溶解比较均匀 能用于电阻率较高的土壤和水中	性能稳定，自腐蚀小，寿命长 电流效率高，能自动调节输出电流 碰撞时没有诱发火花的危险 不用担心过保护	发生电量最大，单位输出成本低 有自动调节输出电流的作用 在海洋环境中使用性能优良 材料容易获得，制造工艺简便，冶炼及安装劳动条件好
缺点	电流效率低，自动调节电流能力小 自腐蚀大 材料来源和冶炼均不易 若使用不当，会产生过保护 不能用于易燃、易爆场所	有效电压低 单位面积发生电量少 不适宜高温淡水或土壤电阻率过高的环境	在污染海水中和高土壤电阻率环境中性能下降 电流效率比锌阳极低，溶解性差 目前土壤中使用的铝阳极性能尚不稳定

3. 阳极种类的选择

牺牲阳极种类的选择主要根据土壤电阻率、土壤含盐类型及被保护管道覆盖层状态来进行。表 7-4-3 列出了不同电阻率的水和土壤中阳极种类的选择。一般来说，镁阳极适用于各种土壤环境；锌阳极适用于电阻率低的潮湿环境，因为国内锌的价格只有镁的1/5，因此在有些高电阻率的土壤中采用多只阳极并联使用的方法可以以锌代镁；而铝阳极还没有统一的认识，国内已有不少实践推荐用于低电阻率、潮湿和氯化物的环境中。

对于预定的阳极埋设点，在确定了阳极种类以后，还需合理选用具体的型号、规格。对于不同电阻率的土壤采用不同单重和长度的牺牲阳极，这可避免有色金属等材料的浪费，达到牺牲阳极使用寿命沿管道均一化的目的。因此，长输管道最经济合理的牺牲阳极保护方案是采用不同型号、规格的锌、镁阳极联合保护。

四、牺牲阳极保护的工艺计算

1. 牺牲阳极接地电阻的计算

单支立式圆柱形牺牲阳极无填料时，接地电阻按式(7-4-1)计算；有填料时，则按式(7-4-2)计算：

$$R_{\mathrm{V}} = \frac{\rho}{2\pi L}\left[\ln\frac{2L}{d} + \frac{1}{2}\ln\frac{4t+L}{4t-L}\right] \qquad (7-4-1)$$

$$R_{\mathrm{V}} = \frac{\rho}{2\pi L}\left[\ln\frac{2L_{\mathrm{a}}}{D} + \frac{1}{2}\ln\frac{4t+L_{\mathrm{a}}}{4t-L} + \frac{\rho_{\mathrm{a}}}{\rho}\ln\frac{D}{d}\right] \qquad (7-4-2)$$

单支水平式圆柱形牺牲阳极有填料时，接地电阻按式(7-4-3)计算：

$$R_{\mathrm{H}} = \frac{\rho}{2\pi L_{\mathrm{a}}}\left[\ln\frac{2L_{\mathrm{a}}}{D} + \ln\frac{L_{\mathrm{a}}}{2t} + \frac{\rho_{\mathrm{a}}}{\rho}\ln\frac{D}{d}\right] \tag{7-4-3}$$

上述三式的适用条件为：$L_{\mathrm{a}}\gg d$；$t\gg L/4$。

上三式中　R_{V}——立式阳极接地电阻，Ω；

　　　　　R_{H}——水平式阳极接地电阻，Ω；

　　　　　ρ——土壤电阻率，$\Omega\cdot\mathrm{m}$；

　　　　　ρ_{a}——填包料电阻率，$\Omega\cdot\mathrm{m}$；

　　　　　L——阳极长度，m；

　　　　　L_{a}——阳极填料层长度，m；

　　　　　d——阳极等效直径，m；

　　　　　D——填料层直径，m；

　　　　　t——阳极中心至地面的距离，m。

多支阳极并联总接地电阻按式(7-4-4)计算：

表7-4-3　牺牲阳极种类的选择

水　中		土　壤　中	
阳极种类	电阻率/$\Omega\cdot\mathrm{cm}$	阳极种类	电阻率/$\Omega\cdot\mathrm{m}$
铝	<150	带状镁阳极	>100
		镁(-1.7V)	60~100
锌	<500	镁(-1,5V 或-1.7V)	40~60
		镁(-1.5V)	<40
镁	>500	镁(-1.5V)，锌	<15
		锌或 AL-Zn-In-Si	<5(含 Cl⁻)

$$R_{总} = \frac{R_{\mathrm{V}}}{N} \times \eta \tag{7-4-4}$$

式中　$R_{总}$——阳极组总接地电阻，Ω；

　　　R_{V}——单支阳极接地电阻，Ω；

　　　N——并联阳极支数；

　　　η——修正系数，查图7-4-3。$\eta>1$，这是因为阳极之间屏蔽作用的结果。

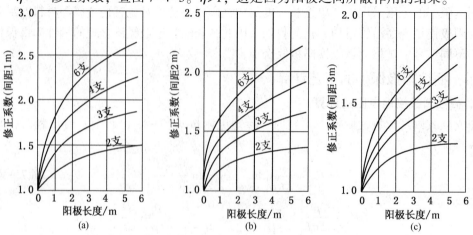

图7-4-3　阳极接地电阻修正系数

2. 阳极输出电流的计算

阳极输出电流是由阴、阳极极化电位差除以回路电阻来计算，见式(7-4-5)。

$$I_a = \frac{(E_c - e_c) - (E_a + E_a)}{R_a + R_c + R_w} \approx \frac{\Delta E}{R_a} \tag{7-4-5}$$

式中　I_a——阳极输出电流，A；

E_a——阳极开路电位，V；

E_c——阴极开路电位，V；

e_a——阳极极化电位，V；

e_c——阴极极化电位，V；

R_a——阳极接地电阻，Ω；

R_c——阴极接地电阻，Ω；

R_w——回路导线电阻，Ω；

ΔE——阳极有效电位差，V。

当忽略 R_c、R_w 时，就成了右边的简式。

3. 阳极支数的计算。

根据保护电流密度和被保护的表面积可算出所需保护总电流 I_A，再根据单支阳极输出电流，即可计算出所需阳极支数，一般要取 2~3 倍的裕量。

$$N = \frac{(2 \sim 3)I_A}{I_a} \tag{7-4-6}$$

式中　N——所需阳极支数；

I_A——所需保护总电流，A；

I_a——单支阳极输出电流，A。

4. 阳极寿命的计算

根据法拉第电解原理，牺牲阳极的使用寿命可按式(7-4-7)计算，阳极利用率取0.85。

$$T = 0.85 \frac{W}{\omega I} \tag{7-4-7}$$

式中　T——阳极工作寿命，a；

W——阳极质量，kg；

I——阳极输出电流，A；

ω——阳极实际消耗率，kg/(A·a)。

在实际工程中，牺牲阳极的设计寿命可选为10~15年。

五、牺牲阳极的施工

1. 牺牲阳极地床的构造

为保证牺牲阳极在土壤中性能稳定，阳极四周要填充适当的化学填包料。其作用有：使阳极与填料相邻，改善了阳极工作环境；降低阳极接地电阻，增大阳极输出电流；填料的化学成分有利于阳极产物的溶解，不结痂，减少不必要的阳极极化；维持阳极地床长期湿润。对化学填包料的基本要求是：电阻率低，渗透性好，不易流失，保湿性好。表7-4-4为目前常用牺牲阳极填包料的化学配方。

牺牲阳极填包料用袋装和现场钻孔填装两种方法。注意袋装用的袋子必须是天然纤维织品，严禁使用化纤织物。现场钻孔填装效果虽好，但填料用量大，稍不注意容易把土粒带入填料中，影响填包质量。填料的厚度应在各个方向均保持 5~10cm 为好。

表 7-4-4　牺牲阳极填包料配方

阳极类型	填包料配方/%(质量分数)				适用条件
	石膏粉	工业硫酸钠	工业硫酸镁	膨润土	
镁阳极	50			50	≤20Ω·m
	25		25	50	≤20Ω·m
	75	5		20	>20Ω·m
	15	15	20	50	>20Ω·m
	15		35	50	>20Ω·m
锌阳极	50	5		45	
	75	5		20	
铝阳极	食盐	生石灰			
	40~60	30~20		30~20	

2. 阳极形状

针对不同的保护对象和应用环境，牺牲阳极的几何形状也各不相同，主要有棒形、块(板)形、带状、镯式等几种。

在土壤环境中多用棒形牺牲阳极，阳极多做成梯形截面或 U 形截面。根据阳极接地电阻的计算可知，接地电阻值主要决定于阳极长度，也就决定了阳极输出功率，其截面的大小才决定阳极的寿命。

带状阳极主要应用在高电阻率土壤环境中，有时也用于某些特殊场合，如临时性保护、套管内管道的保护、高压干扰的均压栅(环)等。镯形阳极只适用于水下或海底管道的保护。块(板)状阳极多用于船壳、水下构筑物、容器内保护等。

3. 阳极地床的布置

1) 选择低的土壤电阻率和适宜的阳极埋设点

牺牲阳极与被保护钢铁管道之间的电位差较小，若保护系统的回路电阻过大，将限制阳极电流输出。有资料指出：土壤电阻率大于 100Ω·m 使用牺牲阳极是不适宜的。因此，将牺牲阳极置于电阻率低的土壤环境中，是正确使用管道牺牲阳极的首要条件。

我国管道防腐规程指出：当土壤电阻率小于 30Ω·m 时，宜选用锌阳极；土壤电阻率小于 100Ω·m 时，宜选用镁阳极。在土壤中，镁、锌阳极适用的土壤电阻率不是某一固定的数值。因为就阳极本身来讲，质量决定使用寿命，长度决定电流输出。当管道涂层电阻一定时，对于土壤电阻率较高的阳极埋设点，可用增加阳极支数或增加单位质量的阳极表面积(如采用条状阳极、加大填包料几何尺寸等)的办法降低接地电阻，提高阳极电流产率来达到阴极保护效果。为选取合适的阳极埋设点，必须沿管道进行土壤电阻率的测定，以满足管道获得完全的阴极保护为准。埋设点环境除了考虑土壤电阻率低外，还要选择在地势低洼、潮湿、透气性差、土层厚、无化学污染、施工方便的地方。对河流、湖泊地带，牺牲阳极应尽量埋设在河床(湖底)的安全部位，以防洪水冲刷和挖泥清淤时损坏。

2) 阳极的埋设方式、间距和深度

牺牲阳极的分布可采用单支或集中成组两种方式；可以单独使用一个阳极，也可多至十几个并联安装。在同一地方设置二个以上阳极时，发生电流受到阳极电场相互屏蔽而减少，所以阳极间的距离应在1.5m以上。阳极埋设间距与管径大小成反比。成组埋设时，阳极间距以2~3m为宜。阳极组的间距，对于长输管道为1~2组/km，对于城市管道及站内管网以200~300m一组为宜。

阳极埋设有立式和水平两种方式。对棒型阳极一般按水平埋设，这样施工容易，而且阳极电流分布也较均匀。埋设方向有轴向和径向。

阳极与管道的距离，视绝缘层质量、埋设点土壤性质等因素来决定，一般取3~6m，最小不宜小于0.3m。阳极通常是放在管道的一侧。也可根据管径大小、土壤电阻率高低来确定阳极应放在管道的一侧、两侧或交错排列，这样可以使保护电流均匀分布。

牺牲阳极埋设深度，一般与被保护管道埋设深度相当。埋设深度以阳极顶部距地面不小于1m为宜。对于北方地区，必须在冻土层以下。在地下水位低于3m的干燥地带，牺牲阳极应当加深埋设。

在城市和管网区使用牺牲阳极时，要注意阳极和被保护构筑物之间不应有其他金属构筑物，如电缆、水、气管道等。

3）牺牲阳极埋设处和两阳极组之间应装设检查头装置

牺牲阳极埋设处和两阳极组之间的管道上，应装设检查头装置，以方便管道阴极保护的检测。

牺牲阳极与管道的连接，采用直接相连或经过检查头装置相连两种方式。

直接相连时，从阳极到管道的电缆全部埋于地下，只要阳极到管道的电缆一焊上，管道的保护就开始了，这种连接方式不能灵活调整接入管道的阳极支数及经常监测阳极工作状态，缺点较大。

阳极经过检查头装置连接，克服了阳极与管道直接相连的缺点，是目前流行的方式。检查头上具有接线装置，用以连接从阳极和管道引来的导线。对镁阳极，还可安装限流电阻。检查头的制作、安装应严格按照施工图纸进行。

电缆和管道采用铝热焊接方式连接。连接处应采用和管道防腐层相融的材料防腐绝缘。电缆要留有一定的裕量，以适应回填松土的下沉。图7-4-4是牺牲阳极埋设示意图。

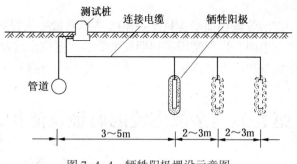

图7-4-4　牺牲阳极埋设示意图

4. 牺牲阳极的施工注意事项

牺牲阳极的施工除了考虑上面地床结构中提到的阳极埋设、阳极与管道的相对位置、阳极间距及阳极地床处的地下水位之外，还要注意以下几个方面：

（1）阳极表面准备　阳极表面应无氧化皮、无油污、无尘土，施工前应用钢丝刷或砂纸打磨。

（2）电缆焊接　阳极电缆和钢芯可采用铜焊或锡焊连接。焊接后未剥皮的电缆端应与钢芯用尼龙绳捆扎结实，以免拉动电缆时将芯线折断。阳极焊接端和底端两个面应采用环氧树脂绝缘，以减轻阳极的端部效应。

（3）填包料的施工　一般填包料可在室内准备，按质量调配好之后，根据用量干调、湿调均可。湿调的阳极装袋后应在当天埋入地下。不管干调还是湿调均要保证填包料的用量足够，并保证回填密实。阳极就位后，先回填部分细土，然后往阳极坑中浇一定量的水，最后回填土。

六、牺牲阳极的测试与管理

1. 输出电流的测量

由于阳极的输出电流很小，多为 mA 级，所以对其测量方法一般要求较严。其仪器内阻愈小愈好，通常采用"零阻电流表"来测量。若没有零阻电流表，可用标准电阻法来测量。要注意标准电阻的精确度，其阻值不宜选得太大（一般 0.01Ω 较合适），以免造成回路电阻失真。对于要求不严的管理测量，用数字万用表来测其电流，监视阳极运行状况即可。注意应选用万用表中电流挡中内阻最小的一挡。

2. 阳极有效电位差的测量

这是牺牲阳极的专用参数。应把参比电极放置在尽量靠近管道和阳极的两个位置，测得闭路电位之差就视为阳极有效电位差。在实际中，往往因为参比电极无法靠近测试对象，所以测得的数值意义不大。

3. 管道电位的测量

注意参比电极应尽量靠近管道。当评价保护效果时，参比电极应置于两组阳极的中间部位管道上方。

由于牺牲阳极连接后无法测量管道的自然电位，应在测试桩处埋设一片与管道相同材质的辅助试片，供测量自然电位用。

4. 套管内管道保护电位的测量

若在套管内装有带状阳极，要测量套管内管道的保护电位，参比电极应放置在套管内，并和电解质接触。此项测试在实际中较困难，一般只限于分析问题时用。

5. 牺牲阳极的管理

一般说来，牺牲阳极的管理很简单，只要一年或半年测量一次保护电位便可。若可能，可在回路中串入一个可调电阻，以控制阳极初期较大的输出电流。这样不但可以充分利用阳极电流，还可以延长阳极的使用寿命。这样的调试，一年只需进行一次。

第五节　杂散电流的腐蚀及防护

沿规定回路以外流动的电流叫杂散电流。在规定的电路中流动的电流，其中一部分自回路中流出，流入大地、水等环境中，形成了杂散电流。当环境中存在金属构筑物时，杂散电流的一部分可能从金属构筑物的某一处流入，又从另一处流出，在电流流出的地方金属构筑物发生腐蚀。

地（水）中的杂散电流，表现为直流电流、交流电流和大地中自然存在的地电流三种状态，且各具有不同的行为和特点。其中对埋地管道有明显腐蚀作用的主要是直流电流和交流电流。

　　杂散电流引起的腐蚀要比一般的土壤腐蚀激烈得多。地下管道在没有杂散电流时，腐蚀电池两极电位差只有零点几伏，而有杂散电流存在时，管道上的管地电位可以高达 8~9V，通过的电流能达几百安培。因此壁厚为 7~8mm 的地下钢管，在杂散电流的作用下，投产四五个月后即发生穿孔腐蚀，它的影响可以远到几十公里的范围。地下管道越靠近供电系统，杂散电流引起的腐蚀越严重。影响管道腐蚀的因素主要有三：一是负荷电流的大小和形态；二是管道防腐层对地的绝缘性；三是土壤电阻率的大小。杂散电流腐蚀具有局部集中特征，在短期内则可能形成穿孔事故。

一、直流电力系统对腐蚀的影响

（一）电气化铁道引起的杂散电流腐蚀

　　直流电气化铁道、直流有轨电车铁轨、直流电解设备接地极、直流焊机接地极、阴极保护系统中的阳极地床、阴极管道、高压直流输电系统中的接地极等，都是地中直流杂散电流的来源。大地中存在的直流杂散电流，造成的地电位差可达几伏至几十伏，对埋地管道具有干扰范围广、腐蚀速度快的特点，是管道防腐中需要注意解决的课题。

　　图 7-5-1 为地下管道受电车供电系统杂散电流腐蚀的原理图。电流从供电所的发电机流经输出馈电线、电车、轨道，经负极母线（回归线）返回发电机。在铁轨连接不好、接头电阻大处，部分电流将由轨道绝缘不良处向大地漫流，流入管道后又返回铁轨。杂散电流的这一流动过程形成了两个由外加电位差而建立的腐蚀电池，使铁轨及金属管道均受腐蚀，其腐蚀程度要比一般的土壤腐蚀激烈得多。

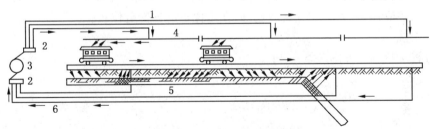

图 7-5-1　杂散电流腐蚀原理图

1—输出馈电线；2—汇流排；3—发电机；4—电车动力线；5—管道；6—负极母线

　　杂散电流的数值是随行驶在路上的车辆数量、车辆间相互位置、车辆运行时间、轨道状态、土壤情况以及地下管道系统的情况而变化的。在管道上任意一点，测量其昼夜管地电位的变化，可以看出杂散电流的变化情况。每天车辆运动最频繁的时候，电位和电流值达到峰值；当车辆减少和电机断路时，其数值减低。由管道沿线电位的变化图（见图7-5-2）可以判断管道上腐蚀电池的阳极区和阴极区，以及杂散电流最强的部位。

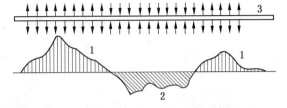

图 7-5-2　地下管道流入杂散电流后的电位变化

1—阳极区；2—阴极区；3—管道

（二）阴极保护系统的干扰腐蚀

　　在阴极保护系统中，保护电流流入大地，引起土壤地电位改变，使附近的金属构筑物受到地电流腐蚀，称干扰腐蚀。导致这种腐蚀的情况各不相同，有以下几种类型。

1. 阳极干扰

在阳极地床附近的土壤将形成正电位区,其数值决定于地床的形状、土壤电阻率及地床的输出电流。若有其他金属管道通过这个区域,电流从靠近阳极的管道流入,而从管道的另一端流出,在流出的地方发生腐蚀。这种情况称为阳极干扰。

2. 阴极干扰

阴极保护管道附近的土壤电位较其他地区的土壤电位低,当有其他金属管道经过这个区域时,则有电流从远端流入金属管道,而从靠近阴极保护管道的地方流出,于是从管道流出电流的部位即发生腐蚀,为腐蚀电池的阳极区。

3. 合成干扰

在城镇或工矿区,长输管道常常经过一个阴极保护系统的阳极附近后,又经过阴极附近,杂散电流在靠近阳极处进入管道,而在靠近阴极处离开管道,这将增大相互影响,而形成合成形式的干扰。

4. 诱导干扰

若地下金属管道经过某阴极站的阳极附近而不靠近阴极,但是它靠近另外的地下金属构筑物,此构筑物恰好又经过阴极附近。在这种情况下,将有电流进入金属管道并传到邻近的金属构筑物,最后在阴极附近流出,在这两个物体的电流流出部分,必然要发生腐蚀,此称诱导干扰。

5. 接头干扰

在阴极保护的管道上安装绝缘法兰时,绝缘法兰一侧是通电保护的,另一侧没有保护,那么在绝缘法兰受保护的一侧电位很负,而在未保护的一侧电位较正,管道可能受到干扰腐蚀,称接头干扰。

上述五种干扰形式如图 7-5-3 所示。

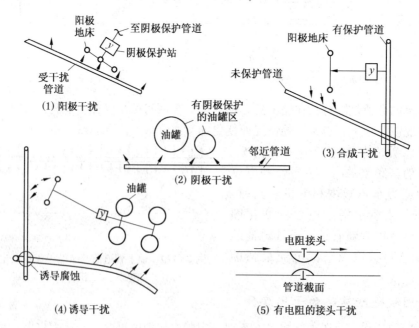

图 7-5-3　来自阴极保护系统的干扰

（三）干扰腐蚀的判定方法

判断地下构筑物是自然腐蚀还是杂散电流引起的干扰腐蚀，在实际工程中具有十分重要的价值。主要在于对各类型腐蚀应采用不同的防护对策，才能达到腐蚀控制的目的。土壤中的自然腐蚀与干扰腐蚀的判断，一般通过下述几方面综合进行。

1. 从腐蚀部位的外观特征判断

钢铁在土壤中的自然腐蚀，多生成疏松的红褐色的产物(锈)即 $Fe_2O_3 \cdot 3H_2O$ 和相对紧密的黑褐色的产物，即 $Fe_3O_4 \cdot nH_2O$。这些生成物，具有分层结构，一般是有锈层的。除去腐蚀产物所暴露的腐蚀坑，见不到金属光泽，剖面粗糙不平，边缘不清楚。而典型的干扰腐蚀，其腐蚀生成物，多见黑色粉末状，无分层现象，蚀坑常见金属光泽，剖面虽可能存在起伏，但手感光滑，边缘亦较清楚。特别是在有水的状态下，腐蚀激烈时，可肉眼观察到电解反应在进行，腐蚀部分出现泡沫状水，有气泡发生。

然而在土壤中，一般情况下是自然腐蚀和干扰腐蚀相伴生，其外观特点视两种腐蚀倾向的大小而不相同。究竟那种腐蚀倾向大，要考虑环境因素综合判定。

2. 从环境条件进行判断

首先要观察和了解腐蚀区域周围是否存在可怀疑的干扰源，如直流电铁、大型电焊设备、电解设备和电法保护系统等。有时在地下深层中有开采巷道采用直流运输设备，如煤矿等采矿巷道，地面目标是很不明显的，这就需要做仔细的调查。

3. 通过测量被干扰体对地电位进行判定

1）测试方法

（1）沿线管地电位分布测试。利用管道上安装的检查头装置或探坑露管测定管地电位，以判定管道是否处于杂散电流干扰区内。

（2）大地纵向、横向电位梯度测试。

2）判定方法

（1）直流电铁产生的干扰特点是管地电位正、负交变。正规的电铁，是按运行时刻表运行的；采矿巷道中的小型电铁，一般也有相对的运行规律。这些变化规律都会在被干扰体对地电位变化上体现出来。被干扰体对地电位呈正、负激烈交变，或激烈变化。如采用24h连续测量，可进一步判定遭受干扰腐蚀的区域。

（2）负荷相对稳定的干扰源如阴极保护系统的干扰，则表现出被干扰体对地电位有较稳定的变化。

① 管地电位偏移指标　多数国家认为地下金属构筑物在直流杂散电流影响下，以其对地电位较自然电位正向偏移 20mV 作为已遭受干扰腐蚀的判定指标。是否需要采取防护措施，应通过实验确定。

我国石油行业标准规定：管地电位正向偏移 100mV 为应采取防护措施的限定指标。之所以采用 100mV 作为界限，主要是基于下述原因：

a. 干扰电位越小，降低其措施技术难度越大，费用越高。而且目前采用的"排流法"的效果，很难达到控制在 20mV 以下的要求。相反，这样小的干扰电位，可通过阴极保护的调控达到有效的缓解。

b. 根据我国直流电铁、管道建设标准和现状，防护工程的效果难以保证。同时我国在技术水平和经济能力上与发达国家尚存在一定的差距。

表 7-5-1　地电位梯度判定指标

大地电位梯度/(mV/m)	杂散电流大小
<0.5	弱
0.5~5	中
>5	强

② 地电位梯度判定指标　见表 7-5-1。

③ 漏泄电流密度指标　地下金属管道上的电流，全天流入地中的电流密度应小于 $75mA/m^2$，否则即有腐蚀危险。

④ 干扰腐蚀的发生也与土壤电阻率有关　一般认为高土壤电阻率地区（如 $10000\Omega \cdot cm$ 以上）干扰腐蚀发生困难。

（四）直流干扰腐蚀的防护措施

1. 减少干扰源漏泄电流

应最大限度地减少干扰源漏泄电流。

2. 设置安全距离

1）管道与电气化铁道的安全距离

试验得出：管道距轨道 100m 以内最危险，在此范围内，距离有少许变动就使电流密度变化很大，距轨道 500m 时电流密度显著减少，其危险性也减弱。距离在 500m 以上时，距离的变化对于电流密度变化的影响已很小，但是在此距离内，在某些特殊条件下，仍可能有较强的杂散电流产生。

2）阴极保护系统对邻近地下金属构筑物的安全距离

（1）阴极保护管道与邻近的其他金属管道、通信电缆的距离不宜小于 10m，交叉时管道间的垂直净距不宜小于 0.3m，管道与电缆的垂直净距不应小于 0.5m。

（2）阳极地床与邻近的地下金属构筑物的安全距离一般为 300~500m。当保护电流过大时，还须用阳极电场电位梯度小于 0.5mV/m 来校核。

3. 增加回路电阻

凡可能受到杂散电流腐蚀的管段，其管道防腐涂层等级应为加强级或特加强级。

对已遭受杂散电流腐蚀的管道，可通过修补或更换防腐涂层，来消除或减弱杂散电流的腐蚀。

在管道和电铁交叉点应采取垂直交叉方式，并在交叉点前后一定长度内将管道做特加强绝缘。

存在接头干扰的管道，在绝缘法兰两侧的管道内，外壁均须做良好的涂层，以增加回路电阻，限制干扰。

4. 排流保护

即在被保护的金属管道上用绝缘的金属电缆与排流设备连接，将杂散电流引回发出杂散电流的铁轨或回归线上。电缆与管道连接的那一点称为排流点。依据排流结线回路的不同，排流法分为直接、极性、强制、接地四种排流方法。

1）简单排流保护

其电路连接如图 7-5-4 所示。该排流设备可用于调节排流量的大小和管道的相对电位。

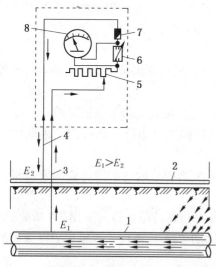

图 7-5-4　简单排流保护

1—被保护的金属管道；2—铁轨；3、4—排流电缆；5—可变电阻；6—控制开关；7—保险丝；8—电流表

这种方法无需排流设备，最为简单，造价低，排流效果好。但是当管道对地电位低于铁轨对地电位时，铁轨电流将流入管道内(称为逆流)。所以这种排流法，只能适用于铁轨对地电位永远低于管地电位，不会产生逆流的场合。

2) 极性排流

这是在管道处于杂散电流不稳定区，管地电位呈正负交替状态，管道排流点与轨道回流点出现反向电压的情况下，采用的一种排流方式。其接线及原理如图7-5-5所示。极性排流利用二极管单向导电特性，保证管道与回流点正向电流通过，反向电流截止，防止干扰电流流入管道。上述两种保护措施都是借助于管道和铁轨之间的电位差来排流，当两个连接点的电位差较小时，所能排除的电流量很小，即保护段落很短。因此，在设计排流装置时对排流点位置的选择很重要，应尽量设在管道的阳极区。

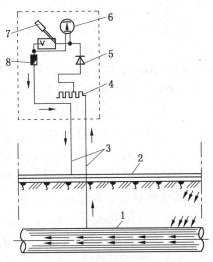

图 7-5-5　极化排流保护

1—管路；2—铁轨；3—电缆；
4—可变电阻；5—整流器；6—电流表；
7—控制开关；8—保险丝

3) 强制排流

如图7-5-6所示，将一台阴极保护用的整流器的正极接铁轨，负极接管道，就构成了强制排流法。接通电源后，进行电流调节，即实现排流。强制排流法主要用在一般极性排流法不能进行排流的特殊形态的电蚀，这种方法可能使管道过保护，对铁轨将加重腐蚀，同时可能对其他埋地管道等有恶劣的干扰影响。输出的交流成分对铁路信号有干扰。所以不能随意采用。

强制排流器的输出电压，应比管-轨电压高。由于管-轨电压可能是激烈变化的，要求排流器输出电压亦同步变化。由于轨-管电压变化大而频繁，且安装地点距电蚀发生点又远，所以实现输出电压同步变化很困难，建议采用定电流输出整流器，对排流量也必须限制到最小。

4) 接地式排流

这种排流器的特点是：管道的排流电路不连通到铁轨或回归线上，而是连通到另外一个埋入地下的阳极上。其原理如图7-5-7所示。从图中看出，杂散电流从管道被导线引入接地阳极，经过土壤返回铁轨。接地排流法一般可构成直接接地排流法和极性接地排流法两种方式。其中极性接地排流法的排流器，多使用半导体排流器。

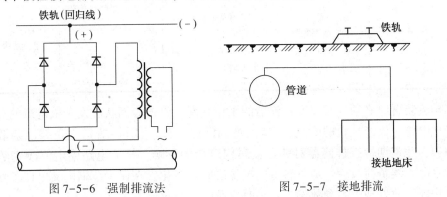

图 7-5-6　强制排流法　　　　　　　　　　图 7-5-7　接地排流

接地排流法所用的接地极，可采用镁、铝、锌等牺牲阳级。为了得到较大的排流驱动电压，适应管地电位较低的场合，接地极的接地电阻越小越好，标准要求不应大于 0.5Ω。所以需要多只牺牲阳极并联成组埋设，其埋设方法与牺牲阳极组埋设方法相同。埋设地点距管段垂直距离 20m 左右为宜，且埋设在靠铁路一侧。

接地排流法，实施简单灵活，由于排流功率小，所以影响距离短，有利于排流工程中管地电位的调整。由于接地极采用牺牲阳极组，可对管道提供正常的阴极保护电流。除非管地电位比牺牲阳极的闭路电位更负时才能产生逆流。

接地排流法最大的缺点是排流驱动电压低，排流效果较低。同时接地体应经常检查，并定期更换阳极。但是在不能直接向铁轨排流时却有优越性。

5）排流保护类型的选择

排流保护类型的选择，主要依据排流保护调查测定的结果、管地电位、管轨电位的大小和分布、管道与铁路的相关状态，结合四种排流法的性能、适用范围和优缺点，综合确定。一条管道或一个管道系统可能选择一种或多种排流法混合使用。表 7-5-2 是四种排流法的比较。

表 7-5-2　各种排流法比较

排流类型　项目	直接排流法	极性排流法	强制排流法	接地排流法
电源	不要	不要	要	不要
电源电压	—	—	由铁轨电压决定	—
接地地床	不要	不要	铁轨代替	要（牺牲阳极）
对其他设施干扰	有	有	较大	有
对电铁影响	有	有	大	无
费用	小	小	大	中
应用条件与范围	管道电位永远比轨地电位高　直流变电所负接地极附近	A 型电蚀　管地电位正负交变	B 型电蚀　管轨电压较小	不可能向铁轨排流的各种场合
优点	简单经济　维护容易　排流效果好	应用广，主要方法　安装简便	适应特殊场合　有阴极保护功能	适用范围广，运用灵活　对电铁无干扰　有牺牲阳极功能
缺点	适应范围有限　对电铁有干扰	管道距电铁远时，不宜采用　对电铁有干扰维护量稍大	对电铁和其他设施干扰大，采用时需要认可　维护量大，需运行费（耗电）	排流效果差

使用排流装置时必须经常观察排流器的工作状况、管道表面状况及杂散电流的分布。包括测量管地电位、流经铁轨的电流、铁轨–地面间电位差、铁轨–管道电位差、杂散电流及电流方向等，并定期检查排流器对邻近金属构筑物的影响。排流电路中电流改变的原因很多，如外界电力线负荷改变，地下管道的绝缘层剧烈变化，在保护范围内又出现了新的地下金属构筑物等。故发现电力参数偏差较大时应及时调整排流器。

由于杂散电流通过管道时电位变化幅度较大，所以地下管道采用排流保护的段落，一般都不用阴极保护。

5. 采用加"均压线"的方法

同沟埋设的管道或平行接近管道，可安装均压线采用联合阴极保护的方法，防止干扰腐蚀。即将未保护管道与阴极保护管道用导体连接起来，同时进行阴极保护。其连接点最好放在靠近腐蚀最强的地方（可以由测量管地电位来确定），在接头的连线中附加一电阻器，以便调节未保护管道接受保护的程度。对于平行管路的阴极干扰，可以采取一个阴极保护站综合保护，均压线间距、规格可根据管道压降、管道相互位置、管道涂层电阻等因数，综合考虑确定，一般在管道沿线每隔500m左右设一"均压线"，连接平行管路，尽可能保持其各处电位均衡。但特别要注意在切断电源时各平行管路之间由于自然电位不同，而它们又存在着电路联系，因而形成腐蚀电池，造成对管路的腐蚀。

6. 电屏蔽

对于靠近地铁或与电铁交叉的管道，可在管道与电铁轨道间打一排接地极（长度在100m左右）或穿钢套管以屏蔽漏泄电流对管道的危害。

7. 安装绝缘法兰

绝缘法兰的作用是分隔管道受干扰区和非干扰区，把干扰限制在一定管段内，使离干扰源较远的管段不受干扰腐蚀。同时绝缘法兰从电气上把管道分隔成较短的段，这就降低了各段受干扰的强度，简化了管道抗干扰措施。

绝缘法兰可安装在远离干扰源的边缘管段上；两干扰源相互影响的区段内；分割管内电流，减小干扰腐蚀的其他地点。但不管安装在什么地方，都需通过大量试验和电气测试，确认该点安装绝缘法兰后可以限制、缓解管道腐蚀，才能进行施工。

用于杂散电流干扰管道上的绝缘法兰，应装设限流电阻，防止过电压附属设施等（见图7-5-8）。

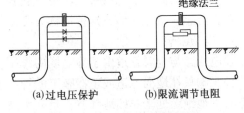

(a)过电压保护　　(b)限流调节电阻

图7-5-8　绝缘法兰附属设施

二、交流干扰与防护

交流杂散电流，主要来源于交流电气铁路、输配电线路及其系统，通过阻性、感性、容性耦合对相邻近的埋地管道或金属体造成干扰，使管道中产生流进、流出的交流杂散电流而导致腐蚀，称为交流腐蚀。

1. 交流干扰的危害

交流干扰所引起的腐蚀虽然不太严重，但是由于交流干扰时被干扰体可能会产生较高的干扰电位，造成对接触被干扰体的作业人员及被干扰体有电联系的设备的伤害和破坏。从交流电对管路影响的后果来看，有干扰影响和危险影响两种。

1）引起或加速管道的腐蚀

一般在电流相等的情况下，交流的附加腐蚀与直流腐蚀的比率大致为0.05左右。但是交流腐蚀比直流腐蚀更具集中腐蚀的特点，所以从孔蚀生成率上看，交流与直流的差别并不很大。东北输油管道开挖检查凌海市、石山、松山等交流干扰管道，发现管壁上有5mm穴孔状腐蚀点多处。其蚀坑特征与土壤腐蚀和直流腐蚀存在较大差异，腐蚀产物呈微细灰黑状粉末。

2) 交流电对地下管路阴极保护系统的干扰

在输电线正常运行时，管路上可能出现的交流感应电压是连续和持久的，它对管路阴极保护的影响是使管路沿线的保护电位发生变化。交流电压的正半周比阴极保护最小保护电位-0.85V正(相对饱和硫酸铜电极)，其负半周则可能超出最大保护电位-1.20～-1.50V(指绝对值)，相对沥青绝缘层来说，使管路得不到有效保护。由于参数的波动范围大，干扰管道电法保护照常运行，使管道对地电位测量指示不稳，有时出现恒电位仪失控等，严重时发生防腐用恒电位仪或整流器出口滤波电容被击穿或过热损坏；对于镁阳极会造成极性逆转。

3) 瞬时过电压对人身和设备的危害

中性点直接接地的输电线发生短路故障或两线一地制在高负荷运行时，对附近管路产生的电磁感应电压极高，特别是在系统电容量大、电压级别高的电力系统中，短路电流可达10000～60000A，这时的交流干扰电压达千伏以上，管路与地之间的电压极高。如果此处管路在地面上连接有阀门等设备，而在短路瞬间恰有人触及阀门时，那将严重威胁操作人员生命及设备与安全。防腐绝缘层处于这么高的电压作用下，可能被击穿，形成电弧通道，电弧的高温可能烧穿地下管路，点燃油气而造成火灾。如果在故障点附近的地面管路上设有绝缘法兰，那么在短路的瞬间，相当大的电压在绝缘法兰一侧产生，一个人同时与法兰的两边接触，可能导致生命危险。若感应电压足够大，绝缘法兰之间也可能发生弧光放电，使金属连通，失去绝缘作用。当然以上事故不是经常发生的，但在我们做设计时，对于管路与高压输电线平行或交叉的情况，必须考虑适当的安全措施。

2. 交流干扰电压成因

油气管道与高压输电线及交流电气化铁道(以下二者简称为强电线)平行、接近的段落上，存在着感应电压，形成这种被称为交流干扰电压的原因归纳如下。

1) 电场影响

强电线路与金属管道由于静电场的作用，通过分布电容耦合，引起管道对地电位升高。但这种影响只在地面管道或正在施工的管道上才会出现。在管道敷设施工中，往往有较长的管道与大地绝缘处于非接地状态，且处于高压输电线附近，此时应引起注意，以免造成对施工人员的伤害。

对于地下管道，由于大地有静电屏蔽作用，管道与强电线之间无电力线的交连。因此，静电场对地下管道的干扰影响可忽略不计。这个结论在10kV和400kV试验线路上，得到了实测数据的验证。

2) 地电场影响

输电线路发生接地故障时，在接地点，接地电流使其附近的大地电位上升，形成地电场，大地与附近的埋地管道之间产生电位差(管道是金属的，输电线接地点附近的管道电位与远方管道电位接近)。此电位差有可能造成防腐层破坏，甚至于直接烧穿管壁。依据我国的电力系统情况，在大多数场合，接地故障时的零序电流引起的地电位升不超过10kV，在这种情况下起弧距离小于0.45m。大于起弧距离，虽然不会形成持续电弧，但是有可能通过放电通道在管道上形成转移电位，引起管道对地电位的升高，并可沿管道传播，超过安全值时，则可能造成对人身安全的威胁。

电力系统的各避雷接地体当有雷电流通过时，同样会造成地电位升高。雷电流作用时间虽然十分短暂，但是电流特别大。所以要求管道与强电线路和避雷体之间有一定的安全距离。按照目前我国电力水平和在用管道的防腐层绝缘水平，推荐管道与电力系统接地体之间的安全距离如表7-5-3所示。

表 7-5-3　管道与电力接地体间的安全距离

高压线电压等级/kV		35 以下	110	220
最小安全距离/m	铁塔或电杆附近	2.5	5	10
	电站或变电所附近	2.5	15	30

交流电气化铁路以一线一地方式运行。正常运行时有电流经铁轨入地形成地电场。实测铁轨对地电位发现，地电场的影响范围只在 6~10m 之间，所以铁轨距管道3m 即可以满足地电场的安全要求。管道加强对地绝缘后，间距还可以缩小至 1.5m。

两线一地制输电线路，以大地作一相的传输导线，近似于三相线路的单相接地故障状态下运行，其地电场影响范围很大，持续时间长。与输油管道的安全距离一般情况下要求30~50m，变电所附近的地电位梯度应小于500mV/m。同时，由于钢管电阻比土壤电阻小，接地相电流一部分或大部分以管道为载体，造成较大的管地干扰交流电位。

如果接地点的接地体中有电流入地，土壤电阻认为是很均匀的。以远方大地为基准的接地体电位为 V_0，则距该接地体距离为 D 点，大地电位 V_D 用下式算出：

$$V_0 = I_0 R = I_0 \frac{\rho}{2\pi a} \qquad (7-5-1)$$

$$V_D = I_0 R \frac{a}{D} = I_0 \frac{\rho}{2\pi D} \qquad (7-5-2)$$

式中　I_0——接地体的入地电流，A；

ρ——土壤电阻率，$\Omega \cdot m$；

a——接地体的等效球面半径，m；

R——接地体的接地电阻，Ω。

这时，可以认为加在管道防腐层上的电压是 V_D 与该点管地电位之差。

3）电磁场影响

输电线路的大电流形成很强的交变磁场，其磁力线切割与之平行的管道，从而在管道上感应出很高的交流干扰电压。由于其影响范围大，干扰电压高，进行有效的防护比较困难，所以成为交流干扰防护的重点。管道上的电磁感应干扰电压可用下式表达：

$$V_P = 2\pi f L M I \qquad (7-5-3)$$

式中　V_P——电磁感应干扰电压，V；

f——电力周波，Hz；

L——平行长度，m；

M——输电线与管道间的互感，$H/\mu m$；

I——输电线的相电流，A。

实际上，对互感 M 影响因素很多。管道与输电线的各自状态及相关关系十分复杂，所以 M 值确定困难。目前国内外一些专家都采取各自的方法进行磁干扰计算，所得结果也存在较大的误差，主要原因是没有正确地结合埋地管道的特点。

根据我国情况，220V 以下的对称输电线，75m 以外可以不考虑交流腐蚀问题。若各相导线呈正确排列，间距可缩小为 60m。交流电气化铁路与管道平行接近段，铁路方面应安装回流变压器；无回流变压器的铁路，间距为 350m 以上。上述的数据，只作设计时考虑。小于上述间距时，也不一定意味着干扰电压一定会超过允许值。鉴于计算工作很复杂，且在计算阶段很多因素和数据无法确定，所以目前通常作法还是依据现场实测。

3. 交流干扰的分类

交流干扰电压作用于地下金属管道上，对人身和设备产生危害。按照干扰电压作用的时间，可分为瞬间干扰、间歇干扰和持续干扰。

（1）瞬间干扰　强电线故障时产生的干扰电压可达几千伏以上，由于电力系统切断时间很快，干扰电压作用持续时间在1s以下，故称瞬间危险干扰电压。此电压甚高，对人身安全构成严重威胁。同时高电压也会引起管道防腐层击穿。当管道与电力系统接地极距离不当时，还会产生电弧通道，烧穿管壁引起事故。但因作用时间短暂，事故出现的几率较低，故瞬间干扰安全电压临界值可略高一些，很多国家定为600V。这种干扰下，不考虑交流腐蚀导致氢损伤、防腐层剥离和牺牲阳极极性逆转等。

（2）间歇干扰　在电气化铁道附近的管道上，感应电压随列车负荷曲线变动，由几伏到几千伏。其特点是作用时间时断时续，伴有尖峰电压出现，因它的作用时间较瞬间干扰电压长，只要电气铁道馈电网内有电流流动，管道上就有干扰电压，故称间歇干扰。

间歇干扰的另一种特点是干扰电压幅值变化快和变化大，而交流腐蚀、防腐层剥离、镁阳极极性逆转等过程缓慢，同时具有时间积累效应，所以应予以适当的考虑。其临界安全电压应比照持续干扰，且比持续干扰的临界安全电压高出2~3V。在这种情况下除应考虑它对人身的危害外，同样也应该注意它对管道设备的有害影响。

（3）持续干扰　持续干扰主要表现在干扰的持续性，即在大部分时间内都存在干扰。如输电线路的干扰就是持续干扰的明显例证。几乎在全天内每时每刻都会测出干扰。当然输电线路亦有负荷大小的变化，因此持续干扰亦随电力负荷的变化而变化。在过高的交流干扰电压长期作用下，埋地金属管道会产生交流腐蚀、沥青防腐层剥离和管道金属可能出现氢破裂。对有阴极保护的管道，其保护度下降，严重时使阴极保护设备不能正常工作或造成损坏；对于管道牺牲阳极来讲，过高的交流电压会使镁牺牲阳极性能变坏，甚至极性逆转，从而加速管道腐蚀。同样过高的持续干扰电压对人身安全也会造成威胁。

对持续干扰而言，应同时考虑对人身综合的影响和对管道腐蚀等不利的影响。所以应该以两种临界安全电压来规定：

（1）影响人身安全的临界安全电压　一般得到认可的是美国标准中规定的交流有效值30V。但是由于管道所处的地质不同，对潮湿或有水的地方，应参照我国矿山井下安全电压标准为24V。间歇干扰时，亦应按此标准。在交流干扰严重管段上，工作人员已有轻度电击的体验。

（2）从腐蚀的角度考虑的临界安全电压　经我国室内实验验证：对于土壤含盐量小于0.01%的中性土壤，安全电压为8V；在弱碱性土壤内，Ca^{2+}、Mg^{2+}含量超过0.005%时，安全电压可取10V；在酸性或沿海盐碱地带，安全电压为6V。上述的指标和美国提出的一律为5V是有很大差别的。另外，镁阳极允许的交流电流密度为0.8mA/cm²，在合理设计后，镁、铝、锌阳极允许的交流干扰电压为10V。足以引起沥青防腐层剥离的电压为16V。持续干扰电压造成管道腐蚀实例：东北输油管线锦县泵站附近管道上持续干扰电压曾高至20~57V，损坏了阴极保护设备；盘锦油田松山泵站的输油管道上曾发现严重的交流腐蚀。

4. 消除管路受交流电影响的措施

交流干扰防护最有效、最简单的方法是避让，即使被干扰体与干扰源之间保持足够的安全间距。但由于各种原因保持间距并不总是可以做到的。除保持一定间距外，消除交流输电线对管路的影响可从以下两方面入手。

1）干扰源方面的预防措施

（1）不宜再建设两线一地制输电线，对已造成干扰的应予改造，恢复三相制供电。应该看到两线一地制线路，不仅干扰管道，而且干扰通讯系统或铁路信号系统。虽然在建设时可以节省一条导线的投资，但带来的干扰影响，却远非一条导线的价值。

（2）在交流电气化铁路建设中，应预先考虑交流干扰问题，采用回流变压器或自耦变压器供电，提高铁轨对地绝缘水平。

（3）对称输电的高压线，可减少中性点接地数目，限制短路电流或经过电阻、电抗接地，增加屏蔽（如改良架空地线、增加屏蔽线等）和导线换位等。对于220kV线路，为了减小几何不对称形成的干扰电压，三相导线尽可能做到三角形排列，建议采用猫形铁塔。在线路走向上尽可能避让，不形成长距离平行段，交叉时尽可能采用点交等。

（4）在存在着阻性耦合的地段，建议加强电气化铁道钢轨枕木的绝缘，以减小入地电流。

2）管道上可采用的措施

（1）在有地电场干扰的地段，加强防腐涂层质量。如在管道与高压输电线交越处或与电力系统接地装置靠近的管道上约20~30m的段落，应做特加强绝缘层，以减弱阻性耦合，防止形成电弧通道。

（2）对于地面或正在施工的管道，为消除静电干扰，需做接地处理。

（3）在管道工作人员可接触部位，装置接地栅极或电解接地电池。

接地栅极是地面下的一个裸露金属导体系统，用适当面积的金属板或格栅制成。目的是在一步范围内提供一个等电位区。防止在接触管道的过程中遭受干扰电压伤害。这种措施通常只需在有干扰管道上超过临界安全电压的若干点采取。可做成临时性的，需要时接入管道。

电解接地电池是以固定间距的两个电极（通常是锌阳极），中间装有绝缘隔板，用卡子固定在一起，埋入地下后用填包料把它们耦合起来，以防止瞬间干扰电压对绝缘法兰的损害，如图7-5-9所示。

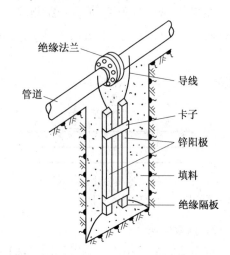

图7-5-9　电解接地电池示意图

（4）采用排流法。将管道上感应的交流电排放到大地中去，消除交流电压对人身设备的危害。排流接地极与阴极保护的辅助接地极没有任何区别。一般接地体材料使用废钢即可，无特殊要求，但其接地电阻应尽可能地小，不宜大于 0.5Ω。可以通过增加接地体的并联根数，或采用盐等减阻剂进行处理。接地体埋设在距防护管道30m以外的管道一侧。排流线可采用通用的单相电力电缆或电线。截面应大些，一是电阻小，二是可以在很大范围内满足排流容量的要求。而排流电流不易计算，只能依靠实践确定。

（5）分段隔离。在不易消除干扰地段，用绝缘法兰将管道分段，将干扰限制在局部范围内，或缩短强电线与管道的平行长度，降低干扰电压，以简化防护措施。在有阴极保护的管道上，为了保证保护电流的连续性和防止过电压，可在绝缘法兰的两侧加电抗器。另外当电气化铁路进入油库区时，对进入库区的铁轨，也可以采用分段隔离措施。

（6）电屏蔽。根据国外有关规程介绍，用电屏蔽的方法来保护管道不受邻近高压输电线产生的影响，以减少在冲击条件下击穿涂层的可能性。其做法是以特定的间隔，沿着地下管道整个长度安装一个或多个金属接地网组成。

第六节　阴极保护参数的测定

一、管道对地电位的测量

1. 地表参比法

地表参比法主要用于管道自然电位、牺牲阳极开路电位、管道保护电位等参数的测试。

地表参比法的测试接线如图7-6-1所示，宜采用数字式电压表。将参比电极放在管道顶部上方1m范围的地表潮湿土壤上，应保证参比电极与土壤电接触良好。将电压表调至适宜的量程上，读取数据，作好记录。

硫酸铜参比电极，必须用化学纯的硫酸铜晶体与蒸馏水配制，溶液应达到饱和状态。电极使用一段时间后，要及时更换硫酸铜溶液，以免污染，影响测量的准确性。

2. 近参比法

近参比法一般用于防腐层质量差的管道保护电位和牺牲阳极闭路电位的测试。

在管道（或牺牲阳极）上方，距测试点1m左右挖一安放参比电极的深坑，将参比电极置于距管壁（或牺牲阳极）3~5cm的土壤上，如图7-6-2所示。其测试方法要求同"地表参比法"。

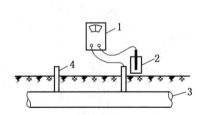

图7-6-1　地表参比法接线示意图

1—万用表；2—饱和CuSO$_4$电极；3—管路；4—测试桩

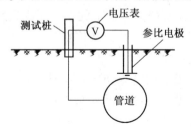

图7-6-2　近参比法接线示意图

3. 远参比法

远参比法主要用于强制电流阴极保护受辅助阳极地电场影响的管段和牺牲阳极埋设点附近的管段，测量管道对远方大地的电位，用以计算该点的负偏移电位值。

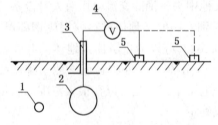

图7-6-3　远参比法测试接线示意图

1—辅助阳极或牺牲阳极；2—管道；3—测试柱
4—数字万用表；5—接地电极

远参比法的接线如图7-6-3所示。将硫酸铜参比电极朝远离地电场源的方向逐次安放在地表上，第一个安放点距管道测试点不小于10m，以后逐次移动10m。用数字万用表按1测试管地电位，当相邻两个安放点测试的管地电位相差小于5mV时，参比电极不再往远方移动，取最远处的管地电位值作为该测试点的管道对远方大地的电位值。

4. 断电法

为消除阴极保护电位中的*IR*降影响，宜采用断电法测试管道的保护电位。

断电法通过电流断续器来实现，断续器应串接在阴极保护电流输出端上。在非测试期间，阴极保护站处于连续供电状态；在测试管道保护电位或外防腐层电阻期间，阴极保护站处于向管道供电12s、停电3s的间歇工作状态。同一系统的全部阴极保护站，间歇供电时必须同步，同步误差不大于0.1s。停电3s期间用地表参比法测得的电位，即为参比电极安放处的管道保护电位。

5. 辅助电极法

采用与管道相同材质的钢片制作一个检查片作为辅助电极，片面除一面中心留下一个10mm直径的裸露孔外，其余部位全部被防腐层覆盖，埋设于管道附近冻土线以下的土壤中。埋设时裸露孔朝上，覆盖1~2cm细土后，将长效硫酸铜电极的底部置于裸露孔正上方，然后回填至地平面。辅助电极的导线和长效硫酸铜电极的导线分别接于测试桩内各自的接线柱上，辅助电极接线柱用铜片或铜导线与测试桩内管道引出线的接线柱短接。采用数字万用表定期测试辅助电极与长效硫酸铜电极的电位差。有阴极保护时，该电位差代表该点的管道保护电位。

二、牺牲阳极输出电流测试

1. 标准电阻法

如图7-6-4所示，在管道和阳极回路中串入一个标准电阻R，阻值为0.1Ω或0.01Ω，精度为0.02级。接入导线总长度不大于1m，截面积不宜小于2.5mm²。使用高阻抗电压表，如数字万用表的电压挡，测量标准电阻R两端的电压降V，用$I=V/R$式计算出电流。

2. 直测法

直测法的接线如图7-6-5所示。直测法应选用五位读数（$4\frac{1}{2}$位）的数字万用表，用DC 10A量程直接读出电流值。

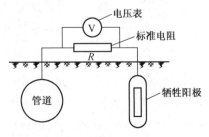

图7-6-4 牺牲阳极输出电流
的测量(标准电阻法)

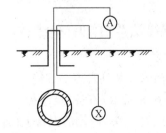

图7-6-5 直测法接线示意图
A—$4\frac{1}{2}$位数字万用表；X—牺牲阳极

三、测量管道内电流

1. 压降法

（1）具有良好外防腐层的管道，当被测管段无分支管道、无接地极，又已知管径、壁厚、材料的电阻率时，沿管道流动的直流电流按图7-6-6所示测试。

（2）用钢尺量出两测点a、b间的管长L_{ab}，误差不大于1%。L_{ab}的最小长度应保证a、b两点之间的电位差不小于50μV，一般取L_{ab}为30m。

（3）先用数字万用表测a、b两点的正负极性和粗测U_{ab}之值。然后将正极端和负极端分别接到 UJ33a 直流电位计"未知"端的相应接线柱上，细测 V_{ab} 值。

(4) 计算出管内电流值。按下式计算：

$$I = \frac{V_{ab}\pi(D - \delta)\delta}{\rho L_{ab}}$$

式中 I——流过 ab 管段的管内电流，A；

V_{ab}——a、b 间电位差，V；

D——管道外径，mm；

δ——管道壁厚，mm；

ρ——管材电阻率，$\Omega \cdot mm^2/m$；

L_{ab}——a、b 两点的管道长度，m。

2. 补偿法

此法也称零阻电阻法，如图 7-6-7 所示。$L_{ac} \geq \pi D$，$L_{db} \geq \pi D$，L_{cd} 的长宜为 20~30m。当管内有电流(I)流动时，用蓄电池和可调电阻器给管道加一个反向的电流(I')，调节可调电阻值，使电压表的指示为零，读取电流表中的电流值(I')，此时 $I = I'$。

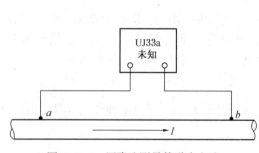

图 7-6-6 压降法测量管道内电流

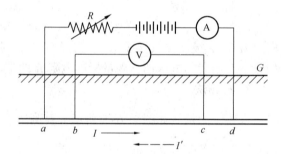

图 7-6-7 用补偿法测管内电流

四、绝缘法兰(接头)绝缘性能测试

1. 兆欧表法

制成但尚未安装到管道上的绝缘法兰(接头)，其绝缘电阻值用兆欧表法测量。

如图 7-6-8 所示，宜用磁性接头(或夹子)将 500V 兆欧表输入端的测量导线压接(夹接)在绝缘法兰(接头)两侧的裸管上(连接点必须除锈)，转动兆欧表手柄达到规定的转速，持续 10s，此时兆欧表稳定指示的电阻值即为绝缘法兰(接头)的绝缘电阻值。

2. 电位法

已安装到管道上的绝缘法兰(接头)，可用电位法判断其绝缘性能。

如图 7-6-9 所示，在被保护管道通电之前，用数字万用表 V 测试绝缘法兰(接头)非保护侧 a 的管地电位 V_{a1}；调节阴极保护电源，使保护侧 b 点的管地电位 V_b 达到 $-0.85 \sim -1.50V$ 之间，再测试 a 点的管地电位 V_{a2}。若 V_{a1} 和 V_{a2} 基本相等，则认为绝缘法兰(接头)的绝缘性能良好；若 $|V_{a2}| > |V_{a1}|$ 且 V_{a2} 接近 V_b 值，则认为绝缘法兰(接头)的绝缘性能可疑。若辅助阳极距绝缘法兰(接头)足够远，且判明与非保护侧相连的管道没同保护侧的管道接近或交叉，则可判定为绝缘法兰(接头)的绝缘性能很差(严重漏电或短路，应按"3"的方法进一步测试。

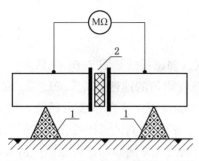

图 7-6-8 兆欧表法测试接线示意图

1—绝缘支墩；2—绝缘法兰(接头)

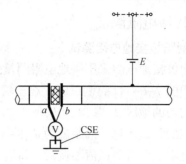

图 7-6-9 电位法测试接线示意图

3. 漏电电阻测试法

已安装到管道上使用的绝缘法兰(接头)，采用电位法测试其绝缘性能可疑时，应按图 7-6-10 所示的测试接线示意图进行漏电电阻或漏电百分率测试。

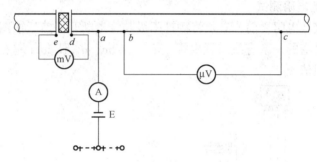

图 7-6-10 漏电电阻测试接线示意图

绝缘法兰(接头)漏电电阻测试的步骤如下：

按图 7-6-10 接好测试线路，其中 a、b 之间的水平距离不得小于 πD，bc 段的长度宜为 30m。

调节强制电源 E 的输出电流 I_1，使保护侧的管道达到阴极保护电位值。

用数字万用表测定绝缘法兰(接头)两侧 d、e 间的电位差 ΔV。按"三"中"1"所示的方法测试 bc 段的电流 I_2。读取强制电源向管道提供的阴极保护电流 I_1。

绝缘法兰(接头)漏电电阻按下式计算：

$$R_\mathrm{H} = \frac{\Delta V}{I_1 - I_2}$$

式中 R_H——绝缘法兰(接头)漏电电阻，Ω；

ΔV——绝缘法兰两侧的电位差，V；

I_1——强制电源 E 的输出电流，A；

I_2——bc 段的管内电流，A。

绝缘法兰(接头)的漏电百分率按下式计算：

$$漏电百分率 = \frac{I_1 - I_2}{I_1} \times 100\%$$

若测试结果 $I_1 > I_2$，则认为绝缘法兰(接头)的漏电电阻无穷大，漏电百分率为零，绝缘法兰(接头)的绝缘性能良好。

五、接地电阻测试

1. 辅助阳极接地电阻测试

辅助阳极接地电阻采用接地电阻测量仪测试，测试接线如图7-6-11所示。

当采用图7-6-11(a)测试时，在土壤电阻率较均匀的地区，d_{13}取2L，d_{12}取L；在土壤电阻率不均匀的地区d_{13}取3L，d_{12}取1.7L。在测试过程中，电位极沿辅助阳极与电流极的连线移动三次，每次移动的距离为d_{13}的5%左右，若三次测试值接近，取其平均值作为辅助阳极接地电阻值；若测试值不接近，将电位极往电流极方向移动，直至测试值接近为止。

辅助阳极接地电阻也可以采用图7-6-11(b)所示的三角形布极法测试，此时$d_{13} = d_{12} \geqslant 2L$。

按图7-6-11布好电极后，转动接地电阻测量仪的手柄，使手摇发电机达到额定转速，调节平衡旋钮，直至电表指针停在黑线上，此时黑线指示的度盘值乘以倍率即为接地电阻值。

2. 牺牲阳极接地电阻测试

测量牺牲阳极接地电阻之前，必须将牺牲阳极与管道断开，然后按图7-6-12所示的接线示意图沿垂直于管道的一条直线布置电极，d_{13}约40m，d_{12}取20m左右，按上述"1"的操作步骤测量接地电阻值。

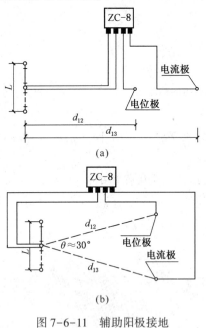

(a)

(b)

图7-6-11　辅助阳极接地
电阻测试接线示意图

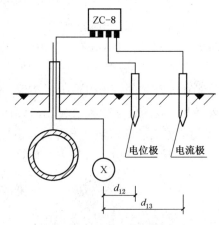

图7-6-12　牺牲阳极接地
电阻测试接线示意图

当牺牲阳极的支数较多或为带状牺牲阳极，该组牺牲阳极的对角线长度(或带状牺牲阳极长度)大于8m时，按上述"1"测试接地电阻，但d_{13}不得小于40m，d_{12}不得小于20m。

六、土壤电阻率测试

1. 等距法

从地表至深度为a的平均土壤电阻率，按图7-6-13所示的四极法测试。图中四个电极布置在一条直线上，间距a、b代表测试深度且$a=b$，电极入土深度应小$a/20$，常用接地电阻仪为 ZC-8。

按"五"中"1"的操作步骤测得电阻 R 值后，土壤
电阻率按下式计算：

$$\rho = 2\pi a R$$

式中　ρ——测量点从地表至深度 a 上层的平均土壤电
　　　　阻率，$\Omega \cdot m$；
　　　a——相邻两电极之间的距离，m；
　　　R——接地电阻仪示值，Ω。

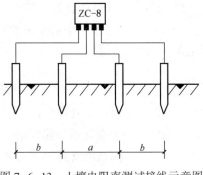

图 7-6-13　土壤电阻率测试接线示意图

2. 不等距法

不等距法主要用于测深不小于 20m 情况下的土壤电阻率测试，其测试接线如图7-6-13
所示，此时 $b>a$。测深在 0~20m 时，$a=1.6m$，$b=20m$；测深 0~55m 时，$a=5m$，$b=60m$。
此时测深 h 按下式计算：

$$h = \frac{a + 2b}{2}$$

按规定布极后，按"五"中"1"操作接地电阻测量仪测得 R 值，测深 h 的平均土壤电阻率
按下式计算：

$$\rho = \pi R \left(b + \frac{b^2}{a} \right)$$

七、管道外防腐层电阻测试

无分支、无接地装置的某一段(长度宜为 500~10000m，一般为 5000m)管道，其防腐层
电阻应采用本标准的方法测试，测试接线如图 7-6-14 所示。

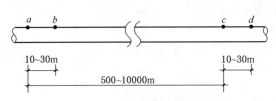

图 7-6-14　管道防腐层电阻测试接线示意图

测试步骤如下：被测段 ac 距通电点必须
不小于 πD。获得被测管段的长度(精确到
米)。若 ad 段埋有牺牲阳极，则将其与管道断
开。在强制电流阴极保护站供电之前，测试
a、c 两点的自然电位值。阴极保护站供电 24h
后，测试 a、c 两点的保护电位值，并计算 a、
c 两点的负偏移电位值。

按"三"中"1"方法同时测试 ab 和 cd 两段的管内电流值。

管道防腐层电阻按下式计算：

$$\rho_A = \frac{(\Delta V_a + \Delta V_c) L_{ac} \pi D}{2(I_1 + I_2)}$$

式中　ρ_A——管段防腐层电阻，$\Omega \cdot m^2$；
　　　ΔV_a——管段首端 a 点的负偏移电位，V；
　　　ΔV_c——管段末端 c 点的负偏移电位，V；
　　　I_1——ab 段管内电流绝对值，A；
　　　I_2——cd 段管内电流绝对值，A；
　　　L_{ac}——被测管段 ac 的管道长度，m；
　　　D——管道外径，m。

两端装有绝缘性能良好的绝缘法兰(接头),又无其他分流支路,防腐层质量良好的管道,当其长度不超过一座阴极保护站的保护半径时,从阴极保护站通电点至末端管道的防腐层电阻可按下式计算:

$$\rho_A = \frac{(\Delta V_a + \Delta V_c) L \pi D}{2I}$$

式中　ΔV_a——供电点管道负偏移电位值,V;

ΔV_c——末端管道负偏移电位值,V;

I——向被测管道提供的阴极保护电流,A;

L——被测管道长度,m。

第七节　管道阴极保护的运行、维护与管理

当阴极保护站施工完毕以后,经仔细检查电源部分、阴极接地装置、检查片等设施均符合要求以后,先沿线测定管道的自然电位,即可通电测试。使汇流点电位保持-1.2V,稳定24h后,沿管线测定保护电位,并使离保护站最远端的保护电位不低于最小保护电位值。若达不到此值,应查明原因,进行调整,务必使管线电位均在最小保护电位以上。当阴极保护站使管道全线都达到阴极保护电位以后,就应长期连续工作。

为了使管线得到有效保护,必须保证阴极保护装置的正常运转。因此,对设备的经常管理和维护是非常重要的。埋地钢制管道电法保护应保持连续投运。电法保护的主要控制指标如下:①保护率等于100%;②运行率大于98%;③保护度大于85%。

保护率:对所辖埋地钢质管道施加阴极保护的程度。计算公式如下:

$$保护率 = \frac{管道总长-未达有效阴极保护管道长}{管道总长} \times 100\%$$

运行率:埋地钢质管道年度内阴极保护有效投运时间与全年时间的比率。计算公式如下:

$$运行率(年) = \frac{年度内有效投运时间(小时)}{全年小时数} \times 100\%$$

保护度:衡量埋地钢质管道阴极保护效果的指标。一般用失重法计算。计算公式如下:

$$保护度 = \frac{G_1/S_1 - G_2/S_2}{G_1/S_1} \times 100\%$$

式中　G_1——未施加阴极保护检查片的失质量,g;

S_1——未施加阴极保护检查片的裸露面积,cm^2;

G_2——施加阴极保护检查片的失质量,g;

S_2——施加阴极保护检查片的裸露面积,cm^2。

日常的维护管理工作包括以下几个方面:

1. 保护参数的测量

(1)阴极保护站向管道送电不得中断。停运一天以上须报主管部门备案,利用管道停电方法调整仪器,一次不得超过2h,全年不超过30h。保证全年98%以上时间给管道送电。

(2)检查和消除管道接地障碍,使全线达到完全的阴极保护。

（3）定期检查沿线管地电位的分布规律，并作好测试记录。在用恒电位仪供电时，必须经常检查给定的电位是否为规定值，沿管道测定阴极保护电位。此种测量在阴极保护站运行初期每周一次，以后每两周或一月测量一次。并将保护电位测量记录造表上报主管部门。在用整流器供电时，须经常测量汇流点的电位，要求管地电位不得高于-1.25V。各测试桩电位每月测试一次，要求管地电位不得小于-0.85V。

（4）管道对地的自然电位和土壤电阻率每隔半年或一年测一次。

（5）经常检测整流器的输出电流和电压。如发现电流大大下降而电压上升时，要检查阳极接地电阻值的变化，以判断阳极是否被腐蚀断了或阴极导线与阳极导线是否接触良好。如发现电流值增大很多，电压反而下降时，说明有局部短路。应检查阳极是否与被保护的金属接触短路，或者是别的金属使阳极与阴极短路，或者是绝缘法兰漏电。

（6）定期测量阳极接地电阻及检查绝缘法兰的绝缘性能。在正常情况下，绝缘法兰外侧管线的对地电位应与自然电位相同。如绝缘法兰两侧的管地电位发生异常情况，应及时检查绝缘法兰的绝缘性能是否良好。若发现阳极接地电阻显著增大，要及时检查阳极装置，调整或更换阳极装置。

（7）要求每隔两年挖出一次检查片，进行检查分析，求出保护度，保护度大于85%算合格。取出一组后应再埋设一组，检查片在安装前要严格除锈，去油污，称重，准确到0.01g。

2. 设备的维修

强制阴极保护的正常运转的关键在于电源设备的维护与管理。对设备要有专人管理，在安装电源设备(恒电位仪或整流器)的场所，要保持干燥、清洁，操作仪器时要严格遵守操作规程，定期进行检修，并作好检修记录。

1）电气设备定期技术检查

电气设备的检查每周不得少于一次，有下列内容：

（1）检查各电气设备电路接触的牢固性，安装的正确性，个别元件是否有机械障碍。检查接至阴极保护站的电源导线，以及接至阳极地床通电点的导线是否完好，接头是否牢固。

（2）检查配电盘上熔断器的熔丝是否按规定接好，当交流回路中的熔断器熔丝被烧毁时，应查明原因及时恢复供电。

（3）观察电气仪表，在专用的表格上记录输出电压、电流和通电点电位数值，与前次记录(或值班记录)对照是否有变化，若不相同，应查找原因采取相应措施，使管道全线达到阴极保护。

（4）应定期检查工作接地和避雷针接地，并保证其接地电阻不大于10Ω，在雷雨季节要注意防雷。

（5）搞好站内设备的清洁卫生，注意保持室内干燥，通电良好，防止仪器过热。

2）恒电位仪的维护

（1）阴极保护站恒电位仪一般都配置两台，互为备用，因此应按要求时间切换使用。退出备用的仪器应立即进行一次技术观测和维修。仪器在维修过程中不得带电插、拔连接件、印刷电路板等。

（2）观察全部零件是否正常，元件有无腐蚀、脱焊、虚焊、损坏，各连接点是否可靠，电路有无故障，各紧固件是否松动，熔断器是否完好，如有熔断需查清原因再更换。

（3）清洁内部，保持清洁。

（4）发现仪器故障应及时检修，并投入备用仪器，不使保护电流中断。

3）硫酸铜电极的维护

（1）硫酸铜电极底部要求做到渗而不漏，忌污染。使用后应保持清洁，防止溶液大量漏失。

（2）作为恒电位仪信号源的埋地硫酸铜电极，在使用过程中需每周查看一次，及时添加饱和硫酸铜溶液。严防冻结和干涸，影响仪器正常工作。

（3）电极中的紫铜棒使用一段时间后，表面会黏附一层蓝色污物，应定期擦洗干净，露出铜的本色。配制饱和硫酸铜溶液必须使用纯净的硫酸铜和蒸馏水。

4）阳极地床的维护

（1）阳极架空线，每月沿杆路检查一次线路是否完好，如电杆有无倾斜，瓷瓶、导线是否松动，阳极导线与地床的连接是否牢固，地床埋设标志是否完好等。发现问题及时整改。

（2）阳极地床接地电阻每月测试一次，接地电阻增大至影响恒电位仪不能提供管道所需保护电流时，应该更换阳极地床或进行维修。

是否更换地床，可参照下式估计：

$$I_{保} > \frac{V_{出}}{R} \qquad\qquad (7-7-1)$$

式中　$I_{保}$——管道阴极保护所需电流，A；

　　　$V_{出}$——恒电位仪额定输出电压，V；

　　　R——阳极地床接地电阻，Ω。

5）检查头装置的维护

（1）检查头接线柱与大地绝缘电阻值应大于 $100k\Omega$，用万用表测量。若小于此值应检查接线柱与外套钢管有无接地，若有接地，则需更换或维修。

（2）检查头保护钢管或测试桩，应每年定期刷漆和编号；检查头端盖螺钉要注意防锈。

（3）防止检查头装置的破坏和丢失，对沿线城乡居民及儿童做好爱护国家财产的宣传教育工作。

6）绝缘法兰的维护

（1）定期检测绝缘法兰两侧管地电位，若与原始记录有差异时，应对其性能好坏作鉴别。如有漏电情况应采取相应措施。

（2）对有附属设备的绝缘法兰（如限流电阻、过压保护二极管、防雨护罩等）均应加强维护管理工作，保证完好。

（3）保持绝缘法兰清洁、干燥，定期刷漆。

3. 阴极保护站常见故障判断与处理

阴极保护站常见故障判断与处理见表7-7-1。

表7-7-1　阴极保护站常见故障及处理

保 护 站 故 障	故障可能存在的部位	建 议 处 理 方 法
电源无直流输出电流、电压指示	检查交、直流熔断器、熔丝是否烧断	若烧断，更换新熔丝
整流器工作中嗡嗡发响，无直流输出	整流器半导体元件被击穿	更换同规格的半导体元件
正常工作时，直流电流突然无指示	直流输出熔断器或阳极线断路	换熔丝或检查阳极线路

续表

保　护　站　故　障	故障可能存在的部位	建　议　处　理　方　法
直流输出电流慢慢下降，电压上升	阳极地床腐蚀严重或回路电阻增加	更换或检修阳极地床或减小回路电阻
阴极保护电流短时间内增加较大，保护距离缩短	管线上绝缘法兰漏电或接入非保护管道	处理绝缘法兰漏电问题；查明接入非保护管道漏电点并加以排除
修理整机后送电时，管地电位反号	输出正负极接错，正极与管道相接	立即停电，更正接线

第八节　常用阴极保护设备操作与维护

本节只选用常用的两种阴极保护设备为例进行介绍。各种型号的设备操作各不相同，应参考具体设备的厂家文件进行操作与维护。

一、PS-1LC 恒电位仪

PS-1LC 恒电位仪广泛应用于对土壤、海水、化工等介质中的管道、电缆、码头、储罐、舰船、冷却器等金属构筑物实施外加电流阴极保护。通过 PS-1LC 恒电位仪的配套产品 CBZ-3 阴极保护控制台，还可实现数据远传和仪器的远控功能，达到智能化管理的目的。

1. 仪器的特点

(1) 数字显示输出电压、输出电流、控制电位和保护电位值。

(2) 机上装有假负载，便于仪器自检和维修。

(3) 具有软启动、防雷击余波、抗 50Hz 工频干扰以及限流、误差报警等功能。

(4) 具有运行状态自动切换功能，当无法进行恒电位控制时（如参比电极回路开路），恒电位仪会自动从恒电位工作状态切换到恒电流工作状态，并恒定在预先设定的电流值上。

2. 主要技术指标

(1) 使用环境：温度为 $-15 \sim 45℃$；相对湿度为 $20\% \sim 90\%$；气压为 $60 \sim 106kPa$；

(2) 输出电压：额定输出电压分 10V、15V、30V、40V、54V、60V 等规格，输出电压在额定输出电压的 $1\% \sim 100\%$ 范围内可调；

(3) 输出电流：额定输出电流分 10A、15A、20A、25A、30A、35A、40A、50A 等规格，输出电流在额定输出电流的 $1\% \sim 100\%$ 范围内可调；

(4) 恒电位范围：$-300 \sim -3000mV$；

(5) 恒电位精度：优于 $\pm 5mV$；

(6) 恒电流精度：优于 $\pm 2\%$；

(7) 流经参比电流：$\leqslant 3\mu A$；

(8) 误差报警：$\pm 30 \sim \pm 100mV$ 之间；

(9) 抗 50Hz 干扰：$\leqslant AC30V$；

(10) 纹波系数：$\leqslant 5\%$；

(11) 电源：单相 $AC220V \pm 10\%$，$50Hz \pm 5\%$。

3. 基本工作原理

1) 原理方框图（见图 7-8-1）

2) 基本工作原理

当仪器处于"自动"工作状态时，给定信号（控制信号）和经阻抗变换器隔离后的参比信号一起送入比较放大器，经高精度、高稳定性的比较放大器比较放大，输出误差控制信号，将此信号送入移相触发器，移相触发器根据该信号的大小，自动调节脉冲的移相时间，通过脉冲变压器输出触发脉冲调整极化回路中可控硅的导通角，改变输出电压、电流的大小，使保护电位等于设定的给定电位，从而实现恒电位保护。

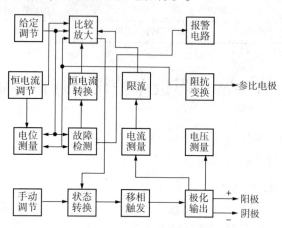

图 7-8-1　PS-1LC 恒电位仪原理方框图

3）运行状态的转换

当仪器工作在恒电位状态而因参比失效或其他故障致使仪器不能实现恒电位控制时，经一定时间延迟后，仪器确认采集到的信号实属恒电位失控的误差信号，就将自动转换为恒电流工作状态。恒电流给定信号和经阻抗变换后输出电流取样信号一起送入比较放大器，比较放大器输出误差控制信号通过移相触发器调整可控硅导通角的大小使仪器的输出电流恒定在预先设定的电流值上。

4. 仪器电气原理（参看电原理图）

本仪器主要由三部分组成，一是极化电源，用以输出破坏被保护体的腐蚀电池的保护电流；二是自动控制部分，使保护体达到最佳保护电位；三是辅助电路，使仪器方便管理。

1）极化电源

将交流电源变成所需大小的直流保护电流。

2）控制电路

（1）移相触发器　根据比较放大器输出的控制电压大小，调整触发脉冲产生的时间（即移相），控制可控硅的导通角。

（2）差动比较放大器　将参比电位与控制信号进行比较，对误差信号进行放大，输出与误差大小成比例的控制电压。

3）辅助电路

（1）稳压电源　其任务是为控制电路及面板表提供电源。

（2）限流电路　当仪器输出超载甚至短路时，仪器输出电流能自动恒定在事先欲定的限流值上，达到既保护仪器又保护阴极体的目的。

（3）误差报警电路　当仪器工作不正常或阴极保护系统故障时，仪器发出告警。

（4）延时启动电路　仪器每次开机，延时几秒输出，清除冲击电流。

（5）其他电路　包括恒电流转换电路和自检电路。

5. 运行指南

1）面板与接线板示意图（见图7-8-2）

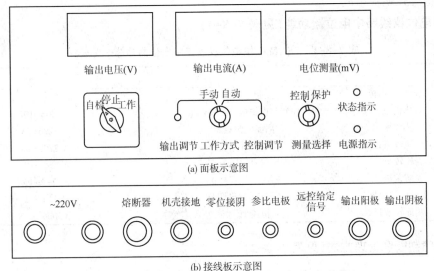

(a) 面板示意图

(b) 接线板示意图

图7-8-2　PS-1LC恒电位仪的面板与接线板示意图

2）基本操作方法

（1）将面板上"控制调节"旋钮反时针旋到底，将"工作方式"开关置"自动"挡，"测量选择"置"控制"挡。

（2）将电源开关扳到"自检"挡，仪器电源指示灯亮，状态指示灯显示橙色，各面板表应均有显示。顺时针旋动"控制调节"旋钮，将控制电位调到欲控值上，此时，仪器工作于"自检"状态，"测量选择"开关在"控制"挡与"保护"挡之间切换，电位表显示值基本一致，表明仪器正常。

（3）将电源开关扳至"工作"挡，此时仪器对被保护体通电。根据现场管道实际情况，旋动"控制调节"旋钮使管道电位达到欲控值。

（4）若要"手动"工作，将"工作方式"开关拨至"手动"挡，顺时针旋动"输出调节"旋钮，使输出电流达到欲控值。

（5）恒电流设定：打开后门揿动安装板上恒流设定开关，此时面板状态指示灯显示黄色表明进入恒电流状态，根据现场管道实际电流，调节屏蔽盒内"恒流调节"电位器，使电流达到欲控值（出厂时设定在仪器额定电流的30%），恒电流设定完毕，将仪器关机再开机。

3）使用条件及注意事项

（1）手动输出调节电位器应反时针旋到底，以免在由"自动"转"手动"时输出电流过大。

（2）当仪器需"自检"时，工作方式开关应置"自动"挡（禁止置"手动"挡）。因机内假负载可承受的功率较小，若置"手动"挡时，有可能把机内假负载烧毁。

（3）仪器从"手动"挡切换到"自动"挡时，应先关机，将"工作方式"开关置"自动"后再开机。因仪器在"手动"工作时，自动控制部分处于失衡状态，此时如直接切换到"自动"挡仪器工作将不正常。

（4）当仪器需"自检"时，应事先将仪器后板的输出阳极连线断开。

6. 印刷电路组成

PS-1LC 远控恒电位仪的印刷线路出稳压电源板、移相触发板、比较限流板、功能转换板和防雷板等几块板组成。

7. 恒电位仪线路中电位器功能（见表7-8-1）

表7-8-1　PS-1LC 恒电位仪线路中电位器功能一览表

序号	安装位置	功能	型号
W_1	恒电位仪面板	控制电位调节	WXD3-13-1K
W_2	比较板	控制与保护电位平衡调节	W3296-10K
W_3	比较板	限流门限设定	W3296-5K
W_5	比较板	报警门限设定	W3296-2K
W_6	比较板	参比信号跟随器调零	W3296-10K
W_7	防雷板	输出电压表校正	WS2-2-15K
W_8	恒电位仪面板	"手动"输出调节	WXD3-13-2.2K
W_9	功能转换板	恒流值设定	W3006P-1K

8. 故障判断和处理方法（见表7-8-2）

表7-8-2　PS-1LC 恒电位仪故障判断和处理方法

序号	故障现象	原因	处理方法
1	开机无输出，指示灯不亮，数字面板表不显示	(1) 电源开路 (2) 输入保险管断或稳压电源变压器保险管断	(1) 查输入电源并重新接好 (2) 更换保险管
2	输出电流、输出电压突然变小，仪器本身自检正常	参比失效或参比井土壤干燥或零位接阴线断	更换参比、重埋参比或接好零位接阴线
3	输出电流突然增大，恒电位仪正常	(1) 水或土壤潮气使阳极电阻降低 (2) 与未保护管线接触 (3) 绝缘法兰两边管道搭接	(1) 可以暂时不改变装置，夏季电阻会回升 (2) 对未保护管线采取措施 (3) 对绝缘法兰处不正常搭接进行处理
4	无电压、电流输出，保护电位比控制电位高，声光报警20s后切换到恒电流工作。自检正常	(1) 参比电极断线 (2) 参比电极损坏 (3) 预控值电位比自然电位低或太接近自然电位	(1) 更换参比 (2) 更换参比 (3) 适当抬高预控值电位
5	输出电压变大，输出电流变小，恒电位仪正常	(1) 阳极损耗 (2) 阳极床土壤干燥或发生气阻	(1) 更换阳极 (2) 夏季定期对阳极床注水
6	有输出电压，无输出电流，声光报警20s后转入恒电流状态，恒电流也无法工作，仪器自检正常	一般是现场阳极电缆开路，不排除阴极线被人为破坏	重新接线
7	故障现象同上，但仪器自检也不正常	机内输出保险管熔断	更换保险管
8	仪器无法输出额定电流，到某一电流值仪器报警，控制电位比保护电位高，20s后转到恒流工作	(1) 限流值太小 (2) IC_6、IC_7坏	(1) 调节比较板有关参数将限流值放宽 (2) 更换 IC_6、IC_7
9	输出电流、输出电压最大，电位显示"1"（满载）报警20s后，转入恒流	比较器 IC_1坏或阻抗变换器 IC_9坏	更换比较板上的 IC_1 或 IC_9

二、CBZ-3/B 阴极保护控制台

CBZ-3/B 阴极保护控制台用于外加电流阴极保护系统中，对控制室内恒电位仪的工作机和备用机进行转换，并对有关参数进行测量显示，控制台内带有防雷器，可抗雷击余波，使阴极保护系统更加可靠运行。设有数据远传接口，可将阴极保护参数隔离转换成 4~20mA 标准工业信号输出，提供给计算机使用；同时还设有远控通断接口，计算机可同步对多台仪器进行通断电测试。

1. 使用条件

（1）使用环境条件　温度为-15~45℃；相对温度为 20%~90%；气压为 60~106kPa。

（2）电源　单相 AC220V±10%，50Hz±5%。

2. 主要功能和性能

可任意选择控制室内的二台恒电位仪，一台作为工作机，一台为备用机。工作一段时间后（如一个月）更换运行，以延长仪器的使用寿命。为了保证仪器正常运行本机设有互锁装置。

（1）安装有电流表、电压表和电位表，可检测正在运行中的恒电位仪的主要参数。

（2）装有交流电压表，可对交流电压进行监测。

（3）装有交流电度表，可对使用功耗进行计算。

（4）可选择手动或远控使仪器处于阴极保护电流"通"12s"断"3s 间歇工作状态。

（5）具有远控接口：在"远控通断"接口施加高电平(+24V)或低电平(0V)，可控制仪器进入"测试"或正常"工作"状态。

（6）远传数据接口：

① 电位接口 将 0~-3000mV 管地电位隔离变换为标准工业信号 4~20mA 输出，隔离耐压不低于 500VDC，输出负载电阻不大于 600Ω，变换误差≤2%。

② 电流接口 输出零至仪器额定输出电流，隔离变换为标准工业信号 4~20mA 输出，隔离耐压不低于 500VDC，输出负载电阻不大于 600Ω，变换误差≤2%。

③ 电压接口 输出零至仪器额定输出电压，隔离变换为标准工业信号 4~20mA 输出，隔离耐压不低于 500VDC，输出负载电阻不大于 600Ω，变换误差≤2%。

（7）防雷击保护。当阳极线、管道受雷击影响时，阳、阴极线之间的瞬时过电压衰减限制到 150V 以下，在仪器输出阳极、阴极端上能承受幅度为(1.5~2.0)×10⁴V、脉冲宽度为 25μs、重复周期为(1~5)s、时间为 1min 的模拟感应雷的冲击。

3. 基本工作原理

1）原理方框图（见图 7-8-3）

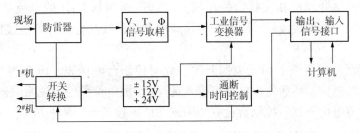

图 7-8-3　CBZ-3/B 阴极保护控制台原理方框图

2）基本工作原理

来自现场的阳极线、保护体的阴极线和零位、参比电极线，通过控制台的防雷器和抗干

扰系统后，再进行信号取样，变换器将信号变换为标准工业信号输出。通过开关转换工作机或备用机投入运行。12s"通"3s"断"测试状态是由时钟电路产生的。

4. 控制台的印刷电路

由稳压电源板、变换器接口板、时间控制板组成。

5. 安装及使用

（1）CBZ-3/B 阴极保护控制台的面板及后板如图 7-8-4 所示。安装前应检查两台恒电位仪及控制台的内部紧固件及连接线有否松动，如有松动应将其固定好。所有开关均放在"关"或"停"的位置。两台恒电位仪分别摆在控制台的左边和右边，以便接线。

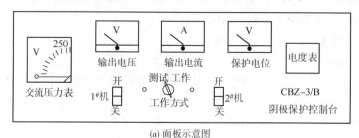

图 7-8-4　CBZ-3/B 阴极保护控制台的面板及后板示意图

（2）根据安装接线图，将控制台和恒电位仪的线接好。从控制台到仪器的接线电缆，粗的线为输出阳极、阴极线，另二条较细点的线为 AC220V 交流电源线，一条 6mm² 的黑线为机壳接地线，二条细线为参比和零位接阴线。注意接完后反复检查，控制台到仪器的线要一一对应。

（3）到"现场"的线指来自被保护体的阴极线和零位接阴线，来自阳极的阳极线，来自参比电极的参比线，来自电源的电源线，这些线用户自备。

（4）连接控制室计算机和控制台的连线。将远控通断和 RTU 的电流信号、电压信号、电位信号线按本控制台后接线板铭牌和安装接线图所示将线接好，计算机接口的连线必须使用屏蔽线。

（5）接通控制台 1#机或 2#机的电源开关，此时控制台电压表、电流表为零输出，电位表指示为管地自然电位。然后使恒电位仪投入运行（按恒电位仪使用说明书操作）。

（6）埋地管道电位测试。控制台设有"测试"和"远控通断"两种方式，可对埋地管道保护电位进行测量。

①"测试"方式测量　将控制台面板上的"工作方式"置"测试"，仪器此时自动进入输出电流"通"12 s"断"3s 的间歇状态工作。在输出"断"3s 时用饱和硫酸铜参比电极测埋地管道的保护电位。测试结束后，应将"工作方式"置回"工作"。

②"远控通断"方式测量　控制台面板上的"工作方式"应置在"工作"挡，仪器处在正常工作状态。计算机同时向多台控制台的"远控通断"端输入高电平(电压应为 DC24V 正信号)时，仪器将自动同步后转为输出电流"通"12 s"断"3 s 的间歇状态工作。若计算机向控制台的"远控通断"端输入低电平(电压为零信号)后，仪器转入正常保护状态。在"远控通断"方式测量时，须 2h 恢复仪器正常工作一次，再转入"测试状态"，以保证多台仪器的输出电流能同步"通"与"断"。

(7) 控制台将恒电位仪的输出电压、输出电流、保护电位通过相应的数据接口传送给计算机，远传数据的信号为 4~20mA 标准工业信号。

① 远传给计算机的电流信号和实际输出电流的关系式：

$$I_0 = \left[4mA + 16mA \times \frac{实际输出电流值(A)}{额定输出电流值(A)} \right]$$

② 远传给计算机的电流信号和实际输出电压的关系式：

$$I_0 = \left[4mA + 16mA \times \frac{实际输出电流值(A)}{额定输出电流值(A)} \right]$$

③ 远传给计算机的电流信号和保护电位的关系式：

$$I_0 = \left[4mA + 16mA \times \frac{保护电位(mV)}{3000mV} \right]$$

注意事项：控制台和恒电位仪的机壳接地必须接到大地的地桩上，不能接到电网的零线上，以保证仪器使用安全和有效的防雷。

6. 故障判断和处理方法(见表 7-8-3)

表 7-8-3　CBZ-3/B 阴极保护控制台故障判断和处理方法

序号	故障现象	原　因	处理方法
1	控制台接通电源，面板交流电压表无指示	电源开路	查输入电源线，接点重新接好
2	控制台接通电源，交流电压表指示正常，电位表指标为零	参比电极开路或参比失效	更换参比，重埋参比或接好零件接阴线
3	开 1# 机或 2# 机，无输出电压、电流	(1)恒电位仪的控制电位低于自然电位 (2)恒电位仪机未工作	(1) 调高恒电位仪的控制电位 (2) 打开恒电位开关或检查后板对连线
4	开 1#机或 2#机都有输出电压，无输出电流，两台恒电位自检都正常	(1) 阳极线或阴极线开路 (2)控制台时间控制板或 V_8 场管损坏	(1) 接好阳极线或阴极线 (2) 换 V_8 或检修时间控制板
5	开控制台 1#机正常工作。2#机不工作或不正常		
	(1) 2#机指示灯不亮	控制台的 K_3 继电器损坏或 24V 稳压电源损坏	换 K_3 继电器或检修 N_5 等元件
	(2) 2#机输出电压有电流无	(1) 2#机恒电位仪输出熔断器开路 (2) 阴、阳极线松动	(1) 检查输出熔断器芯 (2) 检查阴、阳极对连线接点
	(3) 2#机输出电压、电流无，保护电位高于控制电位	(1) K_2 继电器损坏 (2) 参比开路	(1) 换 K_2 继电器 (2) 检查控制台和恒电位仪参比对连线接点

续表

序号	故障现象	原　因	处理方法
6	恒电位仪的电位表指示正常,控制台电位表不指示或不准确	(1) 电位表头损坏 (2) 正负15V稳压电源损坏	(1) 修电位表或换电位表 (2) 换 N_6 或 N_3、N_4 集成块 (3) 调校 RP_3
7	仪器"工作"工常,开关打"测试"不能"通"、"断"输出,或"通"、"断"时间不对	(1) 时间控制板损坏 (2) V_8 场管损坏	换 G_1 或 D_1、D_2、D_3 或 V_8
8	控制台"测试"正常,"远控通断"不正常	(1) 没有远控信号 (2) 时间板 D_5 等损坏	(1) 检查"远控通断"接线 (2) 换 D_5 或 V_7

三、PS-1LC 恒电位仪和 CBZ-3/B 阴极保护控制台阴极保护系统接线图(见图7-8-5)

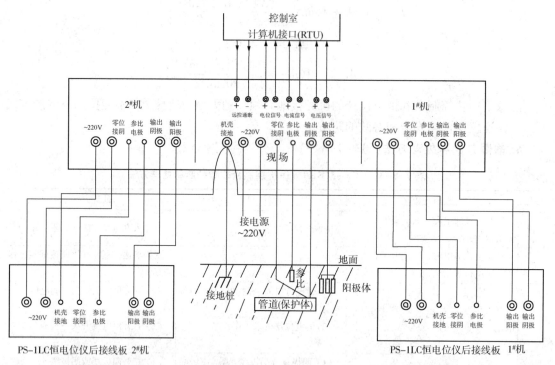

图7-8-5　PS-1LC 恒电位仪和 CBZ-3/B 阴极保护控制台阴极保护系统连线圈

第八章　电气系统

第一节　油气管道电气系统

电气在天然气管道输送中的应用越来越广泛。电能可以由太阳能、机械能和化学能转换而来，并可直接作为动力开动各种机械(如阀门、泵、风机和电动工具等)；可转换为热能(如电伴热、加热等)；可以转换为化学能(如电解、电离、电化学加工等)；还可用于管道输送过程中的通讯、测量、阴极保护等各个专业和环节。因此，保证电气设备的安全、可靠、平稳运行意义重大。相关工作的专业人员，必须了解和掌握电气设备的基本原理和运行维护的基本知识。

一、天然气站场及管线电气系统介绍

1. 输油气站场配电系统

开关柜的基本框架由标准预制构件组装而成，柜体全部用螺栓固定，零部件具有良好的通用性，适用性好且具有较强的机械力。柜体由框架、功能梁、功能隔板、侧板、顶盖、底板、前后门及元气件安装板等以螺栓紧固连接而成。柜体分五个功能性区域，分别是：

(1) 水平母线室：传输电能；

(2) 垂直母线室：分配电能；

(3) 功能单元室：保护回路；

(4) 外接电缆室：输出电能；

(5) 辅助单元室：控制回路。

为保护人身和财产安全，将每个回路之间设计成纵横分隔的结构；将原来敞开式的低压开关柜，按需要分隔成若干单独的小室，最多可安装 20 个回路；主母线、分支母线、电器元件、出线电缆均可设置在单独的小室内，使原来裸露的导线都被相互隔开，故在每个回路之间检修和维护保养时，绝对避免了触电的危险，充分保证了人身安全，同时由于回路之间的小室隔离，能避免某个元气件故障扩大到相邻单元而危害整面开关柜的隐患，达到了安全供配电的目的。

开关柜正面布置各个单元的分室小门，小门上装有开关手柄，此手柄和门带有机械联锁，即开关在带电的状态下小室的门不能打开。小室的门上可根据用户的需要安装各种测量仪表、指示灯、按钮和转换开关等，十分方便灵活。同时开关柜的端子设在各自的小室后或小室相邻侧面，控制电缆设有专门的通道，安装后十分整洁，外形美观大方，检查方便。

断路器等主要元气件的安装是根据其规格、特性和使用要求，采用固定式、插拔式、抽出式三种方式安装，十分灵活。其中插拔式安装的断路器，是采用自配的插接件与垂直母线连接，无须中间机构，安全性高，互换性强；插拔式断路器采用板后接线底座方式，保证了室门打开后无带电部分外露。

开关柜按用途可划分为：受电柜、母联柜、馈电柜、电动机控制柜、无功补偿柜和计

量柜。

水平母线由母线夹固定,位于柜顶部母线室。顶盖部分装有铰链,可向上翻转,柜与柜之间的水平母线无需任何专用工具,可在现场进行多台安装,同时减小了安装时所需的空间。水平母线可安装于柜顶母线室前侧或后侧,便于柜顶或柜底出线。

抽屉单元导轨为铝合金型材,配合紧密,相同单元互换性好。面板有"连接"、"移出"、"隔离"、"试验"位置指示,用专用内六角工具操作,使用户可直观了解抽屉单元状态。

固定分隔单元及抽屉单元一、二次接线端子排列为左右排列,不同于原 GCK 等柜型的上下排列方式,使接线、维护、检修更加方便。

2. UPS 不间断电源系统

UPS 是不间断电源系统(Uninterruptible Power Supply)的简称,是利用电池化学能作为后备能量,在市电断电或电网故障时,不间断地为用户设备提供电能的一种能量转换装置。它不仅在输入电源中断时可立即供应电力,在输入电源正常时也可对品质不良的电源进行稳压、稳频、滤除噪声、净化电源、避免高频干扰等以提供使用者稳定纯净的电源。不间断电源(UPS)在现实生产中有着广泛的应用,医院、机场、输油站、输气站及大型生产企业的稳定有序运行,都需要 UPS 设备的大力支持。

UPS 电源主要由整流器、蓄电池、逆变器、静电开关几部分组成。

(1)整流器　整流器是一个整流装置,简单地说就是将交流电(AC)转换为直流电(DC)的装置。它有两个主要功能:①将交流电变成直流电,经过滤波后供给负载,或供给逆变器;②给蓄电池提供充电电压。

(2)蓄电池　蓄电池是 UPS 用来储存电能的装置,它由若干个电池串联而成,其容量大小决定了其维持放电(供电)的时间。

(3)逆变器　通俗地讲,逆变器是一种将直流电(DC)转化为交流电(AC)的装置。它由逆变桥、控制逻辑和滤波电路组成。

(4)静态开关　静态开关又称静止开关,它是一种无触点开关,是用两个可控硅反向并联组成的一种交流开关,其闭合和断开是由逻辑控制器进行控制。

3. 应急发电系统

电力负荷应根据对供电可靠性的要求及中断供电在政治、经济上所造成损失或影响的程度进行分级,一级负荷应由两个电源供电,当一个电源发生故障时,另一个电源不应同时受到损坏。特别重要的负荷,除由两个电源供电外,尚应增设应急电源,并严禁将其他负荷接入应急供电系统。

常用的主要应急电源有以下几种:

(1)独立于正常电源的发电机组;

(2)供电网络中独立于正常电源的专用的馈电线路;

(3)蓄电池;

(4)干电池。

以柴油发电机为例,柴油发电机在事故停电的时候能迅速恢复供电,保证重要设备正常运行,减少停电造成的影响。

应急柴油发电机组有以下两个工作特点:

(1)作应急设备用,连续工作时间不长,一般只运行几个小时,或少于 12h。

(2)应急柴油发电机组,顾名思义是应急用的,平时处于停机待机状态,只有当站场全部发生故障断电以后，应急柴油发电机组才启动，当主电恢复正常以后，随即切换停机。

1）应急柴油发电机组台数的确定

有多台发电机组备用时，一般只设置1台应急柴油发电机组，从可靠性考虑也可以选用2台机组并联进行供电。应急用的发电机组台数一般不宜超过3台。当选用多台机组时，机组应尽量选用型号、容量相同，调压、调速特性相近的成套设备，所用燃油性质应一致，以便进行维修保养及共用备件。当应急用的发电机组有2台时，自启动装置应使2台机组能互为备用，即市电电源故障停电经过延时确认以后，发出自启动指令，如果第1台机组连续3次自启动失败，应发出报警信号并自动启动第2台柴油发电机。

2）应急柴油发电机组容量的确定

应急柴油发电机组的标定容量为经大气修正后的12h标定容量，其容量应能满足紧急供电总计算负荷，并按发电机容量能满足一级负荷中单台最大容量电动机启动的要求进行校验。应急发电机一般选用三相交流同步发电机，其标定输出电压为400V。

3）应急柴油发电机组的控制

应急柴油发电机组的控制应具有快速自启动及自动投入装置。当主电源故障断电后，应急机组应能快速自启动并恢复供电，一级负荷的允许断电时间从十几秒至几十秒，应根据具体情况确定。当重要工程的主电源断电后，应经过3~5s的确定时间，以避开瞬时电压降低及市电网合闸或备用电源自动投入的时间，然后再发出启动应急发电机组的指令。从指令发出、机组开始启动、升速到全负荷需要一段时间。一般大、中型柴油机还需要预润滑及暖机过程，使紧急加载时的机油压力、机油温度、冷却水温度符合产品技术条件的规定；预润滑及暖机过程可以根据不同情况预先进行。应急机组投入运行后，为了减少突加负荷时的机械及电流冲击，在满足供电要求的情况下，紧急负荷最好按时间间隔分级增加。

4）应急柴油发电机的选择

应急柴油机组宜选用高速、增压、油耗低、同容量的柴油发电机组。高速增压柴油机单机容量较大，占据空间小；柴油机选用电子调速器或液压调速装置，调速性能较好；发电机宜选用配无刷励磁或相复励磁装置的同步发电机，运行较可靠，故障率低，维护检修较方便；当一级负荷中单台空调器容量或电动机容量较大时，宜选用三次谐波励磁的发电机组；机组装在附有减震器的共用底盘上；排烟管出口宜装设消声器，以减小噪声对周围环境的影响。

4. 电气接地系统

在电力系统中，接地是用来保护人身及电力、电子设备安全的重要措施。接地能防止人身遭受电击、设备和线路遭受损坏、预防火灾和防止雷击、防止静电损害和保障电力系统正常运行。

输油气站场接地系统划分：防雷接地(楼顶上的避雷针和避雷网等)，还包括预埋在混凝土中的接地网，这是接地总网；按工艺划分，可分为电气接地系统(主要指机械、电气设备)和仪表接地系统(包含计算机自动化系统)。

1）电气接地

(1) 交流工作接地　将电力系统中的某一点，直接或经特殊设备与大地作金属连接。工作接地主要指的是变压器中性点或中性线(N线)接地。N线必须用铜芯绝缘线。在配电中存在辅助等电位接线端子，等电位接线端子一般在箱柜内。必须注意，该接线端子不能外露；不能与其他接地系统，如直流接地、屏蔽接地、防静电接地等混接；也不能与PE线连接。

(2) 安全保护接地　安全保护接地就是将电气设备不带电的金属部分与接地体之间作良好的金属连接。即将站内的用电设备以及设备附近的一些金属构件，用 PE 线连接起来，但严禁将 PE 线与 N 线连接。

(3) 重复接地　在低压配电系统的 TN-C(三相四线制供电)系统中，为防止因中性线故障而失去接地保护作用，造成电击危险和损坏设备，应对中性线进行重复接地。

2) 仪表接地

(1) 直流接地　为了使各个电子设备的准确性好、稳定性高，除了需要一个稳定的供电电源外，还必须具备一个稳定的基准电位。可采用较大截面积的绝缘铜芯线作为引线，一端直接与基准电位连接，另一端供电子设备直流接地使用。

(2) 屏蔽接地与防静电接地　为防止安装 DCS、PLC、SIS 等设备的控制室、机柜室、过程控制计算机的机房在干燥环境产生的静电对电子设备的干扰而进行的接地称为防静电接地。为了防止外来的电磁场干扰，将电子设备外壳体及设备内外的屏蔽线或所穿金属管进行的接地，称为屏蔽接地。

(3) 功率接地系统　电子设备中，为防止各种频率的干扰电压通过交直流电源线侵入，影响低电平信号的工作而装有交直流滤波器，滤波器的接地称为功率接地。

二、电气日常操作与设备维护

1. 电气巡检

电气设备巡检工作是为了保障电气设备"安全、可靠、持续"的正常运行，必须在事故发生之前，发现事故苗头，消除事故隐患，真正做到"预防为主"。巡检人员要责任心强、态度端正、观察细致、思维敏捷，了解设备结构、性能和运行参数。

1) 巡检工作安排

(1) 巡检时间安排：每 2h 巡回检查一次，或与站内工艺区巡检时间一致。

(2) 巡检人员安排：巡检人员应由经过培训能独立处理电气故障的人员担任。

2) 巡检线路的设置

根据站场内电气设备分布图制定基本巡视线路。

3) 巡检点的设置

(1) 巡检点必须与被检设备有足够的安全距离。

(2) 巡检点必须做到"重要设备要见牌"，巡检牌必须固定安装，表面清洁无损坏。

(3) 所有巡检线路和巡检点的设置都须经过电气主管、HSE 人员批准和现场确认方可实施。

4) 巡检工作要求

(1) 巡检人员按规定的巡检路线实施巡检。每次巡检由两人进行，如一人进行检查，不准进行任何操作。

(2) 巡检人员按规定巡视检查电气设备的声音、电流、电压、温度、振动、润滑油和油脂等情况，并作好记录。

(3) 巡检人员必须自带必要的器具(验电笔、点温计、及照明用具)，及时掌握电气设备的运行与备用状态，认真作好巡检记录。

(4) 在巡检过程中，发现故障问题，要按轻、重、缓、急要求和经有关部门签发工作票或操作票后，再进行处理，力量不足时，应请求检修人员支援。暂时无法处理的应及时向电气主管和站长报告，同时作好设备的缺陷记录，并制定出处理措施和应急预案待批。

（5）巡检人员每周对所有的运行电动机进行一次状态监测，对备用电动机进行一次绝缘检测，并作好记录。

（6）对于要求特护的关键设备，按特护的要求加强巡回检查。

（7）在恶劣天气及特殊环境条件下，应对高压电机、电缆室、架空线、露天设备等易出现问题的设备及部位、有缺陷的设备进行特殊的巡视。

（8）巡回检查过程中，巡检人员在发生事故并接到处理事故的命令时，应先处理事故，待事故处理完毕后再进行检查。

（9）巡回检查完毕，应填写"巡检记录"，签名后交电气主管审查。

5）参数记录要求

（1）一、二次系统的电压、电流和功率的记录，有功、无功电量的小时记录，功率因数和负荷率等的记录。

（2）各路出线的负荷记录。

（3）主设备的温度、冷却系统的运行情况和充油设备的油位指示的记录。

（4）异常现象和事故处理的记录。

（5）接、发操作令任务记录。

2. 变电所倒闸操作

电气设备的投入和退出运行以及系统运行方式的改变都必须通过倒闸操作来实现。如交直流回路的投入与拉开；自动装置的投入或停用；备用或检修后的设备投入运行；汇流母线由分段运行变为并列运行等都需要通过断路器、隔离开关或闸刀开关进行操作。

倒闸操作是供、用电系统运行过程中一项重要而复杂的工作，倒闸操作的正确与否，关系到供、用电系统中人身和设备安全，因此对倒闸操作的操作技术和方法有严格的要求，必须按操作项目、顺序、方法去进行操作，否则将会造成母线之间的非同期并列，带负荷拉、合隔离开关，带电挂接地线或未拆地线就送电等误操作，从而导致发生恶性事故。

1）母线的倒闸操作

在母线倒闸操作前应做好充分准备，操作时要严格执行预定的操作方案，并注意下列问题：

（1）在双母线接线中，倒母线操作的顺序是：先合母联隔离刀闸和母联断路器，并将断路器改为非自动，再操作线路隔离开关，即先逐一合上备用母线上的隔离开关，再逐一拉开工作母线上的隔离开关。在操作过程中应注意电流分布情况，防止母联断路器过负荷。

（2）当接通热备用设备的电源进行倒母线操作时，要先拉后合，防止发生通过两组母线隔离开关合环的误操作。

（3）对运行中的双母线需要停一组时，要防止由电压互感器低压侧倒充电。

（4）线路倒母线后，要把线路上的电压互感器电源作相应切换。有母线动差保护的线路应按母线差动保护的有关规定执行。

（5）若母线上已有一组电容器运行，不允许将另一组电容器投入，以免倒充电。

2）停、送电操作

（1）停电

① 停电前要明确工作（操作）票内容，核对停电的设备；

② 根据工作需要，穿戴绝缘靴和绝缘手套；

③ 在专人监护下进行操作;

④ 停电后要认真检查,并采取接地线、装设遮栏、悬挂警告牌等安全措施;

⑤ 无论高压或低压,断路器手柄要上锁并挂警告牌。

(2) 送电

① 应有负责人签署的送电工作票;

② 送电前要明确工作(操作)票内容,核对送电的设备;

③ 穿戴绝缘鞋和绝缘手套;

④ 拆除临时接地线、遮栏等设施;

⑤ 在专人监护下摘下停电警牌,合闸送电。

3) 强送电和试送电

(1) 强送电是指无论跳闸设备有无故障,立即强行合闸送电的操作。在以下情况下,应立即强送电:

① 投入自动合闸装置的送电线路,跳闸后而未重合者(母线的保护装置动作跳闸除外);

② 投入备用电源自动投入装置的厂用工作电源,跳闸后备用电源未投入者;

③ 误碰、误拉和无任何故障征象而跳闸的断路器,并确认对人身和设备的安全无威胁者。

(2) 试送电是指在设备跳闸后,只进行外部检查和只对保护装置的动作情况进行分析判断而未进行内部检查,或者不进行外部检查(如送电线路跳闸),即试行合闸送电的操作。在以下情况下,一般可以试送电:

① 保护装置动作跳闸,而无任何事故征象,判定该保护装置误动作,可不经检查,退出误动作保护装置试送电(但设备不得无保护装置试送电);

② 后备保护装置动作跳闸,外部故障已切除,可经外部检查或不经外部检查(视负荷情况和调度命令而定)试送电。

4) 操作注意事项

(1) 倒闸操作必须有二人执行,指定对设备较为熟悉者作监护。

(2) 停电拉闸操作必须按开关、负荷侧闸刀开关、母线侧闸刀开关的顺序依次操作,送电合闸的顺序与此相反,严禁带负荷分断闸刀开关。

(3) 操作中发生疑问时,不准擅自更改操作票,必须确定清楚后再进行操作。

(4) 用绝缘棒分合闸刀开关或经传动机构分合闸刀开关,都应戴绝缘手套;雨天操作室外高压设备时,绝缘棒应有防雨罩,并要穿绝缘鞋,雷电时禁止进行分合闸操作。

(5) 装卸高压熔断器,应戴护目眼镜和绝缘手套,必要时可使用绝缘夹钳,并站在绝缘垫或绝缘台上。

(6) 电力设备停电后,即使是事故停电,在未分断有关闸刀开关并做好安全措施之前,不得触及设备或跨越遮栏,以防止突然来电。

3. 配电室安全操作

电气工作人员在生产活动中经常使用的各种电气工具。这些工具不仅对完成工作任务起到一定的作用,而且对人身安全起到重要保护作用。如,防止人身触电、电弧灼伤等。要充分发挥电气安全用具的保护作用,电气工作人员必须对各种电气安全用具的基本结构、性能有所了解,正确使用电气安全用具。

1）绝缘棒

（1）用途　用来闭合或断开高压隔离开关、跌落保险，也可用来安装和拆除临时接地线以及用于测量和试验工作。

（2）安全操作要点　不用时应该垂直放置，最好摆放到支架上面，不应使其与墙壁接触，以免受潮。使用时，一定要查看检验时间，是否在有效期内，伸缩式的绝缘棒，一定要对每节进行紧固，防止脱落。手一定要握在安全范围内，防止发生触电。

2）绝缘夹钳

（1）用途　用来安装高压熔断器或进行其他需要有夹持力的电气作业时的一种常用工具。

（2）安全操作要点　工作时戴护目镜、绝缘手套，穿绝缘鞋或者站在绝缘垫上，精神集中，注意保持身体平衡，握紧绝缘夹，不使夹持物滑脱落下；潮湿天气应使用专门的防雨绝缘夹钳；不允许在绝缘夹钳上装接地线，以免接地线在空中悬荡，触碰带电部分造成接地短路或人身触电事故；使用完毕，应保存在专用的箱子里或匣子里，以免受潮和破损。

3）验电器

（1）用途　用来检查设备是否带电的一种专用安全用具，分为高压、低压两种。

（2）安全操作要点　应选用电压等级相符，且经试验合格的产品；验电前应先在确知带电设备上试验，已证实其完好后，方可使用。

4）绝缘手套

（1）用途　用于在高压电气设备上进行操作。

（2）安全操作要点　使用前，要认真检查是否破损、漏气，是否在试验的有效期内，并选用相符的电压等级。用后应单独存放，妥善保管，防止其他尖锐物品划破手套。

5）绝缘鞋

（1）用途　进行高压操作时用来与地面保持绝缘。

（2）安全操作要点　严禁作为普通鞋穿用，使用前应检查有无明显破损，是否在试验的有效期内，并选用相符的电压等级。用后要妥善保管，不要与石油类油脂接触。

6）电工安全腰带

（1）用途　在电杆上、户外架构上（2m以上的设备）进行高空作业时，用于预防高空坠落，保证作业人员的安全。

（2）安全操作要点　不用时挂在通风处，不要放在高温处或挂在热力管道上，以免破损。使用前，要进行细致检查，是否有破裂或腐烂；使用时，要高挂低用，悬挂在牢固安全的设备上。

7）安全帽

（1）用途　保护使用者头部以免受外来伤害的个人防护用具。

（2）操作安全要点　帽壳完整无裂纹或损伤，无明显变形，在有效使用期内；使用时要按照规定佩戴，下颚带一定要系好，防止安全帽脱落。

8）临时接地

（1）用途　为防止向已停电检修设备送电或产生感应电压而危及检修人员生命安全而采取的技术措施。

（2）安全操作要点　挂接电线时要先将接地端接好，然后再将接电线挂在导线上，拆卸的顺序与此相反；在操作时，一定要两名或者两名以上人员进行挂接（拆卸）接地线，并应使用绝缘棒和绝缘手套；在使用前一定要对接地线进行检查，连接处是否牢固。

9）防护遮拦、标识牌

（1）用途　提醒工作人员或非工作人员应注意的事项。

（2）安全操作要点　标识牌内容正确、悬挂地点无误；遮拦牢固可靠；严禁遮拦或取下标识牌。

4. 配电设备的维护

1）维护工作的内容和注意事项

维护工作的作用是保持开关柜无故障运行，并达到尽可能长的使用寿命。为此，要做好下列紧密相关的工作：

（1）检查　实际运行状况的确认；

（2）保养　保持规定运行状况的措施；

（3）修理　恢复规定运行状况的措施。

同时要注意以下事项：

（1）维护工作只能由训练有素的专职人员执行。他们通晓开关柜，重视 IEC 和其他技术机构规定的相关的安全规程及其他重要导则。

（2）某些设备/元件（如磨损件）的检查和保养间隔（维护周期）取决于运行时间的长短、操作频繁程度和短路故障开断次数等。其他一些部件的维护周期则取决于具体场合的工作方式、负荷程度和环境影响（包括污染和腐蚀性空气）。

（3）必须遵守设备说明书和所配置的断路器和负荷开关的操作指南。

2）检查和保养

根据运行条件和现场环境，每 2~5 年应对开关柜进行一次检查和保养。

（1）检查工作应包括（但不限于）下列内容：

① 根据 IEC（国际电工委员会）和其他机构规定的安全规程，隔离要进行工作的区域，并保证电源不会被重新接通。

② 检查开关装置、控制、联锁、保护、信号和其他装置的功能。

③ 检查隔离触头的表面状况，移去断路器小车、支起活门，目测检查触头。若其表面的镀银层磨损，或表面腐蚀、出现损伤或过热（表面变色）痕迹，则更换触头。

④ 检查开关的附件和辅助设备，检查绝缘保护板，它们应保持干燥和清洁。

⑤ 在运行电压下，设备表面不允许出现外部放电现象，可以根据噪声、异味和辉光等现象来判断。

（2）基本的保养和检查主要包括如下内容：

① 发现装置肮脏（热带气候中，盐、霉菌、昆虫、凝露都可能引起污染）时，仔细擦拭设备，特别是绝缘材料表面；用干燥的软布擦去附着力不大的灰尘；用软布浸轻度碱性的家用清洁剂，擦去黏性/油脂性脏物，然后用清水擦干净，再干燥；对绝缘材料和严重污染的元件，用无卤清洁剂；应遵守制造厂的使用说明和相关指南；严禁使用三氯乙烷、三氯乙烯或四氯化碳。

② 如果出现外部放电现象，可在放电表面涂一层硅脂膜作为临时修补。

③ 检查母线和接地系统的螺栓连接是否拧紧，隔离触头系统的功能是否正确。

④ 断路器小车插入系统的机构和接触点的润滑不足或润滑消失时，应加润滑剂。

⑤ 给开关柜内的滑动部分和轴承表面（如活门、联锁和导向系统、丝杆机构和手车滚轮等）上油，或清洁需上油的地方并涂润滑剂。

⑥ 遵守开关装置说明书中的维护指导。

5. 不间断供电系统（UPS）操作与维护

1）操作规程

（1）运行模式

① 市电逆变供电模式　UPS 安装完毕后，按下"开机/消音"按钮 1s 以上，听到鸣叫之后即可。

② 旁路供电模式　在投入市电但未开机，或开机后出现输出过载等情况时，负载所需的电源由市电输入直接经旁路提供；充电器对电池充电。

③ 电池供电模式　在市电掉电或市电电压超限时，整流器和充电器停止运行，电池组放电，通过逆变器向负载提供电源。

④ 故障模式　在市电供电模式下，若出现逆变器故障、机内温度过高等情况，UPS 将转为旁路供电；在电池供电模式下，若出现逆变器故障、机内温度过高等情况，UPS 将关机，输出中断。一旦 UPS 发生故障，面板故障指示灯变亮（红色），蜂鸣器长鸣（电池、充电器故障除外），相应的故障定位指示灯闪烁。

（2）常见操作

① 系统上电

连接好输入电源线（如果有外接电池，还应合上电池开关），合上输入开关（只有 2kVA/3kVA 机型需要），此时系统启动，后面板风扇开始运转，系统进入自检（包含电池），待自检完成（蜂鸣器鸣叫两声表示启动正常）后，进入旁路供电模式，面板市电指示灯和旁路指示灯亮。

② 逆变供电

a. 市电逆变供电　正常情况下，用户应把 UPS 设为市电逆变工作模式。系统上电后，按下"开机/消音"键约 1s，直到听到"滴"的提示声，待数秒钟后面板旁路指示灯灭，逆变指示灯亮，表示 UPS 已工作在市电逆变供电模式。系统运行正常后，逐步投入负载，面板的负载指示灯点亮数目增多。若负载指示灯全亮，蜂鸣器每 0.5s 鸣叫一声，表示有过载发生，此时应立即卸除部分负载。一般建议负载量以 70% 为宜，以保证突来的短时额外负载不至于影响 UPS 的运行，同时还可大大延长 UPS 的使用寿命。

b. 电池逆变供电　在没有市电情况下，可利用电池直接开机。按下"开机/消音"键约 1s，直到听到"滴"的提示声，系统自检后，电池指示灯和逆变指示灯亮，蜂鸣器每 3s 鸣叫一声，表示 UPS 已正常工作在电池供电模式；加载过程同前述市电逆变供电模式。

2）维护、保养规程

（1）日检

① 检查控制面板：确认所有指示正常，液晶显示屏显示参数正常，面板无报警指示及无报警声响；

② 检查 UPS 各部无明显高温现象；

③ 检查有无异常噪声；

④ 确认散热通道无阻塞，设备无明显积灰；

⑤ 检查风机是否运转正常。

（2）周检

① 测量并记录电池充电电压；

② 测量并记录电池充电电流；

③ 测量并记录 UPS 三相输入、输出电压；

④ 测量并记录 UPS 输出各相电流及当时负载情况，如果控制面板显示测量值与实测值或计算值不符，应及时记录相关信息并联系修理。

（3）年检

注意：负载需要停电或由维修旁路供电或由其他电源供给。

① 首先按周检的内容进行检查；

② 不能停电的，切换至备用电或维修旁路供电；

③ 关断 UPS，断开市电输入开关和电池开关，等待 5~8 min；

④ 确认待检部位无电压；

⑤ 拆开 UPS 外壳及保护盖板；

⑥ 特别注意检查以下几部分：电容是否漏液或变形；磁性元件有无过热痕迹或裂痕；电缆及连接线有无老化磨损及过热现象，接插件是否松动；其他元器件是否紧固、有无脱焊现象；检查印刷电路板的清洁度和完整性；

⑦ 清除各部的杂质及灰尘；

⑧ 将 UPS 重新装好，重新上电，正常后，按操作程序投入带载运行。

（4）其他检查

① 输入、输出电缆绝缘及连接端检查，周期不超过 2 年，应完全断电；

② 如果 UPS 配有防雷装置，需按周检进行，在多雷和潮湿季节需列入日检内容。

（5）电池维护

① 定期检查蓄电池的状态。保持蓄电池室或电池柜、支架的清洁，定期清除漏出的电解液，清洗连接条和连接螺丝处的氧化物，并涂以凡士林和黄油，紧固松动的螺丝，保持蓄电池连接良好，防止大电流放电时产生打火和过大的压降；

② 每个季度检查一次蓄电池绝缘，每月普测单节电池的电压，保证在三个月内对电池组进行一次充放电，并作好记录；

③ 准备停用的电池，在停用前应先充电，并每隔 1 个月充电一次；

④ 每次充放电要求记录充电和放电起始时间、起始电流和电压(包括单节电池电压和总电压)。

（6）注意事项

电源设备内含电池，即使在未接交流电市电的情况下，其输出端仍可能会有电压存在。

① 当 UPS 需要移动或重新配线时，必须切断输入，并保证 UPS 安全停机，否则输出仍可能有电，有触电的危险。

② 为确保用户的人身安全，电源产品必须有良好的接地保护，在使用之前首先要可靠接地。

③ 使用环境及保存方法对产品的使用寿命及可靠性有一定影响，因此，请注意避免长期在下列环境中使用：

a. 超过技术指标规定(温度 0~40℃，相对湿度 5%~95%)的高、低温和潮湿场所；

b. 阳光直射或靠近热源的场所；

c. 有振动、易受撞的场所；

d. 有粉尘、腐蚀性物质、盐分和可燃物气体的场所。

④ 保持排气孔的通畅。进、排气孔的通风不畅会导致 UPS 内部的温度升高，使机器中元器件的寿命缩短，从而影响整机寿命。

⑤ 液体或其他外来物体绝对不允许进入电源机箱内。

⑥ 万一周围起火，请使用干粉灭火器，若使用液体灭火器会有触电危险。

⑦ 电池的寿命随环境温度的升高而缩短。定期更换电池可保证 UPS 工作正常，且可维持足够的后备时间。更换电池必须由授权技术人员执行。

⑧ 如果长时间放置不使用，必须将 UPS 存放在干燥的环境中。标准机（带电池）的存储温度范围：-20~55℃；长延时机（不带电池）的存储温度范围：-40~70℃。

⑨ 电源长期停用情况下，建议每 3 个月插上交流电源 12h 以上，以避免电池长期不用而损坏。

⑩ 勿将电池打开或损坏，电解液对皮肤和眼睛都会造成伤害，如果不小心接触到电解液，应立即用大量的清水进行清洗并去医院检查。

6. 电机与发电机的维护

1）电机的维护

电机的维护从五个方面入手，即看、听、摸、测、做，只要认真坚持做好这五个方面，绝大多数故障都可以预防和避免，可减少备件和修理费用。

（1）看　看电动机工作电流的大小和变化，看周围有没有漏水、滴水（会引起电动机绝缘被击穿而烧坏）。看电动机外围是否有影响其通风散热环境的物件，看风扇端盖、扇叶和电动机外部是否过脏需要清洁，确保其冷却散热效果。

（2）听　听电动机的运行声音是否异常，机房噪音较大时，可借助于螺丝刀或听棒等辅助工具，贴在电动机两端听，不但能发现电动机及其拖动设备的不良振动，连内部轴承油的多少都能判断，从而及时添加轴承油，或更换新轴承等，避免电动机轴承缺油干磨而堵转、扫膛烧坏。电动机用油枪加油时需注意使用专用轴承油（-35~140℃），并将另一边的螺丝拆卸开，以便将旧油挤换出来。防止加油时因压力大把油挤到电动机内部，运转时溅到定转子上，影响电动机的散热功能等。

（3）摸　用手背探摸电动机周围的温度，或用测温枪检查。在轴承状况较好情况下，一般两端的温度都会低于中间绕组段的温度。如果两端轴承处温度较高，应结合所测的轴承声音情况检查轴承。如果电动机总体温度偏高，应结合工作电流检查电动机的负载、装备和通风等进行相应处理。

根据电动机所用绝缘材料的绝缘等级，可以确定电动机运行时绕组绝缘能长期使用的极限温度，或者电动机的允许温升（电动机的实际温度减去环境温度）。各国绝缘等级标准有所差异，但基本分为 Y、A、E、B、F、H、C 几个等级，其中 Y 级的允许温升最低（45℃），而 C 级的允许温升最高（135℃以上）。从轴承油和其他材料方面考虑，用温度表贴紧电动机测量的温度最好控制在 85℃以下。

（4）测　在电动机停止运行时，用绝缘表测量其各相对地或相间电阻，发现绝缘不良时用烘潮灯烘烤以提高绝缘，避免因绝缘太低（推荐值>1MΩ）击穿绕组烧坏电动机。设有烘潮电加热的电动机除非特殊情况，不要随意关掉加热开关。在潮湿天气和冬季时要特别注意电动机的防水、防潮和烘干。露天及潮湿场所的电动机要特别注意防水，对怀疑严重受潮或溅过水的电动机，使用前更应认真检查。有条件的应缝制帆布罩加以防护，以保证电动机绝缘，但高温天气或长时间连续使用时需将帆布罩取下，以防散热受阻导致电机过热烧毁。如果发现电动机浸泡水，要将电动机解体后抽出转子，用60~70℃热淡水反复冲洗，并用压缩空气吹干后，再用烤灯从电动机定子内两端烘烤，直止电动机绝缘升全正常。

（5）做　不但要对检查中发现的问题及时采取补救措施，还要按保养周期（每月）对电动机进行螺丝、接线紧固及拆解检查、清洁保养等。例如，电动机端盖4个固定螺丝全部松脱，会造成扫膛运转烧坏；电动机接线螺栓松动虚接会造成缺相烧坏；电动机风扇叶脱落抵住机体会造成堵转而烧坏；电动机轴承润滑不良、运行温度高，而未及时补充润滑油或更换轴承会造成电动机烧坏。

总之，电动机故障大部分都是由缺相、超载、人为因素和电动机本身原因造成，线路部分应该做到开机前必查，启动完毕也应该查看三相电流是否均衡。工作环境的好坏决定电动机的保养周期。潮湿大，粉尘多，露天的工作环境就要经常检查保养。工作环境差的建议每月检查一次，看看接线接头是否松动，轴承是否损坏，是否缺少油脂。只要通过系统分析，采取相应的措施，做好定期检查，就能减少电动机故障和事故，从而提高电动机的使用效率。在正常运行及维护检修过程中总结经验，熟悉电动机常见故障的部件和原因，做到定期检查，确保电动机安全可靠地运行。

2）发电机的维护

为了延长柴油发电机组的使用寿命，以及提高它的使用效率，除了季节性的保养，也不能忽视柴油发电机组的日常维护保养。

（1）日常维护

① 检查柴油发电机组的相线、N线和接地线的紧固情况。

② 机组每月要启动两次，每次的启动运行时间不少于10min，以确保机组活动部位的润滑。

③ 每月要进行一次整体常规检查，以备下次使用。检查的内容包括：

a. 检查燃油箱的油量；

b. 检查柴油机的油底壳油面；

c. 检查水箱液面情况；

d. 检查油、气、水管有无泄漏；

e. 检查柴油机的各附件连接螺栓紧固情况；

f. 检查电气仪表的导线连接情况；

g. 检查各仪表有无异常；

h. 检查喷油泵的连接法兰面有无渗油；

i. 检查冷却风扇的安装是否牢固，所有风页是否有铆钉松动、裂纹和碰弯变形现象，如有发现应换新，以免因风叶不平衡而折断或打坏散热器；

j. 每年对风扇的轴承座进行补脂；

k. 定期对发电机的无载端的轴承进行补脂；

l. 清洁柴油机及附属设备的卫生。

④ 每年要对机组进行一次常规保养。

（2）日常保养

① 蓄电池

a. 铅酸蓄电池长期不用时，为避免蓄电池损坏，应每个月对蓄电池进行一次充电，保证蓄电池组在满电量状态（电压24V以上）；

b. 蓄电池在放电后，应在最短的时间内进行充电，以免发生极板硫化反应；

c. 应经常检查蓄电池电解液面的高度，一般应高出极板顶面 10~15mm，发现不正常时应加注比重为 1:400 的稀硫酸或蒸馏水进行调整，禁止加注自来水、河水、井水或浓硫酸；

d. 经常清理蓄电池的表面，保证电池干净无异物，接线桩子无腐蚀；

e. 充电时，将蓄电池正极接到直流充电器电源的正极，蓄电池负极接到直流充电器电源的负极，并必须旋开通气孔，让充电时产生的气体外逸畅通，充电时禁止明火；

f. 充电期间，电解液的温度不可超过 45℃，否则应降低充电电流或采取降温措施，以免电池过热缩短电池寿命。

② 柴油机空气过滤器

a. 空气过滤器的保养：检查空气过滤器上的进气阻力指示器的情况，当指示器的窗口由黄色变为红色，同时蓝色箭头指示 7.5kPa 真空度时，则表示该过滤器需要进行除尘保养，保养后按下指示器的上方，使指示器标志复位；

b. 空气过滤器累计工作 100h 后应清除集尘盆中的积灰，每使用累计 100~250h，取出滤芯用不大于 490kPa 的压缩空气从滤芯的内腔往外吹，用毛刷清理表面，禁止用油或清水清洗，发现滤芯破损严重应及时更换。

③ 柴油机机油滤芯

a. 柴油机每运行累积 200h 应用柴油拆洗柴油机的机油过滤器；

b. 过滤器破损或堵塞严重时应及时更换滤芯；

c. 清洗机油泵的吸油过滤网。

④柴油机的燃油过滤器

a. 在柴油机运行 100h 后或在使用中发现供油不畅，或使用了不清洁的燃油时，应及时清洗燃油过滤器；

b. 清洗时应将燃油滤芯浸泡在柴油中，使用毛刷轻轻地洗掉滤芯上的污物；

c. 如滤芯难以清洗或有破裂应及时更换滤芯。

⑤ 空气冷却器、水箱散热器

a. 清理空气冷却器表面附着的杂物，用吹风机或用自来水清理冷却器上的灰尘；

b. 每季度更换一次柴油机的冷却水，充装的冷却水应用纯水，以减缓锈蚀速度。

第二节　太阳能在油气管道站场中的运用

石油天然气管道绵延几百公里甚至数千公里，沿途可能经过人烟稀少的沙漠戈壁地区，往往离市电较远，尤其是一些管道中途无人值守的阀室一般采用太阳能光伏发电技术提供能源。图 8-2-1 为利比亚西部管道阴极保护站太阳能光伏发电系统。显然了解并正确地使用与维护太阳能系统对保证油气管道安全平稳运行具有较大的意义。

一、油气管道太阳能系统组成

太阳能发电有两种方式，一种是光-热-电转换方式，另一种是光-电直接转换方式。油气管道太阳能系统采用的是光-电直接转换方式。

油气管道使用的太阳能发电系统主要为沙漠戈壁等偏远地区的阀室和阴极保护站的自动化系统、电动阀门、管道阴极保护设备和站场照明提供无间断直流电源。其主要设备包括太阳能极板、控制器、电池组和直流电负载设备，如图8-2-2所示。

图8-2-1　利比亚西部管道阴极保护站太阳能系统

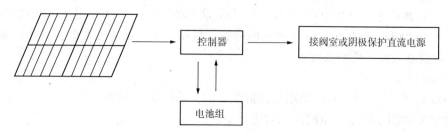

图8-2-2　管道太阳能系统框图

如果油气站场还需要交流电源，则太阳能系统必须增加一个逆变器，其作用是将太阳能设备发出的直流电转换为交流电，如图8-2-3所示。

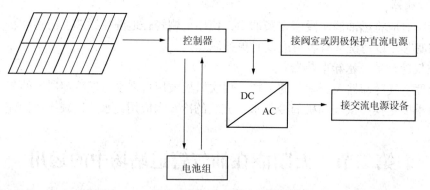

图8-2-3　带交流设备的管道太阳能系统框图

1. 光伏电池的原理

用于制作太阳能电池的材料是硅，硅的原子核外有4个自由电子，当受到太阳光照时，这些电子脱离原来的位置，硅元素留下4个空穴，如果在硅中掺入磷元素，因为磷元素核外是5个电子，给以少量能量磷的电子就会溢出，磷的电子与硅元素留下的空穴结合，留下一个自由电子，形成所谓的N型结（N代表负电）。如果在硅中掺入硼，因为硼的最外层只有三个电子，将留下所谓的P型结（P代表正电）。PN结的存在促使电子从P侧向N侧移动，但电子到达PN结时，PN结阻止电子继续移动，这样就在PN结处形成一个电场，产生了电压。把多个这样的太阳能电池原件串并联，就能产生需要的电压和电流，这就是太阳能电池。将一个负载连在太阳能电池的两极之间，负载上就会有电流流过，如图8-2-4所示，这就是太阳能电池光伏组件。太阳能电池吸收的光子越多，产生的电流也就越大。有了电流和电压，就有了功率，它是二者的乘积。

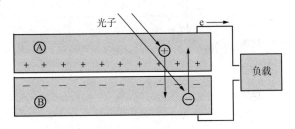

图 8-2-4　光伏电池的工作原理
Ⓐ—N 型硅；Ⓑ—P 型硅

2. 太阳能电池方阵

单个太阳能电池输出的电压和电流很小，如将若干个太阳能单体电池串并联起来就可以得到需要的电压和电流。一般按国际电工委员会 IEC 1215—1993 标准要求进行设计，采用 36 片或 72 片多晶硅太阳能电池进行串联以形成 12V 和 24V 各种类型的组件。将其封装后固定在支架上就组成太阳能电池方阵，如图 8-2-1 所示。这种组件的前面是玻璃板，背面是一层合金薄片。合金薄片的主要功能是防潮、防污。太阳能电池被镶嵌在一层聚合物中。在这种太阳能电池组件中，电池与接线盒之间可直接用导线连接。

太阳能电池的短路电流和日照强度成正比。但太阳能电池的输出随着池片的表面温度比上升而下降，输出随着季节的温度变化而变化。在同一日照强度下，冬天的输出比夏天要高。太阳直射的夏天，尽管太阳辐射量比较大，如果通风不好，导致太阳电池温升过高，也可能不会输出很大功率。通常油气管道太阳能电池板的功率为 200~15000W。

3. 蓄电池

太阳能蓄电池的作用就是白天将太阳能发电系统发出的部分能量储存起来，到夜晚或阴雨天时放出供用电设备使用。太阳能光伏电站的常用蓄电池有：铅酸蓄电池、密封铅酸蓄电池(阀控蓄电池)、镉镍蓄电池、铁镍蓄电池等。

常规铅酸太阳能蓄电池在使用过程中，电池的正极会产生氧气，负极会产生氢气。这些气体从太阳能蓄电池中不断逸出，会导致电解液逐渐失水，从而导致太阳能蓄电池性能下降，甚至电池干涸。蓄电池在维护中要定期检查，发现液位低于规定值要及时补液。太阳能免维护蓄电池(阀控密封铅酸太阳能蓄电池)在浮充电过程中，电池产生的氧气不断地在阴极板上还原成电解液，无剩余气体排放。电池几乎不失水。所谓免维护只是不必要检查测量电解液的比重和补水，并不是不需要维护。但是在不正常使用等特殊情况下，电池内反应平衡可能被打破，可能产生少量多余的气体，电池装有安全阀，当电池内气压超过一定数值时，安全阀开启，以便将多余气体排出；当电池内气压低于一定气压时，安全阀自动关闭，以隔绝电池外部气体进入。

蓄电池的容量常用电池放电电流与放电时间的乘积(安时)来表示。石油天然气管道阀室选用的太阳能蓄电池的容量一般为 200~5000Ah。

电池出厂时已经充好电，安装好后就可以投入使用。

电池的浮充电压值应随着环境温度的降低而适量增加，随着环境温度的升高而适量减少，其关系曲线如图 8-2-5 所示。由图可知，温度在 25℃时，电池的浮充电压为(13.65±0.1)V/台。

将太阳能电池串并联，可以提高太阳能电池的电压与电流。单块太阳能蓄电池不会有触

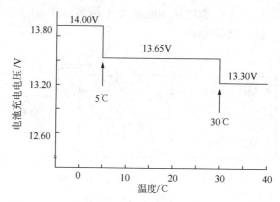

图 8-2-5　12V 系列太阳能电池电压-温度关系曲线

电危险，但多块太阳能电池串联后，可能有高压触电的危险。太阳能蓄电池两极柱切不可短路（碰头）。通常油气管道太阳能电压在 48V 左右即可。

由于电池中存有能量且包含酸性电解液，光伏系统中的电池可能非常危险，因此需要为它们提供一个通风良好的非金属外壳。

环境温度对电池寿命有很大的影响，当环境温度每升高 10℃，电池寿命约减少 50%。因此为了延长电池寿命，很多石油天然气管道都将太阳能电池安放在地下室里。

4. 控制器

当蓄电池发生过充电和过放电现象时，其性能和寿命都将大受影响，可以安装一个控制器自动防止蓄电池组过充电和过放电。控制器还具有一些其他功能如防止负载或充电控制器内部短路的电路保护；防止由于雷击引起的击穿保护；温度补偿功能等。有些控制器还具有逆变器的交直流转换功能。

通常油气管道太阳能充电控制器的控制电流在 10~200A 之间。

5. 逆变器

太阳能的直接输出一般为 12VDC、24VDC、48VDC，如果油气阀室需要给 220VAC、110VAC 的设备提供电源，可以增加一个 DC-AC 逆变器，将太阳能发电系统发出的直流电能转化为交流电能。

二、太阳能系统的使用与维护

1. 光伏系统的使用与维护

太阳能电池阵列的安装位置应该在阳光充足的地方。远离可能遮阴的树木和其他高大物体。太阳能极板排列行距要足够远，最小间距为 3m，以防止互相产生阴影。方阵的采光面应与太阳光垂直。

太阳能电池光板被树荫泥污等长时间遮挡，其他光照部位发出的电会被遮挡的电池消耗而发热，造成破坏，可以在太阳能电池的正负极间并联一个二极管，防止破坏。

为减少电缆压降，太阳能电池阵列和控制单元不要超过 15m 距离。

要经常保持光伏阵列采光面的清洁。如积有灰尘，可以用少量清水沾柔软的纱布轻轻擦拭，不要用大量清水冲洗，更不能用具有腐蚀性的溶剂去除或用硬物刮除。应该注意不要在阳光充足的太阳下冲洗，凉水可能会使晒热的玻璃破碎。严禁在风力大于 4 级、大雨或大雪的气象条件下清洗光伏组件。

太阳电池方阵在安装和使用中，严禁碰撞、敲击，以免损坏封装玻璃，影响性能，缩短寿命。遇有大风、暴雨、冰雹、大雪、地震等情况，应采取措施对太阳电池方阵加以防护，以免遭受损坏。模块应该以合适的方式牢牢地固定，能够承受所有预期的负载，应该能够承受风速 62.5m/s（225km/h）或 1800N/m² 的雪荷载。

光伏组件应定期检查，若发现下列问题应立即调整或更换光伏组件：光伏组件存在玻璃破碎、背板灼焦、明显的颜色变化；光伏组件中存在与组件边缘或任何电路之间形成连通通道的气泡；光伏组件接线盒变形、扭曲、开裂或烧毁，接线端子无法良好连接。

光伏组件上的带电警告标识不得丢失。使用金属边框的光伏组件，边框和支架应结合良好，两者之间接触电阻应不大于 4Ω。使用金属边框的光伏组件，边框必须牢固接地。

太阳电池方阵的输出引线带有电源"+"标志，使用时应注意切勿接反。

2. 太阳能蓄电池的使用与维护

蓄电池室的门窗应严密，防止尘土入内，要保持室内清洁，保持蓄电池本身的清洁。若外壳污物较多，用潮湿布沾洗衣粉擦拭即可，不得使用有机溶剂。安装好的太阳能蓄电池极柱应涂上凡士林，防止腐蚀极柱。清扫时要严禁将水洒入蓄电池。室内要严禁烟火，不得将任何火焰或有火花发生的器械带入室内。蓄电池盖除工作需要外，不应挪开，以免杂物落于电解液内。尤其不要使金属物落入蓄电池内。维护蓄电池时要防止触电，防止蓄电池短路或断路。维护和清扫时应用绝缘工具。维护人员应戴防护眼镜和护身的防护用具。当有溶液落到身上时，应立即用 50% 苏打水擦洗，再用清水清洗。

蓄电池最佳工作温度在 15～25℃ 之间，长期在低于 5℃ 和高于 40℃ 的温度下工作将降低使用寿命。太阳能电池应该放置于通风阴凉处，冬季要注意保温，夏季要防止太阳直晒。有条件的油气站场一般把太阳能电池放置在地下室内，并保持地下室的通风。

蓄电池组并联使用时，应尽量使各电池组线路损耗压降大致相同，每组电池配保险装置。蓄电池不得倒置，不得叠放，不得撞击和重压。

为太阳能蓄电池配置在线监测管理技术，对太阳能蓄电池进行内阻在线测量与分析，要经常检查太阳能蓄电池组电压值和浮充电流值，设定的充电电压要符合设计要求。各连接部位的螺栓要拧紧。更换电池时，最好采用同品牌、同型号的电池，以保证其电压、容量、充放电特性、外形尺寸的一致性。

3. 太阳能系统控制器的使用与维护

控制器是全自动控制设备，不需要人工操作。但要定期用万用表测量蓄电池的电压和电流并和控制器显示进行比较，如果发现控制器故障（如雷击故障）就应该更换控制卡。

控制系统在太阳能极板故障、过充电时将发出报警信号，在过电压、短路或过电流时自动切断。这些信号应该自动连接到 RTU 并进行远传。

控制器上所有警示标识应该完整清晰；各接线端子紧固无松动，无锈蚀；高压直流熔丝的规格符合设计规定。

4. 逆变器的运行与维护

所有警示标识应完整；所有电气连接应紧固，无锈蚀、无积灰。逆变器散热应良好；运行时不得有较大振动和噪音。

5. 接地与防雷

太阳能极板、仪表盘、控制柜（PE 端子）、逆变器等所有组件都必须用不小于 35mm² 的铜线良好接地。光伏方阵防雷保护应有效，并在雷雨季节到来之前、雷雨过后及时检查。每半年测一次接地电阻。

第九章 输气阀门

第一节 阀门的分类及表示方法

一、阀门分类

1. 按用途分

（1）截断阀类 主要用于截断或接通介质流，包括闸阀、截止阀、隔膜阀、旋塞阀、球阀和蝶阀等；

（2）调节阀类 主要用于调节介质的流量、压力等，包括调节阀、节流阀和减压阀等；

（3）止回阀类 用于阻止介质倒流，包括各种结构的止回阀；

（4）分流阀类 用于分配、分离或混合介质，包括各种结构的分配阀和疏水阀；

（5）安全阀类 用于超压安全保护，包括各种类型的安全阀。

2. 按工作压力 PN 分

（1）真空阀门 PN 低于标准大气压；

（2）低压阀门 $PN \leqslant 1.6\text{MPa}$；

（3）中压阀门 $PN = 2.5 \sim 6.4\text{MPa}$；

（4）高压阀门 $PN = 10 \sim 80\text{MPa}$；

（5）超高压阀门 $PN \geqslant 100\text{MPa}$。

3. 按介质工作温度 t 分

（1）高温阀门 $t > 450℃$；

（2）中温阀门 $120℃ < t \leqslant 450℃$；

（3）常温阀门 $-40℃ \leqslant t \leqslant 120℃$；

（4）低温阀门 $-40℃ \leqslant t < -100℃$；

（5）超低温阀 $t < -100℃$。

4. 按公称通径 DN 分

（1）小口径阀门 $DN < 40\text{mm}$；

（2）中口径阀门 $DN = 50 \sim 300\text{mm}$；

（3）大口径阀门 $DN = 350 \sim 1200\text{mm}$；

（4）特大口径阀门 $DN \geqslant 1400\text{mm}$。

5. 按驱动方式分

（1）手动阀门 借助手轮、手柄、杠杆或链轮等由人力驱动的阀门，传递较大的力矩时装有蜗轮、齿轮等减速装置；

（2）电动阀门 用电动机、电磁或其他电气装置驱动的阀门；

（3）液动阀门 借助液体(水、油等液体介质)驱动的阀门；

（4）气动阀门 借助压缩空气驱动的阀门。

有些阀门依靠输送介质本身的能力而自行动作，如止回阀、疏水阀等。

6. 按与管道连接的方式分

（1）法兰连接阀门　阀体带有法兰，与管道采用法兰连接；

（2）螺纹连接阀门　阀体带有内螺纹或外螺纹，与管道采用螺纹连接；

（3）焊接连接阀门　阀体带有坡口，与管道采用焊接连接；

（4）夹箍连接阀门　阀体带有夹口，与管道采用夹箍连接；

（5）卡套连接阀门　采用卡套与管道连接的阀门。

二、阀门的主要技术参数和型号表示方法

1. 公称通径

公称通径指阀门与管道连接处通道的名义直径，用 DN 表示。多数情况下，DN 即连接处通道的实际直径，但有些阀门的公称通径与实际直径并不一致，例如有些由英制尺寸转换为公制的阀门，公称通径和实际直径有明显差别。阀门的公称通径系列见表 9-1-1。不同类型的阀门具有不同的公称通径范围，详见"阀门产品样本手册"。当阀门采用管焊或螺纹连接或连接的管道为标准钢管时，阀门的实际通径并不等于公称通径 DN，而与钢管的内径相同。

表 9-1-1　阀门的公称通径系列（GB/T 1047—2005）　　　　mm

$DN6$	$DN100$	$DN700$	$DN2200$
$DN8$	$DN125$	$DN800$	$DN2400$
$DN10$	$DN150$	$DN900$	$DN2600$
$DN15$	$DN200$	$DN1000$	$DN2800$
$DN20$	$DN250$	$DN1100$	$DN3000$
$DN25$	$DN300$	$DN1200$	$DN3200$
$DN32$	$DN350$	$DN1400$	$DN3400$
$DN40$	$DN400$	$DN1500$	$DN3600$
$DN50$	$DN450$	$DN1600$	$DN3800$
$DN65$	$DN500$	$DN1800$	$DN4000$
$DN80$	$DN600$	$DN2000$	

注：表中为优先选用的 DN 数值。

2. 公称压力

公称压力指阀门在基准温度下允许的最大工作压力，用 PN 表示。阀门的公称压力值应符合我国国家标准《管道元件公称压力的定义和选用》（GB 1048—2005）的规定。GB 1048—2005规定的公称压力系列见表 9-1-2。

3. 工作压力和压力-温度等级

阀门的工作压力是指阀门在工作温度下的最高许用压力，用 P_t 表示，脚码 t 等于介质温度除以 10 所得的数值，例如介质温度为 250℃，则对应的工作压力用 P_{25} 表示。当阀门工作温度超过公称压力的基准温度时，其工

表 9-1-2　阀门及管道元件公称压力系列　　MPa

PN 数值应从以下系列中选择	
DIN 系列	ANSI 系列
$PN2.5$	$PN20$
$PN6$	$PN50$
$PN10$	$PN110$
$PN16$	$PN150$
$PN25$	$PN260$
$PN40$	$PN420$
$PN63$	
$PN100$	

注：必要时允许选用其他 PN 数值。

作压力必须相应降低。同一公称压力等级的阀门在不同工作温度下允许的相应工作压力构成了阀门的压力-温度等级，它是阀门设计和选用的基础。阀门工作压力应符合阀门产品样本中所列的数值。当样本中未提供所需的工作压力时，对钢制阀门可根据阀门材料，按照

GB 9131《钢制法兰压力–温度等级》确定阀门工作压力。

美国标准中确定不同材料压力–温度等级的公式为：

$$P_r = \frac{\sigma_s}{148}PN$$

式中　P_r——指定温度下的最大允许工作压力，MPa；

　　　PN——公称压力，MPa；

　　　σ_s——指定温度下材料的许用应力，MPa；

　　　148——碳钢在常温下的许用应力值，称为基准应力系数。

4. 阀门的压力试验

阀门的压力试验通常是指压力下的阀门整体强度试验，当设计上有气密性试验需求时，还应在强度压力试验后再进行气密性试验。

1）试验介质

压力下的强度试验应用水或其他黏度不高于水的小腐蚀性液体作为试验介质。压力下的气密性试验可用惰性气体或空气作为试验介质，当设计上规定了气密性试验的介质时，介质还必须符合设计的规定。

2）试验压力

（1）强度压力试验时，试验压力为公称压力的 1.5 倍。

（2）气密性试验时，试验压力为公称压力的 1.1 倍。

（3）设计文件上对强度或气密性试验的试验压力有规定时，还必须符合设计的规定。

3）工作压力

阀门的工作压力是指阀门在工作状态下的压力，它与阀门的材料和介质温度有关，用"P"表示，并在 P 的右下角附加最高温度除以 10 所得整数。

5. 阀门防火试验

对某些关键部位的阀门，不仅要求在正常操作下具有所希望的良好密封性，而且要求在恶劣的着火环境中仍具有密封性和可开关性。对这种"防火阀门"，可以要求制造厂对阀门进行防火试验，以确认当软密封材料被完全烧毁后，阀门仍然具有一定的密封作用。

6. 阀门型号编制方法

阀门的型号由七个单元顺序组成。举例如下（见图 9-1-1）：

（1）阀门类型代号用汉语拼音字母表示，见表 9-1-3。

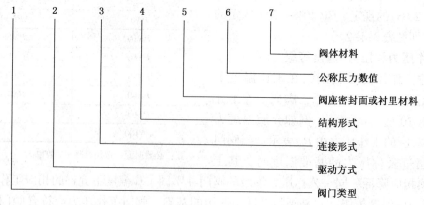

图 9-1-1

表 9-1-3 阀门类型代号

类 型	代 号	类 型	代 号
闸 阀	Z	旋塞阀	X
截止阀	J	止回阀和底阀	H
节流阀	L	安全阀	A
球 阀	Q	减压阀	Y
蝶 阀	D	疏水阀	S
隔膜阀	G	柱塞阀	U

注：阀温低于-40℃、保温（带加热套）、带波纹管和抗硫的阀门，在类型代号前分别加"D"、"B"、"W"和"K"汉语拼音字母。

(2) 传动方式代号用阿拉伯数字表示，见表 9-1-4。

(3) 连接形式代号用阿拉伯数字表示，见表 9-1-5。

(4) 结构形式代号用阿拉伯数字表示，见表 9-1-6。

(5) 阀座密封面或衬里材料代号用汉语拼音字母表示，见表 9-1-7。

(6) 公称压力数值，按《管道元件公称压力的定义和选用》(GB 1048—2005)的规定。

(7) 阀体材料代号用汉语拼音字母表示，见表 9-1-8。

表 9-1-4 传动方式代号

传动方式	代 号	传动方式	代 号
电磁动	0	伞齿轮	5
电磁-液动	1	气 动	6
电-液动	2	液 动	7
蜗 轮	3	气-液动	8
正蜗轮	4	电 动	9

注：① 手动、手柄和扳手传动以及安全阀、减压阀、疏水阀省略本代号。

② 对于气动和液动：常开式用 6K、7K 表示；常闭用 6B、7B 表示；气动带手动用 6S 表示；防爆电动用"9B"表示；蜗杆采用 T 形螺母用"3T"表示。

表 9-1-5 连接形式代号

连接形式	代 号	连接形式	代 号
内螺纹	1	对 夹	7
外螺纹	2	卡 箍	8
法 兰	4	卡 套	9
焊 接	6		

注：焊接包括对焊和承插焊。

表 9-1-6 结构形式代号

代 号 结构类型	0	1	2	3	4	5	6	7	8	9
闸阀	明 杆					暗杆楔式				
	楔 式		平行式							
	弹性闸板	刚 性								
		单闸板	双闸板	单闸板	双闸板	单闸板	双闸板			

结构类型＼代号	0	1	2	3	4	5	6	7	8	9
截止阀节流阀		直通式			角式	直流式	平衡 直通式	角式		
球 阀			浮 动 球					固定球		
球 阀		直通式			L型三通式	T型三通式		直通式		
蝶 阀	杠杆式	垂直板式		斜板式						
隔膜阀		屋脊式		截止式			闸板式			
旋塞阀				填 料				油 封		
旋塞阀			直通式	T型三通式	四通式			直通式	T型三通式	
止回阀			升 降		旋 启					
止回阀		直通式	立式		单瓣	多瓣	双瓣			
安全阀						弹 簧				
安全阀		封 闭				不封闭				
安全阀	带散热片全启式	微启式	全启式	带扳手		带扳手	带控制机构	带扳手		脉冲式
安全阀				双弹簧微启式	全启式	微启式	全启式	微启式	全启式	
减压阀		薄膜式	弹簧薄膜式	活塞式	波纹管式	杠杆式				
疏水阀		浮球式					钟形浮子式	双金属片式	脉冲式	脉动式

表 9-1-7　阀座密封或衬里材料代号

阀座密封面或衬里材料	代号	阀座密封面或衬里材料	代号
铜合金	T	渗氮钢	D
橡 胶	X	硬质合金	Y
尼龙塑料	N	衬 胶	J
氟塑料	F	衬 铝	Q
锡基轴承合金(巴氏合金)	B	搪 瓷	C
合金钢	H	渗硼钢	P

注：由阀体直接加工的阀座密封面材料代号用"W"表示；当阀座和阀瓣(闸板)密封面料不同时，用低硬度材料代号表示(隔膜阀除外)。

表 9-1-8　阀体材料代号

阀 体 材 料	代号	阀 体 材 料	代号
灰铸铁	Z	1Cr5Mo，ZG1Cr5Mo	I
可锻铸铁	K	1Cr18Ni9Ti，ZG1Cr18Ni9Ti	P
球墨铸铁	Q	1Cr18Ni12Mo2Ti，ZG1Cr18Ni12MoTi	R
钢及铜合金	T	12CrMoV	V
碳 钢	C	ZG12CrMoV	V

注：$PN \leqslant 1.6MPa$ 的灰铸铁阀体和 $PN \geqslant 2.5MPa$ 的碳素钢阀体，省略此代号。

7. 产品型号编制举例

（1）Z944W-10Z 型　表示电动机驱动，法兰连接，明杆平行式双闸板，密封面由阀体直接加工，公称压力为 10MPa（目前现场很多阀门仍按 kgf/cm^2 表示，未来应按 MPa 表示），阀体为灰铸铁的闸阀。其产品名称为电动平行式双闸板闸阀。

（2）J21Y-16P 型　表示手动，外螺纹连接，密封面材料为硬质合金，公称压力为 16MPa，阀体材料为铬镍不锈钢的直通式截止阀。其产品名称为外螺纹截止阀。

（3）J44H-32 型　表示手动，法兰连接，直角式，合金钢密封圈，公称压力为 32MPa 的截止阀。其产品名称为角式截止阀。

8. 阀门的结构长度

阀门的结构长度是指阀门与管道相连的两个端面（或中心线）之间的距离，用 L 表示，单位为 mm。如图 9-1-2 所示。阀门的结构长度对于维修或更换阀门有直接关系，因此，对各类阀门的结构长度作了统一标准化。

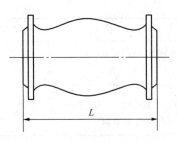

图 9-1-2　阀门结构长度

9. 阀门的法兰尺寸

阀门的法兰连接尺寸是保证阀门能够互换的重要条件之一。

目前，阀门制造业多数都是按国家标准进行生产。

三、阀门的外观标志

为了从阀门的外形识别其基本特性，往往在出厂时，做些必要的标志，通常有以下几种：

1. 铸造（或打印）标记

为了表示阀门的公称压力、公称通径、介质流动方向等，常在阀体上铸上或打印如 $\frac{P_G 5}{30}\rightarrow$ 的字样，表明该阀公称压力为 5MPa，公称通径为 30mm，阀门介质按箭头方向流动，不能装反。或 $\frac{P_{54} 10}{100}\rightarrow$ 表示该阀在 540℃（540÷10＝54）下最大工作压力为 10MPa，阀径 100mm，流动方向如箭头所示。阀体的外观标志如表 9-1-9 所示。

表 9-1-9　阀体的外观标志

阀体形式	介 质 流 动 方 向		用公称压力标注式样	用工作压力标注式样
直通式	介质的进口与出口方向在同一或相平行的中心线上		$\dfrac{P_G 4\rightarrow}{50}$	$\dfrac{P_{54} 10\rightarrow}{100}$
角式	介质进口与出口的流动方向成90°	介质由阀瓣下方向上流动	$\dfrac{P_G 4\rightarrow}{50}$	$\dfrac{P_{54} 10\rightarrow}{100}$
角式	介质进口与出口的流动方向成90°	介质由阀瓣上方向下流动	$P_G 4$	$P_{54} 10$
三通式	介质由进口同时向两个出口流动	介质出口流动方向成 T 形	$\dfrac{P_G 6}{50}$	
三通式	介质由进口同时向两个出口流动	介质出口流动方向成 L 形	$\dfrac{P_G 6}{50}$	

2. 涂色标记

在阀体的不加工表面上，涂上不同颜色，便可以识别阀体的制造材料。如黑色表明阀体是由灰铸铁或可锻铸铁制成，银色表明阀体是由球墨铸铁制成，浅蓝色表明阀体是由耐酸钢或不锈钢制成，蓝色表明阀体是由合金钢制成，灰色表明阀体是由炭素钢制成等。有的根据要求，允许改变颜色或不涂色。

有的阀门将颜色涂在手轮、手柄或自动阀件的盖上，来表明密封圈的材质，如表11-1-10所示。另外，有的在连接法兰的外圆上涂以补充颜色，表明衬里材料，如表9-1-11所示。

表9-1-10　阀门密封圈涂色标记

密封材料	涂漆颜色	密封材料	涂漆颜色
青铜或黄铜	红色	硬质合金	灰色，周边带红色条
巴氏合金	黄色	塑料	灰色，周边带蓝色条
铝	铝白色	皮革、橡胶	棕色
耐酸钢、不锈钢	浅蓝色	硬橡皮	绿色
渗氮钢	淡紫色	无密封圈	与阀体颜色相同

表9-1-11　阀门衬里涂漆标志

衬里材料	涂漆颜色	衬里材料	涂漆颜色
搪瓷	红色	铅锑合金	黄色
橡胶及硬橡胶	绿色	铝	铝白色
塑料	蓝色		

第二节　常用阀门的结构特点及应用

一、闸阀

闸阀是指关闭件(闸板)沿通路中心线垂直方向移动的阀门。即丝杆连接着闸板，旋转阀盘使闸板上下移动，达到开启或关闭的目的，以控制管路内液体的流止。闸阀在输油管道上应用最多，它的优点是：

（1）能平稳较准确地调节流量，流体阻力小。

（2）流体能在两个方向流动，即介质的流动方向不受限制。

（3）开闭时所用的力较小。

（4）全开时，密封面受工作介质的冲蚀比截止阀小。

（5）体形比较简单，铸造工艺性较好。

（6）结构长度较小。

闸阀应用比较广泛，但它也有一定的缺点：

（1）外形尺寸和开启度较大，因此安装的空间较大。

（2）在开闭的过程中，密封面间有相对摩擦，摩损量大，甚至容易产生擦伤现象。

（3）闸阀一般都有两个密封面，给加工、研磨增加了一些困难。

闸阀结构有多种，根据闸板的构造，可分为平行式闸板和楔式闸板两种闸阀。

1. 平行式闸板阀

如图9-2-1所示，密封面与垂直中心线平行的闸阀。

2. 楔式闸板阀

如图9-2-2所示，密封面与垂直中心线成某一角度，即两个密封面成楔形的闸阀。倾斜角度有2°52′、3°30′、5°、8°、10°等。角度的大小主要取决于介质温度的高低。工作温度高角度就大，以免因温度变化时发生闸板楔住的现象。

楔式闸板阀又有双闸板、单闸板和弹性闸板之分。双闸板式的优点是密封面角度的精度要求较低，温度变化不致引起楔住的现象，密封面磨损时可以加垫片补偿。其缺点是结构零件较多，在黏性介质中容易黏住，更主要的是上下挡板长年锈蚀后闸板易脱落。

单闸板楔式闸阀结构较简单，使用可靠，但对密封面角度的精度要求较高，加工和维修比较困难，温度变化时楔住的可能性比较大。弹性闸板楔式闸阀，能产生微量的弹性变形来弥补密封面角度和加工过程中产生的偏差，因此，这种结构被大量地采用。

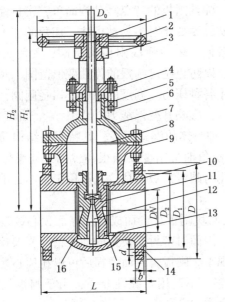

图9-2-1　低压升降杆平行式双闸板闸阀

1—阀杆；2—手轮；3—阀杆螺母；4—填料压盖；
5—填料；6—J形螺栓；7—阀盖；8—垫片；
9—阀体；10—闸板密封圈；11—闸板；12—顶楔；
13—阀体密封圈；14—法兰孔数；15—有密
封圈型式；16—无密封圈型式

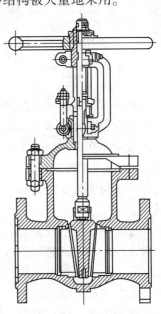

图9-2-2　楔式闸板阀

根据阀杆的构造，闸阀又分明杆和暗杆两种。明杆式闸阀的阀杆螺母在阀盖或支架上，开闭闸板时，用旋转阀杆螺母来实现阀杆的升降。这种结构对阀杆的润滑有利，开闭程度明显，被广泛选用。暗杆闸阀的阀杆螺母在阀体内与介质直接接触，开闭闸板时用旋转阀杆来实现。这种结构的优点是闸阀开闭时高度保持不变，适用在空间小的条件下安装；其缺点是阀杆螺纹无法润滑，且直接受介质侵蚀，容易损坏。

3. 闸板

闸板是闸阀的启闭件，闸阀的开启和关闭，密封性能和寿命主要取决于闸板，所以它是闸阀的关键零件。

根据闸板的结构形式的不同，闸阀可以分成楔式和平行式两大类。

楔式闸阀采用楔形闸板，其密封面与闸板垂直中心线成一定倾角，称为楔半角。楔半角的大小主要取决于介质的温度和通径的大小，一般介质温度越高，通径越大，所取楔半角越大，以防止温度变化时闸板被卡住，无法开启。楔式闸板又有弹性闸板、楔式单闸板和楔式双闸板之分。

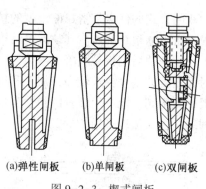

(a)弹性闸板　(b)单闸板　(c)双闸板

图 9-2-3　楔式闸板

弹性闸板如图 9-2-3(a)所示。它是一种易于实现可靠密封的闸板形式，目前国内外已广泛采用。其结构与楔式单闸板相同，只是在闸板的垂直平分面上加工出一个环形沟槽，从而使闸板具有一定弹性。当闸板与阀体阀座配合时，可以靠闸板产生微量的弹性变形以补偿闸板密封面与阀座密封面之间楔角的偏差，达到良好的吻合，以保证密封。

弹性闸板的特点是结构简单，密封性可靠，当介质温度变化时不易被楔住，楔角的加工精度要求也较低。采用弹性闸板的闸阀，关闭力矩不宜过大，以防止超过闸板的弹性变形范围。阀上应设有限位机构以控制闸板的行程。弹性闸板适用于各种压力、温度的中、小口径闸阀，要求介质中含固体杂质要少，以防积塞于闸板环形槽内，影响其变形能力。

楔式单闸板如图 9-2-3(b)所示。它是一种整体的楔式闸板，其特点是结构简单、尺寸小、使用比较可靠，但闸板和阀座密封面的楔角加工精度要求很高，加工与维修均较为困难。启闭过程中密封面易发生擦伤，温度变化时闸板易被楔住。它适用于常温、中温下各种压力的闸阀。

楔式双闸板如图 9-2-3(c)所示。它是由两块闸板组台而成，用球面顶心铰接成楔形闸板。闸板密封面的楔角可以靠顶心自动调整，因而对密封面楔角的加工精度要求较低。当温度发生变化时不易被卡住，也不易产生擦伤现象。闸板密封面磨损后可以在顶心处加垫片补偿，也便于维修。缺点是结构复杂，零件较多，不适用于黏性介质，由于闸板是活动连接的，容易造成闸板脱落。通常用于水和蒸气介质的管路上。

平行式双闸板，又可分成自动密封式和撑开式两种。自动密封式平行双闸板闸阀，是依靠介质的压力把闸板压向出口侧阀座密封面，达到单面密封的目的。若介质压力较低时，则其密封性不易保证。因此在两块闸板之间放置一个弹簧，在关闭时弹簧被压缩，靠弹簧力的作用，帮助实现密封。但由于弹簧把闸板压紧在阀座上，因而在阀门启闭时密封面易被擦伤和磨损。目前自动密封式平行双闸扳已很少采用，大多采用撑开式。撑开式平行双闸扳，是用顶楔把两块闸板撑开，并压紧在阀座密封面上而达到强制密封。图 9-2-4 为双闸板下顶楔示意图，在两块闸板之间，有一个顶楔，当闸板落下时，将顶楔顶起，将两块闸板撑开，实现密封。当闸板提起时，顶楔靠自重落下，双闸板固定在阀座上。故障时，顶楔如不能落下，随闸板一起提起固定在阀座上部，一旦由

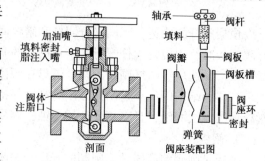

图 9-2-4　自动密封平行式双闸板阀

于某种原因顶楔脱落，闸板将松脱出现掉闸板事故。

闸阀通常采用法兰连接，在特殊场合也有用焊接连接的。其驱动方式有手动、气动、液动和电动等。目前国内生产的闸阀的性能参数范围如下：公称通径 DN 为 15～1800mm，公称压力 PN 为 1～32MPa，工作温度为 $t \le 550℃$。

4. 选用与安装

闸阀是截断阀，仅供截断介质通路用，不宜用作调节介质压力和流量。因为它的调节性能不好，不能进行微调，若是长期用于调节，密封面将被冲蚀，影响其密封性能，同时管路中的闸阀可安装于水平管路或垂直管路，其介质流动方向不受限制。双闸板闸阀应安装于水平管路，且需保证手轮位于阀门上方，不允许手轮朝下安装。

对于大口径或高压闸阀，可安装一个旁通阀，以便减小主闸阀启闭力矩。旁通阀可安装在阀体外部，它的进出口弯管分别与闸阀的进出口侧相连通。主闸阀开启前，先开启旁通阀，介质通过旁通阀从阀前进入阀后，以减小主阀闸板两侧的压力差，从而以较小的力矩即可以开启主闸阀。旁通阀的口径应根据主阀通径和使用要求选用。

二、截止阀

截止阀也是一种常用的截断阀（见图9-2-5）。它的启闭件（阀瓣）沿着阀座通道的中心线上下移动。

1. 截止阀的特点

（1）与闸阀比较，截止阀结构较简单，制造与维修都较方便。

（2）密封面磨损及擦伤较轻，密封性好。启闭时阀瓣与阀体密封面之间无相对滑动（锥形密封面除外），因而磨损与擦伤均不严重，密封性能好，使用寿命长。

（3）启闭时，阀瓣行程小，因而截止阀高度较小，但结构长度较大。

（4）启闭力矩大，启闭较费力。关闭时，因为阀瓣运动方向与介质压力作用方向相反，必须克服介质的作用力，所以启闭力矩大。因此截止阀通径受到限制，一般 DN 不大于200mm。

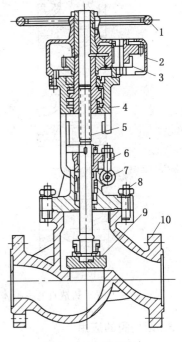

图 9-2-5　截止阀
1—手轮；2—齿轮箱；3—齿轮；4—阀盖；
5—阀杆；6—填料压盖；7—填料；
8—双头螺栓；9—阀瓣；10—阀体

（5）流动阻力大，阀体内介质通道比较曲折，动力消耗大。在各类截断阀中截止阀的流动阻力最大。

（6）介质流动方向受限制：介质流经截止阀时，在阀座通道处应保持由下向上流动，所以介质只能单方向流动，不能改变流动方向。

2. 截止阀的结构

截止阀主要由阀体、阀盖、阀杆、阀瓣及驱动装置等组成，如图9-2-5所示。

阀体与阀盖用螺纹或法兰连接。阀体主要有如下三种形式：

（1）直通式　直通式阀体可以铸造，也可以锻造。铸造的直通式阀体形状有桶形和流线形两种。桶形阀体如图9-2-6（a）、（b）所示。流线形阀体如图9-2-6（c）所示，介质流过阀体时，由于通道呈流线形，不会产生漩涡，流动方向不会骤然改变。现在生产的截止阀阀体通常设计成流线形。锻造的直通式阀体,考虑到阀内通道的加工的可能性,不能制成流线形,通常设计成 N 形或人形,因而阀内流体阻力较大。

(2) 角式　角式阀体的进出口通道的中心线成直角,介质流过时,其流动方向也将变化 90°角,角式截止阀安装在垂直相交的管路上。角式阀体多采用锻造,适用于较小通径、较高压力的截止阀。

(3) 直流式　直流式阀体用于斜杆式截止阀,如图 9-2-7 所示。其阀杆与阀体通道成 45°的锐角。由于介质几乎成直线流过斜杆式截止阀,因而也可以称作直流式截止阀,这种截止阀的突出优点是流动阻力小,在各种类型截止阀中,直流式截止阀的流动阻力最小,但是它的阀瓣启闭行程大,而且制造、安装、操作和维修均较复杂,所以仅用于对流动阻力有严格限制的场合。

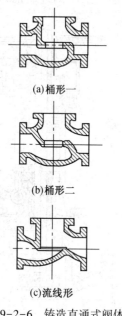

(a)桶形一

(b)桶形二

(c)流线形

图 9-2-6　铸造直通式阀体

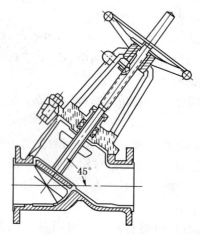

45°

图 9-2-7　斜杆式截止阀

3. 截止阀的应用

1) 应用范围

小通径的截止阀,多采用外螺纹连接或卡套连接,较大口径的截止阀也可以采用法兰连接。

截止阀大多采用手轮或手柄驱动,少数高压较大口径的截止阀或在需要自动操纵的场合,也可以采用电动驱动。

截止阀的流动阻力很大,关闭力矩也大,影响了它在大口径场合的应用。为了扩大截止阀的应用范围,目前国内外都在研究改进截止阀的结构,以减小流动阻力和关闭力矩。例如近年来出现的内压自平衡式截止阀。

目前国内截止阀参数范围如下:公称通径 $DN3 \sim 200mm$,公称压力 $PN6 \sim 32MPa$,工作温度 $t \leqslant 550℃$。

2) 选用与安装

截止阀是一种截断阀,仅供截断或接通管路中的介质,不宜用来调节介质的压力或流量。如果长期用于调节，密封面会被介质冲蚀，不能保证其密封性。经常需要调节压力或流量的部位应选用节流阀或调节阀。

直通或直流式截止阀应安装于水平管路，阀瓣对中性较好的截止阀，也可安装于垂直管路，角式截止阀安装于垂直相交的管路转折位置上。

安装时应特别注意截止阀的进出口方向，使管路中的介质按阀体表面上箭头标志所指的方向流动，切勿装反。

三、旋塞阀

旋塞阀可作为截断阀，也可作为分配阀。它的启闭件是一个布有通道的圆锥形的塞子，靠围绕本身的轴线作旋转运动来完成阀门的启闭，故称为旋塞阀。

1. 旋塞阀的特点

（1）结构简单，零件少，体积小、重量轻。

（2）流动阻力小。介质流经旋塞阀时，流体通道可以不缩小，也不改变流向，因而流动阻力小。

（3）启闭迅速，介质流动方向不受限制。启闭时，只需把塞子转动90°角即可完成，十分方便。

（4）启闭较费力。旋塞阀阀体和塞子之间，是靠圆锥表面来密封的，所以密封面面积较大，启闭扭矩较大。如采用有润滑的结构，或在启闭时能先提升塞子，则可大大减少启闭扭矩。

（5）密封面面积大，而且是锥面，加工研磨困难，不易维修。使用中易磨损，而难于保证密封性。如采用油封结构，即在密封面间注入油脂，形成油膜，则可提高密封性能。

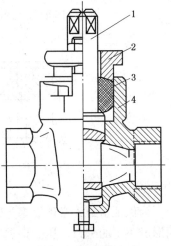

2. 旋塞阀的结构

旋塞阀的结构很简单，主要由阀体、塞子和填料压盖组成，如图9-2-8所示。最简单的旋塞阀连填料压盖和填料也没有，仅有阀体和塞子。

图 9-2-8　旋塞阀结构图
1—塞子；2—填料压盖；
3—填料；4—阀体

1）阀体

旋塞阀可作截断用，也可用于分配。它的阀体有直通式、三通式和四通式等形式。直通式旋塞阀用于截断介质，它的阀体有成一直线的两个进、出口通道。三通旋塞阀（见图9-2-9）阀体有三个进、出口通道。四通旋塞阀阀体有四个进、出口通道。三通和四通旋塞阀用于改变介质流动方向或进行介质分配。旋塞阀的阀体都是铸造成的。

2）塞子

塞子是旋塞阀的启闭件，呈圆锥台状，塞子内有介质通道，其截面成长方形，通道与塞子的轴线相垂直。旋塞阀的塞子与阀杆是一体的，没有单独的阀杆，塞子顶部加工出方头，套入扳手即可进行启闭。

塞子与阀体的两个密封面必须紧密接触，才能达到密封的目的，因而对阀体与塞子两圆锥形密封面的精度要求很高，必须加工得十分光滑，才能配合得很好。

三通式旋塞阀的塞子通道成L形或T形，L形通道有三种分配形式，如图9-2-9所示。

T 形通道有四种分配形式，如图 9-2-10 所示。四通旋塞阀阀体上有 A、B、C、D 四个通道，塞子上有两个 L 形通道，可有三种分配形式，如图 9-2-11 所示。

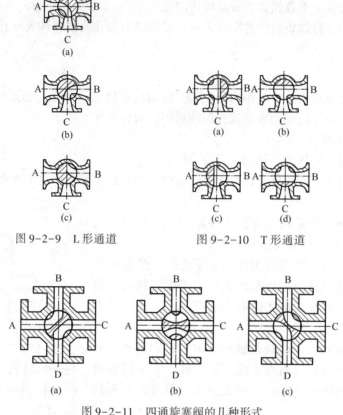

图 9-2-9　L 形通道　　　　　图 9-2-10　T 形通道

图 9-2-11　四通旋塞阀的几种形式

为保证密封，必须沿塞子轴线方向施加作用力，使塞子压紧在阀体上，从而在两密封面间形成一定的密封比压。根据压紧方式的不同，旋塞阀可分成如下几种形式：

（1）紧定式　这种旋塞阀的结构最为简单，仅由阀体和塞子组成，塞子下端伸出阀体外，并加工出螺纹，当拧紧锁紧螺母时，便将塞子往下拉，使其压紧在阀体密封面上。这种形式只适用于低压的场合，目前已很少采用。

（2）填料式　填料式旋塞阀，如图 9-2-8 所示。它由阀体、塞子、填料和填料压盖所组成。当拧紧填料压盖上的螺母往下压紧填料时，便同时将塞子压紧在阀体密封面上，从而防止介质的内漏和外漏。

（3）自密封式　自密封式旋塞如图 9-2-12 所示。与一般旋塞阀有很大区别，它的塞子是倒置的，即塞子大端朝下，用压盖压住。塞子与压盖之间有一空腔，介质可通过塞子内的小孔进入下部的空腔，依靠介质压力将塞子压紧在阀体密封面上，介质压力越大，则密封性能越可靠。在塞子和压盖之间放置一个压紧弹簧，起着预紧的作用，使密封效果更好。这种形式适用于较高压力、较大口径的旋塞阀。

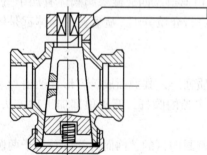

图 9-2-12　自密封式旋塞阀

(4) 油封式旋塞阀 油封式旋塞阀，它的结构与填料式旋塞阀基本相同。不同之处在于油封式旋塞阀设有注油装置，并在塞子的密封锥面上加工出横向和纵向油沟。使用时，从注油孔向阀内注入润滑油脂，使之在塞子与阀体之间形成一层很薄的油膜，起润滑和辅助密封的作用。油封式旋塞阀的主要特点是密封性能可靠，而且启闭省力。它的出现扩大了旋塞阀的使用范围。

上述四种形式旋塞阀的塞子都只作旋转运动。为了指示启闭程度，可在塞子上端面加工出一条与塞子通道相平行的指示沟槽。用手柄旋转塞子，当指示槽方向与管路方向一致时，表示旋塞阀处于开启状态，当指示槽方向与管路方向垂直时，则表示旋塞阀处于关闭状态。

3. 旋塞阀的应用范围

目前国产旋塞阀品种规格较少，应用不太广泛。其参数范围如下：公称通径 $DN15\sim150$mm，公称压力 $PN\leqslant1.6$MPa，工作温度一般不超过 $100℃$。

旋塞阀多用于截断介质流动，也可进行介质分配。其中直通式旋塞阀主要用于截断介质流动，有时也用于调节介质流量或压力，三通旋塞阀和四通旋塞阀则多用于改变介质流动方向或进行介质分配。

旋塞阀因启闭迅速，也常用于液面指示器或作为自来水龙头。

旋塞阀可水平安装，也可垂直安装，其介质流动方向不受限制。

四、球阀

球阀是在旋塞阀的基础上发展起来的。它的启闭件是一个球体，围绕着阀体的垂直中心线作回转运动，故取名为球阀。

1. 球阀的特点

球阀来自于旋塞阀，它具有旋塞阀的一些优点：

(1) 中、小口径球阀，结构较简单，体积较小，重量较轻。特别是它的高度远小于闸阀和截止阀。

(2) 流动阻力小：全开时球体通道、阀体通道和连接管道的截面积相等，并且成直线相通，介质流过球阀，相当于流过一段直通的管子，在各类阀门中球阀的流体阻力最小。

(3) 启闭迅速，介质流向不受限制。

球阀与旋塞阀一样，启闭时只需把球体转动 $90°$，比较方便而且迅速。

球阀克服了旋塞阀的一些缺点：

(1) 启闭力矩比旋塞阀要小，旋塞阀塞子与阀体密封面接触面积大，而球阀只是阀座密封圈与球体相接触，所以接触面积较小，启闭力矩也比旋塞阀小。

(2) 密封性能比普通旋转塞阀好，球阀皆采用具有弹性的软质密封圈，所以密封性能好。而旋塞阀除油封旋塞阀外均难保证密封性。球阀全开时密封面不会受到介质的冲蚀。

球阀还有一些缺点如球体加工和研磨均较困难。

2. 球阀的结构

球阀主要由阀体、球体、密封圈、阀杆及驱动装置等组成。

1）阀体

球阀阀体主要有整体式、对开式和焊接式三种。整体式阀体，如图 9-2-13 所示，球体、阀座、密封圈等零件从上方放入，然后安装阀盖，这种结构一般用于较小口径的球阀。对开式阀体，如图 9-2-14 所示，它由大小不同的左右两部分组成，球体、密封圈等零件从一侧放入较大的一半阀体内，再用螺栓把另一半阀体和它连接起来，这种形式应用广泛，适用于中大口径球阀。

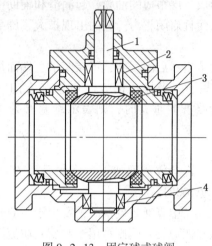

图 9-2-13　固定球式球阀
1—阀杆；2—填料密封；3—球体；4—轴承

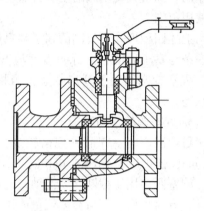

图 9-2-14　浮动球式球阀

2）球体

球体是球阀的启闭件，它的表面是密封面，因此要求较高的精度和光洁度。球体内有圆形截面的介质通道，通道的直径通常等于阀的公称通径。对于直通球阀，球体上的通道是直通的，三通球阀的球体通道有 L 形和 T 形两种。L 形通道和 T 形通道的分配作用与旋塞阀相同。

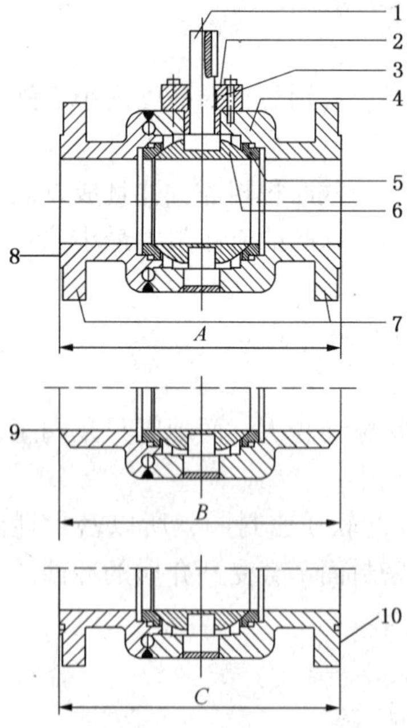

按照球体在阀体内的固定方式，球阀可分成浮动球式和固定球式两种。浮动球式球阀如图 9-2-14 所示。球体是可以浮动的，在介质压力作用下球体被压紧到出口侧的密封圈上，从而保证密封。它的特点是结构简单，单侧密封，密封性能较好，但由于球面与出口侧密封圈之间压紧力较大，所以启闭力矩也大。一般适用于较小口径和较低压力的场合。

固定球式球阀，如图 9-2-13 所示。球体被上下两端的轴承固定，只能转动，不能产生水平位移。为了保证密封性，它必须有能够产生推力的浮动阀座，使密封圈压紧在球体上。因此它的结构复杂，外形尺寸大。由于球体被轴承固定，介质对球体的压力是由轴承来承受的，因而密封圈不易磨损，使用寿命长。密封圈与球体间的摩擦力小，因而启闭也较省力。一般适用于较大口径、较高压力的场合。

图 9-2-15　焊接阀体球阀
1—阀杆；2—压盖；3—阀杆密封；4—阀体；5—阀座密封；6—球；7—侧体；8—凸面；9—焊接端；10—环形槽

3）密封

天然气阀门的泄漏量要求十分严格，通常埋地和较重要的阀门都采用阀体全焊式结构，如图 9-2-15 所示。

图 9-2-16 是天然气管道使用的一种球阀结构。

　　当需要进行阀底排污前，要打开泄放阀放气泄压，泄放阀结构如图9-2-17所示。当打开泄放阀时，阀内高压气体携带杂质会以很高的速度排出。如果需要可以将泄放阀重新拧紧一点，慢慢排放。打开泄放阀前，最好准备备用阀塞，以免高速气流将阀塞冲走。

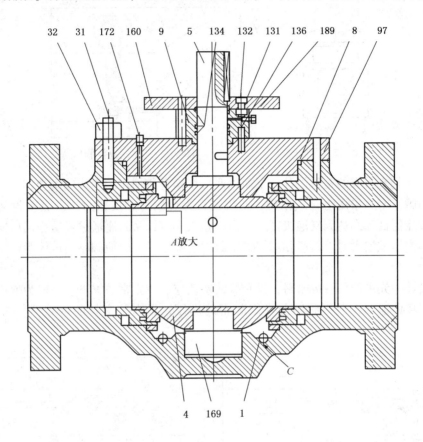

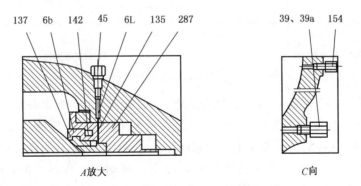

图 9-2-16　天然气管道球阀

1—阀体；4—球体；5—阀杆；6b—外部座圈；6L—内部座圈；8—阀体密封圈；9—上盖；31—阀盖螺栓；32—螺母；39—排污阀；39a—排污塞；45—注脂口；97—阀帽；131—上盖帽螺栓；132—阀盘螺栓；134—阀杆密封圈；135—阀座密封圈；136—阀盖密封圈；137—阀座密封圈；142—阀座弹簧；154—泄放阀；160—阀盘；169—底轴；172—放气塞；189—阀杆注脂口；287—弹性支承圈

泄放阀可以用来检查阀座内部密封状态，如果气体泄放不止，则可能密封已经损坏。

应定期检查阀门外观及密封情况，并定期给阀座和阀杆注脂密封。阀座注脂口详图如图9-2-18所示。

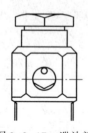 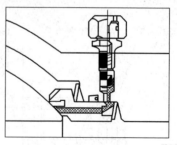

　　图9-2-17　泄放阀　　　　　图9-2-18　阀座注脂口

天然气球阀有可靠的密封设计。下面以西气东输管道使用的管线球阀为例。

阀门的阀座密封采用组合式结构。初级密封为金属对金属密封，次级密封为氟橡胶 O 形圈密封，能保证球阀达到气泡级密封。当压差很小时，密封座通过弹簧作用压向球体达到初始密封；当压差增大时，阀座和球体的密封力也随之增大，使阀座与球体紧密结合，保证良好的密封性能。

阀门设计为先进的前后级密封，具有双活塞效应。在正常情况下，一般为前级密封，当前级阀座损坏而泄漏，后级阀座照样能起密封作用，提高了密封的可靠性，如图9-2-19所示。

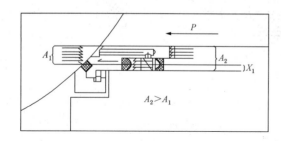 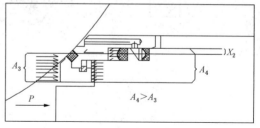

　　　　(a)前级密封　　　　　　　　　　　(b)后来级密封

图9-2-19　天然气球阀的密封原理

前级密封：上游，在压差较小或无压差的情况下，浮动阀座在弹簧的作用下沿阀门轴向运动，将阀座推向球体保持紧密密封。当管道压力 P 增大时，施加于阀座 A_2 面积上的力大于 A_1 面积上的力，$A_2 - A_1 = X_1$，因此 X 上的力将阀座推向球体达到上游的紧密密封。

后级密封：下游，在压差较小或无压差的情况下，浮动阀座在弹簧的作用下沿阀门轴向运动，将阀座推向球体保持紧密密封。当阀腔压力 P 增大时，施加于阀座 A_4 面积上的力大于 A_3 面积上的力，$A_4 - A_3 = X_2$，因此 X 上的力将阀座推向球体达到下游的紧密密封。

阀门的阀座均设有辅助密封剂注射系统，一旦阀座密封面受损出现微泄漏时，可通过该辅助密封系统注射相应的密封剂即可修复密封面，起到临时密封。当输送的介质中含有少量颗粒物时，为保护密封面，达到可靠的密封，还可通过该辅助注射系统注射相应的清洗剂和润滑剂，进行必要的清洗和润滑，如图9-2-20所示。

为了保证管线阀门的密封性能，要求密封副具有优良的耐蚀性、耐磨性、自润性及弹性。近年来高分子材料的发展为管线阀门密封材料的选择提供了广阔的选材天地，如聚四氟乙烯、尼龙、丁腈橡胶（NBR）、特殊合成橡胶（VITON）等。

4）阀体泄放

阀门的阀体上安装有排泄阀（见图9-2-21）。阀门关闭状态下，当中腔通过排泄阀放空时，可截断来自阀门二端的流体，因此阀门具有双截止与泄放（DBB）功能。排泄阀的另一个功能是通过它可以对阀体内的沉积物进行冲洗与排放。

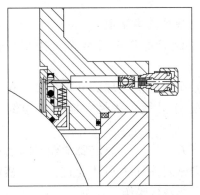
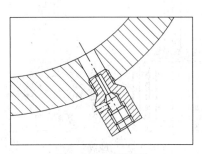

图9-2-20　注脂密封　　　　　　　　　图9-2-21　排泄阀

向上游自动泄压的特殊结构的球阀常见的有 G 系列 K 型球阀。由于 G 系列 K 型球阀采用先进的前后级密封，具有双活塞效应，中腔不能自动泄压，为了既能满足自动泄压的要求，又能保证不污染环境。特别推荐特殊结构的球阀，该结构上游为前级密封，下游为前后级密封，当球阀关闭时，阀腔内的积压可自动地向上游泄放，从而避免由于积压而产生的危险。当前级阀座损坏泄漏时，后级阀座照样能起密封作用。但必须注意的是，该球阀有方向性，安装时必须注意上下游方向。该结构的阀门的密封及泄压原理如图9-2-22所示。

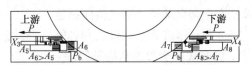

(a)球阀上下游密封原理图　　　　　　(b)球阀阀腔内的积压向上游泄放及下游密封原理图

图9-2-22　天然气球阀密封及泄压原理图

5）阀杆

球阀的阀杆很短，下端与球体活动连接，可带动球体转动。阀杆上端伸出阀外，在端面上加工出一条与球体通道平行的沟槽，用来指示球阀的开启程度。为防止介质外漏，在阀杆穿过阀体的部位采用填料函密封结构。

对于安装在地下的球阀，如须在地面操作，可提供接长装置。接长装置包括阀杆、注油阀、排泄阀等的接长，用户订货时应在订单中说明接长要求和长度，如图9-2-23所示。

球阀的启闭动作和开度指示与旋塞阀相同，对于较小口径球阀可采用扳手驱动。而对于较大口径、较高压力的球阀可采用气动、液动、电动或各种联动驱动。

3. 球阀的应用范围

球阀是一种很有发展的阀类，其应用范围日益扩大。其性能参数范围如下：公称通径

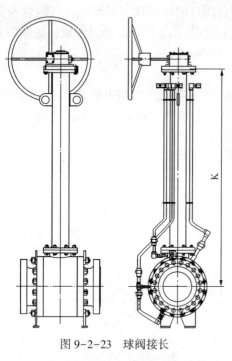

图 9-2-23　球阀接长

DN15~1200mm、公称压力 PN1.6~32MPa，工作温度一般不超过 150℃。

4. 球阀优缺点

优点：结构简单，外形尺寸小(与同口径闸阀相比)，因阀内径与管内径相同，流体流经阀门阻力小，污物不易积存阀内，便于清管器通过。

缺点：密封性较差，阀重量大，执行机构复杂等。

5. 球阀操作注意事项

(1) 球阀只能作全开或全关用，不能作节流用。

(2) 操作前应检查球阀开关位置、执行机构各部是否完好灵敏，密封性能及流程倒换是否正确。

(3) 开关操作时，一定要平衡球阀前后两端压力和泄去密封圈压力后才能进行。严禁在阀前后存在压差下强行操作。

(4) 当球阀需紧急关闭时，动作应尽快完成，以免球阀前后已形成较大压差后还未关闭完。

五、安全阀

输油气站管线、阀门、仪表、容器等虽然在设计中进行了强度校核，施工后进行了强度试压和严密性试压，并规定了最大操作压力，但在生产中，往往会由于管线堵塞、用户突然停止用气、操作者失误等原因，造成设备管线的压力急剧增大而超过允许压力，发生事故。为了防止这种事故的发生，输油气站中受压设备均需装设安全阀，当设备压力超过压力给定值时，安全阀自动排放油气泄压报警。

安全阀有爆破式、杠杆式和弹簧式三种，输气站主要使用弹簧式安全阀。

1. 弹簧式安全阀的结构及原理

这类安全阀由于具有体积小、泄压灵敏和调节保养方便等优点，故在输气站广泛采用(见图 9-2-24)。它利用弹簧的预紧力平衡管内流体对阀瓣的上顶力。当管内压力升高到对阀瓣上顶力超过调定的弹簧压力值时，顶开阀瓣排放天然气压力。管内压力下降到给定压力以后阀瓣关闭。调节弹簧的松紧程度可以获得不同的天然气排放压力给定值。

先导式安全阀如图 9-2-25 所示。它由主阀和副阀组成，下半部叫主阀，上半部叫副阀，借助副阀的作用带动主阀动作。当介质压力超过额定值时候，便压缩副阀弹簧，使副阀阀瓣上升，副阀开启，于是介质进入活塞缸的上方。由于活塞缸的面积大于主阀阀瓣面积，压力推动活塞下移，驱动主阀阀瓣向下移动开启，介质向外排出。当介质压力降到低于额定值时候，在副阀阀瓣弹簧的作用力下副阀阀瓣关闭，主阀活塞无介质压力作用，活塞在弹簧作用下回弹，再加上介质的压力使主阀阀瓣关闭。先导式安全阀主要用于大口径和高压的场合。

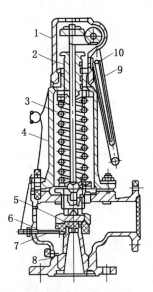

图 9-2-24　A44Y 弹簧全启式安全阀
1—保护罩；2—调节螺丝；3—弹簧；
4—阀盖；5—阀瓣；6—阀体；7—密封
面；8—阀座；9—扳手；10—锁紧螺母

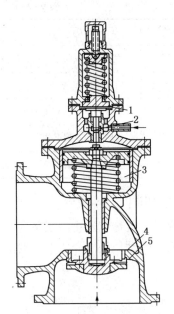

图 9-2-25　先导式安全阀
1—隔膜；2—副阀瓣；3—活塞缸；
4—主阀座；5—主阀瓣

2. 安全阀校验

安全阀一般每年至少应校验一次。安全阀在使用过程中出现下列情况之一时，应及时校验：

（1）超出开启压力才开启；

（2）低于开启压力却开启；

（3）低于回座压力阀瓣才能回座；

（4）发生频跳、颤振、卡阻时。

安全阀校验可采用在线校验或离线校验的方式。

3. 安全阀的操作调试

（1）安全阀动作性能试验时，介质为空气或其他气体，禁止用液体。

（2）管线、设备吹扫及试压时，应关闭安全阀前的切断阀，避免液体介质及污物进入安全阀的导压管或导阀，造成主阀无法起跳。

（3）打开安全阀的切断阀门，检查各连接部位有无漏气现象（可用肥皂水检查）。

（4）安全阀通气时，应缓慢开启切断阀，听到主阀出口有连续泄漏声，属正常现象，这时停止开启，待出口无泄漏声，再继续缓慢开启切断阀。

（5）控制安全阀前压力，使安全阀起跳、排放和回座。反复测试几次，观察排放压力和回座压力值、排放压差和启闭压差对应于性能规范表，然后将导阀并紧螺母锁紧。

4. 安全阀的维护

安全阀应定时检测，发现安全阀动作不灵、起跳和回座压力偏离设定压力较多时，应对安全阀进行检查维修。常见故障及排除方法如表9-2-1所示。

表 9-2-1　安全阀常见故障及排除方法

故障现象	产　生　原　因	解决方法
关闭不严、漏气	主阀或导阀阀芯软密封件损坏	更换软密封件
调解、给定不灵	有污物堵塞	清洗连接导阀过滤器
安全阀不动作	零件损坏，如 O 形圈等	更换损坏零件
	受脏物、铁屑卡住	清洗
	安全阀的参数不对，如压力范围与使用范围不一致	更换导阀弹簧

六、止回阀

止回阀过去曾称作逆止阀或单向阀。它的作用是防止管路中介质的倒流。止回阀属于自动阀类，其启闭动作是由介质本身的能量来驱动的。

1. 升降式止回阀

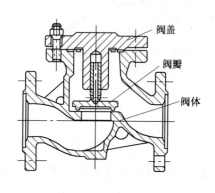

图 9-2-26　升降式止回阀

升降式止回阀是一种截止型止回阀，它的结构与截止阀有很多相似之处，其中阀体与截止阀阀体完全一样，可以通用。阀瓣形式也与截止阀阀瓣相同，阀瓣上部和阀盖下部都加工出导向套筒，阀瓣导向筒可在阀盖导向套筒内自由升降。采用导向套筒的目的是要保证阀瓣准确地降落在阀座上。在阀瓣导向筒下部或阀盖导向套筒上部加工出一个泄压孔，当阀瓣上升时，排出套筒内介质，以减小阀瓣开启的阻力。升降式止回阀如图 9-2-26 所示，它的启闭件（阀瓣）是沿阀座通道中心线作升降运动的，动作可靠，但流动阻力较大，适用于较小口径的场合。

图 9-2-27 是一种带弹簧的升降式止回阀。

2. 旋启式止回阀

旋启式止回阀如图 9-2-28 所示。它的阀瓣呈圆盘状，绕阀座通道外的转轴作旋转运动。旋启式止回阀由阀体、阀盖、阀瓣和摇杆组成，它的阀内通道成流线形，流动阻力比直通式升降止回阀要小一些。这种止回阀适用于大口径的场合。但低压时，其密封性能不如升降式止回阀好。为提高密封性能，可采用辅助弹簧或采用重锤结构。

根据阀瓣的数目，旋启式止回阀可分成单瓣式、双瓣式和多瓣式三种。

1）单瓣式

单瓣式止回阀，如图 9-2-28 所示。它只有一个阀座通道和一个阀瓣，适用于中等口径旋启式止回阀。

2）双瓣式

双瓣式止回阀有两个阀瓣和两个阀座通道，适用于较大口径旋启式止回阀，但一般通径不超过 600mm。

3）多瓣式

多瓣旋启式止回阀如图 9-2-29 所示。对于大口径止回阀，如果采用单瓣式结构，当介质反向流动时，必然会产生相当大的水力冲击，甚至造成阀瓣和阀座密封面的损坏，因而采用多瓣式结构。它的启闭件是由许多个小直径的阀瓣组成的。当介质停止流动或倒流时，这些小阀瓣不会同时关闭，因而就大大地减弱了水力冲击。由于小直径的阀瓣本身重量轻，关闭动作也比较平稳，因而阀瓣对阀座的撞击力较小，不会造成密封面的损坏。多瓣式适用于公称通径 *DN* 为 600mm 以上的止回阀。较大口径的旋启式止回阀可带有旁通阀，如图 9-2-29 所示。

3. 蝶式止回阀

蝶式止回阀与蝶阀结构相似，主要区别在于：蝶阀作为截断阀必须由外力驱动，而蝶式止回阀是自动阀，不需要驱动机构。蝶式止回阀的阀座是倾斜的，蝶板旋转轴水平安装，并位于阀内通道中心线的偏上方，使转轴下部蝶板面积大于上部。当介质停止流动或倒流时，蝶板靠自身重量和倒流介质作用而旋转到阀座上，由于转轴上部和转轴下部蝶板上介质作用力所产生的转矩方向相反，因而可以减轻水力冲击。

4. 其他止回阀

图 9-2-30 是对夹式止回阀结构图。图 9-2-31 是轴流式止回阀结构图。他们一般可以安装在站内不走清管器的管道上。

5. 止回阀的应用

1）应用范围

止回阀的使用范围很广，凡是不允许管路中介质倒流的场合大都需要安装止回阀。国内止回阀的参数范围如下：公称通径 *DN*10～1800mm，公称压力 *PN*0.25～32MPa，工作温度 *t*≤550℃。

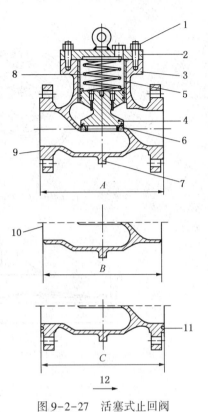

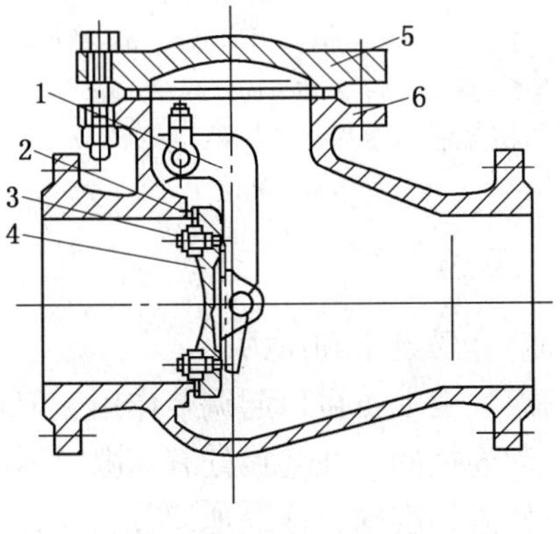

图 9-2-27　活塞式止回阀

1—阀盖螺栓；2—阀盖；3—阀体；4—活塞；5—衬垫；6—阀座密封圈；7—支撑筋或脚；9—凸面；10—焊接端；11—环形槽；12—流体方向；*A*—凸面法兰面至面尺寸；*B*—焊接端至端尺寸；*C*—环形槽端至端尺寸

2）止回阀的安装

直通式升降止回阀应安装于水平管路上。旋启式止回阀安装位置不受限制，通常安装于水平管路，但也可以安装于垂直管路或倾斜管路上。

安装止回阀时，应特别注意介质流动方向，在止回阀阀体表面都铸有规定介质流动方向的箭头，应使介质正常流动方向与箭头指示的方向相一致。否则就会截断介质，使介质无法通过。

止回阀关闭时，会在管路中产生水锤效应，引起管路中介质压力瞬时增加，对此必须加以注意。

图 9-2-28　旋启式止回阀

1—摇杆；2—密封圈；3—螺钉；4—阀瓣；5—阀盖；6—阀体

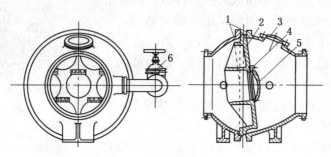

图 9-2-29　旋启式多瓣止回阀
1—阀体；2—隔板；3—阀盖；4—密封圈；5—阀瓣；6—旁通阀

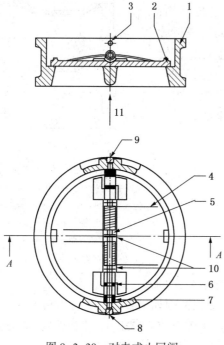

图 9-2-30　对夹式止回阀
1—阀体；2—封板；3—止动销；4—弹簧；5—轴销；
6—阀瓣拖拉轴承；7—阀体拖拉轴承；8—止动销挡环；
9—轴销挡环；10—弹性轴承；11—流体方向

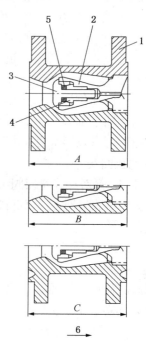

图 9-2-31　轴流式止回阀
1—阀体；2—导杆；3—阀瓣；4—轴承；
5—弹簧；6—流体方向；A—凸面法兰至
面尺寸；B—焊接端至端尺寸；C—环形
槽端至端尺寸

七、节流阀

节流阀属于调节阀类，它通过改变通道截面积来调节介质流量和压力。

各种截断阀都可以改变介质通道截面积，因而在一定程度上也可以起调节作用，但是它们的调节性能不好。这是因为它们的启闭件与阀杆是活动连接的，在连接处有间隙，不便调节；启闭件的升降与通道面积的改变不成比例，因而不易做到准确、连续地调节，当通道面积小而介质流速很大时，会造成密封面的严重冲蚀，并引起阀瓣的振动。因而通常都采用专门的结构和启闭件形状的节流阀进行调节。

1. 截止型节流阀

通常所说的节流阀指的是截止型节流阀(下面简称节流阀)。这种节流阀在结构上除了启闭件及相关部分外,均与截止阀相同。阀杆通常与启闭件制成一体。节流阀与截止阀一样也有直通式和角式之分,分别安装在水平管路和垂直相交的管路上。图9-2-32为管道系统常用的节流阀。

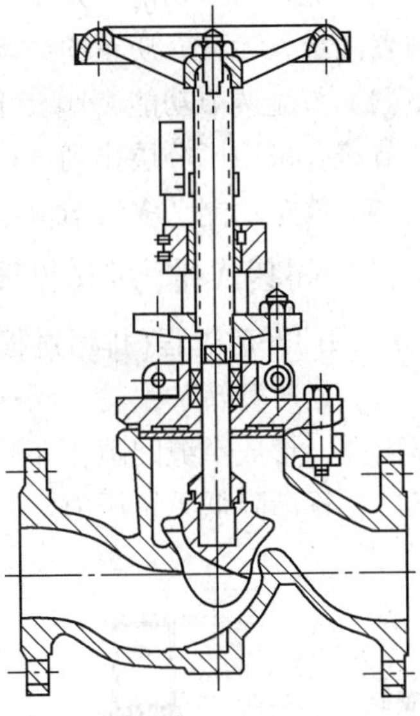

节流阀的启闭件有针形[见图9-2-33(a)]、沟形[见图9-2-33(b)]和窗形[见图9-2-33(c)]三种形式。它们的共同特点是:阀瓣在不同高度时,阀瓣与阀座所形成环形通路面积也相应地变化。所以只要细致地调节阀瓣的高度,就可以精确地调节阀座通道的截面积,从而也就可以得到确定数值的压力或流量。节流阀阀杆螺纹的螺距比截止阀小,以便进行精确的调节。

阀瓣与阀座密封面受到高速介质的冲蚀作用,因而必须用耐冲蚀和磨损的材料来制造。

节流阀的连接尺寸和结构长度均与截止阀相同。

2. 节流阀的应用

节流阀用于调节介质流量和压力,不宜作为截断阀

图9-2-32 节流阀

用,节流阀若是长期用于节流,其密封面必然会被冲蚀,而不能保证其密封性。国产节流阀多采用截止型,其参数公称通径 $DN3\sim200mm$,公称压力 $PN\leq32MPa$,工作温度 $t\leq450℃$。

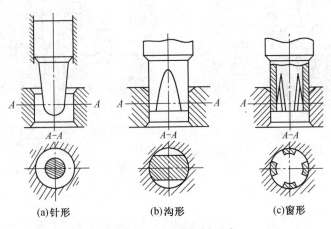

(a)针形　　(b)沟形　　(c)窗形

图9-2-33 节流阀瓣形式

第三节　节流截止放空阀

一、节流截止放空阀

节流截止放空阀是在吸收了截止阀和节流阀技术的基础上发展起来的新一代高性能放空阀。它既可以可靠截止(密封达到零泄漏),又具有节流放空功能,广泛用于石油、天然气、

蒸汽管道输送装置的节流放空系统,如图9-3-1所示。

节流截止放空阀有三种功能:截止密封功能、节流调节功能、放空功能。

(1)截止密封功能 采用软硬双重密封结构,软密封座安装于独立的阀座密封槽内,并由阀套固定,无论介质正向或反向流动,密封圈均不会被吹出。

(2)节流调节功能 阀套上设计了对称节流小孔,介质进入节流孔并沿中心向下游流动。节流孔采用了分层排列结构,引导介质实现分层流动,有效防止介质产生紊流和旋涡。

(3)放空功能 多级节流结构,保证阀门可实现全压差下的放空功能。

二、阀套式排污阀(见图9-3-2)

1. 阀门开启过程(排污过程)

(1)逆时针转动手轮,阀杆带动阀芯逐渐上移,密封面脱开,阀芯上的导流座逐渐移出阀座内孔,形成窄缝间隙,介质通过阀座上的对称节流孔进入阀座内部,少量介质可通过窄缝流出,逐渐降低系统压力。

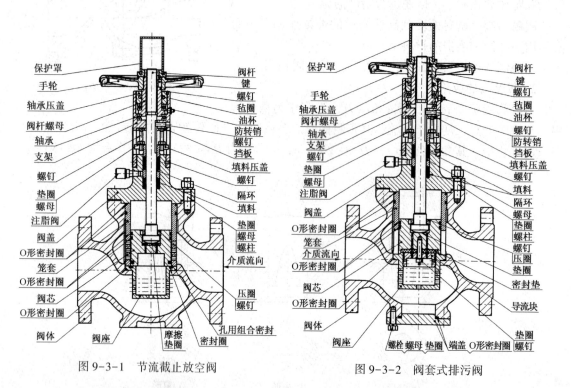

图9-3-1 节流截止放空阀　　　　图9-3-2 阀套式排污阀

(2)继续逆时针转动手轮,阀芯向上运动,导流座上的节流孔移出阀座内腔,较多的介质通过导流座和阀套节流后顺利排出。

(3)继续逆时针转动手轮,阀芯向上移至全开位置,此时,介质压力已经大大降低,大量杂质可直接从阀套节流孔处排出,并在倒置的密封座处形成涡流,应不断清洁密封面,防止杂质黏附在密封面上。

2. 阀门关闭过程

(1)顺时针转动手轮,阀杆带动阀芯下移,此时排污已结束,系统压力较低,阀套上的节流孔面积逐渐减小,导向套靠近阀座,并改变介质流向,介质经节流后以一定速度流过密封部位,逐渐加强对密封面的清洁力度。

（2）继续转动手轮，阀芯上的导流座进入阀座内孔，形成窄缝节流，由于排污接近结束，介质中杂质已经较少，导向套和阀座间的窄缝阻止了残存的微小杂质流入密封面，介质通过窄缝快速流出，彻底清扫密封面。

（3）继续转动手轮，阀芯与密封座接触，实现密封。

第四节　干线紧急切断阀的电液联动和气液联动

干线切断阀的驱动方式有电动、气动、电液联动和气液联动等类型，各种驱动装置上往往同时配有手动机构以备基本驱动机构失灵时使用。

一、电液联动

电液联动机构是由电动机-油泵机组提供动力的液压装置。动力机组一般与阀体分离。与电动机构相比，它的优点是传动平稳，工作可靠和容易控制。图9-4-1为一种简单的电液联动装置的控制系统。阀门的拨叉滑块由两个油缸推动，阀门开关用改变电动机转向或供油方向的办法实现。动力系统的运转由阀的限位开关控制。系统中设有手摇泵，供断电时使用。

二、气液联动

近年来输气干线上安装的大部分是气液联动球阀（如图9-4-2是国产Q867F-64 DN700球阀）。它利用天然气自身的能量作动力和讯号，由天然气挤压工作液（变压器油或机油）进入工作缸推动活塞，带动球阀主轴转动来实现阀的开关。这种球阀中体为焊接件，球体侧向推力由中体承受，球体轴承为F4型滑动轴承。球体用不锈钢材料整体铸造（内衬炭素钢套）。密封圈是含石墨等填充剂的增强聚氯乙烯，由平板弹簧产生预紧力。执行机构为气-液联合驱动，活塞杆与轴是用拨叉增力机构传动。

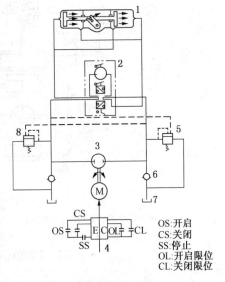

图9-4-1　电液联动系统

1—驱动机构；2—手摇泵；3—齿轮泵与电动机；4—转换开关；5—限压阀；6—单向阀；7—油箱；8—顺序阀

该阀还带有自动关闭的控制系统及手压泵操作机构，在管道破裂或其他原因使输气压力降至给定值时阀能自动关闭。在无天然气气源时也可使用手压泵系统开关球阀。驱动和控制系统的操作如下（见图9-4-2）。

1. 动力操作（手控气-液联动）

将三通球阀20手柄置于排空位置，关闭截止阀10并把手压泵上部阀门开启，下部阀门关闭，此时，输气管线内的天然气经压力选择阀2、分水器3、过滤器4进入动力管路至主控阀15，开关控制阀5时由于各阀关闭而截止。当向下撤开关控制阀5手柄时，天然气则经阀5进入气-液罐7，把天然气压能转换成液压油（工作液）能量（压力），液压油经手压泵8、止回节流阀9进入驱动器油缸推动活塞运动，拨动卡在活塞杆上的拨叉转动，拨叉固定在球阀主轴上，拨叉转动带动球体转动使球阀关闭。油缸回油经止回节流阀、手压泵回到气-液罐，其上部气体经由控制阀、放空管路排入大气。动作完成后停止揿开关控制阀手柄，弹簧使手柄自动复位，动力管路天然气被截止，气-液罐压力气体排入大气。

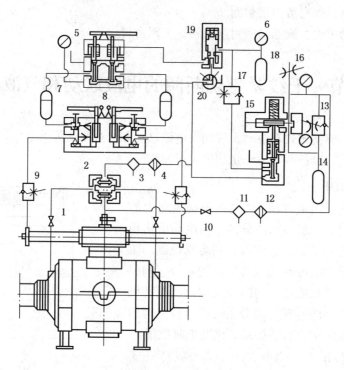

图 9-4-2   Q867 F-64 *DN*700 球阀

1，10—截止阀；2—压力选择阀；3，11—分水器；4，12—过滤器；5—开关控制阀；6—压力表；
7—气-液罐；8—手揿泵；9—止回节流阀；13，17—节流止回阀；14—对比罐；15—主控阀；
16—测试排气阀；18—延时罐；19—蓄时罐；20—三通球阀

当向上推开关控制阀 5 手柄时，球阀开启，其驱动原理与上述关阀相同。

进行以上操作前应检查各压力表指示是否正常。扳动控制阀手柄后，要从开闭指示箭头观察启闭情况，在达到全开（或全关）方可放开手柄，中途不能停顿。

2. 手动操作

本系统备有一个手压（揿）泵 8，供天然气气源完全中断或管线压力过低时作应急手动操作之用。在球阀安装前或停气维修时亦可用手压泵操作。手压泵开、关各有一个泵，按手柄座上的标牌使用。开阀时，手压泵上开启手柄一侧上方的阀应关闭，其余三阀应开启。关阀时，关闭手柄一侧上方的阀应关闭，其余三阀开启。

手压泵操作完成后应将手压泵上部两个阀开启，下部两个阀关闭，否则，不能做动力操作，亦不能实现管道破裂紧急自动关闭。

3. 管道破裂紧急自动关闭

采用压降速率式紧急自动关闭原理，既紧急自动关闭控制系统。感测到持续时间大于系统延迟时间、数值大于调定的压降速率信号时，通过各阀的动作关闭球阀。其主要元件是压力选择阀 2、节流止回阀 13、主控阀 15、对比罐 14、节流止回阀 17、延时罐 18、蓄压阀 19 和三通球阀 20。

实现压降速率式管道破裂紧急自动关闭应做如下准备：

（1）调节延迟时间和压降速率的给定值。

关闭截止阀10，利用调试排气阀16模拟管道破裂排气，其压降速率值可用标准压力表6和秒表测量，取3min的平均值而定。通过调节节流止回阀13上的针形阀，确定阀门关闭所需的最低压降速率值，如此反复调节，直到达到给定值（Q867F-64球阀最低压降速率为0.03MPa/min）。再通过调节节流止回阀17上的针形阀达到所需的延迟时间。

（2）开启截止阀10，并将三通球阀20扳到蓄压阀与动力源接通的位置上。

管道破裂紧急自动关闭的动作原理：安装有本球阀的管道处于正常输气时，主控阀的不锈钢膜片两边的压力平衡，在弹簧作用下，薄膜下部通道（φ0.85mm）关闭。当管道破裂时压力迅速下降，这时，控制管路中和薄膜上方压力也同时下降。对比罐中的气体通过节流阀排出。当压力下降速率达到或超过预先调定的数值（即对比罐压力下降的速率小于控制管路压力下降的速率），薄膜上下压差就克服弹簧压力把下部通道开启。这时，对比罐内的气体进入气缸，推动活塞使节流止回阀17与动力气源接通，延时罐开始充气。延时罐充气过程就是系统延时过程的主要部分，目的在于避免管道压力正常波动时造成误动作，只有当管道压力下降信号是连续的（管线爆裂或管线大排量连续排放天然气），球阀才会自动关闭。

当延时罐内气体压力达到一定值时，蓄压阀动作，压力气体通过三通球阀，蓄压阀到达开关控制阀关闭一侧的活塞顶部，推动活塞，使开关控制阀关闭一侧开启，球阀关闭。

球阀在自动关闭后，若要使它开启，必须把三通阀扳到排空位置，使开关控制阀复位后才能进行开启操作。

三、SHAFER气液联动执行机构的操作与维护

SHAFER阀门执行器是意大利SHAFER公司生产制造，具有气液联动功能，是输气管线干线截断阀理想的配套驱动装置。其主要特点是利用管道内天然气作为动力，自动检测管道内天然气的压力并驱动阀门，在干线压降速率高于设定值或压力超高、超低时能够自行关闭，切断输气干线，减少事故损失。阀门在任何情况下打开都要手动操作。

执行器的动作为角行程（较直行程的执行器有输出扭矩稳定的特点）具有关断迅速、动作平稳的特点。

目前国内使用该种形式执行器的有涩宁兰输气管道、西气东输、陕京输气管道及沿线的部分支管道等。

本节以SHAFER气液联动执行机构的操作与维护为例进行讲解，其他牌号的气液联动机构操作原理和其类似，可以参照本方法按照具体设备说明书作适当修改进行操作。

1. SHAFER气液联动执行机构结构

SHAFER气液联动执行机构结构如图9-4-3所示。

SHAFER气液联动执行包括下面几个部分：

（1）POPPET BLOCK CONTROL（提升阀气路控制块），如图9-4-4所示。

（2）MANUAL HAND PUMP（手动泵装置），如图9-4-5和图9-4-6所示。

（3）ROTARY VANE（执行器），它包括旋转叶片和止动器两个部件，如图9-4-7和图9-4-8所示。

（4）GAS HYDRAULIC TANK（气液罐），如图9-4-8和图9-4-9所示。

（5）POWER STORAGE TANK（备用气源罐），如图9-4-3所示。

（6）LINEGUARD2000（LINEGUARD0200控制箱），如图9-4-9所示。

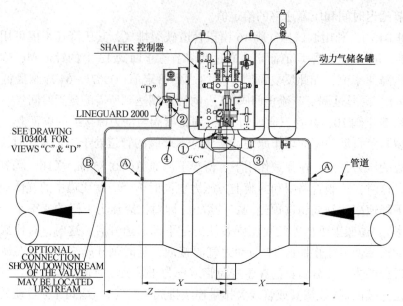

图 9-4-3　SHAFER 气液联动执行机构结构图

A—动力气接口；B—指挥器气源接口；X—最小距离为管径 D；Z—最小距离为 2 倍管径 D；

①，②—截断阀；③—梭阀；④—取气管；A&B—镙口连接

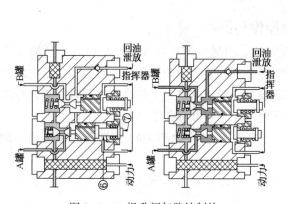

图 9-4-4　提升阀气路控制块

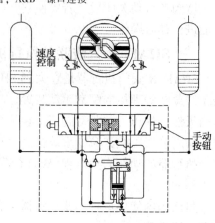

图 9-4-5　手动泵装置

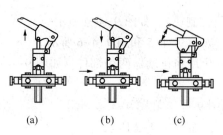

(a)　　　(b)　　　(c)

图 9-4-6　手动泵的操作

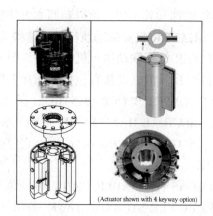

图 9-4-7　执行器

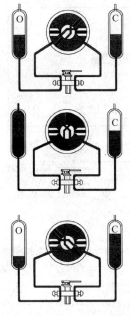

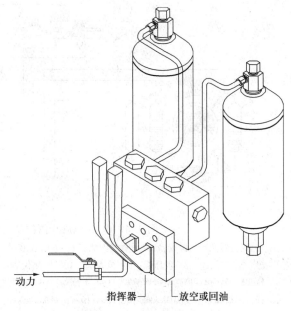

图 9-4-8　执行器和气液罐　　　　　　　图 9-4-9　气液罐和控制箱

动力　　　指挥器　　放空或回油

如图 9-4-6(a)所示，当手动泵两边的手掌按钮都没有按下去(阀门自动操作是这个位置)，只要阀门的密封圈、阀叶、手动排放阀、检查阀的密封都完好，是无法按下手动泵的手柄的。

如图 9-4-6(b)所示，开阀或关阀前分别按下手动泵两边对应的手掌按钮(分别对应开阀或关阀)，然后上下摇动手柄就可以手动开阀或关阀了。如果按动手柄时感觉像按海绵一样或开阀极慢，就应该检查气液罐中的油位，考虑加油。如果上述操作是靠中心液压单元控制的，就应该检查备用动力罐液位或检查备用动力罐和泵之间的手动阀是否打开。如果在泵的吸入口仍然不能很好地吸入液体油，就应该进行维护调整了。

如图 9-4-6(c)所示，如果当手动泵两边的手掌按钮没有完全按下，则操作将非常吃力。

SHAFER 阀操作系统的基本功能是爆管紧急切断和人为地开/关阀，其中人为地开/关阀操作分远程操作、就地手泵操作和就地自动操作两种方式。

SHAFER 阀操作系统在安装调试测试正常后，一般不需要修改系统参数或调整阀位操作。需要时应由专业技术人员通过便携机进行有关参数重新设定或修改。

日常应检查操作系统各接口处不应有漏油液、气现象。必要时应更换密封件。

2. SHAFER 阀门执行器操作方法

1) 手泵"开阀"

开阀步骤如下(见图 9-4-10)：

(1) 将排空胶管的一端套在"梭阀"体标有"EXHAUST"的细管上，另一端引至室外。

(2) 把"手动换向阀"上标有"OPEN"侧的"手掌按钮"推入，确认另一侧标有"CLOSE"的"手掌按钮"处于拉出状态。

(3) 拔出手动油泵操作柄的锁销，将专用的操作杆插入操作柄孔中，上下压动油泵柱塞，观察阀位指示器转动，当指向"开"位置时，即实现开阀操作。

(4) 将油泵操作柄恢复到初始状态。如不能恢复至原位，可拉起手动换向阀体上部的泄

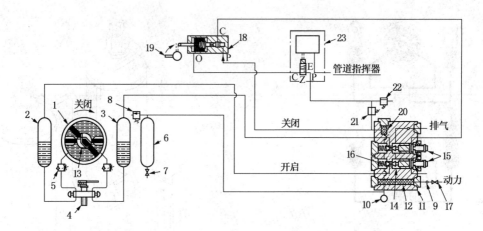

图 9-4-10　SHAFER 阀门执行机构的工作原理

1—执行器在开启位置；2—开阀气液罐；3—关阀气液罐；4—手动泵；5—速度控制；6—备用动力罐；7—排污罐；8—泄压罐；9—检查阀；10—检测仪表；11—控制模块；12—动力气过滤；13—操作旋转器；14—控制指挥器活塞；15—手操器；16—动力提升阀；17—动力截断阀；18—通常双向打开，用指挥器激发关闭球阀用限位阀；19—机械驱动装置；20—指挥器过滤器；21—调整器；22—泄放阀；23—电子线路截断器（电子线路截断器用来检测管道中的压力降速率并和预先的设定值对比和比较，当压力降速率达到设定值后放空指挥器，关闭球阀。）

放平衡阀，再将操作柄复位。

2）手泵"关阀"

关阀步骤如下：

（1）将排空胶管的一端套在"梭阀"体标有"EXHAUST"的细管上，另一端引至室外。

（2）将"手动换向阀"上标有"CLOSE"侧的"手掌按钮"推入，确认另一侧标有"OPEN"的"手掌按钮"处于拉出状态。

（3）拔出手动油泵操作柄的锁销，将专用的操作杆插入操作柄孔中，上下压动油泵柱塞，观察阀位指示器转动，当指向"关"位置时，即实现关阀操作。

（4）将油泵操作柄恢复到初始状态。如不能恢复至原位，可拉起手动换向阀体上部的泄放平衡阀，再将操作柄复位。

3）就地气动"开阀"

开阀步骤如下：

（1）将排空胶管的一端套在"梭阀"体标有"EXHAUST"的细管上，另一端引至室外。

（2）将梭动阀体上标记"OPEN"的操纵杆下拉，此时阀执行器执行开阀动作。观察阀位指示器转动，当指向"开"位置时，松开操纵杆，即实现开阀操作。

4）就地气动"关阀"

关阀步骤如下：

（1）将排空胶管的一端套在"梭阀"体标有"EXHAUST"的细管上，另一端引至室外。

（2）将梭动阀体上标记"CLOSE"的操纵杆下拉，此时阀执行器执行关阀动作。观察阀位指示器转动，当指向"关"位置时，松开操纵杆，即实现关阀操作。

3. 日常检查保养

SHAFER 阀门执行器在运行中应定期检查，检查周期应按设备管理要求确定。检查内容为：

（1）检查执行器各连接点有无漏气或漏液压油。

（2）检查执行器底部有无疑液积存。

（3）检查动力气罐压力，正常情况下应与管道压力基本相同。

（4）检查各引压管、截止阀完好，无泄漏、无震动、无腐蚀。

（5）检查所有连接无松动。

（6）检查各指示仪表工作正常，准确度在允许范围内。

4. 检修与维护

1）执行器排空

在正常情况下，旋转叶片执行器腔体内不应有气体存在。有气体存在时，执行器动作迟缓或运行不稳定。此时就应对执行器进行排空。操作步骤如下：

（1）将执行器上盖的任意两个对顶清污塞卸下，手泵选择器选择至向被卸去清污塞所在腔注油的位置；

（2）用手泵开始打油，当从一个孔中出纯液压油时，将卸下的这个孔的清污塞装上拧紧，继续用手泵打油，当这个对顶扇形腔中所有的气体和泡沫全部排除时，装上并拧紧第二个清污塞；

（3）将另外对顶扇形腔所在的两个清污塞卸下，手泵选择器选择至向该扇形腔注油的位置；

（4）用手泵打油，当从一个孔中出纯液压油时，将卸下的这个孔的清污塞装上拧紧，继续用手泵打油，当这个对顶扇形腔中所有的气体和泡沫全部排除时，装上并拧紧第二个清污塞。

在完成排空操作后，应重新恢复气液罐中的油位，油位正确后方可进行正常的操作。

2）执行器排污

执行器应定期排污，以除去沉积的天然气凝液、水、残渣和磨损的铁屑。排污频率取决天然气组分和气候条件，通常在冬季来临前应进行排污。排污时卸下执行器底部的四个排污塞，凝液和污物就会排出。排完积液后，应按本说明书中执行器排空的方法重新建立正确的油位。

3）正确操作油位

由于排污、排空或其他原因造成的泄漏会使油量减少，就需要补充。一般气液罐中的油量是执行器充满油量的 1.5 倍，执行器的容积参数印在其规格型号标签上，标签已贴在了执行器醒目的位置。

5. 在线气液联动驱动装置的功能测试

1）带远控功能的装置的功能测试

确认装置动力气源、检测气源开启。检查装置和控制箱设置参数是否符合要求。

由调控中心发出关闭 GOV 阀门的命令，现场人员检查阀门是否关闭并关闭到位。

装置驱动阀门执行到位后，余气排空，现场人员和调控中心共同确认装置和阀门是否关闭到位。

2）气动开启装置。

测试低压、高压自动关断功能是否满足要求。

3）压降速率自动关断的测试

方法一：关闭检测气源，重新设定控制箱压降速率自动关断值，设定值设置为最小值，缓慢松开控制箱进气球阀前部卡套(带排气阀的缓慢打开排气阀),使引压管内压力降低,检查装置自动关断性能。

方法二:关闭检测气源、动力气源,重新设定控制箱压降速率自动关断值,设定值设置为最小值,缓慢松开控制箱进气球阀前部卡套(带排气阀的缓慢打开排气阀),使引压管内压力降低,仔细观察在延时时间后,控制箱内电磁阀是否动作。

测试结束后恢复装置及 LINEGUARD2000 参数设置。

6. 气液联动驱动装置在操作和维护中的注意事项

在进行拉手柄气动操作时,应用手拉住手柄不放,直至阀门到位为止。

气动操作时,因气液罐放出剩余带压可燃气体,阀门周围必须严格注意防火。

用手动液压摇杆操作时,当阀门到位而液压摇杆无法继续下压,可按下液压摇杆下部的平衡阀,然后放下液压摇杆达垂直位置。

定期检查 LINEGUARD2000 控制盒是否严密关闭,应严格防止其进水。

取消装置的自动关闭功能时,必须采用关闭根部阀和更改 LINEGUARD2000 控制箱中参数两种方法同时进行。

7. 气液联动驱动装置的故障诊断与排除

气液联动驱动装置的故障诊断与排除如表 9-4-1 所示。

表 9-4-1　气液联动驱动装置的故障诊断与排除

序号	故障现象	故障可能原因	故障处理方法
1	装置不动作	速度控制阀没有打开 动力气压低或动力气源没有打开 气路通道堵塞 阀门阻力矩过大或阀门内部或装置内部卡死	调节速度控制阀到一定开度 打开动力气源检查动力气压,尝试用手泵操作 检查气路并清除故障 充分清洗阀门,润滑阀门,进一步确认
2	控制箱无法读取数据	控制箱电路板损坏 控制箱或笔记本电脑接口没有正确连接 控制软件损坏	更换电路板 检查电缆和接口的连接 重新安装控制软件
3	装置动作缓慢	速度控制阀开度过小 阀门或执行器扭矩过大 气源压力过低 气路通道异物堆积	调节速度控制阀的开度 充分清洗阀门或执行器 增加气源压力 清洗气路通道中的滤芯和其他组件
4	执行器运行不稳或爬行	执行器缺油、有气体	排出执行器中气体和泡沫,补充液压油至合适的油位
5	执行器动作过慢	使用了不合适的液压油 动力气有节流、压力低,原因: 1. 系统管路堵塞 2. 控制滤网上有污物、润滑脂、杂物 3. 调试不当	更换液压油 解堵,重新调试 清洗滤网 重新调试
6	手泵操作不动作	缺液压油 手泵故障 执行器内漏	补充液压油,排空 检修手泵 检修执行器

第五节　阀门的使用与维护

一、阀门安装时的一般注意事项

（1）阀门在搬运时不允许随手抛掷，以免无故损坏。

（2）阀门吊装时，钢丝绳索应栓在阀体的法兰处切勿栓在手轮或阀杆上，以防折断阀杆。

（3）明杆阀门不能装在地下，以防阀杆锈蚀。

（4）阀门应安装在维修、检查及操作方便的地方。

（5）安装前应检查阀杆和阀盘是否灵活，有无卡住和歪斜现象，阀盘必须关闭严密，需做强度实验和严密性实验，不合格的阀门不能安装。

（6）有条件时阀门应尽量集中安装，便于操作。

（7）在水平管道上安装时，阀杆应垂直向上，或者是倾斜某一角度，而阀杆向下安装是不合乎要求的。如果阀门安装在难于接近的地方或者较高的地方时，为了操作方便，可以将阀杆装成水平，同时再装一个带有传动链条的手轮或远距离操作装置。

（8）应注意阀门的方向性，如截止阀、止回阀、减压阀等不可安反。安装一般的截止阀时应使介质自阀盘下面流向上面，俗称低进高出。安装旋塞、闸阀时，允许介质以任意一端流入流出。安装止回阀时，必须特别注意介质的（阀体上有箭头表示）流向，才能保证阀盘能自动开启。对于升降式止回阀，应保证阀盘中心面与水平面互相垂直，对于旋启式止回阀，应保证其摇板的旋转抠轴装成水平。

（9）阀门的填料压盖螺栓要平衡交替拧好，注意两侧间隙均匀。

（10）弹簧式安全阀应直立安装，安装杠杆式安全阀时，必须使阀盘中心线与水平面互相垂直。

（11）安全阀的出口应无阻力，背压要小。石油天然气管线安全阀排出物应排入密封系统，出口管管径应大于进口管，出口压力降不大于安全阀定压的10%。

（12）安装法兰式阀门时，必须清除法兰面上的脏物，垫子不要放偏；应保证两法兰端面互相平行和同心。拧紧螺栓时，应对称或十字交叉地进行。

（13）安装丝口式阀门时，应保证螺纹完整无缺，并按介质的不同要求涂以密封填料物。在阀门附近一定要装活接头，以便拆装。

（14）阀门的安装高度应执行设计图纸规定尺寸。当图纸无要求时，一般以离操作面1.2m为宜。如需操作较多的阀门，当必须安装在距操作面1.8m以上时，应设置固定的平台。

（15）辅助系统管道进入车间应设置切断阀，当车间停产检修时，可与总管切断。

（16）水平管道上安装重型阀门时，要考虑在阀门两侧装设支架。一般公称直径大于800mm的阀门应加支架。

（17）一般安装闸阀门时应保持关闭状态。安装球阀、旋塞阀保持开启状态。在安装球阀前，必须对阀门进行注润滑脂。通过注润滑脂一方面检查注脂通道是否畅通，另一方面要将阀座密封面和后腔注满，避免杂质进入密封面和后腔，同时在一定程度上可减弱焊接高温对阀座的损伤；当焊接完毕和做完水压实验以及每次操作前后，要及时补入一定量的润滑脂。

（18）做完水压实验后，要将阀腔里的水及时排干净，防止锈蚀和结冰。

二、阀门的操作和日常维护

(一) 阀门的操作

1. 一般要求

(1) 不能利用管钳和加长套管去开关阀门,以免损坏手轮和阀杆,必要时可用特制的阀门扳手。

(2) 阀门开足后应回转半圈,以便于开关。

(3) 当打开带有旁通阀的大口径阀门时,要先开旁通阀,以减少阀瓣两端的压力差。

(4) 输油输气管道阀门的电机要防爆。非自控泵站电动阀启动前,应将离合器手柄由手动位置移到电动位置,启动完后再由电动位置移回手动位置。

(5) 长期很少启动的阀门,启动前应先检查电动机及电器线路是否完好,启动后应检查阀门是否凝油。对于长时间(6个月以上)没有动作和进行清洗、润滑操作的球阀,在操作球阀前应先注入少量清洗液密封脂,以保护阀门密封。

(6) 电动阀的限位开关、阀门及零部件,必须齐全灵准好用,材质应符合实际要求。

(7) 闸阀、球阀、截止阀只准全开全关,不准半开半关。

2. 开、关手动阀门

(1) 检查阀门完好无损,阀门进出口法兰、管路完好无泄漏,盘根压紧紧固无泄漏。

(2) 电动阀门先拔去离合器手柄的锁定插销,压下离合器手柄同时慢慢地旋转手轮直到离合器全部啮合为止(明显地感觉到旋转操作吃力即认为离合器全部啮合)。

(3) 手握手轮或手柄确定开、关方向。逆时针旋转手轮为开阀,顺时针为关阀。

(4) 旋转手轮或手柄。开阀时,用力应该平稳,不可冲击。对蒸气阀门,开启时应尽量平缓,以免发生水击现象。

(5) 根据工艺要求或阀的类型确定开阀程度。

(6) 如发现操作过于费劲,应分析原因,进行相应处理。

(7) 当阀门全开后,应将手轮倒转少许。

(8) 对明杆阀门,要记住全开全关时的阀杆位置,避免全开时撞上死点,以便于检查全闭时是否正常。

3. 电动阀门的操作

1) 启动前的准备

(1) 检查电动机头与阀架连接是否紧固。检查阀门完好无损,阀门进出口法兰、管路完好无泄漏,盘根压紧紧固无泄漏。

(2) 电动机盘车数圈应无卡阻现象。

2) 就地控制

(1) 要进行就地控制,可将红色旋钮置于"LOCAL"("就地")位置(LCA显示器上黄色闪光),如图9-5-1所示。

(2) 再通过黑色旋钮选择"OPEN"("开")或"CLOSE"("关"),LCA显示器上红色闪光表示开阀,红色亮表示阀全开;绿色闪光表示关阀,绿色亮表示阀全关。

3) 远程控制

(1) 要实现远程控制,将红色旋钮置于"REMOTE"("远程")位置,此时LCA显示器上黄灯亮。

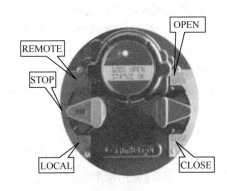

图 9-5-1 阀门电动头

（2）若红色旋钮置于"REMOTE"（"远程"）位置，就地控制的"OPEN"/"CLOSE"操作被禁止。

（3）红色选择旋钮转到"STOP"位置时，执行机构停止动作。

4）现场手动开阀操作

压下手动/自动选择柄处于手动位置，旋转手轮以挂上离合器，松开手柄，然后逆时针旋转手轮，直到阀门顶端的阀位指示器箭头指向"OPEN（开）"标记为止，实现手动开阀操作。如果手动操作时电源和自动控制系统并无故障，阀的开关状态可以通过执行器的液晶显示器观察到。

5）现场手动关阀操作

压下手动/自动选择柄处于手动位置，旋转手轮以挂上离合器，松开手柄，然后顺时针旋转手轮，直到阀门顶端的阀位指示器箭头指向"CLOSE（关）"标记为止，实现手动关阀操作。如果手动操作时电源和自动控制系统并无故障，阀的开关状态可以通过执行器的液晶显示器观察到。

4. 执行机构的设定原则

（1）一般情况下执行机构应由厂家或指定的专业技术人员进行设定。

（2）执行机构在首次投入运行前必须进行带负荷设定。

（3）在阀门大修、阀门更换等任何阀门参数发生变化时，执行机构必须进行重新设定。

（4）操作人员只能对执行机构的设定值查看但不能擅自改动。

5. 执行机构的维护、保养

（1）执行机构是充油润滑的，按说明书使用规定的润滑油。

（2）在第一次使用执行机构之前，打开执行机构齿轮箱最上面的加油孔的塞子，检查是否有油。

（3）正常情况下对执行机构的维护周期是 2~3 年，但在恶劣条件下，由于频繁操作或高温，对油面的检查周期为 1 年半左右。

（4）运行前应检查推力轴承或阀是否正常润滑。

6. 阀门日常维护

（1）阀门在运行使用中可能会积水、水垢、沉积物或其他杂质。在下列情况下这些杂质可能会损坏阀门：

① 低温时在阀门里形成的冰会妨碍阀门正常操作。

② 杂质可能会阻碍阀门全关而使阀门处于节流状态，可能损坏球体或 O 形密封环。

③ 杂质可能会进入球体和阀座之间，损坏球体或阀座表面。

（2）按计划对球阀进行排污可以有效地防止杂质对球阀的损坏。如难以安排定期对球阀进行排污，可在下述情况进行排污：

① 当阀门不能关闭时；

② 在寒冷季节来临之前；

③ 清洗管线之后；

④ 水压试验之后。

（3）对很少活动的阀门，每年最少活动一次，同时注入适量的润滑脂，这样做可以避免球体和阀座胶合，同时也可以避免球体活动时的干磨，保护阀座和球体。

（4）入冬前对球阀进行全面维护和保养，重点要排掉阀腔内和执行机构内的水，避免冬天冻结，影响正常功能。

（5）每年更换一次齿轮传动机构内的润滑脂；每半年加注一次阀杆润滑脂；每月检查一次阀门有无渗漏现象，一旦出现外漏，要及时处理；清除锈蚀，对外部进行维护。

（6）定期检查阀门的阀杆填料处、中法兰等部位是否存在外漏。

如发现球阀中法兰处存在外漏：放空阀门前后管线的气体，将阀门从管线上拆下，拆开中法兰，检查密封件是否损坏，必要时更换密封件，重新安装阀门。

如发现阀杆处存在外漏：观察阀门是否有阀杆注脂结构，如有则缓慢注入阀门密封脂，当泄漏止住时就应停止加注。

有些球阀，可以上紧阀杆顶部的压紧螺栓。拧紧压紧螺栓 1/8 圈或到泄漏止住为止。

如阀门填料损坏引起泄漏，则更换阀杆填料。

（7）在正常运行的条件下，按照球阀的设计和试验，球阀不需要使用密封脂，但定期对球阀进行润滑可延长其使用寿命和维修周期并提高性能。可根据操作频率和使用情况定期对球阀进行润滑。

（8）如不能定期对球阀进行润滑，可在在以下情况对阀门进行润滑：

① 在操作球阀前，阀门处于非全开和全关位置，并且长期未动作。

② 一旦注意到阀杆扭矩加大时（也可放松填料压盖螺母）。

（9）排污程序：

① 将阀门全关。

② 打开排污阀（注意：关阀时管线将滞留在阀腔内，必须注意打开泄放阀时，要注意逐步缓慢进行，直到阀腔压力全部泄完为止）。

③ 拆掉排污阀（通过观察在无残余压力的情况下的液体介质是否继续排放来检查泄放阀是否完好无损；为完成这一操作，应拆掉排污阀）。

④ 将排污塞和排污阀重新装上。

三、输气球阀常见故障及排除方法

1. 球阀内漏

球阀内漏是天然气管道球阀最常见的问题。

1）球阀内漏的原因

（1）施工期造成阀门内漏的原因：

① 运输和吊装不当引起阀门的整体损伤从而造成阀门内漏。

② 出厂时，打完水压没有对阀门进行干燥处理和防腐处理，造成密封面锈蚀形成内漏。

③ 施工现场保护不到位，阀门两端没有加装盲板，雨水、砂子等杂质进入阀座，造成泄漏。

④ 安装时，没有对阀座注入润滑脂，造成杂质进入阀座后部，或焊接时烧伤引起内漏。

⑤ 阀没有在全开位进行安装，造成球体损伤，在焊接时，如果阀不在全开位，焊接飞溅物将造成球体损伤，当附有焊接飞溅物的球体在开关时进一步将造成阀座损伤，从而导致内漏。

⑥ 焊渣等施工遗留物造成密封面划伤。

⑦ 出厂或安装时限位不准确造成泄漏，如果阀杆驱动套或其他附件与之装配角度错位，阀门将泄漏。

（2）运行期造成阀门内漏的原因：

① 最常见的原因是运营管理者考虑到较为昂贵的维护费用对阀门不进行维护，或缺乏科学的阀门管理和维护办法，对阀门不进行预防性维护，造成设备提前出现故障。

② 操作不当或没有按照维护程序进行维护造成内漏。

③ 在正常操作时，施工遗留物划伤密封面，造成内漏。

④ 清管不当造成密封面损伤从而造成内漏。

⑤ 长期不保养或不活动阀门，造成阀座和球体抱死，在开关阀门时造成密封损伤形成内漏。

⑥ 阀门开关不到位造成内漏，任何球阀无论开、关位，一般倾斜 2°~3° 就可能引起泄漏。

⑦ 许多大口径球阀大都有阀杆止动块，如果使用时间长，由于锈蚀等原因在阀杆和阀杆止动块间将会堆积铁锈、灰尘、油漆等杂物，这些杂物将造成阀门无法旋转到位而引起泄漏。如果阀门是埋地的，加长阀杆会产生并落下更多的锈蚀和杂质妨碍阀球旋转到位，引起阀门泄漏。

⑧ 一般的执行机构也有限位，如果长期造成锈蚀、润滑脂硬化或限位螺栓松动将使限位不准确，造成内漏。

⑨ 电动执行机构的阀位设定靠前，没有关到位造成内漏。

⑩ 缺乏周期性的维护和保养，造成密封脂变干、变硬，变干的密封脂堆积在弹性阀座后，阻碍阀座运动，造成密封失效。

2）内漏的判断方法

天然气管线上常用的是固定轴球阀，其一般的检查方法是：将阀门转动到全开或全关位，通过阀体排污嘴的排放检查是否有泄漏。如果可以排干净，则证明密封良好。如果始终有压力排出，则可以认为阀门泄漏，这时要对阀门进行相应的处理。但要特别强调的是有些球阀只能在全关位进行检查，因为这类球阀在阀体上开了一个通道，当全开位时，用以平衡管线和阀腔的压力。但当全关位时，不会出现这种情况。

3）内漏的处理程序

（1）首先检查阀门的限位，看是否通过调整限位能解决阀门的内漏。

（2）先注入一定量的润滑脂看是否能止漏，这时注入速度一定要慢，同时观察注脂枪出口压力表指针的变化来确定阀门的内漏情况。

（3）如果不能止漏，有可能是早期注入的密封脂变硬或密封面损坏造成内漏。建议这时注入阀门清洗液，对阀门的密封面以及阀座进行清洗。一般最少浸泡半小时，如果有必要可以浸泡几小时甚至几天，待固化物全部溶解后再做下一步处理。在这一过程中最好能开关活动阀门几次。

（4）重新注入润滑脂，间断地开、关阀门，将杂质排出阀座后腔和密封面。

（5）在全关位进行检查，如果仍有泄漏，应注入加强级密封脂，同时打开阀腔进行放空，这样可以产生大的压差，有助于密封，一般情况下，通过注入加强级密封脂可以消除内漏。

（6）如果仍然有内漏，就要对阀门进行维修或更换。

2. 阀杆泄漏

大多数球阀的阀杆上设有上、下两道密封，在一般情况下，可以不做任何维护，但由于长时间磨损或老化，在阀杆处有可能造成泄漏。对于有注入口的阀杆，可以通过注入密封脂来达到临时止漏的目的。

加注密封脂应该缓慢，最好用手动注脂枪。当泄漏停止时，就应停止加注，加注量过多会引起阀杆转动困难。

3. 球阀操作异常

（1）球阀长时间不进行保养和活动，阀座可能会与球抱死，这种情况操作阀门比较费力甚至操作不动，这时最好注入一定量的清洗液浸泡一段时间然后进行操作。

（2）管线里的垃圾、沙子、灰尘或老化、硬化密封脂堆积在阀座环周围并且影响阀座动作，造成阀座环卡死，引起阀座与球间的泄漏。通常向阀门注入清洗液来除去杂质。

（3）当天然气中含水量较高时，在运输过程中随着环境的变化，会出现凝析水。阀门中的水会存在阀门的最低点处，这通常会是在下枢轴或球阀阀体下部，在温度较低寒冷情况下结冰，造成阀门开、关不动。

（4）在处理阀杆泄漏时，压紧螺丝太紧会造成开关困难，故压紧螺丝不应过松或过紧。

（5）对于通过涡轮、蜗杆啮合传动来操作的球阀还可能有以下原因：①轮齿磨损严重或折断，造成无法正常啮合；②蜗杆上的安全销折断；③蜗杆或蜗轮上的轴承损坏；④涡轮、蜗杆的润滑不好，用于这些地方的润滑脂通常为石油基的，会被水污染，在寒冷天气这些水可结冰，使阀门无法操作，如果出现这种情况，拆开齿轮箱去除所有的冰、水和受污染的润滑脂，并重新涂上新的润滑脂；如果特别寒冷，最好使用低温润滑脂，如乙醇基的润滑脂；⑤齿轮箱和阀体相连的螺栓有松动或被剪断；⑥电动头故障，没有电源、接线或设置错误等。

（6）对于气液联动的球阀还可能有以下原因：①气路、油路可能堵塞或管路限速阀处于关闭状态；②气源压力不足；③液压缸或旋转部件密封故障；④压差等原因造成扭矩过大。

4. 阀门清洗步骤

（1）将阀门置于全开或全关位置。

（2）确定阀座密封脂注嘴的数量，一般有2个或4个注嘴。

（3）根据阀门的类型、尺寸和说明书规定清洗液加注的总用量。将总用量除以两个阀座密封脂注嘴的总数量，将阀门清洗液通过密封脂注嘴注入一个阀座，然后采用同样的步骤清洗另一个阀座。如果阀门是埋地的，注嘴延长管的容积必须增加到注入量的计算。

（4）采用缓慢和均匀的压力来注入清洗液，这样可以有助于保持持续的流速和均匀地分配，快速地加注能引起清洗液从边缘或防垃圾密封或O形环变形处溢出。

（5）等待1~6h，让清洗液渗透阻塞和污物处，通常最少30min。阀门清洗液不会损坏阀门或密封，并可长时间留在阀内。

（6）操作阀门大约 10 次使阀门清洗液通过阀座涂到球上，阀门不能完全开关的应开关到可能的最大位，这样有助于清楚干燥的硬脂碎屑。

（7）如有必要，重复以上过程。

5. 阀门注脂步骤

注脂分阀杆注脂和球体或闸板注脂。阀杆注脂可通过阀杆上的密封脂注入口或注入系统注入规定的密封脂。球体和闸板注脂程序如下：

（1）要保证球阀处于全开或全关位。

（2）根据阀门说明书确定注入量，用总量除以密封脂注嘴的个数，如阀门是埋地的，延长管的容积需加到注脂的总量中。各类球阀在维护时清洗液和密封脂的用量可能比规定使用量多，但不能超过规定用量的 200%。

（3）给注枪装入适量的润滑密封脂，等量地注入每一个注嘴。

（4）使用如注入阀门清洗液一样缓慢均匀的注入速率。

（5）全开、全关阀门，检查阀门有无泄漏，如有继续以上步骤。

（6）经反复几次注脂后阀门仍有泄漏，与厂家联系解决。

四、阀门的常见故障及原因

1. 电动阀门常见故障及原因

电动阀门常见故障及原因如表 9-5-1 所示。

2. 液动阀门常见故障及原因

液动阀门常见故障及原因如表 9-5-2 所示。

表 9-5-1　电动阀门常见故障及原因

序号	故障	原因
1	阀门不动	离合器未在电动位置或损坏 电机容量小；电机过载 填料压得过紧或斜偏 阀杆螺母锈蚀或卡有杂物 传动轴等转动件与外套卡住 阀门两侧压差大 楔式闸阀受热膨胀关闭过紧 扭矩过大
2	电机不转	电气系统故障 开关失灵或超扭矩开关误动作 关阀过紧
3	阀门关不严	行程控制器未调整好 闸阀闸板槽内有杂物或闸极脱落 球阀、截止阀密封面磨损
4	阀门行程启停位置发生变化	行程螺母紧定销松动 传动轴等转动件松旷 行程控制器弹簧过松
5	电机停不下来	开关失灵

表 9-5-2　液动阀门常见故障及原因

序号	故障	原因
1	液压泵不上压	油箱内油位过低 液压泵入口堵塞或气阻 进油管路漏气 泵内单向阀失灵 分配阀位置不对或部件损坏
2	液压泵扳不动	泵出口阀未开 球阀两端密封圈未泄压 分配阀位置不对 液压油系统阀门开闭位置不对 液压油管路堵塞或液压油黏度过大 球阀的齿轮与齿条配合不好
3	阀门关不严	压力作用杆移动位置失调 指针位置不准 球阀内有杂物卡阻 密封件、启闭件被磨损或损坏
4	密封压力稳不住	球阀密封圈泄漏 密封系统泄漏 稳压缸渗漏

3. 气动阀门常见故障及原因

气动阀门常见故障及原因如表9-5-3所示。

4. 气液联动阀门常见故障及原因

气液联动阀门常见故障及原因如表9-5-4所示。

表9-5-3　气动阀门常见故障及原因

序号	故障	原因
1	阀门不动	气路有塞堵 气源压力不足 调节阀整定值过低 气路、气缸、活塞或气马达漏气 弹簧或膜片损坏 阀门内有卡阻
2	阀门动作不到位	气源流量压力不足 调节阀定位有误 气路、气缸、活塞或气马达漏气 限位开关失灵 阀门内有杂物
3	阀门开关动作相反	阀门与气动装置安装销位 阀门限位块位置错位 调节阀安装有误
4	阀门有内外泄漏	密封失效 缺少密封脂 阀门内有杂物 参照"阀门动作不到位"故障分析

表9-5-4　气液联动阀门常见故障及原因

序号	故障	原因
1	驱动器不能驱动阀门	气源压力不足 管路及连头漏气、漏浊、堵塞 液压定向控制阀选择不正确 活塞或旋转叶片密封失效 阀门受卡，扭距过大 驱动器机械转动装置卡死或脱落
2	气动操作缓慢迟滞	截止、书流止回阀开度调得过小 过滤器堵塞 开关控制阀泄漏 油缸内混有气体 液压油变质
3	压降速率超限、防护误动作	压降速率、延时时间调整不当 蓄压阀(参比罐、泄压阀)漏 信号采集气源误关断，关断点到信号采集点气路有泄漏
4	压降速率超限、防护不动作	压降速率、延时时间调整不当 液压定向控制阀选择不正确 蓄能器无气压(误排放) 油路、气路堵塞
5	手泵扳不动	液压定向控制阀选择不正确 油路堵塞 卡阀或开关已到位

第十章　分离除尘设备

第一节　分离器概述

从气井中出来的天然气常带有一部分液体和固态杂质，如凝析油、游离水或地层水、灰层等。天然气在长距离输送中，由于压力和温度的下降，天然气中会有水泡凝析为液态水，天然气中残存的酸性气体及水会腐蚀管内壁，产生腐蚀物质，同时加速管道及设备的腐蚀，降低管道的生产效率。如果气体中固体杂质的含量达到 $5\sim7mg/m^3$，一条新管道投产两个月后，管道的输送效率将降低 $3\%\sim5\%$；如果达到 $30mg/m^3$，管道将会在几个小时内因燃气压缩机组叶轮严重冲蚀而丧失正常工作能力。因此，为了生产和经济等方面的要求，必须将这些杂质加以分离，达到所规定的标准，各国对杂质的含量有严格的规定。我国城镇燃气设计规范规定：在天然气交接点的压力和温度条件下，天然气的烃露点应比最低环境温度低 5℃；天然气中不应有固态、液态或胶状物质。

为了达到上述对油(液)气混合物分离的要求，在工程上常采用不同形式的分离装置。恰当地选择分离器是非常重要的。如果这一过程设备选择不当，将限制或减少整个系统的处理能力。所以选择分离设备时，需考虑天然气携带的杂质成分、输送压力和流量的稳定性、波动幅度等因素。在满足输出气质要求的前提下，应力求其结构可靠、分离效果好，不要有需经常更换和清洗的部件，天然气通过分离设备时压力损失也不能太大，不需要经常更换和清洗部件。

一、基本定义

油气分离器：将油气井产出的混合物中的气、液或油、气、水分开的设备称为油气分离器，以下简称为分离器。

液滴沉降界限：在分离器工艺设计中，按某一直径液滴进行沉降分离设计，该液滴的直径下限尺寸称为液滴沉降界限，通常取 $100\mu m$。

液滴捕集界限：在分离器工艺设计中，按某一直径的液滴进行除沫器设计，该液滴直径尺寸称为液滴捕集界限，通常取 $10\mu m$。

二、分离器结构组成

分离器外形结构可以是卧式、立式或球形。分离器最小长度(或最小高度)与公称直径的比值为3.0，加长或加高时，以此数为基数宜按 800mm 的倍数设计。

分离器一般由初分离区(Ⅰ)、气相区(Ⅱ)、液相区(Ⅲ)、除雾区(Ⅳ)、集油区(Ⅴ)组成，从天然气处理厂出来后在天然气输送管道中使用的分离器，因为天然气里含液量已经极少，也可以将Ⅱ区、Ⅲ区统称为重力沉降区或沉降分离段。分离器结构如图10-1-1所示。

初分离区(Ⅰ)的功能是将气液混合物分开，得到液相流和气相流，该区通常设置入口导向元件和缓冲元件，以降低油气流速，分散气液流，减少油气携带，为下一个区段分离创造条件。

气相区(Ⅱ)的功能是对气相流中携带比较大的液滴进行重力沉降分离，为提高液滴分离效果，通常在气相区设置整流原件。

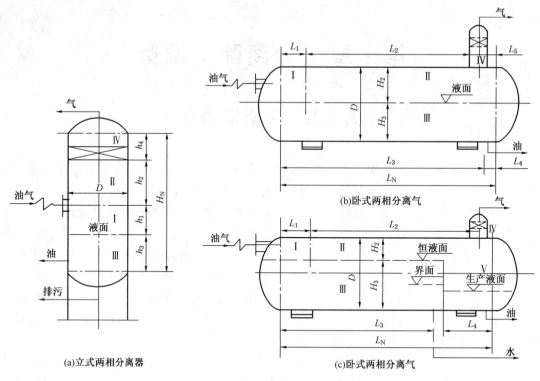

图 10-1-1　分离器结构

(a)立式两相分离器　(b)卧式两相分离气　(c)卧式两相分离气

　　液相区(Ⅲ)的功能是在两相分离器中主要分离液相流中携带的游离气,为得到较好的分离效果,液相区设计须保证液体有足够的停留时间。在三相分离器中,液相区除分出游离气外,还有将油与游离水分开的功能。为提高油水分离效果,通常在液相区安装聚结元件。

　　除雾区(Ⅳ)的功能是进一步分离气相流中携带的液滴,该区装有除雾元件,利用碰撞分离原理捕集气流中的液滴。

　　集油区(Ⅴ)的功能是储存一部分油,维持稳定的生产液面。

三、控制仪表及安全附件

　　(1) 分离器应有压力显示。

　　(2) 分离器应有液位显示,必要时还应设置高低液位监控报警系统。

　　(3) 设有排液泵的分离器,其分离器出油阀安装在排液泵出口侧,计算和选择分离器出油阀压差时必须取泵至管压差,不允许取分离器管路压差。

　　(4) 分离器安全泄放装置应采用全启式封闭弹簧安全阀,其规格尺寸按 GB 150 规定确定。为便于安全阀检修及更换,在安全阀与壳体之间设置闸阀,其安装使用要求符合《压力容器安全技术监察规程》的要求。

第二节　两相分离器的工作过程

　　分离除尘器的种类很多,按作用原理可分为重力分离器、旋风分离器;根据流体流动的方向和安装形式，分离器又分为卧式的、立式的和球形的几种。

一、重力分离器

含有液滴和固体粒子的气流进入分离器后，由于气流忽然减速，并同时改变气流方向，在惯性、离心力及重力的作用下，对大量的液滴及固体粒子进行了初级分离，如图 10-2-1 所示。随即气流进入了分离器的沉降分离段，此阶段较小的液、固粒子在其自身的重力作用下从气体中分离。为了增进沉降分离效果，有的分离器在结构上加了"百叶窗"式导流板等，以促进液粒凝聚和沉降。另外在分离器上段设有捕雾器，以除去雾状液滴和固体微粒，如图 10-2-2 所示。在分离器下部应有足够的储液容积，并设有液位检测计和排液装置。现以卧式分离器、立式分离器为例来讨论一下四个部分(段)内的工作过程。

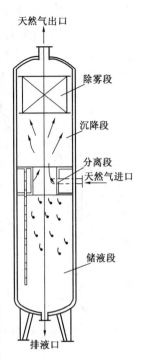

图 10-2-1 重力分离器
工作原理图

1. 卧式分离器

图 10-2-3 为卧式分离器示意图。

流体进入分离器，冲击到一个进口挡板，使液流的动量突然变化，于是在杂质进口挡板处产生液体和气体的初始预分离。重力使液滴从气流中沉降出来，并落到收集液体的分离器底部。这个液体收集段提供一个必要的停留时间，让所混入的气体从原油中逸放出来并上升到气体空间中。这个流体收集段也提供一个波动空间，如果需要的话，它处理间歇的液体料浆，然后液体流经液体泄放阀离开分离器。液体泄放阀是由一个液位控制器来调节。液位控制器感受到液位的变化，就相应地控制了泄放阀。

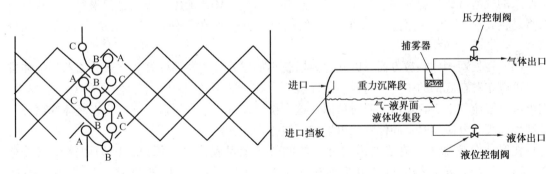

图 10-2-2 捕雾器原理图
A—碰撞；B—改变方向；C—改变流速

图 10-2-3 卧式分离器

气体经过进口挡板，然后水平地流经液体上面的重力沉降段。当气体流经这个沉降段时，包含在气流中、在进口挡板处未被分离的小液滴，就在重力作用下被分离出来而沉降到气液界面上。

有些直径非常小的液滴，在重力沉降段不能被轻易地分离出来。在气体离开分离器以前，它流经一个聚结板或捕雾器。在这段中，使用翼片、丝网或者薄板等元件来聚结微小的液滴。在气体离开分离器以前，这些小的液滴在这个最后的分离过程中被引走。

分离器中的压力用压力控制器来保持。压力控制器在感受到分离器中的压力变化以后，就相应地送一个信号到常开式或常关式压力控制阀，在这里用控制流量的办法，使气体在离开分离器的气相空间时，分离器内的压力得以保持。

2. 立式分离器

图 10-2-4 为立式分离器的示意图。

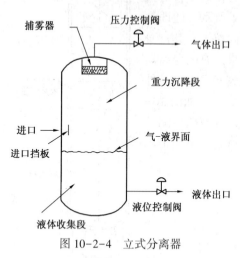

图 10-2-4　立式分离器

这种外形的分离器，流体是从侧面进入容器的。如同卧式分离器一样，在进口挡板处进行初始的预分离。流体向下流到分离器的液体沉降段。液体继续向下流，经过这一段直到液体出口。当液体达到平衡时，气体向着液体流动的反方向流动，最后聚集到气体空间内。液体控制器和液体泄放阀的操作与卧式分离器的操作完全一样。

气体流过进口挡板，然后垂直向上直达气体出口，在重力沉降段液滴垂直向下降落，与气流方向相反。在气体离开分离器以前，要流经捕雾段。压力和液位的保持与卧式分离器的相同。

3. 卧式分离器与立式分离器的比较和选择

在处理大产量的气体时，卧式分离器通常效果更大些。在分离器的重力沉降段，液滴垂直于气流方向向下沉降。这样，液滴就更容易从气体连续相中沉降出来，还有，在卧式分离器中，因为其气液界面比立式分离器的气液界面要大些，所以，当液体趋于平衡时，从液滴中出来的气泡就比较容易到达气体空间。这样，从纯气体或液体的分离过程来看，卧式分离器将是优先选用的。然而，由于它有下列缺点，就使得在某种情况下应优先选用立式分离器：

（1）在处理固体颗粒方面，卧式分离器就不如立式分离器那样好。立式分离器的液体排放口可以布置在底部的中心，这样，固体就不会在分离器内堆积起来，但是在生产过程中，它可以继续流到下一容器内。此时可以在这个位置设置一个排污口，这样，当液体在离开具有某种高程的分离器时，固体颗粒可以定期被排走。

在卧式分离器上，有必要沿着分离器的长度上设置许多排污口。因为固体质点具有 $45° \sim 60°$ 的静止角，排污口必须布置在非常紧靠的区段上，以便排除分离器内的固体杂质。

（2）在实现相同的分离器操作时，卧式分离器需用的占地面积要比立式分离器的多些。

（3）卧式分离器具有较小的液体容量。当给定一个液面升高变化时，在卧式分离器内，液体的体积增加量将明显地比处理相同流量的立式分离器要大些。然而。由于卧式分离器的几何关系，将使任何高液位的开关装置安装在紧靠正常工作液位的地方（而在立式分离器上，开关装置可以安装在液位控制器所允许的相当高的地方）。排液阀就有较多的时间对波动作出反应。

也应该指出，立式分离器也有与生产过程无关的某些缺点，我们在选用时应给予考虑。这些缺点是：

（1）泄压阀和某些控制器在没有特别的扶梯和平台时，可能是难以操作和维修的。

（2）由于高度的限制，分离器在搬运时必须从滑撬上拆卸下来。

总之，对于正常的油气分离，特别是出现乳化、泡沫或高气油比的场合，卧式分离器可能是最经济的。在低气油比的场合，立式分离器工作最有效。在非常高气油比的场合也可以使用立式分离器。

几种常见的重力式分离器如图 10-2-5~图 10-2-9 所示。

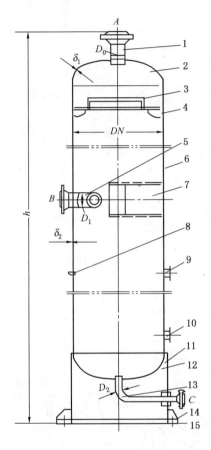

图 10-2-5 重力分离器

1—出气管；2，12—椭圆形封头；3—过滤器；
4—支撑板；5—进气管；6—筒体；7—防冲板；
8—温度计管嘴；9—平衡管接管；10—排液管；
11—底座裙；13—排污管；14—筋板；15—底座环

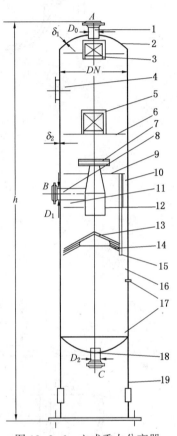

图 10-2-6 立式重力分离器

1—出气管；2—椭圆形封头；3，5—除沫器；
4—人孔；6—液流板；7—叶轮；8—进气管；
9—降液板；10—防冲板；11—进口挡板；
12—隔板；13—伞形挡板；14—支持角钢；
15—降液管；16—筒体；17—管嘴；
18—排污管；19—裙座

二、离心式分离器

离心式分离器亦称为旋风分离器，它用来分离重力式分离器难以分离的颗粒更微小的液固体杂质。天然气中的杂质颗粒微小，仅靠重力分离，就得加大分离器筒体的直径，这样不仅筒体直径大，且壁厚也增加，加工困难、笨重。离心式分离器结构简单、处理量大，分离效果比重力式分离器好，故输气站广泛应用。

图 10-2-10 为离心式分离器，它由筒体、进口管、出口管、螺旋叶片、中心管、积液包、锥型管和排污管组成。其结构与重力式分离器的主要差别在于进口管为切线方向入筒体，并与筒体内的螺旋叶片连接，使天然气进入分离器筒体发生旋转运动。

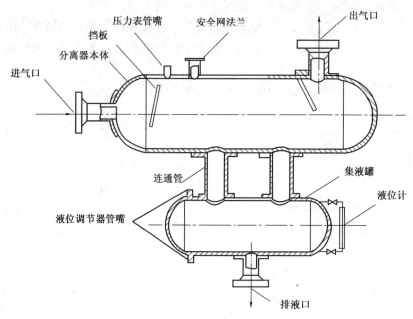

图 10-2-7　带挡板的卧式分离器

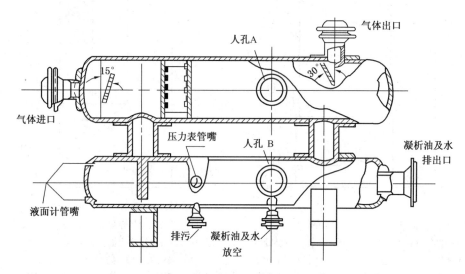

图 10-2-8　带除雾器的卧式分离器

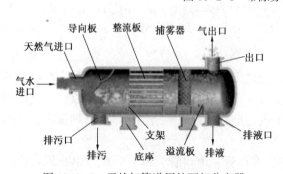

图 10-2-9　天然气管道用的两相分离器

　　当天然气由切线方向从进口管进入筒体时，在螺旋叶片的引导下，作回转运动。气体和液固体颗粒因质量不同，其离心力也就不一样，液固体杂质的离心力大，被甩向外圈，质量小的气体因离心力小，处于内圈，从而气体与液固体分离，天然气由出口管输出，而液固杂质在自身重力作用下，沿锥形管下降至积液包，然后由排污管排出分离器。离心式分离器内的锥形管是上大下小的筒状管，气流进入筒体内产生回转运动，当下降到锥形管部分时，回旋半径逐渐减小，因而气流回旋速度逐渐增加，到锥形管下端时速度最大，而出锥管后速度急剧下降，促使液固杂质下沉分离。加设锥形管，进一步提高了离心式分离器的分离效果。

由于重力式分离器和离心式分离器的结构及工作原理有所差别，两者使用也就有所不同。重力式分离器用来处理带砂和液体较多的天然气，污染易清除，但高度较高，安装和维护较困难。离心式分离器适宜于大的处理量，尺寸小，安装方便，但污物清除比较困难，且操作不当时，可能产生天然气携带液固体微粒，影响分离效果。

分离器的使用，应注意其工作条件符合处理量和压力要求；平时勤检查，摸索掌握分离规律，及时排除分离液固杂质，防止污水窜出分离器，进入输气管；在排污操作时，应平稳、缓慢，排污阀不要突然开启，以保证管线压力平稳，避免阀门损坏。

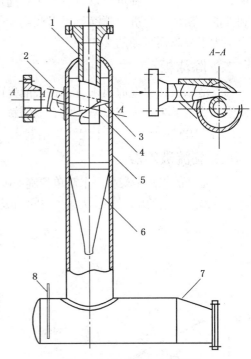

图 10-2-10　离心式分离器

1—出口管；2—进口管；3—螺旋叶片；4—中心管；
5—筒体；6—锥形管；7—积液包；8—排污管

第三节　两相分离器的外壳及内部构件

分离器的外壳为内部承受压力的容器，它是一个圆形筒体，其内径及长度的尺寸，根据气体和液体的处理量，以及操作压力和温度等参数来设计确定，两端有通常是椭球形或球形的封头。筒体及封头的壁厚，按高压容器设计的要求及方法设计成有足够的厚度，以承受高的压力。

下面讨论分离器的内部构件。

一、进口转向器

进口转向器有很多型式，图 10-3-1 表示常用的进口装置的两种基本类型。第一种是导流挡板，它可能是球形盘、平反角铁、锥形物，或者是任何一种能使液流方向和速度快速变化的东西。这样，流体就分离成气体和液体。这种挡板主要是用结构支撑加以固定，以承受冲击动量载荷。使用半球形或锥形的装置，其优点是它比板或角铁所产生的扰动要小些，从而减少再夹带或乳化的问题。

第二种装置是旋风式进口，它应用离心力而不是机械的搅动来分离流体成为原油和

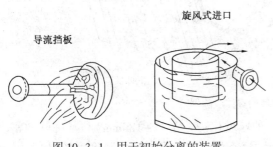

图 10-3-1　用于初始分离的装置

气体。如图所示，这种进口可以是旋风式通道或者是环绕筒壁的切线流道。这些装置是属于专利性的。使用一个进口喷嘴就足以产生一个围绕内筒回转大约6m/s的液流流速，内筒的直径不大于分离器直径的2/3。

二、除沫板

当气泡从液体中逸放出来时，在气液界面可能形成泡沫。在进口处加入化学处理剂就可以使泡沫稳定下来。很久以来。更有效的解决办法是迫使泡沫流经一系列倾斜的平行板片或管束(见图10-3-2)，以便于泡沫聚结起来。

三、旋流破碎器

一个很好的想法是安装一个简单的旋流破碎器(见图10-3-3)以防止当液体控制阀打开时而产生旋涡。产生的旋涡可以从气体空间内吸出一些气体，然后在出口处再掺混到液体内。

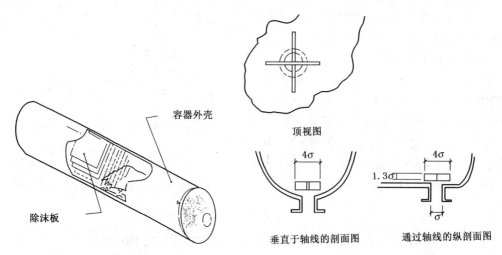

图 10-3-2　除沫板示意图　　　　图 10-3-3　典型的旋流式破碎器

四、雾沫脱除器(除雾器)

图10-3-4给出了两种最常用的雾沫脱除装置：丝网垫和叶板。丝网垫是由很细的不锈钢丝缠绕成紧密的圆柱形填料垫层。液滴碰击到丝网上，聚结起来。丝网的效果很大地依赖于气体有一个恰当的速度范围。如果速度太大，分离出来的液体将被再夹带到气流中；如果速度较低，烃蒸汽漂流经过丝网，这样就没有液滴的碰击和聚结。

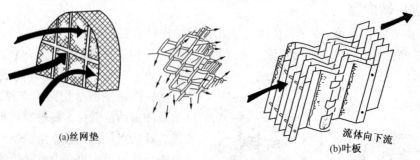

图 10-3-4　典型的雾沫脱除器

丝网垫的结构，根据要求，通常规定成某种厚度(一般是 75~180mm)和某种筛网密度(一般是每立方米 160~190kg)。经验表明，尺寸适宜的丝网除雾器可以脱除99%的 $10\mu m$ 和更大的液滴。尽管丝网除雾器不很昂贵，但要比其他类型的除雾器更容易堵塞。

叶板除雾器迫使气体在平行板内为层流，并使流动方向改变。液滴碰击到板面上就聚结起来，并向下沉降到液体收集处，然后液体按规定路线进入分离器的液体收集段。叶板式除雾器由制造厂制成序列，以保证既是层流，又有某一最小的压力降。

某些分离器具有离心式除雾器，使液滴在离心力下被分离出来，这些除雾器要比丝网除雾器或叶板式除雾器更为有效，很不容易被堵塞。然而，在生产操作过程中，这种除雾器还没有普便使用，因为它的除雾效果对流量的微小变化很敏感。另外，它需要有相当大的压力降来产生离心力。

第四节　输气管道常用分离器

一、气体过滤分离器

离心式分离器与重力式分离器相比，有其优点，但是它对气体流量变化的适应性较差，在实际流量低于设计流量时，分离效果迅速降低。此外，由于被分离的气体在分离器中具有很高的旋转速度(以增大离心力)，所以气体在分离器中的能量损失也较大。离心式分离器对气体中的粉尘杂质(如管道内的硫化铁粉末)的分离效果差(颗度很小)，而天然气在管道内长距离输送后，气中的主要杂质是腐蚀产物和铁屑粉末，分离器又很难分离这些粉尘，输气站上往往用气体过滤器来解决天然气的分离除尘问题。

气体过滤式干式分离器和过滤−分离器，它们都是具有多功能的复合体，前者适用于清除固体粉尘，后者适用于分离液体杂质。

1. 干式过滤器

干式过滤器是基于筛除效应、深层效应和静电效应原理来清除气体中的固体杂质的。筛除就是利用多孔性过滤介质直接拦截固体杂质。筛除是一种表面式过滤，介质都具有对过滤杂质的筛除功能。多孔过滤介质具有许多弯曲通道，当含尘天然气流经这些通道时，气体中的粉尘就与过滤介质不断发生碰撞，固体粉尘的动能不断损失，直至不能运动而停滞在过滤介质中，这就是深层效应。深层效应过滤的固体杂质粒径比过滤介质小，所以深层效应比筛除效过滤的杂质粒径小，效果更好。当气体流过非导体纤维过滤介质时，流动引起的电荷产生静电吸力，使固体杂质附着在过滤介质上，这就是静电效应。筛除效应、深层效应和静电效应的共同作用，使得过滤器对天然气的分离除尘效果比分离器好。

常用的过滤介质为玻璃纤维，它具有筛除、深层、静电多种功能。玻璃纤维不导电、耐蚀、耐用，纤维直径可根据需要选定，适应性好。实践表明，只要玻璃纤维干式过滤器的设计合理，使用正确，就能够完全脱除气体中 $1\mu m$ 以上的固体杂质，对 $0.3\sim1\mu m$ 的固体杂质的脱除效率也可高达 99.95%。目前使用的玻璃纤维过滤器介质都已制成定型过滤元件，拆卸更换方便。

2. 过滤−分离器

当含有水的天然气进入干式过滤器，玻璃纤维被液体湿润而静电效应显著降低，干式过滤器的过滤效果也就降低。为此，可使用过滤分离器来脱出含水天然气中的液固体杂质。

美国 Perry 公司生产的 PECO 系列 75H 型卧式过滤分离器，它主要由圆筒形玻璃纤维过滤原件和不锈钢金属丝除雾网组成，其结构如图 10-4-1 所示。

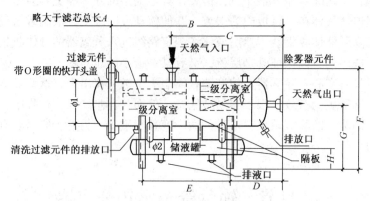

图 10-4-1　过滤分离器结构图

PECO 过滤分离器是一分成两极的压力容器。第一级装有一可更换的玻璃纤维模压滤芯(管状)，该滤芯安装在几根焊接在管板上的支座上，而管板则分隔一、二级分离室，设有一块快开封头，以便安装与更换滤芯。第二级分离室装有金属丝网(或叶片式)的高效液体分离装置。

储液罐也分成两个单独的分离室，以防止两极间的气体流串，故需两套控制设备。液面计、液位控制器和排污必须单独配管。

在容器上设置三个测压管嘴。一个设在第一级上，另两个设在第二级上，即在分离装置之前和其后。或者于一、二级分离室各设一个，在原料气的进出管上各设一个测压管嘴。压力降是操作者唯一的指示。

要过滤的气体进入一级分离室的容器内，大于或等于 $10\mu m$ 的固体与游离液滴不能进入滤芯，而流在滤芯的外边，这些液滴聚集在一起排至容器的底部，并由排液管进入储液罐。有些固体颗粒被液体冲下来，其余颗粒仍流在滤芯外边形成一种滤饼。操作期间由于气流的脉动，这种滤饼通常堆积并碎落到容器的底部。流在滤芯上的固体会堆积起来提高压力降，故一级分离室需放空(达到规定的压力降时)进行清扫，以提高其效率。

玻璃纤维过滤元件属于深(厚)层过滤。气体中的固体微粒和液滴在流经过滤层弯弯曲曲的通道时，不断与玻璃纤维发生碰撞。每次碰撞都要降低其动能，当动能降低到一定值时所有大于或等于 $10\mu m$ 的固体微粒就黏附在玻璃纤维的过滤层中，滞留在玻璃纤维中的固体微粒的粒径随着过滤层的深度逐渐减小而气体中的液滴也会逐渐聚集成较大的液滴，据 Perry 设备公司介绍，这是由于玻璃纤维和黏结剂(酚甲醛)之间存在有电化学相容性，提供了微小液滴聚集成大液滴的有利条件。一般来说随着更多的液滴被分离，液滴因其表面相互吸引而凝聚和结合成大的液滴，当这些聚集起来的液滴比进入过滤层前增大 100~200 倍时，重力与气体通过过滤层的摩擦阻力使这些液滴流出过滤层进入滤芯的中心，而被带进容器的第二级。由于液滴具有这样大的尺寸，所以他们迅速地被二级分离装置分离出，排至容器的底部，通过排液管进入储液罐。这种过滤元件不是根据一定的流量和流速来达到对脱出微粒的目的，因此该种过滤分离器的操作弹性范围大，在 50% 负荷时仍能达到满意的分离效果。而且这种深层过滤所脱除的固体微粒和液滴的粒径，要比离心式、重力式及表层过滤器小许多倍。只是玻璃纤维过滤元件尚需进行处理，使液滴不能浸润纤维，而让分离出的液滴以液珠的形式附着在过滤元件上。否则，当玻璃纤维浸湿之后，静电力要下降。

气体经过滤元件后，进入不锈钢金属丝网除雾器，进一步脱除微小液滴来达到高的脱除效率。其作用是基于带有雾沫和雾滴的气体，以一定的流速所产生的惯性作用，不断地与金属表面碰撞，由于液体表面张力而在金属丝网上聚结成较大的液滴，当聚集到其本身重力足以超过气体上升的速度力与液体表面张力的合力时，液体就离开金属丝网而沉降。因此当气体速度显著地降低时，就不能产生必要的惯性作用，其结果导致气体中的雾沫漂浮在空间，而不撞击金属丝网，于是得不到分离。如果气体速度过高，那麽聚集在金属丝网上的液滴不易脱落，液体便充满金属丝网，当气体通过丝网时又重新被带入气体中。由于除雾器基于是气、液两相以一定的流速流动而得到分离的方法，所以不管操作压力多大，设计的除雾器元件均能保持一个相当稳定的压力降。在最大流速时，其压力降均为100mm水柱(1mm水柱＝9.8Pa)。

二、循环分离器

循环分离器是属于旋风分离器的形式之一。众所周知，旋风分离器是利用离心力从气体中除去粒子的设备。从进气口进入的气体沿圆筒壁旋转下降，向着圆锥顶点流动。然后又从圆锥顶点逆转轴向流动方向，以逐渐扩大的螺旋线上升，最后由排气管排出去。由于气流下降后又上升，所以这种旋风分离器又称回流式，在气流旋转下降和旋转上升的过程中，沿着分离器的外螺旋到内螺旋，夹带在气流中的粒子受离心力的作用甩到壁上。粒子所受到的离心力比重力大。例如，小直径高阻力旋风分离器的离心力比重力大2500倍。大直径低阻力最少也要大5倍。它的入口速度是10~30m/s，压力降一般在10~200mm水柱的范围，正常条件下，它能捕集大于20μm的粒子。

常用的旋风分离器经改进后发展成循环分离器，它分两个有效分离段：第一段，所有自由液滴及大部分带在气体中的液体靠离心力使其抛出；第二段，夹在气体中的少量液体采用加大离心力的方法使其抛出。这种分离器也叫内流式循环分离器，此处内流即向心流，指的是全部气流流向中央，如同在旋涡中心那样，如图10-4-2所示。流体通过切向接管进入分离器，气流沿着入口室旋转，然后它沿着光滑套筒与外壳之间下移进入旋流室。液体借离心作用被甩到旋流室壁上。仍在旋转的气体经折流挡板向管中心汇集，其速度增加并进入排气管。此时残存在快速气流中的液体抛向排气管内壁，并沿着壁被气扫向气体出口。然后此液体连同总气量约10%的气体支流，通过管壁上的空隙被吸出，进入循环管线后由挡板的中心孔返回进入旋流室。其吸力来自于旋涡中心的低压区。从循环管线

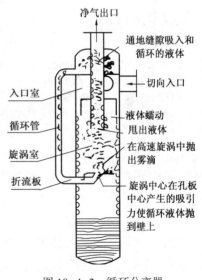

图10-4-2　循环分离器

来的液体和侧流气体进入旋涡室以后，立即与快速旋转的气体相混合，液体再次被抛向管壁，此时已脱液的主气流继续向上，越过缝口从排气管排出。

根据有关资料：在常压下试验的分离器，其圆筒内壁面的静压值为正，轴心部分的静压值为负值，因此当用管线将其连接后，它会出现一个由高压流向低压的循环气流。

循环分离器经实践证明有以下几个优点：

(1) 它适宜气液两相分离，例如对四川产油气田进行气液分离，无疑是较满意的设备；

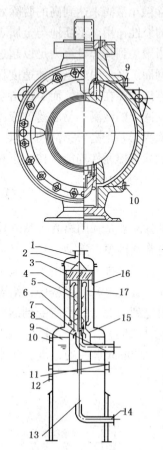

图 10-4-3　组合离心式分离器
1—进口；2—锥形导流器；3—导叶；
4—环行通道；5—螺道；6—锥头；
7—文托利管；8—出口；9—支撑板；
10——级液位感测器接口；11——级
手动放液口；12—二级液位感测器
接口；13—放涡板；14—二级手动
放液口；15—螺道外筒；16—圆环；
17—定心块

(2) 分离效率高达 99% 以上；

(3) 压力降低，最大不超过 0.01MPa；

(4) 适应性强，它的入口速度在 1.58~19.43m/s 都能有效操作；

(5) 工作可靠，维护检修方便，易于制造；

(6) 体积小，重量轻，运输方便，安装简单；

(7) 成本低，较经济。

三、组合离心式分离器

图 10-4-3 为组合离心式分离器的示意图。带液气体进入分离器后首先进行一级分离，经旋流发生器产生离心力，将液滴甩向器壁并在器壁处积聚。液滴在重力作用和气流向下运动的带动下，流入一级储液室，然后气体沿环形空间向上流，进入螺道进行二级分离。气体经螺道产生高速旋流，将剩余的液沫有效地脱除。分离出的液沫在器壁处积聚并下流至二级储液室。液体中夹带的微量气体经文丘里-伯努利管嘴返回气体出口管。

这种分离器的分离效率为 99%，能在较宽的操作压力和流量范围内进行有效分离。气液两相无反向流动，可防止液体的再飞散。一、二级分离出的液体分段积聚和排出，避免了因两级的压差而导致的液体串流飞溅，这种分离器体积小、重量轻，比其他常用分离器减少重量 75%，减少直径 50%。但结构复杂，制造较难。

四、国产(上海飞奥公司)过滤分离器

上海飞奥过滤分离器主要应用在需要高效除去固、液颗粒的场合，不论颗粒大小都可应用。特别适用于去除极其细小的浮尘及烟雾。这类分离器用途广泛，包括从工艺气中清除润滑油、去除压缩站和调压站上游天然气管线中的夹杂物、从脱水后的气体中去除乙醇等。

上海飞奥公司目前生产的过滤分离器有以下几种型式：

(1) SL 叶片式分离器；

(2) XFS 卧式滤芯叶片组合式过滤分离器；

(3) YFS 立式滤芯叶片组合式过滤分离器；

(4) YGF 立式滤芯叶片组合式过滤分离器。

其结构形式有：交叉式、角式和直通式。

其技术性能如下：

最大工作压力：1.6MPa、2.5MPa、4.0MPa、6.4MPa、10MP；设计温度：60℃；工作温度：-10~50℃；过滤分离精度：0.5μm、1μm、2μm、5μm、10μm、50μm；过滤分离效率：99.98%≥10μm；最大流量：450000Nm³/h(NG)。

1. 叶片式分离器

叶片式分离器是分离夹杂在燃气或水蒸气中的液滴的最好系统，因为它功效高、压降

低、价格便宜，而且只需要最少的维护。叶片是这种分离器的最重要的元件，根据不同的工作环境，它可由不同的导流片组成。导流片由金属材料制造，这种金属材料根据客户要求可以是碳钢、不锈钢或铝等。

叶片式分离器的工作原理：

飞奥公司生产的典型的叶片式分离器是 SL 型。当气体进入分离器时，气体被叶片分割成许多垂直带状流，每一束气流都经多次改变流向，这样便在叶片壁上产生了半紊流和旋流，夹杂在气体中的液滴被迫撞到叶片壁上并黏附在上面，液滴进入叶片的沟槽中并因重力作用而下落到液体收集器中，当液滴在收集器中积累到一定量时将被排出和最终利用。

叶片分离器的外部结构如图 10-4-4 所示。叶片分离器的内部结构如图 10-4-5 所示。

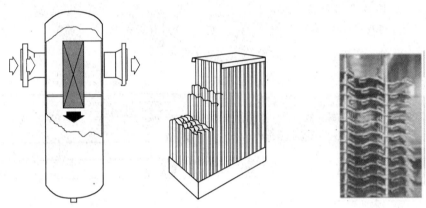

图 10-4-4　叶片式分离器　　　　　图 10-4-5　叶片分离器的内部结构

值得注意的是，液体的排出是在气体流动通道之外。图 10-4-6 显示了这种叶片的工作原理。实验证明，在叶片的前面部分能排出 97% 的液滴，而剩下的这部分颗粒非常小的液滴将逐渐凝聚成大团液滴而落入后面的叶片的沟槽中。

图 10-4-6　叶片的工作原理

叶片式分离器可以单独用来过滤气体，也可以和滤芯一起形成叶片组合式过滤分离器。组合式过滤分离器分离效率更高，工作能力更强。

2. 滤芯叶片组合式过滤分离器

图 10-4-7、图 10-4-8 和图 10-4-9 为三种滤芯叶片组合式过滤分离器。滤芯叶片组合式过滤分离器原理如图 10-4-10 所示。

滤芯叶片组合式过滤分离器的工作过程大体分三级过滤分离：第一级：利用重力分离原理。这一级气流从进口导管进入筒体，对壳体表面或滤芯支架的冲击使气体降速，受重力影响较大颗粒被分离出来。

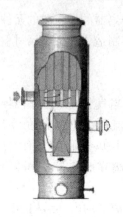

图 10-4-7　YFS 型立式滤芯
叶片组合式过滤分离器

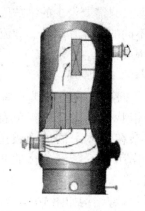

图 10-4-8　YGF 型立式滤芯
叶片组合式过滤分离器

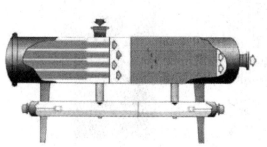

图 10-4-9　XFS 型卧式滤芯叶片
组合式过滤分离器

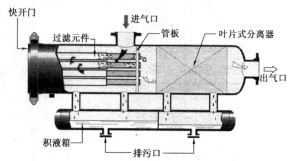

图 10-4-10　滤芯叶片组合式
过滤分离器原理

第二级：利用滤网过滤原理。这一级是由若干只可更换的和可清洗的过滤元件组成。这类过滤元件的类型和精度等级要根据工作条件选择，其目的是除去最小的固体颗粒，并凝聚雾状物使其在第三级叶片式分离器中被最大限度地除去。

第三级：利用叶片分离原理。这一级是一个叶片分离器，其目的是除去液体颗粒。分离出来的污物收集在一合适的储器中，该储器即位于分离器中但在气流流道之外。

XFS、YFS 和 YGF 型滤芯叶片组合式过滤分离器能 100%分离掉大于 $8\sim10\mu m$ 的液滴，99.5%分离掉 $0.5\sim8\mu m$ 的液滴；对于干的固体粒子，它们能 100%分离掉大于 $3\mu m$ 的微粒，99.5%地分离掉 $0.5\sim3\mu m$ 的微粒。

一般设计时，过滤器在干净滤芯的条件下，它的总压降可为从 300mm 水柱到 1000mm 水柱，而且压降可以根据用户需要而定。

五、旋风除尘器

1. 多管干式气体除尘器

虽然过滤-分离器具有较好的除尘效果，但是当过滤元件纤维上附着大量粉尘后，除尘效率会显著降低，这就得进行过滤元件的清洗工作，并切换过滤-分离器，清洗过滤元件是一项复杂的操作。为此，目前在高压输气管线中已采用一种多管干式气体除尘器(分离器)来清除天然气中的粉尘杂质，效果较好。

多管干式除尘器的机构如图 10-4-11 所示，它由简体、天然气进口管、出口管、灰斗和旋风子等部件组成。

多管干式除尘器的筒体内，安装有十多个旋风子，它们在两个同心圆上均匀排列(图中为19个旋分子)，旋风子是除尘的主要部件。筒体下方的灰斗空间较大，有利于延长运转周期。

天然气从进口管按其轴线与筒体轴线相垂直方向进入筒体后，分配到每一个旋分子中，在旋分子内，天然气在导向叶片的引导下作回旋运动(速度很大)，由于离心力的作用，分离出天然气中的固体粉尘，干净的天然气从旋分子的内管流出，并经筒体上方的出口管输出。各旋分子中分离出的固体粉尘杂质从旋分子外管底部的锥形管沉降到灰斗，灰斗中的固体粉尘杂质定期排除。

旋风管的工作原理如图 10-4-12 所示。

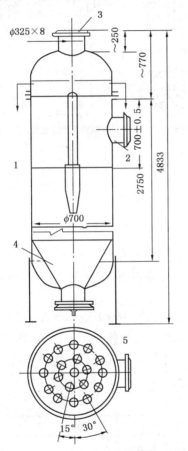

图 10-4-11　多管干式气体除尘器

1—筒体；2—进口管；3—出口管；4—灰斗；5—旋风子

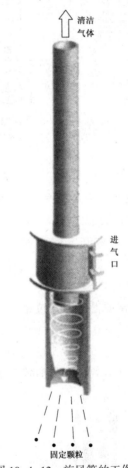

图 10-4-12　旋风管的工作原理

旋风管是一个利用离心原理的 2in 的管状物。待过滤的燃气从进气口进入，在管内形成旋流，由于固、液颗粒和燃气的密度差异，在离心力的作用下分离，清洁燃气从上导管流走，固液颗粒从下导管落入过滤器底部，从排污口排走。旋风管的数量是根据实际的气流量和允许的压降决定的。

旋风分离器对固体颗粒和大量液滴的清除具有很高的效率，但是同时伴随较大的压降。

图 10-4-13 是一种国产旋风分离器内部结构图。

旋风子的数量与处理的天然气有关，处理量大、筒体大的多管除尘器的旋分子数量就多一些。旋风子的结构有几种形式，例如单蜗进口式、双蜗进口式、双蜗短锥加延长管式、导向叶片式等，由于结构不同，旋风子的工作特性也就有差异。旋风子的各种结构如图10-4-14所示。

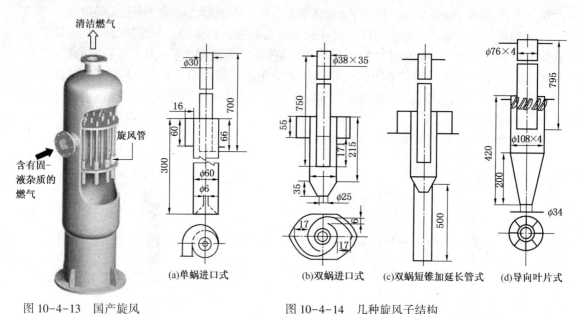

图 10-4-13　国产旋风
分离器

图 10-4-14　几种旋风子结构

(a)单蜗进口式　(b)双蜗进口式　(c)双蜗短锥加延长管式　(d)导向叶片式

2. 旋风过滤分离器

由于旋风过滤分离器的工作原理，决定了它的结构形式是立式的。常用在有大量杂物或有大量液滴突然出现的场合。旋风过滤分离器如图 10-4-15 所示，其结构分为两级：第一级由许多小直径的旋风管组成，用于去除粗大颗粒，第二级由滤芯组成，实现良好的过滤。

旋风分离滤芯组合式过滤分离器对于干的固体颗粒，能 100%分离掉大于 $3\mu m$ 的微粒，99.5%地分离掉 $0.5\sim3\mu m$ 的微粒。对液体颗粒的分离效率较低，能保证 $1000m^3$ 的出口气体中小液滴不超过 0.015L，对其常用的场合也已足够了，但是其维修保养费用降至最低。

旋风过滤分离器的分离效率如图 10-4-16 所示。

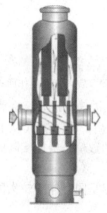

图 10-4-15　旋风
过滤分离器

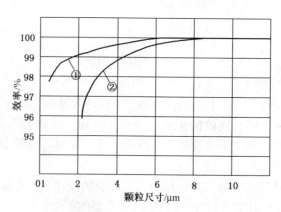

图 10-4-16　旋风分离器的分离效率
①旋风过滤分离器(固体)；②旋风过滤分离器(液体)

第五节　分离器操作、维护、保养

一、分离器排污操作

1. 准备工作

(1) 观察分离器液位计液面，确认此液面需要排污；

(2) 观察排污管地面管段的牢固情况；

(3) 令排污管地面管段、管口附近的人员离开，附近不得有车辆来往；

(4) 熄灭污水池附近火种，检查测量或核实污水池液面深度；

(5) 在排污池内注入少量清水，直至淹没排污口(如直接向密闭罐排液可省去此项)。

2. 操作步骤

(1) 切换分离器流程，用备用分离器工作，将待排污分离器与输气管道切断；

(2) 待排污分离器降压到 0.5MPa；

(3) 全开分离器截止阀，缓慢开启分离器排污阀门，污水由分离器沿排污管排至污水池；

(4) 观察分离器液位计内液位的下降情况；

(5) 观察排污管线及污水池附近有无人员走动及车辆；

(6) 听排污管内管口污水的流动或喷出声；

(7) 当分离器液位计液位下降至排污下限，听到排污管内流体流动声音突变时，迅速关闭分离器排污阀；

(8) 待污水池液面平稳后，测量污水池液面深度，并按规定作好记录；

(9) 倒回原来流程；

(10)将排出液体运出，妥善处理。

3. 技术要求

(1) 开启分离器排污阀应缓慢平稳，阀的开度适中；

(2) 关闭分离器排污阀应快速，避免天然气流冲击污水池；

(3) 排污过程中应注意观察分离器液位下降情况，操作人员不得离开排污阀；

(4) 排污管口、污水池附近的火种必须熄灭；

(5) 作好排污记录，以便分析输气管内天然气带水情况。

二、清除分离器积液包污物的操作

1. 准备工作

(1) 工具：扳手、加力杠、铁铲、盛有水的桶。

(2) 材料：验漏液。

(3) 熟悉分离器的倒流程操作。

2. 操作步骤

(1) 切换分离器流程，将工作分离器离线；

(2) 放空分离器内气体压力至零；

(3) 打开分离器积液包，掏出硫化铁粉；

(4) 关闭积液包的排污孔，开气验漏；

（5）切换流程，打开进出阀门，让分离器开始工作；

（6）将硫化铁粉移至安全地点挖坑深埋。

如设计有清水冲洗系统，可按下列步骤操作：

（1）切换分离器流程，将工作分离器离线；

（2）放空分离器内气体压力至零；

（3）打开清水阀门，向分离器内灌入少量清水；

（4）以下按分离器排污操作步骤的（3）～（10）及技术要求操作。

3. 技术要求

（1）严格执行操作步骤；

（2）打开分离器积液包前，必须使分离器内压力放空至零；

（3）掏硫化铁粉应缓慢进行，不宜过猛；

（4）夏天温度高时，为了防止硫化铁自燃，应浇上水后再进行操作；

（5）发现漏气处，应立即处理。

三、分离器的维护保养

1. 准备工作

（1）准备好除锈、上漆等所用工具和清洁分离器的用具；

（2）准备好扳手、螺丝刀、刷子、铲子、桶、划规、剪刀等备用工具；

（3）准备好洗涤油、绵纱、油漆、黄油、红纸板（垫子）等材料。

2. 操作步骤

（1）检查并定期排污，防止污物积淤过多串出分离器进入输气管线；

（2）定期排除硫化铁粉，并挖坑深埋硫化铁粉，避免污染环境；

（3）定期测试分离器厚度，发现问题及时处理；

（4）控制分离器的工作压力于设计压力之下，防止超压引起爆炸；

（5）保持分离器清洁。

3. 技术要求

（1）严格按操作内容进行维护保养；

（2）分离器应清洁、无锈蚀、无油污、无漏气；

（3）操作分离器阀门时，要平稳缓慢，开排污阀不能过猛；

（4）在清洁硫化铁粉时，要有防火措施，湿式作业；

（5）在维护保养作业时一定要用防爆工具。

四、常见故障的分析与处理

常见故障：分离器声音突变。

分析：分离器的污水排完后，天然气进入排污管，气流产生的冲刷声导致分离器的声音突变。

处理：快速关闭排污阀，避免气流冲击污水池导致污水飞溅。

五、过滤分离器操作、维护、保养

1. 过滤分离器通气

（1）确认上游管道内已清理完毕并具备通气条件；

（2）确认过滤分离器快开盲板已正确关闭到位；

（3）关闭所有过滤分离器设备上的阀门；

（4）开启压力表针阀；

（5）微启上游阀门，通气30s，使设备内升压至0.01MPa左右；

（6）确认快开盲板的安全连锁装置的阀杆已顶出就位，如未顶出，则需检查安全连锁装置，直至通气时阀杆可以顶出；

（7）缓慢打开过滤分离器上游截断阀门，直至压力平稳；

（8）缓慢开启过滤分离器下游截断阀；

（9）开启液位计等阀门。

2. 过滤分离器切断

（1）当有特殊情况出现需关闭过滤分离器时（紧急情况或清洗、更换滤芯时），启用切断程序；

（2）逐渐关闭过滤分离器上游截断阀，减少气流量，直至完全关闭；

（3）关闭过滤分离器下游截断阀；

（4）打开放空阀，排净过滤分离器内燃气；

（5）打开所有排污阀，排净积存的液体及过滤出来的污物。

3. 过滤分离器维护

（1）定期排污：当设备上液位计量程达到一半时，应该开启排污阀进行排污，排污物应按当地法规进行妥善处理；

（2）滤芯的清洗或更换：当差压计的差压值达到0.1MPa时，建议清洗或更换滤芯，滤芯的更换步骤为：

① 切断过滤分离器，开启快开盲板；

② 取出滤芯进行清洗或更换；

③ 关闭快开盲板。

第六节　注缓蚀剂装置

由于种种原因，输气管线内的天然气中残存着数量不等的硫化氢、二氧化碳以及凝析水，它们对管线内壁起腐蚀作用，这对安全输气是不利的。为此，当输气管线内的天然气存在腐蚀介质时，通常向管线内注入缓蚀剂，以缓解天然气中的腐蚀介质对管内壁的腐蚀作用。

向输气管线内注缓蚀剂装置如图10-6-1所示，它由储罐、连通管、注入管、加料漏斗以及压力表、通气管等组成。

注缓蚀剂的过程如下：检查阀5和阀1，将两阀关闭，开阀7放空，直至压力表指示为零，确定储罐3内压力与大气压力平衡，开阀2，从漏斗向储罐3加入缓蚀剂。缓蚀剂按要求的数量加完后，关闭阀2和阀7，开阀1和阀5，储罐内的缓蚀剂通过阀5及管线注入输气干线。

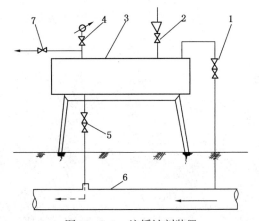

图10-6-1　注缓蚀剂装置

1—连通器上闸阀；2—漏斗下球阀；3—储罐；4—压力表；5—缓蚀剂注入阀；6—输气管线；7—放空阀

待缓蚀剂全部注入输气干线后，关阀 5 和阀 1，开阀 7 放空储罐 3。

　　缓蚀剂是具有毒性和刺激性气味的化学试剂，对人体有害，操作人员在输气管线注入缓蚀剂时，应注意穿戴防护面具和衣裤，操作时注意风向，以避免引起缓蚀剂中毒。

　　对输气管线进行试压时，为了便于检查管线漏气点，在试压介质的气体或水中注入加味剂，当试压管线上有微小泄漏时，便可以嗅到气味，发现管线的漏气管段。向试压介质气体中注入加味剂也可以用图 10-6-1 所示的装置进行。

第十一章 输气管道检测仪表

第一节 压力测量仪表

一、弹性式压力表

弹性式压力表(计)是利用各种形式的弹性元件,在被测介质压力的作用下,使弹性元件受压后产生弹性形变的原理而制成的测压仪表。

1. 单圈弹簧管压力表

1)弹簧管的测压原理

单圈弹簧管是弯成圆弧形的空心管子,如图 11-1-1 所示。它的截面呈扁圆形或椭圆形,椭圆形的长半轴 a 与垂直于图面的弹簧管中心轴 O 相平行。A 为弹簧管的固定端,即被测压力的输入端;B 为弹簧管自由端,即位移输出端。

作为压力-位移转换元件的弹簧管,当它的固定端 A 通入被测压力 P 以后,由于椭圆形截面在压力 P 的作用下力图趋向于圆形,弯成圆弧形的弹簧管随之产生向外挺直的扩张变形,同时弹簧管本身的刚度产生抗拒这种变形的力,二者平衡后,变形即停止,其自由端就由 B 移动到 B',如图 11-1-1 上虚线所示,弹簧管中心角随之减小 $\Delta\gamma$,其相对变化值与被测压力 P 成比例。

2)弹簧管压力表的结构

弹簧管压力表的结构如图 11-1-2 所示。它主要由弹簧管和一组传动放大机构简称机芯(包括拉杆、扇形齿轮、中心齿轮)及指示机构(包括指针、面板上的分度标尺)所组成。

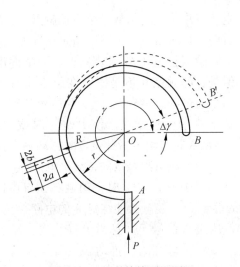

图 11-1-1 弹簧管测压原理

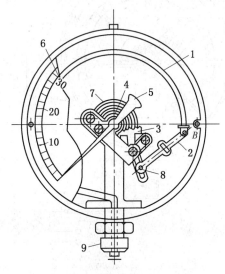

图 11-1-2 弹簧管压力表

1—弹簧管;2—拉杆;3—扇形齿轮;4—中心齿轮;
5—指针;6—刻度盘;7—游丝;8—调整螺针;9—接头

被测压力由接头 9 通入，迫使弹簧管的自由端 B 向右上方扩张。自由端 B 的弹性变形位移通过拉杆 2 使扇形齿轮 3 作逆时针偏转，进而带动中心齿轮 4 作顺时针偏转，使与中心齿轮同轴的指针 5 也作顺时针偏转，从而在面板 6 的刻度标尺上显示出被测压力 P 的数值。由于自由端的位移与被测压力之间具有比例关系，因此弹簧管压力表的刻度标尺是线性的。

在单圈弹簧管压力表中，中心齿轮 4 下面装有盘形螺旋游丝弹簧 7。游丝一头固定在中心齿轮轴上，另一头固定在上下夹板的支柱上。利用游丝产生的微小旋转力矩，使中心齿轮始终跟随扇形齿轮转动，以便克服中心齿轮与扇形齿轮啮合时的齿间间隙，消除由此带来的变差。

压力表中，调整螺钉 8 可以改变传动系统的杠杆传动放大倍数，用以微调仪表的规定量程。如果输入被测压力 $P_1 = P_{max}$，为压力表测量上限压力时，其指示值 $P_m \neq P_{max}$，量程不准，可以通过改变调整螺钉 8 的位置来纠正，称为量程调整。

压力表的零点调整，是在输入表压力 $P = 0$ 时，改变压力表指针的位置实现的。

制造弹簧管的材料，因被测介质的性质和被测压力的高低而不同。一般情况下，被测压力 $P < 20$ MPa 时，采用磷青铜；而 $P > 20$ MPa 时采用不锈钢或合金钢；测量氨气压力时，必须使用不锈钢弹簧管，以防产生腐蚀；测量乙炔压力时，不得采用铜质弹簧管；测量氧气压力时，弹簧管不得沾有油脂或用有机材料附件，以防出现爆炸危险。

2. 电接点压力表

在输油输气生产过程中，常常需要把压力控制在某一范围内。否则，当压力低于或高于规定数值时，就会破坏正常的工艺条件，甚至可能发生事故。利用电接点信号压力表就能方便地在压力偏离正常波动范围时及时发出灯光、声响报警信号，以提醒操作人员注意，或通过继电器电路实现对压力的自动控制。

图 11-1-3 是 YX 型电接点信号压力表的结构原理示意图。电接点压力表是在普通弹簧管压力表的基础上增加了一套电接点装置构成的。

电接点压力表的指针上装有动触点 3，表内另有两个位置可调的上下限给定指针 1、2。上、下限给定指针上分别装有上、下限静触点。但是，静触点并不是固定在给定指针上的，而是通过两个触点臂 4、5 和游丝 6 实现与给定指针的弹性联接。使 $P < P_{min}$ 时或 $P > P_{max}$、指针 3 越过给定指针位置时，动触点保持与上限触点或下限触点的持续接触。

当被测压力 $P = P_{min}$ 时，动触点 3 与指针 1 上的静触点 4 接触，使绿灯 8 的电路接通，发出低压报警信号。并且当 $P < P_{min}$ 时，动触点克服下限游丝弹力、推动触点臂 4 逆时针偏转，以保持两触点的接触。而当 $P > P_{min}$ 时，下限触点臂 4 被下限给定指针 1 挡住，动触点与下限触点断开，绿灯熄灭。同样，当被

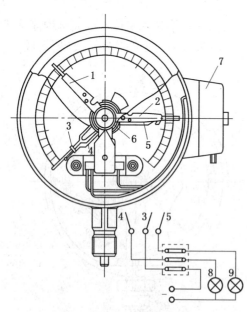

图 11-1-3 电接点信号压力表

1,2—上下限给定指针(可调)；3—动触点臂(指针)；
4,5—上下限触点臂；6—游丝；7—接线盒；8—低压力报警器(绿灯)；9—高压力报警器(红灯)

测压力 $P \geqslant P_{max}$ 时，动触点与上限触点接触，使有红灯 9 的高压报警电路接通，发出高压报警信号。

这样，当被测压力 $P \leqslant P_{min}$ 时，低压报警器工作；而 $P \geqslant P_{max}$ 时，高压报警器工作。但是当被测压力介于上下限压力之间，$P_{min} < P < P_{max}$ 时，上下限报警器均不工作，表示压力在正常范围之内。如果在电路上接入继电器也可以实现对压力的控制。

二、压力开关

压力开关也称为压力控制器，具有结构简单、触点容量大等优点，近年来在管道系统中的使用日趋普遍。其基本结构如图 11-1-4 所示。

压力开关主要由弹性元件、微动开关和压力设定弹簧三个部分所组成。具体工作过程是当被测压力 P 低于由压力设定弹簧 3 产生的压力时，波纹管不能产生向上的膨胀位移，这时微动开关 5 的触点 C 与触点 NO 接通。当被测压力 P 高于由压力设定弹簧产生的压力时，被测介质通过接头 1 进入波纹管 2，波纹管膨胀其上部端面产生向上的位移，并带动顶针 4 使微动开关的触点状态发生转变。即触点 C 与触点 NO 断开，与触点 NC 接通。

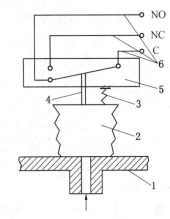

图 11-1-4　压力开关工作原理示意图

1—压力开关接头；2—波纹管；3—压力设定弹簧；4—顶针；5—微动开关；6—外引电线

三、差压变送器

差压变送器主要由测压部件和电子放大器两部分组成，如图 11-1-5 所示。具体工作过程是压力变送器的负压室 1 接大气压力 P_1，正压室 2 接被测介质压力 P_2。当被测介质压力 P_2 高于大气压力 P_1 时，压差作用于正、负压室的隔离膜片 3 和 4 上，经由硅油 5 传递到中心处的测量膜片 6，测量膜片 6 产生位移，从而使测量膜片与两侧球形电极电容不再相等，电子放大电路 7 检测到电容差并进行调整放大，转换为 4~20mA 的直流输出信号。这一输入信号与输入压力(压差)一一对应。

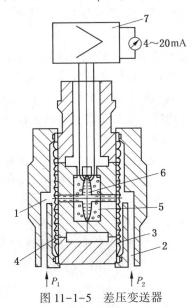

图 11-1-5　差压变送器

1—负压室；2—正压室；3—正压室隔离膜片；4—负压室隔离膜片；5—硅油；6—测量膜片；7—电子放大电路

四、压力表的选择、校验与安装

只有正确地选择、定期校验、正确地安装压力表，才能保证压力表在生产过程中发挥应有的作用，实现准确、合理、有效的测量。

1. 压力表的选择

压力表的选择应考虑工艺过程对压力测量的要求、被测介质性质和现场环境等技术条件，合理地选择压力表的精度等级、量程、类型及其他附属功能。压力表的选择主要考虑以下三个方面：

（1）根据被测介质及环境确定压力表的类型。一般情况下，选用普通的单圈弹簧管压力表，可以满足多数工艺条件下对压力测量就地指示的要求。若需要保存压力变化情况的资料，应选用记录型压力表；若需要对被测压力进行报警和控制时，应选用电接点压力表；在易燃易爆场合应选用防爆型电接点压力表；如需要对被测压力进行信号远传与调节，就应选用压力变送器。另外，还应考虑被测介质的性质和环境条件，如温度、黏度、腐蚀性、脏污程度、易燃易爆性等，来选择附属设备，如切断阀、隔离罐、分离器、保温装置等，以备安装压力计时使用。

（2）根据被测压力的大小选择压力表的量程。对于弹性式压力表，须考虑保证弹性元件能在弹性变形的安全范围内工作。在选择压力表量程时，必须为被测压力留有一定的余地，以防止弹性元件处于长期极限变形状态，引起弹性元件的弹性衰退，或产生永久变形，影响压力表寿命。所以，压力表量程不宜选得太小。但从提高测量工作的准确性出发，则希望所选压力表的测量上限与被测压力接近，量程较小些好。综合考虑上述因素，一般情况下，对于波动较小的稳定压力（如离心泵出口压力、流体静压力等），最大被测压力不应超过所选压力表测量上限的 3/4；对于波动剧烈的脉动压力（如压缩机、往复泵出口压力），最大被测压力不应超过所选压力表测量上限的 2/3 为宜；测量高压压力时，最大工作压力不应超过测量上限值的 3/5。但不管什么情况下，最小被测压力不得低于所选压力表上限的 1/3。

（3）根据工艺要求的允许测量误差确定压力表的精度等级。仪表的精度等级应根据工艺允许的最大误差来确定。一般选用的仪表越精密，则测量结果越精确可靠。但不是选用的仪表精度越高越好，因为精度等级越高的仪表，价格越高，并且精度高的压力表使用维护条件要求较高，一般生产现场难于做到，很难发挥应有的效果。因此精度等级的选择，应以合理、实用、经济为原则，在满足工艺生产要求的前提下，尽量选用精度较低、价廉耐用的仪表。

2. 压力表的校验

压力表在长期的使用中，因弹性元件疲劳、传动机构磨损及化学腐蚀等造成测量误差，所以有必要对仪表定期进行校验。新仪表在安装使用前也应校验，以更恰当地估计仪表指示值的可靠程度。

（1）校验原理　校验工作是将被校仪表与标准仪表处在相同条件下的比较过程。标准仪表的选择原则是，当被校仪表的允许绝对误差为 $a_允$ 时，标准仪表的允许绝对误差不得超过 $a_允$ 的 1/3（最好不超过 $a_允$ 的 1/5）。这样可以认为标准仪表的读数就是真实值。另外为防止标准仪表超程损坏，标准仪表的测量范围应比被校仪表大一档次。比较结果，若被校仪表的精确度等级高于仪表标明的等级，仪表合格，否则应检修、更换或降级使用。

（2）校验仪器　活塞式压力表在一个密闭的容器内充满变压器油（6MPa 以下）或蓖麻油（6MPa 以上）。转动手轮使活塞向前推进，对油产生一个压力，这个压力在密闭的系统内向各个方向传递，所以进入标准仪表、被校仪表和标准器的压力都是相等的。因此利用比较的方法便可得出被校仪表的绝对误差。标准器由活塞和硅码构成。活塞的有效面积和活塞杆、硅码的重量都是已知的。这样，标准器的标准压力值就可根据压力的定义准确地计算出来。活塞式压力表的精确度有 0.05、0.2 级等。高精确度的活塞式压力表可用来校验标准弹簧管压力表、变送器等。在校验时，为了减少活塞与活塞之间的静摩擦力的影响，应用手轻轻拨转手轮，使活塞旋转。

（3）校验内容　校验分为现场校验和实验室校验。校验内容包括指示值误差、变差和线性调整。具体步骤是：首先在被校表量程范围内均匀地确定几个被校点（一般为 5~6 个，一定有测量的下限和上限值），然后由小到大（上行程）逐点比较标准表的指示值，直到最大值。再推进一点点，使指针稍超过最大值，再进行由大到小（下行程）的校验。这样反复 2～3 次，最后依据各项技术指标的定义进行计算、确定仪表是否合格。

3. 压力表的安装

所选的测压点应能反映被测压力的真实情况，引压管铺设应便于侧压仪表的保养和信号传送。安装中主要考虑如下问题：

（1）压力表应安装在易观察和检修的地方；

（2）安装地点应力求避免振动和高温影响。

测量蒸汽压力时应加装凝液管，以防止高温蒸汽直接和测压元件接触；当有腐蚀介质时，应加装充有中性介质的隔离罐。总之，针对具体情况（如高温、低温、腐蚀、结晶、沉淀、黏稠介质等），采取相应的防护措施。

压力表的连接处应加装密封垫片，一般低于 80℃ 及 2MPa，用石棉纸板或铝片，温度和压力超过上述数值时，则用退火紫铜或铅垫。另外，还要考虑介质的影响，例如，测氧气的压力表不能用带油或有机化合物的垫片，以免引起爆作。测量乙炔压力时，则禁止用铜垫。

压力表安装示意如图 11-1-6 所示，在图 11-1-6(c) 中的情况下，压力表示值比管道里实际压力高，应减去压力表到管道取压口之间的一段液柱压力。

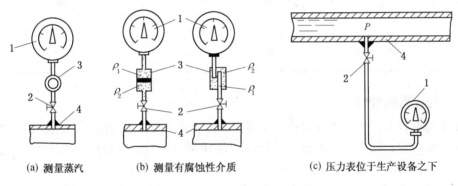

(a) 测量蒸汽　　　　　(b) 测量有腐蚀性介质　　　　　(c) 压力表位于生产设备之下

图 11-1-6　压力表安装示意图

1—压力表；2—切断阀门；3—隔离罐；4—生产设备；ρ_1，ρ_2—隔离液和被测介质的密度

第二节　温度检测仪表

一、温度仪表的分类

温度是表示物体冷热程度的物理量，微观上来讲是表示物体分子热运动的剧烈程度。而温度计是测量温度的仪器。若按工作原理分类，可分为膨胀式温度计、压力式温度计、热电阻温度计、热电偶温度计、辐射高温计五类；若按测量方式分类，则可分为接触式与非接触式两大类，前者测温元件与被测介质直接接触，后者测温元件与被测介质不相接触。现按测量方式分类见表 11-2-1。

表 11-2-1　常用温度计的种类及优缺点

测温方式	温度计种类		测温范围/℃	优　　点	缺　　点
接触式测温仪表	膨胀式	玻璃液体	−50~600	结构简单,使用方便、测量准确、价格低廉	测量上限和精度受玻璃质量的限制,易碎,不能记录远传
		双金属	−80~600	结构紧凑、牢固可靠	精度低,量程和使用范围有限
	压力式	液体 气体 蒸汽	−30~600 −20~350 0~250	结构简单、耐震、防爆、能记录、报警、价格低廉	精度低,测温距离短,滞后大
	热电偶	铂铑-铂 镍铬-镍硅 铜-康铜 镍铬-考铜	0~1600 −50~1000 −50~1200 −50~600	测温范围广,精度高,便于远距离、多点、集中测量和自动控制	需冷端温度补偿,在地温段测量精度较低
	热电阻	铂 铜	−200~600 −50~150	测量精度高,便于远距离、多点,集中测量和自动控制	不能测高温,须注意环境温度的影响
非接触式测温仪表	辐射式	辐射式 光学式 比色式	400~2000 700~3200 900~1700	测温时,不破坏被测温度场	低温段测量不准,环境条件会影响测量准确度
	红外线	光电探测 热电探测	0~3500 200~2000	测温范围大,适于测温度分布,不破坏被测温度场,响应快	易受外界干扰,标定困难

二、热电偶温度计

热电偶温度计是以热电效应为基础的测温仪表。它的测量范围很广,结构简单,使用方便,测温准确可靠,便于信号的远传、自动记录和集中控制,因而在化工生产中应用极为普遍。

1. 热电偶的组成

热电偶温度计是由三部分组成:热电偶(感温元件)、测量仪表(动圈仪表或电位差计)和连接热电偶和测量仪表的导线(补偿导线及铜导线)。图 11-2-1 是热电偶温度计最简单的测温系统原理示意图。

热电偶是工业上最常用的一种测温元件(感温元件)。它是由两种不同材料的导体 A 和 B 焊接而成,如图 11-2-2 所示。焊接的一端插入被测介质中,感受到被测温度,称为热电偶的工作端或热端,另一端与导线连接,称为冷端或自由端。导体 A、B 称为热电极。

2. 热电偶测温基本原理

1) 温差电势(汤姆逊电势)

在同一导体上,若两端温度不同,则导体内电子运动的平均动能不同。高温端中的电子具有较大的动能,因此高温端跑到低温端的电子要比从低温端跑到高温端的电子数量多。结果是高温端失去电子带正电荷,低温端得到电子带负电荷。此电势只与导体性质及两端温差有关。导体两端温差越大,所形成的温差电势也越大。

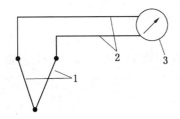

图 11-2-1　热电偶温度计测温系统原理图
1—热电偶；2—导线；3—测量仪表

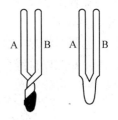

图 11-2-2　热电偶示意图

2）接触电势（帕尔帖电势）

各种导体都存在有大量的自由电子，但不同金属的自由电子的密度不同，当两金属接触时，电子会向对方相互扩散。但由于两者的电子密度不同，电子密度大的金属扩散到电子密度小的金属上的电子数比电子密度小的金属扩散到电子密度大的金属上的电子数要多。结果导致失去电子的金属带正电荷，接收了更多的电子的金属带负电。这种扩散一直到动态平衡为止，得到一个稳定的接触电势。

接触电势的大小与两种导体的性质和接触点处的温度有关。温度越高，导体中自由电子运动越剧烈，扩散差异越大，其接触电势越大。

3）热电偶的热电势（塞贝克电势）

当两种不同的金属导体所组成的热电偶闭合回路中两接点处的温度不同时，在回路中就要产生热电势。很明显，热电势是由温差电势和接触电势组成。只要测出热电偶的热电势就能知道两测点的温度差，如果知道一点的温度（如环境温度），就可算出另一个测点的温度。

3. 热电偶测温的主要优点

（1）精度高，测温范围广，具有良好的复现性和稳定性，因此国际实用温标规定它是热力学温标的基准仪器。

（2）便于远距离测量、自动记录及多点测量等。因为它输出的信号为电势，因此一般测量时，可以不要外加电源，使用方便。

（3）结构简单，制造容易，是一种理想的测量变换元件。

（4）用途非常广泛，除了用来测量各种流体的温度以外，还常用来测量固体表面的温度。热电偶测量元件可以做成各种形式，这样可以适应各种测量对象的要求，如小尺寸、快速、点温测量等。

4. 热电偶的结构

热电偶的结构形式很多，常见的是普通型热电偶和铠装热电偶。

1）普通热电偶

普通型热电偶由热电极、绝缘管、保护套管和接线盒组成，结构如图 11-2-3 所示。

热电极是组成热电偶的两根金属丝，是热电偶的核心。其工作端焊接在一起，两边分别穿进绝缘管里。热

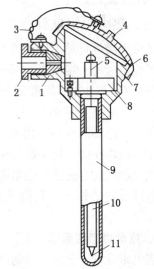

图 11-2-3　普通型热电偶的结构
1—出线孔密封圈；2—出线孔压紧螺母；3—系盖链条；4—盖；5—接线柱；6—O 形密封圈；7—接线盒；8—接线座；9—保护套管；10—绝缘套；11—热电极

电极长度由安装条件及插入深度决定，一般为 350~2000mm。

　　2）铠装热电偶

　　铠装热电偶是将热电极与金属套管间充以绝缘材料粉末，经整体拉伸工艺加工后制成的丝状组合体，并配以接线盒制成，如图 11-2-4 所示。

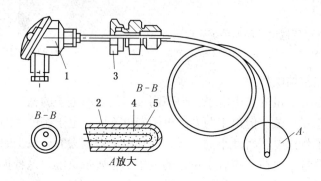

图 11-2-4　铠装热电偶

1—接线盒；2—金属套管；3—固定装置；4—绝缘材料；5—热电极丝

　　铠装热电偶尺寸纤细，外径一般为 0.25~12mm，热电极直径为 0.025~1.3mm，套管壁厚为 0.12~0.6mm，长度可根据需要截取，最长可达 100m。

　　近几年来普通热电偶正在大量地被铠装热电偶所替代，这是因为铠装热电偶具有如下特点：

　　（1）测量反应速度快；

　　（2）可弯曲性能好，方便安装和测量；

　　（3）使用寿命长；

　　（4）抗振性能好。

三、热电阻温度计

　　热电偶温度计适用于测量 500℃ 以上的较高温度，对于在 300℃ 以下中、低温区，使用热电偶测温就不一定恰当。第一，在中、低温区热电偶输出的热电势很小，例如铂铑-铂热电偶，从 0℃ 到 100℃ 其相应的热电势仅增加 0.645mV。这样小的热电势，对电位差计的放大和抗干扰措施要求都很高，否则就测量不准，仪表维修也困难。第二，在较低的温度区域，又由于冷端温度的变化和环境温度的变化所引起的相对误差就显得很突出，而不易得到全补偿。所以在中、低温区，一般使用热电阻温度计来进行温度的测量比较适宜。

　　热电阻温度计通常都由电阻体、绝缘子、保护管和接线盒四个部分组成，除电阻体外，其余各部分的结构、形状以及热电阻的外形均与热电偶的相应部分相同，如图 11-2-5 所示。

　　1. 热电阻测温原理

　　热电阻是基于金属导体的电阻值随温度的变化而变化的特性来进行温度测量的。

　　2. 热电阻的结构

　　热电阻通常是由电阻体、保护套管和接线盒、绝缘管等主要部件所组成。热电阻与热电偶相比，在结构和外形上基本相同，其区别在于电阻体。常用热电阻结构如图 11-2-6 所示。

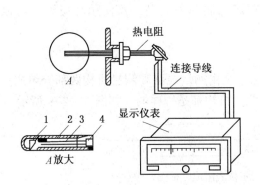
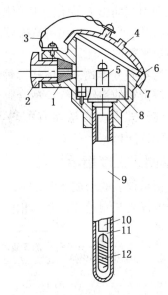

图 11-2-5　热电阻温度计
1—保护套管；2—小金属管；
3—电阻感温元件；4—瓷管

图 11-2-6　普通热电阻的结构
1—引线出线孔；2—引线孔螺母；3—链条；4—盖；5—接线柱；6—密封圈；7—接线盒；8—接线座；9—保护套管；10—绝缘套；11—引出线；12—电阻体

四、温度变送器

温度变送器是单元组合仪表变送单元中的一个主要品种。它在自动检测和控制系统中，常与各种热电偶或热电阻配合使用，连续地将被测温度或温差信号转换成统一的标准信号输出，作为指示、记录仪表或调节器等的输入信号，以实现对温度(温差)变量的显示、记录或自动控制。

温度变送器还可以作为直流毫伏变送器使用，将其他能够转换成直流毫伏信号的工艺变量，也变成相应的统一标准信号输出。

温度变送器由输入转换部分、放大器和反馈部分组成。但其输入转换部分的敏感元件，不包括在变送器内，而是通过接线端子与变送器相连接。图 11-2-7 为其方框图。

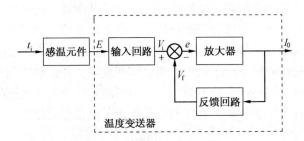

图 11-2-7　温度变送器构成方框图

感温元件把被测温度 t_i 转换成相应大小的电势 E 或电阻 R_t 送入变送器。经输入回路变换成直流毫伏信号 V_i 后，与反馈信号 V_f 相比较，其差值经放大器放大并转换成统一标准信号，作为变送器的输出信号 I_0。同时，I_0 经反馈部分转换成大小与其成正比的反馈电压信号 V_f，反馈到放大器的输入端与 V_i 进行比较。因此当被测温度升高引起 V_i 增大时，V_i 与 V_f 的

差值 ε 变化即引起输出 I_0 变化，从而使得 V_f 增加，直到 V_i 与 V_f 大致相等，即实现了平衡，输出便稳定在某一数值，输出 I_0 与输入 V_f 有一一对应关系。这里所说的平衡就是类似于差压变送器力矩平衡的平衡。

温度变送器有分体式、连体式两种结构。由于连体式温度变送器具有抗干扰性能强、维护简单、无需贵重的补偿导线、适合野外安装和造价低等优点，其应用面远远超过分体式温度变送器。连体式温度变送器有配热电阻和配热电偶两种类型，其使用环境温度可以在 $-35 \sim 70℃$ 范围之内。

五、动圈式温度指示仪表

动圈式指示仪表的组成如图 11-2-8 所示，它是由测量线路和测量机构两部分组成。对于不同型号的仪表其测量线路基本相同，但其测量机构都是一样的，如图 11-2-9 所示。

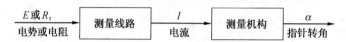

图 11-2-8　动圈式指示仪表组成方框图

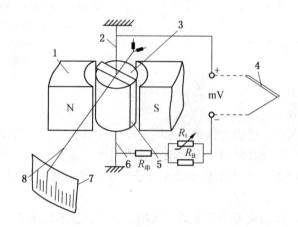

图 11-2-9　动圈指示仪表测量机构图

1—永久磁铁；2，6—张丝；3—软磁铁；4—热电偶；5—动圈；
7—刻度面；8—仪表指针

动圈式指示仪表的测量机构是一个磁电式毫伏计。其中动圈由高强度漆包细铜丝绕制而成一个无骨架矩形线框，通过由铍青铜制成的上、下张丝支承着，悬挂在永久磁铁和软铁芯之间的均匀磁场中。当测量信号(即直流毫伏信号)经过上、下张丝加在可动线圈上时，便有电流流过动圈。于是在磁场中产生电磁力矩使动圈偏转，并带动固定在动圈上的指针一起转动。动圈的转动使张丝扭转产生反力矩，且反力矩随着转角的增大而增大，当电磁力矩和反力矩相平衡时，指针就停止转动，并在刻度板上指示出相应的读数。

第十二章　天然气流量计量设备

第一节　标准孔板差压式流量计

长输天然气管道流量计量设备主要有孔板流量计、涡轮流量计、超声波流量计等，早期输气生产中一般都使用孔板差压式流量计来对天然气进行计量。如我国的涩宁兰输气管道、四川输气管网和早期建成的油气田集输管道都使用孔板差压式流量计对天然气进行计量。由于该型流量计使用历史较长，已积累了丰富的实践经验。国内外已将孔板进行了标准化设计，成为标准孔板。采用统一标准设计的孔板压差式流量计，不必进行单个实验标定即可直接投入使用。

一、差压流量计

如图 12-1-1 所示，孔板差压式流量计由节流装置（标准孔板、孔板夹持器、高级孔板阀式节流装置）及孔板前 10D 长度和孔板后 5D 长度的测量管、差压讯号管路及差压显示仪表或微处理机组成。节流装置内安装有节流件。

差压式流量计测流量的原理如下：

标准孔板如图 12-1-2 所示，具有一定压力、充满管道的天然气在流经管道内的节流件（孔板）时，流束将在节流件处形成局部收缩，从而使流速增加，静压降低。在节流件前后便产生了压差，对于一定形式和尺寸的节流件来讲，节流件产生的压差与流量有关，流量越

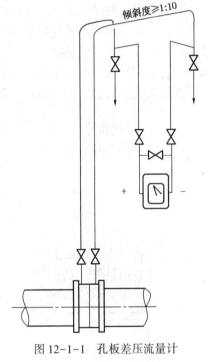

图 12-1-1　孔板差压流量计

大，则产生的压差也越大；流量越小，则产生的压差也越小。这样，通过测量压差的大小就可以间接地知道流量的大小。这就是差压法测流量的原理。

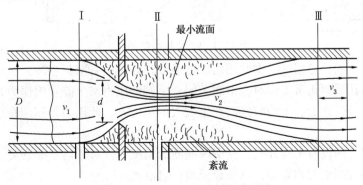

图 12-1-2　差压法测流量原理图

　　利用节流前后气体的压差数值来计算气体流量的方法称为差压法。记录差压的仪表称为差压计。气体流经节流件时，由于孔板孔口的横截面积比管道的内截面积小，天然气要经过孔口，必须形成流束收缩，增大流速。在挤过节流孔后，流速又由于流通面积的变大和流束的扩大而降低。所以，气体流经节流件时，会发生流速增加，静压降低。

　　由于水平流动着的天然气具有两种能量，即动能和压能，这两种能量在一定的条件下可以相互转化。经孔板后的静压力降低、流速增大，就是经孔板后一部分压能转变为动能的结果，所以在节流件前后的管壁处，天然气的静压力产生差异，形成压差 H，$H=P_1-P_2$，且 $P_1>P_2$（注：P_1、P_2 分别为孔板入口侧和出口侧的流体压力）。

二、高级孔板阀

1. 孔板阀的结构

　　孔板阀是一种结构新颖、密封性能可靠，在国内外已广泛应用的标准孔板节流装置。使用高级孔板阀后，可不设计量旁通管路，消除了旁通内漏的现象，提高了计量的精度，实现了不停气更换、清洗、检查孔板。孔板阀的操作也灵活方便。每次提取或更换孔板只需 3~5min。孔板阀是法兰取压型式，孔板的设计、制造应符合国家计量标准的规定。

　　孔板阀的结构如图 12-1-3 所示。

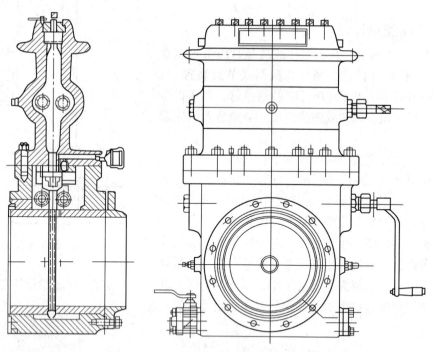

图 12-1-3　孔板阀结构图

　　阀体由上、下两部分组成，中间用滑阀连通或切断，设有密封脂注入机构。下阀腔与孔板上游连通，当孔板阀正常工作时，滑阀关闭，下阀腔压力与上游管内压力相等，上阀腔压力与大气压力相等，在上、下阀腔之间产生较大的压力差，此压力差作用在滑阀下方，从而增强其密封性。

　　上、下阀腔之间设有平衡开关，在滑阀截断的情况下，可开启平衡开关，使上、下阀腔压力平衡，减小滑阀密封预紧力，以便轻松地开启滑阀。

　　孔板阀内还设有孔板导板，便于提取，放入孔板，孔板带有橡胶密封环，使孔板与阀座间密封可靠。

孔板阀的底部还设有排污阀，用于定期吹扫排除阀内污物杂质。上阀腔亦设置有放气孔，可接一开关，排出上阀腔内介质。

2. 美国 DANNEL 高级孔板阀操作规程

1）取出孔板操作规程

打开上下腔之间的平衡阀，全开滑阀。将孔板从下阀腔提到上阀腔，关闭滑阀，关闭平衡阀。开放空阀完全排除上阀腔中气体，打开上阀腔顶丝，取出顶板、压板，转动上阀腔导板提升轴，将孔板提出，打开滑阀，吹扫上、下阀腔 0.5～1min。

注意事项：

（1）全开滑阀前必须先平衡上、下阀腔压力，再转动滑阀传动杆，顺时针转动为开，反时针转动为关；开关滑阀时，一定要让指针指示到位。并细致观察滑阀关闭严密情况，若有泄漏加入密封脂。

（2）反时针转动孔板导板转动杆为提升孔板导板，在转动下滑腔传动杆时，看到上阀腔传动杆同时转动时，应换为转动上阀腔传动杆，直到转不动为止。

（3）严格按操作步骤进行，操作平稳，用力适度。

（4）取出孔板前，应将流量计算机设置为清洗检查节流装置状态或维护状态。

2）安装孔板操作规程

（1）顺时针转动上阀体导板提升轴，将孔板端正、平齐地放入上阀腔，装入垫片，盖好压板和顶板，关放空阀，打开平衡阀，平衡上、下阀腔压力，顺时针转动滑阀操作轴，打开滑阀，转动下阀体导板提升轴，将孔板摇至下阀腔工作位置，关闭滑阀。

（2）旋转密封脂盒盖，缓慢注入密封脂。关闭平衡阀，检查各密封点是否有泄漏，如有，应立即处理，然后打开放空阀，排除上阀腔内气体，关闭放空阀。

（3）检查 10s 后，打开放空阀，查看阀是否泄漏。若有泄漏，检查密封脂，否则关闭放空阀，操作流量计算机进入正常计量状态。

注意事项：

（1）孔板密封四周、导板齿条上涂抹适量润滑脂。压盖、密封垫应清洗干净不能沾泥沙，平整放好密封垫后，装压盖对称上紧顶丝。开放空阀放空时，若气流声很快消失，则说明操作全部到位，否则应检查滑阀与平衡阀是否关到位。

（2）严格操作步骤，并做到操作平稳，用力适度。注意孔板安装方向。

3）维护保养要求

（1）每一个月开启、检查一次，并旋转密封脂压盖，注入密封脂，使滑阀保持良好密封。随时给密封脂盒补充密封脂；每一个季度打开阀底排污球阀吹扫排污一次；每次装入孔板时，在导板齿条上涂抹适量黄油。

（2）每年对孔板阀做全面检查和保养一次。做到表面清洁，油漆无脱落，无锈蚀，铭牌清晰明亮；零部件齐全、完好；无内、外泄漏现象；可动部分灵活好用。若滑阀密封不好，应揭开上阀盖，对滑阀滑块、阀座、密封脂槽进行清洗，干硬的密封脂可用酒精溶解清洗；对处理不了的故障应及时报请有关人员处理。

4）清洗高级孔板阀孔板操作

（1）准备好工具、用具、材料；停止计量；取出并检查清洗孔板。

（2）外观检查：上下游表面，圆筒形部分边缘不应有沉积污垢、坑洼及明显缺陷；同时检查孔板上的橡胶密封脂,应无断裂、坑槽、严重腐蚀、变形,否则更换。

(3)孔径测量:用0.02级游标卡尺在圆柱部4个大致等角度位置上测量,其结果的算术平均值与孔板上刻印的孔径值、计算 K 值使用的孔径值三者应一致。

(4)变形检查:用适当长度的样板直尺轻靠孔板上、下游端面后,转动样板直尺,用塞尺测出沿孔板直径方向的最大缝隙宽度 h_A。应符合下式要求: $h_A \leqslant 0.005(D-d)/2$($D$ 为测量管直径,d 为孔板开孔直径,单位为 mm)。否则判定孔板变形不合格。

(5)孔板入口边缘尖锐度检查:将孔板倾斜使上游平面与入射光呈45°角,使日光或人工光源射向直角入口边缘,当 $d \geqslant 25$mm 时用2倍放大镜,当 $d < 25$mm 时用4倍放大镜观察直角入口边缘应无光线反射,否则为不锐利。

(6)装入孔板、加密封脂(注意孔板方向)。

(7)启用计量。

(8)清扫场地,填写记录。

注意事项:

停止、启用计量和取出、装入孔板应按操作规程进行;发生损坏的零部件要及时更换;孔板密封环只能用棉纱擦净,不能用清洗剂清洗,以防老化;一定要把孔板导板、压盖、密封垫清洗干净,在孔板导板、密封垫上抹少量黄油。

5)可能发生的故障及处理方法

孔板阀可能发生的故障及处理方法见表12-1-1。

表12-1-1　孔板阀的故障现象与处理方法

序　号	可能发生的故障	处　理　方　法
1	杂质划伤滑阀密封处产生内漏	轻微渗漏,从注油嘴加注密封脂7903,再开关滑阀4~8次即可排除 严重内漏,应停输分解检查,如零件损坏必须更换
2	开关滑阀或提升孔板跳齿	保持上下腔压力平衡,缓慢正反向旋转齿轮轴至齿轮啮合正常 啮合错齿卡死,应停输分解检查,如零件损坏必须更换
3	提升孔板部件有卡滞现象	清洗导板上的污物,若仍不能排除,可用锉刀稍微修理导板顶端倒角
4	孔板部件下坠不能在中腔停留	稍许拧紧齿轮轴端六方螺帽排除
5	注油嘴渗漏	取下注油嘴帽,加注密封脂7903,拧紧注油嘴帽
6	其他部位渗漏	堵头、法兰等处渗漏,应停输分解检查,更换密封垫或密封圈 壳体部位的渗漏,应停输分解更换整台阀门或补焊壳体
7	计量数据误差较大	
	孔板开孔不合适	按流量大小选择合适的孔板
	孔板被划伤	更换新孔板
	密封圈损坏	更换密封圈
	长年使用管道锈蚀严重	更换装置

三、普通孔板切换阀

普通孔板切换阀是结构新颖的流量测量节流装置。其特点是:在进行流量测量过程中,为保证计量的准确,可随时提取其孔板进行检查或更换,但无须拆开管道。该阀操作迅速简便,提取孔板灵活,只需打开上盖并摇动提升机构,孔板即能平稳取出,每次提取或更换孔阀只需3~5min。特别适用于在可短暂停气或没有旁通管路中作流量计量用。普通孔板切换阀是法兰取压型,孔板的设计、制造应符合国家计量标准的规定。其外形结构如图 12-1-4 所示。

四、简易孔板切换阀

简易孔板切换阀是结构新颖的流量测量节流装置。其特点与普通孔板阀相同。特别适用于法兰取压及在测量管径小于 150mm 的管路中作流量计量用。简易孔板切换阀是法兰取压型，孔板的设计、制造应符合国家计量标准的规定。简易孔板切换阀的外形结构如图 12-1-5 所示。

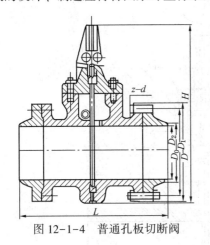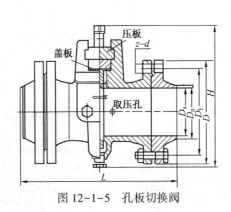

图 12-1-4　普通孔板切断阀　　　　　　　图 12-1-5　孔板切换阀

第二节　涡轮流量计

涡轮流量计是一种应用很广泛的速度式流量计。它具有精度高、复现性好、结构简单、运动部件少、压力损失小、体积小、重量轻、维修方便等优点。和容积式流量计相比，它的体积较小，占地面积小和重量轻的优点是很明显的。有的资料曾指出，同样流量测量范围的容积式流量计的质量比涡轮流量计约大 25 倍，安装占地面积比涡轮流量计约大 3 倍。涡轮式流量计通常用于天然气和轻质油等洁净流体的测量。

涡轮流量计由涡轮流量变送器、前置放大器及显示仪表组成。前置放大器通常和变送器装在一起，可以看作是一个部分。涡轮流量计的基本组成方块图如图 12-2-1 所示。

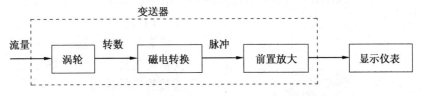

图 12-2-1　涡轮流量计的组成方框图

国产涡轮流量变送器在正常流量范围内的精度为±0.5%，按特性曲线确定的精密变送器的精度可达：±0.1%和±0.2%。

1. 气体涡轮流量计的结构

流体流动的管道内，安装一个可以自由转动的叶轮，当流体通过叶轮时，流体的动能使叶轮旋转。流体的流速越高，动能就越大，叶轮转速也就越高。在规定的流量范围和一定的流体黏度下，转速与流速成线性关系。因此，测出叶轮的转速或转数，就可确定流过管道的流体流量或总量。这种仪表称为速度式仪表。涡轮流量计正是利用这种原理制成的。

　　涡轮流量计由涡轮流量变送器和显示仪表两大部分组成。涡轮流量变送器将流体流量变成电脉冲信号送给显示仪表，显示仪表通过对其脉冲信号的频率及脉冲个数进行处理及累计，以显示瞬时流量或流体总量。

　　涡轮流量变送器如图 12-2-2 所示。主要由涡轮组件、导流器组件、磁电转换器、前置放大器等组成。其传感器结构如图 12-2-3 所示。

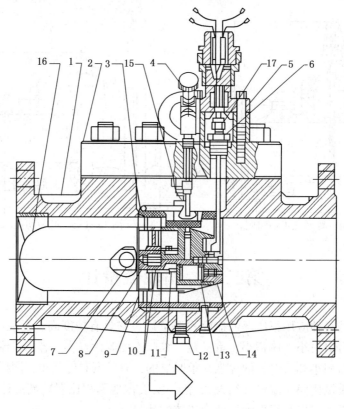

图 12-2-2　涡轮流量变送器

1—机壳；2—盖板；3—内室；4—外部加油器；5—螺栓；6—线圈管；7—压力阀栓；
8—涡轮中心轴；9—涡轮；10—轴衬；11—磁场；12—排水栓；13—轴线圈室；14—线
圈管状盖；15—弹簧柱塞；16—导流器；17—信号放大器

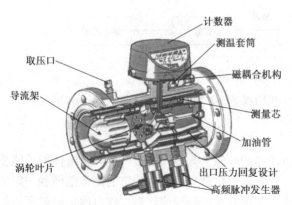

图 12-2-3　传感器

1）表体

　　表体是传感器的主体部件，它起到承受被测流体的压力、固定安装检测部件、连接管道的作用。

2）导向体

　　在涡轮流量变送器的进、出口装有导流器，它由导向环（片）及导向座组成，使流体在到达涡轮前先受导向整流作用，以避免因流体的自旋而改变流体与涡轮叶片的作用角使精度降低。导流器是用非导磁性材料制成的。涡轮的支撑轴承就装在前后导流器上。

3）涡轮（叶轮）

叶轮是传感器的检测元件，它由高导磁性材料（如 2Cr13、4Cr13 和导磁不锈钢）制成，被置于摩擦力很小的石墨轴承上，保持和壳体同轴心。

叶轮有直板叶片、螺旋叶片和丁字形叶片等几种，也可用嵌有许多导磁体的多孔护罩环来增加一定数量叶片涡轮旋转的频率，叶轮由支架中的轴承支撑，与表体同轴，其叶片数视口径大小而定。叶轮几何形状及尺寸对传感器性能有较大影响，要根据流体性质、流量范围、使用要求等设计，叶轮的动平衡很重要，直接影响仪表性能和使用寿命。

4）轴与轴承

轴与轴承支撑叶轮旋转，需有足够的刚度、强度和硬度、耐磨性、耐腐蚀性等。由于涡轮转速可能很高，所以轴承必须耐磨，否则影响变送器的精度和使用寿命。

5）信号检测器

磁电感应式信号检测器：它用于把涡轮的转数转换成对应的电脉冲信号，主要由永久磁铁和感应线圈组成。其结构原理如图 12-2-4 所示。

当流体流过涡轮叶片时，涡轮将发生旋转运动，此时叶片将周期地切割永久磁铁产生的磁力线，而改变磁电系统的磁阻值，使得通过感应线圈的磁通量发生周期性的变化。根据电磁感应原理，在线圈内将感应出脉动的电势信号。不难理解，脉动电势信号的频率与涡轮的旋转速度成正比，即与被测流量的大小成正比。

涡轮流量变送器的壳体是用非导磁性材料（如1Cr18Ni9Ti、硬铝合金等）制成。它和管道之间采用螺纹连接或法兰连接。由永久磁铁和感应线圈组成

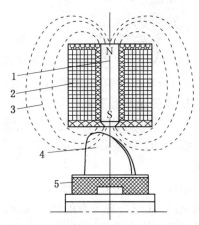

图 12-2-4　磁电感应转换器原理图
1—永久磁铁；感应线圈；3—磁力线；
4—叶片；5—涡轮

的磁电转换器装在涡轮上方不导磁的壳体外，感应信号的前置放大器也装在这里。当导磁叶片在流体冲击下旋转时，叶片便周期性地经过磁钢的磁场，使磁路的磁阻发生周期性变化，通过线圈的磁通量也跟着发生周期性变化，从而在线圈中感应出交变电信号，并经前置放大器放大后送给显示仪表。

为了减小流体作用在涡轮上的轴向推力，通过涡轮前轴承处的节流作用，在前轴承上造成一低压区，以产生一个反向静压差作用力抵消轴向推力，减小涡轮轴承的磨损，提高变送器寿命。

经过上述分析，不难理解脉冲信号的频率与被测流体的流量成正比，即

$$q = \frac{1}{\xi} \cdot f \qquad (12-2-1)$$

$$V = \frac{N}{\xi} \qquad (12-2-2)$$

式中　q——被测体积流量，m^3/s；

　　　ξ——仪表常数，$1/m^3$；

　　　f——变送器输出信号频率，$1/s$；

　　　N——传感器输出的脉冲数；

　　　V——被测流体的累积流量，m^3。

2. 涡轮流量计的显示仪表

涡轮流量计的显示仪表，实际上是一个脉冲频率测量和计数的仪表，根据单位时间的脉冲数和一段时间的脉冲数分别指示出瞬时流量和累积流量（总量）。

近年来，在流量显示积算仪中，多采用微处理机，构成智能型仪表。它们对脉冲信号的处理、计数、累积与运算比常规仪表方便得多。除了总量积算、瞬时流量值直接数字显示及输出标准 4~20mA 信号外，还可以实现温度压力修正、质量流量换算及报警功能。

图 12-2-5 是一个标准的涡轮流量计表头。如图所示是一个标准的多功能计数器，计数器中配备有干簧接点，可送出低频脉冲。通过接线端子可将脉冲输出。机械指示头可以在 90° 的视野范围内读取数值。计数器有 8 位显示。

3. 附件

有很多种附件都可以被连接到涡轮流量计，例如连接体积修正仪、流量计算机、压力和温度变送器等。体积修正仪是连接到涡轮流量计的指示头的低频（LF）信号上的，而陕京输气站是将流量计算机连接到 Reprox 探头上的。

图 12-2-5 多功能计数器

4. 涡轮流量计安装

在安装之前，应当检查涡轮流量计以确信没有由运输引起的损坏以及所有附件（如接头、润滑油）完整无缺。撕去流量计进出口法兰处的粘贴纸。按流量计上标明的流动方向安装。

建议的安装位置是水平安装，计数器向上。在竖直安装时，通过流量计的气体流向应从上到下。（注意：如果有的话，油泵应旋转 90°）

介质气体应当干燥且没有灰尘和杂质，杂质颗粒直径不大于 5μm。对新的系统，建议临时安装一个过滤网或锥形罩（网格宽度：0.5mm）来保护流量计。锥形罩应在大约 4 周后拿开。

进口和出口直管段的长度为上游 20D、下游 5D，以保障新安装的流量计进行精确测量。

在安装传感器时，由于安装地点条件限制，直管段长度不能满足要求时，可采用整流器来弥补。整流器可以是一束管子，也可以是一些直片，具体要求如下：

（1）整流器一般用薄形管或金属片制造，结构强度高，不至于产生畸变和移动；

（2）管子或直片的前端和后缘光滑，内部无毛刺、焊珠；

（3）管子或直片排列均匀、对称，并与管道轴线保持平行。

整流器结构如图 12-2-6 所示。

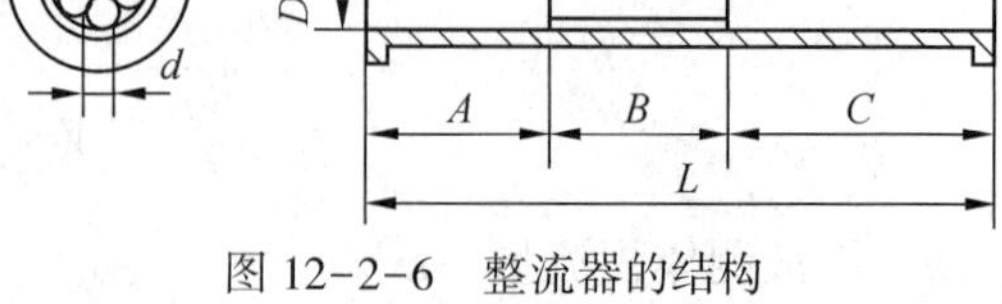

变送器上游的整流器和下游的直管段应和变送器组装成一体，不可拆卸后对变送器单独标定仪表常数，否则会严重影响精度（所以订货时应该是变送器和整流器、直管段成套的）。

图 12-2-6 整流器的结构

所有标准的平面物都可以作为垫片

安装。垫片必须同心对齐并且不能伸进管道内壁。

站场扫线时，应将流量计拆除，以直通短管代替，扫线作业完成后再安装流量计。

投产前流量计应进行试压。

5. 流量计操作

被测流体的瞬时流量，应在流量计额定流量范围内。流量太小，泄漏误差较大；流量太大，则会加剧转动部件磨损。涡轮流量计特性曲线如图 12-2-7 所示。被测流体的温度不准超过规定使用温度，以免转动部件热膨胀造成流量计转子卡死现象。

当被测流体的物性参数与标定时的参数发生明显变化时，应对其按修正公式进行修正。

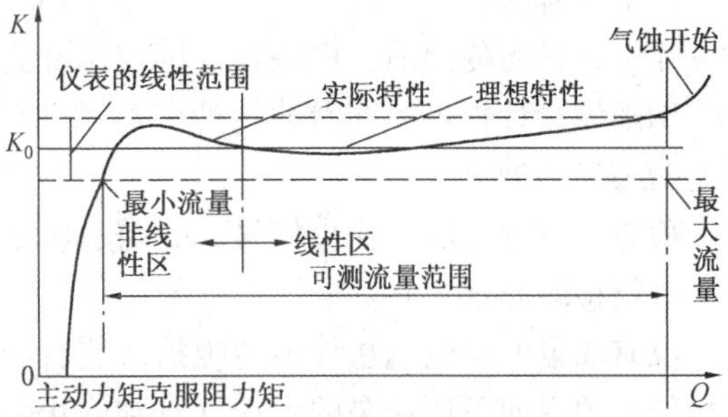

图 12-2-7　涡轮流量计特性曲线

1）每一路的启动

安装就位后，应确保所有的切屑和残渣均已清除，系统已经吹洗、试压、气流进入并升压至流量计入口阀。

打开流量计上游旁通小球阀，缓慢打开流量计上游旁通小截止阀，气体缓慢充入直到流量计下游电动强制密封球阀前。

注意：压力剧烈震荡或过快的高速加压会损坏流量计。为了保护气体涡轮流量计，加到涡轮流量计上的压力升高不能超过 35kPa/s。如现场不能测量压力变化，则监视流量计流量不能超限。

关闭旁通小球阀和截止阀。转动手轮打开入口强制密封阀。缓慢打开流量计下游电动强制密封球阀（至少持续 1min），最好使用电动执行机构上的手动开关，一定要小心，不要使涡轮流量计超速运转。

当整个系统充压完毕，天然气开始被计量。

2）在线比对气体涡轮流量计（工作路和主路进行比对）

确保主路的入口和出口阀门是关闭的。

按照上面"每一路的启动"中的步骤，给主路充压。

关闭工作路出口电动强制密封球阀，缓慢打开比对管路的强制密封球阀，缓慢打开主路出口电动强制密封球阀。最好是同时做三项工作。

气体依次通过工作路和主路。两台流量计可以互相比对，来检查是否有大的偏差。

当比对结束后，关闭比对管路上和主路上的两个强制密封球阀，打开工作管路的出口球阀。最好是同时做这三项工作。

这时工作路重新投入工作。

3）用移动标定车在线标定气体涡轮流量计

确保两个标定口之间的电动强制密封球阀处于关闭的状态。打开标定口法兰盲板上的小球阀，确保法兰盲板内部无压力。然后取下法兰盲板。将移动标定车和标定口连接好。

按照上面"每一路的启动"中的步骤给主路充压。

关闭工作路出口电动强制密封球阀，缓慢打开比对管路的强制密封球阀，缓慢打开主路上两个标定强制密封球阀。最好是同时做这四项工作。

这时，气体依次流过橇座内的两台气体涡轮流量计和移动标定车。

完成在线标定后，关闭标定口的两个球阀，缓慢打开比对管路的强制密封球阀，缓慢打开工作路出口电动强制密封球阀。最好是同时做这四项工作。

将法兰盲板装回,不要忘了关闭法兰盲板上的小球阀。

这时工作路重新投入工作。

6. 运行维护

流量计投入使用前,应按相应国家标准或规程进行检定或实流校准。

用随流量计提供的润滑油给油腔注满油(只有带油泵的流量计才附送润滑油)。按照操作说明书启动油泵。

检查流量计的脉冲输出信号,并与一次指示装置进行对比。

进行检漏测试。

没有油泵的涡轮流量计不需维护。装有油泵的涡轮流量计应 3 个月加注一次润滑油。油泵操作:用手向下压油泵的手动杆直到停止,这样每次可以形成同样的油压。向下压动手动杆一次意味着油泵活塞的一个冲程。润滑说明见表 12-2-1。

西气东输管道使用的 ELSTER TRZ 系列 G65-61600 允许的润滑油为 Shell Voltol Gleitoel22、Shell Risella D15、Shell Tellus T15。

其他不含树脂、没有酸性、黏度在 20℃时大约为 30cS、凝固点低于-30℃的润滑油,以及其他等同性质的润滑油也可以使用。

需按时给油腔补充加油以确保没有空气进入流量计润滑油管道系统。

表 12-2-1　润滑说明

DN80~DN150	DN200~DN600
按钮式油泵(型号:PM04)	拉杆式油泵(型号:HP03)
15 个冲程/3 个月	4 个冲程/3 个月
初次运行的润滑:30 个冲程	初次运行的润滑:10 个冲程

油泵必须与水隔绝(注意加油孔盖子上的粘贴物或螺钉是否紧固完好)。

传感器在工作时,叶轮的速度很高,因而在润滑情况良好时,也仍有磨损情况产生,这样,在使用一段时间后,因磨损而致使涡轮传感器不能正常工作,就应更换轴或轴承,并经重新标定后才能使用。

传感器在连续使用一定时间后,按其检定周期进行周期检定。同时应对各转动元件定期注润滑油。表前过滤器也应定期清洗。如在使用中明显发现仪表测量准确度达不到要求时,应随时检修,并重新进行标定方可使用。

涡轮传感器常见故障与排除方法见表 12-2-2。

表 12-2-2　涡轮传感器常见故障与排除方法

故障现象	原　因	排　除　方　法
显示仪表不工作	信号检测器→前置放大器→显示仪表间断路或短路 信号检测器断线,无脉冲输出 传感器叶轮不旋转	检查线路,使之正常 更换信号检测器(或信号检测放大器) 检修传感器
显示仪表工作不稳,计量不准确	实际流量超出仪表的计算范围 有较强的外磁场干扰 叶轮上挂有脏物,或信号检测器下方壳体内壁处有铁磁物体等 液体内含有气体 轴承严重磨损,叶轮与壳体内壁相碰	调整液体流量 采取屏蔽措施 检修传感器、清洗干净 消除气泡 更换轴和轴承

第三节　超声波流量计

超声波流量计就是利用超声波在流体中的传播速度或超声波多普勒原理测量流体的速度来计算流量。

一、超声波流量计的工作原理

超声波流量计主要由安装在管道上的超声换能器和转换器组成。

目前主要有两种测量方法，即时差法和多普勒法。

1. 时差法

这种原理的流量计目前生产量最大，使用最广。当声波在流体中传播，如果是顺流方向，传播速度会加快；而如果是逆流方向，传播速度将变慢。这样同样的距离，传播时间就会有不同，而传播时间的差异与被测流体的流动速度有关系，因此，测量出时间的差异就可以得出流体的流速，也就可以计算出流体的流量。

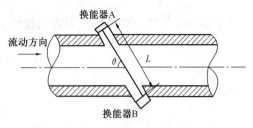

图 12-3-1　时差法超声波流量计原理图

如图 12-3-1 所示，超声波换能器 A 和 B 相对安装在管道的两侧，一个处于上游，一个处于下游，交替发射和接收超声波信号。从换能器 A 传送到换能器 B 的超声波，因为是顺流方向，故速度加快。具体的关系式为：

$$L = (C + V \times \cos\theta) T_1 \tag{12-3-1}$$

反之，从换能器 B 传送到换能器 A 的超声波，因为是逆流方向，故速度会减慢。具体的关系式为：

$$L = (C - V \times \cos\theta) T_2 \tag{12-3-2}$$

式中　L——换能器之间的距离；

　　　C——超声波在静止流体中的传播速度；

　　　V——流体在换能器之间声道上的平均流速；

　　　θ——换能器声波传送方向与流体流动方向的夹角；

T_1，T_2——换能器之间声波传送的时间。

经过整理就可以得出：

$$V = \frac{L(T_2 - T_1)}{2T_1 T_2 \cos\theta} \tag{12-3-3}$$

流量＝流速×截面积，求出流速，进而就可以得出流量。

2. 多普勒效应法

多普勒效应是 1842 年奥地利物理学家多普勒发现的一种物理现象，当信号源发射的声波被与之存在相对运动的物体反射时，反射声波的频率与发射声波的频率之间会出现差异，而这种频率的差异与流体速度有直接的关系，由此可以测量出流速，进而求出流量，如图 12-3-2 所示。

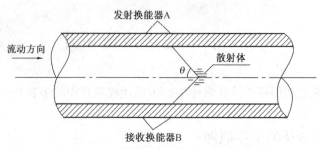

图 12-3-2 多普勒法超声波流量计原理图

超声波换能器 A 向流体发出频率为 f_A 的超声波，经悬浮在流体中的颗粒或气泡散射，使得超声波换能器 B 接收到的频率 f_B 发生频移，f_A 与 f_B 之间的关系式如下：

$$f_B = f_A \frac{C + V\sin\theta}{C - V\sin\theta}$$

因为 $C \gg V$，整理后可得出多普勒频移 f_d：

$$f_d = f_B - f_A = f_A \frac{2V\sin\theta}{C} \qquad (12 - 3 - 4)$$

于是有

$$V = \frac{C}{2\sin\theta} \times \frac{f_d}{f_A} \qquad (12 - 3 - 5)$$

可见流体流速的大小与产生的多普勒频移成正比。测出多普勒频移，也就可以计算出流体流速，从而得出流量。

管道口径越大，超声波的传播时间越长，测量精度也越高。因此，当测量小口径管道时，一般采用多次传播的方法。然而每次反射都会造成信号强度的衰减，传播次数也不宜过多。多次传播法换能器安装如图 12-3-3 所示。

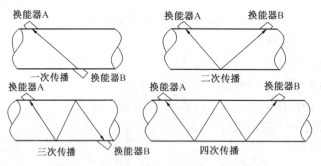

图 12-3-3 多次传播法换能器安装示意图

3. 传播时间法按声道数分类

传播时间法所测量和计算的流速是声道上的线平均流速，而计算流量所需是流通横截面的面平均流速，二者的数值是不同的，其差异取决于流速分布状况。因此，对单声道超声波流量计必须用一定的方法对流速分布进行补偿。

为了提高测量的精确度，常用多声道法进行补偿。按声道数分类常用的有单声道、双声道、四声道和八声道四种。近年来出现了三声道、五声道和六声道。四声道及以上的多声道配置对提高测量精度起很大作用。各声道按换能器分布位置如图 12-3-4 所示，又可分为以下几种：

（1）单声道 有 Z 法（透过法）和 V 法（反射法）两种。

（2）双声道 有 X 法（2Z 法、交差法）、2V 法和平行法三种。

（3）四声道 有 4Z 法和平行法两种。

（4）八声道 有平行法和两平行四声道交差法两种。

4. 声道的布置方式

根据换能器多少，目前天然气管道超声流量计有一至六声道流量计；

根据声道的布置方式，可将气体超声流量计分为三类：对角声道式、平行声道式和反射声道式；

根据超声波在管壁上的反射情况，又可分为直射、单反射和双反射三种。

声道：是指两个超声传感器间的超声信号的实际路径。通常一个声道有两个探头（一对）。目前有单声道、双声道、三声道、四声道、五声道、六声道。

声道布置：图 12-3-5 是超声波流量计的三种布置方式。

（1）对射式 声道经过垂直于轴件的截面中心，采取多个对角布置的声道，其流量按各个声道速度流量值的平均值计算；

（2）平行声道式 采用多个（一般不多于 6 个）相互平行的声道，根据不同的流速分布确定权重系数，采用求和的方法计算多声道的平均流速；

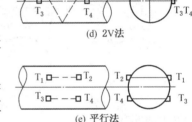

$$V_i = \frac{L(T_2 - T_1)}{2T_1 T_2 \cos\theta}$$

$$(12 - 3 - 6)$$

$$V_{avg} = \sum_i^n W_i V_i$$

（3）反射声道式 采用矩阵布置，反射声道网络，这些声道网络能另外给出流速和流动变形的信息，分单反射、双反射等。

图 12-3-6 是几种声道的组合方式。

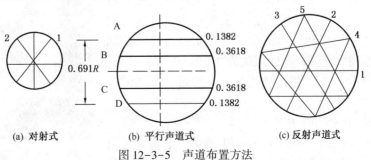

(a) 对射式 (b) 平行声道式 (c) 反射声道式

图 12-3-5 声道布置方法

图 12-3-4 声道布置图

(1) 1对单反射声道：
2对对射声道：
A1
A1
A2
(2) 2对单反射声道：
2对双反射声道：
A1
B1
A1
A2
(3) 3对单反射声道：
1对单反射+2对双反射声道：
A1
B1
C1
A1
B1
(4) 4对对射声道：
3对单反射声道+2对双反射声道：
A2 B1
A1
B2
D1 B1
A1
D2
(5) 6对对射声道：
A2 B1C1
A1
B2C2
图 12-3-6　几种声道的组合方式

一般来说，管径越大，采用的声道数越多，同时对上游直管段的要求也越低。

二、超声波流量计结构

超声波流量计包括一次仪表和两次仪表。

1. 一次仪表

超声波流量计的一次仪表由表体、探头(换能器)、信号处理单元(SPU)组成，如图 12-3-7 所示。

1）表体

表体是经特殊加工，用于安装换能器、信号处理单元以及压力变送器的装置。

2）换能器

换能器是把声能转换成电信号和反过来把电信号转换成声能的元件。气体超声流量计采用既能发射又能接收超声波脉冲(频率大于 20000Hz 的声波)的超声换能器作为检测元件。这种换能器成对地安装在管壁上。

图 12-3-8 是单声道超声波流量计，单声道流量计一般都采用单反射技术，计量不确定度为 1.0%~2.0%。

图 12-3-9 是双声道超声波流量计，双声道流量计 Daniel 采用的是直射技术，不确定度为 1.0%~1.5%；Instromet 采用的是双反射技术，不确定度为 0.7%~1.0%；Controlotron采用的是单反射技术，不确定度为 0.5%。

图 12-3-10 是三声道超声波流量计，三声道流量计 Instromet 采用的是一个单反射和两个双反射技术，Controlotron 采用单反射技术，不确定度为 0.5%~0.7%。

图 12-3-11 是四声道超声波流量计，四声道流量计 Daniel 采用的是直射技术，不确定度为 0.5%左右。

图 12-3-12 是五声道超声波流量计，五声道流量计目前只有 Instromet 公司推出此产品，有三个声道采用单反射技术，两个声道采用旋转方向相反的双反射技术，对旋涡流的流量测量准确度较高，不确定度为 0.3%~0.5%。

图 12-3-7　超声波流量计

图 12-3-13 是六声道超声波流量计。超过六声道的超声波流量计比较少见。

3）信号处理单元(SPU)

信号处理单元(SPU)如图 12-3-14 所示，是实现控制超声换能器工作、AGC 自动增益的调节、处理超声换能器

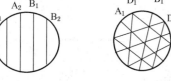

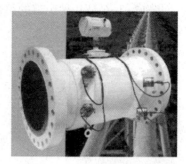

接受的信号、判断信号有效性、计算工况体积流量、与流量计算机通讯等功能的电子单元。

图 12-3-8　单声道超声波流量计　　　　　　图 12-3-9　双声道超声波流量计

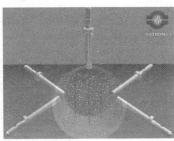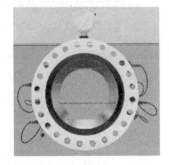

图 12-3-10　三声道超声波流量计　　　　　图 12-3-11　四声道超声波流量计

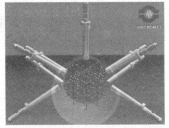

图 12-3-12　五声道超声波流量计

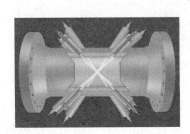

图 12-3-13　六声道超声波流量计　　　　图 12-3-14　信号处理单元

2. 二次仪表

超声波流量计的二次仪表包括压力变送器、温度变送器和流量计算机(见图 12-3-15)。主要功能有根据流量、压力、温度和天然气组成分析数据进行体积转换、标准及不同流量单位的换算、流量累积及数据输出等。其流量修正方法是以实验数据为基础,压力、温度等多种影响因素综合修正的矩阵插值方法。

三、超声波流量计的软、硬件设计

1. 系统硬件组成

超声波流量计系统硬件组成如图 12-3-16 所示。

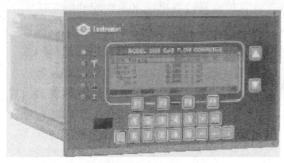

图 12-3-15　流量计算机

整个流量计的核心是微处理器芯片。主要包括：传感器驱动控制、驱动/接收转换控制、传播时间的测量计算、流量表示、参数存储、通讯控制等。

2. 软件设计

流量计的软件流程框图如图 12-3-17 所示。

四、超声波流量计的技术特性和特点

超声波流量计具有以下优点：

（1）安装维修方便。超声波流量计较其他流量计安装方便，尤其对大口径的计量系统这一优点更加突出，能节约大量的人力、物力。这几年，随着夹装式传感器的广泛使用，在安装和维护超声波流量计时不用在管道上打孔或切断流量，不需安装旁路管道阀门，更换方便。

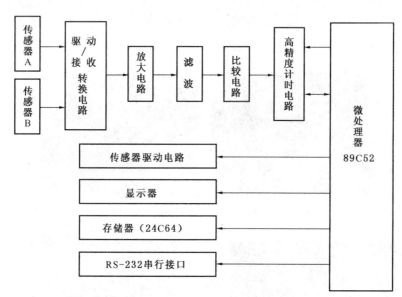

图 12-3-16　超声波流量计系统硬件原理图

（2）测量管径大。超声波流量计最大测量管径可达 10m，这是其他流量计所不能比拟的。同时，超声波流量计的价格不受管径影响，而其他流量计管径越大价格越高。

（3）测量可靠性高。超声波流量计不管是外夹式安装还是湿式安装，基本上都不影响流场，无可动部件，无压力损失。同时，传感器以微机为中心，采用锁相环路或新型计时方法，解决了信号衰减、噪声干扰及电路故障影响，这样就使测量具有很高的可靠性。

（4）不受流体参数影响。超声波流量计的测量不受流体的物理性能和参数(如粗糙度、导电率)的影响，输出与流量成良好的线性关系。因此测量范围较大，可达 10∶1 或更大。

（5）可以很方便地进入自动控制系统。流量计的工作可由计算机自动控制，测量结果可自动显示、打印，由于设有标准的通用接口，能输出标准直流信号，因此可与计算机监控系统直接联网运行。

超声波流量计是通过测量超声波脉冲在流体中的传播时间导出气体体积流量的。超声波流量计的工作介质为液体或气体，流量测量范围 0.1~10m/s，刻度信号特性为线形，精确度 0.5%~1%，重复性 0.2%，无水头损失。液晶显示，电源 220VAC 或 10~30VDC。适用管径 25~3000mm。适用材质：钢、铸铁、有色金属、PVC 等。输出信号 4~20mA 或 0~5VDC 脉冲输出，RS232 接口。

超声波流量计也存在一些缺点：

（1）传感器的安装直接影响到计量的准确度，因此对安装的要求十分严格。

（2）结构较为复杂，故障排除较困难，抗干扰性较差，对安装地点环境要求较高。

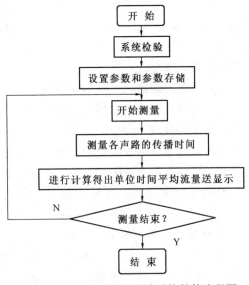

图 12-3-17　超声波流量计系统软件流程图

（3）无压流时，超声波流量计的上、下游直管段分别为 10D 和 5D；压力流时，上下游所需直段比无压流时更长。

（4）管道口径小时，价格较高。

五、超声波流量计的安装

（1）在安装之前，应当检查超声流量计，以确信没有由运输引起的损坏，以及所有附件（如换能器、变送器）完整无缺。

（2）换能器可安装在水平或垂直管道上，安装在水平管道上时，为避开管道顶部的气隙和底部沉积的泥沙，尽可能安装在与水平面呈 45°角的位置，如图 12-3-18 所示。换能器安装在垂直管道上时，要求流体方向垂直向上。

（3）测量管内的流体必须充满管道。流量是以管道内整个横截面计量的。如果流体不满管，换能器安装位置如图 12-3-19（a）所示，因声道通过流体，可以测出流量，但测量结果大于实际流量；如果换能器的安装位置如图 12-3-19（b）所示，由于声道通过空气层，因此不能测量。

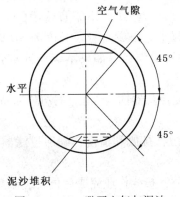

图 12-3-18　避开空气与泥沙

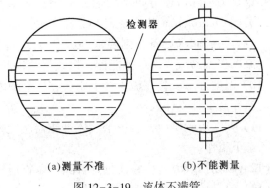

(a)测量不准　　　　(b)不能测量

图 12-3-19　流体不满管

(4)换能器安装距离要求。换能器的安装距离是根据流体(声速、动力黏度)、管道(材质和尺寸)、换能器的安装方式等各种参数综合运算的结果。实际安装距离与计算距离不一致，导致测量误差。现场安装时应根据厂家提供的定距棒精确测量安装距离，以保证仪表的测量精度。

(5)单向计量时，气流与流量计正方向一致。

(6)流量计的安装尽可能避开振动环境，尤其是可引起信号处理单元、超声换能器等部件发生共振的环境。

(7)管道条件要求。一般新安装的管道条件比较好，在旧管道上测量，则须了解清楚管道状况，若存在以下缺陷，应重新选择安装位置：

① 管壁厚度不均，有明显的凹凸不平；

② 管道内壁有较厚的附着层；

③ 衬里与管道内壁分离，有空气夹层。

上下游直管段内径与流量计内径之差小于流量计内径的1%，其绝对值应小于5mm。换能器不能安装在管道焊缝或法兰安装处。与流量计连接的法兰，不得出现台阶及垫片突兀影响气流。

为保证测量精度，安装时应对管线做如下处理：

① 在换能器安装位置附近，应将管壁(约比换能器的发射面大一倍)上的涂层、铁锈等除净，露出管道本色，保证无凹凸不平。

② 换能器表面均匀地涂上一层耦合剂，应将耦合剂内的气泡和颗粒挤出去，换能器的发射面应紧密地贴在管壁上，耦合剂最好使用生产厂家配套提供的产品。

(8)避免较强的电磁干扰。由于超声波传感器与超声波流量计之间使用的是频率信号，且频率较高，这样就容易受到现场的电磁干扰，导致仪表不能够正常工作。通常情况下，超声波流量计使用屏蔽电缆穿管或在金属线槽内敷设，完整的电磁屏蔽要求屏蔽防护套双重屏蔽。防护套屏蔽在屏蔽合格的情况下关键在各连接处的处理：穿钢管硬连接处可套用或用直通连接，软连接处用金属软管套接，金属软管套入深度一般应在5cm以上且用胶带扎紧；电缆的屏蔽线和传感器的接地端子要很好地接地，避免受其他电气干扰。

(9)换能器安装位置上、下游存在弯头、异径管、阀、泵或管道内有阻流物等，流体形成横向二次流，流速分布偏离，在直管段长度不足时，测量精度下降，在有漩涡的场所甚至不能测量。为消除流速分布不均匀的影响，各生产厂家都规定了上、下游直管段的下限长度，如美国Controlotron公司规定上游直管段长度为10D以上，下游直管段长度为5D以上。如果上游有泵、阀等设备，则要求30D以上，其中D为管道内径。如果不能保证直管段，可采用流场整流器或多声道换能器，以改善流动状况。

(10)温度计应安装在流量计下游3~5D范围内，温度传感器插入深度不小于75mm。压力变送器在流量计本体取压。

(11)如气质较脏应安装一个气体过滤器，定期进行污物排放和清洗，确保过滤器在良好的状态下工作。

(12)站场扫线时，应将流量计拆除，以直通短管代替，扫线作业完成后再安装流量计。

(13)流量计在投产前应进行试压。

六、超声波流量计运行

超声波流量计全部使用微处理器，根据菜单提示，按顺序输入所测管道管径、管材、内衬材料厚度、所测介质，再安装好传感器，流量计会自动处理显示流速、流量。不要让超声波流量计在多烟尘杂质、湿度较高、太阳光直射的环境下工作。

（1）流量计投入使用前，应按相应国家标准或规程进行检定或实流校准。

（2）各种信号线、电源线连接完好。

（3）先打开进口旁通阀，给管道缓慢充气，然后缓慢打开进口截止阀（至少持续 1min），避免流量计过高差压或过高流速，给管道缓慢加压，达到流量计的运行压力。注意：压力剧烈震荡或不当的高速加压会损坏流量计。

（4）检查所有的法兰连接处和引压接头及温度传感器的插入接头处是否有气体泄漏。

（5）接线检查：对照厂家提供的系统接线图，检查所有接线无误。注意：在上电前，要确保所有供电接线极性无误。

（6）对气体超声流量计进行组态。

（7）流量计最高流速不超过 30m/s。

（8）流量计在起用前，按照《用气体超声流量计测量天然气流量》（GB/T 18604—2014）中的要求进行零流量测试，现场不具备条件，应进行工况条件下的零流量测试。

七、超声换能器检查、维护方法及步骤

超声波探头（换能器的）检查主要是测量其电阻值，其应为 1Ω 左右，开路或短路则表明探头可能损坏。

拆卸探头可有带压和不带压两种方法：

（1）带压拆卸　应使用专用工具，并由经培训的专门人员操作。操作步骤详见带压拆卸专用工具使用说明书。

（2）不带压拆卸　无需专用工具。

① 关断流量计前后阀门，将阀门间的气体排出，观察现场压力表，当压力为零时方可拆卸。

② 拧下罩壳上的螺丝，拆下罩壳。

③ 拧下露出的两个螺丝，拔下连线插头。

④ 用活扳手逆时针拧下探头。

⑤ 安装探头时，按以上 4 步反向操作。

八、维护

在日常维护时，应做到：

（1）防止传感器被水浸泡，或因其他原因松动；

（2）黄油变质或干硬后应及时更换；

（3）每日观察仪表显示收到信号的状况，若有异常及时寻找原因，解决问题。

应定期检查信号处理单元、声道有无故障、零流量测量是否准确、超声换能器表面是否有沉积物等。定期收集流量检测系统的运行数据，并分析比较，以确定流量计是否存在故障。

九、拆卸

流量计进行拆卸或从管线上移走之前，管线必须先卸压和氮气置换。管线卸压应缓慢小心进行，以免损坏设备。

第十三章　输气管线的调压

燃气供应系统的压力工况是利用调压器来控制的，调压器的作用是根据燃气的需用情况将燃气调至不同压力。

长输管道的调压器一般安装在分输站。城市管网的调压器通常安设在气源厂、燃气压送站、分配站、储罐站、输配管网和用户处。

在燃气输配系统中，所有调压器均是将较高的压力降至较低的压力，因此调压器是一个降压设备。

第一节　调压器的结构和工作原理

一、调压器的工作原理

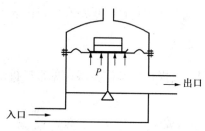

图 13-1-1　调压器的工作原理

图 13-1-1 为调压器的原理示意图，气体作用于薄膜上的力可按下式计算：

$$N = cFP$$

调节阀门的平衡条件可近似认为：$N = Wg$。

当出口处的用气量增加或入口压力降低时，燃气出口压力 P 降低，造成 $N < Wg$，失去平衡。此时薄膜下降，使阀门开大，燃气流量增加，使压力恢复平衡。反之亦然。

调压器和其连接的管网是一个自控系统，不管用气量及入口压力如何变化，调压器自动保持稳定的供气压力。

二、调压器的分类

按原理分为：直接作用式和间接作用式；

按用途或使用对象分为：区域调压器、专用调压器及用户调压器；

按进口压力分为：高高压、高中压、高低压调压器、中中压、中低压及低低压调压器；

按结构可分为：浮筒式及薄膜式调压器，后者又分为重块薄膜式和弹簧薄膜式调压器。

若调压器后的燃气压力为被调参数，则这种调压器为后压调压器。若调压器前的燃气压力为被调参数，则这种调压器为前压调压器。输气管道一般用后压调压器。

三、城市燃气管网和气田管网常用调压器

（一）自力式压力调节器

自力式压力调节器如图 13-1-2 所示。

自力式压力调节器由指挥器、调节阀、节流针阀及导压管组成。

1. 指挥器

指挥器由两块膜片将其内部分为两气室，如图 13-1-3。底部气室与被调压力管路连通，

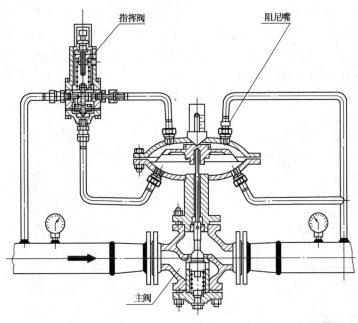

图 13-1-2　自力式压力调节器

中部气室左端(喷嘴进口)连通管道上流压力,右端与调节阀的上膜腔连通,底部气室压力与弹簧压力(作用方向相反)组成平衡力,使喷嘴与挡板距离一定。调节手轮可改变弹簧对挡板的压力,挡板与喷嘴的距离随之改变,致使被调管道的气体压力改变。

2. 调节阀

自力式调节器的调节阀是气动阀。气动调节阀分气开式和气关式。调节阀的结构如图 13-1-4 所示,由上膜盖、下膜盖、膜盘、阀杆、阀芯、阀体、上下阀盖、弹簧等组成。

当指挥器产生的压差信号通过导压管传入调节阀并作用于其膜头膜片时,膜片与膜盘及连接的阀杆和阀芯一起上下运动,改变膜头的压差就可以得到调节阀的不同开度,从而达到改变被调节气体压力的目的。

3. 节流针阀

节流针阀是用来控制作用于调节阀膜头上的压差,以改进调节阀的灵敏程度的。国家定型产品为直角式,由阀体、阀杆、压帽、销子、密封料及手轮组成。图 13-1-5 中阀体左端为气体入口,气体经节流降压后由阀体下端出口输出。输气站有的改用内螺纹直通式截止阀代替。

4. 自力式调压器工作原理

如图 13-1-2 所示,调压器开始启动时,操作指挥器的手轮给定压力,当被调介质的压力 P_2 高于给定值

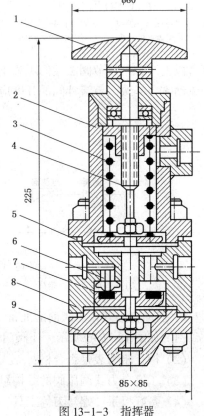

图 13-1-3　指挥器

1—手轮;2—上体;3—弹簧;4—丝杆;5—膜片;6—喷嘴;7—挡板;8—中体;9—下体

时，指挥器薄膜组克服膜上弹簧力而上升，密封垫片靠近喷嘴，使喷嘴阻力损失增大，引起主调压器膜上腔室压力下降，造成的薄膜上、下腔室压力差与主调压器弹簧力平衡关系被破坏，使调压器阀门随着薄膜上升而关小，调压器出口压力恢复到给定值。当调压器出口压力降低时，调节过程将按相反的方向进行。

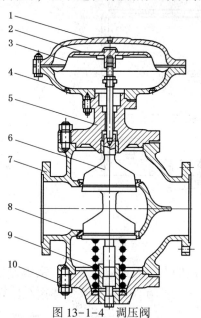

图 13-1-4　调压阀

1—上膜盖；2—膜盘；3—膜片；4—下膜盖；
5—上阀盖；6—阀芯；7—阀体；8—阀座；
9—弹簧；10—下阀盖

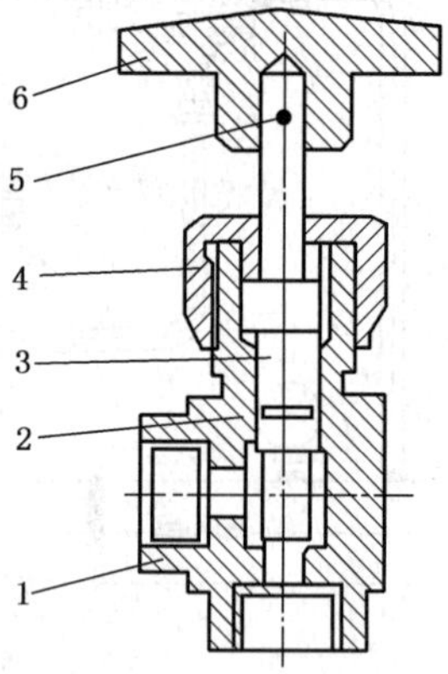

图 13-1-5　节流针阀

1—阀体；2—密封料；3—阀杆；
4—盘根压帽；5—销子；6—手轮

5. 自立式压力调节器的操作与维护

　　如图 13-1-6 所示，调节阀的前后应安装闸阀，中间段应安装放空阀(大口径输气管)，为便于阀的检修和启动，还应该装设旁通管线。调节阀前后的取压点应在直管段上，它与调节阀法兰的距离不得小于 0.5m。调节阀的进出口方向应与管道内天然气的流动方向一致。节流针阀的开度应该适中。

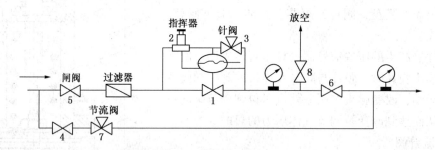

图 13-1-6　自力式压力调节器安装图

1—调节阀；2—指挥器；3—节流针阀；4—旁通闸阀；5、6—闸阀；7、8—放空阀

　　1) 启动自力式调压阀前的准备

　　(1) 如图 13-1-6 所示，让阀门 4、5、6、7、8 均处于关闭状态；

　　(2) 检查压力表是否合格；

　　(3) 了解自力式调压阀的结构组成及各部件的作用原理和用户用气的压力要求；

　　(4) 备好扳手、螺丝刀等工具。

　　2) 启动自力式调压阀操作步骤

　　(1) 打开阀 4，用旁通管线输气，并调节阀 7，使输气压力略低于给定值；

（2）全开节流针阀 3；

（3）待压力基本稳定后，稍微打开指挥器 2，使指挥器弹簧初步压紧，然后缓慢打开阀 6；

（4）缓慢打开阀 5，并关闭旁通阀 4，切断旁通气源，使调压阀启动；

（5）关小节流针阀 3，调节指挥器手轮，观察压力表，使调节阀阀后压力达到要求的压力值；

（6）若调节阀调压迟钝，可关小节流针阀 3；若过于灵敏，则开大节流针阀 3；

（7）严格按技术规程进行操作，动作应平稳缓慢；

（8）操作中若出现问题，应及时查明原因，及时处理。

3）关闭自力式调压阀准备工作

（1）熟悉自力式调压阀的结构组成和各部件的作用原理；

（2）了解用户的用气要求，即不停气并达到要求值；

（3）备好相应扳手、螺丝刀各 1 把。

4）关闭自力式调压阀操作步骤

（1）稍微打开旁通阀，用旁通供气；

（2）缓慢关闭调压阀指挥器，打开节流针阀，使调压阀停止工作；

（3）调整旁通管上节流阀的开度，使输气量达到要求的输气压力值；

（4）关闭自力式调压阀的上、下流阀门；

（5）放空余气，然后松完指挥器弹簧。

6. 调压阀的维护保养

1）准备工作

（1）工具：扳手、螺丝刀、加力杠以及除锈刷漆的工具；

（2）材料：膜片、汽油、黄油、油漆、棉纱、纱布等；

（3）熟悉调压阀的操作和技术要求知识。

2）操作步骤

（1）注意检查调压阀各连接点有无漏气现象；

（2）注意听分离器有无异常响声，若有，应仔细分析，判断事故原因，并加以排除；

（3）在检查中，对已老化或有裂纹的膜片进行更换；

（4）较长时间未使用的调压阀，使用前应进行检查和调试；

（5）若使用的是双阀调压，则两台调压阀应定期相互倒换工作；

（6）定期对调压阀各部件（指挥器、节流针阀、调节器等）进行清洗。

7. 调压阀常见故障的分析与处理

1）调压不正常

（1）调压不正常可能是以下原因造成的：

① 指挥器喷嘴被污物堵塞；

② 指挥器喷嘴及挡板变形，损伤后关不严；

③ 阀芯及阀座刺坏；

④ 阀杆变形或被污物卡死。

（2）处理方法：

① 清洗指挥器和调节阀；

② 对已损零件进行修理或更换。

2）调节阀突然开大

（1）调节阀突然开大可能是以下原因所造成的：

① 气开式为节流针阀堵或其导压管被堵；

② 气关式为调节阀皮膜或指挥器膜片破裂；

③ 气关式为喷嘴被堵或节流阀前管段漏气。

（2）处理方法：

① 清洗节流针阀或导压管；

② 更换膜片；

③ 解堵或堵漏。

3）调节阀突然关闭

（1）调节阀突然关阀可能是以下原因造成的：

① 气开式为喷嘴堵，气关式为针阀堵；

② 气开式为调节阀皮膜破或指挥器膜片破；

③ 气开式指挥器至针阀段导压管或接头漏气。

（2）处理方法：

① 清洗指挥器和节流针阀；

② 更换膜片；

③ 堵漏。

4）调节阀震动

（1）造成调节阀震动的原因可能是：

① 启动时震动是操作过急或指挥器开度与针阀开度配合不当；

② 调节阀选择过大或过小。

（2）处理方法：

① 平稳操作，节流针阀开度适当；

② 更换调节阀。

5）压力周期性波动

分析：调压阀的阀后压力出现周期性波动是由于指挥器弹簧太软所致。

处理方法：选择合适的弹簧。

8. 自力式调压阀阀后压力降不下来的处理

1）准备工作

（1）相应大小的扳手、螺丝刀各 1 把，相同规格的指挥器、阀芯弹簧各 1 盘，相同规格的阀芯 2 个；

（2）汽油适量、棉纱少许；

（3）熟悉调压阀的结构组成及工作原理；

（4）熟悉启闭调压阀的操作方法。

2）操作步骤

（1）按操作规程停止调压阀工作，放空调压阀管段内的余气；

（2）检查指挥器挡板与喷嘴的距离，若喷嘴漏气大，应检修指挥器，清洗喷嘴挡板机构；

（3）检查指挥器的弹簧是否变形，否则应更换相同规格的弹簧；

（4）检查调节阀的阀芯是否被刺穿，否则应换阀芯；

（5）检查阀杆、阀芯是否被杂质所卡，否则应清洗调节阀，校正阀杆；

（6）检查节流针阀是否被关死或堵塞，否则清洗节流针阀。

3）技术要求

（1）清洗喷嘴时应小心，不能碰伤或划伤喷嘴。

（2）安装时，气开式调压阀的阀芯大端向下安装，指挥器喷嘴向下安装；气关式调节阀的阀芯大端向上安装，指挥器喷嘴向上安装。

（3）开关阀门不能过猛，要缓慢平稳操作。

（二）曲流式调压器

曲流式调压器具有运转无声、关闭严密、调节范围广、结构紧凑等优点，可供城市燃气输配系统、配气站（门站）、区域调压及用户调压使用。其结构及工作原理如图 13-1-7 所示。

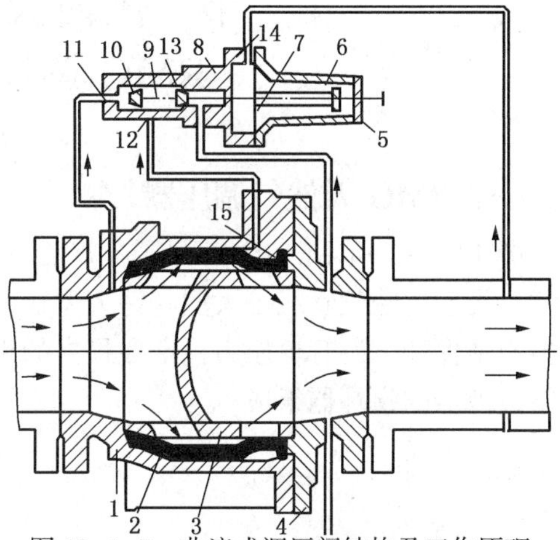

主调压器主要由外壳 1、橡胶套 2、内芯 3、阀盖 4 组成。调压器外壳可用无缝钢管加工或铸造。内芯可用表面镀镍的可锻铸铁制作。在内芯的周围加工成若干个长条形缝隙作为通

图 13-1-7　曲流式调压阀结构及工作原理
1—外壳；2—橡胶套；3—内芯；4—阀盖；5—指挥器上壳体；6—弹簧；7—橡胶膜片；8—指挥器下壳体；9—阀杆；10—阀芯；11—阀口；12—孔口；13—阀口；14—导压管入口；15—环状腔室

气孔道。调压器内腔用椭圆形金属板分成两部分，一侧为进口，另一侧为出口。橡胶套用睛基橡胶制作，呈筒状，是曲流调压器的关键部件，具有耐摩擦、耐腐蚀、不易变形等性能，同时还要有很好的弹性。

根据调压器的调节参数和用途的不同，调压器配置的指挥器构造也不相同。图 13-1-7 中所示的指挥器由壳体、弹簧、橡胶膜片、阀杆、阀芯等零件组成。

指挥器有两个阀芯，在同一传动杆上，阀口 11 为进气口，孔口 12 排出压力为 P_3（指挥压力）的气体至环状腔室 15，余气经阀口 13 排至调压器出口侧。指挥器固定在调压器上，成为整体。

燃气从调压器的进口侧通过通气孔道流向橡胶套和内芯之间的空腔，然后穿进内芯通气孔道，从出口侧流出。

调压器未工作时指挥器呈松开态，阀 11 完全打开，阀 13 关闭。燃气经阀 11、孔 12 流进调压器环状腔室，这时 $P_1=P_3$，橡胶套靠自身弹性使调压器关闭。

调压器启动时，调节指挥器弹簧，阀杆左移，阀 11 关小，阀 13 打开，调压器环状腔室内的压力 P_3 降低，压力差 P_1-P_3 使橡胶套开启，调压器启动。继续调指挥器，将出口压力 P_2 调至所需数值。

当出口压力 P_2 降低，作用在指挥器橡胶膜片上的压力降低，膜片带动阀杆左移，阀口 11 关小，阀口 13 开大，指挥器压力 P_3 减小，橡胶套和内芯之间的距离增大。流量增加，出口压力 P_2 增大，恢复到给定值。

当进口压力 P_1 升高或负荷减小时，出口压力 P_2 升高，作用在指挥器橡胶膜片上的压力

也升高，橡胶膜片带动阀杆向右移动，阀口 11 开度增大，阀 13 开度减小，P_3 增大，橡胶套和内芯间的距离减小，出口压力 P_2 降低，恢复到给定值。

　　这种指挥器的导压管和出气管是分开的，称三通道指挥器，排除了导压管的压力损失，提高了调节的灵敏度。

第二节　国内大型天然气管道使用的
RMG 调压器及调压火车

一、RMG 天然气调压器

　　图 13-2-1 所示的 RMG 调压器广泛使用于西气东输一线、二线；陕京输气管线一线、二线；涩宁兰输气管线等大型和特大型输气管线上。不管上游压力和流量如何变化，这种调压器都能保持下游管道压力稳定在预先的设定值上。这种调压器由一个主阀、一个上游带有网眼过滤器的指挥器组成。

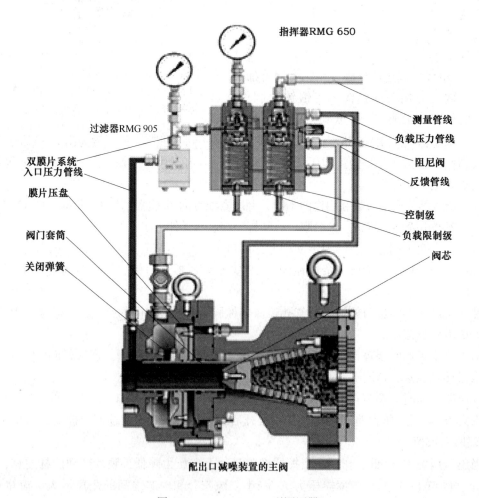

图 13-2-1　RMG512B 型调压器

　　这种调压器适用于天然气或其他无腐蚀介质。可以在出口安装噪声衰减器。

指挥器控制系统的放大阀在零流量时关闭。泄放阀为调节阀提供平衡。最终控制主阀的关闭弹簧紧压住阀套牢牢地顶紧在锥形体上确保调压器关闭。

RMG512B 型调压阀为轴流式调压阀，主要由以下几个部分组成：主阀体、膜片总成、阀门套筒、650 指挥器、阀芯、过滤器、关闭弹簧、引压管线。

（1）工作原理　来自于调压阀前的气体经过指挥器调节后，将压力通过负载压力管线作用于膜片下游驱动腔内，来自于调压阀后的压力通过反馈管线与关闭弹簧一起作用于膜片上游。调压阀膜片两侧的压力变化带动套筒向左或向右移动。气体流过调压阀的流通面积由阀门套筒和阀芯之间的距离来控制。距离越大流通面积越大，下游气体压力越高；距离越小，流通面积越小，下游气体的压力越低。

（2）调压过程原理　通过旋紧负载控制级指挥器调节螺栓进行调压。当旋紧负载控制级螺栓时，来自于指挥器下部的调节弹簧弹力变大，弹簧将弹力传递至放大阀下部波纹管处，波纹管推动放大阀活塞移动，致使其开度增加。放大阀开度的增大使得负载压力管线中的气体压力升高，阀门套筒向上游移动，与阀芯之间的距离增大，流入下游气体流量增多，最终使下游气体压力升高。释放调节螺栓，进行降压操作，调节过程同理。

（3）自动稳压过程原理　当下游压力增大时，第二级指挥器膜片上腔的压力增大，膜片受到向下的力增大，膜片向下移动，并控制其内部放大阀的开度减小。放大阀开度减小使得负载压力管线中的气体压力降低，阀门套筒向下游移动，与阀芯之间的距离缩小，流入下游气体流量减少，最终使下游气体压力降低至设定值。下游压力增大时，稳压过程同理。

RMG650 及 RMG630 指挥器分为两级：第一级为负载限制级，作用是减少上游压力波动给下游压力带来的干扰；第二级为负载控制级，作用是设定调压阀后气体压力。第一级是一个负反馈线路，当上游压力发生变化而下游压力不变时，通过控制第一级内膜片的运动，控制经过放大阀气体的流量，而保证了第二级的放大阀不受影响，这样就保证了调压阀后压力的相对稳定。

灵敏度调节：为减轻由于下游气流频繁波动导致调压阀膜片共振，RMG 调压阀设置了灵敏度调节针阀。在一定范围内可调整灵敏度：

（1）旋进针阀，节流作用增大，灵敏度提高；

（2）旋出针阀，节流作用减小，灵敏度降低。

为了保证下游管道中的噪声不超过规定值，调压阀的调压范围应该有一个限制，可根据调压阀的直径查看相应的说明书。

二、调压火车

1. 调压火车

安装在大型管线上的 RMG 调压装置一般由工作调压器、监控调压器和安全截断阀几部分组成（西气东输将其称为调压火车，见图 13-2-2）。RMG 调压器、监控调压器和安全截断阀都安装有指挥器。指挥器的作用主要是感知下游压力的变化，控制膜片带动阀芯减小或增加介质流通面积，或者直接截断介质流通。

2. 安全截断阀

图 13-2-3 是 RMG711 先导式安全截断阀。国内有些输气站都安装了该型阀门。

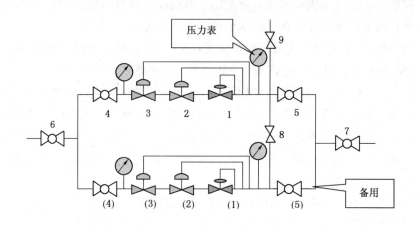

图 13-2-2　调压火车

1，(1)—工作调压器；2，(2)—监控调压器；3，(3)—安全截断阀；

4，(4)—上游球阀；5，(5)—下游球阀；6，7—分别为上下游截断球阀；8，9—泄压阀

该阀门主要由以下几个部分组成，分别为：主阀体、平衡阀、阀杆总成、控制器、滚珠机构、压力转换装置、引压管线。

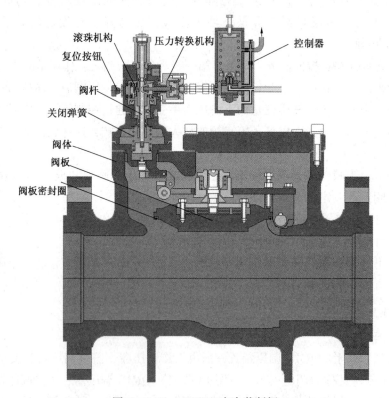

图 13-2-3　RMG711 安全截断阀

最大入口压力：100bar；

出口压力范围：0.08~90bar；

反应时间：0.1~0.3s；

功能：在调压阀下游压力高于规定值时，自动切断供气。

（1）工作原理　安全截断阀开启状态下，内部阀门盖板被打开，使得管线流道导通。与阀门盖板连接的阀杆被锁定在滚珠连锁机构之上。当下游压力高于安全关断压力值时，指挥器的放大阀打开，引压管线内的带压气流进入压力转换装置，推动活塞及顶杆平移，顶杆触动滚珠机构松开阀杆，使阀杆总成处于自由状态，从而在关闭弹簧的作用下，完成阀门的关闭动作。关断后，放散管自动将阀后超出设定值部分压力泄放至大气中。阀组投用之前，通过调整设定弹簧的压缩量来调整安全截断阀的关闭值，顺时针旋转调整螺母为增大设定值，反时针旋转为减小设定值。

（2）滚珠机构的功能原理　该机构由锁紧轴套、触发轴套、滚珠组成。正常状态下，滚珠卡住锁紧轴套，使阀杆不能转动，截断阀板处于打开状态。当下游压力超高时，顶杆推动触发轴套作反时针旋转，当转到触发轴套的槽到达滚珠位置时，滚珠离位，锁紧套及阀杆总成处于自由状态，阀杆在关闭弹簧的作用下转动，完成阀门的关闭动作。同时触发轴套恢复的正常位置。

阀门的打开完全靠手动操作，将手柄插入阀体底端的开阀孔内，用力推进，然后反时针旋转90°，此时滚珠机构将阀杆总成紧紧卡住，使阀门处于稳定的全开状态。

安全切断阀自动切断后需要人工复位，复位前应使安全切断阀前后的压力基本平衡。对于 RMG720 型安全截断阀，复位时需将复位手柄拉起并向外拉出，然后将手柄回位；对于 RMG711 型安全截断阀，复位时按下复位按钮。

3. 调压火车工作原理

调压火车一般设置两路，一路工作，一路备用，如图 13-2-2 所示。

工作调压器设定值为要求的工作压力，监控调压器压力设定值比工作调压器高 5%，安全截断阀压力设定值比监控调压阀高 5%。备用管路系统工作调压器比工作管路调压器压力设定值低 5%，监控调压器压力设定值比工作调压器高 5%，安全截断阀压力设定值比监控调压阀高 5%（以上压力设定值仅为笔者建议，不同管线压力值设定请参考设计文件）。

正常工作时，工作调压阀工作，安全截断阀和监控调压阀全开。而备用管路因为比工作管路设置值低所以关闭不起作用。当工作调压器故障，下游压力上升（调压器是气开阀），当下游压力上升 5% 达监控调压器设定值时，监控调压器开始工作，当监控调压器也出故障，下游压力继续升高 5% 时，安全截断阀自动截断管道系统。因为下游用户还在正常用气，下游压力下降，当下游压力下降到比设定正常工作压力低 5% 时，备用系统开始工作。

4. 调压火车启动方法

可以采用先高压后低压、先工作后备用的原则进行。

1）安全切断压力设定

安全切断阀的切断压力设定程序：

（1）关闭上下游阀门，放空调压装置中的天然气（如管道内有气，只要用放空阀 9 安全泄放管道气体，达到比设定压力低 5% 就可以），关闭放空阀；

（2）顺时针完全拧进安全切断阀切断压力调整螺钉，全开安全截断阀；

（3）缓慢打开上游阀门，使系统供气，全开工作调压器，缓慢调整监控调压器，使检测到的出口压力达到安全切断目标值；

（4）逆时针缓慢旋转切断压力调整螺钉，直至安全切断阀切断为止。此时的出口压力目标值即为安全切断阀切断压力，最后锁紧切断压力调整螺钉的锁紧螺母；

（5）用放空阀9安全泄放管道气体，达到比设定压力低5%时关闭放空阀。将监控调压器设定值适当调低5%左右；

（6）手动全开安全截断阀，缓慢调节监控调压器设定值，如果正好调整到安全阀关闭压力时安全截断阀自动关闭，说明调整值正确，否则重新调整。

2）监控调压器出口压力设定

关闭安全截断阀，用放空阀9安全泄放管道气体，达到比监控调压器设定压力低5%就可以，关闭放空阀，同时将监控调压阀出口压力适当调小到比待设定值低5%~10%。

手动打开安全截断阀，使其处于开启状态。确认进站天然气压力在调压装置允许的范围内。

先松开监控调压器指挥器调整螺钉的锁紧螺母，然后顺时针慢慢向里旋进调整螺钉，每次以1/4圈为一步。观察下游出口压力，直至达到需要的压力值为止。最后拧紧调整螺钉的锁紧螺母。

如果是要降低出口的检测压力，则先松开调压器指挥器调整螺钉的锁紧螺母，然后逆时针慢慢向外旋出调整螺钉，每次以1/4圈为一步。观察下游出口压力，直至达到需要的压力值为止。最后拧紧调整螺钉的锁紧螺母。

3）工作调压器出口压力设定

关闭安全截断阀，用放空阀9安全泄放管道气体，达到比工作调压器设定压力低5%就可以，关闭放空阀，适当关闭工作调压器（比设定值低5%~10%就可以）。

手动打开安全截断阀，使其处于开启状态。确认进站天然气压力在调压装置允许的范围内。

先松开工作调压器指挥器调整螺钉的锁紧螺母，然后顺时针慢慢向里旋进调整螺钉，每次以1/4圈为一步。观察下游出口压力，直至达到需要的压力值为止。最后拧紧调整螺钉的锁紧螺母。

如果是要降低出口的检测压力，则先松开调压器指挥器调整螺钉的锁紧螺母，然后逆时针慢慢向外旋出调整螺钉，每次以1/4圈为一步。观察下游出口压力，直至达到需要的压力值为止。最后拧紧调整螺钉的锁紧螺母。

最后手动关闭工作管路的安全截断阀，按上述方法调整调压火车备用调压回路各设备到规定值。至此，调压火车已经启动。开启工作调压回路安全阀，打开下游出站阀门，如果压力稍有下降，适当调整工作调压器至规定值。调压火车投运。

三、调压阀组日常维护及故障处理

1. 调压阀组日常巡检内容

（1）检查调压阀及安全切断阀系统各密封点是否有漏气现象；

（2）检查调压阀组出口压力是否正常平稳；

（3）检查调压阀本体及指挥器是否存在剧烈震动情况；

（4）冬季运行时检查调压阀伴热系统是否工作良好；

（5）每半年校验一次调压阀各处压力表；

（6）对有备用阀门的系统每月要切换一次，使两套系统交替使用；

（7）作好保养记录。

2. 维护保养

1）调压阀的维护保养

投产初期需经常检查指挥器前的 RMG905 过滤器，如发现滤芯含水，则必须更换新的滤芯。日常保养主要是对指挥器 RMG650 的维修和检查，检查密封件、膜片、活塞的情况，如发现活塞密封垫有压痕或膜片有较重的压痕，则需更换新的活塞密封件或膜片。正常工作状态下，3 个月到半年需对指挥器进行维护保养。如天然气含杂质及水分较多，则需根据实际情况缩短保养周期。主阀体一般不需要日常保养，只有当阀芯磨损导致关闭不严时，可打开主阀体，更换阀芯。当工作调压阀由于膨胀盘上的异物导致膜片关闭不严向下游泄漏天然气时，可打开主阀体，清除膨胀盘上的异物。

2）安全截断阀的维护保养

指挥器正常运行 3～6 个月左右，可拆开检查，如活塞密封垫有压痕，须更换。正常运行中，如果发现活塞处漏气，则需立即更换活塞。

安全截断阀的主阀盖如发现有漏气现象（在关闭状态下，仍有天然气泄漏到下游），则需更换阀盖密封圈。

3. 常见故障及处理

1）安全截断阀故障及处理（见表 13-2-1）

表 13-2-1　安全截断阀常见故障及处理方法

序号	故障	引起部位	原因	处理方法
1	阀门内漏	主阀	阀座和密封面上有杂质	清洗阀座和密封面
			阀盖密封圈破损	更换
		平衡阀	未关闭	关闭
			关不严	更换
2	阀门打不开	平衡阀	堵塞	修复或更换
3	阀门不能关闭	指挥器	薄膜损坏	更新
		锁紧机构	有杂物，不能脱开	清洗
4	放散管泄放不正常	指挥器	膜片损坏	更换

2）调压阀故障及处理（见表 13-2-2）

表 13-2-2　调压阀常见故障及处理方法

序号	故障	引起部位	原因	处理方法
1	关闭压力太高	指挥器	故障	清洗
			活塞喷嘴机构损坏	更新
2	阀门内漏	指挥器	活塞喷嘴机构损坏或有杂质	更新或清洗
		阀芯	阀芯有杂质关不严或损坏	清洗或更换阀芯
3	阀后压力调节时压力增长太快或太慢	指挥器	膜片损坏	更新
		指挥器	指挥器弹簧强度不合要求	更换倔强系数更高的弹簧
		主阀	套筒和杆套之间不光滑	清洗润滑套筒或阀杆套
4	调节压力不稳	指挥器	膜片对阀后压力波动敏感	更换倔强系数更高的弹簧
		主阀	阀门工作在关闭压力范围内	核对调压阀工作参数
		取压点	取压管线长度不符合规定	调整取压管线长度

续表

序号	故　障	引起部位	原　因	处理方法
5	设定压力值改变后 调压器没有反应	指挥器	指挥阀反应不灵敏	上调载荷限制压力,减少排放量
			指挥阀薄膜损坏	更新
		过滤器	杂质多,堵塞	清洗或更新过滤网
		主阀	膜片损坏	更新膜片
6	阀后压力持续下降	指挥器	指挥器过滤器堵塞,入口压力管 线或负载引压管线冰堵	清理或更换堵塞过滤器,冻堵引压 管线使用热水解冻,投用电伴热带

第三节　长距离天然气管道常用调压器

目前国内天然气管道广泛使用的调压器主要有以下几种类型。

一、导阀式调压器

1. 失效时开启导阀式高压调压器

图 13-3-1 所示是使用在西气东输、陕京输气管线上的导阀式高压调压器(型号为APERFLUX851)。它是适用于中、高压的指挥器控制式调压器。它"失效时开启",即在下列情况下处于开启状态:

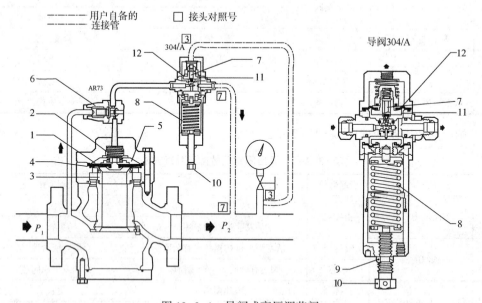

图 13-3-1　导阀式高压调节阀

1,12—膜片;2,8—弹簧;3—阀座;4—格栅;5—阀座盖;6—滤网;
7—启闭件;9—锁紧螺母;10—调节螺栓;11—运动件

(1)主膜片破裂;

(2)指挥器膜片破裂;

(3)指挥器阀座破损;

(4)指挥器线路无供气。

这种调压器适用于经过滤的非腐蚀性气体，包括天然气、人工煤气、液化石油气、混合气等。

1）主要特性

（1）设计压力：可达 10MPa；

（2）设计温度：-10~50℃（可按要求增减）；

（3）环境温度：-20~60℃；

（4）进口压力范围：0.1~8MPa；

（5）出口压力范围：0.08~6.5MPa；

（6）最小工作压差：0.05MPa；

（7）调压器全开时最小压差：0.1MPa；

（8）精度等级 RG：可达 1.5；

（9）关闭压力等级 SG：可达 2.5；

（10）供货规格：$DN25$、$DN50$、$DN80$、$DN100$、$DN150$、$DN200$、$DN250$；

（11）法兰：ANSI 150/300/600RF 或 RJB16.5PN16 UNI2282/DIN2263。

APERFLUX851 的模块设计使得在调压器安装好之后还能将"失效时关闭"的 PM819 监控器或紧急切断阀 SB82 和消声器 DB851 一起安装在调压器阀体上，而不需改变阀体长度及对接尺寸。另外"顶部装入"设计亦便于定期维修而无需将阀体从管线上拆下。

2）工作原理（见图 13-3-1）。

调压器中无压力时，主膜片 1 由于弹簧 2 的作用而处于关闭状态，紧贴在带格栅 4 的阀座 3 上。阀座 3 与膜片 1 间的紧密接触保证了密封性。

在正常工作条件下，膜片 1 上受有下列诸力：向下受弹簧力 2、控制室 A 中控制压力 P_c 产生的推力和运动件的重量；向上受进口压力 P_1、出口压力 P_2 和剩余的动压产生的推力。

为获得控制压力 P_c，直接从膜片 1 上游取出压力为 P_1 的燃气，该燃气由装于 AR73 流量调节阀中的滤网 6 过滤。压力 P_c 受导阀调节，这种调节作用是由下游压力作用于膜片 12 上的推力与设定弹簧 8 的弹簧力之间的相互比较而产生的。

例如，如果下游压力 P_2 下降至设定点之下（由流量需求增加或上游压力降低造成），运动件 11 受力就不平衡，导致启闭件 7 开度增加，于是控制压力 P_c 下降。结果膜片 1 向上运动增加调压器开度直至下游压力达到设定点。

另一方面，当下游压力上升超过设定点（由流量需求减少或上游压力增加造成）时，启闭件 7 就关小，压力 P_c 增大，结果膜片 1 使调压阀开度变小。

在正常工作状态下，启闭件 7 的位置选择得使膜片 1 上的压力 P_c 恰能将下游压力保持在设定值附近。

AR73 调节阀是一只可调的流量调节装置。其作用是调整和改变调压器的响应时间以优化其工作。该阀的开度减小，调压器的调节精度就提高，但对不稳定现象（喘振）的敏感度也增加了；开度增大则相反。

旋动旋杆 4 就可改变调节阀的开度，阀前的刻度板表示出开度的相对值。刻度 0 与 8 分别表示阀的最小与最大开度，将指针顺时针方向或逆时针方向旋转，都同样能从一个开度转换至另一个开度；板面上的两刻度表实际上是完全相同的。

3）调压器选择

已知流量，进出口压力时，调压器的规格可由阀系数 C_g 确定。先由下式求出 C_g，再由

C_g 按表 13-3-1 确定调压器规格 DN，最后再验算其出口流速及噪声值。

当 $(P_1+P_b)<2.66(P_2+P_b)$ 时：

$$C_g = 0.24 \frac{Q_N}{(P_1+P_b)\sin\left(113.9\sqrt{\frac{(P_1-P_2)}{(P_1+P_b)}}\right)} \cdot \sqrt{\frac{S(273.16+t_1)}{175.8}}$$

当 $(P_1+P_b)\geq2.66(P_2+P_b)$ 时：

$$C_g = 0.24 \frac{Q_N}{(P_1+P_b)}\sqrt{\frac{S(t_1+273.16)}{175.8}}$$

式中　C_g——阀系数；

　　　Q_N——要求通过调压器的折算至标准状态的最大容积流量，m^3/h；

　　　P_1——对应于 Q_N 的进口压力（表压），一般为进口最小工作压力，MPa；

　　　P_2——出口压力（表压），MPa；

　　　S——燃气相对密度；

　　　t_1——进口燃气温度，℃；

　　　P_b——大气压，MPa。

表 13-3-1　调压器全开时的阀系数 C_g 与 K_G 值

规格（DN）	mm	25	50	80	100	150	200	250
	in	1	2	3	4	6	8	10
C_g		565	1823	4400	6943	13890	21645	30685
K_G		593	1916	4624	7297	14598	22748	32250

也可用流量系数 K_G 来确定调压器的规格。

当 $(P_1+P_b)<2(P_2+P_b)$ 时：

$$K_G = 0.1266Q_N/\sqrt{(P_2+P_b)(P_1-P_b)} \cdot \sqrt{\frac{S(273.16+t_1)}{175.8}}$$

当 $(P_1+P_b)\geq2(P_2+P_b)$ 时：

$$K_G = 0.252Q_N/(P_1+P_b) \cdot \sqrt{\frac{S(t_1+273.16)}{175.8}}$$

为得到良好的性能，避免磨蚀，限制噪声，建议将出口法兰处的气流速度限制在 150m/s 内。出口法兰处的气体速度计算式为：

$$V = 364.9\frac{Q_N}{DN^2}\times\frac{1-0.02P_2}{1+10P_2}$$

式中　V——气体速度，m/s；

　　　DN——调压器公称尺寸，mm。

4）附件

指挥器系统可带下列附件：

（1）辅助过滤器 CF14；

（2）脱水过滤器；

（3）限流装置。

5）消声器

这种调压器，无论是标准型的，还是加装了紧急切断阀或监控器的，消声器都可加装在已安装好的调压器上，和紧急切断阀及监控器一样无需把调压器从管路上拆下来就可加装消声器。内装有消声器的调压器，其阀系数 C_g 比不装消声器的略低一些，但调压和调整方法与常规调压器一样。

6) 监控器

监控器是一种应急调压器，只要主调压器下游压力上升至监控器设定点时，就启动工作。有两种方案可供选择：内装式监控器和在线(串联)式监控器。

内装式监控器直接装在主调压器阀体上(见图 13-3-2)。两调压器共用一只阀体，但各有其自己的指挥器和伺服机构，且在同一阀体的两不同阀座上工作。这种结构的一大优点是不必改动管路就可在已安装好的标准的调压器上加装监控器。

在线(串联)式监控器装在主调压器的上游，根据应用需要，可选择与主调压器完全一致的调压器，也可选择不一样的合适的调压器。

7) 加速器

使用内装式监控器时，其对主调压器故障的响应时间可通过在监控器上安装加速器(见图 13-3-3)而缩短。在获得下游压力信号后，加速器将监控器驱动室中的气体排出以便监控器迅速介入。加速器的设定值必须比监控器的设定值高 0.03~0.05MPa。

8) 紧急切断阀

当下游压力变化达到切断阀设定压力时，它立即截断气流(SAV)。手压按扭也能使它动作。

内装式紧急切断阀可装在在线监控器上也可装在 APERFLUX851 主调压器上，如图 13-3-4所示。可在不改动管道的情况下将切断阀加装到已安装好的调压器上。

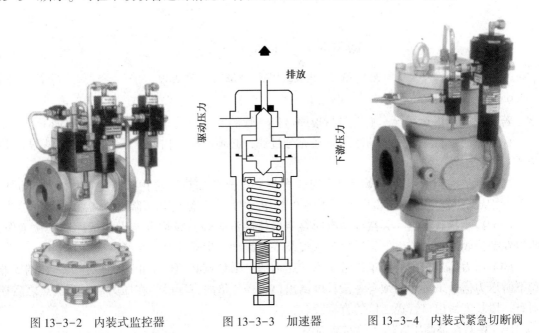

图 13-3-2　内装式监控器　　　　图 13-3-3　加速器　　　　图 13-3-4　内装式紧急切断阀

切断阀 SB82 的主要特性：①精度 AG：设定压力的 ±0.5%；②超压切断和/或欠压切断；③手动按钮控制；④人工复位，带有内旁路，手柄操纵；⑤可加气动或电磁遥控；⑥可加装阀位信号远传装置；⑦总体尺寸小；⑧易于维修。

内装式切断阀 SB82 工作原理：SB82 切断阀(见图 13-3-5)由阀瓣 A、锁扣系统、控制头和手柄操纵的复位装置组成。受控压力作用在膜片 B 上，膜片与杆 D 相连接，因而受控制欠压和超压切断的设定弹簧 E、F 的弹力作用。弹力预先设定。当膜片移动时杆 D 驱动杆 L，使锁扣机构脱扣，于是阀瓣 A 在弹簧 G 作用下到达关闭位置。操纵手柄 C 使切断阀运动件复位。为了平衡作用于阀瓣上的压力，在阀杆动作的前阶段先打开内旁路，使出口处充入气体，在阀杆动作的后阶段再完成运动部件的完全复位。通过按扭 M 也可将切断阀手动关闭。

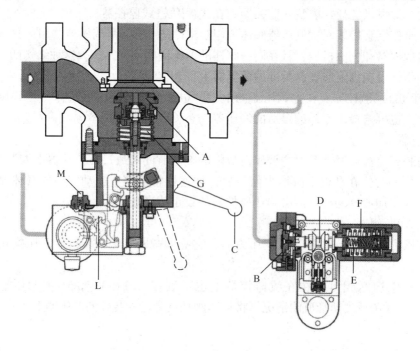

■ 进口压力　■ 出口压力

图 13-3-5　内装式切断阀 SB82 的工作原理

9) 调压器安装

若要调压器正常运行，主气路与指挥器供气管的安装须遵守一些规定，简述如下：

(1) 过滤　自主管线来的燃气须经充分过滤，必须严格清扫调压器上游的管道除去余留杂质；

(2) 预热　当调压器压降相当大时，燃气必须充分加热以防止减压时产生液体和固体(切记：从调压器进口到出口压力每下降 0.1MPa 甲烷气的温度就要降低 0.4~0.5℃)；

(3) 冷凝物收集器　天然气中有时含有微量的汽态烃，该物可能干扰指挥器正常工作，所以在节流阀及预调器供气管进口处须安装一冷凝物收集器及排放系统；

(4) 压力信号采集　为了正常工作，压力信号采集点必须位于正确的位置上。在调压器和下游压力信号采集点间须有一段长度≥出口管径 4 倍的直管段，在压力信号采集点之后还须有一段长度≥出口管径 2 倍的直管段。

图 13-3-6 是调压气的几种安装简图。

2. 失效时关闭导阀式中低压调压器

图 13-3-7 为一种失效时关闭导阀式中低压调压器(型号为 REVAL182)。这是一种适用于中、低压的指挥器控制式调压器。它"失效时关闭"，即在下列情况下处于关闭状态：

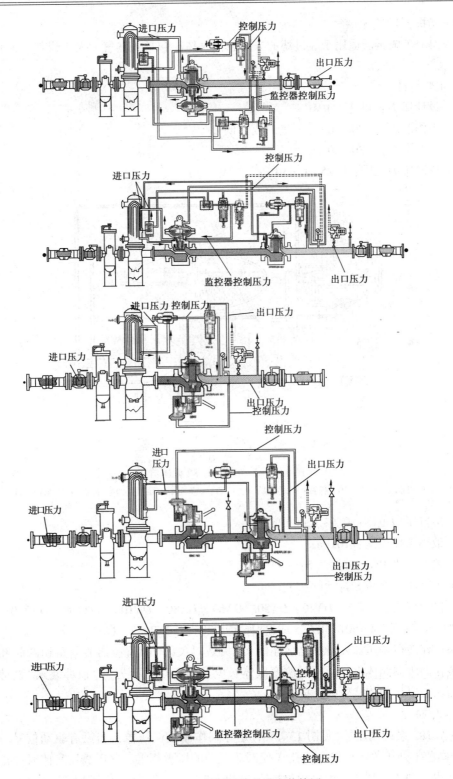

图 13-3-6　调压器的几种安装简图

（1）主膜片破裂；
（2）指挥器膜片破裂；

（3）指挥器回路无供气。

REVAL182 调压器适用于经过滤的非腐蚀性气体，包括天然气、人工煤气、液化石油气和混气等。

1）主要特性

（1）设计压力：可达 1.9MPa；

（2）工作温度：-20~60℃（可更高或更低）；

（3）环境温度：-20~60℃；

（4）进口压力范围：0.05~1.6MPa；

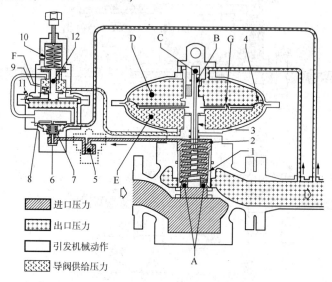

图 13-3-7　REVAL182 调压器

1，6—阀芯；2，7，10—弹簧；3—主轴；4，8，11—膜片；5—滤芯；9—导阀；12—驱动部件

（5）出口压力范围：0.6~1200kPa；

（6）最小工作压差：10kPa；

（7）精度等级 RG：可达 2.5；

（8）关闭压力等级 SG：可达 5；

（9）供货规格：DN25、DN40、DN50、DN65、DN80、DN100、DN150、DN200；

（10）法兰：ANSI 150RFB16.5 或 PN16UNI2282、DIN2633、GB9119.8。

模块设计使得调压器安装好之后还能将"失效时关闭"的监控器或紧急切断阀和消声器一起安装在调压器阀体上，而不需改变阀体长度及对接尺寸。另外"顶部装入"设计便于定期维修而无需要将阀体从管线上拆下。

2）工作原理

REVAL182 系列调压器（见图 13-3-8）是导阀作用式调压器，当没有驱动信号时，弹簧 2 使活动阀芯 1 处于关闭位置上。孔 A 使阀芯两端的压力相等，又因高压气体通过孔 B 进入气室 C 使得主轴 3 两端的压力也相等，所以这时进口压力的变化不会影响阀芯的位置。

阀芯由膜片 4 控制，该膜片承受下列力的作用：向下受弹簧 2 的弹力，气室 D 中的调节压力和移动部件的重力；向上受由导阀输送到气室 E 中的气体产生的驱动压力。

驱动压力由在阀芯上游从阀体中抽取的高压气体产生。该气体经滤芯 5 过滤，再经预调器减压，该预调器由阀芯 6、弹簧 7 和膜片 8 组成，膜片 8 上作用有出口压力。

减压后的气体进入导阀 9，经通道 F 调节进入伺服机构的气室 E 中的驱动信号。此驱动信号由导阀设定弹簧 10 的弹力和作用在膜片 11 上的调节压力的共同作用所决定。

如果工作时进口压力下降或流量增加，被调压力就会降低。力的不平衡使导阀驱动部件 12 移动从而开大通道 F，这样就使得膜片 4 下方气室 E 内的驱动压力上升，阀芯向上运动，增大调压器的开度，从而使被调压力恢复至设定值。

当被调压力增大时，膜片 11 上的压力使驱动部件 12 向上移动。导阀 9 将通道 F 关小，使导阀的输出下降，由于下游通道 G 的作用，室 E 中的驱动压力降低。弹簧 2 使阀芯向下移动减小阀的开度，从而使被调压力恢复至其设定值。

3）规格选择

已知流量和进出口压力时，调压器的规格可由阀系数 C_g 确定。先由下式求出 C_g，再由表 13-3-2 确定调压器规格 DN，最后再验算其出口流速及噪声值。

当 $(P_1+P_b)<2(P_2+P_b)$ 时：

$$C_g = 0.24 \frac{Q_N}{(P_1-P_b)\sin\left(106.78\sqrt{\frac{(P_1-P_2)}{(P_1+P_b)}}\right)} \cdot \sqrt{\frac{S(273.15+t_1)}{175.8}}$$

当 $(P_1+P_b)\geq 2(P_2+P_b)$ 时：

$$C_g = 0.24 \frac{Q_N}{(P_1+P_b)}\sqrt{\frac{S(273+t_1)}{175.8}}$$

式中　C_g——阀系数；

Q_N——要求通过调压器的折算至标准状态的最大容积流量，m^2/h；

P_1——对应于 Q_N 的进口压力（表压），一般为进口最小工作压力，MPa；

P_2——对应于 Q_N 的进口压力（表压），一般为进口最大工作压力，MPa；

S——燃气相对密度；

t_1——进口燃气温度，℃；

P_b——大气压，MPa。

表 13-3-2　调压器全开时的阀系数 C_g 值

规　格　DN	25	40	50	65	80	100	150	200
	1″	1½″	2″	2½″	3″	4″	6″	8″
C_g	575	1350	2220	3990	4937	8000	16607	25933

为得到良好的性能，避免磨蚀，限制噪声，建议将出口法兰处的气流速度限制在 150m/s 内。出口法兰的气体速度计算式为：

$$v = 364.9\frac{Q_N}{DN^2}\times\frac{1-0.02P_2}{1+10P_2}$$

式中　v——气体速度，m/s；

DN——调压器公称尺寸，mm。

4）附件

指挥器系统可带下列附件：

（1）辅助过滤器 CF14；

（2）脱水过滤器；

（3）手动定时指令系统（仅用于 P90）；

（4）电池供电定时指令系统（仅用于 P90）；

（5）气动指令系统；

（6）限流装置。

5）消声器

REVAL182 调压器，无论是标准型的，还是加装了紧急切断阀或监控器的，都可加装消声器。内装式消声器和紧急切断阀及监控器一样，都可加装在已安装好的 REVAL182 调压器上而无需改动管路。内装有消声器的调压器，其阀系数 C_g 比不装消声器的略低一些，但调压和调整方法都与常规调压器一样。

6）监控器

监控器是一种应急调压器，只要主调压器下游压力上升至监控器设定点时，就自动接替调压器工作。有两种方案可供选择：内装式监控器和在线（串联）式监控器。

图 13-3-8 为 PM182 系列内装式监控器，此监控器直接装在主调压器阀体上，两调压器共用一只阀体，但各有其自己的指挥器和伺服机构，且在同一阀体的两不同阀座上工作。

由 REVAL182 和内装式监控器 PM182 组成的系统，其 C_g 系数大致为标准 REVAL182 的系数的 95%。

这种结构的一大优点是不必改动管路就可在已安装好的标准的 REVAL182 调压器上加装 PM182 监控器。

图 13-3-8　内装式监控器

在线（串联）式监控器，监控器与主调压器完全相同，它安装在主调压器上游。

7）加速器

对主调压器故障的响应时间可通过在监控器上安装加速器而缩短。在获得下游压力信号后，加速器将监控器驱动室中的气体排出以使监控器迅速介入。加速区的设定值必须比监控器设定值高。

8）紧急切断阀

当下游压力变化达到切断阀设定压力时，它立即截断气流（SAV），手揿按扭也能使它动作内装式紧急切断阀如图 13-3-9 所示。VB93 和 SB82 都可内装在在线监控器或主调压器 REVAL182 上。调压器及内装式切断阀组成的系统的 C_g 系数约为单个 REVAL182 调压器的标准阀系数的 95%。可在不改动管道的情况下将切断阀加装到已安装好的 REVAL182 调压器上。

内装式紧急切断阀主要特性：

（1）设计压力：全部零件 1.92MPa；

（2）精度 AG：超压切断时为设定值的 ±1%；欠压切断时为设定值的 ±5%；

（3）平衡塞（VB93）可手动复位而不需使用旁通；

（4）复位手柄操作的内旁通（SB82）；

（5）超压切断和/或欠压切断；

图 13-3-9　加装紧急切断阀的调压器

(6) 手动按扭操作；

(7) 可加气动或电磁遥控；

(8) 可加装阀位信号远传装置；

(9) 总体尺寸小；

(10) 易于维修。

9) 安装

若要 REVAL182 调压器正常运行，主气路与指挥器供气管的安装须遵守以下一些规定：

(1) 过滤　自主管线来的燃气须经充分过滤，必须严格清扫调压器上游的管道除去余留杂质；

(2) 冷凝物收集器　天然气中有时含有微量的汽态烃，该物可能干扰指挥器正常工作，所以在预调器供气管进口处须安装一冷凝物收集器及排放系统；

(3) 压力信号采集　为了正确工作，压力信号采集点必须位于正确的位置上。在调压器和下游压力信号采集点间须有一段长度不小于出口管径 4 倍的直管段，在压力信号采集点之后还须有一段长度不小于出口管径 2 倍的直管径。

二、直接作用式调压器

1. 带增压室的膜片控制直接作用式高压调压器

STAFLUX185/187 系列调压器是带增压室的膜片控制直接作用式调压器，它以增压室的燃气压力作为比较元件给出调压器的设定值。适用于洁净的天然气，尤其是压缩天然气(CNG)的调压。也可用于其他经净化的非腐蚀性气体。

1) 主要特点

(1) 阀系数 C_g 大；

(2) 相当高的调压精度；

(3) 不需更换零件就能得到宽的设定范围；

(4) 响应迅速；

(5) 零流量时完全密封；

(6) 在线维修方便；

(7) 外部信号管；

(8) 可加装内装式紧急切断阀。

2) 主要性能

(1) 设计压力：STAFLUX185，8.5MPa(按要求可达 10MPa)；STAFLUX187，25MPa；

(2) 工作温度范围：$-15 \sim 60℃$；

(3) 最大进口压力：STAFLUX185，8.5MPa(按要求可达 10MPa)；STAFLUX187，20MPa；

(4) 调压范围：$0.1 \sim 7.5$MPa；

(5) 温度恒定时精度等级 RG：STAFLUX185 最高可达 2.5，STAFLUX187 最高可达 5；

(6) 关闭压力等级 SG：STAFLUX185 最高可达 5，STAFLUX187 最高可达 10。

3) 结构及工作原理

如图 13-3-10，STAFLUX185/187 调压器由阀、伺服机构和设定用三通阀三部分组成。

调压器下部是一截止型的阀。其启闭件 8 由阀杆 6 与膜片 5 相连接。上部为伺服机构，由膜片 5、压力室 A 及增压室 B 组成。膜片 5 上受有下述诸力：

(1) 下游压力经导压管 7 作用在膜片的室 A 一侧。

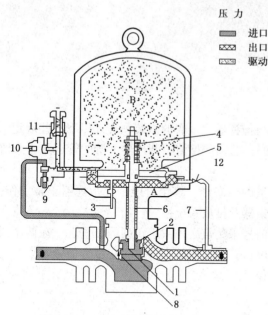

压力
- ▓ 进口
- ▨ 出口
- ▨ 驱动

图 13-3-10　STAFLUX185/187 调压器
1—阀芯；2—阀垫；3—阀位指示器；4—弹簧；
5—膜片；6—阀杆；7—导压管；8—启阀件；
9，10—旋塞；11—弹簧式安全阀；12—阀门

（2）膜片另一侧受有增压室 B 中的燃气压力，在同一方向上还作用有运动件的重量。

如果工作时上游压力下降或流量需求增加，室 A 中的压力就下降，膜片 5 受力就不平衡，启闭件在室 B 燃气压力作用下向下运动，将阀开大，使燃气流量增加，直至下游压力回复至设定值。

反之，当下游压力由于上游压力升高或流量需求下降而上升时，启闭件向关闭方向运动，经历一阵变动后下游压力回复至设定值。

阀杆端部的弹簧 4 及上限位支承面用来保护阀垫 2 及膜片 5。膜片 5 还受下限位支承面的保护。

调压器中还装有阀位指示器 3。

增压室 B 中的燃气压力由设定用三通阀调节。开启三通阀上的旋塞 9 使上游燃气进入增压室 B，室 B 中压力就升高，至要求的设定值时立即将旋塞 9 关闭。如室 B 中压力过高，可开启旋塞 10 放气降压。恰当地启闭旋塞 9 与 10 可很方便地选择设定压力。

增压室 B 受弹簧式安全阀 11 保护，该安全阀预先设定在增压室的最大压力上。

4）调压器选择

欲根据调压器的通过能力来选择调压器的规格时可利用阀系数 C_g。C_g 系数表示在进口气体压力为 1psia、温度为 60℉、临界压降的条件下，通过全开阀的以 Stm³/h 为单位的空气流量。

通过调压器的气体流量可用下式来计算：

$P_1+P_b \geqslant 2.89(P_2+P_b)$ 时：

$$Q_N = 4.982 C_g (P_1+P_b) \sqrt{\frac{175.8}{S(273.15+t_1)}}$$

$(P_1+P_b) < 2.89(P_2+P_b)$ 时：

$$Q_N = 4.982 C_g (P_1+P_b) \sin\left[106.78\sqrt{\frac{(P_1-P_2)}{(P_1+P_b)}}\right]\sqrt{\frac{175.8}{S(273.15+t_1)}}$$

式中　Q_N——要求调压器通过的折算至标准状态的最大容积流量，m³/h；

P_1——对应于 Q_N 的进口压力，一般为进口最小工作压力（表压），MPa；

P_2——出口压力（表压），MPa；

S——燃气相对密度；

t_1——进口燃气温度，℃；

P_b——大气压，MPa。

为正确地选择调压器尺寸，阀的 C_g 值至少要比计算所得值放大 20%。

由阀的 C_g 值从表 13-3-3 中选择调压器尺寸。

表 13-3-3　调压器的阀系数 C_g

公称通径 DN	25mm	50mm	80mm
	1″	2″	3″
STAFLUX185	439	1681	3764
STAFLUX187	130		

5）用作监控器

STAFLUX185 调压器也可用作监控器，当主调压器发生故障而使其出口压力达到监控器设定点时，它就接替主调压器进行调压工作，而在正常供气状态时监控器是全开的。监控器全开时，其压力损失可用下式估计：

$$\Delta P_{2m} = \left\{ \frac{\arcsin\left[\dfrac{Q_N}{4.982C_g(P_1+P_b)\sqrt{\dfrac{175.8}{S(273.15+t_1)}}} \right]}{106.78} \right\}^2 (P_1+P_b)$$

监控器设定值至少比主调压器设定值高 0.1MPa。

6）切断阀 SB185

SB185 切断阀是一种安全装置，可内装在 STAFLUX185 调压器中，当某些故障引起调压器出口压力达到预定介入值时，它立即自动截断气流，阻止燃气继续流向下游，从而保障用户安全。需要时也可手动操纵该装置截断气流。

SB185 可加装至已安装在管线上的调压器中而不用改变管路。

装有 SB185 的 STAFLUX 调压器其阀系数 C_g 要比不内装切断阀的标准调压器的下降 7%。

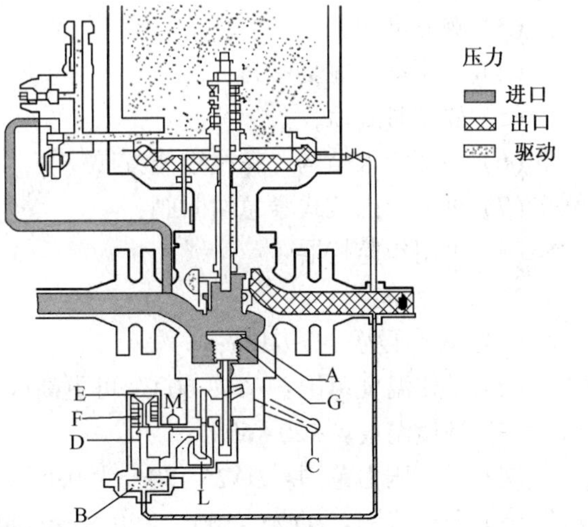

SB185 切断阀具有下列特点：

（1）精度（AG）；设定压力值的±1%；

（2）超压切断和/或欠压切断；

（3）可加装气动或电磁遥控装置；

（4）人工复位，有内旁路；

（5）可手动切断；

（6）外形尺寸小；

（7）维修容易。

图 13-3-11　SB185 切断阀的工作原理

切断阀的工作原理：如图 13-3-11 所示，切断阀由阀瓣 A，锁扣杠杆系统 L，控制头 B 和手柄复位系统 C 组成。受控压力作用在控制头 B 的膜片上，膜片与杆 D 相连，从而受弹簧 E、F 的弹力作用，弹簧 E、F 预先设定在要求的欠压和超压切断压力值上，受控压力的变化使膜片和杆 D 移动，进而使锁扣杠杆系统 L 解扣，于是阀瓣 A 在弹簧 G 作用下将阀关闭。按钮 M 用来手动关闭切断阀。扳动手柄 C 可使切断阀复位(开启),在其行程的初段,手柄先将内旁通打开,燃气通过内旁通使下游区充气,从而使阀瓣两侧压力平衡。然后在其行程的后段再将切断阀完全复位。

7) 安装

为保证调压器正确工作并得到所说的性能,STAFLUX 调压器的安装要特别注意:

(1) 过滤　上游管道中的燃气应经恰当的过滤,调压器前的管道应经吹扫清理去除一切杂物;

(2) 取压点　取压点设在调压器后,取压点前应有一长度不小于 4 倍管径的直管段,其后还应有一长度不小于 2 倍管径的直管段。

2. 膜片和弹簧控制的直接作用式中低压调压器

NORVAL 燃气调压器是由膜片(薄膜)和弹簧控制的直接作用式调压器,适用于中、低压燃气的调压。除用于输配管网及灶、燃具供气外,由于其结构简单、响应迅速、可靠性高等优点,还特别适用于流量剧变,上游压力常有波动的用户(锅炉、燃气炉等)。

NORVAL 调压器适用于经过滤净化的非腐蚀性气体,包括天然气、人工煤气、液化石油气、混合气等。

1) 主要特性

(1) 阀系数 C_g 大;

(2) 调压精度高;

(3) 响应迅速;

(4) 无流量时完全密封;

(5) 故障时开启;

(6) 顶部装入结构,在线维修方便;

(7) 可加装内装式紧急切断阀;

(8) 可用作监控器。

2) 主要性能

(1) 设计压力:1.9MPa;

(2) 工作温度范围:-20~60℃(可更高或更低);

(3) 环境温度:-20~60℃;

(4) 进口压力范围:$DN25~80$,为 0.01~1.6MPa;$DN100~200$,为 0.01~0.8MPa;

(5) 调压范围:$DN25~100$,为 0.8~440kPa;$DN150~200$,为 1.2~180kPa;

(6)精度等级 RG:高达 5;

(7) 关闭压力等级 SG:高达 10。

3) 结构及工作原理

NORVAL 调压器由阀主体及装有膜片(薄膜)及弹簧的头部组成。每一种直径的阀主体可有几种不同直径的头部配以不同刚度的弹簧以适应不同的出口压力值。

如图 13-3-12 所示,出口压力由引压管 1 引入作用在膜片 3 上,此力与膜片另一侧的弹簧弹力相平衡。平衡位置决定了阀的开度,从而有一定的流量。运行中如流量需求增加或进口压力下降,调压器出口压力就会随之有所降低,膜片上所受燃气压力作用的力减小,膜片 3 及与其相连的阀瓣 4 在弹簧 2 作用下向下移动将阀开大,促使流量增加进而使出口压力恢复。反之,如流量需求减小,或进口压力增大,阀会自动关小,从而维持出口压力不变。

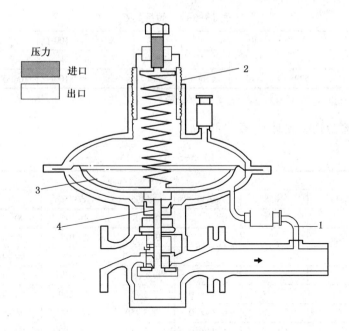

图 13-3-12　NORVAL 调压器工作原理
1—引压管；2—弹簧；3—膜片；4—阀瓣

NORVAL 调压器装有防喘振装置，它减慢燃气流入流出头部的速度从而防止被调压力震荡。

4）规格选择

可先由下列式子计算出阀系数，再按表 13-3-4 确定规格 DN，然后根据出口压力按表 13-3-5 配置头部，最后还需验算精度和调压器发出的噪声级。

当 $(P_2+P_b) \leqslant (P_1+P_b)/2$ 时：

$$C_g = 0.0216 \frac{Q_N \sqrt{S(t_1+273)}}{(P_1+P_b)}$$

当 $(P_2+P_b) > (P_1+P_b)/2$ 时：

$$C_g = 0.0216 \frac{Q_N \sqrt{S(t_1+273)}}{(P_1+P_b) \sin \left(106.79 \sqrt{\frac{(P_1-P_2)}{(P_1+P_b)}}\right)}$$

式中　C_g——阀系数；

　　　Q_N——要求调压器通过的折算至标准状态的最大容积流量，m^3/h；

　　　P_1——对应于 Q_N 的进口压力，一般为进口最小工作压力（表压），MPa；

　　　P_2——对应于 Q_N 的出口压力，一般为出口最大工作压力（表压），MPa；

　　　S——燃气相对密度；

　　　t_1——进口燃气温度，℃

　　　P_b——大气压，MPa。

表 13-3-4　阀系数 C_g

规格（DN）	25	32	40	50	65	80	100	150	200
	1″	1¼″	1½″	2″	2½″	3″	4″	6″	8″
阀系数	331	520	848	1360	2240	3395	5100#	10600#	16600#

\# 理论值。

装有内装式紧急切断阀时 C_g 要降低 5%。

图 13-3-5　头部选择

DN		头部外径/mm					
		φ817	φ658	φ630	φ495	φ375	φ375TR
25	1″				0.8~8.3	8~105	90~440
32	1¼″				0.8~8.3	8~105	90~440
40	1½″				0.8~8.3	8~105	90~440
50	2″				0.8~8.3	8~105	90~440
65	2½″			0.8~8.0	7.5~50	47~280	90~440
80	3″			0.8~8.0	7.5~50	47~280	90~440
100	4″			1.0~8.0	7.5~50	47~280	90~440
150	6″	1.2~7.9	7.5~40.5	22~65	39~180		
200	8″	1.2~7.9	7.5~40.5	22~65	39~180		

出口压力/kPa

5）紧急切断阀 IN/IN-TR

这是一种安全装置，当某些故障引起调压器出口压力达到预定介入值时，它立即自动截断气流阻止燃气继续流向下游，从而保障用户安全。需要时也可手动操纵该装置截断气流。

紧急切断阀 IN 可装在 NORVAL 调压器内，不管它用作主调压器，还是用作串联（在线）式监控器。装有切断阀后调压器的阀系数要下降 5%。

6）切断阀主要性能

（1）设计压力：1.9MPa；

（2）精度（AG）：超压切断时为±1%；欠压切断时为±5%；

（3）内旁路；

（4）超压和或欠压切断；

（5）可用按钮手动关闭；

（6）人工开启；

（7）可加电磁或气动遥控；

（8）可加装阀位信号远传装置；

（9）易于维修；

（10）外形尺寸小；

（11）可加装在已安装好的 NORVAL 中而不需要改变调压装置。

7）紧急切断阀工作原理

紧急切断阀（见图 13-3-13）由阀芯 A、脱钩式操纵杆系统、控制部件 B 和手动复位杠杆 C 组成。调压器出口被调压力作用在头部 B 中的膜片上，该膜片与控制杆 D 相连受最小压力弹簧 E 和最大压力弹簧 F 产生的弹力作用。弹力值预先设定。当膜片移动时，杆 D 驱动 L 杆，L 杆对脱钩系统作用，使阀芯在弹簧 G 驱动下到达关闭位置。

扳动操纵杆 C 使装置复位。在其行程初段杆 C 打开内部旁路使下游充入气体，从而平衡了作用于阀芯上的压力；在其行程的后阶段，完成整个移动部件的复位。

通过按钮 M 也可人工施行脱钩动作。

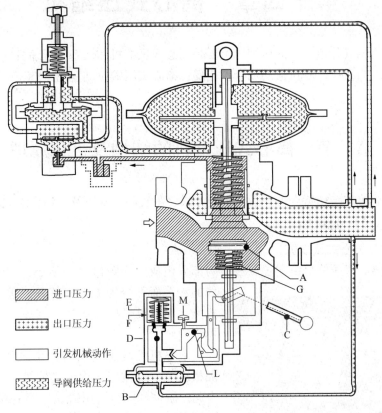

进口压力

出口压力

引发机械动作

导阀供给压力

图 13-3-13　紧急切断阀

8）用作监控器的 NORVAL

NORVAL 调压器可置于另一 NORVAL 调压器之前用作监控器，当主调压器发生故障而使其出口压力达到监控器设定点时，它就替代主调压器进行调压工作，而在正常供气状态下监控器是全开的。作监控器用的 NORVAL 调压器需增装一运动部件平衡装置 ER（见图 13-3-14），以提高介入压力的精度，这样就避免了与主调压器相互干扰的风险。此平衡装置甚至可加装在已安装好的调压器上。

9）安装

为保证调压器正确工作并得到所说的性能，NORVAL 调压器的安装应做到下列几点：

（1）过滤　管道中的燃气应经恰当的过滤，调压器前的管道应经吹扫清理去除一切杂物；

（2）取压点　取压点设在调压器后，取压点前应有一长度不小于 4 倍直径的直管段，其后还应有一长度不小于 2 倍直径的直管段。

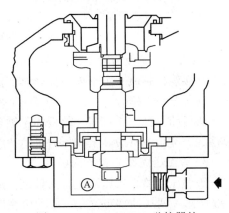

图 13-3-14　NORVAL 监控器的
平衡装置 ER

第十四章　离心式压缩机

目前长距离输气管道使用的压缩机主要是离心式压缩机和活塞式压缩机。一般活塞式压缩机宜用于高压力及中、小流量的场合，相反，离心式压缩机则宜用于低、中压力及大流量的场合。

第一节　离心式压缩机的结构及工作原理

离心式压缩机按结构特点可分为水平剖分式、垂直剖分式以及等温压缩式等三种类型。

一、离心式压缩机的结构

1. 水平剖分离心式压缩机

水平剖分离心式压缩机由定子和转子两部分组成。如图14-1-1所示，定子被通过轴心线的水平面剖分为上下两部分，通常称它为上下机壳。上下机壳用连接螺栓连成一个整体，便于拆装检修。

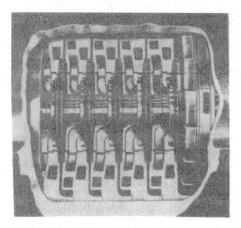

图 14-1-1　封闭、后向刀式叶轮
离心压缩机剖面

上下机壳均为组合件，由缸体和隔板组成，隔板组装于缸体内，构成气体流动所需要的环形空间。缸体和隔板可用铸铁、铸钢或合金钢铸成。隔板还可由锻钢制成。

转子由主轴、叶轮、轴套以及平衡元件组成，主轴和轴套等元件多用合金钢锻制而成，叶轮多为焊接结构。该类型压缩机适用于低中压工艺，最高工作压力一般不大于5MPa。

2. 垂直剖分离心式压缩机

垂直剖分离心式压缩机的缸体为筒形，两端盖用连接螺栓与筒形缸体联成一个整体，如图14-1-2所示，隔板与转子组装后，用专用工具送入筒形缸体。隔板为垂直剖分，隔板与隔板由连接螺栓联成一个整体。检修时需打开端盖，将转子和隔板同时由筒形缸体中拉出，以便进一步分解检修。

该机筒形缸体、端盖、隔板和主轴多用碳钢或合金钢锻制而成。叶轮为碳钢或合金钢组焊件。该类压缩机最高工作压力可达70MPa。

3. 等温压缩离心式压缩机

等温压缩离心式压缩机有两种结构形式。一种是4个叶轮装于两根从动轴上，如图14-1-3所示，两从动轴布置在与原动机相连的主动轴两侧，通过不同齿数的齿轮，使两从动轴获得不同的转速，从而使不同级的叶轮，均能在最佳状态下运行，中间冷却器设在机体下面，每级压缩后的气体均经过一次冷却再进入下一级。

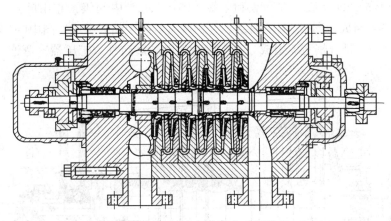

图 14-1-2　垂直剖分离心式压缩机

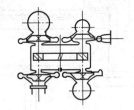

图 14-1-3　两轴等温压
缩离心式压缩机

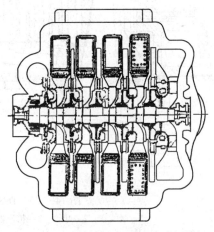

图 14-1-4　单轴等温压缩离心式压缩机

　　另一种是叶轮串在一根轴上，冷却器对称地布置在压缩机机壳的两侧，如图 14-1-4 所示，并与机壳铸成一体，气体每级压缩后经冷却进入下一级，因此，接近等温压缩，机组运行效率较高。

　　图 14-1-5 为 DA120-61 离心式压缩机的纵剖面构造图。气体由吸气室 1 吸入，通过叶轮 2 对气体做功，使气体压力、速度、温度提高。然后流入扩压器 3，使速度降低，压力提高。弯道 4、回流器 5 主要起导向作用，使气体流入下一级继续压缩。由于气体在压缩过程中温度升高而气体在高温下压缩，消耗功将会增大。为了减少压缩耗功，故在压缩过程中采用中间冷却，即由第三级出口的气体不直接进入第四级而是通过蜗室和出气管，引到外面的中间冷却器进行冷却，冷却后的低温气体，再经吸气室进入第四级压缩。最后，由末级出来的高压气体经出气管输出。

　　压缩机的每个叶轮及其后静止元件组成一个基本单元，称之为级。除末级以外，级的静止元件包括扩压器、弯道和回流器。末级的静止元件有扩压室和涡室。图 14-1-5 所示压缩机一共有六级。该机的六个级都装在一个机壳中，这就构成一个"缸"。而中间冷却器把"缸"中全部级分成两个"段"。故图 14-1-5 所示离心压缩机是一台"一缸、两段、六级"的压缩机。一至三级为第一段，四至六级为第二段。当所要求的气体压力较高，需用叶轮数目较多时，往往制成多缸压缩机。各缸的转速可以相同，也可以不同。

　　一台离心式压缩机总是由一个或几个级所组成的，所以"级"是离心压缩机的基本单元。故在本章中"级"将是主要研究对象。

　　离心式压缩机级的典型结构：级是离心压缩机使气体增压的基本单元，如图 14-1-6 所示，级分三种形式，即首级、中间级和末级。图中(a)为中间级，它由叶轮1、扩压器2、弯道3、回流器4组成。图中(b)为首级，它由吸气管和中间级组成。图中(c)为末级，它由叶轮1、扩压器2、排气蜗室5组成。其中除叶轮随轴旋转外，扩压器、弯道、回流器及排气蜗室等均属固定部件。

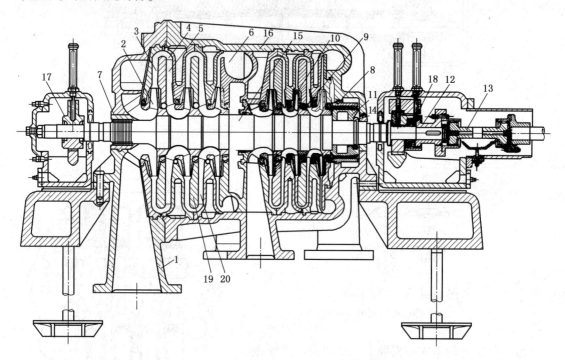

图 14-1-5　DA120-61离心式压缩机纵剖面构造图

1—吸气室；2—叶轮；3—扩压器；4—弯道；5—回流器；6—蜗室；7，8—轴端密封；
9—隔板密封；10—轮盖密封；11—平衡盘；12—推力盘；13—联轴器；14—卡环；
15—主轴；16—机壳；17—支持轴承；18—止推轴承；19—隔板；20—回流器导流叶片

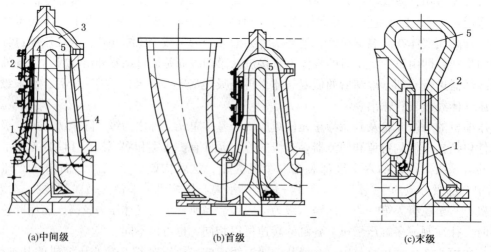

(a)中间级　　　　　　　　(b)首级　　　　　　　　(c)末级

图 14-1-6　离心压缩机的级及其特征截面

1—叶轮；2—扩压器；3—弯道；4—回流器；5—排气蜗室

二、离心式压缩机的工作原理

如图 14-1-7 所示，压缩机的主轴带动叶轮旋转时，气体自轴向进入并以很高的速度被离心力甩出叶轮，进入扩压器中。在扩压器中由于通道逐渐变宽，气体的部分动能转变为压力能，速度降低而压力提高。接着通过弯道和回流器又被第二级吸入，通过第二级进一步提高压力。依此逐级压缩，一直达到额定压力。

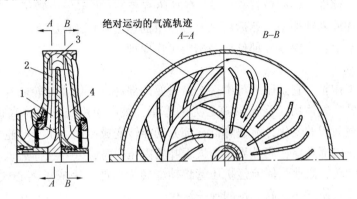

图 14-1-7　压缩机的中间级
1—中间级简图；2—扩压器；3—弯道；4—回流器

离心压缩机之所以能获得越来越广泛的应用，主要是由于它具有以下优点：

(1) 输气量大而连续，运转平稳，这一点正符合大型企业和长距离输气管道生产的需要。

(2) 结构紧凑、尺寸小，机组占地面积及质量都比相同气量的活塞压缩机小得多。

(3) 运转可靠，机组连续运转时间在一年以上，运转平稳，操作可靠，因此它的运转率高，而且易损件少，维修方便。故目前长距离输气管道、大型石油化工厂用的压缩机多为离心式压缩机。

(4) 气体不与机器润滑系统的油接触。在压缩气体过程中，可以做到不带油，有利于气体进行化学反应。

(5) 转速较高，适宜用工业汽轮机或燃气轮机直接驱动，可以合理而又充分地利用石油化工厂的热能，节约能源。

目前，离心压缩机还存在一些缺点：

(1) 还不适用于气量太小及压力比过高的场合；

(2) 离心压缩机的效率一般仍低于活塞式压缩机；

(3) 离心压缩机的稳定工况区较窄。

三、离心式压缩机主要零部件的结构与工作原理

离心式压缩机零件很多，这些零件又根据它们的作用组成各种部件。拆开一台压缩机可以看到，有些部件可以转动，有些则不能。我们把可以转动的零、部件统称为转子，不能转动的零、部件称为静子。

(一) 转子

转子是离心式压缩机的主要部件。它通过旋转对气体介质做功，使气体获得压力能和动能。转子由主轴 15 以及安装在轴上的叶轮 2、平衡盘 11、推力盘 12、联轴器 13 和卡环 14 等组成(见图 14-1-5)。

转子是高速旋转组件,必须有防止松脱的技术措施,以免运行中产生松脱、位移,造成摩擦、撞击等事故,转子组装时要进行严格的动平衡试验,以消除不平衡引起的转子振动甚至严重事故。转子上的各个零件用热套法与轴联成一体,以保证在高速旋转时不至松脱。为了更可靠起见,叶轮、平衡盘和联轴器等大零件还往往用键与轴固定,以传递扭矩和防止松动。有的叶轮不用键而用销钉与轴固定。

转子上各零、部件的轴向位置靠轴肩(有时还有套筒)来定位。转子上各部件的轴间固定,是把两个半环放入轴槽中,然后用具有过盈量的热套卡环14夹紧。

下面介绍转子上各主要零、部件的结构与工作原理。

1. 叶轮

叶轮也称为工作轮,它是压缩机中一个最重要的部件。气体在叶轮叶片的作用下,跟着叶轮作高速的旋转。气体由于受旋转离心力的作用,被高速甩出叶轮,高速气体流经扩压管,由于扩压管截面积的变化,流速降低,部分动能转变成压能。由于叶轮中原有气体被甩出叶轮,造成叶轮内部真空,当外界压力大于叶轮内压力时,外界气体流入叶轮。这样气体不断流入和甩出叶轮,高速气体流经扩压管将动能转为压能,完成了离心式压缩机的工作。因此可以认为叶轮是使气体提高能量的唯一途径。

叶轮按结构形式可分为开式、半开式和闭式。

闭式叶轮由轮盘、叶片和轮盖组成(见图14-1-8)。这种叶轮对气体流动有利。轮盖处装有气体密封,减少了内泄漏损失。叶片槽道间泄漏引起的损失也不存在,因此效率比前两种叶轮都高。另外,叶轮和机壳侧面间隙也不像半开式叶轮那么要求严格,可以适当放大,使叶轮检修时拆装方便。这种叶轮在制造上虽然较前两种复杂,但有效率高和其他优点,故在压缩机中得到广泛的应用。闭式叶轮高速旋转时轮盖所受的应力较大,一般适用于圆周速度少于320m/s的场合。

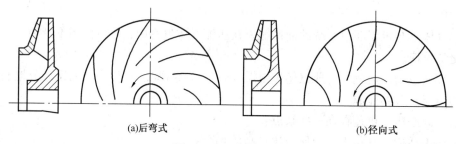

(a)后弯式　　　　　　　　　　　(b)径向式

图14-1-8　闭式叶轮

半开式叶轮叶片槽的一侧被轮盘所封闭,另一侧敞开,改善了气体的通道,减少了流动损失,提高了效率(见图14-1-9)。但是,由于叶轮侧面间隙很大,有一部分气体从叶轮出口倒流回进口,内泄漏损失大。此外,叶片两边存在压力差,因而这种叶轮的效率比闭式叶轮的低。但由于省去了前盖,结构强度高,适用于 $n_2 = 340 \sim 500 \text{m/s}$ 的转数,压力比可达3.8以上,为减少漏气损失,叶片和定子间的间隙较小,制造和装配工艺要求高。

开式叶轮结构最简单(见图14-1-10),仅由轮毂和径向叶片组成,在叶轮片槽道两个侧面都是敞开的,气体通道是由叶片槽道和与叶轮有一定间隙的机壳所形成的。这种通道对气体流动不利,使气体流动损失很大。此外,在叶轮和机壳之间引起的摩擦鼓风损失也最大,故这种叶轮的效率最低,在压缩机中很少被采用。

按叶轮随叶片出口角 β(见图14-1-11)的不同,可分为前向叶轮、径向叶轮和后向叶轮。

（1）$\beta > 90°$：前向叶轮；

（2）$\beta = 90°$：径向叶轮；

（3）$\beta < 90°$：后向叶轮。

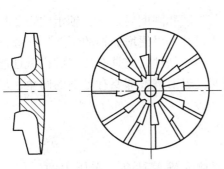 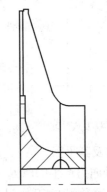

图 14-1-9　半开式叶轮　　　　　　　图 14-1-10　开式叶轮

从工作轮对气体做功大小来看，前向叶轮做功最大，后向叶轮做功最小，径向叶轮介于两者之间。前向叶轮由于气体在流道中产生的旋涡和摩阻太大，在压缩机中不采用。对于后向叶轮，当叶片出口角 β 在 30°~60°时，一般称为正常后曲型叶轮或压缩机型叶轮。当 β 在 15°~30°时，一般称强后曲型叶轮或水泵压缩机型叶轮。随着叶片出口角 β 的减少，效率增加、流量的稳定工作范围增大，但每一级的压缩比下降。对于压缩一般气体的固定式压缩机，由于效率和运转可靠占主要矛盾，一般都以采用效率较高的后向叶轮为主，而且常常是前几级采用压缩机型叶轮，而后几级采用水泵压缩机型叶轮，到后面几级的叶轮，叶片出口角逐渐减少。在通风机和低压鼓风机中，为了能在圆周速度很低的条件下获得较高的风压，有时也采用前向叶轮，但效率较低。对于运输设备上的压缩机，例如航空、船舶等内燃机的增压，以及移动式小型燃气轮机的压缩机等，为了力求做到体积小、重量轻，同时又能保证一定的效率，径向半开式叶轮就应用得比较广泛。

按照气体吸入方式分：有单吸式（见图 14-1-8、图 14-1-9、图 14-1-10）和双吸式（见图14-1-12）。双吸式叶轮适用于大流量级，且具有轴向力自身平衡的优点。

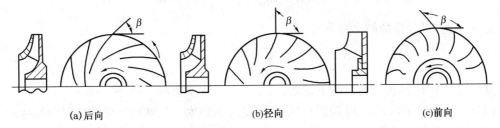

(a)后向　　　　　　　　(b)径向　　　　　　　　(c)前向

图 14-1-11　叶轮叶片的三种形式

叶片的形状常采用单圆弧、双圆弧、直叶片和空间扭曲叶片，压缩机中的叶轮大多数采用单圆弧叶片，少数采用双圆弧叶片。空间扭曲叶片大大改善了气体流动性能，使叶轮效率得到提高，但加工较为困难，在大流量压缩机中已开始应用。

按照工艺方法的不同，叶轮又可分为铆接叶轮、铣制铆接叶轮、焊接叶轮和整体铸造叶轮。

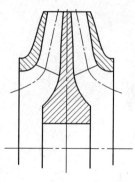

图 14-1-12　双吸式叶轮

2. 主轴

　　主轴上安装所有的旋转零件。它的作用就是支持旋转零件及传递扭矩。主轴的轴线也就确定了各旋转零件的几何轴线。

　　离心式压缩机的主轴一般有三种形式：阶梯轴、节鞭轴和光轴。

　　选用主轴时，其强度和刚度要足够，轴承间距要尽量小。根据气动设计增加轴颈尺寸，以便增加轴的刚度。一般选用优质钢锻件制造主轴，淬火调质处理后应具有良好的机械性能。主轴截面过渡圆，特别是螺纹退刀槽根部要有足够的圆角，尽量减少应力集中。

3. 轴向力及其平衡

1）转子轴向力产生的原因

　　转子在高速旋转的工作过程中，叶轮两侧充满着具有一定压力的气体介质，如图 14-1-13所示，从图中压力分布情况可以看出，在内径为 D_s 至外径为 D_2 的环形面积上，轮盖与轮盘承受着大小相等，方向相反的压力，即 $P_盖 = P_盘 = P_2$，就是说 $\overline{P_1} + \overline{P_2} = 0$。因此，叶轮的这一环形面积上不产生轴向力。

　　显然，轴向力产生于所受压力不等的 d_1 到 D_s 的轮盖侧和 d_m 到 D_s 的轮盘侧的环形面积上，轮盖侧产生的轴向力，由气体静压强 $\frac{\pi}{4}(D_s^2 - d_1^2) \times P_0$ 和气流对叶轮的冲力两部分组成，其大小可由下式计算：

$$P_Q = \frac{\pi}{4}(D_s^2 - d_1^2) \times P_0 + GC_0 \qquad (14-1-1)$$

　　轮盘侧的轴向力，由 d_m 至 D_s 环形面积上气体压强的作用而产生，其值可用下式计算：

$$P_x = \frac{\pi}{4}(D_s^2 - d_m^2)P_2 \qquad (14-1-2)$$

　　整个叶轮所受的轴向推力 P 为：

$$P = P_x - P_Q = \frac{\pi}{4}(D_s^2 - d_m^2)P_2 - \frac{\pi}{4}(D_s^2 - d_1^2)P_0 - GC_0$$

　　取 $d_2 = d_m = d$ 经整理简化为下式：

$$P = \frac{\pi}{4}(D_s^2 - d^2)(P_2 - P_0) - GC_0 \qquad (14-1-3)$$

分析式(14-1-3)可以得出以下论断；

　　(1) 叶轮出口压强 P_2 与叶轮进口压强 P_0 之差值越大，则叶轮所受的轴向力就越大。

　　(2) 缩小轮盖密封直径 D_3 可使轴向力相应减小。

　　(3) 当压缩机减负荷运行时，由于叶轮出口与进口压差增加，以及气流在进口的冲力减小，会导致轴向力增加。所以，压缩机减负荷运行时，要考虑推力瓦的承载能力。

　　(4) 多级叶轮产生的轴向力，为每级叶轮轴向力之和。

　　2）轴向力的危害

　　高速运行的转子，始终作用着由高压端指向低压端的轴向力，转子在轴向力的作用下，将沿轴向力的方向产生轴向位移。转子的轴向位移，将使轴颈与轴瓦间产生相对滑动，因此，有可能将轴瓦或轴颈拉伤，更严重的是，由于转子位移，将导致转子元件与定子元件的摩擦、碰撞乃至机器损坏。由于转子轴向力，有导致机件摩擦、磨损、碰撞乃至破坏机器的危害，因此，应采取有效的技术措施予以平衡，以提高机器运行的可靠性。

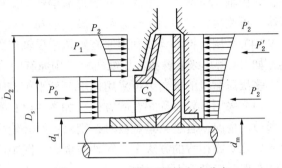

图 14-1-13　叶轮两侧轴向力分布

3) 轴向力的平衡

离心式压缩机转子上的轴向力很大，特别是在多级压缩机中更大。为了减轻轴承的轴向负荷和磨损，除了个别小型单级压缩机利用滚珠轴承承受轴向力之外，一般都必须设法采用气压或机械的轴向力平衡措施。

单级压缩机的轴向力平衡措施：

（1）采用双吸式叶轮，如图 14-1-14（a）所示，由于双吸式叶轮两侧对称，所受压力相同，故轴向力可以达到平衡，但实际上由于铸造偏差和两侧口环处漏损不同，仍然有残余不平衡轴向力存在，需由轴承来承受。在使用中，采用双吸式叶轮，不仅是为了轴向力平衡，而且是综合考虑到增大流量和提高吸入能力而采用的。

（2）开平衡孔或装平衡管，如图 14-1-14（b）、（d）所示。在叶轮后盖板与吸入口对应的地方沿圆周开几个平衡孔，使该处气体能流回叶轮入口，使叶轮两侧气体压力达到平衡。同时，在叶轮后盖板与压缩机壳之间添设口环，其直径与前盖板口环直径相等。而且气体流经平衡孔时存在压降，前后气体的压力差不可能完全消除，约有 10%~15% 的轴向力未能平衡，未平衡的轴向力还要靠轴承来承受。此外，采用这种方法由于漏回吸入口的气流方向与吸入气流方向相反，使吸入气流的均匀性遭到破坏，从而使压缩机的效率有所降低。此法的优点是结构简单，但增加了内部泄漏。在开平衡孔时，应尽量使之靠近口环，效果较好。平衡孔的总面积应等于或大于口环间隙过流面积的 4~5 倍。

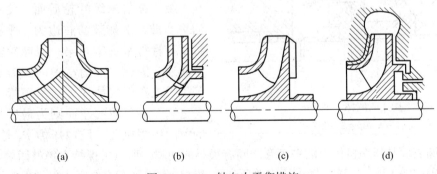

（a）　　　　　（b）　　　　　（c）　　　　　（d）

图 14-1-14　轴向力平衡措施

（3）采用平衡叶片，在叶轮后盖板的背面安置几条径向筋片，如图 14-1-14（c）所示。当叶轮旋转时，筋片强迫叶轮背面的气体加快旋转，离心力较大，使叶轮背面的气体压力显著下降，从而使叶轮两侧压力达到平衡。这种方法的平衡程度取决于平衡叶片的尺寸和叶片与压缩机体的间隙。在参数选择适合时，可以使轴向力达到完全平衡，但当平衡叶片尺寸确定后，偏离设计工况时，轴向力就不能完全平衡了。故一般此种方法也有残余的轴向力存在，应由轴承来承受。采用平衡叶片需消耗功率而降低效率。但平衡叶片使叶轮背面形成低压区，可改善轴封箱的工作条件，减少磨损。

（4）采用止推轴承或利用原有轴承承受轴向力，这是机械平衡方法，只适用于小型压缩机，如 BA 型单级悬臂离心压缩机，可用原有的滚球轴承来承受轴向力。

多级压缩机的轴向力可采用以下三种平衡措施：

（1）采用叶轮对称布置的方法，如图 14-1-15 所示。一般用于多级压缩机叶轮的级数是偶数的情况，若级数是奇数时，则第一级叶轮采用双吸式。这样就可以采用各级单吸式叶轮入口相对或相背的方法来平衡轴向推力。图中所列的各种排列方法都有各自的优缺点，在具体布置时应遵循下列原则：

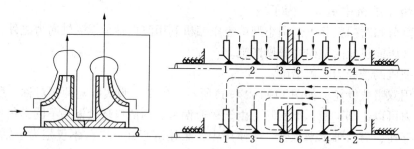

图 14-1-15　对称布置叶轮

① 通过缝隙的漏损应为最小值；
② 轴封箱的压力应为最小值；
③ 应尽可能地避免流道复杂化。

尽管对称布置的方法似乎能完全平衡轴向力，但级数多时，因各级的漏损不同，各级叶轮轮毂大小不同，所以也不可能达到完全平衡，仍要采用辅助装置。当叶轮布置不当时，会使压缩机体结构复杂。

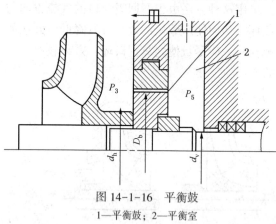

图 14-1-16　平衡鼓
1—平衡鼓；2—平衡室

（2）使用平衡鼓，如图 14-1-16 所示。在多级压缩机末级叶轮后面，装一圆柱形的平衡鼓，平衡鼓的右边为一平衡室，通过平衡管将平衡室与第一级叶轮前的吸入室联通，因此，平衡室中的压力 P_5 很小，等于吸入室中气体压力与平衡管中阻力损失之和。平衡鼓的左面则为最后一级叶轮的背面压缩机腔，腔内压力 P_3 是很高的。

平衡鼓外圆表面与压缩机体上的平衡套之间有很小的间隙，所以可保持平衡鼓两侧有一个很大的压力差（P_3-P_5），用这一气体压力差所产生的轴向力来平衡指向吸入口的轴向推力。

平衡鼓两侧的压差可用下列经验公式计算：

$$P_3 - P_5 = [H - (8 - K)H_1]\rho g$$

式中　P_3-P_5——平衡鼓前后的压力差，Pa；

　　　H——压缩机的总扬程，m；

　　　H_1——一级叶轮的扬程，m；

　　　K——实验系数，取 $K=0.6\sim0.8$；

ρ——气体密度，kg/m^3。

作用在平衡鼓上的平衡力 F 为：

$$F = (P_3 - P_5) \times \frac{\pi}{4} \times (D_b^2 - d_h^2) \qquad (14-1-4)$$

式中　D_b——平衡鼓外径，m；

　　　d_h——轮毂直径，m。

平衡力 F 应等于计算所得的压缩机转子轴向力，由此确定平衡鼓的尺寸。为了减少泄漏，平衡鼓外圆面和压缩机体平衡套内圆之间的径向间隙应尽量小。为了减少密封长度，增加阻力，减少泄漏，平衡鼓和衬套可做成迷宫形式。因为平衡鼓尺寸是按设计工况计算的，在其他工况下轴向力不能完全平衡，因此，仍需装设双向止推轴承来承受残余的轴向力。这种机构常与其他机构共同使用。

(3) 采用平衡盘装置，如图 14-1-17 所示。在多级压缩机末级叶轮的后面，安装一个平衡盘装置。这种装置有两个密封间隙，一个是轮毂(或轴套)与压缩机体之间有一个轴向间隙 b_1；另一个是平衡盘端面与压缩机体间有一个径向间隙 b_2，平衡盘后面的平衡室用连通管和压缩机吸入口连通。这样，气体在径向间隙前的压力是末级叶轮后盖板下面的压力 P_3，通过轴向间隙 b_1 下降为 P_4，又经过径向间隙 b_2 下降为 P_5，而平衡盘背面下部的压力为 P_6，它与压缩机吸入口的压力近似相差一个连通管损失。平衡盘前后的压差 P_4-P_5。在平衡盘产生一个向后的推力，称为平衡力 F_1，F_1 的方向与气体作用于转子上的轴向力的方向相反，故可以平衡轴向力。

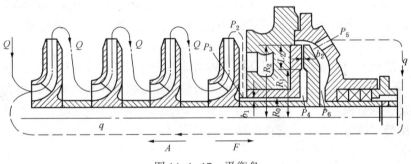

图 14-1-17　平衡盘

这种平衡装置中的两个间隙是各有其作用并互相联系的。假如转子上的轴向力 A 大于平衡盘上的平衡力 $F(A>F)$，则转子就会向左移动，由此使径向间隙 b_2 减小，间隙阻力增加，泄漏量减少，该间隙中的损失减小，从而提高了平衡盘前面的压力 P_4，转子不断向左移动，平衡力就不断增加，移动到某一位置时，平衡力 F 与轴向力 A 相等($A=F$)，达到新的平衡。同样道理，当轴向力 A 小于平衡力 F 时($A<F$)，压缩机转子向右移动，当移动到某一位置($A=F$)时，同样达到新的平衡。

由此看来，转子左右移动的过程，就是自动平衡的形成过程，这种平衡就是运动中的自动平衡。

压缩机在运转中，由于工况变化使轴向力发生变化，造成了压缩机轴的左右窜动，径向间隙 b_2 相应改变使平衡力跟上轴向力的变化，达到力的平衡，压缩机轴应该稳定在某一新位置上工作。但是，压缩机轴从一稳定状态变化到另一新的稳定状态时，其间会产生压缩机轴的往复窜动现象。因为轴向力变化后，平衡力会自动发生相应的变化并且使之与轴向力相等($F=A$)。虽然平衡力与轴向力相等，但此时压缩机轴并不停止移动，由于惯性的作用促使压缩机轴位移过量，造成平衡力大于轴向力，于是压缩机轴再反向位移。所以，压缩机轴在重新稳定工作前，必定会产生一系列的左右低频窜振。平衡盘的外缘安装气封，可以减少气体的泄漏。

转子轴向力平衡的目的，主要是减少轴向应力，减轻止推轴承负荷，一般情况下轴向力的70%应通过平衡措施消除，剩余的30%由止推轴承负担，生产实践证明，保留一定的轴向力，是提高转子平稳运行的有效措施。因此，设计平衡机构时，应充分考虑这一问题。

4. 推力盘

由于平衡盘只平衡部分轴向力，其余轴向力通过推力盘传给止推轴衬上的推力块，实现力的平衡。

5. 联轴器

联轴器是轴与轴相互连接的一种部件，离心式压缩机的轴，有的直接与驱动机相连，有的与增速器相连，有的则与压缩机本身的低压缸或高压缸相连。离心式压缩机是靠联轴器传递扭矩的，对联轴器的要求是：①对运转时两转子中心产生的偏差有一定的调心作用；②联轴器采用锥形与轴配合，更换轴端密封件时，联轴器拆装方便；③安装联轴器的轴端，轴颈不宜过长，以免影响转子的弯曲临界转速；④计算轴系扭转临界转速时，需计算或测定联轴器的刚度，改变其刚度可调整轴系的扭转临界转速。

（二）静子

静子中所有零件均不能转动。静子元件包括：机壳16、吸气室1、扩压器3、弯道4、回流器5和蜗室6，另外还有密封7、8、9、10，支持轴承17和止推轴承18等部件（见图14-1-5）。

叶轮式压缩机的固定元件的作用是把气体由前一元件引到后一元件中去，并使其具有一定的速度与方向。固定元件设计的完善程度，对整个压缩机工作与效率有相当大的影响，所以必须给予足够的重视。

下面介绍静子的各主要零、部件的结构与工作原理。

1. 机壳

机壳也称为气缸。机壳是静子中最大的零件。它通常是用铸铁或铸钢浇铸出来的。离心压缩机机壳按结构大致可分为水平剖分型、筒型、等温型三种，如图14-1-18。气体压强比较低(一般低于5.0MPa)的多采用水平剖分型气缸；气体压强比较高或容易泄漏的，要采用筒型缸体。

（1）水平剖分型　气缸被剖分为上、下两部分，水平剖分型气缸有一个中分面，将气缸

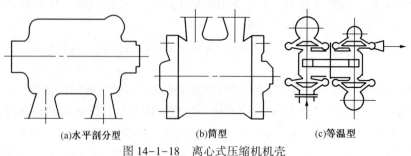

(a)水平剖分型　　　　(b)筒型　　　　(c)等温型

图14-1-18　离心式压缩机机壳

分为上下两半，分别称为上、下气缸。利于装配，上、下机壳用定位销定位。在中分面处用螺栓把法兰连接在一起。法兰结合面应严密，保证不漏气。一般进、排气接管或其他气体接管、润滑油接管或其他接管都装在下气缸，以便拆装时起吊起气缸方便。打开上气缸，压缩机内部零部件，如转子、隔板、密封等都容易进行拆装。轴承箱与下机壳分开浇铸。一般排气压力限在 4~5MPa 范围，不适合用于高压和含气多且相对分子质量小的气体压缩。一个气缸可以是一段压缩（几个级），也可以是两段以上的多段压缩。

（2）筒型 也就是垂直剖分型，筒型气缸里装入上、下剖分的隔板和转子，其两端分别设有端盖，用螺栓把紧。隔板有水平剖分面，隔板之间有止口定位，形成隔板束；转子装好后放在下隔板束上，盖好上隔板束，隔板中分面法兰用螺栓把紧，隔板束可用贯穿螺栓连起来，推入筒型缸体安置好之后，贯穿螺栓可以卸掉。为了导向和防止隔板束转动，一般在气缸下部设有纵向键。轴承座可以和端盖做成一整体，易于保持同心，也可以分开制造，再用螺栓连接。高压离心式压缩机，都采用圆筒形锻钢机壳，以承受高压。由于气缸是圆筒形的，抗内压能力强，对温度和压力所引起的变形也较均匀。使用压力可达 45MPa。与水平剖分型气缸相比，筒型气缸缸体强度高，泄漏面小，气密性好，刚性好，在相同条件下变形小。筒型缸体的最大缺点就是拆装困难，检修不便。

（3）等温型 这种压缩机为了能在较小的动力下对气体进行高效的压缩，把各级叶轮压缩后的气体通过级间冷却器冷却后再导入下一级的一种压缩机。

2. 吸气室

吸气室是机壳的一部分。吸气室内常浇铸有分流肋，使气流更加均匀，也起增加机壳刚性的作用。在压缩机每段第一级入口处都设有吸气室，它的作用是把气体从进气管或中间冷却器顺利地引导到叶轮入口，它的形状应尽量减少气体的流动损失，出口处气流应尽量地均匀，在一般情况下出口气体不会产生切向旋绕而影响叶轮的工作。设计吸气室时，要尽量注意减小气体的流动损失，避免出现气流局部降速与分离现象。吸气室出口的气流要均匀，并且不会产生切向的旋绕，以保证在叶轮进口处，气流有均匀的速度场与压力场。除了满足上述气动特性外，还应注意到使吸气室便于加工制造。吸气室的结构型式很多，为了使进气均匀地充满叶轮每个叶片通道，减小流动损失，通常都设有分流筋。进气道的流通截面沿流动方向逐渐缩小，使气流的压强、温度略有降低，而速度略有增加。进口速度的大小对流动损失和进气室结构尺寸有较大的影响，一般离心式压缩机吸气室进口速度应为：高压小流量压缩机 5~15m/s；一般低、中压压缩机 15~45m/s。吸气室出口即叶轮入口截面处的速度 40~80m/s。

吸气室的形式较多，常见较典型的有下列几种：

（1）轴向进气的吸气室 轴向进气的进气管如图 14-1-19（a）所示。这种吸气室结构简单，为了使气体进入叶轮时能较均匀，常采用收敛形结构，因此，气流均匀，损失较小。比其他形式的吸气室有较好的性能。一般用于单级悬臂式鼓风机或增压器中。

（2）径向吸气室 径向吸气室是使气体由径向转为轴向流动的一种结构形式，如图 14-1-19（b）所示。它径向进气，因气流有转弯，可能引起叶轮进口处气流速度和压力不均匀。因而要求设计时，转弯曲率半径不能大小。在转弯时，可使气流稍有加速，以改善流动条件。但从结构角度看，又不希望曲率半径太大，一般 $r \leqslant 2~2.5D$（D 是管道直径）。当增大曲率半径受到尺寸限制时，可在弯管中装导流叶片，以改善流动情况。

（3）两端支承径向吸气室 双向支承轴承所采用的径向吸气室，如图 14-1-19（c）所示。它由进气通道、螺旋通道和外形收敛通道三部分组成，具有轴向尺寸小、结构紧凑的优点，一般在多级压缩机中最常采用。

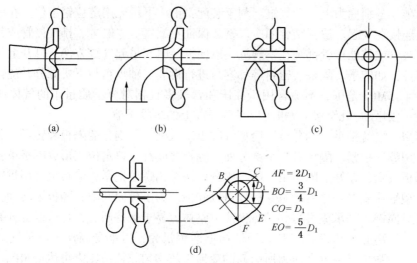

图 14-1-19　各种形式的进气室

（4）半蜗形吸气室　半蜗形吸气室也叫水平吸气室，如图 14-1-19(d)所示。这种吸气室的优点是：进气管不和机器上缸相连，有利于组装和检修。但其气体流动情况比较复杂，叶轮进口处易出现旋绕，流动损失较大。因而，除了满足结构上特殊需要外很少采用。

3. 扩压器

扩压器设在叶轮出口，其作用是将气体的速度能转化为压力能。

从叶轮出来的气体速度相当大，一般可达 $200\sim300\text{m/s}$，高能量头的叶轮出口气流速度甚至可达 500m/s。这样高的速度具有很大的动能，对后弯式或强后弯式叶轮，约占叶轮耗功的 $25\%\sim40\%$，对径向直叶片叶轮，它几乎占叶轮耗功的一半。为了充分利用这部分速度能，常常在叶轮后面设置了流通面积逐渐扩大的扩压器，用以把速度能转化为压力能，以提高气体的压力。扩压器是叶轮两侧隔板形成的环形通道，结构形式主要有无叶扩压器、叶片扩压器和直壁形扩压器等多种型式。

（1）无叶扩压器　无叶扩压器常见的是由两个平壁构成的环形通道所组成。环形通道是等宽度的或变宽度的(见图 14-1-20)。气体从叶轮中流出，经过这个环形通道，随扩压器直径的增加，流通面积 $F=\pi Db$ 也增加，速度逐渐降低而压力逐渐升高。无叶扩压器结构简

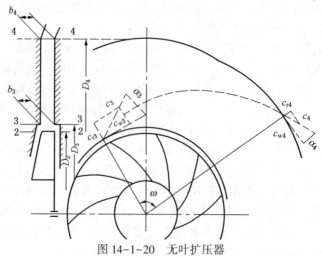

图 14-1-20　无叶扩压器

单，造价低廉，而且具有性能曲线平坦、稳定工况范围较宽的优点。它适用于扩压器出口马赫数较高的机组。因此，对于工况变化较大的情况，采用无叶扩压器较好。但无叶扩压器直径较长，气体流动损失较大，因此，目前在工程上应用较少。

（2）叶片扩压器　叶片扩压器在环形通道内沿圆周均匀设置叶片，引导气流按叶片规定的方向流动。气体介质在无叶扩压器内流动时，方向角 α 基本保持不变，如图 14-1-21 中虚线所示。但在叶片扩压器内，气体必须按照叶片方向流动，所以，流动状况较好，流动损失小，效率高。在设计工况运行时，比无叶扩压器效率高 3%～5%，对于工况变化小的情况，为了提高效率，以采用叶片扩压器较好。因此，叶片扩压器在工程上获得广泛应用。但是，在流量减少的情况下，叶片扩压器易产生旋转脱离，引起压缩机的喘振，这是叶片扩压器的不足，也是我们使用中应注意的问题。从叶轮到扩压器入口的过渡段很重要，因为适当的过渡段可以改善自叶轮出来的气流不均匀性，减少流动损失，还可以降低叶片扩压器进口气流脉动所产生的噪音，一般 $D_3/D_2 = 1.08～1.15$；$b_3/b_2 = 1.05～1.10$；而出口直径为 $D_4/D_3 = 1.3～1.55$，叶片出口角 $\alpha \approx 30°～40°$。

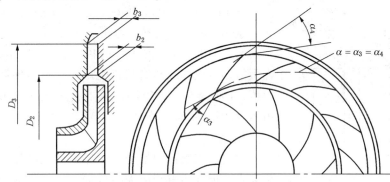

图 14-1-21　叶片扩压器

（3）直壁扩压器　直壁扩压器也是一种叶片扩压器，如图 14-1-22 所示，只是在叶片出口有一段直壁通道，故称直壁扩压器，由于直壁扩压器的气流通道接近直线形，所以气体流动速度和压力分布比较均匀，不易产生边界分离和二次涡流，因此，在设计工况下运行效率较高。偏离设计工况运行时，气体在进口将发生冲击，所以适应性较差。同时由于结构复杂、制造难度大，因而难以广泛应用。

4. 弯道和回流器

弯道和回流器位于扩压器之后，如图 14-1-23 所示。由叶轮甩出的气体介质经扩压器减速增压后进入弯道，气流经弯道使流向反转 180°，接着流入回流器，为保证气体介质沿轴向进入下一级叶轮，回流器内均设有一定数量的叶片，以改善气体流动状况，引导气流顺

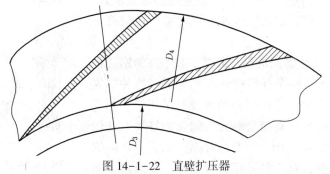

图 14-1-22　直壁扩压器

利进入下一级叶轮，显然，弯道和回流器是沟通前一级叶轮与后一级叶轮的通道，是实现气体介质连续升压的条件。

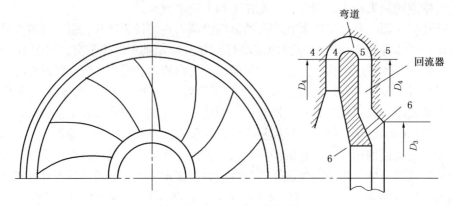

图 14-1-23　弯道和回流器

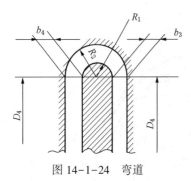

图 14-1-24　弯道

图 14-1-24 中截面 4—4 至截面 5—5 为弯道，截面 5—5 至 6—6 为回流器，弯道一般不设置叶片，回流器设 12～18 条叶片，通常，隔板和导流叶片整体铸造在一起。隔板借销钉或外缘凸肩与机壳定位。弯道前后宽度一般为等值，即 $b_4 = b_5$，弯道和回流器有一定流动损失，一般约占每级能量的 5% 左右。

5. 蜗室

蜗室的主要目的是把扩压器后面或叶轮后面的气体汇集起来，把气体引到压缩机外面去，使它流向气体输送管道或流到冷却器去进行冷却。此外，在汇集气体的过程中，在大多数情况下，由于蜗室外径的逐渐增大和通流截面的渐渐扩大，也使气流起到一定的降速扩压作用。

图 14-1-25(a) 为沿圆周等截面的排气室，气体从叶轮或扩压器中出来后，进入到排气室，再用出气管引出，由于气体在叶轮或扩压器出来时具有很大的旋绕，在排气室不同截面处气体的流量将不一样，因此这种等截面的排气室就不能很好适应这种流量。试验证明，在 α 角较小或气体速度很大时，这种排气室的效率低。但由于其制造简单、并能进行表面机械加工，故目前仍采用。

图 14-1-25(b) 为离心式压缩机中最常用的蜗壳形式，蜗壳的流通截面沿着气流旋绕方向逐斯增加。其动能下降，压能升高。

图 14-1-26 为几种蜗壳的结构形式，图(a) 为蜗壳前具有扩压器；图(b) 为蜗壳直接接在叶轮后面，这种蜗壳中气体流速较大，一般在这种蜗壳后再没有扩压管，蜗壳的尺寸较小，由于叶轮后直接是蜗壳，蜗壳的好坏对叶轮的工作就有很大的影响；图(c) 为不对称内蜗壳，这时蜗壳是安置在叶轮一侧，蜗壳的外径保持不变，其通道截面

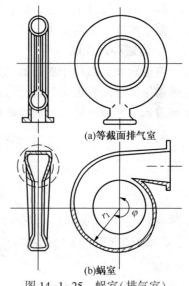

(a)等截面排气室

(b)蜗室

图 14-1-25　蜗室(排气室)

的增加由减小内半径来达到。图 14-1-26(a)、(b)也称为对称形外蜗壳。

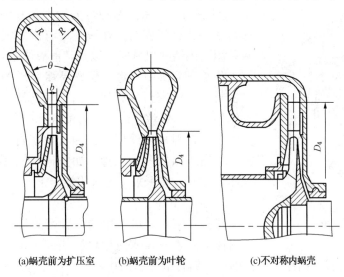

(a)蜗壳前为扩压室　　(b)蜗壳前为叶轮　　　(c)不对称内蜗壳

图 14-1-26　蜗壳的结构形式

蜗壳的横截面形状也可以是圆形、梯形、梨形和矩形等(见图 14-1-27)。蜗壳截面形状对流动的影响不是太大，因此采用何种截面形状，可根据压缩机结构和制造上的方便来考虑。

梯形截面的扩张角 θ，在没有扩压器时最好不超过 45°，对有叶片扩压器的情况，θ 可允许增加到 50°~60°。

在蜗壳出口处($\varphi = 360°$)，气流速度还具有一定的数值，这时后面还有一段排气管(图 14-1-28)，排气管中气体还有一定的扩压。

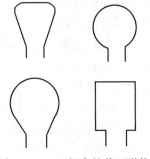

图 14-1-27　蜗壳的截面形状

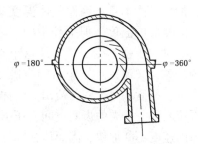

图 14-1-28　蜗壳及排气管

除了上述蜗壳结构外，还有采用多蜗壳的。图 14-1-29 为双蜗壳的结构简图。图 14-1-30 为四蜗壳的离心压缩机剖面图，这种四蜗壳也相当于 4 个小通道扩压器。

6. 密封

如图 14-1-5 所示，密封有隔板密封 9、轮盖密封 10 和轴端密封 7、8。密封的作用是防止气体在级间倒流及向外泄漏。为了防止通流部分中气体在级间倒流，在轮盖处设有轮盖密封 10。在隔板和转子之间设有隔板密封 9。这两种密封统称为内密封。为了减少和杜绝机器内部的气体向外泄漏或外界空气向机器内部窜入，

图 14-1-29　双蜗壳简图

在机器端安置密封 7、8。这种密封统称为外密封。

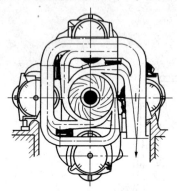

图 14-1-30　离心式压缩机
四蜗壳剖面图

外密封按其密封原理可分为气封和液封。在气封中有迷宫密封和充气密封;在液封中有固定式密封、浮环式密封和固定内装式机械密封以及其他液体密封。

化工压缩机中有毒、易燃易爆介质的密封,多采用液体密封、抽气密封或充气密封。对高压、有毒、易燃易爆气体如氨气、甲烷、丙烷、石油气和氢气等,不允许外漏,其轴端密封则采用浮环密封和机械密封、抽气密封或充气密封。当压缩的气体无毒,如空气、氮气等,允许有少量气体泄漏时,亦可采用迷宫式轴端密封。

1) 迷宫式密封

迷宫式密封是最常用的一种密封形式。迷宫密封是在密封体上嵌入或铸入或用堵缝线固定多圈翅片,构成迷宫衬垫。翅片的材料有黄铜片、磷青铜片、铅青铜片、铝片和白合金片等。视气体的性质、有无灰尘或雾以及气体温度而定。可以是车削而成,也可以嵌入密封体内。由于密封片较软,当转子发生振动与密封片相碰时,密封片易磨损,而不致使转子损坏。密封的作用原理,是利用气流经过密封时的阻力来减少泄漏量。

(1) 结构形式　迷宫式密封的结构形式多种多样。

(2) 密封原理　如图 14-1-31 所示。密封前后气体有一定的压强差,气体从高压端流向低压端,当通过密封齿和轴的间隙时,气流速度加快,气体压强和温度都要降低。由间隙流入下一个齿间空腔时,由于面积突然扩大,形成强烈的涡流。在容积比间隙容积大很多的空腔内气流速度几乎等于零,动能由于旋涡全部变为热量,加热气体本身,因而气体温度又从流经间隙时的温度回升到流入间隙前的温度,但空腔中的压强却回升很少,可认为保持流经间隙时的压强不变。气体从这个空间流经下一个密封齿和轴之间的间隙,又流入再一个齿间空隙,重复上述过程。如此流经一个个齿,最后从整个密封流出。气体每从一个大的齿间空腔流经一个小的齿与轴之间的间隙,再流入另一个大的齿间空间,压强就降低一次,而且随着流动,气体比容不断增加,通过间隙的速度不断加快,因而压强降低得更多,而温度到最后流出密封装置时仍能基本不变,这就是通常所说的节流现象。

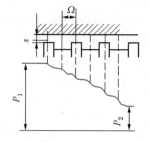

图 14-1-31　迷宫式密封
原理简图

2) 浮环油膜密封

浮环油膜密封是液体密封的一种,它是从固定套筒式油封发展而来的。固定套筒式油封结构简单,如图 14-1-32 所示,用比工艺气体压强略高的油注入 A 腔。一路流入高压气体端,将气体密封住,并经污油回收管回收;另一路流向低压侧,然后经回油管回到油箱。由于这种套筒固定不动,为了避免在运转时,尤其在启动和停机过程中轴和套筒接触,密封间隙不可能做得很小,致使漏油量加大而必须增加油泵的容量和回收污油的处理费用。对高压离心压缩机来说这种缺点就更为突出,因而不能被采用。为了克服固定套筒式油封的缺点,便改进成了浮环油膜密封。

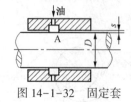

图 14-1-32　固定套
筒式油封

（1）工作原理　浮环油膜密封的结构如图14-1-33所示。该密封既能在环与轴的间隙中形成油膜，环本身又能自由地径向浮动。靠高压侧的环称为高压环或内环，低压侧的环称为低压环或外环，有时低压环不止一道，则处于高压环与低压环之间的浮环称为中间环。这些环可以自由地沿径向浮动，但有防转销挡住不能转动。密封油以比工艺气压强高的压强注入密封室，一路经高压环和轴间之间隙流向高压侧，在间隙中形成油膜，将工艺气体封住。另一路则由低压环与轴之间的间隙流出。浮环能自由浮动的原理和轴承的工作原理一样，都是利用油膜产生的浮力来承担载荷，区别在于被浮起的对象不一样。对轴承来讲被浮起的是轴，轴瓦固定不动。对浮环密封浮起的是浮环，固定不动的是轴。油膜的浮力是这样产生的：浮环在自身重量 G 的作用下，和轴存在一定的偏心 e，在轴的上方形成油膜。由于轴的旋转，在油楔中形成油膜压力，同时作用在浮环和轴上，轴本身在轴承中定位，不会因它而变动，浮环重量轻，在油膜压力形成的浮力 W 作用下而浮起，直到和轴"对中"为止。运转过程中，只要有偏心存在，不管这个偏心是怎样形成的，都会自动维持"对中"，这便是浮环油膜密封的一个特点。有了这个特点，便可以大大减小密封间隙值，从而减少泄漏率。当然，用"对中"这个词是不严密的，因为环本身有重量，浮动有摩擦，浮环不可能和轴真正对中，只不过使偏心维持在必要的最小值。这个偏心值由浮环的重量与摩擦力的大小来确定。

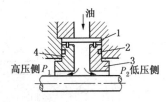

图 14-1-33　浮环油膜密封结构
1—防转销；2—O 形密封圈；
3—低压环；4—高压环

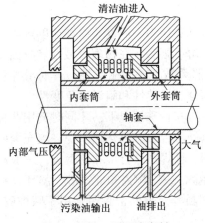

图 14-1-34　浮环式密封

（2）密封油系统　常见的浮环密封工作简图如图 14-1-34 所示。

为了控制住气体，使其不泄漏到机外，在浮动环密封装置中，通常采用液体密封法，即用一个稍高于气体的压力，具有特殊性能的液体(通常是透平油)注入两个浮环之间，使它渗入主轴和浮动环之间的环形间隙中，阻止气体泄漏出去。

要保证密封装置的正常运转，必须使密封油的供应系统有效，而且可靠。因为，如果密封油的压力下降到气体压力以下，即使是一瞬间，也将导致压缩机内气体泄出，并且由于缺乏润滑油，浮动环的滑动面也将受到损坏。所以，在密封油系统中，应当经常维持密封油和流程工艺气(被密封的高压气体)之间的压力差。为了使压缩机的内泄漏减少到最低限度，通常将压力差维持在 0.04~0.1MPa。

3）机械接触密封

机械接触密封又称端面密封，在水泵中应用很广，积累了许多经验。这种密封的泄漏率极低，比一般油密封小 5~6 倍，使用寿命比填料密封长。因此，在离心式压缩机中，当被压缩的气体不允许向外泄漏时也常常用到它。

（1）结构原理　压缩机用机械接触式密封的结构如图 14-1-35 所示。它是由动环、静环、弹簧以及其他零部件所组成的。动环和静环端面光洁而平直，静环在弹簧的作用下，和动环端面紧贴，端面之间保持一层薄薄的油膜，将压缩机内的气体封住，这是一种动密封，又叫相对旋转密封。除了动密封之外，还有静密封如静环和弹簧座之间的 O

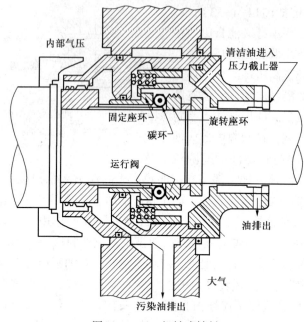

内部气压

清洁油进入
压力截止器

固定座环　　旋转座环

碳环

运行阀

油排出

大气

污染油排出

图 14-1-35　机械式轴封

形密封圈、弹簧座和气缸之间的 O 形密封圈等，防止油从这些地方漏出。动环和主轴之间的 O 形环是一种相对静止密封，防止压缩机内气体沿轴向外泄漏。

为了润滑动环和静环的摩擦面，把摩擦副的热量带走，防止动、静环接触面附近的杂质聚集，必须用油冲洗，建立起油气之间较高的压差，一般为 0.28～0.48MPa。密封油以比控制气压强高的压强从下部注入，大部分油从顶部排油口排出，带走密封摩擦产生的热量，这部分排油量根据控制气压强的变化来进行调节，维持油腔和控制气之间所需的压差。

（2）形式　一般压缩机用机械密封的弹簧是多个均匀的小弹簧，使之加载均匀。弹簧泡在油里，压在静环上，不随轴转动，常称为静止式。如果弹簧加载装置随轴旋转，就称为旋转式。

（3）摩擦副材质　摩擦副材料主要根据压缩介质的特性、压力、温度、滑动速度等因素选择。在化学性能方面要能够抵抗介质的腐蚀、磨蚀、溶解、溶胀。在物理机械性能方面要有高的弹性模量、强度和 [PV] 值，低的摩擦系数和热膨胀系数，好的耐磨性、自润滑性和不渗透性等。在热力学性能方面要有很好的耐热性、耐寒性、导热性和耐温度急变性。

摩擦副材料一般是选择软、硬两种耐磨材料配对使用。在特殊情况下，才同时选用两种硬耐磨材料配对使用。常用的摩擦副材料有石墨、碳化钨硬质合金、氧化铝陶瓷、填充聚四氟乙烯、酚醛塑料、铸铁青铜以及氮化硅、镍铬钢、铬钢、堆焊钴铬合金和碳钢等。一般动环材料可为钢环堆焊碳化钨或不锈钢 1Cr13、堆焊硬质合金，或用陶瓷和硅铁等。静环材料为石墨浸渍树脂、石墨浸渍青铜，或用锡磷青铜、酚醛塑料等。辅助密封圈则用丁腈橡胶、聚四氟乙烯、氟橡胶等材料。

（4）密封油系统　离心式压缩机机械密封的密封油系统，一般可与压缩机润滑油系统共用一个油站，有时由于密封油压力较高，还需另设置密封油泵、密封油过滤器、密封油冷却器等。另外，还需控制油气压差的差压控制系统以及内漏油的排放分离系统等。

（5）优缺点　机械密封带有自动补偿机构，垂直于轴的光洁而平整的密封面有良好的贴合作用，密封性能好，泄漏量比一般密封都小，工作状况稳定，停车时也能起密封作用。但由于是接触式密封，磨损受到限制，材料品种多，安装要求高。在高速情况下，只要设计得当，不难获得全液膜润滑，仍然可满足使用寿命要求。因此它广泛地应用于中低压离心式压缩机的轴端密封。

机械密封与油膜密封相比，具有一系列的优点：

① 密封油向气体侧漏泄得少，因此可以防止密封油大量混入处理气体内，可简单、廉价地实现气液分离。

② 可将处理气体与密封油的压差(密封差压)设定成最大为数 MPa(油膜密封时仅为 0.098MPa)。密封压力差大不仅有利于气体压力变动的情况或因供油装置故障而需紧急停车的情况，而且还便于密封差压的调节与控制，其油箱的成本相应地也有所降低。

③ 油箱关闭时，即在不供给密封油的状态下，可做到防止气体漏泄。

④ 它具有使轴电流导向机壳的接地功能，从而可防止使用油膜等密封时经常产生的静电放电而导致轴承损坏的现象。

⑤ 油膜密封中，其油膜动态特性存在着引起轴系临界转速上升和自激振动的情况，而机械密封却不存在这种现象。另外，由于轴的长度变得较短，故轴系的动态稳定性相应地有所提高。

4) 干气密封

干气密封消除了液体密封介质(密封油)的使用及其控制，气密封是被装在一个套筒内并按压缩机的型式和型号插在压缩机的一端或两端，在运行期间干气密封应用压缩机的排气作为密封介质并保证连续供给。运行时气体经过滤后并控制以低压输送到均为专用碳材料制成的旋转(配对)密封环和静止(一级)环之间，配对环随压缩机轴总成一起旋转形成一个增压的气体屏障，该屏障在配对和一级碳环之间流动以克服位于一级密封环后面弹簧产生的张力，这就冷却了密封面并使得大约 15% 的气流得以排出，大约 85% 的密封气流回到了压缩机工序中。相比于油密封，干气密封消除了油侵入压缩机和管道输送工艺气体中的风险，减少了维修保养的工作量并延长了输气管道运行的寿命，这一点再加上耗电和运行费用上的节省使得干气密封在排气压力等于或低于 2000psig(lbf/in², 表压)的离心式压缩机的气体密封方面成为人们的首选。

图 14-1-36　干气密封旋转的接合环

(1) 旋转的接合环

干气体密封在转动密封件上采用了螺旋槽图案(见图 14-1-36)，静子密封件使用了高精度车铣加工的石墨表面。密封使用了流体静力学和流体动力学原理使工作过程中保持最小的泄漏量。

(2) 干气密封结构

干气体密封的结构如图 14-1-37 所示，主环是静止的石墨密封件，配合环是螺旋槽图案的碳化钨密封件。挡盘是用来防止弹簧磨损静止石墨密封环的背面。

① 配合环　配合环是密封件的旋转元件，通常用碳化钨制造。表面蚀刻螺旋槽图案，螺旋槽图案从外圆周开始，扩展到位于表面部分距离的内圆周。这就使得配合环和主环之间的环形面积在静止时全部接触。螺旋槽的深度大约 100~400μm。在工作过程中，螺旋槽会引起压力升高导致表面产生小的分离。

② 主环　主环是密封件的静止元件，由软的石墨制造。在轴没有旋转的情况下这个组件靠在配合环上，形成静态密封，使压气机内工质空气封严。

③ 弹簧　弹簧在当轴静止时提供静态的密封力。弹簧定位在保持架内，当轴不转动时推压挡盘使主环靠在配合环上。

④ 挡盘　挡盘位于弹簧和主环之间。因为主环由软的石墨制造，这个零件可以防止弹

簧穿透主环。

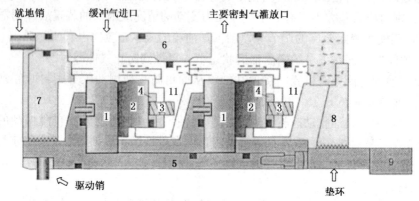

图 14-1-37　干气密封结构

1—配合环；2—主环；3—弹簧；4—挡盘；5—轴衬套；6—腔室壳体；7—内侧迷宫密封；
8—外侧迷宫密封；9—螺母；10—内传动销钉；11—保持架

⑤ 轴衬套　轴衬套由位于压气机轴里的销钉驱动。轴衬套驱动配合环。

⑥ 腔室壳体　腔室壳体是密封件最外面的部分，它在压气机壳体内定位密封件。壳体内安装干空气密封组件。

⑦ 内侧迷宫密封　内侧迷宫密封使不干净的工质气体不会进入干气体密封件。

⑧ 外侧迷宫密封　外侧迷宫密封防止临近轴承的滑油进入干气体封严件。当使用磁性轴承时，这个迷宫密封帮助维持轴承冷却空气的反压。

⑨ 螺母　螺母将干气体封严轴衬套固定住。它使用锁片垫圈强制保险。采用垫片使干气体密封件正确定位，使它和转子的中心位置同心。

⑩ 内驱动销钉　内驱动销钉与配合环背面的孔相啮合，以保证配合环在转动时不打滑。

⑪ 保持架　保持架固定主环、挡盘和弹簧。它还包含防止主环转动的销钉。

⑫ 辅助系统　干空气密封辅助系统包括过滤器、仪表、流量计、压力开关、安全阀和隔离阀。安全阀和压力开关在高的密封泄漏情况下保护系统。

如果密封件表面气体干燥又清洁，密封件会更有效并且使用时间会更长。因此，压气机出口密封件气体管线上装有两个简单的过滤器以过滤气体。这些过滤器用管子和隔离阀连成并行结构，允许一个过滤器工作时其他的过滤器处于待命/离线状态。

气体泄漏由压力变送器和开关自动监测，如图 14-1-38 所示，并能由流量计确认。密封泄漏严重时，压力开关能引起自动停车。

在流量计泄漏严重的情况下，气体能通过旁路泄流阀流走。这就使得密封腔出口很快达到一个安全大气压，防止气体进入压气机内部。

（3）操作

干气密封的气源来自压气机的一个球阀排放口，称为过滤后的气体。接着气体通过单一过滤器，单一过滤器有一个压差变送器监测过滤器的清洁状况。在通过选择的过滤器（一次只有一个在线工作）后，过滤后的气体通过气体流量计（每一密封件有单独的过滤后气体流量计），接着通过位于每一压气机密封盒的过滤后气体供给线上的针阀（对于悬挂式压气机有一个密封盒，对于悬臂式压气机有两个密封盒）。过滤后的气体接着进入密封面和内侧迷宫密封之间的首级密封盒。如图 14-1-39 所示。

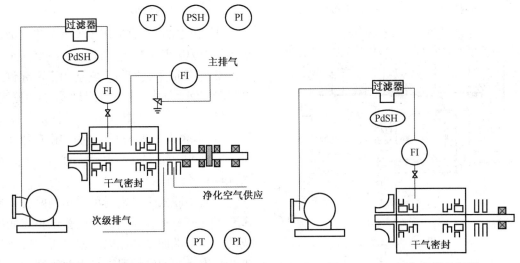

图 14-1-38　典型的干气体密封辅助系统　　　　图 14-1-39　干气密封的气源

一部分(大多数)过滤的气体在穿过内侧迷宫密封进入工质气体时损耗掉，这样压气机内的工质气体(没有过滤)就不会进入密封盒。当压气机转子开始旋转，另一部分过滤气体由向心槽连接到配合环(转动)表面的螺旋槽并吸进密封件。在螺旋槽停止的地方，压力增高，类似于水坝那样。这道压力坝仅允许部分过滤气体通过密封件，用来冷却封严件的表面。如图 14-1-40 所示。用来冷却封严件的气体通过安装在线上的主密封泄漏通风流量计排放到大气中。泄漏通风流量计带有安全活门以旁路流量计、压力开关和压力监测的变送器。没有用来冷却密封件的气体也通过内侧迷宫密封导回气机。

在主密封件失效的情况下，由第二道密封防止工质气体进入压气机内部。在正常工作情况下，第二道密封排气流量很微小。

典型的针阀调整是使过滤气体流量计流量比排放气体流量计流量大 10~15SCFM。可参考压气机密封气体图表来设置精确的流量计流量、高压报警压力及关车和安全阀压力。

从图 14-1-41 中可以看出，为干气体密封盒和滑动轴承之间的迷宫密封提供缓冲空气，目的是为了阻止滑油从滑动轴承区域迁移到密封盒。

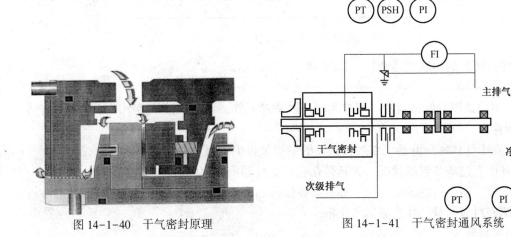

图 14-1-40　干气密封原理　　　　　　　图 14-1-41　干气密封通风系统

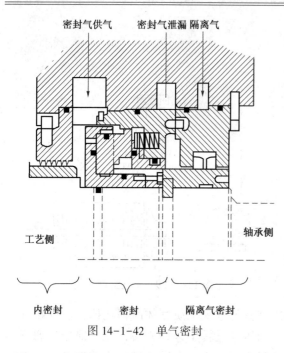

密封气供气　密封气泄漏　隔离气

工艺侧　　　　　　　　　　　　　　　　轴承侧

内密封　　　　密封　　　　隔离气密封

图 14-1-42　单气密封

（4）干气密封形式

① 单气密封　它适用于少量工艺气泄漏到大气中无危害的工况，如图 14-1-42 所示。

② 双端面干气密封　它适用于不允许工艺气泄漏到大气中，但允许阻封气(例如氮气)进入机内的工况，如图 14-1-43 所示。

③ 串联式干气密封　它适用于允许少量工艺气泄漏到大气的工况，如图 14-1-44 所示。

一套串联式干气密封可看作是两套或更多套干气密封按照相同的方向首尾相连而构成的。与单端面结构相同，密封所用气体为工艺气本身。通常情况下采用两级结构，第一级(主密封)密封承担全部或大部分负荷，而另外一级作为备用密封不承受或承受小部分压力降，通过主密封泄漏出的工艺气体被引入安全区域放空。剩余极少量的工艺气通过二级密封漏出，引入安全地带排放。

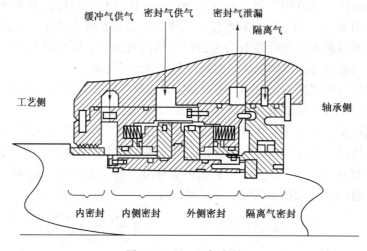

缓冲气供气　密封气供气　密封气泄漏　隔离气

工艺侧　　　　　　　　　　　　　　　　轴承侧

内密封　　内侧密封　　外侧密封　　隔离气密封

图 14-1-43　双气密封

④ 带迷宫密封的串联气体密封　如图 14-1-45 所示。

（5）维护

警告：不要试图分解密封盒。用户无权分解密封元件。不要用液体溶剂或压缩气体清洁干气体密封件。

注意：在干气体密封开始工作后，需要的维护量很少。每 24h 进行下面的检查：

① 检查所有过滤装置的状况，尤其是在它们被自动关车电门监测的时候。

② 检查过滤器两边的压力变化。如有必要切换和清洁过滤器。

③ 监测密封泄漏量。注意流量变化率。

（6）故障排除

干气体密封盒的故障排除限制在确定外直径和内直径 O 形环是否漏气，或者密封是否有灾难性的故障。如果 O 形环漏气，按设备技术手册上的维护说明书拆下密封盒并更换 O 形环。

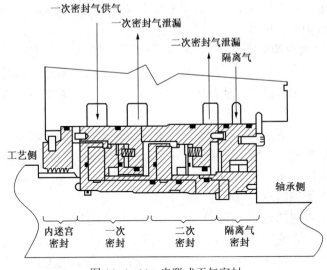

图 14-1-44 串联式干气密封

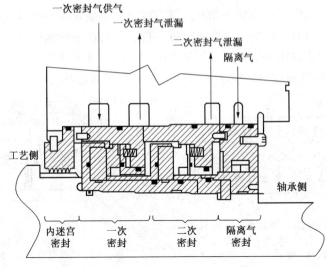

图 14-1-45 带迷宫密封的串联气体密封

7. 轴承

离心式压缩机有支持轴承和止推轴承。支持轴承为滑动轴承，它的作用是支持转子使之高速运转。止推轴承则承受转子上的剩余轴向力。

8. 离心式压缩机的段和级。

正如前述，为了节省压缩机的耗功，压缩机常带有中间冷却器。中间冷却器把全部级分隔成几个段。在每段里，有一个或几个级组成。每个级是由一个叶轮及与其相配合的固定元件所构成。例如，DA120-61 压缩机全部级被分成二段，每段由三个级组成。

对于离心式压缩机级来说，从其基本结构上来看，它可分为中间级和末级二种。图 14-1-5 中第 1、2、4、5 级表示了中间级的形式。它是由叶轮、扩压器、弯道和回流器等组成。气体经过中间级后，将直接流到下一级去继续进行增压。在离心式压缩机的每一个段里，除了段中的最后一级外，都属于这种中间级。图 14-1-5 中第 3、6 级表示了末级的型式。它是由叶轮、扩压器、蜗室等组成。气体经过这一级增压后，将排出机外，流到冷却器进行冷却，或送往排气管道输出。对于这二种级的结构形式来说，叶轮是这二种级所共同具有的，而只是在固定元件上有所不同。对于末级来说，它是以蜗室取代中间级的弯道和回流器，有时还取代了级中的扩压器。

9. 压气站的天然气冷却系统

由工程热力学原理可以得出，压气站对工艺气的压缩将导致压气站出口处的工艺气的温度增高。具体的工艺气出口温度数值由压气站入口处的工艺气温度初始值及工艺气压缩过程的增压比决定。

如果出站的工艺气温度过高，一方面，可能导致管道绝缘层的破坏，另一方面则可以导致工艺气供气能力降低和压气所用能耗的增高(这主要因体积流量的增加而致)。

工艺气的冷却可以在不同类型和结构的冷却器里进行：管壳式的(管中管式)空气压缩和吸收冷却器、不同类型的冷却塔、空气冷却器等。

压气站中应用最普遍的是如图 14-1-46 所示的空冷器型式。

但应该注意的是，在这种冷却型式中，工艺气冷却程度(或称为深度)在这里受到外部气温的限制，尤其表现在夏季运行周期里。经过空冷器冷却后的工艺气的温度也就自然不可能低于外部大气温度。

热交换元件和抽送空气的风扇的相互配置方式事实上决定了空冷器的结构形式。空冷器的热交换可以水平、垂直、斜向、弯曲式布置，这决定着设备的构成。

空冷机的工作原理说明如下：在金属支承结构上固定管式热交换区(见图 14-1-47 和图 14-1-48)，所输天然气通过热交换区的管子，外部空气通过热交换区的管子间的空间，借

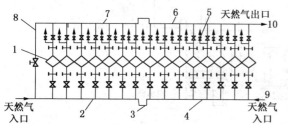

图 14-1-46　天然气空气冷却装置工艺流程图
1—天然气空气冷却器；2，4，6，7—集流器(汇管)；
3—补偿器；5—放空管；8—旁通管；9—天然气进口；
10—天然气出口

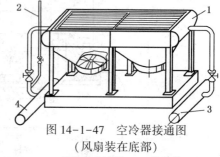

图 14-1-47　空冷器接通图
(风扇装在底部)
1—天然气空冷器；2—放空管；
3，4—天然气出口及入口汇管

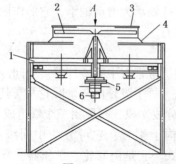

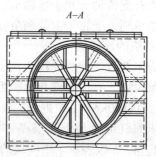

图 14-1-48　风扇置于上部的天然气空冷器
1—热交换界表；2—风扇；3—连接管；4—扩散器；5—三角皮带转动装置；6—电动机

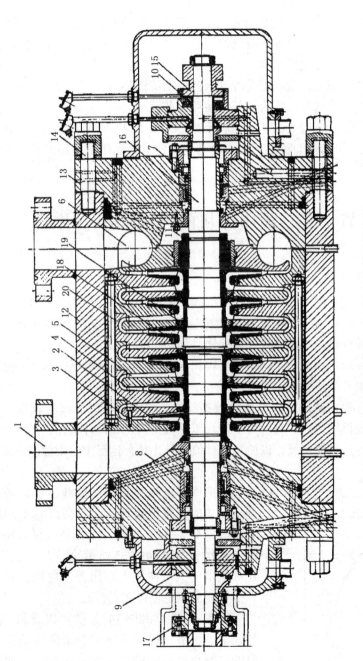

图 14-1-49　氢气循环离心式压缩机纵剖面构造图

1—吸气室；2—叶轮；3—扩压器；4—弯道；5—回流器；6—蜗室；7、8—轴端、密封；9—支持轴承；10—止推轴承；11—卡环；12—机壳；13—端盖；14—螺栓；15—推力盘；16—主轴；17—联轴器；18—轮盖密封；19—隔板密封；20—隔板

助于电动机旋转驱动的风扇注入。在压缩中被加热了的工艺气在管道中流动，通过与管子外空间流动的外部空气进行热交换而实现冷却。

压气站空冷器运行经验表明：采用这种类型的空冷器，通常可使天然气降低温度15~25℃。

在设计压气站时，空冷机的数量要按行业规范标准来确定。具体要求为保证空冷器的出口工艺气的温度不高出室外平均温度15~20℃。

经过空冷机冷却后进入输气管道的工艺气温度降低，将导致管道沿线区段平均气温的降低，继而导致下一个压气站入口温度的降低及入口流量的增加。这些都会自然导致下一站压比的减小及站上压缩天然气能耗的减少。

值得注意的是，在生态上，空冷器是冷却天然气的清洁装置，不需要消耗水，操作上相对简单。目前，输气空气冷却器已成为压气站主要工艺设备之一。

除了水平剖分型典型结构外，对于高压离心式压缩机采用筒型典型结构，如图14-1-49所示。这种压缩机结构的特点，在于机壳采用能承受高压的筒型结构。端盖用螺栓和筒型机壳连接。

第二节　离心式压缩机的性能和串、并联

一、压缩机的性能曲线

离心式压缩机运行过程中工况不断变化，必须不断改变流量、压力等参数，以满足生产工艺上的需要。在一定转速下，不同流量时的排气压力(或压力比)、功率和效率用曲线来表示，这些曲线称为压缩机的性能曲线或特性线，如图14-2-1所示。

性能曲线横坐标一般用流量(质量流量或容积流量)，纵坐标用出口压力(或压力比)，有的特性线纵坐标用温升或多变能量头等。

压缩机性能曲线一般由制造厂根据试验数据绘制，或根据模型及试验数据经过计算得出，并作为技术资料提供给用户，有时为了校核压缩机是否达到设计指标，需要在现场用真实气体作介质，重新标定性能曲线，以便与设计值进行比较，运行中运用性能曲线应以现场实测者为准。

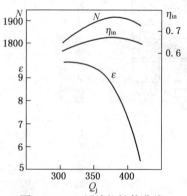

图14-2-1　压缩机性能曲线

Q_j—进口流量，m^3/h；N—排气压力，N；η_{in}—效率；ε—压力比

上面所讲的压缩机性能曲线，都只是在某个转速下得出的。在不同转速时，会得到不同的性能曲线(见图14-2-2)。有时为了方便起见，还可以把性能曲线作成如图14-2-3所示的形式。它直接在压力比和流量的关系曲线上作出等效曲线，目前这种形式的性能曲线也用得相当普遍。

由图14-2-2和图14-2-3可以看到，在每一个转速下，每条压比与流量的关系曲线的左端点为各自的喘振点，压缩机只能在喘振点的右面性能曲线上正常工作。

压缩机性能曲线有以下特点：

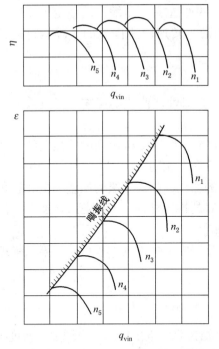

图 14-2-2　不同转速下压缩机的性能曲线

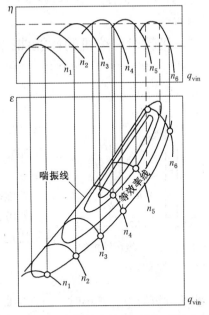

图 14-2-3　有等效率线的压缩机性能曲线

（1）每个转速下都有一条对应的性能曲线，当转速一定时，流量增加，出口压力减少；流量减少，排气压力增加。流量一定时，转速越高，排气压力越高；转速越高，性能曲线越向右上方移动。

（2）随着转速的增加，性能曲线变得越来越陡。

（3）转速一定，流量增加，排气压力降低，当流量增加到一定程度时，压力成直线下降，这就是最大流量的限制。最大流量限制在性能曲线上一般不标出，由制造厂给出。按国际公认的美国 API 标准规定，额定转速 n_0 下的额定流量为 Q_0，该转速下的最大额定流量 $Q_{max} = 115\% Q_0$；转速为 n 时，性能曲线的最大限制流量 $Q_{max} = 1.15(n/n_0)Q_0$。

（4）在一定转速下，当流量减少到一定值时，压缩机便开始喘振，不能正常工作，该流量称为喘振流量，该点称为喘振点。各转速下喘振点连接起来，便构成喘振线，压缩机流量不能等于或小于喘振流量规定值，否则便发生喘振。喘振流量可通过试验或计算方法来确定，并标在性能曲线上。一般单级压缩机额定转速下的喘振流量约为额定流量的 50% 左右，多级离心式压缩机额定转速下喘振流量一般为额定流量的 70%~80%。

（5）防护曲线（防喘振边界线），为了防止喘振，保证运行的安全，一般最小流量限比喘振流量大，留有 5% 的流量裕度，叫防喘裕度。防喘振线就是将最小流量限用曲线连接起来，此曲线叫防护曲线或防喘边界线。

（6）压缩机的稳定工作区：压缩机在流量上有最大流量和最小流量限制；压力方面有最大压力限制；转速方面有最大转速限制，一般压缩机允许短期超速到设计转速的 105%~110%；柔性轴必须跳

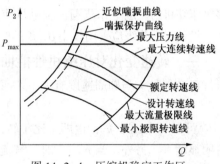

图 14-2-4　压缩机稳定工作区

过一阶临界转速，并留有一定的安全裕量，一般为30%左右。压缩机的稳定工作区为最大压力限、最大流量限、防喘边界线（防护曲线）和最小转速限所围成的工况运行区，如图14-2-4所示。

二、级数对压缩机的性能曲线的影响

为了便于说明问题，这里以二级为例来说明级数对性能曲线的影响，当级数大于二级时，情况基本相同，只是其影响有所累加。

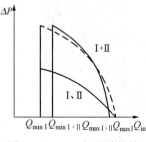

图 14-2-5　二级压缩机的
性能曲线

图 14-2-5 表示两个单级压缩机串联的性能曲线，其中假定各单级的性能曲线 I 和 II 相同。

如先不考虑密度的变化，则两个级的质量流量和容积流量均相等。这样两级串联的性能曲线，只要把 ΔP 加上一倍就行了，如虚线 I + II 所示。

如考虑密度的变化，则根据连续方程可知，第二级进口的容积流量 $Q_{\text{in II}}$ 应为：

$$Q_{\text{in II}} = \frac{\rho_{\text{in I}}}{\rho_{\text{in II}}} Q_{\text{in I}}$$

当第一级的 $Q_{\text{in I}}$ 减小时，由性能曲线的形状可知，第一级出口的压力增加，密度 $\rho_{\text{in II}}$ 也增加，则第二级的 $Q_{\text{in II}}$ 比第一级的流量减小得更多。如果第一级的流量再减小而尚未喘振时，第二级的 $Q_{\text{in II}}$ 因减小得更多可能进入喘振。这样二级压缩机的喘振流量 $Q_{\text{min I + II}}$ 就大于第一级单独工作时的喘振流量 $Q_{\text{min I}}$。图中的实线 I + II 表示二级压缩机的总性能曲线。

当第一级的 $Q_{\text{in I}}$ 增大时，其第一级的压升就下降。当 $Q_{\text{in I}}$ 增加到一定值时，ΔP_{I} 就很小，由于气流在第一级内有较大的损失，使第一级出口的气流温度增大，密度减小，这样有可能使第二级的 $\rho_{\text{in II}}$ 反而小于第一级的 $\rho_{\text{in I}}$，从而第二级的 $Q_{\text{in II}}$ 大于第一级的 $Q_{\text{in I}}$。致使第一级尚未达到堵塞流量 $Q_{\text{max I}}$ 时，第二级首先达到堵塞流量 $Q_{\text{max II}}$。因而两级串联的最大流量 $Q_{\text{max I + II}}$ 小于第一级单独工作时的堵塞流量 $Q_{\text{max I}}$。

由此可见，当两级串联工作时由于气流密度变化的影响，使压缩机的喘振流量增大，堵塞流量减小，故性能曲线的形状比单级的更为陡峭，稳定工作范围更为狭窄。显然级数愈多，逐级密度的影响愈大，则多级压缩机的性能曲线就更陡峭，稳定工作范围更狭窄。

对具有中间冷却器的多级压缩机，从前一段出来的气体经冷却器冷却后温度接近于前一段进口的温度，而压力上升许多，则下一段进口处的密度比没有冷却器时增加得要多。因而使下一段的容积流量更小，更易进入喘振。

综上所述，可知多级压缩机的稳定工况范围较窄，且主要取决于最后几级。因此为了扩大多级压缩机的稳定工作范围，应尽量使后几级的性能曲线平坦些，使稳定工作范围宽些。为此，设计时后几级应采用较小 β_{2A} 角的叶轮，因为这种叶轮可使级具有较宽的稳定工作范围。

三、转速变化对压缩机性能曲线的影响

已知能量头与圆周速度有如下关系：

$$l_{\text{tk}} = C_{2u} u_2 - C_{1u} u_1$$

可知 l_{tk} 正比于 u_2，也即正比于转速，所以当转速 n 增大时，压缩机的压比及出口压力将明显增大。另外，当 n 增大时，气流的马赫数也增大，这时流量若离开设计值，就会使损失大大增加，而使稳定工况范围缩小。所以 n 增高时，压缩机的性能曲线将变陡。

图 14-2-6 表示有转速变化时，压缩机性能曲线的变化情况。图中 $n=25000 \text{r/min}$ 的那条性能曲线特别陡，当流量大到某值后，性能曲线甚至接近垂直形状。这是因为转速大，气流的马赫数 Ma 已相当大，这时若再增大流量，就会很快到达最大马赫数 Ma_{max} 值，发生堵塞工况，因而就不可能再增大流量了，故性能曲线呈垂直状。

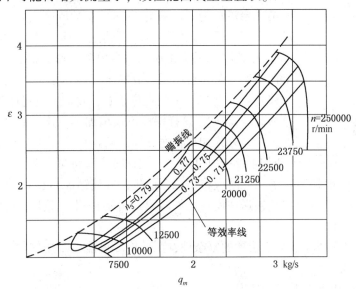

图 14-2-6　某压缩机在不同转数下的性能曲线

根据上面对压缩机性能曲线的分析，可以归纳出下面几点结论：

(1) 在一定转速下，增大流量，压缩机的压力比将下降。反之，则上升。

(2) 在一定转速下，当流量为某值时，压缩机有最高效率。当流量大于或小于此值时，效率都将下降。一般常以此流量的工况点为设计工况点，这时的流量为设计流量。

(3) 压缩机性能曲线的左边受到喘振工况的限制，右边受到堵塞工况的限制。在这两个工况之间的区域，为压缩机可以正常工作的稳定工况区。稳定工况范围的大小，也是衡量压缩机性能的一个重要指标。

(4) 压缩机的级数愈多，则气体受密度变化的影响愈大，性能曲线愈陡，稳定工况范围也愈窄。对具有中间冷却的多级压缩机，这个问题更需引起重视。

(5) 转速愈高，压缩机性能曲线就愈陡，稳定工况范围也愈窄。此外，转速增大时，整个性能曲线将向大流量方向移动。

目前，尚没有理论上计算压缩机性能曲线的可靠方法，特别是缺乏工况变化时级与级之间互相影响的试验数据。所以一般性能曲线都是通过对实物做试验运行时实测得到的。

四、压缩机的串联与并联

如果一台压缩机的压力或流量达不到用户的要求，则压缩机串联可增加排出压力；并联可增加排出流量。压缩机串联或并联时，会产生两台机器之间的工作协调性问题。

1. 压缩机串联

两台压缩机串联工作时，情况与一台二级压缩机基本相同。图 14-2-7 中的 Ⅰ、Ⅱ 和 Ⅰ+Ⅱ 分别为两个单台的和串联的压缩机性能曲线。串联的性能曲线是根据在同样的质量流量下两台的压力比相乘而得。串联的性能曲线比单台的要陡峭，且稳定工况范围更狭窄。

压缩机串联工作的效果如何，应根据用户的要求而定。大体有如下三种情况：

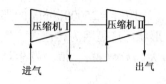

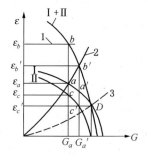

图 14-2-7　压缩机串联工作

其一是如果压缩机和等压容器联合工作，且二者之间连接管道很短，则管网曲线是一条水平线，如图 14-2-7 中的线 1。当容器压比要求从 ε_a 增加到 ε_b 而流量仍为 G_a 时，就需两台压缩机串联。这时，第一台工况不变(流量为 G_a 和压比为 ε_a)，第二台流量为 G_a，压比为 ε_c，总的压比 $\varepsilon_b = \varepsilon_a \varepsilon_c$。

其二是如果压缩机用来输送气体，其管网曲线如图 14-2-7 中的线 2。若压缩机第一台单独工作，则工况点为 a。若压力比不够，可两台串联，总的工况点位于 b'，此时第一台工况点移到 a'，第二台工况点位于 c'，它们的流量同为 G_a'，总的压比为 $\varepsilon_b' = \varepsilon_a' \varepsilon_c'$。这样串联不仅增加了压比，而且增加了流量。

其三是如果输送气体的管网阻力系数较低，其管网曲线如图 14-2-7 中的线 3，则这时串联将是多余的，因为一台就够用了。此时应将第二台停机，并使第一台出口的气流由旁通管道直接送往用户。如若第二台不停机，不但白浪费功率，而且有时还会影响正常工作。

由于压缩机串联增加了整个装置的复杂性，因此应尽可能少采用这种措施。

2. 压缩机并联

压缩机并联可用于以下三种情况：

其一是必需增加流量而又想利用现有的压缩机。

其二是用气量经常变动，一台工作，另一台备用，一旦需要更大的供气量时则两台并联一同供气。

其三是气体需要量特别大，用一台压缩机则尺寸过大，使设计制造均有困难。

压缩机并联时总的性能曲线，可根据两台压缩机各自的性能曲线在相同压比下的流量相加而得，如图 14-2-8 所示。其中Ⅰ和Ⅱ为两台各自的性能曲线，曲线Ⅰ+Ⅱ为并联的总性能曲线。

压缩机并联的工作效果如何，也要根据用户的要求而定。大体有以下几种情况：

其一是如果压缩机与等压容器联合工作，其管网曲线如图 14-2-8 中的水平线 1，这时两台机器的工况点在 a 和 c，并联总的工作点在 b，其压比相同 $\varepsilon_b = \varepsilon_a = \varepsilon_c$，而流量 $G_b = G_a + G_c$。

其二是如果压缩机用来输送气体，其管网曲线如图 14-2-8 中的 2，这时并联总的工况点在 b'，而两台各自的工况点在 a' 和 c'，其 $\varepsilon_b' = \varepsilon_a' = \varepsilon_c'$，而 $G_b' = G_a' + G_c'$。但每台的流量要比单独工作减少了。

其三是如果管网阻力系数很大，如图 14-2-9 曲线 3 所示，并联总的工况位于 S，这时第二台的工况点有可能已越过最小流量而进入喘振状态。此时原来应通过第二台的气体趋向于通过第一台，于是第一台流量增加，出口压力下降，使其由 a 点移到 a' 点，压力比下降为 ε_a'。此时因为背压下降而第二台

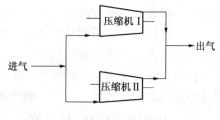

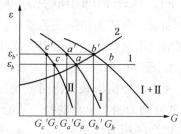

图 14-2-8　压缩机并联工作

又开始恢复正常供气，于是总流量为 $G'_b = G'_a + G'_c$。但在 G'_b 时管网的工况点上升至 E 点。显然由于管网阻力大于并联后的压力，导致流量又要减少，使并联的工况点又由 b' 回复到 S 点，而这时第二台又进入喘振，如此周而复始，处于喘振不稳定状态。所以当管网阻力很大时，为防止喘振，应让第二台停机，只让第一台工作。此时的流量仅为 G'_a，压力比仅为 ε'_a。

故压缩机并联不宜用于管网阻力较大的系统，并需注意防止发生喘振。

其四是如果两台性能曲线相同的压缩机并联工作，若二者的转速不完全相同，也可能会带来麻烦。如图 14-2-10 所示，转速较小的一台其流量小于转速较大的一台，因而转速较小的一台有可能进入喘振状态。

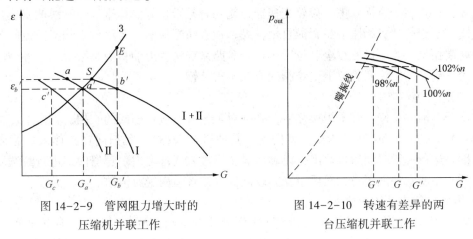

图 14-2-9 管网阻力增大时的
压缩机并联工作

图 14-2-10 转速有差异的两
台压缩机并联工作

第三节 离心式压缩机组的运行

一、离心式压缩机组的试运转

1. 试运转的目的

压缩机组安装或检修完毕后，必须进行试运转，其主要目的是检查设备各系统的装置是否符合设计要求；检验和调整机组各部分的运动机构是否达到良好的跑合；检验和调整电气、仪表自动控制系统及其附属装置的正确性与灵敏性；检验机组的油系统、冷却系统、工艺管路系统及其附属设备的严密性，并进行吹扫；检验机组的振动，并对机组所有机械设备、电气、仪表等装置及其工艺管路的设计、制造和安装质量进行全面的考核。在试车中发现问题，查找原因，积极处理，为投料开车做好充分的准备，创造良好条件。

2. 试运前的准备

压缩机组在启动试运前应进行一些准备工作，除应达到机组运行的基本条件之外，还应包括试运人员的组织与培训、工艺管道和气、水管道的冲洗以及压缩机和驱动机的检查与试验、油系统的清洁与检验。

1）试运人员的组织与培训

压缩机组在试运前应组织试运小组，定员定岗，了解掌握机组的系统、结构、特性和操作技术。编制学习试车规程、试车方案、操作规程和事故处理办法，并到生产现场进行较长时间的操作实习。试运操作人员必须通过考试合格，方可上岗参加试运。

2）驱动机的单体试车

试运前要对压缩机的驱动机和齿轮变速器进行严格的检查和必要的调整试验，并进行驱动机的单体试车和驱动机与齿轮变速器串联在一起的试车，经严格检验，验收合格方可试运。

3）压缩机的检查与准备

压缩机安装或检修完成后应对其机组各部进行严格的检查，机组的安装或检修质量应符合有关图纸和技术规范的规定。还要进行必要的调整与试验，确认所有紧固件已经紧固，管道连接牢固，密封良好，阀门安装正确，启动灵活，检查联轴器连接对中是否符合要求。压缩机盘车，检查转子有无摩擦，齿轮变速器齿轮啮合是否良好。检查气体管线的安装与支承后弹簧支座是否合适，膨胀节是否能自由伸缩。检查防喘振阀、各段放空阀或回流阀是否已打开，防喘振调节阀应设置在全开位置。检查管路系统法兰上的盲板是否拆除，各阀门安装位置是否正确，特别注意管道上逆止阀的方向不得装错。

4）工艺管道的吹扫

初次开车前和检修：管子焊接之后，必须对工艺管道进行彻底的吹扫，管内不得留有异物（如焊渣、飞溅物、废纱、砂石、氧化皮及其他机械杂物）。吹扫前在缸体入口管内加装锥形滤网，运行一段时间后再取出，以确保异物不进入气缸之内。管道内部进行酸洗后必须中和处理并用清水冲洗干净，然后干燥，以确保气体管道内绝对清洁。

5）电气、仪表系统的检查

检查各测试点（压力、流量、温度等）的位置是否正确，与控制元件、保护装置的联锁是否符合要求。仪表讯号和各电器联锁装置应完善，并经校验合格，动作灵敏、准确，各自动控制系统均应进行静态特性试验并符合要求。电路系统应处于正常供电状态，电控系统应符合要求。

6）油系统的清洗调试

离心式压缩机组对所用润滑油、密封油和调节动力油的油质要求十分干净，不允许有较大的颗粒杂物存在，因此，在压缩机组安装完毕之后，在试车前必须对油系统进行彻底地清洗。

油路系统清洗的方法一般是在正常操作压力下，用机组运行用的油在系统内进行循环，同时使油在一定温度范围内骤冷骤热，冷却和加热的时间越短越好。

油路系统的清洗工作应分成几个步骤来进行，第一步是机械和人工方法除去设备和管路内大量的尘土、杂物和油污等；第二步是化学酸洗除去设备及管路中的铁锈；第三步才是油冲洗验收。

油路系统部件的清洗包括：①油箱的清洗；②油过滤器的清洗；③油冷却器的清洗；④油蓄压器的清洗；⑤高位油槽的清洗；⑥轴承箱的清洗；⑦不锈钢管的清洗；⑧碳钢管的清洗；⑨管路附件的清洗。

3. 压缩机试运

对压缩机组油系统进行各项试验，其中包括的联锁试验有：①润滑油压力低报警，启动辅助油泵试验和润滑油压力低汽轮机跳闸试验；②密封油气压差低报警，辅助油泵或辅助密封油泵自启动试验和密封油气压差低汽轮机跳闸试验；③密封油高位油槽的液位高（低）报警试验，辅助油泵（或辅助密封油泵）自启动试验，密封油高位油槽液位低汽轮机跳闸试验；④压缩机各入口缓冲罐、段间分液罐、闪蒸槽等液位高报警及液位高汽轮机跳闸试验；⑤主机跳闸与工艺系统的联锁保护试验等。压缩机与工艺系统的联锁试验，必须按规定进行试验合格，否则压缩机不能投入运行。

投产运行前应进行机械跑合空气运转和介质气运转等试车试验。由于离心压缩机开始时不易得到确切的性能曲线。当工艺上要求有严格控制时，还必须在使用投产前就获得正确的有效运转范围，以便适当设定其控制范围。通过试车试验，取得吸入流量、能量头（特性曲线）、喘振点、轴功率、多变效率等参数的数值，因试验过程中由于仪表和测量误差以及从实验气体的结果换算到实际气体时误差和两种气体的物性参数、热力参数不同等，最终引出的误差可能很大，要完全掌握这种误差是件很重要的大事。

机械跑合试验的目的是以文字记下安装后的机械运转试验结果，其测定检查项目有：轴承温度、各部振动、密封情况、异常噪声、保护装置的动作试验以及配管负荷影响等，应在最大运转速度下，连续工作4h，然后由机械跑合转为空气运转，这时应注意使用油膜密封的压缩机不致使密封室内达到燃爆点，运转温度要控制在120℃以下，并测定大气侧密封油泄漏量。空气运转应选择适当的转速和压力比。近来炼油化工装置、输气管道规模越来越趋向大型化，由于性能不正常而引起的动力损失相当大，因此一般将空气运转配合流程各部分的通风、干燥来进行，介质气运转时的性能实验放在投产后进行标定。

4. 试运后的检查

压缩机组进行试运后，应对整个机组（包括驱动机和齿轮变速器）进行全面检查，主要包括：拆开各径向轴承和止推轴承，检查巴氏合金的摩擦情况，看有无裂纹和擦伤的痕迹；检查轴颈表面是否光滑，有无刻痕和擦伤；用压铅法检查轴承间隙；检查增速器齿轮副啮合面的接触情况；检查联轴器的定心情况；检查所有连接的零部件是否牢固；检查和消除试车中发现的异常部位的所有缺陷；更换润滑油等。

压缩机负荷试车后检查无问题时，还要进行再次负荷试车，试车时间应达到规程的规定，经有关人员检查鉴定认为合格，即可填写试车合格记录，办理交接手续，正式交付生产。

二、离心式压缩机运转

1. 压缩机组运行前的准备与检查

（1）驱动机及齿轮变速器应进行单独试车和串联试车，并经验收合格，达到完好备用状态。装好驱动机、齿轮变速器和压缩机之间的联轴器，并复测转子之间的对中，使之完全符合要求。

（2）机组油系统清洗调整已合格，油质化验合乎要求，储油量适中。检查主油箱、油过滤器、油冷却器，油箱油位不足则应加油。检查油温若低于24℃，则应使用加热器，使油温达到24℃以上。油冷却器和油过滤器也应充满油，放出空气，油冷却器与过滤器的切换位置应切换到需要投用的一侧。检查主油泵和辅助油泵，确认工作正常，转向正确。油温度计、压力表应当齐全，量程合格，工作正常。用干燥的氮气充入蓄压器中，使蓄压器内气体压力保持在规定数值之内。调整油路系统各处油压，达到设计要求。检查油系统各种联锁装置运行正常，确保机组的安全。

（3）压缩机各入口滤网应干净，无损坏，入口过滤器滤件已换新，过滤器合格。

（4）压缩机缸体及管道排液阀门已打开，排尽冷凝液后关小，待充气后关闭。

（5）压缩机各段中间冷却器引水建立冷却水循环，排尽空气并投入运行。

（6）工艺管道系统应完好，盲板已全部拆除并已复位，不允许由于管路的膨胀收缩和振动以后严重影响到气缸本体。

（7）将工艺气体管道上的阀门按启动要求调到一定的位置，一般压缩机的进出口阀门应关闭，防喘振用的回流阀或放空阀应全开，通工艺系统的出口阀也应全闭。各类阀门的开关应灵活准确，无卡涩。

（8）确认压缩机管道及附属设备上的安全阀和防爆板已装放齐全，安全阀调校整定，符合要求，防爆板规格符合要求。

（9）压缩机及其附属机械上的仪表装设齐全，量程、温度、压力及精确度等级均符合要求，重要仪表应有校验合格证明书。检查电气线路和仪表空气系统是否完好。仪表阀门应灵活准确，自动控制保安系统经检验合格，确保动作准确无误。

（10）机组所有联锁已进行试验调整，各整定值皆已符合要求。防喘振保护控制系统已调校试验合格，各放空阀、防喘回流阀应开关迅速，无卡涩。

（11）根据分析确认压缩机出入阀门前后的工艺系统内的气体成分已符合设计要求或用氮气置换合格。

（12）检查机组转子能否顺利转动，不得有摩擦和卡涩现象。

2. 电动机驱动机组的开停车

一般电动机驱动的离心式压缩机组的结构系统及开停车操作都比较简单，其运行的要点如下：

（1）开车前应做好一切准备工作，其中主要包括润滑和密封供油系统进入工作状态，油箱液位在正常位置，通过冷却水或加热器把油温保持到规定值。全部管道均已吹洗合格，滤网已清洗更换并确认压差无异常现象，备用设备已处于备用状态，蓄压器已充入规定压力，密封油高位液罐的液面、压力都已调整完毕，各种阀门均已处于正确位置，报警装置齐全合格。

（2）启动油系统，调整油温油压，检查过滤器的油压降、高位油箱油位，通过窥镜检查支持轴承和止推轴承的回油情况，检查调节动力油和密封油系统，启动辅助油泵，停主油泵，交替开停。

（3）电动机与齿轮变速器(或压缩机)脱开，由电气人员负责进行检查与单体试运。一般首先冲动电动机 10~15s，检查声音与旋转方向，有无冲击碰撞现象，然后连续运转 8h，检查电动、电压指示和电动机的振动、电动机温度、轴承温度和油压是否达到电动机试车规程的各项要求。

（4）电动机与齿轮变速器的串联试运，一般首先冲动 10~15s，检查齿轮副啮合时有无冲击杂音；然后运转 5min，检查运转声音，有无振动和发热情况，检查各轴承的供油和温度上升情况；运转 30min，进行全面检查；运转 4h，再次进行全面检查，各项指标均应符合要求。

（5）工艺气体进行置换，当工艺气体与空气不允许混合时，在油系统正常运行后就可应用氮气置换空气，要求压缩机系统内的气体含氧量小于 0.5%。然后再用工艺气体置换氮气达到气体的要求，并将工艺气体加压到规定的入口压力，加压要缓慢，并使密封油压与气体压力相适应。

（6）机组启动前必须进行盘车，确认无异常现象之后才能开车。为了防止在启动过程中电动机负荷过大，应关闭吸入阀进行启动，同时全部打开旁路阀，使压缩机不承受排气管路的负荷。

（7）压缩机无负荷运转前，应将进气管路上的阀门开启 15°~20°；将排气管路上的闸阀关闭，将放空管路上的手动放空阀或回流管路上的回流阀打开，打开冷却系统的阀门。启动一般分几个阶段，首先冲动 10~15s，检查变速器和压缩机内部声音，有无振动；检查推力轴承的窜动；然后再次启动，当压缩机达到额定转速后，连续运转 5min，检查运转有无杂音；检查轴承温度和油温；运转 30min，检查压缩机振动幅值、运转声音、油温、油压和轴承温度；连续运转 8h，进行全面检查，待机组无异常现象后，才允许逐渐增加负荷。

（8）压缩机的加负荷：压缩机启动达到额定转速后，首先应无负荷运转 1h，检查无问题后则按规程进行加负荷。在满负荷后设计压力下必须连续运转 24h 才算试运合格。压缩机加负荷的重要步骤是慢慢开大进气管路上的节流阀，使其吸气量增加，同时逐渐关闭手动放空阀或回流阀，使压力逐渐上升，按规定时间将负荷加满。加负荷应按制造厂所规定的曲线进行，按电流表与仪表指示同时加量加压，防止脉动和超负荷。加压力要注意压力表数值，当达到设计压力时，立即停止关闭放空阀或回流阀，不允许压力超过设计值。从加负荷开始，每隔 30min 应做一次检查并记录，并对运行中发生的问题及可疑处进行调查处理。

（9）压缩机的停车：正常运行中接到停机通知后，联系上下工序，做好准备，首先打开放空阀或回流阀，少开防喘振阀，关闭工艺管路闸阀，与工艺系统脱开，压缩机进行自循环。电动机停车后启动盘车器并进行气体置换，运行几小时后再停密封油和润滑油系统。

3. 燃气轮机驱动机组的开停车

燃气轮机驱动离心式压缩机组的系统结构较为复杂，燃气轮机又是一种高温高速运转的热力机械，其启动开停车及操作较为复杂而缓慢，要比电动机驱动机组复杂得多，其运行前的准备工作如前所述，不再重复。机组安装和检修完毕后也需要进行试运转，按专业规程的规定首先进行汽轮机的单体试运，进行必要的调整与试验。验收合格后再与齿轮变速器相联，进行串联空负荷运转。完成试运项目并验收合格后才能与压缩机串联在一起进行试运和开停车正常运行，该类机组的开停车运行要点如下。

1）油系统的启动

压缩机的启动与其他动力装置相仿，主机未开，辅机先行，在接通各种外来能源后（如电、仪表空气、冷却水和蒸汽等）先让油系统投入运行。一般油系统已完全准备好，处于随时能够启动开车的状态。油温若低则应加热直到合格为止。油系统投入运行后，把各部分油压调整到规定值，然后进行如下操作：检查辅助油泵的自动启动情况；检查轴承回油情况，看油流是否正常；检查油过滤器的油压降，灌满润滑油油箱；检查高位油箱油位，应在液位控制器控制的最高液位和最低液位之间；检查密封油系统及其高位油箱油位，也应在液位控制器控制的最高液位和最低液位之间；通过窥镜检查从外密封环流出的油流情况，油流应正常，检查密封滤油器的压力降，准备好备用密封油泵的启动；停主密封油泵，检查备用泵的自动启动情况；停止备用泵，检查最低液位跳闸开关操作的液位点；重新开启主密封油泵，流向密封油回收装置脱气缸的密封排放油只有在经化学分析证明是安全时，才能由此流入主油箱。

2）气体置换

被压缩介质为易燃、易爆气体时，油系统正常运行后，开车之前必须进行气体置换，首先用氮气将压缩机系统设备管道等内的空气置换出去，然后再用压缩介质将氮气置换干净，使之符合设计所要求的气体组分。这种两步置换的主要程序是：

（1）关闭压缩机出、入口阀，通过压缩机的管道、分液罐、缓冲罐和压缩机缸体的排放接头，充入压力一般为 0.3~0.6MPa（表）的氮气，如果条件许可，必要时可开启压缩机入口阀，使压缩机和工艺系统同时置换。

（2）待压缩机系统已充满氮气并有一定压力时，打开压缩机管道和缸体排放阀排放氮气卸压，此时必须保证系统内压力始终大于大气压力，以免空气漏入系统。然后再关排放阀向系统内充入氮气，如此反复进行，直到系统内各处采样分析气体含氧量小于 0.5% 为止。

（3）氮气压力稳定后，在引入压缩介质前应及时投入密封油系统，并正常运行，调整油气压差使之符合设计要求。

（4）打开压缩机入口阀，缓慢引入压缩介质，并把工艺气体加压到规定的入口压力，加压要缓慢，使密封油压力与气体压力相适应。注意缸内压力，在维持正常油气压差并与工艺系统压力相适应的条件下，反复采用排放—降压—升压—再排放的办法，直到系统内氮气被置换干净，采样分析达到规定要求为止（一般要求工艺气体的浓度不低于 90%）。

（5）检查工艺系统置换情况，合格后验收。

气体置换时必须注意：

（1）密封油系统必须正常运行，油气压差始终维持在规定的范围之内。

（2）在正式引入工艺气体之前，压缩机油系统联锁调试工作应全部完成，各项试验结果均应符合设计要求。

（3）对入口气体压力较高的压缩机，开启入口阀置换时应特别缓慢，严禁气体流动使转子旋转或引起密封油系统波动。

（4）压缩机机械密封或浮环式密封应不漏气，密封油系统管道不漏油。在维持油气压差正常范围内时，检查压缩机转子静止状态下机械密封及浮环式密封的排油量，如果压缩机密封漏油、漏气或排油量过大应及时查明原因并设法消除。

（5）只要压缩机内引入工艺气体，密封油排油，蒸汽闪蒸槽就应通入蒸汽。

（6）氨压缩机在引氨置换系统中的氮气时，应维持较高的压力，并缓慢进行，防止液氨蒸发引起管道和设备瞬间温度过低。

3）压缩机的启动

离心式压缩机组做好一切准备，并经检查验收合格之后，才能按规程规定的程序开车。对燃气轮机驱动的离心式压缩机来讲，启动后转转速是由低到高逐步上升的，不存在如电动机驱动那样由于升速过快而产生超负荷问题，所以一般是将入口阀全开，防喘振用的回流阀或放空阀全开。如有通工艺系统的出口阀，应予以关闭，按照有关工艺的要求进行准备后，全部仪表、联锁投入使用，中间冷却器通水畅通。一切准备就绪之后，首先按照燃气轮机运行规程的规定进行暖管、盘车、冲动转子和暖机。在 500~1000r/min 下暖机稳定运行半小时，全面检查机组，包括润滑油系统的油温、油压，特别是轴承油温；检查密封油和调节动力油系统、真空系统以及压缩机各段进、出口气体的温度、压力，有无异常声响。如一切正常，暖机达到要求，润滑油主油箱油温已达到 32℃ 以上时，则可以开始升速。油温达到 40℃ 时，可停止给油加热，并使油冷器通冷却水。

机组按规定的升速曲线升速（参照说明书）。升速过程中，要注意不得在靠近任何一个转子的临界转速的 ±10% 转速范围内停留。通过临界转速时升速要快，一般以每分钟升高设计转速的 20% 左右为宜。通过临界转速时，要严密注意机组的振动情况。在离开临界转速范围之后，可按每分钟升高设计转速的 7% 进行。从低速的 $500 \sim 1000 \mathrm{r/min}$ 到正常运行转速，中间应分阶段作适当的停留，一切正常时才可继续升速，直到调速器起作用的最低转速（一般为设计转速的 85% 左右）。

4）压缩机的升压

压缩机在运转后，压缩机的排气进行放空或打回流，此时排气压力很低，并且没有向工艺管网输送气体，转速也不高。这时压缩机处于空负荷，或者确切点说，是属于低负荷运行。长时间低负荷运行，无论对汽轮机和压缩机都是不利的。对汽轮机组来说，长时间低负荷运行，会加速汽轮机调节汽阀的磨损；低转速时汽轮机可以达到很高的扭矩。如果流经压缩机重量流量很大，机组的轴可能产生过大的应力；此外，长时间低压运行也影响压缩机的效率，对密封系统也有不利影响。因此在机组稳定、正常运行后，适时地进行升压加负荷是非常必要的。升压一般应当在汽轮机调速器已投入工作，达到正常转速后开始。

压缩机升压（加负荷）可以通过增加转速和关小直到关死放空阀或旁通回流阀门来达到，但是这种操作必须小心谨慎，不能操作过快、过急，以免发生喘振。

压缩机升压时需要注意以下几个问题：

（1）压缩机的升压，有的先采用关闭放空阀来达到，天然气压缩机采用关闭旁通阀来达到，有的机组放空阀和旁通阀还不止一个。压缩机在启动时这些放空阀或旁通阀是开着的，为了提高出口压力，可以逐渐关闭放空阀或旁通阀，关闭的方法是：

① 可以先逐渐、缓慢地关闭低压放空阀和旁通阀，直至全关，而关闭时应当分程关闭，每关小一点，运行一段时间，观察一下有无喘振迹象，如有喘振迹象则马上应当打开，这样一直到关死。这时高压段放空阀或旁通阀是开着的。低压段放空阀或旁通阀全关后，如没有问题再关高压段放空阀或旁通阀，使排出压力达到要求。

② 采取"等压比"关阀方法，即先关小一点低压段放空阀或旁通阀，提高低压段出口压力；然后再关小高压段的放空阀或旁通阀，提高高压段出口压力。这样反复操作，每次关阀使低压段与高压段压力升高比例大致相同。这样使低压缸与高压缸加压程度大致保持相同，使低压缸与高压缸的压力保持相对应的增长，避免一缸加压太快。各缸升压时应当分程进行，在各压力阶段应稳定运行 5min，对机组进行检查，若无问题时可继续升压。

关阀升压过程中要密切注意喘振，发现喘振迹象时，要及时开大阀门，出口放空阀门全关后，逐渐打开流量控制阀，此时流量主要由流量控制阀来控制。当放空阀或旁通阀全关后，使防喘振流量控制阀投入自动控制。逐渐关小流量控制阀，压缩机出口压力升到规定值。关阀过程中，同样需要注意避免喘振。

如果通过阀门调节，压力不能达到预定数值，则需将汽轮机升速，升速不可太猛过快，以防止发生压缩机的喘振。

（2）有油封系统的压缩机在升压前和升压期间，其油封系统应当始终处于运转状态。压缩机内的压力变化尽可能做到逐步变化，不要一下子发生剧烈变化，以使密封系统能平稳地调节到新的压力水平上。油封系统对密封环可以起到润滑作用，如果在没有密封油流动或者密封油压力不足情况下运转压缩机，就会导致密封环的严重破坏，可能造成气体从压缩机中漏出来。

（3）升压的操作程序的总原则是在每一级压缩机内，避免出口压力低于进口压力，并防止运行点落入喘振区。对各机组应当确定关闭各放空阀和旁路阀的正确顺序和操作的渐变度。压缩机的出口阀只有在正常转速下，压缩机管路的压力等于或稍高于管网系统内的压力时才可以打开，向管网输送气体。

（4）升压时要注意控制中间冷却器的水量，使各段入口气温保持在规定数值。

（5）升压后将防喘振自动控制阀拨到"自动"位置。

要特别注意压缩机绝对不允许在喘振的状态下运行！压缩机的喘振迹象可以从压缩机发生强烈振动、吼声以及出口的压力和流量的严重波动中看出来。如果发现喘振迹象应当打开放空阀或旁通阀，直到压力和流量达到稳定为止。

5）压缩机防喘振试验

为了安全起见，在压缩机并入工艺管网之前，对防喘振自动装置应当进行试验，检查其动作是否可靠，尤其是第一次启动时必须进行这种试验。在试验之前，应研究一下压缩机的特性线，查看一下正在运行的转速下，该压缩机的喘振流量是多少，目前正在运转的流量是多少。压缩机没有发生喘振，当然输送的流量是大于喘振流量，然后改变防喘振流量控制阀的整定值，将流量控制整定值调整到正在运行的流量，这时防喘自动放空阀或回流阀应当自动打开。如果未能打开，则说明自动防喘系统发生故障，要及时检查排除。在试验时千万要注意不要使压缩机发生喘振。

6）压缩机的保压与并网送气

压缩机升压将出口压力调整到规定压力，压缩机组通过检查确认一切正常，工作平稳，这时可通知主控制室，准备向系统进行导气，即工艺部门压缩机出口管线高压气体导入到各用气部位。当压缩机出口压力大于工艺系统压力，并接到导气指令后，才可逐步缓慢地打开压缩机出口阀向系统送气，以免因系统无压或压力太大而使压缩机运转状况发生突然变化。

当各用气部位将压缩机出口管线中气体导入各工艺系统时，随着导气量的增加，势必引起压缩机出口压力的降低。因此在导气的同时，压缩机必须进行"保压"，即通过流量调节，保持出口压力的稳定。

导气和保压调整流量时，必须注意防止喘振。在调整之前，应当记住喘振流量，使调整流量不要靠近喘振流量；调整过程中并应注意机组动静，当发现有喘振迹象时，应及时加大放空流量或回流流量，防止喘振。如果通过流量调节还不能达到规定出口压力时，此时汽轮机必须升速。

在工艺系统正常供气的运行条件下，所有防喘振用的回流阀或放空阀应全关。只有当减量生产而又要维持原来的压强时，在不得已情况下才允许稍开一点回流阀或放空阀，以保持压缩机的功率消耗控制在最低水平。进入正常生产后，一切手控操作应切换到自动控制，同时应按时对机组各部分的运行情况进行检查，特别要注意轴承的温度或轴承回油温度，如有不正常应及时处理。要经常注意压缩机出口、入口气体参数的变化，并对机组加以相应的调节，以避免发生喘振。

7）运行中例行检查

机组在正常运行时，对机器要进行定期的检查，对一些非仪表自动记录的数据，操作者应在机器数据记录纸上记上，以便掌握机器在运行过程中的全部情况，对比分析，帮助了解性能，发现问题及时处理。

压缩机组在正常速度下运行时，一般要做如下的检查：

（1）检查燃气轮机转子和动力涡轮的转速。

（2）检查燃气轮机的振动情况：燃气发生器进口、燃气发生器中部、燃气发生器涡轮、动力涡轮驱动端、动力涡轮非驱动端轴承及动力涡轮轴向等的振动值是否在正常范围内。

（3）检查燃料系统：燃料气压力、温度、流量是否符合要求，燃料气管线是否有泄漏。

（4）检查润滑油系统的滑油压力、温度、差压是否符合要求，滑油冷却风扇运转是否正常，油泵马达工作运转声响是否正常，润滑油管线是否有泄漏，油箱油位显示是否正常（观察滑油回油窗的回油情况）。

①检查油温（包括主油箱油温、油冷却器进出口油温、轴承回油温度或轴承温度、压缩机外侧密封油排油温度及密封油回收装置中脱气缸、净油缸中油温）；

②检查油压（包括油泵出口油压、过滤器的油压力降、滑油总管油压、轴承油压、密封油总管油压、密封油和参考气之间的压差以及加压管线上的氮气压力）；

③检查回油管内的油流情况（定期从主油箱、密封油回收装置中脱气缸和净油缸中取样进行分析）；

④检查压缩机的轴向推力、转子的轴向位移值和机组的振动水平；

⑤检查压缩机各段进口和出口气体的温度和压力以及冷却器进出口水温。

8）压缩机的停机

压缩机组的停机有两种，一种是计划停机，即正常停机，由手动操作停机；另一种是紧急停机，即事故停机，是由于保安系统动作而自动停机，或者手动"打闸"进行紧急停机。

计划停机的操作要点及程序是：

（1）接到停机通知后，将流量自动控制阀拨到"手动"位置，利用主控制室控制系统或现场打开各段旁通阀或放空阀，关闭送气阀，使压缩机与工艺系统切断，全部进行自我循环。

（2）从主控制室或者在现场使汽轮机减速，直到调速器的最低转速。在降低负荷的同时进行缓慢降速，避免压缩机喘振。

（3）根据燃气轮机停机要求和程序，进行燃气轮机的停机。

（4）润滑油泵和密封油泵，应在机组完全停运并冷却之后，才能停运。

（5）根据规程的规定可以关闭压缩机的进口阀门，则应关上；如果需要阀门开着，并且处在压力状态下，则密封系统务必保持运转。

（6）润滑油泵和密封油泵必须维持运转，直到压缩机机壳出口端温度降到20℃以下。检查润滑油温度，调整油冷器水量，使出口油温保持在50℃左右。

（7）停车后将压缩机机壳及中间冷却器排放阀门打开，关闭中冷器进入阀门。压缩机机壳上的所有排放阀或丝堵在停机后都应打开，以排除冷凝液，直到下次开车之前再关上。

（8）如果压缩机停机后，压缩机内仍存留部分剩余压力的话，密封系统要继续维持运转，密封油油箱加热盘管应继续加热，高位油槽和密封油收集器应当保持稳定。如果周围环境温度降到5℃以下时，对于某些管路系统应对系统的伴管进行供热保温。

4. 压缩机的防反转

压缩机停车后要严禁发生反转。当压缩机转子静止后，此时管路当中尚残存很大容量的工艺气体，并具有一定的压力，而此时压缩机转子停止转动，压缩机内压力低于管路压力。这时如果压缩机出口管路上没有安装逆止阀门或者逆止阀门距压缩机出口很远的话，管路中的气体便会倒流，使压缩机发生反转，同时也带动汽轮机或电动机及齿轮变速器等转子反转。压缩机组转子发生反转会破坏轴承的正常润滑，使止推轴承受力状况发生改变，甚至会造成止推轴承的损失。为了避免压缩机发生反转，应当注意以下几个问题：

（1）压缩机出口管路上一定要设置逆止阀门，并且尽可能安装在靠近出口法兰的地方，使逆止阀距离压缩机出口距离尽量减小，从而使这段管路中气体容量减到最小，不致造成反转。

（2）根据各机组情况，安设放空阀、排气阀或再循环管线，在停机时要及时打开这些阀门，将压缩机出口高压气体排除，以减少管路中储存的气体容量。

（3）系统内的气体在压缩机停机时可能发生倒灌，高压、高温气体倒灌回压缩机，不仅能引起压缩机倒转，而且还会烧坏轴承和密封。由于气体倒灌在国内造成事故较多，非常值得注意。

为了切实防止上述事故的发生，在降速、停机之前必须做好下列各项工作：①打开放空阀或回流阀，使气体放空或者回流；②切实关好系统管路的逆止阀。做好上述工作后，进行逐渐降速、停机。

5. 压缩机在封闭回路下的操作

由于压缩机的某种特殊需要，可能在封闭回路下进行操作。在封闭回路下用空气、氧气和含氧气的气体进行操作是很危险的，很容易引起爆炸。因此不允许利用这些气体作为介质在封闭回路中操作。

气体燃烧、爆炸一般需要具备三个条件，即燃料、助燃剂和热量。热量的产生是气体经过压缩后，随着压力的升高而温度显著升高，对气体所加的压缩功转换成热量，蕴藏在气体之中，这是不可避免的，但光有热量没有燃料和助燃剂也不会引起燃烧、爆炸。如果压缩介质是空气、氧气或含有氧的气体，这就提供了助燃条件。燃料一般是油，即漏入气缸与介质接触的润滑油、密封油或安装、检修时残留的油质。这些因素凑在一起就很容易引起燃烧、爆炸。

为了避免燃烧、爆炸，必须将构成燃烧、爆炸三因素——氧、油和热量因素中设法消除一个因素，而热量是不可能消除的，所以只能设法消除油和氧了。

为了防止爆炸，决不允许用空气或其他含有氧的气体在压缩机封闭回路内进行操作。如果由于某种需要（例如检查、试车等），确实必须采用封闭回路运行的话，应当根据需要的相对分子质量采用惰性气体（如氦）、氮或二氧化碳等。

防止油进入压缩机与气体接触，也是防止爆炸的重要措施。要保证压缩机内部零件和连结管线的清洁，确保无油是很重要的，这对压缩含氧的气体介质尤其重要。压缩机密封系统投入运转之前，润滑油不要通过轴承；在密封系统停运之前，应先停润滑油泵；密封系统压力不足时，压缩机应当自动停车。

以上只是概要介绍，有关具体注意事项，应遵照有关专门规定，不可大意。

三、压缩机运行中的异常现象及处理

1. 喘振

喘振是离心压缩机的一种特殊现象，对喘振有几种解释，比较通俗的简述如下。

1）离心压缩机性能曲线

离心压缩机与离心泵的工作原理基本上是相同的，两者的性能曲线的形状也基本相同，但由于离心压缩机内流动的是可压缩的高速气体，而离心泵流动的则是低流速的液体，因此两者的性能曲线略有差异。

离心压缩机性能曲线表示出口压力随气体流量而变化的曲线，管路性能曲线表示管路进口压力随气体流量而变化的曲线。两条曲线的交点是压缩机的工作点，工作点的横坐标是气

体流量，纵坐标是实际排气压力，如图 14-3-1（a）所示。

离心压缩机性能曲线从图 14-3-1（a）可见是一条排气量不为零处有一最高点的呈驼峰状的曲线（有正负两种斜率段曲线），驼峰最高点 K，凡压缩机工作点位于 K 点以右的曲线下降部分（负斜率曲区）为稳定工作区，工作点位于 K 点以左的曲线上升部分（正斜率区）为喘振区。

压缩机在性能曲线的稳定区内工作时，如果装置的用气量不变，则压缩机的工作点就稳定下来不变，如果装置用气量改变，则压缩机就会自动地在新的工作点上稳定下来，使压缩机的排气量适应改变后要求。

压缩机在性能曲线的喘振区内工作时，装置的用气量小于驼峰点的流量 Q_K[见图 14-3-1（b）]，压缩机的排气量是很不稳定的，一会儿流量变为零，甚至气体向压缩机内倒流，一会儿排气量又变得很大，从而引起压缩机和排气管路强列振动并发出周期性的"吼叫"声，这就是发生了喘振现象，也称为"飞动"现象。

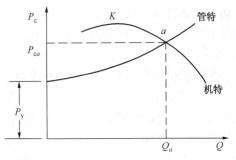

(a) 离心压缩机的工作点

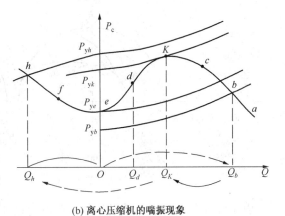

(b) 离心压缩机的喘振现象

图 14-3-1　离心压缩机的性能曲线

2）喘振的产生

喘振是怎样产生的呢？当压缩机处于性能曲线驼峰 K 点工作时其排气量为 Q_K，从图 14-3-1(b) 中过 K 点的管路性能曲线上可见，管路末端容器内的气压为 P_K。这时如果装置向容器要求的用气量降低为 $Q_d<Q_K$，由于容器输入量大而输出量小，容器内的压力必然会很快地上升为 P_h，从而管路性能曲线将平移上升，使两条性能曲线的交点由 K 点突然跳到 h 点(管路性能曲线和离心压缩机性能曲线在坐标系第二象限延长部分的形状)，压缩机的排气量由 Q_K 突然降为负值的 Q_h，也就是突然变为气体从增高了压力的容器内向离心压缩机倒流。这时容器一方面以 Q_h 的流量向压缩机倒流，另一方面还要继续向装置供应 Q_d 流量的气体，于是容器内的气体压力逐渐由 P_h 降低为 P_e，使得压缩机的工作点由 h 经 f 而逐渐移至 e 点，也就是气体由负的流量 Q_h 逐渐变为 $Q_e=0$。这时容器还在继续向装置供应气体流量 Q_d，所以容器内的气压还要下降，使得管路性能曲线向下平移而与压缩机性能曲线相交于 b 点。压缩机的排出流量将由 $Q_c=0$ 突然跳为很大的 Q_b，亦即管路突然以很大流量 Q_b 向容器输进气体。这样一来，由于容器的输入流量大于输出流量 Q_b，则容器的压力由 P_b 逐渐升高为 P_K，即管路性能曲线逐渐平移上升而使压缩机的工作点由 b 经 c 而达到 K 点。

此后，如果容器向装置供气量还继续保持 $Q_d<Q_K$，那么压缩机的工作点和排出流量将仍继续依照上述次序循环变化。可见压缩机的排出流量总是围绕着装置的用气量 Q_d 的前后一会儿变大，一会儿变小又变负，而不可能在 Q_d 的流量下稳定下来，这就形成 K 点以左的不稳定工作区。

当装置的用气量小于驼峰点流量 Q_K 时，不但排出管道内出现流量时大时小、时正时负的不稳定工况，在叶轮及扩压器的某一流道内还会发生时出现时消失的边界脱离涡流区，并且依次传给相邻的管道中产生一种低频率、高振幅的压力脉动，从而引起严重的振动和吼叫声，严重时可能使压缩机或管路系统遭到破坏。

3）喘振的机理

离心压缩机的叶轮结构、尺寸都是按额定流量设计的，当压缩机在这个流量下工作时，气体进入叶轮的方向角 β_1 正好与叶片进口角 β_2 一致，气体平稳地进入叶轮。如图 14-3-2 (a)所示，此时，气流相对速度 w_1，入口径向流速 c_1；当进入叶轮的气体流量小于这个流量时，气体进入叶轮的径向速度 c_1'，于是气体进入叶轮的相对速度 w_1 的方向角也会变为 β_1'，而与叶片进口角 β_2 不一致。这样，气体就会冲击叶片的工作面，而在相邻叶片的非工作面处又形成旋涡，产生气流分离，如图 14-3-2(b)所示。

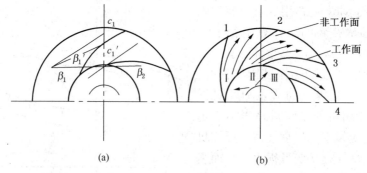

图 14-3-2　喘振气体运动示意图

由于叶片角不可能一致及气体流向叶片的不均匀性，上述这种气流分离现象并不同时在所有叶片上出现。假定先在叶道 Ⅱ 内发生气流分离现象，则叶道 Ⅱ 的有效流通截面积便会减小，一部分原来应该流向叶道 Ⅱ 的气流便改向相邻的叶道 Ⅰ 和 Ⅲ 流去，这样就又使叶道 Ⅰ 、Ⅲ 内气流方向发生变化。注入叶道 Ⅱ 的气流，冲向叶片 3 的非工作面，使进入叶道 Ⅲ 的气流相对速度 w 的方向角 $\beta_2 > \beta_1$，在叶片 4 的工作面上产生气流分离，由于工作面是压向气流的，叶轮旋转后在工作面上的气流分离不易扩大，影响不大。但进入叶道 Ⅰ 的气流，却冲击叶片 2 的工作面，使进入叶道 Ⅰ 的气流相对速度 w 的方向 $\beta_2 < \beta_1$。在叶片 1 的非工作面上产生气流分离，这种气流分离容易扩大，以致叶道 Ⅰ 的有效流通截面积减小，同理又引起后面一个叶道内的叶片非工作面上的气流分离。这样，气流分离现象沿叶轮旋转的反方向而依次发生，叶轮前后压力就产生强烈脉动，这就引起周期性的冲击力作用而在叶片上导致叶片振动。

4）喘振的迹象

在运行中，压缩机发生喘振的迹象，一般是首先流量大幅度下降，压缩机排气量显著降低，出口压力波动，压力表的指针来回摆动，机组发生强烈振动并伴有间断、低沉的吼声，好象人在干咳一般。判断喘振除凭人的感觉之外，还可以根据仪表和运行参数配合性能曲线查出。

5）喘振发生的条件

根据喘振的原理可知，喘振在下述条件下发生：

（1）在流量减小时，流量降到该转速下的喘振流量时发生。压缩机特性决定了在转速一定的条件下，一定的流量对应于一定的出口压力或升压比，并且在一定的转速下存在一个极限流量——喘振流量。当压缩机运行中实际流量低于这个喘振流量时压缩机便不能稳定运行，发生喘振。这些流量、出口压力、转速和喘振流量的综合关系构成压缩机的特性线，也叫性能曲线。在一定转速下使流量大于喘振流量就不会发生喘振。

（2）管网系统内气体的压力大于一定转速下对应的最高压力时，会发生喘振。如果压缩机与系统管网联合运行，当系统压力大大高出压缩机在该转速下运行对应的极限压力时，系统内高压气体便在压缩机出口形成很高的"背压"，使压缩机出口阻塞，流量减少，甚至管网气体倒流，入口气源减少或切断，使压缩机当供气不足、压缩机没有补充气源等。所有这些情况如不及时发现并及时调节，压缩机都可能发生喘振。

（3）机械部件损坏脱落时可能发生喘振。机械密封、平衡盘密封、O形环等部件安装不全，安装位置不准或者脱落，会形成各级之间或各段之间窜气，可能引起喘振；过滤器阻力太大，逆止阀失效或破坏，也都会引起喘振。

（4）操作中，升速、升压过快，降速之前未能首先降压可能导致喘振。升速、升压要缓慢均匀，降速之前应先采取卸压措施，如放空、回流等，以免转速降低后气流倒灌。

（5）工况改变，运行点落入喘振区会发生喘振。工况变化，如改变转速、流量、压力之前，未查看特性曲线，使压缩机运行点落入喘振区。

（6）正常运行时，防喘系统未投自动会发生喘振。当外界因素变化时（如蒸汽压力下降或汽量波动），汽轮机转速下降而防喘系统来不及手动调节或来气中断等，由于未用自动防喘装置可能造成喘振。

（7）介质状态变化会发生喘振。喘振发生的可能与气体介质状态有很大关系，因为气体的状态影响流量，从而也影响喘振流量，当然会影响喘振，例如进气温度、进气压力、气体成分等对喘振都有影响。当转速不变、出口压力不变时，气体入口温度增加容易发生喘振；当转速一定，进气压力越高则喘振流量也越大；当进气压力一定，出口压力一定，转速不变，气体相对分子质量减少很多时，容易发生喘振。

6）在运行中造成喘振的原因

（1）系统压力超高。造成这种情况的原因有压缩机的紧急停机，气体未进行放空或回流，出口管路上单向逆止阀门动作不灵或关闭不严；或者单向阀门距离压缩机出口太远，阀门前气体容量很大，系统突然减量，压缩机来不及调节，防喘系统未投自动等。

（2）吸入流量不足。由于外界原因使吸入量减少到喘振流量以下，而转速未变，使压缩机进入喘振区引起喘振。压缩机入口过滤器阻塞，阻力太大，而压缩机转速未能调节；滤芯过脏或冬天结冰时都可能发生这种情况。

7）喘振的危害

喘振所以能造成极大的危害，是因为在喘振时气流产生强烈的往复脉冲，来回冲击压缩机转子及其他部件；气流强烈的无规律的振荡引起机组强烈振动，从而造成各种严重后果。喘振曾经造成转子大轴弯曲；密封损坏，造成严重的漏气、漏油；喘振使轴向推力增大，烧毁止推轴承；破坏对中与安装质量，使振动加剧；强烈的振动可造成仪表失灵；严重持久的喘振可使转子与静止部分相撞、主轴和隔板断裂，甚至整个压缩机报废，这在国外已经发生过，喘振在运行中是必须时刻提防的问题。

8）防止与消除喘振的方法

为了避免喘振的发生，必须使压缩机的工作点离开喘振点，使系统的操作压力低于喘振点的压力，当生产上实际需要的气体流量低于喘振点的流量时，可以采用循环的方法，使压缩机出口一部分气体经冷却后，返回入口，这条循环线一般称反飞动线，其流程如图14-3-3所示。

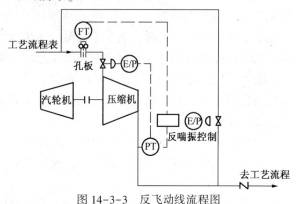

图 14-3-3　反飞动线流程图

FT—流量；PT—压力变送器；E/P—电控变送器

采用上述方法后可使流经压缩机的气体流量增加，消除喘振；但压力随之降低，造成功率浪费，经济性下降。如果系统需要维持等压的话，放空或回流之后应提升转速，使排出压力达到原有水平。在升压前和降速、停机前，应当将放空阀或回流阀预先打开，以降低背压，增加流量，防止喘振。

还应根据压缩机性能曲线，控制防喘裕度，防喘系统在正常运行时应当投入自动。升速、升压之前一定要事先查好性能曲线，选好下一步的运行工况点，根据防喘振安全裕度来控制升压、升速。防喘安全裕度就是在一定工作转速下，正常工作流量与该转速下喘振流量之比值，一般正常工作流量应比喘振流量大 1.05~1.3 倍。裕度太大，虽然不易喘振，但压力下降很多，浪费很大，经济性下降。在实际运行中，最好将防喘阀门(回流控制阀门)的整定值根据防喘裕度来整定，太大则不经济，太小又不安全。防喘系统根据安全裕度整定好以后，在正常运行时防喘阀门应当关闭，并投入自动，这样既安全又经济。有的机组防喘振装置不投自动，而用手动，恐怕发生喘振而不敢关严防喘振阀门，正常运行时有大量气体回流或放空，这既不经济又不安全，因为发生喘振时用手动操作是来不及的，结果不能防止喘振。

在升压和变速时，要强调"升压必先升速，降速必先降压"的原则。压缩机升压时应当在汽轮机调速器投入工作后进行；升压之前查好性能曲线，确定应该达到的转速，升到该转速后再提升压力；压缩机降速应当在防喘阀门安排妥当后再开始；升速、升压不能过猛过快；降速降压也应缓慢、均匀。

防喘振阀门开启和关闭必须缓慢、交替，操作不要太猛，避免轴位移过大、轴向推力和振动加剧和油密封系统失调。如果压缩机组有两个以上的防喘振阀门，在开或关时应当交替进行，以使各缸的压力均匀变化，这对各缸受力、防喘和密封系统的协调都有好处。

可采用"等压比"升压法和"安全压比"升压法来防止喘振。为了安全起见，在升压时可以采用"等压比"升压法，前面已介绍，这种方法有助于防止喘振。"安全压比"升压法对升压时防止喘振也是有效的，它的基本原理是根据压缩机各缸的性能曲线，在一定转速下有一个喘振流量值，它与转速曲线的交点便对应一个"喘振压比"(或排出压力)。在此转速下，升压比(或排出压力)达到此数值便发生喘振。因此控制压比也就是控制一定转速下的流量。如果根据防喘裕度，计算出不同转速下的正常流量，也就是安全流量，再查出对应的压比(或排出压力)，在升压时根据转速，使压缩机出口压力值不超过安全压比计算出的出口压力，就不会发生喘振了。可以将不同转速下的正常流量、排出压力绘成图表和曲线，在升速、升压时，根据转速查出安全的出口压力，升压时不超过此压力便不会喘振。

2. 滞止流量

与喘振现象原因相反，当气体流量比额定流量大时，进入叶轮的气流相对速度方向角 $\beta_1 > \beta_2$，气流冲向叶片的非工作面，在叶片的工作面上形成气流分离现象。由于工作面压向气流，所以流量大时，虽然有气流分离现象，但不会引起喘振。

当气体流量增加到某一最大流量时，叶道内最小截面处的气体流速将达到音速，则流量再也不能增加了。这时叶轮对气体作的功已全部用来克服流动损失，变声能为热能．气体压力并不升高。这种状况称为滞止工况。

喘振工况与滞止工况之间就是这一级的稳定工作范围。

3. 临界转速

水平放置的轴都存在一定的临界转速，它是轴本身的一种特性。轴的刚度、柔度、转动惯量不同，临界转速也各有不同。当轴还没有旋转时，由于重力的作用，轴是向下弯曲的，虽然弯曲量很小。弯曲转动过来后，仍然是弯曲的。轴在转动时，弯曲也不断出现，表现出来就是振动，称为自振。自振频率和轴的刚度、几何尺寸等有关。而轴本身和轴上安装的零件，由于制造与安装的原因，转子的重心和转动中心不可能在同一中心线上重合，这微小的中心偏差，转动起来就有一个离心力，此离心力使转子发生振动。振动的次数决定于转子的转数，转动一次就振动一次，这种振动称强迫振动。当自振和强迫振动的频率相等或成倍数时，叫共振。共振时的压缩机转速叫临界转速。

对于一台离心压缩机来说，临界转速不止一个，转速最低的一个叫第一临界转速，通常样本和说明书中给出的有第一临界转速和第二临界转速，作为运转时参考。为使转子平稳运行，工作转速应偏离临界转速一定范围。

一般三级以下离心式压缩机的转速可能在第一临界转速以下，在第一临界转速以下运转的压缩机(刚性轴)，应使工作转速≤0.75临界转速。

三级以上离心式压缩机的转速一般在第一临界转速和第二临界转速之间，在第一和第二临界转速之间运转的压缩机(挠性轴)，应使1.3倍第一临界转速≤工作转速≤0.7倍第二临界转速。

在第一临界转速以下工作的压缩机，启动和停车时不经过临界转速，较为安全。在第一和第二临界转速之间工作的压缩机，启动和停车时都要通过第一临界转速，应注意启动时，在升速过程中到第一临界转速邻近时不能停顿，必须较快地越过第一临界转速，以避免压缩机发生强烈的振动。

4. 振动

离心压缩机最复杂的故障，就是振动。而且产生的原因也很多。综合起来有以下几个方面：

(1) 临界转速　当转子的固有振动频率正好与转速重合时，由于转子制造安装上的偏差等引起的，每转一次加振力将会发生激烈的共振性振动。临界转速包括转子本身的固有轴向临界转速以及驱动机轴或其他连在压缩机轴之间的部件产生的扭转临界转速。驱动机和压缩机都必须绝对避免在临界转速范围内运转。因此在规定运转条件的范围或扩大运转范围时，以及调整转速或利用改变转速调节流量时，都必须对临界转速问题予以特别重视。

(2) 对中不良　轴心偏移情况下的振动，振动频率与轴转数相等，而且沿水平和垂直方向都有50%以上的弧形振动。主要原因是受热机壳移位、排气管路受热变形等。应进行热态对中找正加以解决。

(3) 油膜振荡和油膜卷振　强制供油的衬瓦式轴承中，凡是在临界转速的2倍以上转速上发生的轴振动为油膜振荡，低于此转速时发生的轴振动则为油膜卷振。其振动频率都等于转速的一半左右。此时，轴与轴承间的油膜旋转速度约为轴旋转速度的一半，同向旋转，所以引起这种自激的或不稳定振动。油膜振荡和油膜卷振是由于油膜的作用引起的，因而随着轴承形状的不同、间隙大小的差异及油压、油温的变化，振荡的现象也不一样。为了防止油膜振荡，选定适当的工作转速或改变轴承形状，使其不连续，如采用椭圆轴承、多叶片式压力轴承、可倾瓦轴承等以防止油膜振荡，都是有效的。

（4）平衡破坏　转子不平衡引起的振动，其频率与轴转速一致，而水平和垂直方向振幅较大。由于转子制造都经过充分的静、动平衡试验，所以转子本身的机械不平衡一般不存在。但在运转中可能产生问题，例如叶轮叶片上积灰、结焦和挂有异物或当黏附物中有部分剥落以及叶片磨损、叶轮铆钉松动等都可以导致不平衡振动。

（5）其他　不适当的轴承间隙、轴颈偏心、支承不良、联轴器不好、基础灌浆不当等都可以引起振动。

第四节　离心式压缩机的参数调节、日常维护和故障处理

一、离心式压缩机运行参数的调节

压缩机在运行时，管网的流量、压力是不断变化的，要求压缩机的流量、排气压力也随之变化，也就是要不断地改变压缩机的运行工况，这就是压缩机的调节。由于压缩机运行工况是由压缩机本身和管网性能共同决定的，所以改变运行工况既可以用改变压缩机性能曲线，也可以用改变管网性能来实现。

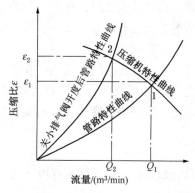

图 14-4-1　出口节流调节

1. 压缩机出口节流调节

出口排气阀关小一些，则管路性能曲线就会变陡。如图 14-4-1 所示。

设原来压缩机工作点 1，当排气阀关小节流时，则工作点由 1 移到 2，相应的排气量将由 Q_1，减小为 Q_2。

这种调节方法不改压缩机的性能曲线，驼峰点 K 位置不变，喘振区的范围不变，并可保持调节前、后的吸入压力不变。这种方法虽然简便，但节流阻力将耗掉一部分能量，使功率消耗增大，不经济。适用于小型离心压缩机。

2. 压缩机进口节流调节

在压缩机进气管上安装节流阀，改变阀门的开度、就改变了压缩机的进气状态，压缩机的特性线也就跟着改变，如图 14-4-2 所示。

调节前压缩机特性线为 1，这时进口节流阀处于全开位置，节流阀的损失可以忽略不计，这时压缩机进口压力为 P_a，近似认为是一条水平线。如果调节阀关小，进气压力 P_a 随流量的关系为曲线 2。这时同一转速下的压缩机特性线则变为曲线 3，它可以通过作图法得到。进气阀每一个开度，都有一条阻力特性线（类似曲线 2）和相应的压缩机特性曲线（类似曲线 3）与之对应。

这种调节方法简便易行，并且进气节流调节使压缩机的性能曲线向小流量方向移动，使喘振流量也向小流量方向移动，扩大了稳定工作范围。调节气量范围较大，虽然节流阻力增大会消耗一部分能量，但较其他调节方法所耗能要小，因此大多数离心压缩机常用这种方法

调节流量。

3. 改变转数调节

随着转速的改变，压缩机的特性曲线也相应改变，工作点随之改变，流量相应得到改变，如图 14-4-3 所示。

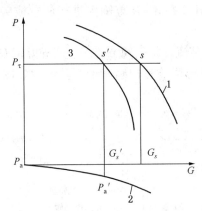

图 14-4-2　进口节流调节

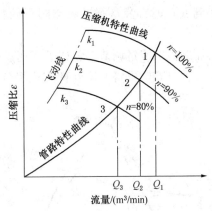

图 14-4-3　改变转数调节

当压缩机的转速降低时，每级叶轮对气体所作的功及有效能量头都要降低。性能曲线就要下降，在管路特性曲线不变的情况下，压缩机的工作点将由 1 依次移动到 2 和 3，流量相应的将由 Q_1 依次降为 Q_2 和 Q_3，同时驼峰点也将向左下方移动，由 K_1 变为 K_2 和 K_3，喘振区逐渐缩小。

改变转速调节流量，在压缩机工作转速远离额定转速时，不会产生太大的能量损失，是较经济和最省功耗的调节方法。适合于可改变转速的汽轮机、燃气轮机，直流电机或三相交流整流子电机作驱动机的离心压缩机。

4. 进口处装导向片

在压缩机叶轮前装设可转动的导流叶片，借助传动机构可以改变导流叶片的安装角，使进入叶轮入口的气流产生预旋，可改变压缩机的排气量。

当调节导向叶片安装角，使叶轮叶片入口处的气流角 α_1 在大于或小于 90° 的范围内变化。当 $\alpha>90°$ 时，理想叶轮的理想能量头在 h_1 处有较大值，从而该级的有效能量头曲线（h-Q）就较高，反之，当 $\alpha<90°$ 时，h-Q 曲线就较低，如图 14-4-4 所示。

从图 14-4-4 可见：当调节导向叶片 $\alpha>90°$ 时，工作流量 Q_a 较大，性能曲线上的驼峰点 K 向右移动；当调节导向叶片 $\alpha<90°$ 时，工作流量 Q_b 较小，性能曲线上的 K 点向左移动，喘振区缩小。

这种调节方法比吸入阀节流效率高，但机构复杂，而且只能在第 1 级叶轮进口前设置。

5. 旁路或放空

当生产要求的气量比压缩机排气量小时，将其剩余的部分气体经冷却器冷却后返回压缩机进口的调节方法叫旁路调节。若压缩气体为空气则不需返回旁路而直接放入大气中，所以叫放空调节。

旁路循环或放空调节，使压缩机增加了循环量或

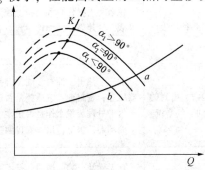

图 14-4-4　改变气流角 α_1 的调节

放空量而白白消耗了这部分能量，如图14-4-5所示，打开旁路阀或放空调节旁路阀及放空阀的开度，使旁路循环或放空的气量与生产所需的气量之和比喘振点的流量稍大一些，以避免压缩机进入喘振范围。

在图14-4-5中，A为压缩机运转点，B为装置工作点，ΔG为放空或旁路循环量。当流量需减小到B点时，旁路阀或放空阀开始自动打开，在A~B范围内进行放空或旁路循环控制。

离心压缩机的流量调节，叙述了变速、吸气阀节流、排气阀节流、进气导叶以及放空或旁路循环五种方式。可将上述五种方式组合起来进行调节和控制流量。其流程如图14-4-6所示。

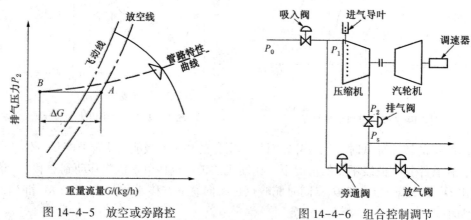

图14-4-5　放空或旁路控　　　　　　　图14-4-6　组合控制调节

目前，定转速电动机驱动的压缩机多采用进口节流调节，变转速工业汽轮机驱动的压缩机多采用变转速调节，其他调节方法应用得较少。

二、运行中监控检查

离心压缩机是大型输气管道的重要设备，运行过程中，应按照使用说明书所编制的日常监控和检查项目，定时逐项进行检查、测定和监控，认真作好运行记录。

无使用说明书的，可参照表14-4-1所列的监控检查项目进行运行中的监控检查，并结合各类型压缩机的实际情况适当取舍和增减。

表14-4-1　离心式压缩机运行中的监控点

检 查 项 目	内　　　容	措　　　施
各种仪表	仪表盘、操作台和设备上控制，测定记录的各种压力表；温度表、转速表、液面计、流量表、振幅表等仪表所指示的数值是否正常	记录
润滑、密封的油、气系统	油压、油量、油温、油位等是否正常及油质污染情况，过滤器压差；密封油；气压差是否适当 封油处理装置工作是否正常 冷却器、水量，出、入口温度	记录并调节适当。油质污染严重应更换润滑油、密封油
异常现象	有无异常声响，振动；有无油、水、气的泄漏；管路工作是否正常	发现异常，查明原因即时排除，并作记录

在机组正常运行中，运行人员应每 2h 浏览机组系统监控人机界面，查看系统运行参数、历史趋势图、报警摘要、喘振系统图，通过监视机组运行参数的变化和运行工况点的变化趋势，判断机组运行状况，发现问题及时进行维护处理、保持机组处于良好的运行状态。

（1）运行人员应每 2h 对机组进行一次巡检，检查项目应包括：

① 检查机组各辅助系统有无跑、冒、滴、漏，尤其是安全阀及阀门密封件应无泄漏；

② 检查现场所有温度、压力表指示是否正常；

③ 检查机组主滑油箱滑油液位，保证在正常工作液位；

④ 检查现场机组主滑油和 GG 滑油温度；

⑤ 检查空气入口过滤器上是否有杂物（在雪天、雾天、风沙天气要增加巡检次数）；

⑥ 检查滑油冷却器、工艺气冷却器有无泄漏、污物，电机运行是否正常。

（2）运行人员应每 2h 对空压机进行一次巡检，检查项目应包括：

① 检查各系统有无跑、冒、滴、漏，尤其是安全阀及阀门密封件应无泄漏；

② 检查空压机出口温度、压力是否正常；

③ 检查空压机气液罐液位，保证在正常工作液位；

④ 检查现场储气罐压力；

⑤ 检查干燥机是否交替运行，压力是否正常；

⑥ 检查空气入口滤网上是否有杂物；

⑦ 检查空压机运行是否正常，是否有异常响声；

⑧ 检查两台空压机是否交替运行；

⑨ 对空压机辅助系统进行手动排污一次。

（3）对于系统的报警，运行人员应迅速查出原因进行整改，予以消除，并作好记录。

（4）辅助系统的监测和控制。辅助系统设施的完好是保障压缩机组正常运行的先决条件。因此，运行人员应做到：

① 时刻保持控制仪表信号和各电器联锁装置完善，经定期检验合格，动作灵敏、准确。电路系统处于正常供电，电控系统符合要求。仪表风系统运转正常。所有手动阀必须处于正确的常开或常关位置。

② 及时监控工艺气、燃料气、密封气、仪表风和润滑油过滤（分离）器的压差，超限时应及时对过滤器滤芯进行更换或清洗，满足机组对气、液、固体粉尘的要求，保证气质和润滑油油压的稳定。

③ 对工艺气、润滑油冷却器定期进行检查，停机时检查冷却器风扇叶片应无裂纹、无伤痕，无弯曲及安装牢靠；检查冷却器无跑、冒、滴、漏、无污物；检查冷却风扇传动带无裂纹、无伤痕、无振动。

三、离心式压缩机组的日常维护

1. 严格遵守各项规程

严格遵守操作规程，按规定的程序开停车，严格遵守维护规程，使用维护好机组。

2. 加强日常维护

每日检查数次机组的运行参数，按时填写运行记录，检查项目包括：进、出口工艺气体的参数（温度、压力和流量以及气体的成分组成和湿度等）；机组的振动值、轴位移和轴向推力；油系统的温度、压力、轴承温度、冷却水温度、储油箱油位、油冷却器和过滤器的前后压差；冷凝水的排放、循环水的供应以及系统的泄漏情况；应用探测棒听测轴承及机壳内有无异声。

每 2~3 天检查一次冷凝液位。

每 2~3 周检查一次润滑油是否需要补充或更换。

每月分析一次机组的振动趋势，看有无异常趋向；分析轴承温度趋势；分析酸性油排放情况，看排放量有无突变；分析判定润滑油质量情况。

每 3 个月对仪表工作情况作一次校对，对润滑油品质进行光谱分析和铁谱分析，分析其密度、黏度、氧化度、闪点、水分和碱性度等。

机组清洗时间间隔为 500h。

机组空气过滤器滤芯的反吹原则上每 15 天一次，由站运行人员根据天气情况确定具体的时间，如果遇到沙尘天气，待天气晴朗后对停运和运行的机组进行反吹一次，每次反吹完成后作好记录。

保持各零部件的清洁，不允许有油污、灰尘、异物等在机体上。

各零部件必须齐全完整，指示仪表灵敏可靠。

按时填写运行记录，做到齐全、准确、整洁。

定期检查、清洗油过滤器，保证油压的稳定。

长期停车时，每 24h 盘动转子 180°一次。

3. 监视运行工况

机组在正常运行中，要不断地监视运行工况的变化，经常与前后工序联系，注意工艺系统参数和负荷的变化，根据需要缓慢地调整负荷，变转速机组应"升压先升速"、"降速先降压"。经常观测机组运行工况电视屏幕监示系统，注意运行工况点的变化趋势，防止机组发生喘振。

4. 尽量避免带负荷紧急停机

机组运行中，尽量避免带负荷紧急停机，只有发生运行规程规定的情况才能紧急停机。

四、离心式压缩机组常见故障与处理

离心式压缩机的性能受吸入压力、吸入温度、吸入流量、进气相对分子质量及进气组成和原动机的转速和控制特性的影响。一般多种原因互相影响发生故障或事故的情况最为常见，现将常见的故障可能的原因和处理措施，列于下面表中。

1. 压缩机性能达不到要求(见表 14-4-2)

表 14-4-2

可能的原因	处 理 措 施
设计错误	审查原始设计，检查技术参数是否符合要求，发现问题应与卖方和制造厂家交涉，采取补救措施
制造错误	检查原设计及制造工艺要求，检查材质及其加工精度，发现问题及时与卖方和制造厂家交涉
气体性能差异	检查气体的各种性能参数，如与原设计的气体性能相差太大，必然影响压缩机的性能指标
运行条件变化	应查明变化原因
沉积夹杂物	检查在气体流道和叶轮以及气缸中是否有夹杂物，如有则应清除
间隙过大	检查各部间隙，不符合要求者必须调整

2. 压缩机流量和排出压力不足(见表 14-4-3)

表 14-4-3

可 能 的 原 因	处 理 措 施
通流量有问题	将排气压力与流量同压缩机特性曲线相比较、研究，看是否符合，以便发现问题
压缩机逆转	检查旋转方向，应与压缩机壳体上的箭头标志方向相一致
吸气压力低	和说明书对照，查明原因
相对分子质量不符	检查实际气体的相对分子质量和化学成分的组成，与说明书的规定数值对照，如果实际相对分子质量比规定值小，则排气压力就不足
运行转速低	检查运行转速，与说明书对照、如转速低，应提升原动机转速
自排气侧向吸气侧的循环量增大	检查循环气量，检查外部配管，检查循环气阀开度，循环量太大时应调整
压力计或流量计故障	检查各计量仪表，发现问题应进行调校、修理或更换

3. 压缩机启动时流量、压力为零(见表 14-4-4)

表 14-4-4

可 能 的 原 因	处 理 措 施
转动系统有毛病，如叶轮键、连结轴等装错或未装	拆开检查，并修复有关部件
吸气阀和排气 阀关闭	检查阀门，并正确打开到适当位置

4. 排出压力波动(见表 14-4-5)

表 14-4-5

可 能 的 原 因	处 理 措 施
流量过小	增大流量，必要时在排出管安上旁通管补充流量
流量调节阀有毛病	检查流量调节阀，发现问题及时解决

5. 流量降低(见表 14-4-6)

表 14-4-6

可 能 的 原 因	处 理 措 施
进口导叶位置不当	检查进口导叶及其定位器是否正常，特别是检查进口导叶的实际位置是否与指示器读数一致，如有不当，应重新调整进口导叶和定位器
防喘阀及放空阀不正常	检查防喘振的传感器及放空阀是否正常，如有不当应校正调整，使之工作平稳，无振动摆振，防止漏气
压缩机喘振	检查压缩机是否喘振，流量是否足以使压缩机脱离喘振区，特别是要使每级进口温度都正常
密封间隙过大	按规定调整密封间隙或更换密封
进口过滤器堵塞	检查进口压力，注意气体过滤器是否堵塞，清洗过滤器

6. 气体温度高(见表 14-4-7)

表 14-4-7

可 能 的 原 因	处 理 措 施
冷却水量不足	检查冷却水流量、压力和温度是否正常，重新调整水压、水温，加大冷却水泵
冷却器冷却能力下降	检查冷却水量，冷却器管中的水流速应小于 2m/s
冷却管表面积污垢	检查冷却器温差，看冷却管是否由于结垢而使冷却效果下降，清洗冷却器芯子
冷却管破裂或管子与管板间的配合松动	堵塞已损坏管子的两端或用胀管器将松动的管端胀紧
冷却器水侧通道积有气泡	检查冷却器水侧通道是否有气泡产生，打开放气阀把气体排出
运行点过分偏离设计点	检查实际运行点是否过分偏离规定的操作点，适当调整运行工况

7. 压缩机的异常振动和异常噪声(见表 14-4-8)

表 14-4-8

可 能 的 原 因	处 理 措 施
机组找正精度被破坏，不对中	检查机组振动情况，轴向振幅大，振动频率与转速相同，有时为其 2 倍、3 倍……卸下联轴器，使原动机单独转动，如果原动机无异常振动，则可能为不对中，应重新找正
转子不平衡	检查振动情况，若径向振幅大，振动频率为 n，振幅与不平衡量及 n^2 成正比，此时应检查转子，看是否有污垢或破损，必要时转子重新做动平衡
转子叶轮的摩擦与损坏	检查转子叶轮，看有无摩擦和损坏，必要时进行修复与更换
主轴弯曲	检查主轴是否弯曲，必要时校正直轴
联轴器的故障或不平衡	检查联轴器并拆下，检查动平衡情况，并加以修复
轴承不正常	检查轴承径向间隙，并进行调整，检查轴承盖与轴承瓦背之间的过盈量，如过小则应加大；若轴承合金损坏，则换瓦
密封不良	密封片摩擦，振动图线不规律，启动或停机时能听到金属摩擦声；修复或更换密封环
齿轮增速器齿轮啮合不良	检查齿轮增速器齿轮啮合情况，若振动较小，但振动频率高，是齿数的倍数，噪声有节奏地变化，则应重新校正啮合齿轮之间的不平行度
地脚螺栓松动，地基不坚	修补地基，把紧地脚螺栓

8. COBERRA6562/RF3BB36 燃气轮机/压缩机常见故障及排除方法(见表 14-4-9)

表 14-4-9

序 号	故 障	原 因 分 析	排 除 方 法
1	启动时燃料总管压力高或低	压力调整不合理	调整燃料控制阀
2	点火失败	燃料供应压力太低；点火系统故障（如火花塞结焦、激发器故障）	调整燃料供应压力；检查点火系统，排除故障
3	燃气发生器转速不稳定，振荡	燃气不稳定/振荡	调燃料供应压力
4	加速缓慢	供气压力偏低、流量偏小；可调导叶开启位置不合适	调整燃料供应压力/流量；检查可调导叶位置，排除故障

续表

序　号	故　障	原 因 分 析	排 除 方 法
5	燃气发生器振动大，动力透平振动大	振动仪表或接线不合适；振动传感器没有安装好；固定系统不坚实	检查仪表和接线，装好传感器；加强支承系统，拧紧固定螺钉
6	滑油压力过高或过低	供油泵或回油泵有故障；管线漏油；仪表失灵；油滤堵塞	检查油泵；排除故障；消除渗漏；更换仪表；清洗或更换油滤
7	回油温度高	回油滤堵塞；温度仪表接线不合理；供油温度高	调整供油温度；清洗或更换油滤；检查仪表导线
8	滑油消耗量大	滑油系统严重漏泄；有油从油/气分离器排出；油池内部漏油	消除漏油和检查油/气分离器，更换内部油封元件
9	可调导叶故障	油滤污染或转速传感器失灵；杠杆活动不灵活；连杆和反馈脱开或破裂	逐步检查原因后排除
10	点火系统故障	点火器输入电压不对或电缆有问题；点火器内部线路板有故障；火花点火器插入深度不合适或不打火；导线绝缘电阻低	逐步检查原因后排除

第十五章　往复式压缩机

第一节　往复式压缩机的种类和型号

往复式压缩机是应用最早和最广泛的一种机型，压力范围很广泛，其排气压力为从几个大气压到 3000 个大气压以上的超高压。目前高压合成聚乙烯装置使用的最高压力达到 3500kgf/cm²（1kgf/cm² = 98kPa）。当压缩机排气量在 3～10m³/min 时，气缸的冷却采用风冷，活塞杆与曲轴直联，无十字头；当排气量在 10m³/min 以上时，气缸大多为水冷，有十字头。往复式压缩机的缸有单作用和双作用两种，单作用只在气缸一侧有进、排气阀，活塞经过一次循环，只能压缩一次气体。双作用是指气缸两侧都有进、排气阀，活塞往返运动时都可以压缩气体。

在结构型式上，往复式压缩机常按气缸中心线的相对位置分成卧式、立式、对称平衡式、对置式、角度式等，其特点如表 15-1-1 所示。

表 15-1-1　压缩机气缸排列与特点

级数	立 式	角度式			对称平衡式		对置式
		L 型	V 型	W 型	M 型	H 型	
Ⅱ							
Ⅲ							
Ⅳ							
特点	活塞式环和填料的润滑、磨损均匀　往复惯性力垂直作用在基础上，基础的尺寸小　机器占地面积小，不易变形	当两列往复运动质量相等时，运转平稳	当两列往复运动质量相等且气缸中心线夹角为90°时平衡性最佳　夹角为60°时结构紧凑	当两列往复运动质量相等且气缸中心线夹角60°时动力平衡性最好	两主轴承之间，相对两列气缸的曲柄错角为180°，惯性力可完全平衡转数能提高　相对列的活塞力能抵消减小主轴颈的受力与磨损		气缸与曲轴两侧水平布置相邻的两相对列曲柄错角不等于180°，相对列上的气体作用力可以抵消一部分

按轴功率和排气量大小分微型、小型、中型和大型。

气缸不用液体润滑的压缩机型式有：

（1）接触式无润滑压缩机　常用固体自润滑材料聚四氟乙烯为基体，加各种填充物（如青铜粉、玻璃纤维、石墨、二硫化钼等）制成活塞环和密封圈。为避免运动部件的润滑油带入填料，设隔油装置，且活塞杆的长度比有油润滑压缩机长一个行程值。

（2）非接触式（迷宫）压缩机　活塞与气缸做成迷宫槽型式，活塞与气缸之间保持很小的间隙，气体的泄漏在曲折密封中受到阻止，密封活塞杆的填料密封圈上也开设齿形环状沟槽，压缩的介质能保持纯净。

（3）隔膜式压缩机　由膜腔和膜片之间的空间构成工作容积，膜片在活塞产生的油压作用下动作，使气体在工作容积内完成压缩循环。压缩过程接近等温，且余隙容积小，级压力比可达18，由于膜片材料的强度和液体惯性的限制，膜腔容积不能太大，转数不能过高（<500r/min），只适用于小气量（<100m³/h），介质可保持纯净，且密封性好，多用于压缩有剧毒不允许泄漏的气体及易燃、易爆气体和强腐蚀性气体、放射性气体、珍贵的稀有气体等。

第二节　往复式压缩机的工作原理

一、往复式活塞压缩机的工作过程

往复式活塞压缩机属容积型压缩机。它靠气缸内作往复运动的活塞改变工作容积压缩气体。气缸内的活塞，通过活塞杆、十字头、连杆与曲轴连接，当曲轴旋转时，活塞在气缸中作往复运动，活塞与气缸组成的空间容积交替地发生扩大与缩小，当容积扩大时残留在余隙内的气体将膨胀。然后再吸进气体，当容积缩小时则压缩排出气体。

以单作用往复式活塞式压缩机为例，将其上述过程叙述如下（见图15-2-1）：

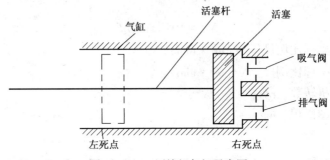

图 15-2-1　压缩机气缸示意图

（1）吸气过程　当活塞在气缸内向左运动对；活塞右侧的气缸容积增大，压力下降。当压力降到小于进气管中压力时，则进气管中的气体顶开吸气阀进入气缸。随着活塞向左运动，气体继续进入气缸，直到活塞运动到左死点为止，这个过程称吸气过程。

（2）压缩过程　当活塞调转方向向右运动时，活塞右侧的气缸容积开始缩小，开始压缩气体（由于吸气阀有逆止作用，故气体不能倒回进气管中，同时出口管中的气体压力高于气缸内的气体压力，缸内气体也无法从排气阀排到出口管中，而出口管中气体又因排气阀有逆止作用，也不能流回缸内）。此时缸内气体分子保持恒定，只因活塞继续向右移动，继续缩小了气体体积，使气体的压力升高。这个过程叫做压缩过程。

（3）排气过程　随着活塞右移压缩气体，气体的压力逐渐升高，当缸内气体压力大于出口管中气体压力时，缸内气体便顶开排气阀而进入排气管中，直至活塞到右死点后缸内压力与排气管压力平衡为止。这个过程叫做排气过程。

（4）膨胀过程　排气过程终了，因为有余隙存在，有部分被压缩的气体残留在余隙之内，当活塞从右死点开始调向左运动时，余隙内残存的气体压力大于进气管中气体压力。吸气阀不能打开，直到活塞离开死点一段距离，残留在余隙中的高压气体膨胀，压力下降到小于进气管中的气体压力时，吸气阀打开，开始进气。所以吸气过程不是在死点开始，而是滞后一段瞬间。这个吸气过程开始前，余隙残存气体占有气缸容积的过程称为膨胀过程。

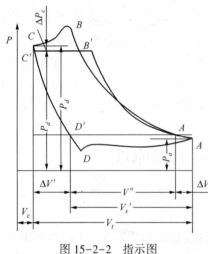

图 15-2-2　指示图

二、示功图及其应用

活塞往复一次，气缸内依次进行容隙内气体膨胀、吸气、压缩、排气四个工作过程，总称一次工作循环。气缸内气体压力沿活塞行程变化的实际循环过程，可用指示器来测定，其曲线称压力指示图或示功图，如图 15-2-2 所示。

从图 15-2-2 中看出：

（1）$C—D$ 为余隙容积 V_0 中残存气体膨胀过程；

（2）$D—A$ 为吸气过程；

（3）$A—B$ 为压缩气体过程；

（4）$B—C$ 为排气过程。

往复式活塞压缩机的指示图，压缩机不仅反映压缩机各过程的工作性能和完善程度，而且观察指示图的形状可进行压缩机的内在故障的分析。

此外，指示图确定气缸的实际进气容积和气缸容积的指示功率。气缸容积的指示功率按下式计算：

$$N_{ix} = 10^{-3}m_p m_v nf \tag{15-2-1}$$

式中　m_p——压力坐标比例尺，N/(m²·mm)；

　　　m_v——容积坐标比例尺，N/(m²·mm)；

　　　n——压缩机转数，r/s；

　　　f——指示图面积，mm²。

第三节　往复式压缩机的结构与主要零部件

一、往复式压缩机的结构

图 15-3-1 是一台我国自行设计与制造的 L 型空气压缩机总图。如图所示，活塞式压缩机主要由运动机构（曲轴、轴承、连杆、十字头、皮带轮或联轴器等）、工作机构（气缸、活塞、气阀等）与机身三大部分组成。此外还有三个辅助系统（润滑油系统、冷却系统及调节系统）。运动机构是一种曲柄连杆结构，使曲轴的旋转运动变为十字头的往复运动。在 L 型压缩机内，电动机经皮带轮或联轴器带动曲轴旋转，曲轴上有两个连杆，一在垂直列，一在

水平列。这两个连杆的另一端分别与两个十字头连接,而十字头被限定在滑道内只能作往复运动。这样,旋转的曲轴使连杆摆动,传到十字头作往复运动,而十字头再通过活塞杆使活塞在气缸内作往复运动。

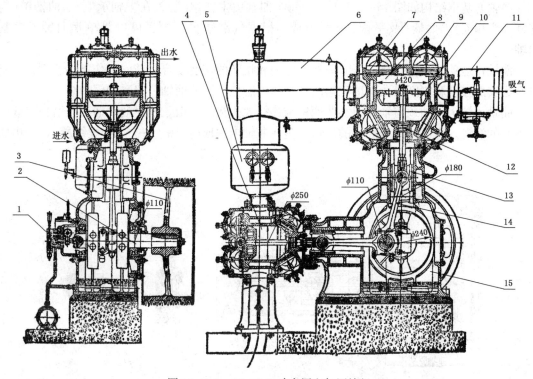

图 15-3-1　4L-20/8 动力用空气压缩机

1—油泵;2—曲轴;3—皮带轮;4—二级气缸;5—油气分离器;6—中间冷却器;7—排气阀;8—一级气缸;
9—吸气阀;10—活塞组件;11—减荷阀;12—填料函;13—十字头;14—连杆;15—机身(曲轴箱)

机身支承和安装整个运动机构和工作机构,又兼作润滑油箱用,曲轴用轴承支承在机身上,机身上两个滑道又支托着十字头,两个气缸分别固定在 L 形机身的两臂上。工作机构是实现压缩机工作原理的主要部件。气缸呈圆筒形,两端部装有吸气阀和排气阀,活塞在气缸中间作往复运动。本压缩机有两个气缸,垂直列为一级缸,水平列为二级缸。空气从一级缸被吸入经活塞压缩到约 2MPa(表压),经中间冷却器降温,又被吸入二级缸,再经压缩升压到 8MPa(表压),排出到输气管路中供应用。这种气体分两次或更多次压缩升压的情况称为多级压缩。不论有多少级气缸,气体在每个气缸内都经历着膨胀、吸气、压缩、排气等过程,其工作原理是一样的。

图 15-3-2 为石油天然气工业常用活塞式压缩机结构图。

二、往复式压缩机主要零件

1. 机座

压缩机的机座是基础部件,它承载压缩机整个结构的静负荷(重力)与动负荷(惯性力)。

2. 曲柄连杆机构

曲柄连杆机构由曲轴、连杆、十字头和活塞等组成,是往复式压缩机的重要运动部件,它将驱动机传来的旋转运动通过连杆的传递转变为十字头和活塞的往复运动。

1）曲轴

曲轴是压缩机中的重要运动部件，外部输入的转矩要通过曲轴传给连杆、十字头，从而推动活塞作往复运动。同时它又承受从连杆传来的周期变化的气体力与惯性力等。

曲轴的基本结构如图15-3-3所示。每个曲轴由主轴颈（装置在主轴承上）、曲柄销（与连杆大头相连）、曲柄（及平衡铁）所组成。根据气缸数目不同，可以是单拐曲轴或多拐曲轴。

曲轴在运动时，承受拉、压、剪切、弯曲和扭转的交变复合负载，工作条件恶劣，要求具有足够的强度和刚度以及主轴颈与曲轴销的耐磨性。因此曲轴一般采用锻造。

曲轴运转中，轴颈与轴瓦间、曲柄销与连杆大头瓦间，由于相对运动而产生磨损，故应有良好的润滑。所需压力润滑油的油道，多在曲轴内钻成（如图15-3-3中虚线所示）。由曲

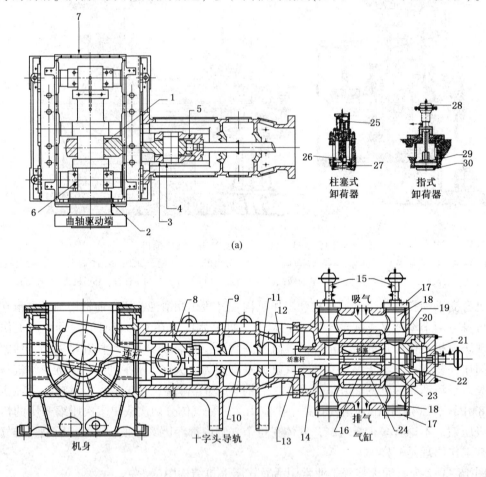

(a)

(b)

图 15-3-2　天然气压缩机

1—曲柄销轴瓦；2—曲轴密封；3—十字头；4—十字头销；5—活塞杆锁紧螺母；6—主辊承；
7—油泵端、轴泵端；8—十字头滑履；9—刮油环填料；10—抛油圈；11—中间密封填料；
12—接筒；13—活塞杆压力填料；14—曲轴端气缸座；15—吸气阀卸荷器；16—活塞环；
17—阀盖；18—压阀罩；19—吸气阀；20—气缸盖、头端；21—余隙腔；22—活塞杆螺母；
23—排气阀；24—导向环；25—活塞式执行结构；26—柱塞式卸荷阀；27—环状吸气阀；
28—模片式执行结构；29—指式卸荷阀；30—网状吸气阀

轴轴头润滑油泵将压力润滑油分别送到轴瓦和曲柄销处。

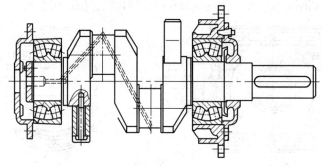

图 15-3-3　曲轴

　　曲轴上只有两点支承时，可用滚动轴承，如国产 L 型空压机常用双列球面向心球轴承。多曲拐曲轴采用多点支承时，就必须用滑动轴承，一般在相邻两个主轴承间，只配置 1~2 个曲拐，以免曲轴产生过大的挠度而导致轴承的不均匀磨损。

　　曲柄下端设平衡铁，平衡铁与曲柄连接多采用抗拉螺栓连接，以平衡惯性力。

　　2）连杆

　　连杆是将作用在活塞上的气体力等传递给曲轴，又将曲轴的旋转运动转换为活塞的往复运动的机件。连杆包括大头、小头、杆体三部分，如图 15-3-4 所示。大头一端与曲柄销相连。大头常用剖分结构，装配时用连杆螺栓固紧。小头一端与十字头销（或活塞销）相连。杆身截面形式有圆形、矩形和工字形几种。其中以工字形截面受力较好，节省金属材料，最为经济合理。

　　考虑到润滑的要求，连杆小头所需的润滑油大多数均自连杆大头轴承处引来，故杆身中往往钻有油孔（见图 15-3-4），也有用附油管紧贴在杆身一侧的结构，如图 15-3-5 所示。

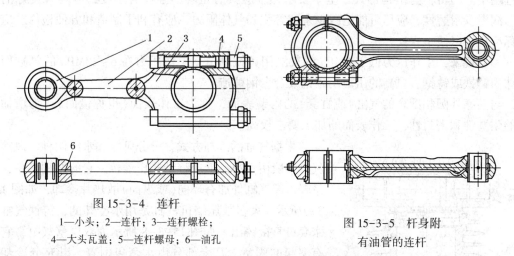

图 15-3-4　连杆
1—小头；2—连杆；3—连杆螺栓；
4—大头瓦盖；5—连杆螺母；6—油孔

图 15-3-5　杆身附
有油管的连杆

3. 十字头

　　十字头是连接活塞杆与连杆的零件，它具有导向作用。

　　压缩机中大量采用的是闭式十字头结构，如图 15-3-6 所示，十字头与活塞杆的连接形式分为螺纹连接、联接器连接和法兰连接等。

　　螺纹连接方式结构简单，易调整气缸中死点间隙。但调整时需转动活塞，且在十字头体上切削螺纹时，经多次拆装后极易磨损，不易保证精度要求，故这种结构只适用于小型压缩机上。若采用不在十字头体上切削螺纹，而采用两螺母夹持的结构时，则适用于大、中型压缩机。

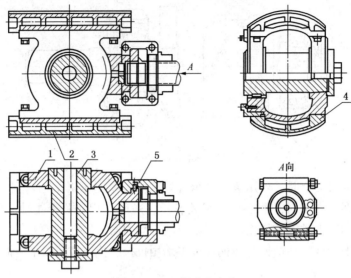

图 15-3-6　闭式十字头

1—十字头体；2—滑履；3—十字头销；4—垫片组；5—联接器

联接器和法兰连接结构，使用可靠，调整方便，使活塞杆与十字头容易对中。但结构笨重，多用在大型压缩机上。

十字头与连杆的连接由十字头销来完成。

4. 气缸

气缸是活塞式压缩机主要工作部件。根据压缩机不同的压力、排量、气体性质等需要，应选用不同的材料与结构形式。基本要求是：应具有足够的强度与刚度，应具有良好的冷却、润滑及耐磨性，应尽可能地减少余隙容积和气体阻力，应有利于制造和方便检修，应选用标准规格以便于互换。

一般说来，工作压力低于 6MPa 的气缸用铸铁制造，工作压力在 6~20MPa 的气缸用稀土球墨铸铁或铸钢，更高的压力用碳钢或合金钢锻造。

与活塞外圆相配合的气缸（或缸套）的内壁表面，称为工作表面（也称镜面）。为增加气缸的耐磨性和密封性，工作表面的加工要求较高。

根据气缸的冷却方式，可分风冷和水冷两种。风冷式气缸一般用于小型低压移动式压缩机。它的结构简单，重量轻。靠气缸外加有环向（或纵向）散热片冷却，如图 15-3-7所示。大多数压缩机气缸是用水冷却的，铸铁气缸的水套可直接铸出。如图 15-3-8 所示为双层壁气缸，它具有突起的阀室，其余部分由水套包围着，以充分冷却气缸，使气缸壁的温度均匀，减少气缸变形，并改善工作表面的润滑条件和气阀的工作条件，消除活塞环的烧结现象。

此外，气阀在气缸上的布置方式对气缸结构有很大影响。布置气阀的主要要求是：通道截面要大，余隙容积要小，安装与修理要方便。

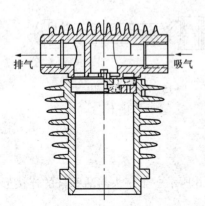

图 15-3-7　风冷式气缸

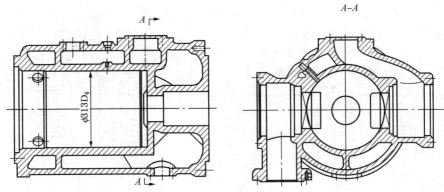

图 15-3-8　双层壁铸铁气缸

气阀在气缸上配置有三种基本方式：一种是配置在气缸盖上，如图 15-3-9 所示。另一种是配置在气缸体上，气阀轴线与气缸轴线相垂直的径向布置。再一种是混合布置，常用于双作用气缸。盖侧的气阀采用轴向配置，轴侧气阀采用径向布置，以减小余隙容积和气缸长度。

对于小型无十字头压缩机，为简化气缸结构，可用组合气阀安装在缸盖上。组合阀比单个阀更好地利用端盖面积，且余隙容积也较小。

5. 气阀

气阀是往复活塞式压缩机中的重要部件，也是易损坏的部件之一。它的好坏直接影响压缩机的排气量与功率消耗以及运转的可靠性。目前压缩机正向高速方向发展，而限制转速提高的关键问题之一就是气阀。

活塞式压缩机一般采用"自动阀"，就是气阀的开启与关闭是依靠阀片两边的压力差实现的，没有其他的驱动机构。

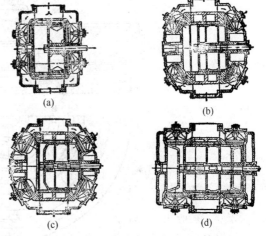

图 15-3-9　气阀在缸盖上配置情况

压缩机的气阀种类很多，有吸气阀和排气阀，它是完成压缩机工作循环的重要部件。它的开闭运动应与活塞的往复运动相配合，协调地完成吸气、压缩、排气过程。如图 15-3-10 所示，在吸气过程中，当气缸内压力降到低于吸气管内压力时，吸气阀开启，气体经吸气阀进入气缸内，在压缩过程中，吸、排气阀均保持密闭，在排气过程中，当气缸内压力升高到高于排气管内的压力，排气阀开启，在余隙内气体膨胀过程中，吸、排气阀均保持密闭。气阀多采用自动阀，自动阀的阀片在正向压力差下自动开启，当压力差消失时借助阀簧的推力自动复位关闭，在反向压力差下越封越严。

自动阀基本由阀座、阀片、阀簧、升程限制器、缓冲垫、导向垫及螺栓等组成。自动阀广泛采用环状阀、网状阀、条状阀及组合阀等。其结构如图 15-3-10~图 15-3-12 所示。自动气阀的优点：寿命长、阻力小、关阀严密、运动密封件启动迅速且冲击力小、余隙容积小。

环状阀：环状阀早已被人们所熟知，并且广泛应用于活塞压缩机中，其阀片是简单的环片。图 15-3-12 所示为一四通道环状阀。

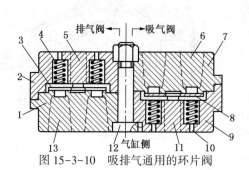

排气阀 ← → 吸气阀

气缸侧

图 15-3-10　吸排气通用的环片阀

1—阀座；2—升程挡板；3—阀片；4—弹簧；5—气道；
6—排气通道；7—阀座；8—阀片；9—升程挡板；
10—排污孔；11—气道；12—螺栓；13—吸气通道

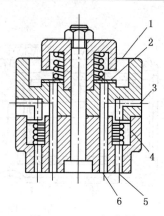

图 15-3-11　组合阀

1—排气阀；2—排气阀片；3—吸气阀；
4—吸气阀片；5—吸气孔；6—排气孔

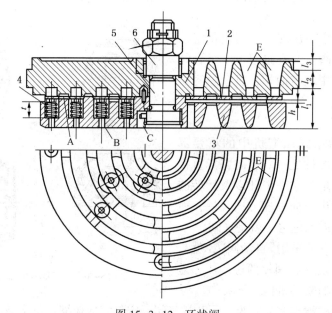

图 15-3-12　环状阀

1—阀座；2—阀片；3—升程限制器；4—弹簧；5—螺栓；6—螺母

环状阀(图 15-3-12)包括：能使气体通过的几个同心环形通道 E 和连接这些同心通道的径向连接筋共同组成的阀座 1，阀座上的每个通道都用单独的同心环状阀片 2 覆盖，阀片的升程限制器 3 与阀座的连接是采用带冕形螺母 6 和开口销的中心双头螺栓 5。在阀片的升程限制器中安放有弹簧 4，以使阀片贴向阀座。

为了使气体能够畅通，升程限制器亦做成同心环形通道，而其通道与阀座中的有关通道在径向应错开位置。升程限制器中设有若干个阀片运动的导向凸台，以便使环状的每个阀片都能准确落座，如图 15-3-12 中 A 处。这些凸台在圆周上设有 3~4 处，每处的弧长也较小，凸台和环片导向表面之间有较大的间隙公差，以保证阀片起落灵活。此外，升程限制器除限制阀片开启高度外，还作为气阀弹簧的支承座，因此其形状亦受所用弹簧种类及数量的影响。弹簧支承座处，往往具有穿通的小孔，如图 15-3-12 中 B 处，以便排除可能聚积在该处的润滑油，并防止阀片的黏着而导致延迟关闭。在升程限制器和阀座间有定体销，保证阀座和升程限制器的相互位置，并防止转动。

6. 活塞

活塞在气缸内作往复运动时与气缸及气缸盖之间形成可变的供吸气、压缩和排气的工作容积。活塞的基本结构形式有：筒形活塞、盘形活塞、组合式活塞、柱塞、级差式活塞。本节仅介绍筒形活塞和盘形活塞。

（1）筒形活塞　常为单作用活塞，用于小型无十字头的压缩机，通过活塞销与连杆直接相连接。筒形活塞的一般典型结构见图15-3-13。活塞顶部直接承受缸内气体的压力，环部上装有活塞环，以保证密封，裙部下方装有一至两道刮油环，起着上行均布润滑油、下行刮油的作用。筒形活塞的裙部用于承受侧向力。

（2）盘形活塞　用于低、中压双作用气缸。为了减轻重量，盘形活塞一般也铸成空心的，两端面用加强筋连接，如图15-3-14所示。一般在大直径盘形活塞上专门用耐磨材料制成承压表面(占圆周上90°或120°的范围)，以减轻卧式气缸的磨损和改善活塞环的密封性。

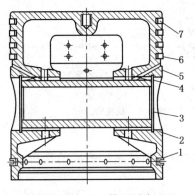

图 15-3-13　筒型活塞

1—刮油环；2—活塞销；3—挡圈；4—衬套；
5—活塞体；6—刮油环；7—活塞环

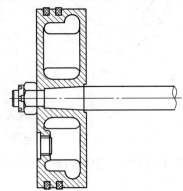

图 15-3-14　盘型活塞

活塞环结构：活塞环是密封气缸镜面和活塞间的缝隙用的零件，另外还起布油和导热的作用。由于活塞环需要靠本身弹力产生贴向气缸镜面的预压力，所以活塞环不能制成整体环形，应具有一个切口。活塞环常用切口形式有直切口、搭接口和斜切口三种。在压缩机中，环的切口形式如图15-3-15所示。

从制造角度来看，直切口最简单，斜切口次之，搭切口较复杂。但从减少泄漏的观点来看，搭切口最佳，因为气体泄漏要通过两次转折。为减小切口间的泄漏，安装活塞环时，必须使相邻两环切口互相错开180°左右。

7. 填料

活塞杆与气缸间的密封常采用两种金属填料——平面填料与锥面填料。填料多用自紧式密封圈，它们的密封原理都是靠气体压力保证密封的。在压力低于10MPa的工况下采用平面填料。

国内常用的平面填料是三瓣或六瓣结构，如图15-3-16所示。在填料函小室内装有两个金属环，一个为三瓣环，另一个为六瓣环，由三段圆弧及三块扇形组成。它们外部用扣紧弹簧扣紧在活塞杆上。安装时，三瓣环紧靠气缸侧，

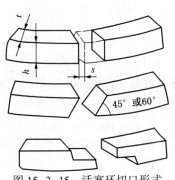

图 15-3-15　活塞环切口形式

六瓣环的切口必须与三瓣环切口互相错开，气缸内的高压气体沿三瓣环与活塞杆的径向间隙，从三瓣环的径向切口处漏入小室内，由于六瓣环的径向切口在外面被扇形块盖住，在轴向被三瓣环挡住，所以小室内的压力气体不会从六瓣处再向外泄漏，相反却可将六瓣环紧紧压抱在活塞杆上而达到密封作用。气缸内的压力越高，六瓣环在活塞杆上抱得越紧，所以有自动密封作用。六瓣环常用耐磨材料和铸铁或青铜等制成。

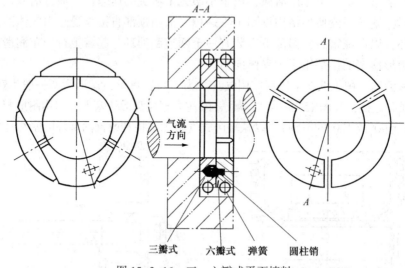

图 15-3-16　三、六瓣式平面填料

绝大多数平面填料采用周向螺旋弹簧预紧，密封环对活塞杆表面的比压 $k=(0.3\sim0.8)\times10^5\mathrm{Pa}$。

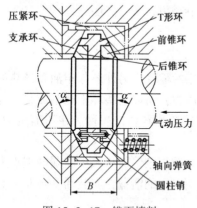

图 15-3-17　锥面填料

图 15-3-17 所示锥面填料由具有一个切口的 T 形环和两个锥面环组成。该三密封环用圆柱销定位，切口互错 120°，置于具有相同锥度的锥面支承钢圈和压紧钢圈内。这种自紧式密封结构的预紧力是借助于环本身的弹力和轴向弹簧力产生。高压气体流入小室后，气体压力作用在压紧环的端面和外圆柱面，并通过它作用在锥面密封环上，使锥面密封环紧贴活塞杆表面。改变锥度可变更环对活塞杆表面的压力，这就可能在使用一组锥面填料时调整各填料所承受的负载。平面填料则不具备这一优点。此外，在高压下由气体压力造成的对活塞杆的比压较平面填料小，所以耐久性较高。目前，锥面环加工精度仍难以保证，这是其不足之处。

图 15-3-18 所示为一种压缩机高压锥面填函，填料结构如图 15-3-17 所示。锥面角度愈靠近高压侧愈小，这是为了减小高压力差作用在锥环上的径向分力，使该处填料负荷减轻。为了更多地导去摩擦热，对填函须进行通水冷却。

锥面填函密封小室数(不计前置填料)可按被密封的气体压力选取：

密封压力/MPa	小室数
10	3~4
10~40	5~6

80～120　　　　　　　　　　6～7

平面密封环一般用 HT20-40 灰铸铁制造，金相组织应为片状及粗斑状珠光体，不允许有游离渗碳体存在。硬度要求 180～230HB。特殊需要时，可采用合金铸铁、青铜及镶巴氏合金。

锥面密封环采用 8-12 锡青铜和 11-6 锡锑轴承合金，后者用于压力较低的场合。压力很高时，可用铅青铜。

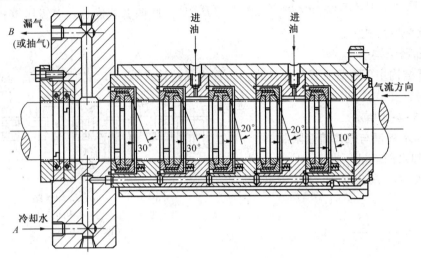

图 15-3-18　具有锥面填料的高压填函

干运转滑动密封结构：

润滑油的注入不仅是为了润滑活塞环和填料，也是为了增强其密封性能。但是，将不可避免地导致排出气体含油，增加气体脱油处理。现在有些压缩机采用无油干密封技术。无油干密封除了离心式压缩机一章讲过的采用迷宫式密封、干气密封、机械密封外，最重要的是选取较好的自润滑材料，目前主要采用填充聚四氟乙烯自润滑材料实现无油干密封。

第四节　往复式压缩机的附属设备

压缩机机组为了保证其工作性能和正常运转，都配有必要的附属设备。这些附属设备有冷却系统、润滑系统、消振系统、调节和控制系统等。

一、冷却和冷却器

1. 冷却水管路配置形式

一般冷却水管路配置有串联、并联和混联三种。

（1）串联管路　这种串联冷却管路如图 15-4-1 所示，其冷却水消耗量较小，管路较简单，附件较少，但检视不方便，各部位水量不能单独调节。

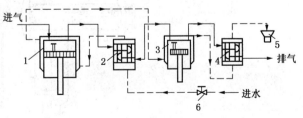

图 15-4-1　两级压缩机串联冷却管路
1、3—Ⅰ、Ⅲ级气缸；2—中间冷却器；4—后冷却器；
5—溢水槽；6—供水阀

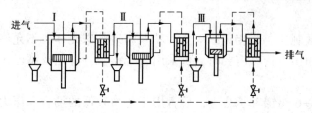

图 15-4-2　三级压缩机并联冷却系统

1，3，5—Ⅰ、Ⅱ、Ⅲ级气缸；2，4—中间冷却器；6—后冷却器

联冷却管路配置形式。

（2）并联管路　这种并联冷却管路如图 15-4-2 所示，各处冷却水量均能单独调节，检视较方便，但管路附件较多。

（3）混联管路　这种混联冷却管路如图 15-4-3 所示，兼有并联和串联两者的优点。多级压缩机均采用混

2. 冷却器结构

冷却器结构主要有管壳式、元件式、套管式和蛇管式等。其结构形式，管壳式多数与装置中常见的管壳式冷却器相同，其他几种如图 15-4-4 所示。

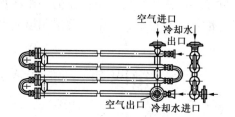

图 15-4-3　混合冷却管路

1，3，5—Ⅰ、Ⅱ、Ⅲ级气缸；2，4—中间冷却器；6—后冷却器；

7—凉水塔；8—上水阀

3. 冷却水耗量与气体流速限制

1）冷却水消耗量

冷却器用冷却水消耗量按下式计算：

$$G_\mathrm{w} = \frac{Q}{C(t_2 - t_1)} \quad \mathrm{kg}$$

$$(15 - 4 - 1)$$

式中　Q——冷却器热负荷，kJ/h；

$t_2 - t_1$——冷却水出、入口温度差，℃；

C——冷却水比热容，kJ/(kg·℃)。

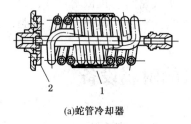

(a)蛇管冷却器

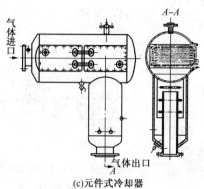

(b)套管式冷却器

(c)元件式冷却器

图 15-4-4　冷却器结构形式

冷却器中气体的终温和冷却水初温的差值应为 5~10℃，一般出口水温不应超过 40℃，否则应改用饮用水。

气缸冷却水消耗量可按同级冷却器冷却水消耗量的比值来取，低压级 15%~20%，中压级 10%~15%，高压级 5%~10%，动力用排气压力为 9kgf/cm² 的两级空气压缩机每 1m³ 气体冷却水消耗量<4kg/m³。

2）气体在冷却器内的流速限制

气体在冷却器内的平均流速按下式计算：

$$u_g = \frac{M}{3600\rho f} \qquad \text{m/s} \qquad (15-4-2)$$

式中　M——通过冷却器的气体流量，t/h；

　　　ρ——平均温度、压力下气体密度，t/m³；

　　　f——气体的流通截面积，m²。

各种冷却器中气体流速的限制为：管壳式冷却器管内 $u_g = 3~12\text{m/s}$；壳内 $u_g = 3~8\text{m/s}$。套管、蛇管式冷却器管，中压时 $u_g = 18~35\text{m/s}$；高压时 $u_g = 12~25\text{m/s}$。

图 15-4-5 为活塞式天然气压缩机气缸常用冷却系统图。图 15-4-6 为活塞式天然气压缩机填料冷却系统图。

二、脉动与消振装置

1. 气体脉动与管路振动

往复式活塞压缩机进气与排气的周期性，造成进气管和排气管（包括级间管路）内气流脉动，使压缩机能耗增加并威胁压缩机的安全运行。

进、排气的激发频率与管段内气柱的固有频率相同或成倍数时会出现共振。激发频率比气柱的固有频率高 30% 或低 30% 可避免共振。

压缩机管路振动的原因只有两方面，一是压缩机机组和基础振动传给管路；二是气流脉动。在多数情况下，后者是主要的。另外管路若有急剧拐弯，将会加剧管路振动。管路振动对管路连接件强度和密封有不利的影响，并将导致测量仪表失效。

激发频率与管段机械固有频率相同，也会引起共振。调整管段支座的距离或支座的方式能改变管段机械固有频率，避免共振。

2. 消振装置

降低气流脉动的程度和消除共振既简单又有效的措施是：在靠近气缸进、排气口设置缓冲器。设置的方式可按机组具体情况而定，最好在每级气缸的进、排气口分别设置进、排气缓冲器，也可以几个同级气缸共用一组进排气缓冲器。

声学滤波器也是降低气流脉动振幅的有效消振装置，按其作用原理分声阻式、声抗式和阻抗组合式三种。往复式活塞压缩机用阻抗组合式结构效果较好，不但能起消振作用而且还可起消声作用。阻抗组合式滤波器如图 15-4-7 所示，设进气管内径 d，其结构尺寸由以下关系确定：

（1）容器公称直径 DN 为 $4d$；

（2）容器长度 L 为 $12~16d$；

（3）带孔管的流通截面积等于或大于进气管的流通截面积；

（4）带孔管上小孔的孔径为带孔管直径的 $\frac{1}{4}$；孔间距离为带孔管直径的 $\frac{1}{3}$。

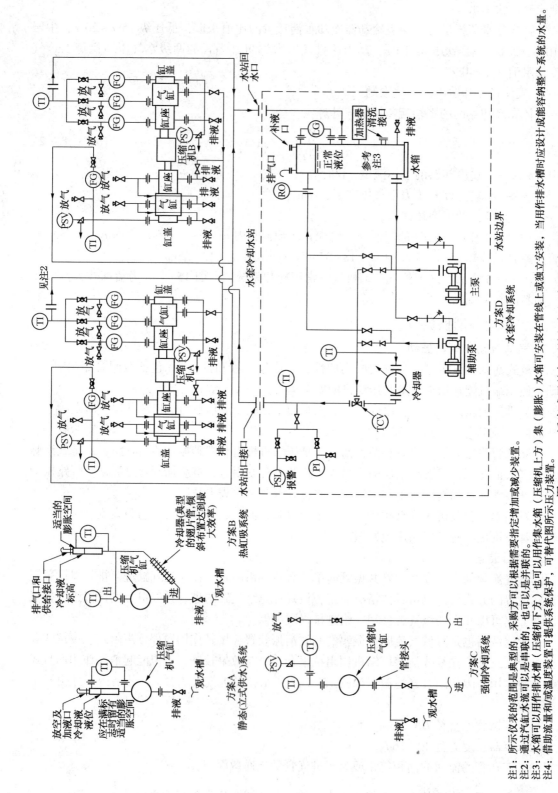

注1：所示仪表的范围是典型的，采购方可以根据需要指定增加或减少装置。
注2：通过汽缸冷却水泵可以是串联的，也可以是并联的。
注3：水箱可以用作排液槽（压缩机上方）集（膨胀）水箱（压缩机上方）也可以安装在管线上或独立安装，当用作排液水槽时应设计成能容纳整个系统的水量。
注4：借助流量和温度或流量装置可提供系统保护，可替代图所示压力方装置。

图15-4-5　活塞式天然气压缩机气缸常用冷却系统

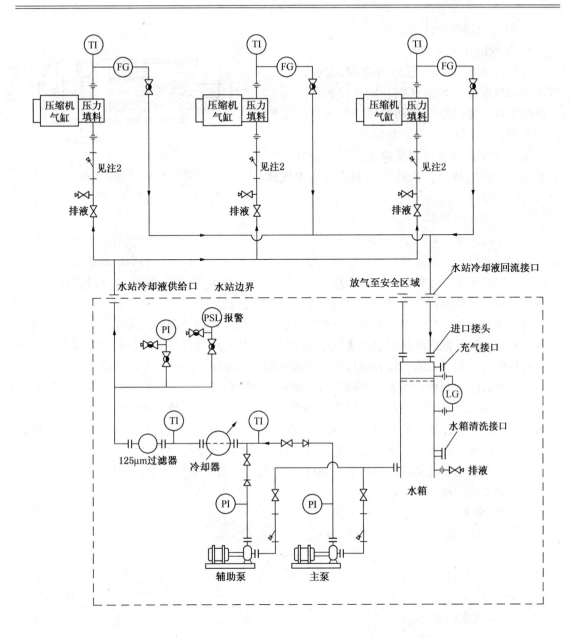

注1：所示系统为典型的，提供的设备可增可减。
注2：如果不提供填料冷却水站，要求单独的125μm过滤器。
注3：如果冷却介质不是水，系统设计应该由买卖双方协商解决。
注4：借助流量和/或温度装置可提供系统保护，可替代图所示装置。

图15-4-6 活塞式天然气压缩机填料冷却系统

三、润滑系统与润滑方式

往复式活塞压缩机运动部件的润滑系统有与压缩气体直接接触部分的内部润滑和不与压缩气体相接触部分的外部润滑。有的压缩机内部润滑与外部润滑是独立的两个系统，分别采用各自需要的润滑油，也有的压缩机（如无十字头的小型压缩机）外部润滑系统兼作内部润滑，其内外部润滑油是通用的，还有的无油润滑压缩机内部无需润滑，只有外部润滑系统。

1. 气缸内部运动件的润滑

1）润滑的作用与型式

往复式活塞压缩机气缸内部润滑的作用有：减小运动件摩擦表面的磨损，增强密封件对压缩气体的密封，减轻摩擦热和对压缩气体有一定的冷却作用，各部件的防锈、防蚀等。

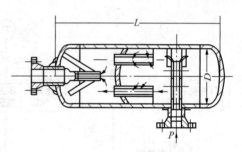

图 15-4-7　声学滤波器

这部分内部润滑的润滑油用后与压缩气体一起经冷却分离后排出，未被分离的油随压缩气体进入管路和储气罐。

气缸内部润滑基本有三种方式：

（1）飞溅润滑　利用曲轴箱中之运动部件的旋转运动，将油箱中的润滑油搅动得飞溅起来，某些油滴落在气缸未被活塞遮盖的表面上，被活塞带入气缸工作表面的其他部分，实现气缸与活塞的润滑。这种方式大多数用于无十字头的小型空气压缩机中，特点是结构简单，但润滑油量不能控制以致常常使输出的压缩气体中含油过多。

（2）吸油润滑　在吸气管上接一支路与曲轴箱连接，将曲轴箱的油雾随气体吸入一部分进入气缸，实现气缸内部的润滑，多用于小型级差式活塞压缩机中，其结构比较简单，但润滑油耗量较大，相当大的一部分油气不易分离而随气体输出。

（3）压力注油润滑　用多头注油器将润滑油以一定的流量注入气缸和填料的各个润滑点上。在中小型压缩机中注油器由压缩机曲轴驱动，而在大型压缩机组中往往注油器由单独的驱动机驱动。压力注油润滑能以少量的油达到各摩擦表面的最均匀而合理的润滑。注油器的元件——注油泵，其结构就是偏心轮驱动可调柱塞行程的微型柱塞泵。

压力润滑系统曲轴箱油温应不超过 70℃，对飞溅润滑系统应不超过 80℃。冷却盘管不应用于曲轴箱或油箱。

2）润滑油耗量

（1）气缸内润滑油耗量按下式计算：

$$g_1 = 1.2\pi D(S + L_1)nK \quad \text{g/h} \qquad (15 - 4 - 3)$$

式中　D——气缸直径，m；

S——活塞行程，m；

L_1——活塞厚度，m；

n——压缩机转数，r/min；

K——每 100m² 摩擦面积的耗油量，10^{-2}g/m²。

K 与活塞两侧压力差 ΔP 成正比，$K \approx 0.00082\Delta P$。可按图 15-4-8 查取。

（2）填料处的耗油量按下式计算：

$$g_2 = 3\pi d(S + L_2)nK \quad \text{g/h} \quad (15 - 4 - 3)$$

式中　d——活塞杆直径，m；

L_2——填料轴向总长度，m。

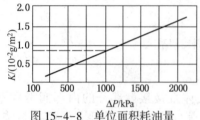

图 15-4-8　单位面积耗油量

2. 运动机构的润滑

运动机构的润滑目的，除了减少运动部件摩擦表面的磨损和摩擦能耗外，还起冷却摩擦表面及带走摩擦下来的金属磨屑作用。因此要求合理地选择润滑油的性能，并供给足够的油量。

　　运动机构的润滑方式，采用压力强制供油润滑。一般由油泵、油箱、滤油器、油冷却器、止逆阀、安全阀、调压阀及油管路等组成循环系统。有内传动(油泵由曲轴驱动)、外传动(油泵由单独驱动机驱动)润滑循环系统。

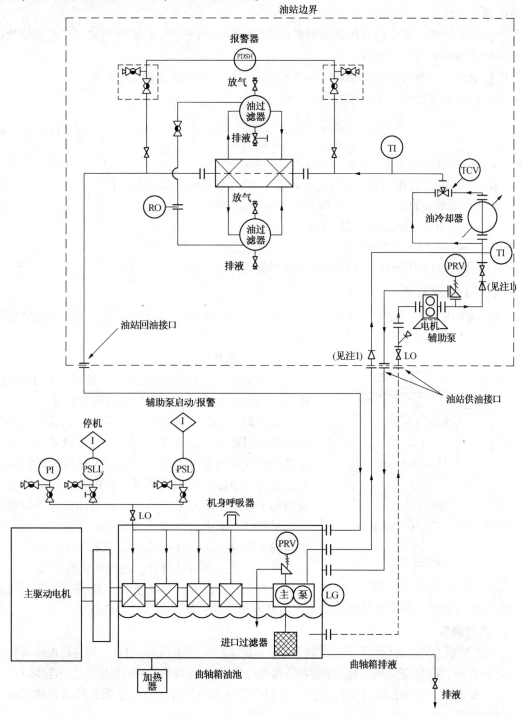

注1：止回阀的型式和位置宜选择能确保主油泵位于机身正常油位以上的地方，辅助油泵的运行将自动先于主油泵。

注2：当购卖双方商定时，显示机身本身的压力仪表可以位于油箱上。

图15-4-9　常用天然气压缩机机身润滑流程图

内传动润滑循环系统，借助于曲轴驱动油泵，经过油管路抽取轴箱或油箱中的润滑油，以一定的压力和流量通过曲轴、连杆内特殊油道或其他方式装设的油管，对曲轴、主轴承、连杆大小端轴承进行强制供油润滑，并利用这些轴承间隙中挤出来的油雾来润滑其他所需要润滑的机件表面。

外传动润滑循环系统与内传动润滑循环系统一样，由另外单独驱动的油泵，经油路抽油箱中的润滑油压送到各润滑点。

内传动循环油路与外传动循环油路基本相同，只在油泵的驱动上有区别。内、外传动循环润滑油量按下式近似计算：

$$Q = \frac{(0.2 \sim 0.3) \times 3600 N (1 - \eta)}{\rho \Delta t C} \quad \text{m}^3/\text{h} \tag{15-4-4}$$

式中　ρ——润滑油的密度，t/m^3，一般选取 $\rho = 0.9 t/\text{m}^3$；

　　　C——润滑油的比热容，$kJ/(kg \cdot K)$，一般选取 $C = 1.9 kJ/(kg \cdot K)$；

　　　Δt——润滑油的温升，K，一般选取 $\Delta t = 15 \sim 20 K$；

　　　η——压缩机机械效率，取 $\eta = 0.90 \sim 0.95$；

　　　N——压缩机的轴功率，kW。

图 15-4-9 为常用天然气压缩机机身润滑流程图。

四、气量调节装置

气量调节的方式，按性质分为间断调节和连续调节两种，各类往复式活塞压缩机依据压缩介质和工艺的不同要求，分别设置不同型式的气量调节装置。

1. 间断调节

空气压缩机入口的减荷阀，其他压缩机上的进、排气连通管以及顶开阀等都是间断调节装置。

减荷阀（见图 15-4-10），在压缩机启动时可用手轮将阀关闭即可停止进气。当需要的气量降低，而压缩机的排气量不变时，储气罐中的气体压力超过额定值，压力调节器内的阀被顶开，压缩空气由管路引至减荷阀下部的小活塞上，将减荷阀关闭，进气口被截断。反之储气罐中的气体压力低于额定值时，压力调节器内的阀被关闭，并将减荷阀下部的小活塞中气体压力放掉，减荷阀自动打开，进气口仍然进气。

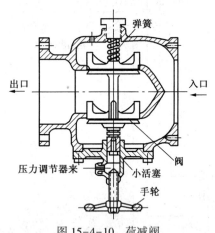

图 15-4-10　荷减阀

完全顶开进气阀，停止进气，使一个或几个气缸不压缩气体以及进、排气连通管用旁路阀的开度调节等，都可使排气量降下来。

2. 连续调节

通过压缩机上的部分行程顶开进气阀及变容积的余隙阀（见图 15-4-11），可进行连续调节。

对于部分行程顶开进气阀，通过手轮调节弹簧的弹簧力改变阀片的开启程度，达到连续调节。

对于变容积余隙阀，通过手轮以改变容积余隙活塞的位置，改变余隙缸的容积进行排气量的分级调节。

往复式活塞压缩机除已介绍的四方面补助设备外，大型压缩机组还设置自动控制装置，如油压超低警报、油压-电气联锁、轴承超温警报、气体超压放空以及安全防护装置等。可参考压缩机说明书。

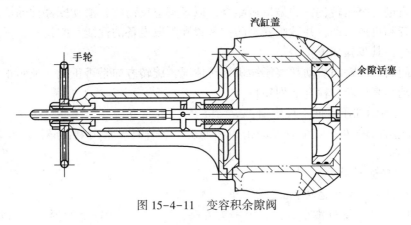

图 15-4-11　变容积余隙阀

第五节　往复式压缩机的使用

压缩机的性能及运转情况的好坏，直接影响着生产和经济效益。若使用和维护保养不善或采取对防患不利的危险操作，不但会降低压缩机的使用寿命，最终还将引起事故，因此对压缩机使用与维护保养是否合理和完善，是确保压缩机正常运转的重要措施。

一、试运转

压缩机应按照制造厂提供的技术资料或设计施工图纸进行安装、调整和装配，竣工后使用单位应对施工、安装、调整记录进行全面核对和检查，确认机组符合质量要求后，一般应经过空负荷试运、升压试运、通气运转等，然后才能投入正式运转。试车方法可根据说明书规定或参照下列步骤进行。

1. 试车前的准备

（1）清洗油箱内部，然后加入规定牌号精滤过的润滑油达到检视油位指示规定的油位高度要求。同时用人工方法向曲轴箱内运动件的摩擦面注以足够的油量，避免初期开车时因无油而烧损。

（2）检查各连接件的结合与紧固情况，不允许任何连接有松动现象，以免在工作中产生事故或漏油、漏水。

（3）驱动机及其启动控制设备按有关规定，单独地进行试验后，确定转向正确。

（4）检查气管路阀门的开启情况。打开总进水阀门检查各支管路水流的情况是否畅通无阻，并调节水量。

（5）校正仪表并检查气压表、油压表及温度计安装情况。

（6）人工盘车 2~3 转，观察和判断运动机构是否灵活，如有卡住及碰撞现象，应查出原因予以消除。

（7）检查有关安全防护设备放置情况，打扫好环境卫生，操作中必须使用的工具应放置整齐。

（8）对于注油润滑的气缸，应检查注油器箱体内的清洁，然后将滤过的符合规定牌号的压缩机油加入到规定的油面。同时将气缸上进油口处逆止阀的旁通阀打开手动摇油，直到旁通阀有油流为止，关上旁通阀使润滑油进入气缸。

2. 压缩机的空运转

对压缩机进行空运转,目的是机械跑合,以了解空负荷时各滑动摩擦件的情况,包括测定温度、异音和机械振动,并试验安全防护装置和附属设备的性能。空运转在拆去各级气阀的情况下进行,其步骤如下:

(1)瞬间启动　瞬间启动观察压缩机运转情况,旋转方向是否正确,证明正常时,然后将压缩机启动起来运转,检查下列项目:

① 油压表所示油压不低于规定值;

② 耳听运动部件和气缸中有无敲击声和冲击声。若有异常声响,必须停止压缩机,查清原因并清除;

③ 冷却水畅通无阻。

(2)空车试运　空车运转5min后停车,检查以下项目:

① 曲轴、轴承、连杆大小头瓦、十字头滑板、导轨、活塞杆等的温度(可以用手触摸)不允许有较高的发热现象;

② 观察机架内润滑油是否沿活塞经刮油环串进填料箱及气缸内(无油润滑压缩机不允许串进);

③ 活塞杆、十字头滑板和导轨有无划痕与擦伤;

④ 氟塑料制件有无异味和冷流现象。

(3)停车检查　机器正常时,即可再进行空车运转半小时,然后停车检查,最后再连续空车运转不少于2h,检查项目同前。

3. 吹洗管路

压缩机空车试运转完成后,即可进行吹洗工作。"吹洗"就是利用各级缸压出的空气吹除各级排气管路内的灰尘及脏物(特殊用途的压缩机管路应在试运前进行吹洗及酸洗),其步骤如下:

(1)装上各级气阀及其他管路,但不装Ⅱ级以上气缸吸气管。开车吹洗从Ⅰ级分离器出口检查,直到吹出干净空气为止。

(2)装上Ⅱ级吸气管开车继续吹洗,从Ⅱ级分离器出口检查,直到吹出干净空气为止。

(3)总之一级一级地安装吸气管,一级一级地吹洗,各级吹洗时间不应少于30min,吹洗时可用白布或涂有白漆的靶板置于吹洗该级的末端排气口处,排气5min后白布表面无铁锈、颗粒状物体、尘土、水分或其他脏物,即为合格。

压缩机吹洗时使用的压力如表15-5-1所示。

表15-5-1　吹洗压力

使用压力/MPa	1~10	10~100	100以上
吹洗压力/MPa	1.5	2	2.4

4. 负荷试运转

负荷试运转是在分阶段逐渐增加负荷的情况下进行的,分阶段逐渐增加负荷的具体区分视压缩机类型而定,应依据说明书为准。一般的方法是利用排气阀的节流作用使各气缸内带负荷运转,其步骤如下:

(1)第一阶段　开车运转10min,由无负荷调整到最高排气压力的$\frac{1}{4}$,这时检查:

①压缩机运转平稳，没有不正常的振动及声响。压缩机振幅许用值如表 15-5-2 所示。

表 15-5-2　压缩机振幅允许值　　　mm

振动类别	每分钟振动频率					
	500 以下	500	750	1000	1500	3000
垂直的	0.15	0.12	0.09	0.075	0.06	0.03
水平的	0.20	0.16	0.13	0.11	0.09	0.06

② 检查冷水流通情况，不允许有断断续续的流动情况；亦不允许有气泡及堵塞现象。
③ 压缩机各接合面及管路连接处没有松动和漏气、漏油、漏水的情况。
④ 各级排气温度不超过规定值。
⑤ 观察电流表有否显著的波动和激增现象，以判断密封环、活塞环装配间隙恰当与否。
⑥ 活塞杆处润滑油有否通过填料至进入气缸内，以此判断气体纯度。
⑦ 听声判断吸排气阀的工作情况是否正常，有无异常声音。
⑧ 前级压力是否正常(试运转时达到的压力的前几级压力是否正常)。
⑨ 填料或活塞环有无严重漏气现象。
第一阶段负荷运转完毕，停车拆开机器侧盖检查以下项目：
① 轴承和滑动面温度不超过 70℃(滑动轴承不超过 65℃)。
② 油箱内油温不超过 65℃。
③ 活塞杆的温度不得过高，对于一切不正常现象应即时消除才能继续试运。

(2) 第二阶段　开车运转 30min，负荷调整到最高排气压力的 $\frac{1}{2} \sim \frac{1}{3}$，运转和停车后检查项目同上。

(3) 第三阶段　开车运转 2h，负荷由最高排气压力的 $\frac{1}{2} \sim \frac{1}{3}$ 调整到满负荷，运转和停车后检查项目同上。

(4) 第四阶段　在满负荷下进行较长时间的连续运转，一般规定的时间为不少于 48h。运转中检查项目同前，该阶段应考查减荷，调节安全附件的工作灵敏性。试车完毕后，拆检下列各部件：
① 拆卸各级气缸盖，检查缸径面摩擦情况及其活塞与缸径周围间隙有否偏移而接触的现象，正常情况下缸径应无划痕而光亮，如有摩擦痕迹时应找出原因，予以消除。
② 检查活塞杆表面的摩擦情况，不准出现摩痕及拉道现象。
③ 拆卸各级气阀，检查阀片与阀座贴合面的密封情况，阀片和弹簧如有裂纹和损坏时，应更换。
④ 检查活塞杆是否沾污润滑油而进入填料和气缸内，同时应对刮油环的工作进行检查，找出毛病并消除。
⑤ 抽查轴承有无不正常磨损。
压缩机经负荷试运转后，检查证明一切都属正常时，空气压缩机方可投入生产。其他气体压缩机还应用所压缩的实际介质进行负荷运转，其目的是检验压缩机性能与所有机构，系统的工作情况。如压送的是易燃、易爆气体，开车前必须用氮气彻底置换和排除气缸与管路中的空气，然后再用压缩介质将氮气冲淡，以免发生爆炸事故。经过实际气体的负荷运转后，确认一切正常时方可投入生产。

二、正常操作与管理

(一)启动前检查

(1)检查确认装置的流程正确,无跑、冒、滴、漏现象,且天然气已供给到压缩机进口汇管,压力保持在 2.5MPa 左右(可根据具体管道情况控制合适压力);

(2)检查工艺气系统、润滑油系统、冷却系统、启动系统及天然气发电机驱动的压缩机检查燃料气系统、点火系统管线的连接,应密封良好,无泄漏现象,电动机驱动的压缩机检查电机系统和供电系统是否正常;

(3)检查工艺气增压前、后洗涤罐液位指示,如果有液位显示应手动排污;

(4)检查压缩机曲轴箱油位、发动机曲轴箱油位(检查电机润滑油位),油位应保持在油位线之上,但不能超过可视窗口的 2/3,不足时应进行补充;

(5)检查润滑压缩机气缸的注油分配器的工作情况,不允许有堵塞情况;

(6)检查水箱的冷却液液位,应在液位计液位指示范围的 1/2~5/6 之间;

(7)检查压缩机预润滑电泵的情况,其控制开关应处于"自动"位置;

(8)检查润滑系统和冷却系统流程,保证机组各部位都能得到润滑和冷却,机组各系统的排污阀、排气阀应全部处于关闭状态;

(9)检查机组洗涤罐电伴热系统(工艺气或室温低于零度时应开启)、发动机润滑油加热器、压缩机润滑油加热器工作情况,机组室温低于 15℃ 时,应打开相应的加热电源,压缩机组的电伴热系统要全部工作,保证机组能顺利启动;

(10)检查机组风机的控制开关,确保处于"自动"位置;

(11)用手反复按动压缩机的气缸注油器的柱塞,润滑 1min。

(二)机组自动吹扫

(1)在 PCL 显示屏上启动机组;

(2)吹扫阀自动打开,旁路阀自动关闭,放空阀自动打开,压缩机组开始自动吹扫;

(3)压缩机吹扫完毕后,旁路阀自动打开;

(4)开始吹扫旁路管线,吹扫完毕后,放空阀将自动关闭;

(5)通过限位开关检查确认放空阀已关闭。

(三)机组充压

(1)机组吹扫完成后,机组开始按进口压力设定值对机组充压;

(2)进口压力达到设定压力后,吹扫阀将自动关闭;

(3)通过限位开关检查确认吹扫阀已关闭。

(四)启动

1. 发动机启动

(1)机组充压完后,压缩机润滑油泵自动启动,开始预润滑;

(2)预润滑满足要求后,1# 和 2# 冷却器风扇在自动状态下将加电运转(为减轻涌流影响,第二台电机启动有 5s 延时),发动机盘车启动/发动机启动,暖机开始;

(3)进口阀和出口阀输出加电打开;

(4)通过限位开关确认进口阀和出口阀已打开,放空阀关闭;

(5)发动机以最低转速运行。

2. 电机启动

（1）倾听运转声音，不得有不正常的声响存在；

（2）检查电机的运转情况。

（五）机组加载前准备

（1）在暖机期间监视发动机润滑油和夹套水温度；

（2）暖机时间结束后，发动机润滑油和夹套水温度都达到许可温度，准备加载。

（六）机组加载

（1）检查加载状态，确认发动机是以最小转速运行。

（2）操作员通过本地加载按钮手动加载（在机组运行前预先选择本地加载状态，操作员按住本地加载按钮2s可以取消加载状态）。

（3）加载时，发动机实际转速在设定的最小转速±5%之间。

（4）加载的同时，旁路阀自动关闭。

（5）中控允许加载后，通过本地选择开关（自动/手动）选择转速控制为手动控制；在手动模式下通过屏幕控制转速，缓慢调节转速达到设定的转速；通过本地选择开关（自动/手动）选择循环阀控制为手动控制；在手动模式下通过屏幕控制阀开度。

（6）将转速提高至850r/min，按下加载按钮，机组的by-Pass阀将关闭，回流pcv阀打开状态。待转速稳定850r后，将转速提升至900r/min或者所需转速，稳定后，手动分步骤关闭回流pcv阀（建议分20%、40%、60%、80%、100%五步关闭该阀）。机组稳定后将发动机转速调整到所需转速，发动机转速控制以及pcv回流阀都可以完全自动控制，以上的手动加载作为稳定加载建议。

注意：发动机低载荷运转的极限时间应满足表15-5-3的要求。

表15-5-3　发动机低载荷运转的极限时间

发动机载荷	极限时间
0~30%	0.5h
31%~50%	2h
51%~100%	连续运转

（7）机组稳定运转后，按巡班要求对机器进行检查。

（8）冷却水流量均匀，不得有间歇性的排出及冒气泡等现象。

（9）注意各级排气压力和温度不超过规定范围，对某些气体的压缩终了温度限制见表15-5-4。

表15-5-4　压缩终了温度限制

气　　体	温度限制范围/℃	限制原因	气　　体	温度限制范围/℃	限制原因
稀乙炔	<120	防止爆炸	干氯气	<(90~110)	防止腐蚀
乙　炔	<90	防止爆炸	空　气	<170	防止积炭
石油气	<(90~100)	防止结焦			

（10）压缩机转数不超过制造厂规定的额定转数。

（七）压缩机的停车

1. 正常停车

（1）将压缩机降压到无负荷运转后停车。

（2）机组卸载停机时，首先降低发动机转速至 800r/min，然后手动开启 pcv 回流阀（建议分 70%、40%、0% 三步打开该阀）。回流 pcv 全开后，按住加载阀 2s 以上，by-Pass 阀打开，机组卸载。

机组卸载后，按下停机按钮，机组停机后。关闭发动机和压缩机的润滑油系统中从控制器到曲轴箱的手动阀门。

（3）停车后关闭冷却水阀门，放净各水道冷却水（临时停车可不进行此项）。

（4）放净中间冷却器、油水分离器、后冷却器、后分离器的残油凝结水或油及其他液体（无油润滑压缩机停车，在停车前 20min 先将气缸冷却水放掉，无冷却水运转 10min 左右）。长期停车或冬季环境气温低时停车，一定要放净每一处的积水，以免冻裂机器。

机组尽量避免空载长时间运转。巡班人员在记录运行数据时，一定要和以往的运行数据进行比对，如有异常，需找出原因并处理。

建议机组参数的修改由专人负责，运行参数的报警关断值不可随意更改。如需更改需与厂家联系确认无误后才可修改。

2. 紧急停车

遇有下列情况之一者，应紧急停车：

（1）冷却水中断（此时停车后立即关闭进水阀门，防止冷却水通入灼热气缸，等气缸自行冷却后再通入冷却水，方可开车）。

（2）管路连接处松动，严重漏气。

（3）压缩机各温度，压力超过规定范围，且经调节无效。

（4）驱动机发生故障，如电动机滑环电刷发生较大火花或电流突然增大。

（5）压缩机发生不正常音响。

3. 等负荷换车方法

在装置正常运转中，压缩机换车时应尽量保证生产操作的工艺参数稳定，所以最好是等负荷换车。等负荷换车方法，一般可利用顶阀器，无顶阀器的压缩机可利用出口阀与旁路阀进行切换操作。具体方法如下：

（1）利用出口阀和旁路阀等负荷切换按照开车程序启动备用机，在入口阀关闭、旁路阀打开的情况下运转正常后，进行切换操作：

① 首先打开备用机入口阀。

② 备用机慢慢关闭旁路阀，逐渐打开出口阀，同时，运转机慢慢打开旁路阀，逐渐关闭出口阀，注意这四个阀门要同时动作。人工操作要密切配合，以保证总管路排气量尽可能不变为原则，直至阀门全开或全关为止。

（2）利用顶阀器等负荷切换按照开车程序启动备用机，在入口阀和出口阀全开、旁路阀关闭及顶阀器 0% 负荷位置情况下，运转正常后，进行切换操作：

① 备用机增负荷一挡，同时运转机减负荷一挡，直至备用机全负荷运转、运转机无负荷运转为止。

② 然后按停车程序关运转机。

（八）典型天然气压缩机操作逻辑控制图

图 15-5-1~图 15-5-3 为典型的天然气压缩机操作逻辑控制图。

（九）运行中的检查

1. 压缩机组控制盘的检查

（1）检查控制盘上指示是否正常；

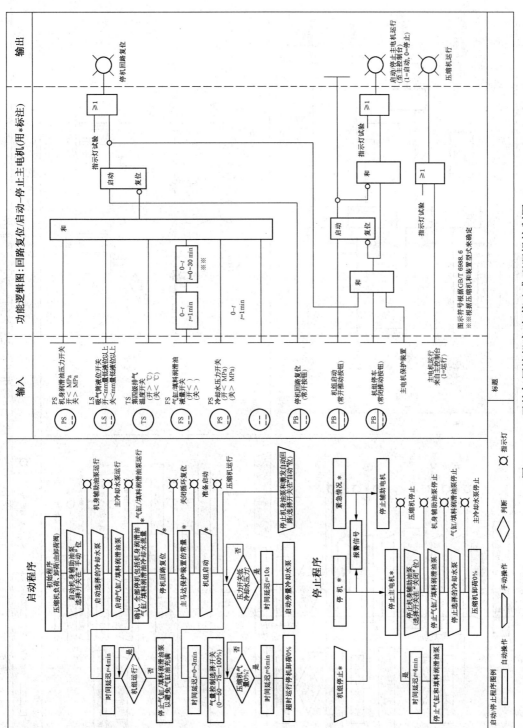

图15-5-1 天然气压缩机启动/停止典型逻辑控制图

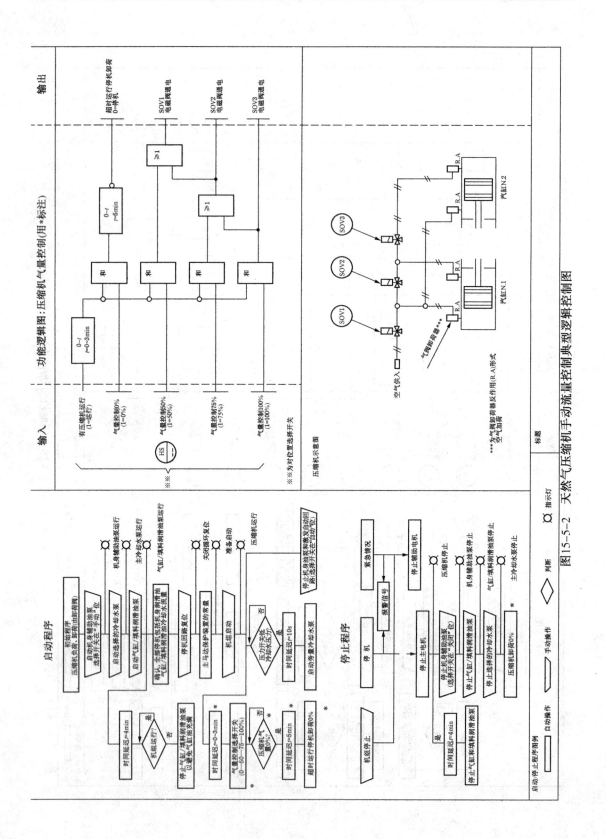

图15-5-2　天然气压缩机手动流量控制典型逻辑控制图

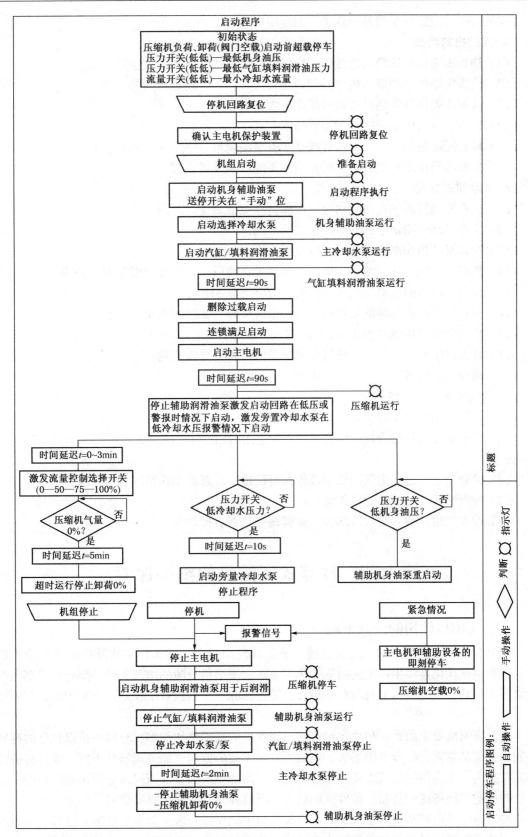

图 15-5-3　天然气压缩机自动启/停逻辑控制图

（2）检查机组运行参数是否在正常的范围内。

2. 压缩机的检查

（1）检查压缩机曲轴箱油池油位，应保持在刻度线上下 3mm 之间；

（2）检查压缩机注油器和机油分配器是否正常，各管路是否通畅；

（3）检查压缩机润滑油过滤器差压应不大于 10psi；

（4）检查压缩机曲轴箱呼吸阀是否畅通；

（5）检查压缩机的油、气、水管线是否有泄漏现象；

（6）仔细诊听压缩机气缸、气阀、十字头的声响是否正常。

3. 发动机的检查

（1）检查发动机曲轴箱油池油位，应保持在上下刻度线之间；

（2）检查发动机曲轴箱的压力在正常的范围；

（3）检查发动机润滑油过滤器差压应不大于 10psi；

（4）检查发动机空气过滤器，压差指示超过红线后，应检查原因并进行处理；

（5）检查发动机的燃料气调压阀后的压力应为 0.3MPa；

（6）检查发动机各系统的连接应牢固，密封良好，无泄漏现象；

（7）检查发动机排烟是否正常；

（8）仔细诊听发动机气门、气缸及曲轴箱内是否有异常声响；

（9）检查发动机各气缸温度是否正常。

4. 空气冷却器及其他检查

（1）冷却风扇是否正常运转，是否有异常声响；

（2）检查膨胀水箱的液位，应在液位计液位指示范围的 1/2～5/6 之间，不足时应进行补充；

（3）检查工艺气进、出气洗涤罐液位及自动排液装置的工作情况是否正常；

（4）检查燃料气过滤器的工作情况；

（5）检查机组底橇、空气冷却器及地脚螺栓是否有松动现象。

第六节　往复式压缩机的维护保养

一、压缩机使用的注意事项

（1）为使压缩机能正常、连续运转，延长其使用寿命，应实行定期维护保养和检修制度。特别对现代化连续生产的大型炼油化工装置，压缩机故障的出现会给一部分或全部生产带来很大影响，因此对压缩机的日常检查、维护保养、定期检修工作是不可缺少的，切不可忽视。

（2）压缩机要求耐磨、耐热、耐腐蚀、韧性强的易损件比较多，有的单位以自己的材料仿制出来满足急需，多数不能耐久，也成为发生事故的原因。如气阀材料不好，破损时破片掉入气缸内，成为活塞与气缸烧研和划伤气缸镜面的主要因素。所以最好使用制造厂的零部件，并应适当储备这些备品、备件，用后还要及时补充，这是非常必要的。

（3）压缩机出现某种异常现象时，看起来似乎仍在运行着，但多数情况下已有了事故的预兆，能早期发现异常的前兆是防止事故发生的重要因素。要想早期发现异常就需掌握平时正常运转的情况，日常检查、定期保养、按时检修、作详细记录，这种基础资料除对检查故障不可缺少，还有助于检修和早期发现异常现象。

（4）驱动用原动机检修不好往往也是引起事故的因素，特别是小型的交流电动机多在环境低劣的条件下运转和安全保护不当处使用，应很好地擦拭和维护检查。

二、日常维护和定期检修

参考 JGC 和 JGD 型号的天然气活塞式压缩机维护手册。

1. 日维护

（1）检查压缩机曲轴箱的油压。在正常运行温度下，油压应为 350~420kPa。压缩机油入口最高温度为 88℃。

（2）检查曲轴箱油位。在压缩机运行时，从液位计上应能看到油位大约在一半的位置。如果油位不到一半，要查出原因并解决。注油时不要溢流。检查储油罐油量是否充足。

（3）检查注油器分配块循环周期指示器。参考注油器箱顶部的标牌核实正确的循环周期。如气质很脏或含水量较大，润滑循环应比正常情况时更频繁。

（4）检查一级和二级填料放空口是否漏气。如果漏气，确定原因，如需要，则更换填料的内部零件。

（5）检查并处理所有气体泄漏。

（6）检查并处理所有漏油。

（7）检查运行压力和运行温度。如果不正常，确定情况异常的原因。建议保管好每日的运行日志以供参考。

（8）检查故障停机设定点是否正确。

（9）低油压停机最低设定点为 240kPa。

（10）高温停机设定点应在高于实际运行温度 14℃ 的范围内。

（11）高低压力停机设定点要符合实际需要，必须要考虑压缩机活塞杆力的允许范围。

（12）检查注油器箱的油位。

（13）检查噪音和振动是否正常。

2. 月维护（日维护要求以外所需要的）

（1）检查并确认安全停机功能正常。

（2）对于额定压力高于 24000kPa 的气缸，拆下气缸端头并检查气缸内部润滑油的含量以证实润滑是否充分。

3. 6 个月或 4000h 维护（包括日和月维护）

（1）将注油器排污并更换润滑油。

（2）更换滤油器或当滤油器两侧压差超过 70kPa 时也要更换。

（3）更换润滑油。如果运行环境很脏或油供应商有建议或油的抽样分析结果表明油不合格则需要更频繁地更换润滑油。如果使用了强制注油润滑系统，油在平时应定期补充，这样可以适当减小更换润滑油的频率。

（4）在每次更换主滤油器时，小滤油器也应进行清洁。

（5）当润滑油更换完毕打开曲轴箱观察有无异物进入。除非证实曲轴箱出现了问题，一般不建议拆开它。

（6）检查油位。

（7）重新拧紧固定螺栓和螺母并检查底座是否水平。如果有超过 0.002in（0.05mm）的下沉则需要垫平。加垫块时，还要重新对中联轴器，误差在千分表读数 0.005in(0.13mm)以内。

(8) 对于额定压力高于 24000kPa 的气缸，在支撑环端部间隙和径向突出尺寸正常的情况下，检查活塞环端部间隙。在活塞与气缸内腔接触之前，如果活塞环和支撑环的数据超出了说明书所列的最大范围，则更换活塞环和支撑环。

4. 1 年或 8000h(包括日和月维护)维护

(1) 更换滑油滤器或压差超过 105kPa 也要更换。

(2) 用撬棒和千分表检查主轴承的间隙、连杆轴承的间隙和曲柄止推轴承的间隙。如果超出了说明书所列的范围，则更换受磨损的轴承。

(3) 用塞尺检查十字头滑道的间隙，如果超出了说明书所列的范围，则更换受磨损的零件。

(4) 检查气阀中受损阀片和松动的中心螺栓，进行更换或按照说明书要求上紧螺栓。

(5) 检查气缸内腔的损伤和磨损情况。如发现有刮伤，并且总的凹坑面积在每 1in 气缸圆周超过 $0.001in^2(0.025mm^2/mm$ 气缸圆周)，应当更换气缸或重新膛孔，膛孔最大增加尺寸为 0.020in(0.50mm)。如果气缸有变形(不圆或锥形)，每 1in 长度的内径超过 0.001in/缸径也应当更换气缸或重新膛孔。

注：重新膛孔会使气缸的离子氮化层受损。请联系厂家进行重新的离子氮化处理。

(6) 检查活塞环端部间隙。如果间隙超过说明书所列范围，则更换活塞环。

(7) 检查活塞杆是否被损坏或过度磨损。如果有凹坑或刮伤，则更换活塞杆。如果活塞杆尺寸变小超过 0.005in(0.13mm)，失去圆度超过 0.001in(0.03mm) 或锥形收缩超过 0.002in(0.05mm)，也应更换。

(8) 重新组装气缸填料函。

(9) 通过检查压缩机底脚的垫片位置，核实曲轴箱是否有扭曲和弯曲。

(10) 重新对中，保持联轴器居中，误差在千分表读数 0.005in(0.13mm) 范围内。

(11) 检查并重新校准所有的温度表和压力表。

(12) 检查并记录压缩机活塞杆的径跳。

(13) 用标准的手动泵在 VVCP 阀杆螺纹上的注油嘴处注入多用途的润滑油，注油持续 2~3 个泵的行程。

(14) 曲轴箱的油呼吸器。

(15) 调整驱动链条。

5. 每 2 年或 16000h 维护(包括日、1 个月、16 个月、1 年维护)

(1) 检查辅助端的链条驱动系统，看链轮齿是否有凹槽及链条是否拉伸过长。

(2) 重新安装刮油环填料。

6. 每 4 年或 32000h 维护(包括日、1 个月、16 个月、1 年、2 年维护)

(1) 用撬棒和千分表检查主轴承和连杆轴承的间隙。除非用撬棒检查出间隙过大，一般不建议检查间隙时将设备拆开。

(2) 用塞尺检查十字头滑道的间隙。

(3) 拆开十字头销，检查十字头销的孔和连杆轴套的孔。

(4) 检查在辅助驱动端链条紧固件上是否有过度磨损。

(5) 检查活塞环是否有磨损出的凹槽。

7. 每 6 年或 32000h 维护(包括日、1 月、6 个月、1 年、2 年、4 年维护)

(1)更换主轴承和连杆轴承的壳和轴套。

(2)更换主油器的分配块。

(3)更换十字头轴套。

(4)更换 DNFT。

三、压缩机部分的维护保养

1. 油箱充油

(1)打开呼吸阀,从油箱顶盖向油箱充油。

(2)检查位于辅助端的液位计。启动时的油位应该接近液位计的顶部。禁止向油箱过量注油,否则曲轴会浸在油中,这样可产生气泡,使油泵不能正常工作及无法控制适当的油位。机器运转时,有可能要加油使油位达到液位计刻度的一半,但决不能在压缩机运转时超过 2/3 油位。

(3)当油箱的液位合适后,关严呼吸阀的盖子,方便下次打开。

2. 主润滑油系统充油

(注:确认润滑油泵至冷却器和油过滤器的油系统已经充满油。)

JGC 和 JGD 曲轴箱应配有手动预润滑油泵,如图 15-6-1 所示。用手动预润滑油泵使润滑油送到轴承是很重要的。泵在油过滤器出口的油压表建立起充分的油压后,运行 5 个行程就够了。如系统是用马达驱动预润滑

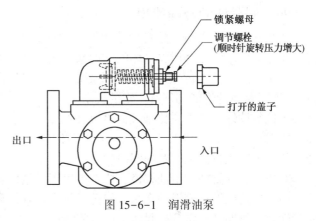

图 15-6-1　润滑油泵

油泵,泵应该在系统启动前有油压条件下运转最少 15s。

3. 气缸注油器调节

确认气缸注油器注油量是按照气缸注油器标牌上指明的磨合期等级进行设定。注油分配器上的指示显示了循环注油率。调节注油率时旋下调节螺丝到合适的磨合注油率。运行 200h 后,调节注油率减小到正常水平。

4. 润滑油滤网、过滤器和过滤器安装(见图 15-6-2)

滤网位于曲轴辅助端并低于油的液位。每当更换润滑油时,应把滤网筒拿出来用规定的溶剂清洗。建议:在正常的运行温度下,压差达到约 15psi(105kPa)时或每隔 12 个月更换滤芯。

图 15-6-2　润滑油过滤器安装

润滑油过滤器安装步骤：

（1）拆掉放油旋塞并完全放泄。

（2）在放油同时，打开排气阀并拆下上盖，拆下弹簧片组和放泄管子。

（3）油完全放掉后，取下滤芯并检查腔体内部。

（4）将新的滤芯放入腔体底部基座。

（5）插入过滤管子并把弹簧片组重新安装。

（6）检查上盖 O 形环，装紧上盖。上紧螺栓使用力矩为 95~110N·m。

（7）关掉放泄阀，在过滤器内注满与曲轴箱润滑油标号相同的油。

（8）检查有无泄漏。

注意：在启动压缩机前，如果没有在过滤器筒内注入润滑油，则会引起压缩机的严重损坏。

［注：润滑油过滤器的正常出口压力在工厂设定为：在 JGC 型压缩机转速等于或超过 500r/min 时，如果油压降到 50psi（350kPa）以下，必须查找原因并处理。］

四、润滑油的合理使用

适当地选择润滑油，是合理使用润滑油的前提。润滑油的选择，主要依据压缩机的类型、操作条件、压缩介质、气体的纯度来决定。就活塞式压缩机来说，对气缸及填料进行润滑，由于气缸中的温度较高，在有些情况下是不能采用矿物油的（如氧压缩机、乙烯压缩机），所以对油的性能必须有一定的要求。例如空气压缩机，压缩的介质中有氧气，对润滑油要求抗氧性好，闪点应比排气温度高 40℃；氧气压缩机，高压纯氧能使矿物油激烈氧化而造成爆炸，因而不能用矿物油；石油气体压缩机，由于石油气会产生冷凝液而稀释润滑油，所以要选用黏度大一些的润滑油。

对压缩机气缸的润滑油来说，应考虑以下的情况：

（1）应使压缩机润滑油在高温情况下具有足够的黏度，以便保持一定的油膜强度，对各密封间隙才能保持一定的密封能力。

（2）要有良好的化学稳定性。对于压缩机在高温下能与润滑油起激烈反应的气体尤为重要，否则将易出现积炭，不仅容易破坏润滑油性能，而且还可能引起爆炸事故。

（3）润滑油的闪点，通常比排气温度高 20~50℃ 即可，过分要求高闪点的油是没有意义的。

（4）气缸用润滑油，不应遇水形成乳化物，因为乳化物的出现将影响油的润滑性能。

除适当选择润滑油外，气缸、填料处的注入油量必须适当。如果不足将引起激烈的摩擦，甚至将气缸和活塞杆表面烧伤或拉毛，将活塞环和填料烧坏；如果油量过多，由于高温、高压，空气中的氧将会氧化润滑油，产生积炭导致火灾和爆炸事故。所以压缩机气缸、填料的润滑油量应严格加以控制。

对于压缩机的保养，要注意定期更换润滑油，定期清洗滤油器。若停车时间较长，各加工面应涂防锈油，并定期盘车，使各相接触部件改变位置，以免润滑油脂干硬或发生锈蚀。

第七节　往复式压缩机异常现象分析及故障排除

一、运行中异常现象的原因和排除方法

往复式压缩机设备事故的发生，多是因为安装质量低劣，对压缩机使用操作不良，忽视

了对事故的预防。下面介绍几种活塞式压缩机运行中的异常现象及其原因和排除的方法。

1. 压缩机排气量不足

（1）气阀的泄漏，特别是低压级气阀的泄漏，如气阀的阀片的破裂，气阀阀簧断裂或蠕变，阀座和阀片间卡住异物时，需更换备用气阀或更换阀簧与阀片，取出异物。

（2）填料漏气，应检查填料的密封情况，若填料磨损严重需更换填料，否则适当处理即可。

（3）低压级气缸余隙容积过大，需调整气缸余隙，一般是更换气缸侧垫片，但应特别注意，间隙不能小于设计值（死点间隙），否则将产生撞击气缸盖现象。

（4）气缸、管路、冷却器法兰连接处垫片的破损，法兰的松动都可导致气体的泄漏，需更换垫片或加以紧固。

2. 压力表指示数值不正常

（1）使压力表指示数值升高与降低的原因：

① 吸排气阀的泄漏和损坏；

② 气缸与活塞环之间过于磨损导致高压端向低压端串气；

③ 空气滤清器的滤网堵塞。

（2）检查与排除方法：

① 应首先检查气阀，若一级吸气阀漏气，会出现一级表压下降，导致一级吸气阀盖发热。若一级排气阀漏气，会出现二级表压降低，一级排气温度略有下降。若二级吸气阀漏气，会出现一级表压升高，二级表压下降，一级排气阀温度升高，二级吸气阀盖发热。若二级排气阀漏气，会出现一级表压升高，二级表压下降，一级排气温度略有升高，二级排气温度升高。总之，若在某一级表压升高，则后一级吸气阀必然漏气，该吸气阀阀盖发热。如果表压升高或下降的速度比较明显，说明气阀漏气或阀盖密封不严，或者阀片、阀簧有破裂。最常见的是阀片；阀簧的断裂。

排除方法比较简单，可用于逐个触摸吸气阀阀盖，比较它们的温度，如果其中某个温度较高，就表明这个吸气阀漏气。还可用助听器（一般称听诊器、助听杆）一端触到吸气阀盖上，另一端贴在耳朵上听声响。气阀正常的规律响声是间断均匀的"嗒、嗒、嗒"。一种是"嗒嘟、嗒嘟、嗒嘟"的响声，这是阀片与阀座或升程限制器的撞击复合声，一般是阀簧断裂了。另一种是"噼啪、噼啪、噼啪"的声响，这是阀片断裂的响声。听响声要多听几个气阀作比较，多实践是可以掌握规律的。吸、排气阀比较起来、排气阀损坏比较多，有时由于阀片与阀座之间有异物造成漏气，将异常声响的气阀拆除更换备用气阀或更换垫片、阀簧组装后，装机即可使用。

② 活塞与气缸磨损产生串气的主要原因：

a. 入口过滤器工作不良或工作环境比较低劣使灰尘吸入气缸内；

b. 润滑油供给不足；

c. 气缸的冷却效果不好；

d. 过多的水分进入气缸内将润滑油从气缸壁上洗掉。

排除方法：应更换活塞环或修理气缸镜面，保证足够的冷却水流量和所规定的润滑油量，清洗入口过滤器。

3. 运动部件发生异常声响

（1）连杆大头瓦与曲柄销间隙过大或连杆螺栓松动时产生瘩哑声。特别是供油量不足时其响声更大，应更换连杆大头瓦或撤垫片调整连杆瓦间隙。

（2）连杆小头轴承和十字头销严重磨损时，在机体外部可以听到激烈的反射性清晰声响。应更换连杆小头轴承或更换十字头销，确定好间隙。

（3）活塞杆和十字头连接螺帽松动时可听到敲击声。此时应立即停车，紧固连接螺帽，否则可能发生活塞杆断裂事故。

（4）十字头滑道间隙过大时，将发生较强烈敲击声响与机体部分发生不正常的振动。当降低负荷时，其声响与振动现象也随之降低，应立即停车检查，采取镶套或重新浇铸轴承合金进行机械加工，并重新刮研，调整好间隙。

（5）主轴轴承损坏或过于磨损，各轴承与轴承座接触不良时，将产生音哑的"咕咚、咕咚"的声响，应更换滚动轴承或滑动轴承。

（6）曲轴与连轴器配合松动，将产生低沉的敲打声，应加以紧固，对有锥度的曲轴应有充分的过盈量。

4. 气缸内发生异常声响

（1）气阀与阀盖装配时没有压紧，松动，在活塞作往复运动中可听到气阀阀座在气缸内产生清晰的冲击声。安装松动的阀座在气缸口处有光亮的磨痕。当阀座突出气缸内时，凸处与活塞的撞击声是清晰的。上面三种情况均需重新加垫片或紧固，来消除冲击声。

（2）气缸余隙容积太小，即气缸与活塞的死点间隙太小易发生击缸现象，发出"哨、哨、哨"的响声，应加大余隙容积调整两侧死点间隙。

（3）润滑油太多或气体含水过多，气缸内将发生激烈的水击声。气缸、吸气室都进入水时，冷却器内发生"噼啪、噼啪、噼啪"的水响声音。当水击激烈时，应立即停车检查，适当减少润滑油量，提高油水分离器的效果，排出气缸内及冷却器内全部积水。

（4）气缸内掉入异物，气缸内将突然发生强烈的敲击声。活塞运行到一侧，在阀盖处有不太明显的敲击声时，常为阀片或阀簧破碎；在检修时不慎把异物掉入缸内时，在压缩机启动时即可发现。

（5）活塞螺母松动，当活塞向盖侧运动时会出现激烈的敲击声，发现后应立即停车，进行检查紧固。

（6）活塞体上的丝堵松动时，可听到气缸内有音哑的冲击声，丝堵松动的原因是由于活塞体冷热频变的缘故，需拆下活塞重新加工紧固。

（7）活塞环与活塞环槽间间隙过大，气缸内将产生轻微的敲击声。应更换与活塞环槽吻合的活塞环。

5. 压缩机异常振动

（1）气缸部分振动的原因有：

① 气缸的支撑不对，应调整支撑；

② 填料和活塞环严重磨损，应更换填料和活塞环；

③ 管道振动引起的，应加强支撑；

④ 气缸有异物掉入，应排除异物。

（2）机体部分振动的原因有：

① 轴承、十字头滑道间隙过大，应调整各部轴承及十字头滑道间隙；

② 各部件结合发生活动，应检查调整，特别要彻底紧固地脚螺栓；

③ 气流脉动引起的共振，应在管道上加节流孔板改变其共振现象。

6. 压缩机各部温度异常

（1）气缸发热的原因有：

① 冷却水流量不足或冷却水中断；

② 气缸内润滑油量太少或润滑油中断，如注油器、油泵工作不良；

③ 由于脏物进入气缸内使气缸镜面拉毛或烧研；

④ 吸、排气阀积炭过多使气缸温度升高。

（2）曲轴和轴承发热的主要原因有：

① 轴承破裂，轴与轴瓦之间的间隙过小；

② 润滑油油压太低或断油，润滑油脏污；

③ 轴承紧得过紧，使润滑油不能正常分布于轴颈上。

（3）十字头、滑板、活塞杆发热的原因：

① 给油量不足，多为油压低或油质低劣所引起的；

② 滑板摩擦面接触不均匀；

③ 滑板装配歪斜，间隙过大，往复运动时左右位移；

④ 填料的轴向间隙过小或抱紧；

⑤ 配合面组装研合不良；

⑥ 气体和润滑油混入杂质将活塞杆拉毛。

二、压缩机常见问题分析

压缩机常见问题和原因分析见表15-7-1。

表 15-7-1　压缩机常见问题和原因分析

问题	原因分析	问题	原因分析
油压低	润滑油泵故障	填料泄漏过量	填料环过度磨损
	平衡块碰撞油面，油形成泡沫(油液位很高)		润滑油标号不正确和/或润滑不足
	油温过低		填料内有污垢
	油过滤器脏		填料环侧面和端部间隙不正确
	曲轴箱内侧漏油		活塞环侧面和搭口间隙不对
	轴承处漏油过多		填料放空系统堵塞
	低油压开关设定值不正确		活塞杆有刮伤、粗细不匀或失去圆度
	润滑油泵的安全阀设定值过低		活塞杆径跳过量
	油压表有问题		填料未固定或没有磨合
	油箱滤网堵塞	填料过热	润滑系统故障
	润滑油泵端部间隙不正确		润滑油标号不正确和/或润滑不足
气缸内有噪音	活塞松动		填料环磨损过度
	活塞撞击气缸外端和曲柄端		填料内有污垢
	十字头平衡螺母松动		填料环侧面和端部间隙不正确
	气阀断裂或泄漏		活塞杆有刮伤、粗细不匀或失去圆度
	活塞环或支撑环过度磨损或断裂		活塞杆径跳过量
	气阀固定不正确或阀座垫圈损坏	气阀积碳过多	润滑油过多
	气缸内有液体		润滑油标号不正确

问 题	原 因 分 析	问 题	原 因 分 析
气阀积碳过多	气缸入口气体带油或前一级带油	曲轴箱有敲击声	油压力低
	气阀破裂或泄漏产生高温		油温低
	气缸压缩比高导致温度过高		油标号不对
安全阀非正常起跳	安全阀故障		敲击声实际来自气缸端
	下一级气缸的活塞环或吸气阀泄漏		减震器液位低
	排气管线上发生堵塞、冻堵或阀门被关闭	曲轴的驱动端漏油	放空口或放空管路堵塞
排气温度过高	由于入口阀门泄漏或下一级的活塞环泄漏导致气缸		气缸填料泄漏过大
	压缩比过高	活塞杆刮油环泄漏	刮油环磨损过度
	中冷器管路结垢		刮油环组装不正确
	排气阀或活塞环泄漏		活塞杆磨损或刮伤
	入口气体温度过高		活塞环与活塞杆/侧的间隙不正确
	润滑油标号不正确或润滑不足		
曲轴箱有敲击声	十字头销或销的盖帽松动	硅树脂进入滑油	阻尼器泄漏
	主轴承、曲柄销轴承或十字头轴承松动		

三、发动机常见问题分析

发动机常见问题和原因分析见表 15-7-2。

表 15-7-2　发动机常见问题和原因分析

问题	原因分析	问题	原因分析
发动机冷却液温度过高	温度变送器故障	空气进气压力低	空气滤清器堵塞
	恒温阀故障		涡轮增压故障
	冷却器冷却效果不好		压力变送器故障
	机器本体故障造成温度异常升高	发动机燃气供给失败	燃气供给阀门关闭
发动机气缸温度过高	温度变送器故障		燃气切断阀故障
	机器本体故障造成温度异常升高		燃气压力太高或太低
	气缸冷却效果不好		燃气促动器故障
	冷却液温度过高	发动机启动失败	启动气供给阀门关闭
发动机转速不稳	燃气促动器故障		启动气供给压力太低或太高
	气缸点火失败		启动气电磁阀故障
	点火提前角有误差		其他的问题报警保护
	速度变送器故障		

第十六章　燃气轮机

工业燃气轮机由于效率高、污染程度低、机动性好、启动快、投产周期短、维修方便，数十年中得到了飞速发展，从 1939 年仅为 4000kW 的首台燃气轮机问世，到如今单机的最大功率已达到 300000kW，需求量也在不断增长，年销售量已超过 1000 台。目前燃汽轮机主要应用在以下三个领域：

（1）发电　20 世纪 80 年代以来，发达国家使用燃气轮机以及燃气轮机–蒸汽轮机联合循环发电应用日益增多，1987 年美国燃气轮机发电量首次超过其他形式的发电量。燃气轮机发电建设周期短，回收快，结构紧凑，有很好的机动性，在沙漠或边远地区、石油平台上是最合适的电力供应方式。燃气轮机发电较好地解决了高峰及应急用电及自备电源问题。发电应用是燃气轮机最重要的市场领域。

（2）机械驱动　石油和天然气行业是燃气轮机驱动装置的主要应用领域，在油田注水、注气、气举采油、输油/输气管道增压、石化流程、化肥、制药及其他驱动场合也得到广泛应用；此外，在军事领域也有广泛应用，如应用于军用装甲车辆、坦克(如美国的 MIA 主战坦克，用 LYCOMING 莱康明公司 AGT1500 燃气轮机，功率达 1500hp)等装备上。

（3）舰船　我国已建成了有一定规模的汽轮机行业，但燃气轮机工业还处于起步阶段，尚未形成专业化设计研发生产基地。燃气轮机以其体积小、功率大、启动速度快、噪声低频分量很低的优良性能，在舰船上也得到了应用，大大地改善了效率，提高了舰船的战斗力及机动性。

燃气轮机是一种完整成套的动力装置，是由压气机、燃烧室、透平(有时还有换热器)等主要部件组成的回转式热机。它是驱动装置，为压缩机等设备提供动力。

大多数燃气轮机采用开式等压循环，就是以空气作工质，用内燃的方式加热，并把废气放回大气来排热。热力循环中的压缩、加热与膨胀做功过程，分别由压气机、燃烧室(有时还有回热器)与透平分工，同时都在连续不断地工作。因此燃气轮机是一种续流式热机。由于其结构简单、体积小、效率高、启动快、少用或不用冷却水等一系列优点，而被广泛应用于航空、船舶和发电以及天然气管输等行业。

燃气轮机所使用的燃料主要为天然气、轻油等，也可以使用重油、渣油等其他劣质燃料，现在更可以采用煤为燃料。但是，由于燃气轮机一般采用气体作为工质，因此，除使用天然气外，使用液态燃料时必须进行雾化处理，而对重油、渣油等劣质燃料还必须进行预处理，当使用固体燃料如煤时，则必须进行气化处理等。

第一节　燃气轮机的结构及工作原理

一、燃气轮机的结构

燃气轮机主体部分根据功能和结构可以划分为进气道、压气机、燃烧室、涡轮(透平)和排气喷管，如图 16-1-1 所示。

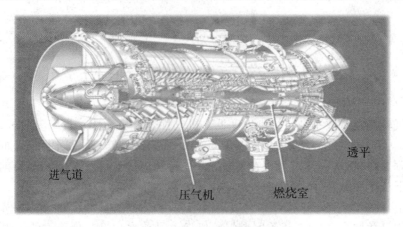

进气道　　压气机　　燃烧室　　透平

图 16-1-1　燃气轮机示意图

1. 压气机

压气机的功能是对气体做功增压，以提高压力。压气机按结构可分为离心式压气机、轴流式压气机和混合式压气机三类。目前多采用轴流式结构。

离心式压气机常用在小型机组，离心式压气机由机匣、进气装置、叶轮、扩压器、导气管等部分组成。离心式压气机有两个升压做功过程，一是在叶轮部分，气流受离心力作用增压、增速；二是在扩压器部分，高速气流在扩压器内减速，动能转化为压力能。

轴流式压气机是最常用的压气机，由两大基本部分组成：一部分是以转轴为主体的可转动部分，称为压气机转子，如图 16-1-2 所示，转子上装有多级动叶，运行时，这些叶片随着转子一起转动，轴流压气机的转子有盘式、鼓式和盘鼓混合式三种结构，目前盘鼓混合式应用最多；另一部分是以机壳及装在机壳上的静子部件为主体的固定部分，称为压气机静子，如图 16-1-3 所示。燃气轮机中采用的轴流压气机一般有很多级，每一级由一组转子叶片和静子叶片组成，动子在前，静子在后，交错排列。

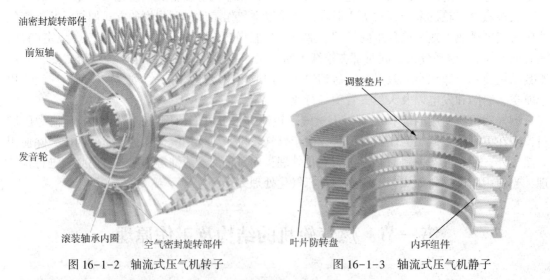

油密封旋转部件　前短轴　发音轮　滚装轴承内圈　空气密封旋转部件

调整垫片　叶片防转盘　内环组件

图 16-1-2　轴流式压气机转子　　　　图 16-1-3　轴流式压气机静子

当压气机工作时，转子高速旋转，吸入的空气在动叶之间的流道中流速加快，压力增高，随后这股高速气流流过在静叶之间形成的通流截面不断扩大的扩压流道，使气流的流速逐渐降下来。经过多级的连续增压后，高压气流被连续送入燃烧室。

　　轴流式压气机的工作过程：轴流压气机工作期间，涡轮带动转子高速旋转，空气被连续不断地吸入压气机，空气流经高速旋转的叶轮时，叶片将机械功加给空气，使空气的压力、温度、密度、速度提高，同时叶片间的扩散通道又使气流相对速度降低，部分动能转变成压力能，使压力增高，如图 16-1-4 所示。空气流经整流叶片时同样是扩散通道，速度降低、压力提高，这样每级压力提高一个台阶，这就是级压比，各级级压比的乘积就是总压比。随着压力的提高，空气的温度也逐渐升高。静子叶片还将转子叶片加于空气的偏斜起到矫正的作用，并将空气以正确的角度送到下一级转子叶片上去。最后一排静子叶片通常起空气矫正器的作用，除去空气中的漩流，然后以较均匀的轴向速度进入燃烧系统。

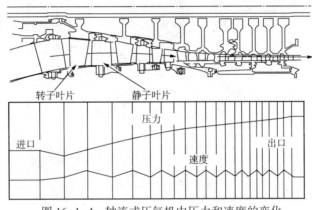

图 16-1-4　轴流式压气机中压力和速度的变化

　　每一级中进出口空气的增压比很小，仅在 1∶1 和 1∶2 之间。每一级的压力升高这样小的原因是，如果要避免空气在转子叶片上分离和随后的转子叶片的失速引起的损失的话，扩压度和转子叶片的偏转角必须是很有限的。虽然每一级的压比很小，但是每一级的出口压力都比它前面的高，所以，最终可以达到较高的压比。一台压气机的增压比增加得越多，保证它在整个转速范围内有效地工作就越困难。这是因为对于压气机进出口面积比的要求，在高速下，当压气机增压比低时，进口面积逐渐变得与出口面积相对而言太大。前面数级中进口空气的轴向速度相对转子叶片速度因此变得很低，这就改变了空气流到叶片的迎角，并达到气流分离和压气机流量下降的程度。要求单转子压气机达到高增压比时，可在该系统的前几级采用可调静叶来解决问题，即把空气流到转子叶片的迎角校正到叶片可以容忍的程度来解决这个问题。另外一种方法是级间放气，将进入压气机的部分空气从中间级放走，这种方法虽然校正了前几级的轴向速度，但是浪费了能量，所以一般采用可调静叶的方法。

　　混合式压气机常用在大型机组，混合式压气机就是将轴流式压气机和离心式压气机混合使用，根据各自的特点，排量高、单级压比低的轴流式压气机用在低压和中压部分，排量低、压比高的离心式压气机用在高压部分。

　　在燃气轮机启动时，三种压气机都需要由外部动力来驱动，当燃气轮机运行时，压气机由燃气涡轮来带动旋转。

2. 燃烧室

　　如图 16-1-5 所示，燃烧室的功能是向流入燃烧室的空气喷入燃料进行燃烧，将燃料所含的化学能释放出来，以提高燃气温度。按结构可分为单管式、环管式和全环式三类，全环式按具体结构又可分为折流式、回流式、分级燃烧室、双环腔环形和浮壁式等。燃烧室主要由扩压器、扰流器、点火器、燃料喷嘴、燃烧室内外机匣和火焰筒构成。扩压器的作用是减速增压；扰流器的作用是降低气流轴向速度，使燃料充分掺混，形成稳定的点火源。

　　燃烧室按结构形式可分为环形燃烧室、管形燃烧室和环管形燃烧室，图 16-1-6 所示为环形燃烧室。

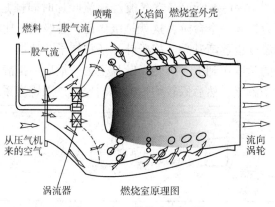

图 16-1-5　燃烧室原理图

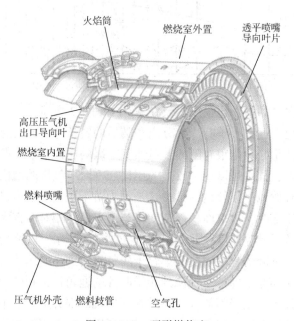

图 16-1-6　环形燃烧室

　　燃烧室工作过程分为六步，第一步是气流扩压减速，从发动机压气机来的空气以高达 500ft/s 的速度进入燃烧室。但是，因为这一速度太高，不适合燃烧，燃烧室必须做的第一件事就是使空气扩压，即使其减速并提高静压。因为在正常混合比下燃烧室的燃料速度只有几英尺/秒，所以任何燃料的火焰，即使在扩压的气流中（大约 80ft/s 的流速）也会被吹走。因此必须在燃烧室中创造出一个低轴向速度的区域，以使火焰在发动机工作状态的整个范围都一直在烧着。压气机出口气流速度为 150m/s，经过扩压器（见图 16-1-7）后将为 30~45m/s。

　　第二步是燃料混合，为使燃料在非常短的时间内与气流充分掺混，达到完全燃烧，靠燃料喷嘴喷入燃气或雾状燃油，扩大燃料与周围气体的接触面，加快蒸发、气化，形成混气，以利于完全燃烧。航空发动机燃油喷嘴必须具备使燃油雾化的功能。

　　第三步是点火，一般利用外电源，使高压火花塞打火。设计一般有两个点火器。

　　第四步是燃烧，约15%的空气流从火焰筒头部旋转进入，形成回流区，与油碰撞、掺混、燃烧；约20%的空气流从稍后的大孔进入，回流，补充燃烧；在火焰筒头部中心处按恰当空燃比形成混气，保证燃烧稳定、充分，形成主燃区，燃气温度高达2600K。

　　第五步是形成燃烧回流区，如图16-1-8所示，气流经火焰筒头部的扰流器，形成一股旋转气流，在火焰筒的中心造成低压区，下游一部分气流逆流补充，形成一个低速回流区，它呈回旋涡流形状，类似发烟环，起稳定燃烧和系留火焰的作用，回流燃气将新喷入的燃油迅速加温达到点燃温度，促进了它们的燃烧。

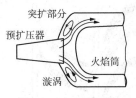

图16-1-7　扩压器

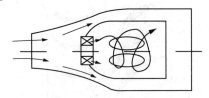

图16-1-8　燃烧回流区

　　第六步是掺混冷却，如图16-1-9所示，约40%的空气流由火焰筒上的微细小孔或缝隙进入，在火焰筒壁形成气膜，保护火焰筒。约20%从后部进入，掺混降温、达到出口温度场分布要求。只有30%的空气流参与燃烧。

3. 燃气涡轮

　　涡轮的作用是将高温高压的燃气转化成机械功。同压气机结构相似，如图16-1-10所示，燃气涡轮也主要由机匣、静子叶片和转子(盘、轴和工作叶片)构成，排列方式为静子在前，转子在后，和压气机的排列方式相反。按结构原理可分为离心式和轴流式两类，离心式常用在小功率燃气轮机，轴流式分为单级盘式结构和多级盘鼓混合结构，在现代燃气轮机中广泛应用。

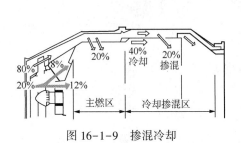

图16-1-9　掺混冷却

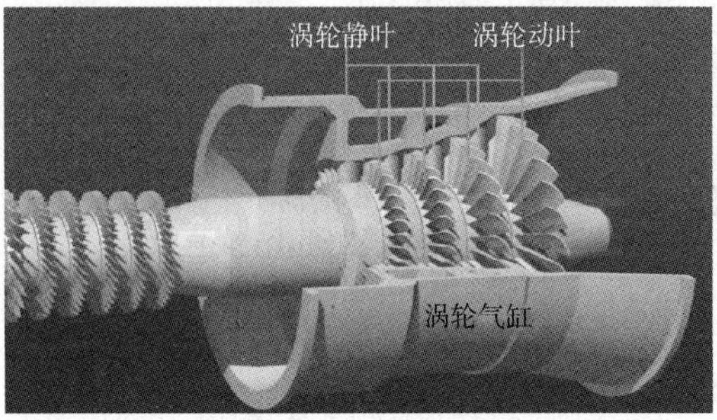

图16-1-10　燃气涡轮

　　在燃烧室中吸收了燃料燃烧所释放的能量变成高温高压的燃气，冲击燃气涡轮并膨胀做功，推动燃气涡轮旋转。燃气涡轮与压气机同轴相连，从而带动压气机旋转。

　　涡轮的工作原理：由一级高压涡轮和一级低压涡轮组成。每级涡轮由转子和导向器组成，是燃气轮机重要部件之一。它的作用是将来自燃烧室的高温高压燃气的热能转变为机械能，带动压气机，保证连续供给高压空气，连续工作。

　　当高温高压燃气由燃烧室流出后，经过导向器调正出气角并加速，以合适的角度高速冲向转子叶栅，产生巨大的扭矩功率，通过涡轮轴带动压气机。

　　来自燃烧器中的热气流被用于驱动转子叶片之前，其压力和热能必须转化为高速气流。为此应把静止的叶片配置成其叶片间的气流通道与喷嘴的形状相似。在该"喷嘴"中使速度有效地增加，使其压力有效地降低。

如图 16-1-11 所示，推进力和反作用力利用高速气流来推动转子叶片有两种方式：推进效应和反作用效应。推进效应是高速空气流冲击转子叶片，使叶片转动和涡轮轴旋转。反作用效应是来自喷嘴的高速气流冲击转子叶片，推动它旋转。然后，气流通过转子叶片而膨胀。

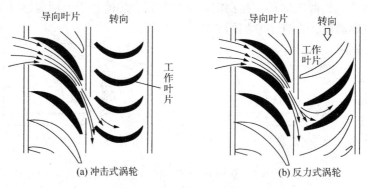

图 16-1-11　涡轮推进方式

燃气涡轮在做功的过程中需要冷却，冷却有两个目的，一是降低涡轮零部件的温度，二是均匀温度场，减小热应力。叶片冷却方法有对流换热、冲击冷却、气膜冷却三种，燃气涡轮的叶片与压气机的叶片有所不同，叶片上带有冷却孔。

4. 动力涡轮

航改型燃气轮机多配置有动力涡轮。动力涡轮又称为自由涡轮、自由透平，结构与燃气涡轮相似，如图 16-1-12 所示。

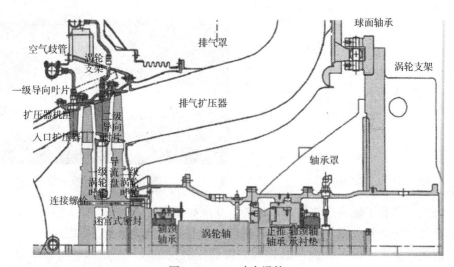

图 16-1-12　动力涡轮

从燃气发生器喷出的高温高速燃气进入动力涡轮，冲击转子叶片，同时在动叶组成的流道内膨胀做功，从而推动转子旋转，输出机械能，驱动连接在动力涡轮上的各种设备(即压缩机、发电机等)。

根据工作原理，动力涡轮可分为冲击式、反力式和冲击反力式。

涡轮从燃气发生器排出的燃气中提取能量，燃气发生器排出的燃气具有高热量、高压力和高速度，动力涡轮把燃气的能量变为机械能，驱动与其相连接的机械。以 RR 公司的 2 级冲击反力式涡轮为例，涡轮进口扩压器把排出的燃气引导到涡轮第一级静子叶片，第一级静子叶片再把热燃气引到第一级涡轮转子上。静子叶片使热燃气以最佳的角度和速度冲击第一级涡轮工作叶片，燃气经过第一级涡轮之后，就流过第二级静子环，第二级静子环再把燃气引导到第二级涡轮转子。经过了第二级涡轮之后，热燃气的压力就下降到比正常大气压力还要稍低一些。排气扩压器先把热燃气引导进入排气室，之后排入大气。当热燃气流过涡轮时，涡轮就把热能和动能转换为旋转机械能，转子组件旋转，也带动了齿轮箱转动。

二、燃气轮机的基本工作原理

1. 工作原理

燃气轮机是以连续流动的气体作为工作介质，将燃料的热能转变为高温高压燃气的动能，带动叶轮高速旋转，产生输出功的动力装置。

在公元 1150 年左右，中国人创造了"走马灯"，如图 16-1-13 所示。它靠蜡烛燃烧产生上升的热气吹动顶部的叶轮来带动剪纸或者绘画中的人马旋转。这是现代燃气轮机工作原理的原始应用。

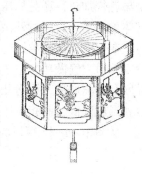

燃气轮机由压气机、燃烧室和透平组成，压气机和透平为高速旋转机械，是气流能量与机械功之间相互转换的关键部件，靠透平驱动而旋转的压气机连续地从大气中吸入空气并将其压缩升压，压缩后的空气进入燃烧室与喷入的燃料混合燃烧，成为高温燃气后流入透平中膨胀做功，做功后燃气压力降至大气压力而排入大气中。

图 16-1-13　走马灯

2. 燃气轮机整体工作流程

空气经过进气道进入压气机，压气机对空气进行增压，增压后的空气进入燃烧室，燃烧室内的喷嘴喷出的燃料与空气混合后由点火器点燃，形成高温高压燃气，高温高压燃气先推动涡轮旋转做功，为燃气轮机自身提供轴功率，之后推动动力涡轮对外设备(压缩机、发电机等)输出轴功率。如图 16-1-14 所示，与内燃气轮机的四个冲程类似，燃气轮机整体上可以总结为压缩、加热和膨胀三个做功过程。

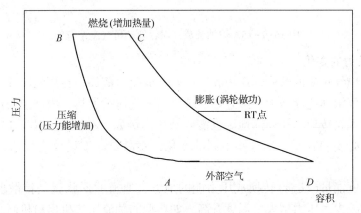

图 16-1-14　压力-体积图上的工作循环

（1）压缩过程　空气进入压气机被压缩，温度和压力提高，进入压气机前后的速度基本相同，即压气机对空气做功，压力能和热能提高，动能基本不变。

（2）加热过程　燃料在燃烧室中与空气混合燃烧，燃料放出热量，对气体加热，使气体的温度大大升高，比容增大。但气体压力基本不变，这是因为燃烧室出口面积比进口面积大，出口气流速度和进口气流速度差不多。可见，在燃烧过程中，加给气体的热量主要用来提高气体的温度即增大气体的热能。

（3）膨胀过程　气体的膨胀过程是在涡轮装置中及动力涡轮中进行的。燃气在膨胀（比容增大）的同时，压力和温度都降低，这表明燃气的压力能和热能减小了。这部分减少的能量用于膨胀做工。这个功，用在两个地方：一是推动涡轮旋转以带动压缩机，二是增大燃气本身的速度（动能）。因此，随着压力和温度的降低，燃气的流速（动能）大大增加。

压力、温度和体积的关系：在燃气发生器工作循环期间气流接收和释放热量，压力、体积和温度都发生变化，这些变化都密切相关——它们都遵循 Boyle 和 Charles 定律中体现的通用原则。简单来说，在工作循环的不同阶段，空气的压力和体积的乘积与在这些阶段的空气的绝对温度成比例。不管采用什么手段来改变空气的状态，这种关系都适用。比如，无论是靠燃烧加热，还是靠压缩加热，还是以后涡轮驱动压气机来释放热量，热量的变化都与对气体做功量或气体对外做功量成正比。

在上述变化发生期间的燃气轮机工作循环中，有三个主要状态会发生上述变化。在压缩阶段：对空气做功，空气的压力和温度增加，体积减小；在燃烧阶段：加入燃料后，空气的温度和体积增加，压力几乎保持不变；在扩张阶段：涡轮部件从燃气流中将功抽出来时，压力和温度降低，而相应体积增大。

从图 16-1-15 可以看出空气的温度和压力在一台发动机中的变化。

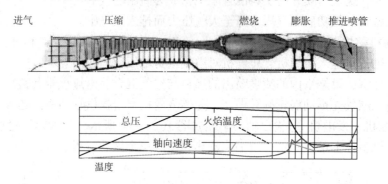

图 16-1-15　单轴轴流式涡轮发动机气流系统

3. 速度和压力的变化

当空气通过燃气轮机的时候，压力和速度发生变化。例如，在压缩阶段，只需要空气的压力增加，并不要求其速度增加。经过燃烧阶段后，气体被加热，内部能量增加了，就需要增加速度以驱动涡轮转动。在局部地区也需要减速，例如，在燃烧室需要提供一个低速区，这对稳定燃烧是必要的。要实现这些不同的变化，就需要仔细设计空气通过发动机的气流通道。

在需要将速度能量（动能）转换成压力能的地方，通道的形状就是扩散形。气流通过扩散型通道，速度减少、压力增大、温度升高，如典型的轴流压气机出口机匣。

相反，在需要将燃烧气体的能量转换成速度能量（动能）的地方，通道需要做成收敛通道或喷管。气流通过收敛通道或喷管时，速度增加、压力降低、温度降低，如气流通过涡轮导向叶片。

燃气轮机动力部分工作原理：燃气轮机的动力分为两个部分，一是启动前动力，在燃气轮机启动前动力涡轮不转动，此时燃气轮机的动力为电能驱动，润滑油的循环靠电能驱动辅助电泵完成，压气机靠电能驱动液压启动马达完成；二是启动后动力，燃气轮机启动后燃烧室生成高温烟气会带动燃气涡轮转动，与燃气涡轮相连的轴承随之转动，为压气机和齿轮油泵提供动力。

常见的动力转换过程：燃气轮机启动时，辅助电泵工作，为机组提供润滑油，液压启动马达转动，通过润滑油推动压气机转动，为燃气轮机提供燃烧用的空气，启动马达带动的燃气轮机的转速为最高转速的 20%左右，点火成功后，燃烧室生成的高温烟气开始推动燃气涡轮转动，压气机的转速开始上升，当转速达到脱扣转速时，启动马达从轴承上脱扣，此时动力转换完成，辅助电泵和启动马达都停止工作，齿轮油泵和压气机均由燃气涡轮驱动。

第二节　燃气轮机的辅助系统

为了保证燃气轮机的正常运行，通常配置有润滑油系统、启动系统、燃料系统、箱体通风系统、防喘系统、压缩空气系统以及进、排气系统。

一、润滑油系统

燃气轮机是高速旋转的透平设备，在工作过程中，轴承或轴瓦会产生大量的热，润滑油系统的主要作用就是为机组的轴承或者轴瓦提供润滑和冷却。

根据结构和设计原理的不同，航改型燃气轮机多采用两套润滑油系统，燃气发生器部分使用合成油润滑，而动力涡轮部分使用矿物油润滑。工业重型机则大多采用单套润滑油系统。在燃气轮机启动前由辅助油泵提供润滑油，启动后由齿轮泵提供，当燃气轮机由于供电或其他严重问题紧急停机时才用直流的应急油泵润滑冷却。

1. 燃气发生器的润滑系统

燃气发生器的润滑油站是一个多功能系统，其为燃气发生器提供润滑和滑油冷却。它由一个润滑油箱和两套马达驱动的油泵组成，其提供的是合成润滑油。

润滑油不但可以用来润滑，还为燃气发生器的进口可调静子叶片操纵提供高压液压油。

燃气发生器的润滑油系统是单元式结构，其大多数部件都装在润滑油箱内部或外面。

燃气发生器润滑油系统工作原理：润滑油系统为润滑和冷却燃气发生器的轴承部件提供所需的润滑油流量。在燃气轮机启动过程的初始阶段，是不需要润滑的，因为燃气发生器还未运转。所以在燃气发生器收到启动信号前系统会对润滑油系统先进行测试，以确保润润滑油的压力和液压油的压力都能保持好。在测试阶段，主润滑油泵马达接通，系统的管路中充满了润滑油，润滑油的压力和液压油的压力都会增加到正常的工作压力中。在此过程中，润滑油会经过旁通回路直接回到滑油箱，而不进入燃气发生器。当 PLC 控制器已经确认润滑油压力达到了工作压力后，测试完成，PLC 控制器会进行下一步启动程序。润滑油流量受转速控制，此两者之间的关系如图 16-2-1 所示。

2. 动力涡轮/压缩机矿物油系统

本系统提供的是矿物润滑油，矿物润滑油经过冷却和过滤后，提供给动力涡轮的前、后轴承和止推轴承，压缩机的前、后轴承和止推轴承，以及压缩机主润滑油泵传动齿轮箱。

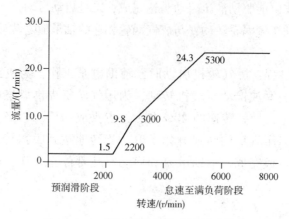

图 16-2-1　滑油流量与转速的关系曲线

本系统分为独立撬装润滑油站和与压缩机同步齿轮润滑油泵两种形式，同步齿轮油泵为最常见的形式。

以同步齿轮油泵为例，主润滑油泵为离心式压缩机非驱动端变速齿轮箱上安装的主润滑油泵（齿轮泵），转速与压缩机转速定比。在正常运行情况下，由主润滑油泵供应润滑油。在停车和冷却停机计时器工作完后主润滑油泵不工作。

润滑油系统工作流程：当启动程序被执行，在 0~10s 内辅助润滑油泵被启动，润滑油经一单向阀和一手动阀后到达主润滑油泵出口管线。当压缩机转速上升，主润滑油泵出口达到正常工作压力时，辅助润滑油泵切断。在主润滑油泵的出口管线装有安全阀、压力变送器、压力控制阀、温度控制阀和双联过滤器，当出口压力大于安全阀的设定压力时，润滑油通过此安全阀泄压回油箱。当压力小于压力变送器设定值时发出低油压报警并启动辅助润滑油泵。当压力高于压力控制阀设定压力时，润滑油经压力控制阀流回油箱。温度控制阀控制润滑油的温度，超过温度设定值时润滑油要走冷却回路。润滑油双联油滤装有压差变送器，在运行过程中，始终只有一个油滤参与运行，当压差变送器高报警时应及时切换并更换滤芯。切换过程不会影响为设备供油，备用路的过滤器可随时进行检查或维修。

3. 矿物油/合成油冷却器

润滑油的冷却器为空气冷却器，当泵下游的油温超过 55℃ 时润滑油需要被冷却。冷却回路的切换受润滑油温度控制阀的控制。矿物油冷却器和合成油冷却器共用一个冷却器撬及二个冷却风扇马达。

4. 矿物油油气分离器

矿物油油气分离器有附聚和分离悬浮油滴的作用，如图 16-2-2 所示。油气分离系统包括油气分离器和再生风机，油气分离器由不锈钢外套和可更换的玻璃纤维筒构成，分离器底部安装有漏油箱。

二、启动系统

燃气轮机由静止启动时，需用起动机带着旋转，随着转速的提高，高温燃气的做工能力显著提高，待加速到能独立运行后，起动机才脱开。

常见的启动方式有电启动、气动启动、液压启动和黑启动(柴油机等)，液压启动应用最广。液压启动系统由泵单元、控制组件和起动机三个主要部件组成，通过轴与燃气发生器的高压压气机连在一起，如图 16-2-3 所示。

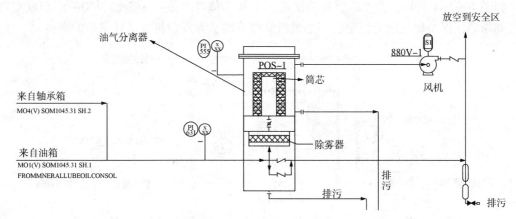

图 16-2-2　油气分离器

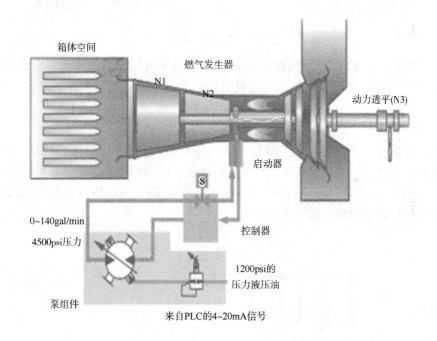

图 16-2-3　液压启动系统

液压气动系统共有 3 个泵，即液压泵、注油泵和控制泵。液压泵是最重要的组成部分，在燃气轮机启动前用来驱动燃气发生器；注油泵的作用是在液压泵工作前给液压泵注油，当马达带动 3 个泵旋转时，来自燃气发生器润滑油箱的油先流过一锥形过滤器之后，进入注油泵的吸油一侧；控制泵的作用是为斜盘控制提供压力。

三、燃料系统

燃气轮机属于内燃气轮机，燃料系统的作用是为其供应符合设计压力、流量和温度的燃料，并在必要是切断燃料的供应。

燃气轮机的燃料种类较广，从原油、重油、轻油，到天然气、高炉煤气和焦炉煤气，甚至洁净煤等，均可用作燃气轮机的燃料。

如图 16-2-4 所示，常见的燃料系统由三个基本部件组成：一是燃料关断阀和放空阀；二是调压器，保持供气压力恒定；三是燃料气调节阀，为发动机提供计量后的燃料。

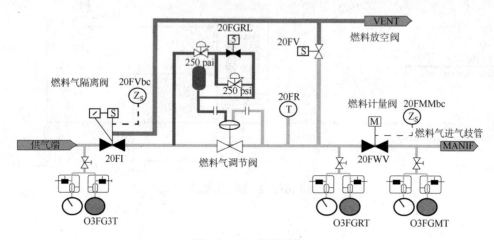

图 16-2-4　燃料系统

燃料调节阀是一个 PLC 控制的高速电动阀，它的作用是向机组提供所需的燃料流量，由 PLC 控制系统决定由燃气发生器的压气机提供多少用来燃烧的空气量，并计算为保持恰当燃烧所需的燃料流量。为了维持燃烧的稳定性，PLC 必须每 10ms 重新计算一次所需的燃料量和燃料阀的开度。

在启动程序执行完清吹（盘车）步骤后，2s 内会完成截止阀和排空阀的状态变换，之后，燃料系统开始建立压力。为了能精确地计算燃料流量，由调压器来保持燃料系统内部压力恒定（见图 16-2-5）。燃料调压器正好位于燃料隔离阀的后面，其作用就是在发动机的整个工作过程中保证燃料调节阀进口燃气压力恒定。

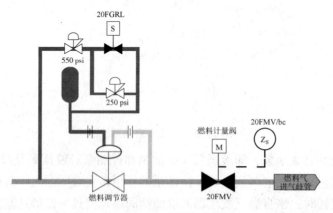

图 16-2-5　燃料调节阀

如图 16-2-6 所示，当点火程序开始执行，2s 内 UCP 的控制器就会发出燃料接通指令，燃料隔离阀打开，燃料放空阀关闭，燃料气接通。当机组收到停车指令时，燃料接通指令会撤消，燃料隔离阀关断，燃料放空阀打开。这样滞留在隔离阀和发动机燃料总管之间的燃料气就被安全地卸放到大气中。

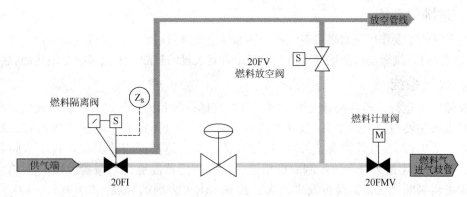

图 16-2-6 燃料隔离和放空

为保证安全，在燃气轮机停止工作后，燃料一定要与发动机及撬隔离开。

干式低排放（DLE）燃料系统：

为了使燃料充分燃烧，降低有害气体的排放，推出了干式低排放燃料系统，燃气发生器利用中央燃料喷射装置启动并加速到慢车，等发动机预热后，中央燃料喷射装置使燃气发生器一直加速到放气阀关闭，此时，所有的燃料都会从中央喷射装置转换到主和副燃料喷射装置，如图 16-2-7 所示。

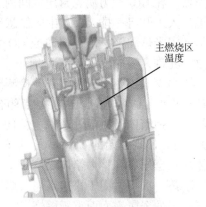

主燃烧区温度

利用主、副燃料喷射装置燃烧

图 16-2-7 DLE 燃料系统

燃烧时，空气的需求量要增加 80%，以使燃气发生器能在干的低排放的模式下工作。在此模式下燃料的供应受排放气体组分限制，目的是让燃料燃烧更充分，降低一氧化碳和氮氧化物的排放。

四、箱体通风系统

为了实现降低噪声的目的，同时也为了实现燃气轮机与外部环境的相对隔离，燃气轮机都配置有机罩。为了防止外部的可燃气体进入机罩内，或者燃气轮机及装置泄漏的燃料气聚积在机罩内产生危险，机罩都配备有通风系统。

根据机罩内压力与大气压力的压差不同，可分为正压通风系统和负压通风系统，其中，正压通风系统较为常见。

五、防喘放气系统

为了防止燃气轮机发生喘振对设备造成伤害，燃气轮机都设有防喘放气系统。在设计上，不同厂家的不同型号的燃气轮机在结构和原理上又不尽相同。

防喘放气系统主要包括以下几种方式及其组合：多转子结构、进口可调导叶（VIGV）、可调静叶（VSV）和压气机放气系统（详见本章第三节）。

六、压缩空气系统

压缩空气系统又叫做仪表风系统，或者叫雾化空气系统，主要用于机组壳体冷却、相关气动阀门的动作、进气系统反吹和轴承的密封和冷却以及水洗系统的动力源等。

压缩空气的来源可以由专门的空压机提供，也可以由燃气轮机附属的气泵来提供。

七、进排气系统

进气系统的主要作用是对燃烧空气和箱体通风空气进行过滤，并降低气流噪声。排气系统的主要作用是将燃烧做功后的尾气排出。尾气中含有大量的热能，因此多配有余热回收装置。

八、火气系统

为保障安全运行，通常配有火焰检测、可燃气体检测和灭火装置，统称为火气系统。

现场设备主要包括火焰探头（红外或者紫外）、可燃气体探头、热量探测器和二氧化碳灭火装置。火焰探头（红外或者紫外）、可燃气体探头、热量探测器安装在封闭空间和通风管道内，与UCP上的火气系统控制面板相连，这些传感器能够自动报警，UCP上的火气系统会根据逻辑判断燃气轮机是否发生火灾，控制CO_2灭火剂的释放。CO_2有毒，CO_2释放过程中人员进入或停留在封闭的空间会引起窒息死亡，因此CO_2释放后和进入封闭的空间前应确保封闭的空间完全通风。

以GE公司LM2500燃气轮机为例，消防控制系统包括：3个主CO_2灭火罐为快速喷射，5个后备CO_2灭火罐为慢速喷射，3个紫外线火焰探测器，4个可燃气体探测器，6个热量探测器。在GG/动力涡轮封闭空间内，CO_2灭火罐包括一排3个主灭火罐和一排5个备用灭火罐。人工开启一排灭火罐中的任意一个，该排中其余的灭火罐自动释放。为了警告附近的人员，闪光灯和警报笛在消防或CO_2泄漏时会被激活。在CO_2脱扣后由空气作用延迟10s释放，允许人员撤出封闭室。

当火焰探测器或温度开关检测到火警（火焰探头3选2、温度探头6选4）或运行人员手动操作的CO_2释放开关时，触点闭合，灭火系统动用。同时发出燃气轮机停机、切断燃料供应、关闭箱体通风空气风机、关闭所有通风百页窗和报警器发生声光信号的指令。在延迟30s后，出现初始的CO_2快喷，当排出量达到15%时，快喷和慢喷同时喷射，喷出的CO_2气体从头至尾贯穿整个箱体。

第一次喷射用于快速致熄火焰，减轻箱体内部的氧气。然后慢喷，保持很长时间，防止因高温的金属表面而重新燃烧。

在延迟30s期间，把释放封闭开关定在隔离位置时，可以防止CO_2的喷出。本系统有机械手动释放装置HS700。拉动手动装置也可释放CO_2。

第三节　燃气轮机的喘振和预防措施

压气机喘振是不稳定工作过程，将严重威胁燃气轮机工作的安全性，一般不允许出现。由叶轮叶片组成的通道是弯曲的。气流流过弯曲的通道时，由于空气具有惯性，总有压紧叶片凹面、脱离叶片凸面的趋势。当气流以大的正攻角进入动叶时，叶背严重分离，流通通道严重受阻，压气机增压能力严重下降，这就形成了喘振。

压气机喘振的现象：气流发生低频大幅度前后脉动，并产生爆音；压气机出口压力迅速下降，排气温度迅速升高，转速下降；产生强烈振动，零部件有严重损坏的危险；仪表指示摆动，严重时燃气轮机停车。

防止压气机喘振的方法主要有以下三种。

一、采用可调静子叶片

通过调节静子叶片角度，消除了叶背分离，防止了喘振发生，适用于高增压比燃气轮机。

这种防喘调节机构广泛应用于 20 世纪 80 年代以后发展的压气机设计中, 如图 16-3-1 所示。

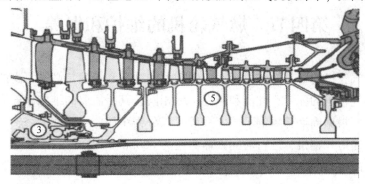

图 16-3-1 可调静子叶片

二、中间级放气、中介机匣放气

在压气机中间级设计放气门, 当通道堵塞时, 打开放气门, 放掉一部分气, 使通道堵塞现象缓解。其缺点是将 15% ~ 25% 的压缩空气放掉而没有利用。放气防喘使用在早期发动机, 其原理如图 16-3-2 所示。

放气后   堵塞时

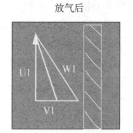

图 16-3-2 中间级放气原理图

三、多转子(两转子、三转子)防喘

如图 16-3-3 所示, 双转子压气机前面一个转子称为低压转子, 由低压的第二级涡轮带动, 后面一个称为高压转子, 由高压的第一级涡轮带动。由于分成了两个转子, 每个转子的增压比大大减小。如果每个转子的增压比是 4, 则总的增压比就是 16, 低增压比的压气机在转速变化时, 工作比较稳定, 不易发生喘振。

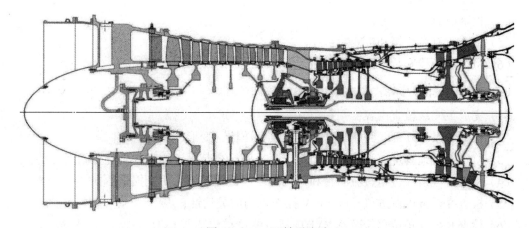

图 16-3-3 双转子防喘

第四节　燃气轮机的维护和保养

为了保证燃气轮机的可靠性和可用率，周期性的维护和保养是必不可少的。不同厂家生产的不同型号燃气轮机的配置、性能和工况不尽相同，其所需要的维护保养周期、内容和叫法也有不小差异，根据周期长短的不同，一般可以分为小修、中修和大修，检修范围大体对应为燃烧室、热通道和整机，运行时间大体对应为 8000h、25000h 和 50000h。

注意：具体的检修周期和运行时间都要以具体机组生产厂家给出的要求为准。

一、日常检查

每日定时巡检，一般规定为每两小时巡检一次。主要包括：

(1) 通过人机界面 HMI 查看所有振动、转速、温度、压力、液位等运行参数应在正常范围内，并对重要参数作好相关数据记录；

(2) 现场查看 UCP 机柜状况，无烧焦异味等；

(3) 现场查看所有系统的设备和管路应无异常泄漏。

二、一周或停机后的维护保养

(1) 完成上一级检查内容；

(2) 检查各系统电机，应无异常振动和噪声；

(3) 目视检查各系统的安全阀，应无泄漏情况；

(4) 目视检查所有的软管状况良好，应无泄漏情况；

(5) 目视检查各系统阀门，位置状态应正确；

(6) 目视检查进气系统过滤器，应无阻塞物；

(7) 对于备用机组，每两周进行一次手动盘车。

三、2000h 维护保养

(1) 完成上一级检查内容；

(2) 润滑油取样分析；

(3) 检查蓄电池组及 UPS 的状况；

(4) 检查所有空气过滤器；

(5) 检查所有接线箱和接线盒；

(6) 检查接地线安装牢固，无腐蚀。

四、4000h 维护保养

(1) 完成上一级检查内容；

(2) 检查各系统外部管路应无磨损、裂纹、压坑、变形、泄漏；

(3) 检查设备地脚螺栓、螺母的固定，用扳手检查其固定的程度，应紧固无松动；

(4) 检查进气道，进口整流肋板和可见的压气机叶片应无明显损伤；

(5) 检查并校准可调进口导叶 VIGV 操作机构的灵活性；

(6) 检查并校准角位移传感器 RVDT(或直线位移传感器 LVDT)；

（7）检查点火系统，并进行测试；

（8）检查磁屑检测系统，并清洁探头；

（9）检查转速传感器；

（10）检查位移传感器和振动监测系统，通过历史趋势分析，如无异常，一般不做拆检；

（11）检查并清理控制柜风扇和空气过滤器；

（12）检查所有指示灯；

（13）检查进气系统的接头及密封件，无松动，无泄漏；

（14）检查机罩有无泄漏，并清理机罩内部卫生；

（15）检查防火挡板，应开关灵活；

（16）检查机罩门，确保安全灵活；

（17）检查火气系统，探头工作正常，灭火器处于待命状态；

（18）检查并按要求润滑所有电机和阀门；

（19）用兆欧表测量所有电机绝缘电阻并记录读数；

（20）检查所有系统软管和接头有无老化和松动；

（21）检查启动系统；

（22）校准润滑油温度控制阀；

（23）检查润滑油冷却器（如果有），风扇叶片无变形，无裂纹；

（24）检查所有液位控制器指示是否正确；

（25）目视检查所有控制阀的开关位置；

（26）检查排气隔热套有无损坏、烧坏、浸油，并检查整体状况。

五、8000h 维护保养

（1）完成上一级检查内容；

（2）使用孔探仪检查燃烧室内部，有无烧蚀、裂纹、变形；

（3）对机组上安装的电器元件进行绝缘电阻和直流电阻检查；

（4）振动探测系统功能检查；

（5）检查并校准磁性检测系统；

（6）检查燃气轮机与被驱动设备的对中状况，根据结果确定是否需要对联轴器分解检查或重新对中；

（7）目视检查驱动联轴器有无缺陷；

（8）检查动叶叶顶间隙；

（9）检查并校准所有温度、压力仪表和开关设定；

（10）校准并检查转速、温度、压力、压差、振动等报警信号；

（11）校准并检查所有设备控制板；

（12）检查所有电磁阀；

（13）检查并校准马达控制中心 MCC 设定；

（14）检查所有电机的温升、转速、电流和绝缘电阻；

（15）检查并校准所有安全阀的设定值。

六、25000h 维护保养

（1）完成上一级检查内容；

（2）对振动数据进行评估；

（3）对热通道部件进行检查，必要时进行更换；对于轻型机而言，由于多采用模块化设计，可以直接更换该单元模块。

七、50000h 维护保养

（1）完成上一级检查内容；

（2）对于重型机而言，大多可以现场进行解体，检查并更换部件；对于轻型机，大多需要返厂进行解体，现场则直接更换燃气发生器或者整机。

第五节　燃气轮机的常见故障与分析

燃气轮机调节控制的目的是使机组在运行过程中保持某一参数基本不变（或达到某个数值。对于压气机机组而言，常见的控制方式有进口压力控制、出口压力控制、流量控制和转速控制四种，一般压气首站采用进口压力控制或流量控制，中间站场采用出口压力控制或流量控制，也有用转速控制替代流量控制的情况，不管哪种控制方式，都是以控制燃料流量来控制燃气轮机的转速来实现的。如图 16-5-1 所示，WJ6 燃气轮机的主控制系统由三个子回路，即启动控制回路、转速控制回路和温度控制回路组成。三个回路信号经过低选，得到其中最小的控制信号，来控制燃料阀以改变燃料供给量。

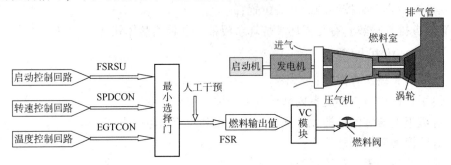

图 16-5-1　WJ6 燃气轮机主控系统图

不管多么复杂庞大的调节系统，它总是由敏感元件、信号运算放大元件和执行机构三大部分组成。

（1）敏感元件　敏感元件感受机组参数变化信号，如转速、温度、功率等。因此敏感元件有转速敏感元件——转速脉冲泵、数字脉冲测速仪、离心测速器、测速发电机等；温度敏感元件——电阻温度计、触点温度计等。

（2）信号运算放大元件　它将接受到敏感元件的信号进行放大和对比（与基准），积分微分处理后，将信号输出给执行机构来完成调控任务。它是自动调控系统的核心部分，亦是决定调控系统质量的关键，并确定功能完善程度。这些元件有机械的杠杆运算（比例）、滑阀放大、电子元件构成的运算放大器、比例调节器、积分调节器、比例积分调节器、比例微分调节器等。

（3）执行机构　接受信号处理后的信号来对燃料流量实行控制调整。目前燃气轮机机组越来越广泛地采用电液调节系统，这种系统灵敏度高，运算灵活方便，信号传递迅速，能提高运行自动化程度。

综上所述，燃气轮机的调节控制就是由各类变送器采集现场数据发送给 PLC 控制器，PLC 控制器根据程序、控制模式和变送器反馈的现场数据作出调整，对执行机构发出控制指令，执行机构执行 PLC 控制器指令，运行参数随之改变，直接体现在现场采集数据的改变，从而形成稳定的闭环控制结构。

故障的查找和排除就是识别故障、查找原因，通过修理和代换排除故障的全过程。本节将提供典型的设备故障及分析。如果发现的故障本节未叙述，则可用燃气轮机各系统图、维修手册、供应商信息和工程标准所叙述的排故工艺来设法解决。故障的查找和解决要求通过下列方法来得到设备的知识和解决问题的逻辑过程：

记录——→识别——→发现——→解决

一、记录

机组的控制系统具备监控和记录运行数据的功能，同时，运行维护人员也应当对机组的相关运行数据进行记录，包括任何维修、例行维护和其他内容，保持每日、每周和每月的监视和维修日记是非常重要的，可提前知道需要维修的部件。

二、识别

通过感觉(视觉、听觉、触觉和嗅觉)和比较数据来识别故障，这通常是比较困难的。需要密切关注各个参数的变化(剧烈的或微小的)，例如温度的上升和下降、压力的上升和下降、不正常的声音等。

三、发现

通过学习工作运行原理、系统图和运行参数，可以帮助发现故障。故障有轻重之分，也有概率大小之分。可以依据设备厂家提供的检查内容和以往的运行维护经验，对机组设备进行固定周期的检查，以便能够及时地发现问题。

四、解决

解决问题包括找到故障的原因和排除故障。

故障原因可能涉及设备本体、程序、接线以及通信等多方面，可以制作一张清单，列出任何可能的原因，然后从易到难、从大概率到小概率逐一排查。一旦你找到故障的原因，问题就会解决。如果还不能解决，则检查和排除下一个故障原因，这是一个反复的过程。

五、故障分析

1. 压力/温度等变送器(见表 16-5-1)

表 16-5-1　压力/温度等变送器故障分析

故　障	可　能　原　因
信号丢失，高/低报警	变送器故障
	现场接线松动，包括仪表和接线箱
	现场仪表或者接线箱进水
	UCP 端接线松动
HMI 界面无示数	现场至 UCP 接线问题

2. 差压变送器(见表 16-5-2)

表 16-5-2　差压变送器故障分析

故　障	可　能　原　因
信号丢失，高报警	变送器故障
	现场接线松动，包括仪表和接线箱
	现场仪表或者接线箱进水
	UCP 端接线松动
出现负压	引压管高低压接反
HMI 界面无示数	现场至 UCP 接线问题

3. 压力调节阀(见表 16-5-3)

表 16-5-3　压力调节阀故障分析

故　障	可　能　原　因
调压后压力过低	调压阀设定值变动，需重新调节
	调压阀故障，可能是膜片故障
	压力变送器故障
震动过大，或者喘振	阀门与管路共振，可调整压力设定点以调整振动频率
	调压阀故障，可能是膜片故障

4. 燃气轮机出力不足(见表 16-5-4)

表 16-5-4　燃气轮机出力不足故障分析

故　障	可　能　原　因
燃气轮机出力不足	压气机结垢较多，需要水洗
	环境温度过高

5. 现场电机(见表 16-5-5)

表 16-5-5　现场电机故障分析

故　障	可　能　原　因
电机故障报警	MCC 未上电
	MCC 继电器故障
电机无法启停	电机端/MCC 端/UCP 端接线松动
	UCP 端/MCC 端继电器故障

6. 箱体差压(见表 16-5-6)

表 16-5-6　箱体差压故障分析

故　障	可　能　原　因
箱体差压低报警	大气端引压管堵塞
	箱体门被打开
	通风风机故障

7. 滤芯差压(见表 16-5-7)

表 16-5-7 滤芯差压故障分析

故　障	可　能　原　因
差压高报警	管路堵塞
	滤芯脏污
	差压变送器故障

8. 点火困难(见表 16-5-8)

表 16-5-8 点火困难故障分析

故　障	可　能　原　因
点火困难	火花塞故障
	点火变压器故障
	冬季温度过低

第十七章　天然气管道清管技术

第一节　天然气管道清管设备

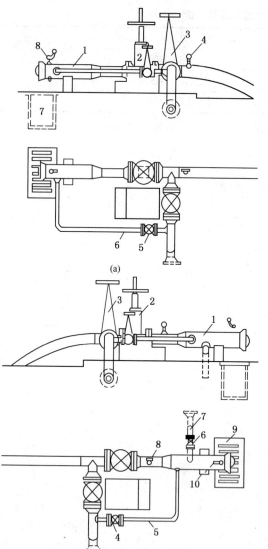

图 17-1-1　清管器收发装置
(a) 发送装置
1—发送筒；2—发送阀；3—线路主阀；4—通过指示器；5—平衡阀；6—平衡管；7—清洗坑；8—放空管和压力表
(b) 接收装置
1—接收筒；2—接收阀；3—线路主阀；4—平衡阀；5—平衡管；6—排污阀；7—排污管；8—通过指示器；9—清洗坑；10—放空管和压力表

一、清管的目的

（1）清除施工时混入的污水、淤泥、石块和施工工具等；清除管线低洼处积水，使管内壁免遭电解质的腐蚀，降低 H_2S、CO_2 对管道的腐蚀。

（2）改善管道内部的光洁度，减少摩阻损失，增加通过量，从而提高管道的输送效率。

例如四川一条 $\phi720mm$ 输气干线投产后，大量气井污水、污物进入管内，仅在两年多时间里管线输送效率就降到 14.4%，后来增建了清管装置并进行了清管，仅一次就推出污水 $510m^3$，管线输送效率提高到 90%。

（3）扫除输气管内存积的硫化铁等腐蚀产物。

（4）保证输送介质的纯度。

（5）进行管内检查。

二、清管设备

清管设备主要包括：清管器收发装置、清管器、管道探测器以及清管器通过指示器。

1. 清管器收发装置

清管器收发装置包括收发筒及快速开关盲板、工艺管线、阀门和清管器通过指示器等设备，如图 17-1-1 所示。

收发筒的直径应比公称管径大 1~2 级。发送筒的长度应能满足发送最长清管器的需要，一般不应小于筒径的 3~4 倍。接收筒应当更长一些，因为它还需要容纳不许进入排污管的大块清出物和先后连续发入管道的两个清管器，其长度一般不小于筒径 4~6 倍。排污管应安在接收筒底部。放空管应安在接收筒的顶部，两管的接口都应焊装挡条阻止大块物体进入，以免堵塞。

收发筒的开口端是一个快速开关盲板，快速开关盲板上应有防自松安全装置。另一端经过偏心大小头和一段直管与一个全通径阀连接，这段直管的长度对于接收筒应不小于一个清管器的长度，否则，一个后部密封破坏了的清管器就可能部分地停留在阀内，全通径阀必须有准确的阀位指示。

使用清管球的收发筒可朝球的滚动方向倾斜 8°~10°，多类型清管器的收发筒应当水平安装，收发筒离地面不应过高，以方便操作。大口径发送筒前应有清管器的吊装工具。接收筒前应有清洗排污坑，排出的污水应储存在污水池内，不允许随意向自然环境中排放。图 17-1-2 和图 17-1-3 分别为典型的撬装式发球装置和收球装置。

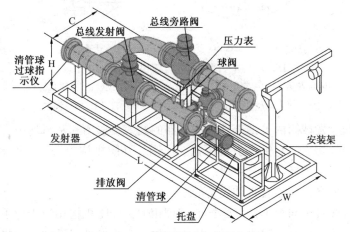

图 17-1-2　典型的撬装式发球装置

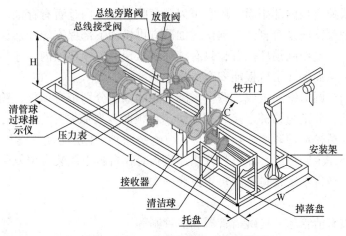

图 17-1-3　典型的撬装式收球装置

发送装置的主管三通之后和接收筒大小头前的直管上，应设通过指示器，以确定清管器是否已经发入管道和进入接收筒。收发筒上必须安装压力表，面向盲板开关操作者的位置。有可能一次接收几个清管器的接收筒，可多开一个排污口，这样，在第一个排污口被清管器堵塞后，管道仍可以继续排污。

2. 快速盲板

一种快速盲板的结构如图 17-1-4 所示。

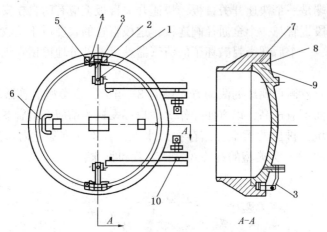

图 17-1-4　清管器收发筒快速盲板结构图
1—保安螺栓；2—锁紧螺栓；3—保安弯板；4—锁栓；5—锁紧螺母；
6—拉手；7—锁环；8—锁环槽；9—密封圈；10—调节螺栓

快速盲板是收、发球筒的关键部件，清管器的装入、取出和密封均由它来实现。盲板通过一水平短节与筒体相连，它主要由盲板盖、压圈、开闭机构、法兰、密封环、保安螺栓、保安弯板、防松楔块、锁环等部分组成。

各种快开盲板的操作要参看具体设备的说明书。

一般盲板的开闭过程与扳手拧紧螺栓的道理相似，开闭机构相当于扳手，压圈相当于螺母，头盖相当于螺旋，摇动开闭机构时，压圈转动，头盖作轴向运动，使之与密封环紧压法兰而达到密封。

保安螺栓与快速盲板内部相通，用它可以观察收、发筒内是否有存油。操作时，先松动上部保安螺栓，观察筒内是否有油，确认无油后方可松动下部保安螺栓。保安弯板的一端与保安螺栓连接，另一端控制锁环位置，只有锁环进入短节的锁环槽内，才能把保安弯板放入两个锁环桩之间，从而保证了盲板能安全可靠地关严。

锁环是由两个半圆形钢圈组成，两个半圆钢圈的端部分别带有锁桩；锁紧螺栓上带有右旋、左旋两段螺纹，分别与锁桩连接。打开快速盲板时，要胀紧锁紧螺栓，转动保安螺栓，取下定位弯板，然后松动锁紧螺栓(注意上下均衡松动)。在松动锁紧螺栓时，锁桩随锁紧螺栓移动，当锁环完全归位后，即可打开快速盲板。在盲板里侧装有聚氨脂橡胶密封圈，防止筒内原油泄漏，通常规定密封胶圈每年更换一次。

3. 清管器

清管器的种类有清管球、皮碗清管器和清管刷等。

1) 清管球

清管球由橡胶制成，中空，壁厚 30~50mm，球上有一个可以密封的注水排气孔。为了保证清球的牢固可靠，用整体形成的方法制造。注水口的金属部分与橡胶的结合必须紧密，确保不致在橡胶受力变形时脱离。注水孔有加压用的单向阀，用以控制打入球内的水量，调节清管球直径对管道内径的过盈量，清管球的制造过盈量为 2%~5%。

清管球的变形能力最好，可在管道内作任意方向的转动，很容易越过块状物体的障碍及管道变形部位，清管球和管道的密封接触面窄，在越过直径大于密封接触带宽度的物体或支管三通时，容易失密停滞。清管球的密封条件主要是球体的过盈量，这要求为清管球注水时一定要把其中的空气排净，保证注水口的严密性。否则，清管球进入压力管道后的过盈量是不能保持的。

管道温度低于0℃时，球内应灌低凝固点液体(如甘醇)，以防冻结。

清管球在管道中的运行状态，当周围阻力均衡时为滑动，不均衡时为滚动，因此表面磨损均匀，磨损量小。只要注水口不漏，壁厚偏差小，它可以多次重复使用。保证注水口的制造质量是延长清管球使用寿命的一个关键。清管球的壁厚偏差应限制在10%以内。

清管球的主要用途是清除管道积液和分隔介质，清除块状物体的效果较差。

清管球的结构如图17-1-5所示。

2）皮碗清管器

皮碗清管器由一个刚性骨架和前后两节或多节皮碗构成。它在管内运行时，保持着固定的方向，所以能够携带各种检测仪器和装置，清管器的皮碗形状是决定清管器性能的一个重要因素，皮碗的形状必须与各类清管器的用途相适应。

清管器在皮碗不超过允许变形的状况下，应能够通过管道上曲率最小的弯头和最大的管道变形，为保证清管器通过大口径支管三通，前后两节皮碗的间隔应有一个最短的限度。

对于椭圆度大于5%的管道，设计清管器时应当增大清管器皮碗的变形能力。为了通过更小曲率的弯头，清管器各节皮碗之间可用万向节连接。这种情况多出于小口径管道。为满足上述条件，前后两节皮碗的间距 S 应不小于管道直径 D，清管器长度 T 可按皮碗节数多少和直径大小保持在 $(1.1~1.5)D$ 范围内，直径较小的清管器长度较大。清管器通过变形管道的能力与皮碗夹板直径有关，清管用的平面皮碗清管器的夹板直径 G 在 $(0.75~0.85)D$ 范围(见图17-1-6)。

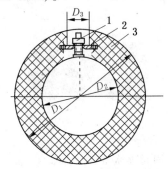

图 17-1-5　清管球结构图
1—气嘴(拖拉机内胎直气嘴)；2—固定岛
(黄铜 H62)；3—球体(耐油橡胶)

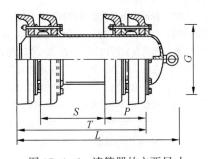

图 17-1-6　清管器的主要尺寸

清管器皮碗，按形状可分为平面、锥面和球面三种(见图17-1-7)。平面皮碗的端部为平面，清除固体杂物的能力最强，但变形较小，磨损较快。锥面皮碗和球面皮碗很能适应管道的变形，并能保持良好的密封，球面皮碗还可以通过变径管，但它们能够越过小的物体或被较大的物体垫起而丧失密封；这两种皮碗寿命较长，夹板直径小，也不易直接或间接地

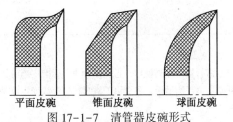

平面皮碗　　锥面皮碗　　球面皮碗
图 17-1-7　清管器皮碗形式

损坏管道。皮碗断面可分为主体和唇部。主体部分起支持清管器体重和体形作用，唇部起密封作用；

　　主体部分的直径可稍小于管道内径，唇部对管道内径的过盈量取 2%～5%。皮碗的唇部有自动密封作用，即在清管器前后压力差的作用下，它能向四周张紧，这种作用即使在唇部磨损过盈量变小之后仍可保持。因此，与清管球相比，皮碗在运行中的密封性更为可靠。按照介质性质(耐酸、耐油等要求)和强度需要，皮碗的材料可采用天然橡胶、丁晴橡胶、氯丁橡胶和聚氨酯类橡胶。

　　随着石油天然气管道工业的快速发展，为适应管道清管需要生产出了各种各样的管道清管器，表 17-1-1 为某厂生产的清管器样本。

表 17-1-1　部分清管器样本

CCP—标准皮碗清管器系列

它主要是由钢制骨架、无线电发射机及 2～4 只皮碗组成，不附带其他刮削机具。主要用于各种管道投产前的清管扫线，可清除管道施工中遗留在管道内的石块、木棒等各种杂物；天然气管线投产后的清扫；水压实验前的排气；混输管线的介质隔离

RSP—电子定位除锈器系列

其结构是在 CCP—标准皮碗清管器的基础上，在清管器的前端增加钢丝轮作为刮削机具。主要用于新建管线及管线内涂敷、修补前的除锈、清污工作，也适于短距、小口径输油管线的清蜡工作

WSP—电子定位刮蜡器系列

刮蜡器是在 CCP—标准皮碗清管器结构的基础上增加了钢制或聚氨酯材料的刮刀片。它是依据不同管线内径特殊设计的，从而保证了刮刀片的曲面与管线内壁完全接触。在清蜡过程中不损伤管壁及阀门，避免了旧式刮蜡器钢针脱落和刮刀片对阀门及泵的损坏等现象的发生，是老式刮蜡器的换代产品。主要应用于长输管线清除凝油及结蜡。大型刮蜡器前端设有吹扫口

SZP—双向阻水球

双向阻水球有金属骨架、密封皮碗、支撑皮碗、隔套等构成并可以配置无线电发射机，具有密封性能好、清扫彻底、可双向行走等特点。适用于卡堵后不便开口的新建管线、海底管线、投产后的原油管线及距离在 40km 以下大口径输气管线。它具有清扫、隔离、阻水等功能

CLP—测量球

测量清管器简称测量球，它是在 CCP—标准皮碗清管器的结构基础上增加测量板，主要用于检测新建管线变形，是检验管线施工质量的重要设备

JPP—聚氨酯泡沫清管器

聚氨酯泡沫清管器是由聚氨酯材料发泡制成，为了增加其耐磨性能，外表可以增涂聚氨酯涂层。根据不同需要可携带刚刷、钢钉等除垢工具。主要应用于结垢较厚、结垢分布不均匀的管线清管作业中。他主要特点是通过能力强，可通过 1.5D 以下的弯头，而且在清管作业中如发生卡堵时，可通过提高输送压力将其胀碎，为一些不停输的管线清管作业提供方便。根据需要也可配带无线电发射机

性能指标：最大变形量 ≥ 40‰；扯断伸长率 ≥200‰

ECP—电子电脑岗位涂敷器系列

它主要是由发射机、钢制骨架、皮碗三部分构成，有效密封长度较大。根据不同性质的涂料，可采用不同形状、数量、材料、硬度的各类皮碗。主要用于管道内防腐涂料的涂抹，可一次性对 3~5kg 长的管道进行整体挤涂、补口

QQP—屈曲探测器

它主要是由两块测量板、两组支撑轮及方向拉环构成(可加清扫胶皮)，由卷扬机或人工牵引为动力沿管道内行走。主要用于检测施工过程中管道及弯头的变形量以便及时发现问题及时解决

QRP—全聚氨酯软体清管器系列

它主要由皮碗、骨架、连接体等构成，全部采用聚氨酯材料制成，可携带无线电发射机。它具有通过能力强、变形量大、强度较高、不易卡堵、对弯头适应力强等特点。主要用于自然情况较复杂，结垢不规则的长距离管道的清扫、除垢工作。可依据管线的实际情况设计不同形式的软体清管器

XCP—旋转吹扫清管器

其结构是在 CCP—标准皮碗清管器的基础上，在清管器的前端设置吹扫口，吹扫口支臂与清管器轴线偏心，在清管时产生转距，使皮碗均匀磨损。在连接骨架的皮碗间设有若干个圆孔稳压，使皮碗均匀受力从而达到清管器平稳行走的目的。主要用于长距离大口径输油管线的清扫凝油及除蜡工作

续表

QLP—强力除垢器 它主要是由钢丝刷、锯齿形刮板及骨架构成，由卷扬机牵引沿管道内行走。主要用于老管线修复前清除硬垢为管线涂敷、内衬作准备	
	皮碗的分类 皮碗通常有聚氨酯、橡胶两种材料。形状分为双折边形、杯形、碟形、球形、半球形、平板形等各种形式，可依据管线的不同情况和工艺要求的不同协助用户选用

4. 清管器通过指示器

在发球筒出口后管线上，或收球筒进口前的管线上，安装有清管器通过指示器，帮助操作人员及时了解清管作业时，清管器是否离开发球筒或进入收球筒，以便顺利开展工作。收发清管器信号指示器是收发清管器必不可少的设备。目前长输管道上用的信号指示器常见的有以下几种。

1）机械式通过指示器

机械式通过指示器种类很多，其原理都是利用一根顶杆或摆锤来触发信号的，图17-1-8是现场常用的其中一种。顶杆的椎端突入管内空间，清管器通过时，受挤压向上运动，转动杠杆使扬旗立起，表示清管器已经通过。

2）顶杆触点式清管器指示器

顶杆触点式清管器指示器由两部分组成：一是触点或信号发生器，二是信号指示器。触点式信号发生器如图17-1-9所示，由上下阀门、本体、顶杆、触杆、弹簧、接线柱等主要部件组成。

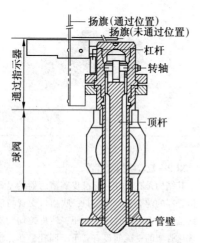

图 17-1-8　机械式通过指示器

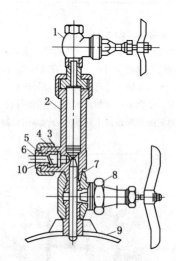

图 17-1-9　触点式信号发生器
1—上阀门；2—本体；3—触杆；4，5—弹簧；6—接线柱；7—顶杆；8—下阀门；9—输气管；10—触片

发生器安装在输油气管线上，当清管球经过发生器时，清管球将顶杆顶起(顶杆端头伸入管线内约 15mm)，顶杆便将触杆往左挤压，从而带动了触杆弹簧、触片一起往左移动，接通两只接线柱上的两个触点，使信号指示器发出信号(响铃及亮灯)。

3) SN-TQZ 防爆型通球指示器

SN-TQZ 防爆型通球指示器结构如图 17-1-10 所示。它适宜于安装在防爆的场所。

扳机伸入管内的长度为 80mm。钟控指示器采用电子钟芯体，经过改装可在清管器通过时扳机摆动45°时钟停走，显示并保留清管器通过的时间，还可以在显示表的后面连线，输出电信号至控制室。

钟控头内装 5 号电池一个，更换时直接旋下后盖上的 4 个螺钉，取下方压盖。注意：钟控头应防水、防尘；卸下时，钟控头应侧置，拨时旋钮不允许触及任何物体，以防走时不准。

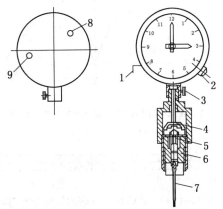

图 17-1-10　SN-TQZ 防爆型通球指示器
1—时钟复位拉杆(只有在拉出位置钟才走时)；
2—安放电池旋钮；3—紧固螺钉；4—挺杆支架；
5—O 形圈；6—堵塞；7—扳机；8—远传电信号
插头座；9—调时旋钮

5. 清管器探测仪器

为了掌握清管器在管道中的运行情况，以及遇阻或损坏时能迅速找到它的位置，清管器应配备一套探测定位仪器。这套仪器包括从管内向外界发出信号的清管器信号发射机，把清管区间划分若干小段的清管器，通过指示仪和沿线寻找清管器的清管器信号接收机，如图17-1-11 所示。现在应用较广的是一种电子探测仪器，这种仪器的发射机发出的信号为超低频交变电磁场，它可以穿越钢管的屏蔽传播出来。发射机的发射圈密封在高度防震的尼龙套中，为尽量避免导磁金属的屏蔽，发射机连接在清管器尾端，由末端皮碗与夹板保证它在运行中不致遭到管壁的碰撞。发射机的另一端是一个钢制电源壳，内装可以充电的镍镉电池，此端可放在清管器筒体内以利缩短发射机的伸出长度，发射机的连续工作时间可达50~150h。

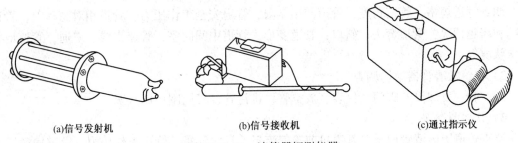

(a)信号发射机　　　　　(b)信号接收机　　　　　(c)通过指示仪

图 17-1-11　清管器探测仪器

信号接收机和通过指示仪可在一定范围内接收到发射机的信号，并把它转换成声光显示，接收机的有效探测深度为 6m，通过指示仪为 2m。接收机配有耳机以便步行操作，通过指示仪有一对接收线圈，布置的最大间距为 30m，可避免清管器高速通过时漏报。

发射线圈始终与管道中心线同向，接收机线圈由操作者手提，一般处于自然下垂状态，这样，靠近发射机的前后两点各有一个信号峰值，在发射机的正方向，如果发射机和接收线圈互相垂直，信号就会消失或变得十分微弱(见图 17-1-12)，利用这种特性可能准确地探测到清管器在地下的位置，其误差最大不超过 0.5m。清管器的深度为两峰值点间距的

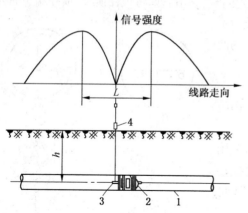

图 17-1-12　接收机接收到的信号强度与定位关系

1—输气管；2—清管器；3—发射线圈；4—接收线圈

0.8 倍。

清管探测仪器一般只在管道工程检查、首次清管以及某些生产性试验等对管道情况不明或试验装置性能不够可靠的情况下使用。为了缩短接收机深测的距离，应配备足够数量的通过指示仪和接收机，在地形复杂的山区和水田行走不便的地方，尽量缩短寻找的距离，减小操作者的劳动量，它们是探测及时和准确的重要保证。

没有清管器被卡危险的日常作业中，就不必使用探测仪，但在发出和接收站上应设置电子或机械式通过指示器来控制清管作业的程序。

由于电子计算机技术在管输上的广泛应用，目前国内外的清管作用不仅仅是清管，而且利用智能清管器可以检测管道防腐层、壁厚腐蚀、埋深位置等许多功能。智能清管器的技术以英国领先，英国的海上油气管道完全依靠它来完成定期检测工作。

第二节　输气管道清管操作

一、输气管道清管准备

1. 输气管道清管周期

根据管道输送介质的性质，视管道的输送效率和压差确定合理的清管周期。

2. 清管前调查

1）输气管道状况调查

调查管道规格，管道长度，管道使用年限，管道安全工作压力，管道相对高程差，管道穿越和跨越情况，管道弯头、斜口，管道变形，管道中间阀室，管道支线、三通，管道地貌特殊状况等。

2）收、发清管器站场调查

调查收、发球筒及阀门、仪表、放空管、排污管及其周围环境状况。

3）其他调查

调查管道历次清管记录、管道目前输气流量、日输气量、管道工作压力、管道输送压差及输送效率等。

二、清管器在输气管线中的运行规律

输气管线所用的清管器主要有橡胶清管球和橡胶皮碗清管器。

清管器在输气管内形成一闭活塞，它在天然气压差的推动下沿管壁运行，以清除和推送管内污物，这个过程叫做"通球清管"。无论使用橡胶清管球还是皮碗清管器，它们在管内的运行情况、操作步骤及计算方法都基本相同，下面以清管球为例说明其运行规律。

（1）球在管内的运行速度主要取决于管内阻力大小(污物与摩擦阻力)、输入与输出气量的平衡情况以及管线经过地带、地形等因素。球在管内运行时，可能时而加速，时而减速，有时甚至暂停后再启动运行。

（2）在管内污水较少和球的漏气量不大的情况下，球速接近于按输气量和起、终点平均压力计算的气体流速，推球压差比较稳定，也不随地形高差变化而变化。这是因为污水较小时，球的运行阻力变化不大，球运行压差较小，球速与天然气流速大体相同。清管器的运行速度一般宜控制在 12~18km/h。

（3）球在推送较多污水的管段内运行时，推球压差和球速变化较大，并与地形高差变化基本吻合，即上坡减速甚至停顿等候增压，下坡速度加快，这是因为推球压差是根据地形变化自动平衡的。

三、编制清管方案

（1）技术要求　管道基本状况描述根据清管前调查进行编写。

（2）清管器的选择　根据管道状况、清管器特性，可选择清管球、皮碗清管器或二者结合使用等。

（3）清管器过盈量选择　一般情况下，清管球注满水过盈量为 3%~10%，皮碗清管器过盈量为 1%~4%。

（4）清管段起终点最大压差的估算　大口径、长距离输气管线常用清管球清除管内污物。在通球清管时，必须正确估计最大推球压差，在不影响天然气输送的情况下，可调整输气压力和平衡气量。

影响最大推球压差的原因很多，如推举水柱的力、运行中的摩擦阻力、由于爬坡或脏物引起的卡球、停运再启动的惯性力等，其中，球前水柱的静压力及污水与管壁的摩擦阻力起主要作用。在输气量大时还应计入正常输气压力损失。因此，通球前应根据地形高差、污水情况和目前输气压力差（与理论计算压差相比较）以及过去的清管实践资料进行综合分析，估计通球所需的最大推球压差。

通球中常采用下列办法建立推球压差：

① 当输气管线的积水不多时，可以不调整输气压力及气量，推球压差是在清管球运行中随天然气速度自动建立和平衡。

② 若输气管线内的污水很多，估计推球压差可能较高，为了保证有足够的推球压差，必须及时预先调整清管球段的输气压力（发球站压力）。

如果最大推球压差出现在输气管线的前段，考虑到管线允许最高工作压力（包括气田内部集气管线），应适当降低发球站的输气压力。

如果最大推球压差出现在输气管线的末端，在建立推球最大压差中应使球前压力的降低不至影响用户用气，球后压力的上升不超过管线允许最高工作压力。为此，要根据输气量和压力上升速度进行精确计算，选择合理的调整压力方案。

还可以根据管道地形高程差、污水状况、起动压差、目前输气压力差、历次清管记录等估算。一般近似计算公式为：

$$P = P_1 + P_2 + P_3 \tag{17-2-1}$$

式中　P——最大压差，MPa；

　　　P_1——清管器的启动压差，MPa；

　　　P_2——当前收、发站之间输气压力差，MPa；

P_3——估算管内最大的积液高程压力，MPa。

③ 球在运行过程中，当球后压力已升到管线最高允许工作压力时，可排放球前管内天然气降压或停止向该段进气，以增大推球压差。

（5）清管始发站输气压力　根据用户用气状况、管道允许最高工作压力、最大压差的估算等合理确定清管始发站输气压力。

（6）清管器运行速度　清管器的运行速度一般宜控制在 12~18km/h。

（7）清管所需推球输气流量的估算　根据清管器运行速度、推球平均压力、管道内径横截面积近似估算。一般近似计算公式为：

$$Q = 240F \cdot P_j \cdot V_j \tag{17-2-2}$$

式中　Q——输气流量，km³/d；

F——管道内径横截面积，m²；

V_j——清管器运行平均速度，km/h；

P_j——清管器后平均压力，MPa。

（8）清管所需总进气量估算　清管前应估算清管所需总进气量，安排好气量调度工作。如果管道内污物、积液多，高程差较大，特别应注意气量的储备。一般以下列公式近似估算总进气量：

$$Q_总 = 10F \cdot L \cdot P_j \tag{17-2-3}$$

式中　$Q_总$——总进气量，km³；

F——管道内径横截面积，m²；

L——清管器运行距离，km；

P_j——清管器后平均压力，MPa。

（9）清管所需总运行时间估算　一般近似公式为：

$$t = L/V_j \tag{17-2-4}$$

式中　t——清管器运行时间，h；

L——清管器运行距离，km；

V_j——清管器运行平均速度，km/h。

（10）清管监听点设置　监听点的设置以管道的全面调查数据为依据。一般情况下，第一个监听点应距清管器始发站 0.5~1.5km，最末一个监听点应距接收站 1~2km。在中间阀室、支线、穿跨越、高程差较大地点一般应设置监听点。

（11）清管作业的组织　成立作业指挥组，做好人员、物质、通信、车辆等安排。

（12）清管作业的安全措施　制定清管作业安全技术措施、带气动火安全措施、抢修抢险安排及操作安全措施，编写事故处理预案。

（13）清管方案审批　编制好的清管方案应交有关部门审批后才能执行。

三、输气管道清管操作

1. 清管前准备工作

清管前准备工作按清管方案要求，对于不符合清管要求的设施进行整改，达到清管条件。

2. 发送清管器

发送清管器流程（见图 17-2-1）如下：

（1）发送清管器前，将管道输气压力调整到方案要求的压力。

（2）打开 5# 球筒放空阀，确认球筒无压，打开球筒快开盲板，把清管器送入球筒底部大小头处，将清管器在大小头处塞紧。

（3）关快开盲板，装好保安装置。

（4）关 5# 球筒放空阀。

（5）开 4# 球筒发球进气阀，平衡筒压。

（6）全开 3# 阀。

（7）关 1# 输气管线进气阀发送清管器。

（8）确认清管器发出后，打开 1# 输气管线进气阀，关 3# 阀，关 4# 球筒发球进气阀。

（9）开 5# 筒放空阀泄压至零，检查 3# 阀确已关闭不漏气，打开快开盲板，检查清管器是否发走。

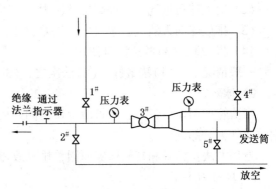

图 17-2-1　发送清管器流程

3. 清管器运行过程工艺计算

当检查清管器确已发出后，开始进行各项工艺计算。结合沿途监听点的汇报，随时掌握清管器的运行清况，及时发现和正确处理各类问题。

1）清管器运行距离估算

近似公式如下：

$$L = Q_b / (10F \cdot F_j) \qquad (17-2-5)$$

式中　L——清管器运行距离，km；

　　　Q_b——发清管器后的累积进气量，km^3；

　　　F_j——清管器后平均压力，MPa；

　　　F——管道内径横截面积，m^2。

2）清管器运行速度估算

如果能够计算输气流量，可以采用式（17-2-6）估算清管器运行瞬时速度。注意将实际速度值尽量控制在方案规定值附近。

$$V = Q / (240F \cdot P_j) \qquad (17-2-6)$$

式中　V——清管器运行速度，km/h；

　　　Q——输气流量，km^3/d；

　　　F——管道内径横截面积，m^2；

　　　P_j——清管器后平均压力，MPa。

4. 最大推球压差的建立和控制

清管过程当中，应随时掌握推球压差的变化情况，特别是在最大推球压差建立时，一定要将清管器后压力控制在允许最高工作压力以下；如果增加清管器后压力有困难，可以采取相对降低收球站压力来建立或维持最大推球压差。

5. 清管器运行故障和处理

1）球与管壁密封不严而引起球停止运行

橡胶清管球因质地较软，球下可碾进管内硬物（如石块）而在管线低凹部或弯头处把球垫起，使球与管壁间出现缝隙而漏气，造成球停止运行。

处理办法：

（1）发第二个球顶走第一个球。第二个球的质量要好，球径过盈量较第一个球略大。

（2）增大球后进气量，提高推球压力。

（3）排放球前天然气，增大推球压差引球，使球启动运行。

（4）将（2）、（3）两法同时使用。

一般情况下，（1）法最好，（2）法次之，（3）和（4）法尽量不用。

2）球破裂

当清管球制作质量差，清管段焊口内侧太粗糙，或因输气管线球阀未全开时，可能将球剐破或削去一部分。

处理方法：检查和判断球破原因，排除故障后，常采用再发一个球推顶破球运行。

3）球推力不足

当输气管线内污水污物太多、球在高差较大的山坡上运行、球前静液柱压头和摩擦阻力损失之和等于推球压差时，球将不能推走污水而停止运行。此时可根据计算球的位置及管线高差图分析，当推球压力不断上升，推球压差增大，且计算所得球的位置又在高坡下时，可判断为推力不足。

处理方法：一般采取增大进气量；提高推球压力。若球后压力升高到管线允许工作压力时，球仍不能运行，则可采取球前排气，增大推球压差，直到翻过高坡为止。

4）卡球

当球后压力持续上升，球前压力下降，推球压差已高于管线最大高差的静水压头 1.2~1.6 倍以上时球仍不运行，则球可能因管线变形或石块泥砂淤积堵塞而被卡。

处理方法：

（1）准确判断清管球所在位置，关闭球前阀门（在关闭阀前憋气），阀后持续放气降压。待阀前压力憋到一定值（不能超过管道允许强度极限），打开阀门，清管器会在强大压差作用下向前冲出。注意关闭的阀门离清管器不能太近，开关阀门速度要快，防止清管器碰撞阀门。

（2）采取增大进气量，提高推球压力，排放球前天然气引球解卡。在用此法解卡时，要注意球后升压和球前放空都不能猛升猛放，避免球解卡时瞬时速度较快而产生很大的冲力，引起设备和管线震动。

（3）若此法不能解卡，则只能球后放空，球前停止输气，使球反向运行，再正向运行。

（4）若堵塞物太多或管线变形较严重，球正向运行到原卡球处仍然被卡，则应将管线放空，根据容积法所计算的球位置，割开管线，清除堵塞的石块污物或更换变形的管段。

6. 多球清管

为了避免因球密封不严而引起球停，常采用 2~3 球组成"串联球塞"提高密封性，这样既提高了清管效果，又节省了人力、物力，缩短了清管时间。根据目前收发球设备的工艺技术现状，以同时发两个球为宜。

7. 清管末站放空与排污

清管作业中，应保证管内污物不得越过清管管段，放空、排污符合环保要求，还应当估算放空气量和排污量。

1）放空气量

一般近似公式如下：

$$Q_{放} = 231.5 \frac{D^2 \cdot P}{\sqrt{d}} \qquad (17-2-7)$$

式中　　$Q_放$——天然气放空瞬时气量，m^3/d；

　　　　D——放空管出口端内径，mm；

　　　　P——在距离放空管口 4 倍管内径处测得压力，MPa；

　　　　d——天然气相对密度。

　　除使用以上近似公式计算外，还可用开始放空时清管器至收球站距离管道存储气量估算放空量。

　　2）排污量

　　排污量一般根据实测排污池、排污罐储存量估算。

8. 收清管器

收清管器流程（见图 17-2-2）如下：

（1）关闭 5# 接收筒放空阀及 6#、7# 排污阀，打开 4# 接收筒旁通阀平衡接收筒压力，全开 3# 阀，关闭 1# 阀，接收筒处干接收状态。

（2）一般情况下，在清管指示器发出球过信号后，关闭 4# 阀，打开 6#、7# 排污阀排污；如果遇到污水、污物较多情况，应当在污水、污物到达接收站时，关闭 4# 阀，打开 6#、7# 排污阀排污。

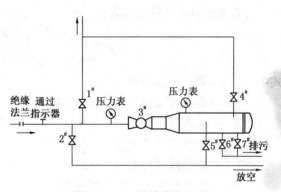

图 17-2-2　收清管器流程

（3）确认清管器进入接收筒后，关闭 6#、7# 排污阀，关闭 3# 阀。

（4）打开 1# 阀，恢复正常输气。

（5）打开 6#、7# 排污阀，打开 5# 接收筒放空阀，当接收筒压力降为零，打开快开盲板，取清管器。如果接收筒内硫化铁粉较多，打开快开盲板前，应先向接收筒内注水，或打开快开盲板后立即向筒内注水，避免硫化铁粉在空气中自燃。

（6）清除接收筒内污物，清洗后关闭快开盲板。

（7）关闭 5# 接收筒放空阀，关闭 6#、7# 排污阀。

9. 中间输气站操作

（1）球到站前 2h，对用户支线开压输气（储存气），并通知用户准备调整用气。

（2）当进站前的观察点发现球通过信号时，关进站总阀及用户支线阀，停止输气。

（3）球过站后，开支线阀门，恢复正常供气。

10. 清管操作注意事项

（1）操作前的检查：收发球筒均与输气管直通。一旦球筒失控将造成严重事故，所以在每次操作前必须进行认真细致地检查：

① 球阀启闭的灵活性和密封可靠性是否良好。

② 球筒各紧固件是否松动，各阀是否灵活，放空管、排污管道是否畅通和牢固。

③ 球筒上压力表是否灵敏，零位指示是否正确。

④ 用天然气进入球筒试压，检查有无漏气。

（2）盲板开关前，必须开启球筒放空阀，在筒内完全无压情况下才能操作，操作人员应站立于开闭机构一侧，任何人员、设备均不要正对盲板站立和放置。

（3）输气管线需紧急大排量放空时，尽量避免通过球筒放空，以免造成较大震动，破坏球筒密封性或引起事故。

（4）关闭盲板时，必须检查头盖与压圈每个楔块的啮合情况，确认啮合后，方能关紧并塞入防松楔块，拧紧螺钉。

（5）除进行清管外，不得使筒内长期充气。

（6）进行清管作业后，应及时对筒体、盲板、开闭机构等进行清洗保养，防止腐蚀生锈。

11. 清管效果检查

清管结束后，在天然气流态稳定后的 24h 内，通过对管道输送效率的测算检查清管效果。

管道输送效率计算公式为：

$$\eta = \frac{Q\sqrt{d \cdot T \cdot Z \cdot L}}{5033 \cdot 12D^{\frac{8}{3}}\sqrt{P_1^2 - P_2^2}} \times 100\% \qquad (17-2-8)$$

式中　η——管道输送效率；

Q——管道实际通过气量，m^3/d；

d——天然气相对密度；

T——天然气平均温度；K；

L——清管器运行距离，km；

Z——在平均压力下的压缩系数；

D——管道内径，cm；

P_1——清管管段起点站压力，MPa；

P_2——清管管段终点站压力，MPa。

当 $\eta \geqslant 90\%$ 时，表明清管效果良好。

四、清管资料的整理与汇总

1. 清管作业数据报表

包括清管管段首、末站站名，清管管段长度，清管管段管道规格，清管器类型及过盈量，清管器发、收时间，清管前首站压力，清管前末站压力，清管前管段通过气量，清管后首站压力，清管后末站压力，清管后管段通过气量，清管过程中最高推球压力，清管过程中最大推球压差，清管管段最大相对高差，清管器运行平均速度，清管作业累积进气量，清管作业放空气量，清管作业排污量等。

2. 清管过程一般情况描述

包括清管器运行情况描述，推球压力达到最高时间及当时清管器所在地点，最快球速时清管器位置，最大推球压差管段位置，清管正常放空情况、排污情况，清管推出物描述，清管结束后清管器状况等。

3. 清管过程异常情况描述

包括清管过程当中出现故障、事故原因分析，所处管段位置、结构、地形描述，排污、放空异常导致污染情况描述，抢修、抢险情况描述等。

参 考 文 献

1 姚光镇.输气管道设计与管理.东营:石油大学出版社,2004
2 李长俊.天然气管道输送.北京:石油工业出版社,2003
3 黄春芳.油气管道设计与施工.北京:中国石化出版社,2008
4 黄春芳.石油管道输送技术.北京:中国石化出版社,2008
5 王树立,赵会军.输气管道设计与管理.北京:化学工业出版社,2005
6 徐忠.离心压缩机原理.北京:机械工业出版社,1988
7 廉筱纯,吴虎.航空发动机原理.西安:西北工业大学出版社,2005
8 刘长福,邓明.航空发动机结构分.西安:西北工业大学出版社,2006
9 过梦飞,陈学江.太阳能电源系统的设计和维护.防腐保温技术,2002,10(2)
10 吴国楚.光伏电站中蓄电池的作用与选型.青海科技.2004,(4)
11 过梦飞.太阳能阴极保护电源系统的设计和维护.防腐保温技术,2005,13(3)
12 杨成银,黄志辉,邱望标.太阳能 LED 照明系统的设计.灯与照明,2007,(4)
13 余发平.LED 光伏照明系统优化设计:[学位论文].合肥:合肥工业大学,2006
14 张华龙.LED 光伏照明系统的研究:[学位论文].天津:天津大学,2008
15 陆俭国,仲明振,陈德桂,等.中国电气工程大典第 11 卷:配电工程.北京:中国电力出版社,2009
16 黄绍平.成套开关设备实用技术.北京:机械工业出版社,2008
17 王其英,刘秀荣.新型不停电电源(UPS)的管理使用与维护.北京:人民邮电出版社,2005
18 SY 6186—2007 石油天然气管道安全规程
19 GB/T 21246—2007 埋地钢质管道阴极保护参数测量方法
20 SY/T 5922—2012 天然气管道运行规范
21 GB/T 21446—2008 用标准孔板流量计测量天然气流量